石油化工高技能人才培训教材

石油金属结构制作工

中石化第四建设有限公司　编

中国石化出版社

内 容 提 要

《石油金属结构制作工》为石油化工高技能人才培训教材系列之一。本书包括基础知识、专业基础知识、行业知识三部分。基础知识部分包括机械制图、钢材基础知识，专业基础知识包括展开放样、材料成形、装配连接、结构件连接、变形的矫正，行业知识包括钢结构、换热设备、塔类设备、低温储罐、压力容器现场组焊、料仓、钢制低压湿式气柜。

本书可作为石油化行业高技能人才培训教材，亦可供石油化工行业特别是炼化工程建设和安装领域的技师、高级技师等阅读使用。

图书在版编目(CIP)数据

石油金属结构制作工／中石化第四建设有限公司编. —北京：中国石化出版社，2017.8
石油化工高技能人才培训教材
ISBN 978-7-5114-4526-1

Ⅰ.①石… Ⅱ.①中… Ⅲ.①油田工厂-金属结构-制作-技术培训-教材 Ⅳ.①TE68

中国版本图书馆 CIP 数据核字(2017)第 184535 号

中国石化出版社出版发行
地址：北京市朝阳区吉市口路 9 号
邮编：100020 电话：(010)59964500
发行部电话：(010)59964526
http://www.sinopec-press.com
E-mail：press@sinopec.com
北京富泰印刷有限责任公司印刷
全国各地新华书店经销
*
787×1092 毫米 16 开本 24.5 印张 610 千字
2017 年 9 月第 1 版 2017 年 9 月第 1 次印刷
定价：90.00 元

《石油化工高技能人才培训教材》编写指导委员会

主　任：肖　刚

副主任：邸长友

委　员：（按姓氏笔画排序）

仇俊岳　刘少平　刘国林　刘建平　孙秀环

杨德胜　肖　然　陈玉清　郁东键　郑国春

孟　勇　孟宇泽　赵　仓　赵晓峰　富立波

程学军　缪　维　谭　丹

《石油金属结构制作工》编写委员会

主　编：孟　勇

编　委：（按姓氏笔画排序）

张向东　杨新和　肖　然　岳喜田　常　永

审　稿：（按姓氏笔画排序）

仇俊岳　刘少平　孙秀环　张瑞环　邸长友

周　炜

前　言

为进一步贯彻落实中国石油化工集团公司人才工作会议精神，宣传高技能人才的重要作用和突出贡献，更好地营造崇尚技能、尊重技能人才的良好氛围，提高炼化工程技能人才的学习能力、分析能力和解决实际操作难题的能力，在中国石油化工集团公司人教部的大力支持下，中石化第四建设有限公司组织开发了炼化工程企业技师、高级技师系列培训教材，并已在中国石油化工集团公司主办的技师、高级技师培训班使用。根据几年来的培训总结、学员反馈及征求兄弟单位意见，中石化第四建设有限公司组织石油化工高技能人才培训教材编写指导委员会对培训教材进行了修改和补充，并以石油化工高技能人才培训教材出版。

本系列教材包括《石油金属结构制作工》《管工》《焊工》《安装钳工》《安装起重工》《安装电工》《安装仪表工》《起重机驾驶员》。

《石油金属结构制作工》教材是依照《国家职业标准》，结合炼化工程行业的生产特点、技术进步、设备更新和产品换代对石油金属结构制作工技术素质的新要求而编写的。本教材共分十四章，主编：孟勇。基础知识由肖然编写；专业知识由杨新和编写；行业知识由肖然、常永、张向东、岳喜田、杨新和编写。本教材由邸长友、仇俊岳、刘少平、孙秀环、张瑞环、周炜审核。在本教材编写过程中，得到了兄弟单位的大力支持与帮助，在此一并表示感谢。

本教材参考了有关图书和文献，在此向作者致谢，由于水平所限，不足之处在所难免，欢迎广大读者批评指正。

目　录

第一篇　基础知识

第一章　机械制图 ……………………………………………………………… (3)
第一节　机械制图基础 ……………………………………………………… (3)
第二节　投影作图 …………………………………………………………… (8)
第三节　基本几何体投影视图 ……………………………………………… (12)
第四节　标准件、常用件及其规定画法 …………………………………… (15)
第二章　钢材的基础知识 ……………………………………………………… (36)
第一节　钢的分类 …………………………………………………………… (36)
第二节　常见钢号表示方法的分类说明 …………………………………… (38)
第三节　钢中常存杂质元素对性能的影响 ………………………………… (40)
第四节　钢的热处理 ………………………………………………………… (41)
第五节　钢材力学性能 ……………………………………………………… (43)
第六节　钢材选用 …………………………………………………………… (44)
第七节　钢材的规格种类 …………………………………………………… (45)
第八节　钢材理论质量计算 ………………………………………………… (50)
第九节　钢材的检验与验收 ………………………………………………… (51)

第二篇　专业知识

第一章　展开放样 ……………………………………………………………… (55)
第一节　可展开表面和不可展开表面 ……………………………………… (55)
第二节　空间线段实长求作方法 …………………………………………… (56)
第三节　几何形体的截交线 ………………………………………………… (59)
第四节　立体弯管的展开计算 ……………………………………………… (76)
第五节　复杂结构件的展开 ………………………………………………… (83)
第六节　结构件工艺加工余量的确定 ……………………………………… (107)
第二章　材料成形 ……………………………………………………………… (110)
第一节　手工成形应力改变的特点 ………………………………………… (110)
第二节　内应力产生的原因 ………………………………………………… (110)

第三节　非圆筒体的制造工艺 …………………………………………………（111）
第四节　压弯的工艺技巧及缺陷排除 ……………………………………………（115）
第五节　压延的工艺技巧及缺陷排除 ……………………………………………（118）
第六节　弯管的工艺技巧及缺陷排除 ……………………………………………（122）
第七节　橡皮成形原理和工艺知识 ………………………………………………（129）
第八节　爆炸成形原理和工艺知识 ………………………………………………（130）
第三章　装配和连接 ……………………………………………………………（133）
第一节　装配及分类 ………………………………………………………………（133）
第二节　自由装配法 ………………………………………………………………（135）
第三节　工装装配法的应用 ………………………………………………………（137）
第四节　常用装配夹具 ……………………………………………………………（137）
第五节　装配工装 …………………………………………………………………（142）
第六节　焊接强度计算 ……………………………………………………………（148）
第七节　铆接强度计算 ……………………………………………………………（152）
第八节　螺纹连接强度计算 ………………………………………………………（156）
第四章　结构件连接变形的矫正 ………………………………………………（160）
第一节　矫正方法的选择 …………………………………………………………（160）
第二节　火焰矫正 …………………………………………………………………（161）
第三节　机械矫正 …………………………………………………………………（164）
第四节　典型结构梁的火焰矫正 …………………………………………………（167）
第五章　技能训练 ………………………………………………………………（172）
第一节　托架制造实训 ……………………………………………………………（172）
第二节　五面体制造实训 …………………………………………………………（174）
第三节　输料斗制造实训 …………………………………………………………（177）
第四节　分离器制造实训 …………………………………………………………（180）
第五节　导流器制造实训 …………………………………………………………（183）
第六节　迂回接头制造实训 ………………………………………………………（185）

第三篇　行业知识

第一章　钢结构 ………………………………………………………………（193）
第一节　钢结构基本知识 …………………………………………………………（193）
第二节　放样和号料 ………………………………………………………………（197）
第三节　加工成形 …………………………………………………………………（219）
第四节　钢结构制作 ………………………………………………………………（244）
第五节　高强螺栓施工 ……………………………………………………………（254）

第六节　多层与高层钢结构安装施工工艺 …………………………………………（262）
第七节　钢结构软件 TEKLA 在工程施工中的应用 ………………………………（271）
第二章　换热设备 ……………………………………………………………（279）
第一节　换热设备简介 ………………………………………………………（279）
第二节　换热设备安装 ………………………………………………………（282）
第三节　换热设备试压 ………………………………………………………（286）
第三章　塔类设备 ……………………………………………………………（294）
第一节　塔的分类 ……………………………………………………………（294）
第二节　塔的主要结构 ………………………………………………………（295）
第三节　塔盘 …………………………………………………………………（296）
第四节　填料 …………………………………………………………………（307）
第五节　其他内件 ……………………………………………………………（317）
第四章　低温储罐 ……………………………………………………………（325）
第一节　储罐类型 ……………………………………………………………（325）
第二节　低温储罐的基本要求及材料 ………………………………………（327）
第三节　金属部件建造、检验和验收 ………………………………………（329）
第四节　试验、干燥、吹扫和冷却 …………………………………………（336）
第五章　压力容器现场组焊 …………………………………………………（340）
第一节　概述 …………………………………………………………………（340）
第二节　塔类压力容器的现场组焊 …………………………………………（341）
第三节　球罐现场组焊 ………………………………………………………（357）
第四节　压力试验 ……………………………………………………………（364）
第六章　料仓 …………………………………………………………………（368）
第一节　料仓结构 ……………………………………………………………（368）
第二节　料仓组焊 ……………………………………………………………（370）
第七章　钢制低压湿式气柜 …………………………………………………（374）
第一节　概述 …………………………………………………………………（374）
第二节　螺旋湿式气柜组装 …………………………………………………（376）

第一篇　基础知识

第一章　机械制图

机械制图是用图样确切表示机械的结构形状、尺寸大小、工作原理和技术要求的学科。图样由图形、符号、文字和数字等组成，是表达设计意图和制造要求以及交流经验的技术文件，常被称为工程界的语言。通过本章的学习，要求学员掌握机械制图基本知识，能够读懂机械零件图及装配图，了解机件常用表达方法。

第一节　机械制图基础

一、图纸幅面和格式

1. 图纸幅面

绘制技术图样时，应优先采用基本幅面的图纸。即表 1-1-1 所规定的基本幅面。必要时，也允许选用加长幅面。加长幅面尺寸是由基本幅面的短边成整数倍增加后得出的。

表 1-1-1　基本幅面及图框尺寸　　单位：mm

幅面代号	A0	A1	A2	A3	A4
$B \times L$	841×1189	594×841	420×594	297×420	210×297
e	20		10		
c	10			5	
a	25				

2. 图框格式

在图纸上必须用粗实线画出图框，其格式分为不留装订边和留有装订边两种，但同一产品的图样只能采用一种格式。图 1-1-1 是无装订边的，图 1-1-2 是有装订边的。图框的尺寸按表 1-1-1 中的规定。每张图纸上都必须画出标题栏，位置应位于图纸的右下角。

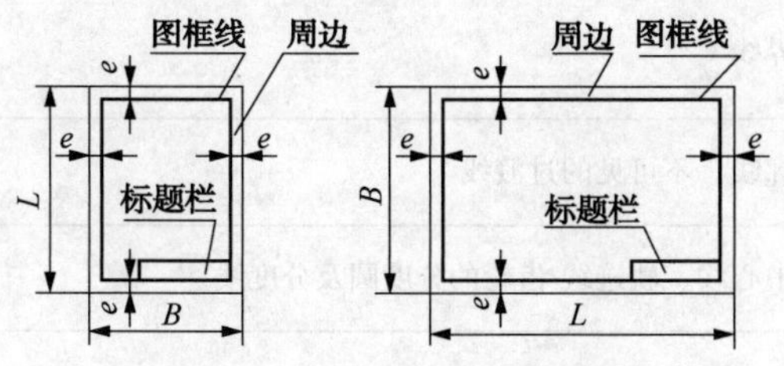

图 1-1-1　无装订边的图纸格式

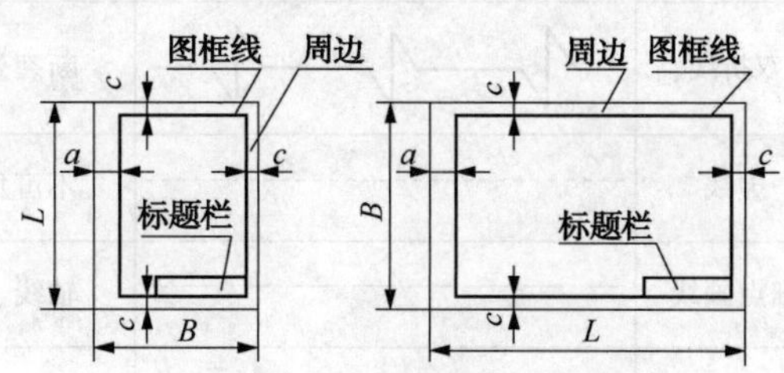

图 1-1-2　有装订边的图纸格式

二、比例

1. 比例：

图形与其实物相应要素的线性尺寸之比，即：比例=图中图形的线性尺寸/实物相应要素的线性尺寸。

2. 分三类：原值比例 1：1；放大比例 比值大于 1；缩小比例 比值小于 1。

3. 比例一般应标注在标题栏中的比例栏内。必要时，可在视图名称的下方或右侧标注比例。

如图 1-1-3 是用不同比例绘制的图样。必须注意无论采用何种比例绘图，图中的尺寸应按机件的实际大小标注尺寸，与图中采用的比例无关。

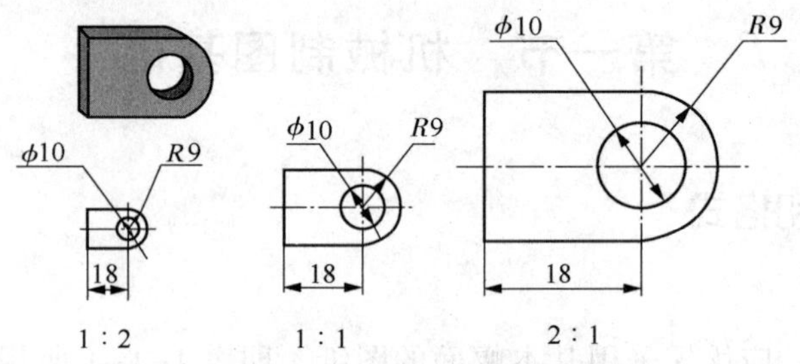

图 1-1-3　用不同比例绘制的图形

三、图线

国家标准（GB/T 17450—1998）规定了 15 种基本线型，并允许变形、结合而派生出其他图线。机械图样中常用的图线见表 1-1-2。

表 1-1-2　常用图线及其主要用途

图线名称	图线格式	一般应用
粗实线		可见轮廓线
细实线		尺寸线、尺寸界线、剖面线、辅助线 重合断面的轮廓线、引出线 螺纹的牙底线及齿轮的齿根线
波浪线		断裂处的边界线、视图和剖视的分界线
双折线		断裂处的边界线
虚线		不可见的轮廓线、不可见的过渡线
细点画线		轴线、对称中心线、轨迹线 齿轮的分度圆及分度线
粗点画线		有特殊要求的线或表面的表示线
双点画线		相邻辅助零件的轮廓线、中断线 极限位置的轮廓线、假想投影轮廓线

四、字体

国家标准 GB/T 14691—1993《技术制图　字体》规定了对字体的要求。字体主要是指图中的汉字、字母、数字的书写形式。进口设备随机技术图纸资料大多不采用该标准，都用其本国标准，但整体上大同小异，且都应做到：字体工整、笔画清楚、间隔均匀、排列整齐。

五、尺寸注法

1. 基本规则：

(1) 机件的真实大小应以图样上所注的尺寸数值为依据，与图形的大小及绘图的准确度无关。图样中所注的尺寸，为该图样所示机件的最后完工尺寸，否则应另加说明。

(2) 在机械图样(包括技术要求和其他说明)中的直线尺寸，规定以 mm(毫米)为单位，不需标注计量单位的代号或名称，如果采用其他单位，如 in(英寸)、m(米)等，则必须注明相应的计量单位的代号或名称。

(3) 机件的每一尺寸，在图样上一般只标注一次。

(4) 在保证不致引起误解和不会产生理解多意性的前提下，可简化标注，力求制图简便。

2. 尺寸的四要素：尺寸界线、尺寸线、尺寸线终端、尺寸数字

标注一个尺寸，一般需要用尺寸界线、尺寸线、尺寸线终端(箭头或斜线)和尺寸数字四部分组成图 1-1-4。

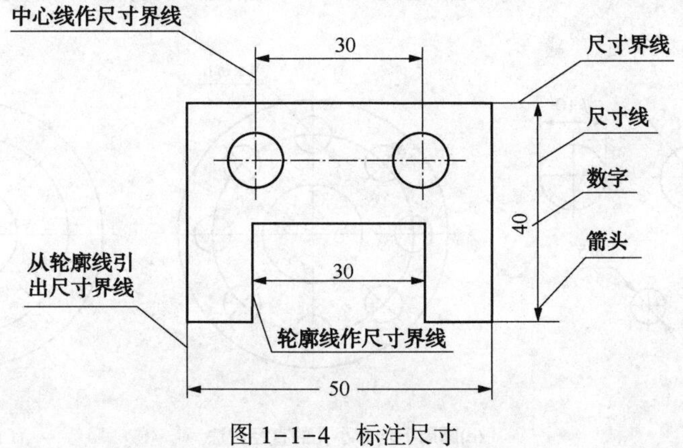

图 1-1-4　标注尺寸

3. 标注尺寸时，都尽可能使用的是符号和缩写词。常用的符号和缩写词见表 1-1-3。

表 1-1-3　常用符号和缩写词

名　　称	符号或缩写词	名　　称	符号或缩写词
直径	Φ	正方形	□
半径	R	45°倒角	C
球直径	SΦ	深度	↧
球半径	SR	沉孔或锪平	⌴
厚度	t	埋头孔	∨
均布	EQS		

4. 常用圆弧尺寸注法及简化标注方法见表 1-1-4。

六、斜度和锥度

1. 斜度

斜度及其标注斜度是指零件上某一表面(线)对基准面(线)的倾斜程度。如图 1-1-5(a)所示的直角三角形中，AB 边对 AC 边的斜度用 BC 与 AC 之比值来表示，即斜度 $=BC/AC=\tan\alpha=1:n$。

斜度在图样中的标注形式如图 1-1-5(b)所示。斜度符号为“∠”，斜线与水平线成 30°角，高度与图样中字体的高度 h 相同，方向应与斜度方向保持一致。

表 1-1-4　常用圆弧的尺寸注法及简化标注方法

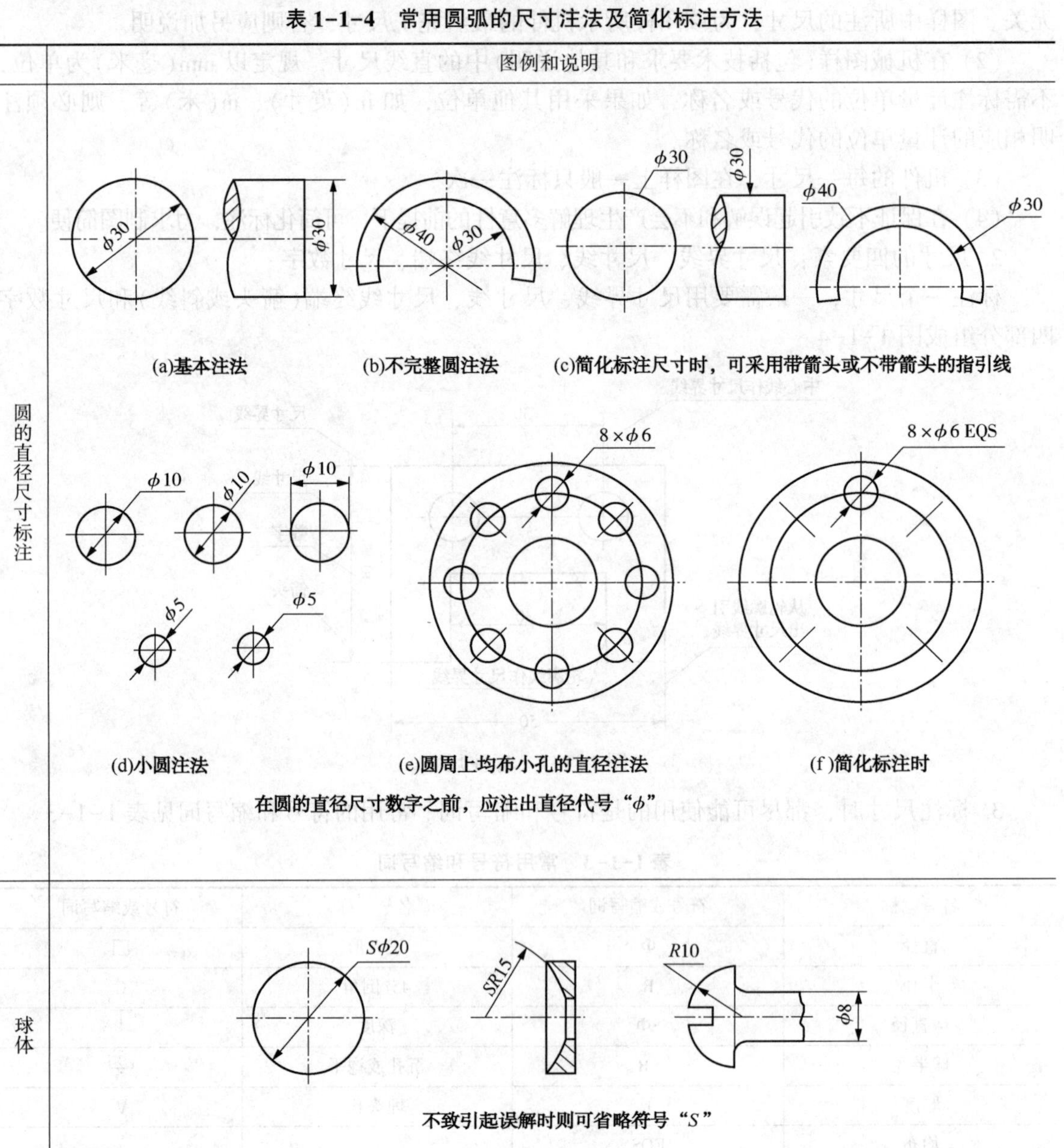

(a)基本注法　(b)不完整圆注法　(c)简化标注尺寸时，可采用带箭头或不带箭头的指引线

(d)小圆注法　(e)圆周上均布小孔的直径注法　(f)简化标注时

在圆的直径尺寸数字之前，应注出直径代号“ϕ”

不致引起误解时则可省略符号“S”

续表

	图例和说明
圆弧尺寸注法	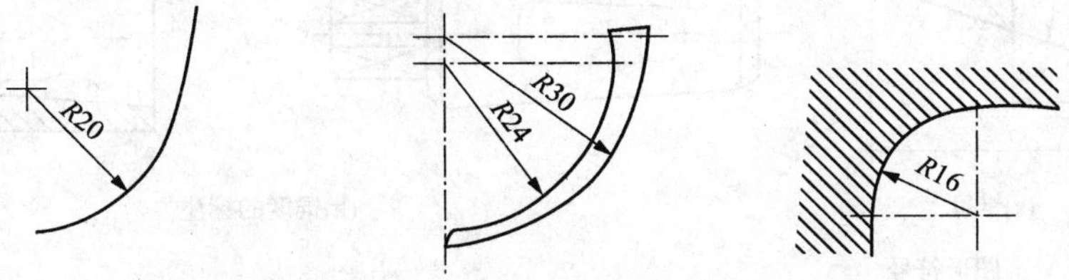 R20　R30　R24　R16 (a)半径尺寸一般注法：尺寸线通过圆心，单箭头指向圆弧 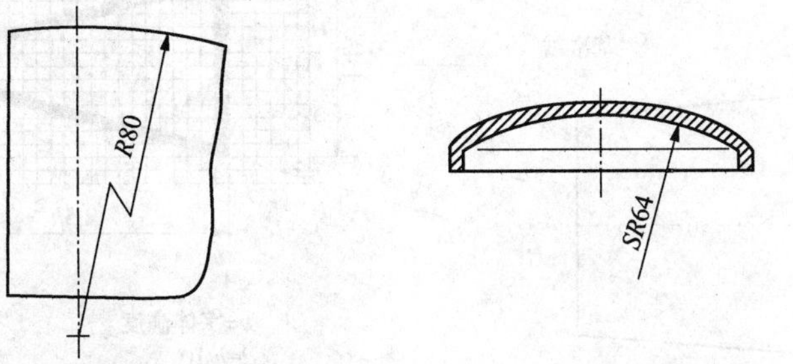 R80　SR64 (b)用折线缩近，示意地画出圆心位置　(c)不画出圆心位置 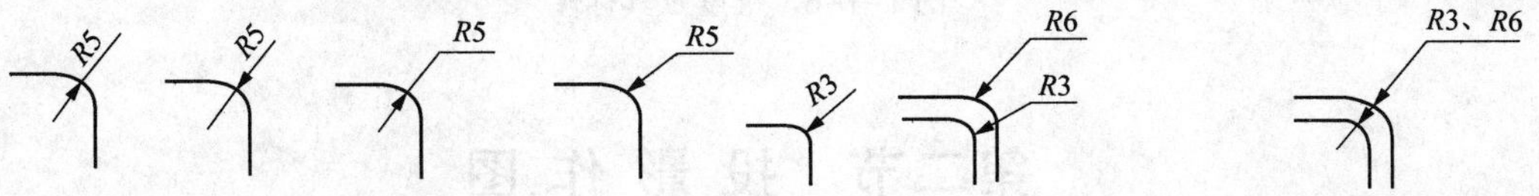 R5　R5　R5　R5　R3　R6　R3　R3、R6 (d)位置不够或小圆弧尺寸的引出注法 在圆弧的半径尺寸数字之前，应注出半径代号“*R*” (e)一组同心圆弧可用共同的尺寸线箭头依次表示

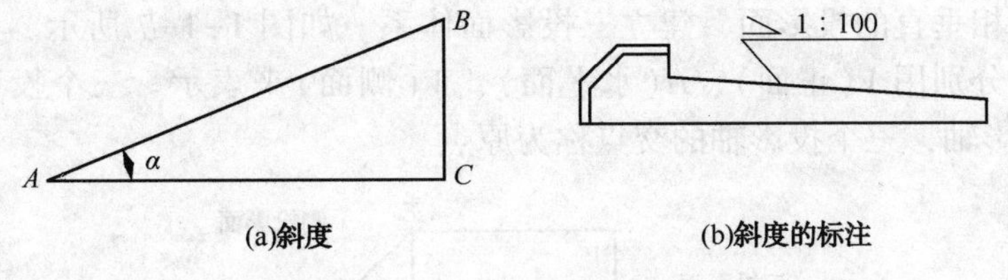

(a)斜度　(b)斜度的标注

图 1-1-5　斜度及其标注

2. 锥度

锥度是指正圆锥底圆直径和锥高之比。若为圆台，则是两底圆直径之差与锥台高之比，如图 1-1-6(a)所示。

锥度 $=D/L=(D-d)/l=2\tan(\alpha/2)=l:n$

锥度的标注形式如图 1-1-6(b)所示。在图样上应采用锥度图形符号表示圆锥，锥度的图形符号画法如图 1-1-6(c)所示。图形符号的方向应与圆锥的方向一致。基准线应通过引出线与圆锥的轮廓素线相连，并与圆锥的轴线平行。

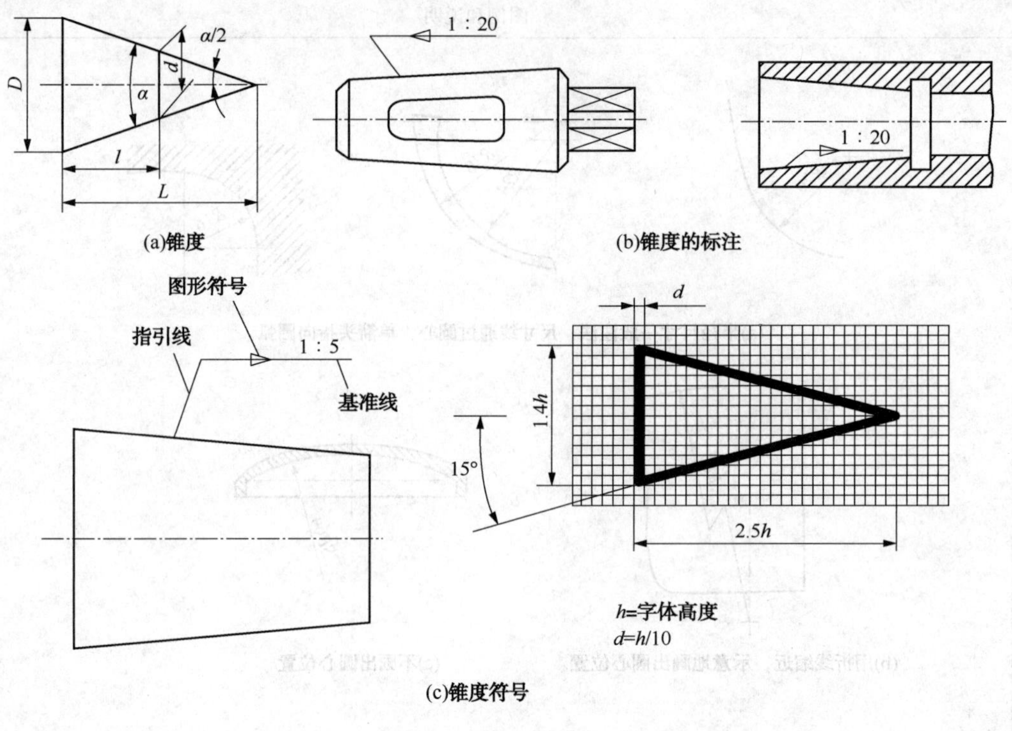

图 1-1-6　锥度及其标注

第二节　投 影 作 图

一、三视图的形成

1. 面投影体系

选用三个互相垂直的投影面，建立三投影面体系。如图 1-1-7 所示。在三投影面体系中，三个投影面分别用 V(正面)、H(水平面)、W(侧面)来表示。三个投影面的交线 OX、OY、OZ 称为投影轴，三个投影轴的交点称为原点。

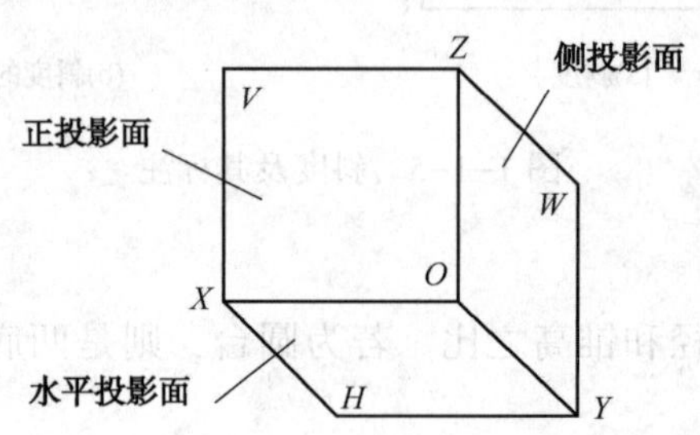

图 1-1-7　三投影面体系

2. 三视图的形成

如图 1-1-8(a)所示，将 L 形块放在三投影面中间，分别向正面，水平面、侧面投影。在正面的投影叫主视图，在水平面上的投影叫俯视图，在侧面上的投影叫左视图。

为了把三视图画在同一平面上，如图 1-1-8(b)所示，规定正面不动，水平面绕 OX 轴向下转动 90°，侧面绕 OZ 轴向右转 90°，使三个互相垂直的投影面展开在一个平面上，如图 1-1-8(c)。为了画图方便，把投影面的边框去掉，得到图 1-1-8(d)所示的三视图。

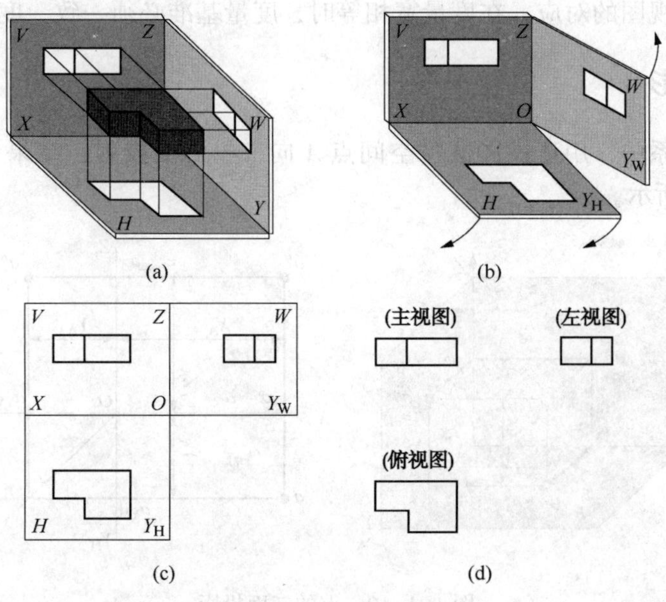

图 1-1-8　三视图的形成

二、三视图的投影关系

如图 1-1-9 所示，三视图的投影关系为：

V 面、H 面(主、俯视图)——长对正；

V 面、W 面(主、左视图)——高平齐；

H 面、W 面(俯、左视图)——宽相等。

这是三视图间的投影规律，是画图和看图的依据。

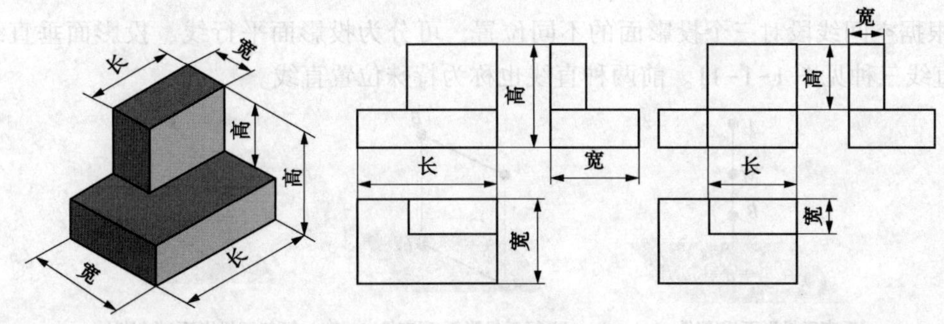

图 1-1-9　三视图的投影关系

小结：

(1) 机械制图主要采用“正投影法”，它的优点是能准确反映形体的真实形状，便于度量，能满足生产上的要求；

(2) 三个视图都是表示同一形体，它们之间是有联系的，具体表现为视图之间的位置关系，尺寸之间的“三等”关系以及方位关系；

(3) 三视图中，除了整体保持“三等”关系外，每一局部也保持“三等”关系，其中特别要注意的是俯、左视图的对应，在度量宽相等时，度量基准必须一致，度量方向必须一致。

三、点的投影

在三投影面体系中，用正投影法将空间点 A 向三投影面投射，结果和制图中有关符号表达见图 1-1-10 所示。

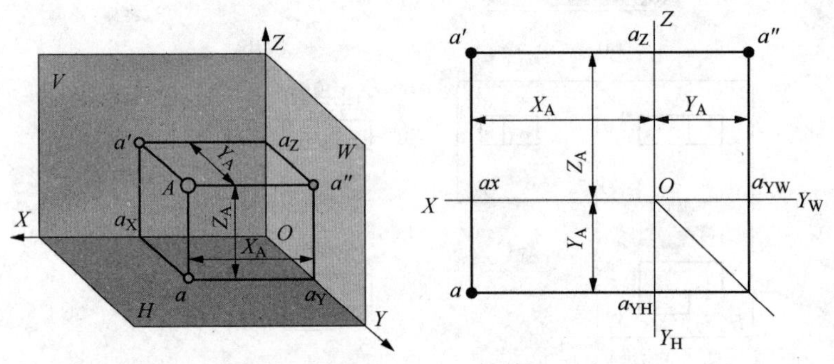

图 1-1-10　点的三面投影

点的三面投影，应保持如下的投影关系：

(1) 点的正面投影和侧面投影必须位于同一条垂直于 Z 轴的直线上($a'a''$垂直于 OZ 轴)；

(2) 点的正面投影和水平投影必须位于同一条垂直于 X 轴的直线上($a'a$ 垂直于 OX 轴)；

(3) 点的水平投影到 OX 轴的距离等于该点的侧面投影到 OZ 轴的距离($a\ a_x=a''a_z$)。

已知某点的两个投影，就可根据“长对正，高平齐、宽相等”的投影规律求出该点的第三投影。

四、直线段的投影

1. 根据空间线段对三个投影面的不同位置，可分为投影面平行线、投影面垂直线和一般位置直线三种见图 1-1-11。前两种直线也称为特殊位置直线。

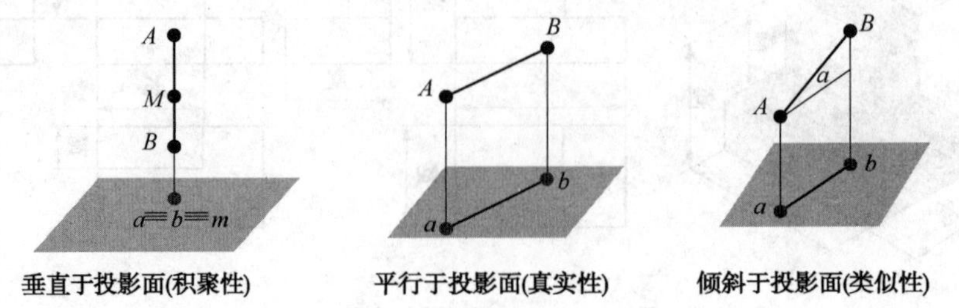

图 1-1-11　直线的投影特性

2. 直线与三投影面的关系及特性

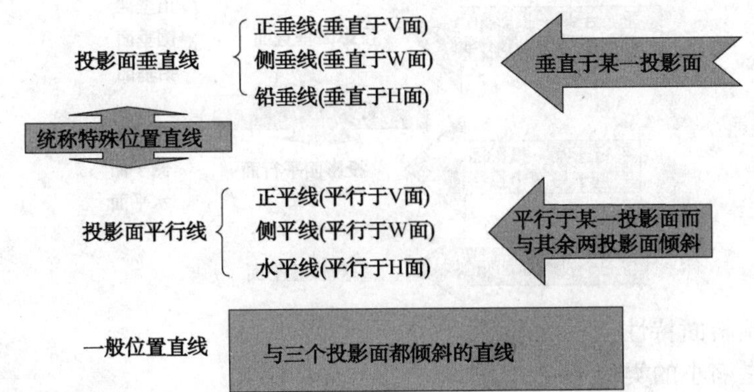

（1）投影面垂直线特性：

1）在其垂直的投影面上，投影有积聚性；

2）另外两个投影面上，投影为水平线段或垂直线段，并反映实长。

（2）投影面平行线特性：

1）在其平行的那个投影面上的投影反映实长，并反映直线与另两投影面倾角；

2）另两个投影面上的投影为水平线段或垂直线段，并小于实长。

（3）投影面倾斜线特性：

三个投影都缩短了，即都不反映空间线段的实长及与三个投影面夹角，且与三根投影轴都倾斜。

五、平面的投影

1. 空间平面在三面投影体系中，根据对三个投影面的相对位置，可分为投影面平行面，投影面垂直面和一般位置平面三种，见图 1-1-12。前两种平面也称为特殊位置平面。

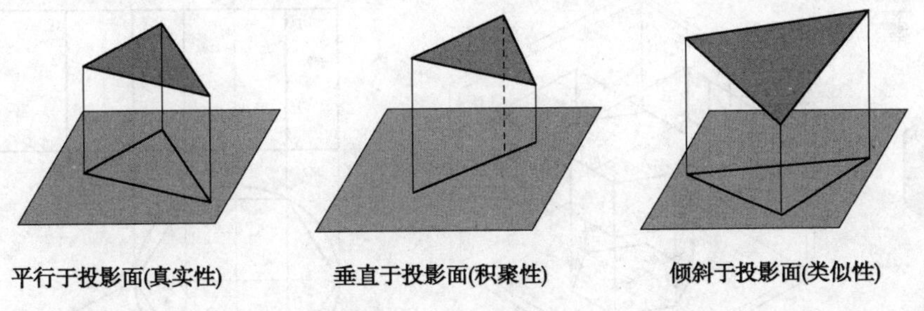

图 1-1-12　平面的投影特性

2. 平面与三投影面的关系及特性：

（1）投影面平行面特性：

1）在它所平行的投影面上的投影反映实形；

2）另两个投影面上的投影分别积聚成与相应的投影轴平行的直线。

（2）投影面垂直面特性：

1）在其垂直的投影面上，投影积聚为一条直线；

2）另外两个投影面上，都是缩小的类似形。

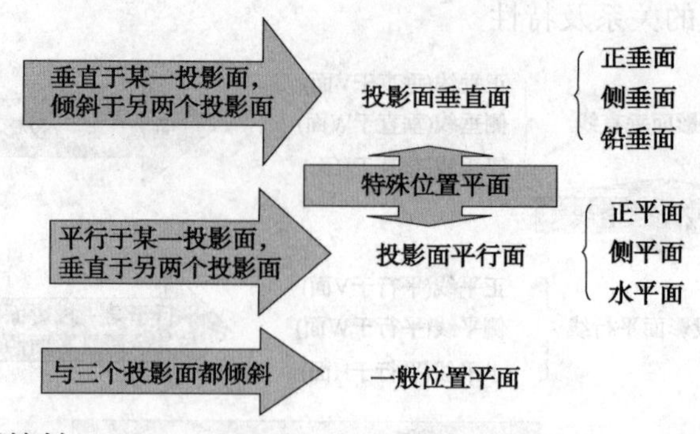

（3）投影面倾斜面特性：

三个投影都是缩小的类似形。

第三节　基本几何体投影视图

基本几何体可分为平面立体和曲面立体两类。表面由平面构成的形体称为平面立体；表面由曲面构成或平面与曲面构成的形体称为曲面立体。平面立体有棱柱、棱锥等；曲面立体有圆柱、圆锥、圆球和圆环等。

一、棱柱

以正六棱柱为例，讨论其视图特点。

如图 1-1-13 所示位置放置六棱柱时，其两底面为水平面，*H* 面投影具有全等性；前后两侧面为正平面，其余四个侧面是铅垂面，它们的水平投影都积聚成直线，与六边形的边重合。

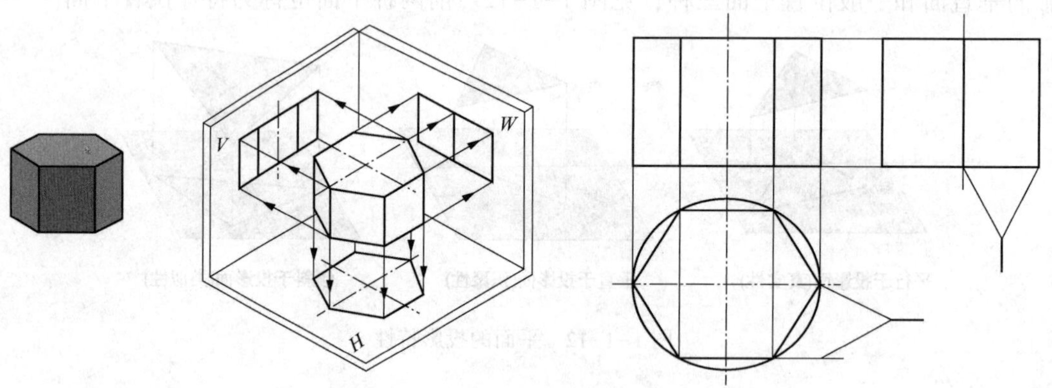

图 1-1-13　正六棱柱的三视图

从图 1-1-13 所示，可知直棱柱三面投影特征：一个视图有积聚性，反映棱柱形状特征；另两个视图都是由实线或虚线组成的矩形线框。

二、正三棱锥的三视图

如图 1-1-14 所示，正三棱锥底面平行于水平面而垂直于其他两个投影面，所以俯视图为一正三角形，主、左视图均积聚为一直线段，棱面 *SAC* 垂直于侧面，倾斜于其他投影面，所以左视图积聚为一直线段，而主、俯视图均为类似形；棱面 *SAB* 和 *SBC* 均与三个投影面倾斜，它们的三个视图均为比原棱面小的三角形(类似形)。

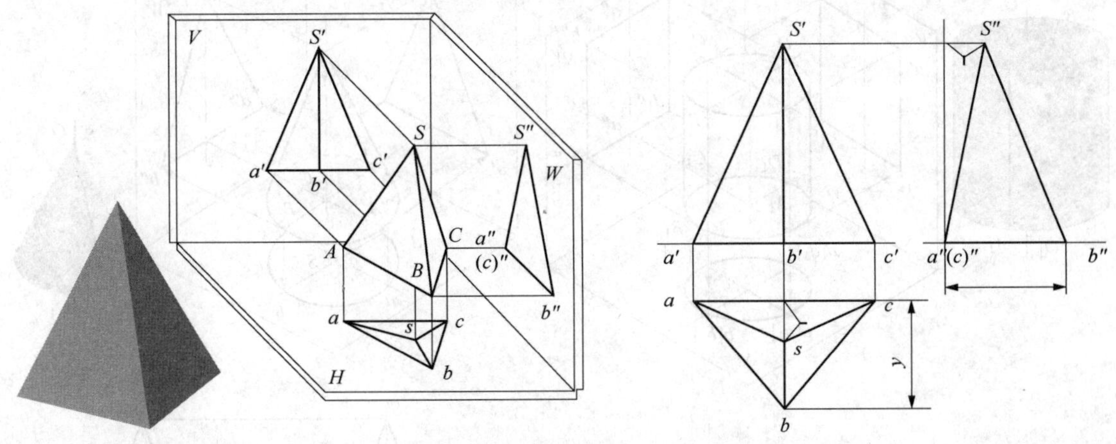

图 1-1-14　正三棱锥的三视图

棱锥的视图特点：一个视图为多边形，另两个视图为三角形线框。

三、圆柱的三视图

圆柱体的三视图如图 1-1-15 所示。圆柱轴线垂直于水平面，则上下两圆平面平行于水平面，俯视图反映实形，主、左视图各积聚为一直线段，其长度等于圆的直径。圆柱面垂直于水平面，俯视图积聚为一个圆，与上、下圆平面的投影重合。圆柱面的另外两个视图，要画出决定投影范围的转向轮廓线(即圆柱面对该投影面可见与不可见的分界线)。

圆柱的视图特点：一个视图为圆，另两个视图为方形线框。

四、圆锥的三视图

圆锥体的三视图如图 1-1-16 所示。直立圆锥的轴线为铅垂线，底平面平行于水平面，所以底面的俯视图反映实形(圆)，其余两个视图均为直线段，长度等于圆的直径。圆锥面在俯视图上的投影重合在底面投影的圆形内，其他两个视图均为等腰三角形。

圆锥的视图特点：一个视图为圆，另两个视图为三角形线框。

五、圆球(简称球)的三视图

如图 1-1-17 所示，圆球的三个视图均为圆，圆的直径等于球的直径。球的主视图表示了前、后半球的转向轮廓线(即 *A* 圆的投影)，俯视图表示了上、下半球的转向轮廓线(即 *B* 圆的投影)。左视图即为左、右半球的转向轮廓线(即 *C* 圆的投影)。

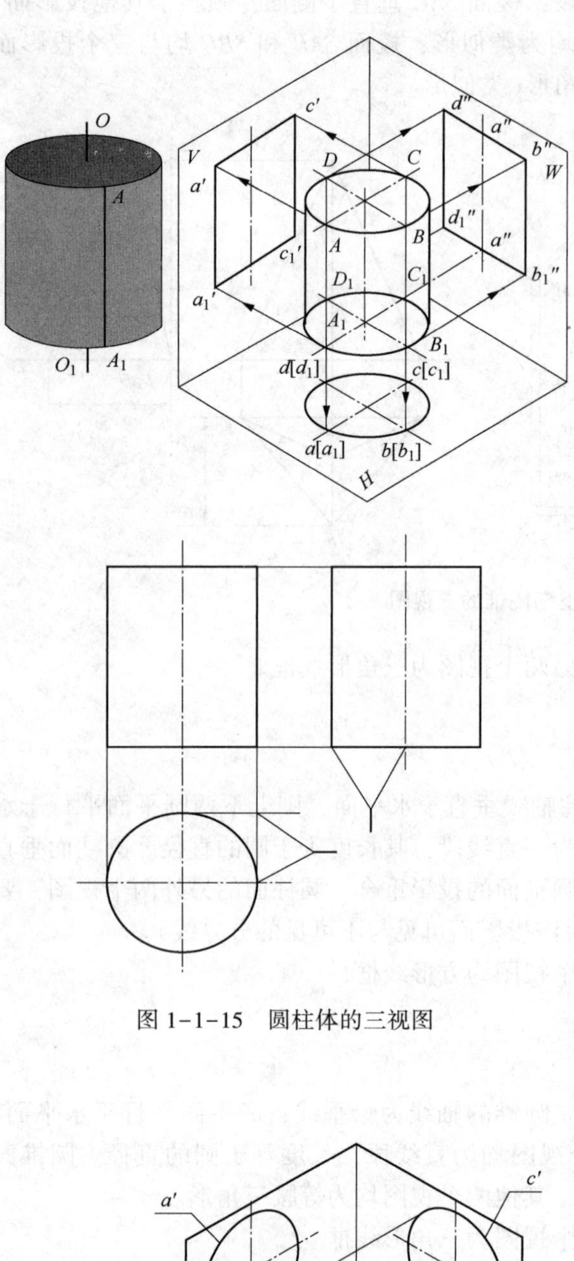

图 1-1-15　圆柱体的三视图

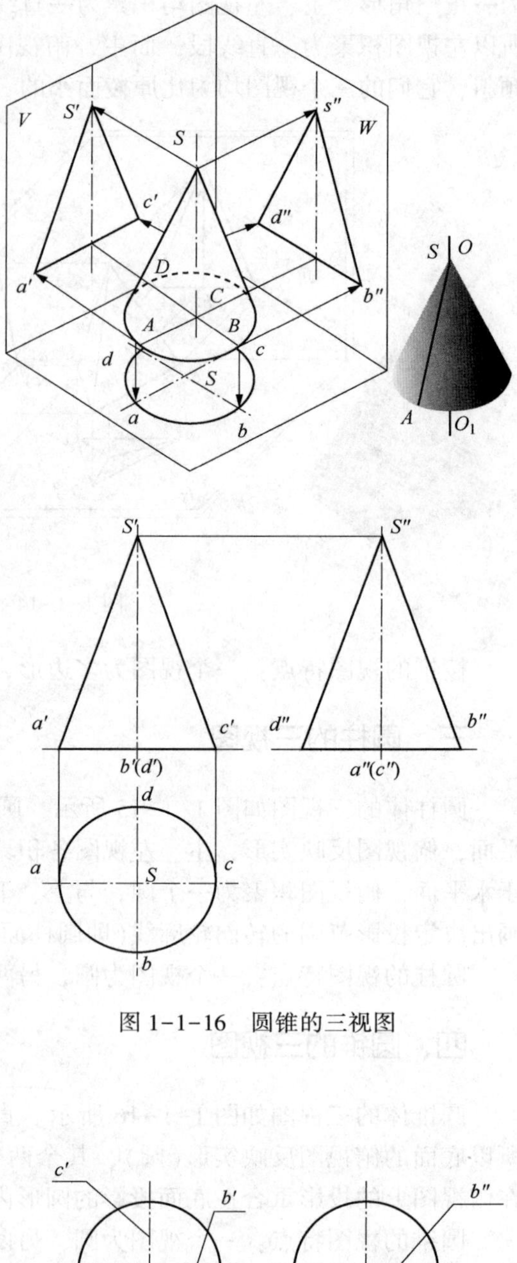

图 1-1-16　圆锥的三视图

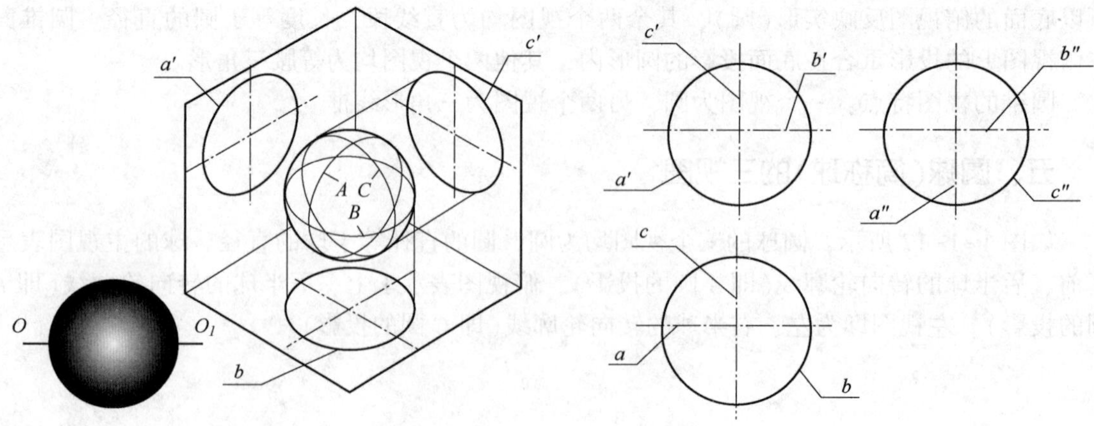

图 1-1-17　球的三视图

球的视图特点：三个视图均为圆。

六、圆环

图 1-1-18(b)所示为圆环的三视图。主视图中左、右两个圆是平行于正面的两个素线圆的正面投影，上、下两条切线是圆环面上最高圆和最低圆的正面投影。左视图中左、右两个圆是平行于侧面的两个素线圆的侧面投影，上、下两条切线是圆环面上最高圆和最低圆的投影。俯视图上的两个实线圆是圆环面上最大和最小纬圆的投影，点画线圆表示母线圆心旋转而形成的轨迹的水平投影。

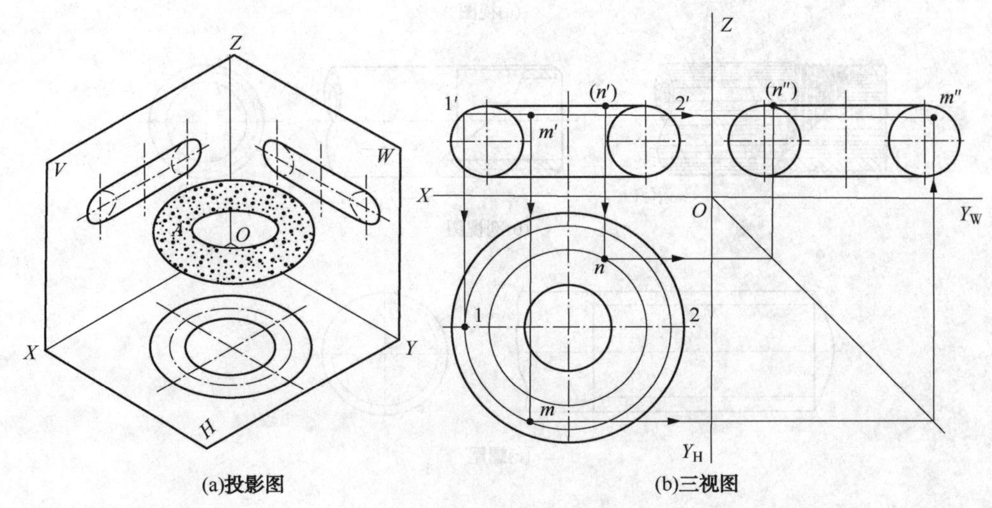

图 1-1-18　圆环

第四节　标准件、常用件及其规定画法

一、螺纹

螺纹是零件上常见的结构形式，它主要用于联接零件、传递动力和改变运动形式。

GB/T 4459. 1—1995《机械制图 螺纹及螺纹紧固件表示法》对螺纹的画法规定如下：

(1) 外螺纹的画法

在平行于螺纹轴线投影面的视图中，外螺纹的大径和螺纹终止线 e 用粗实线表示，小径用细实线表示，螺杆的倒角或倒圆也应画出。在垂直于螺纹轴线投影面的视图中，外螺纹的大径用粗实线圆表示；表示小径的细实线圆只画约 3/4 圈(空出约 1/4 圈的位置不作规定，可自行选择)，此时，螺杆上的倒角投影不应画出，见图 1-1-19。

(2) 内螺纹的画法

在平行于螺纹轴线投影面的剖视图中，内螺纹的小径和螺纹终止线用粗实线表示，大径用细实线表示，剖面线应画到粗实线。在垂直于螺纹轴线投影面的视图中，内螺纹的小径用粗实线圆表示，表示大径的细实线圆只画约 3/4 圈，此时，螺孔上的倒角投影不应画出，见图 1-1-20。内螺纹一般都画成剖视图的形式。

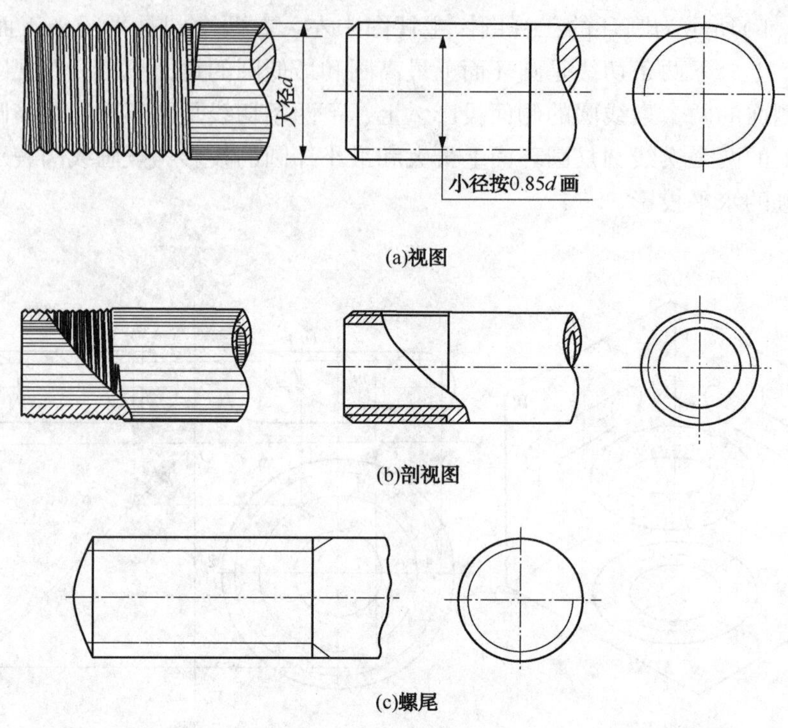

图 1-1-19　外螺纹的画法

无论是外螺纹还是内螺纹，在剖视或断面图中的剖面线都应画到粗实线，见图 1-1-19(b)、图 1-1-20(a)。

不可见螺纹的所有图线都用虚线绘制，见图 1-1-20(b)。

螺尾部分一般不必画出，当需要表示螺尾时，该部分用与轴线成 30°的细实线画出，见图 1-1-19(c)、图 1-1-20(c)。

绘制不通的螺孔时，一般应将钻孔深度与螺纹部分的深度分别画出，见图 1-1-20(b)、图 1-1-20(c)。

(3) 螺纹的标记

标准螺纹应注出相应标准所规定的螺纹标记，见表 1-1-5。

标准螺纹标记由基本要素和控制要素两部分组成。基本要素包括螺纹特征代号、公称直径、螺距、导程、旋向等；而控制要素由公差带代号及旋合长度代号组成。标准螺纹的完整标记如下：

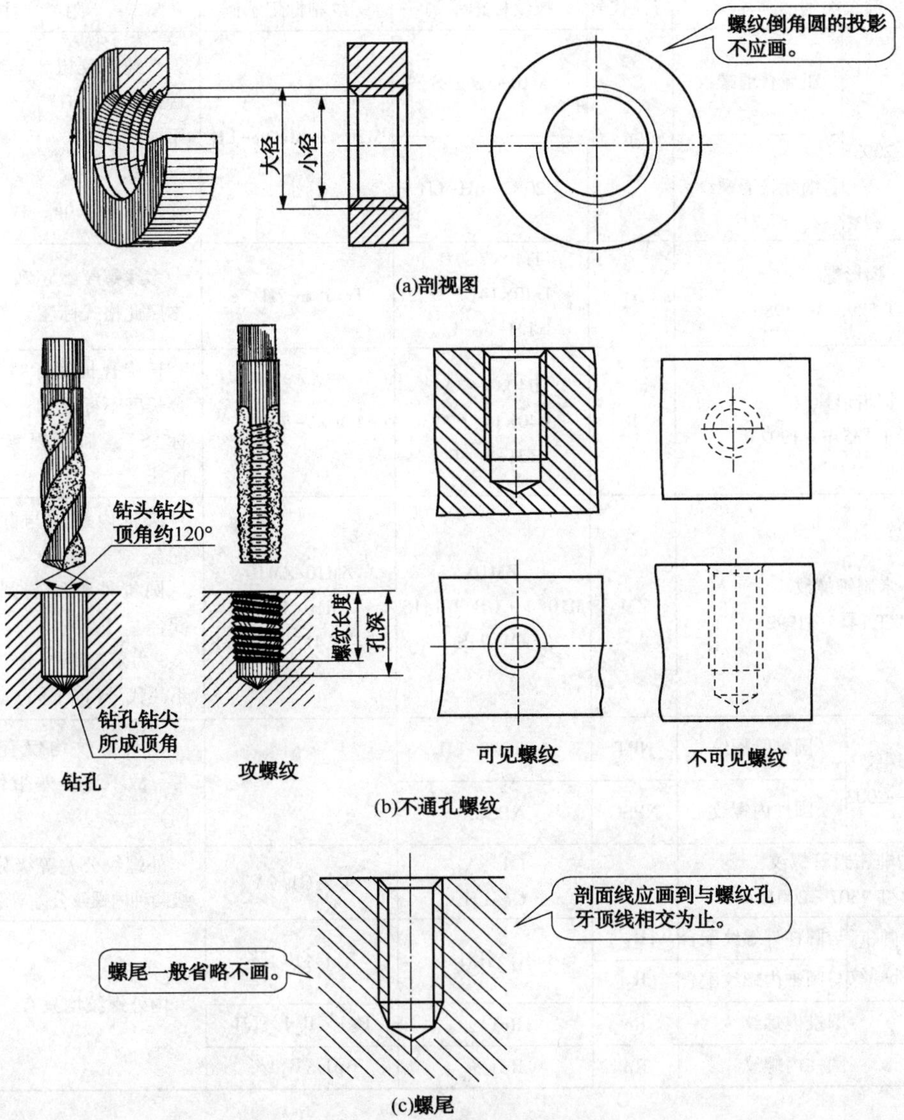

(a)剖视图

钻孔　攻螺纹　可见螺纹　不可见螺纹

(b)不通孔螺纹

(c)螺尾

图 1-1-20　内螺纹的画法

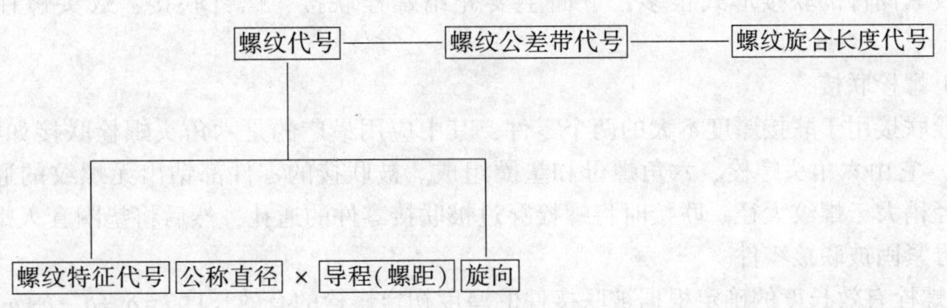

表 1-1-5　　标准螺纹的标记

<table>
<tr><th colspan="3">螺纹类别</th><th>特征代号</th><th>螺纹标记示例</th><th>螺纹副标记示例</th><th>附　注</th></tr>
<tr><td rowspan="2">普通螺纹
GB/T 197—2003</td><td colspan="2">粗牙普通螺纹</td><td rowspan="2">M</td><td>M10-5g6g-S</td><td rowspan="2">M20×2-6H/6g-LH</td><td rowspan="2">普通螺纹粗牙不注螺距，左旋螺纹标“LH”，右旋不标（以下同）
外螺纹中径公差带为 5g，顶径公差带为 6g。</td></tr>
<tr><td colspan="2">细牙普通螺纹</td><td>M20×2-6H-LH</td></tr>
<tr><td colspan="3">梯形螺纹
GB/T 5796. 4—1986</td><td>Tr</td><td>Tr40×7-7H
Tr40×14(P7)
LH-7e-L</td><td>Tr36×6-7H/7e</td><td>多线螺纹螺距和导程都可以参照此格式标注</td></tr>
<tr><td colspan="3">锯齿形螺纹
GB/T 13576—1992</td><td>B</td><td>B40×7-7A
B40×14(P7)
LH-8e-L</td><td>B40×7-7A/7c</td><td>长旋合长度标“L”，中等旋合长度不标注 N，短旋合长度标“S”，都可以参照此格式标注</td></tr>
<tr><td colspan="3">米制锥螺纹
GB/T 1415—1992</td><td>ZM</td><td>ZM10
M10×1 · GB/T 1415
ZM10-S</td><td>ZM10/ZM10
M10×1 ·
GB/T 1415/ZM10-S</td><td>圆锥内螺纹与圆锥外螺纹配合
圆锥外螺纹与圆柱内螺纹配合
S 为短基距代号，标准基距不注代号（以下同）</td></tr>
<tr><td rowspan="2">60°密封管螺纹
GB/T 12716—2002</td><td colspan="2">圆锥管螺纹</td><td>NPT</td><td>NPT3/8-LH</td><td rowspan="2"></td><td rowspan="2">内外螺纹均仅有一种公差带，故不注公差带代号（以下同）</td></tr>
<tr><td colspan="2">圆柱内螺纹</td><td>NPSC</td><td>NPSC3</td></tr>
<tr><td colspan="3">55°非密封管螺纹
GB/T 7307—2001</td><td>G</td><td>G1½A
G½LH</td><td>G½G1½A</td><td>外螺纹公差等级分 A 级和 B 级两种内螺纹公差等级只有一种</td></tr>
<tr><td rowspan="4">55°密封管螺纹
GB/T 7306—2000</td><td rowspan="2">圆锥外螺纹</td><td>与圆柱外螺纹配合</td><td>R_1</td><td rowspan="2">R_1½LH</td><td rowspan="2">$R_1$1½$R_2$1½</td><td rowspan="4">内外螺纹均只有一种公差带</td></tr>
<tr><td>与圆锥内螺纹配合</td><td>R_2</td></tr>
<tr><td colspan="2">圆锥内螺纹</td><td>Rc</td><td>Rc1½</td><td>Rc1½$R_2$1½LH</td></tr>
<tr><td colspan="2">圆柱内螺纹</td><td>Rp</td><td>Rp1½</td><td>Rp1½$R_1$1½</td></tr>
</table>

二、螺纹紧固件及画法

由螺纹作联接的标准件如螺栓、螺钉、螺柱、螺母和垫圈等，统称为螺纹紧固件。

螺纹紧同件的联接形式很多，下面主要介绍螺栓联接、螺钉联接、双头螺柱联接的画法。

（1）螺栓联接

螺栓联接用于联接厚度不大的两个零件，其中应用最广的是六角头螺栓联接如图 1-1-21 所示。它由六角头螺栓、六角螺母和垫圈组成。被联接的零件都钻出无螺纹的通孔，通孔的直径稍大于螺纹大径。联接时将螺栓穿过被联接零件的通孔，然后将垫圈套人螺杆，再旋上螺母紧固被联接零件。

1）螺栓有效长度的确定根据被联接件的厚度初定螺栓的有效长度 $l=\delta_1+\delta_2+h+m+a$ 见图 1-1-21(c)，然后将计算所得的数值调整到符合标准中所规定的长度系列。当螺栓的有效长度确定后，就可以在相应的标准中查出螺栓、螺母、垫圈的各部分尺寸。

2）螺栓联接的画法。图 1-1-21(c)、图 1-1-21(d)是螺栓联接的两种简化画法，在画螺栓、螺母和垫圈的各部分尺寸时不需查表，采用螺纹大径(d)的比值来画，见图 1-1-21(b)、图 1-1-21(c)。图 1-1-21(d)是将螺杆末端、螺栓头和螺母端面的倒角都省略不画。

绘制螺纹紧固件时应注意，螺母、垫圈、被联接件和螺栓头部之间的端面被紧固后均为接触面，因此它们之间都只画一条线。而被联接的通孔与螺杆之间的表面为非接触面，即使间隙很小也要画两条线。

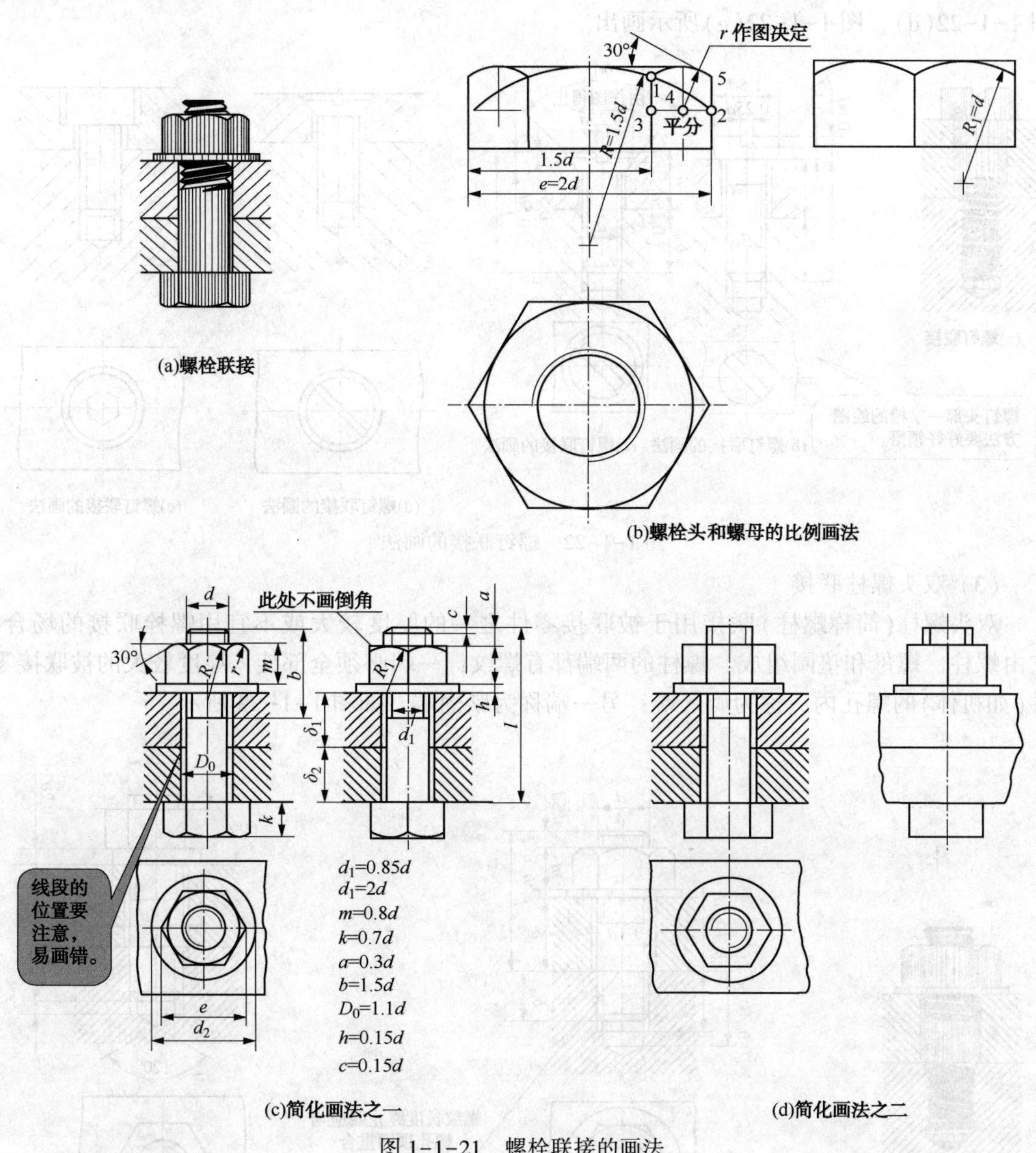

图 1-1-21　螺栓联接的画法

（2）螺钉联接

螺钉联接用于受力不大而又不经常拆卸的场合。螺钉联接不用螺母，它靠螺钉头部支承面紧固被联接零件见图 1-1-22。

1）螺钉有效长度的确定螺钉的有效长度 $l=\delta+bm$ 见图 1-1-22(b)、1-1-22(c)，式中 bm 为螺钉旋人长度。为了使螺钉的旋入长度能达到 bm，零件的螺孔深度应大于或等于 $bm+0.3d$，钻孔深度应大于或等于 $bm+0.6d$。

2）螺钉联接的画法螺钉联接的画法及其各部分比值的尺寸见图 1-1-22(b)、图 1-1-22(c)。螺钉头部的一字槽、十字槽可以画成宽度为(1.5~2)倍粗实线宽的单线。对于一字槽，在垂直于螺钉轴线投影面的视图中，应画成与水平线成45°的斜线；在平行于螺钉轴线投影面的视图中，均按槽与投影面成垂直的情况画出。对于不通的螺孔，在装配图中可以按图 1-1-22(d)、图 1-1-22(e)所示画出。

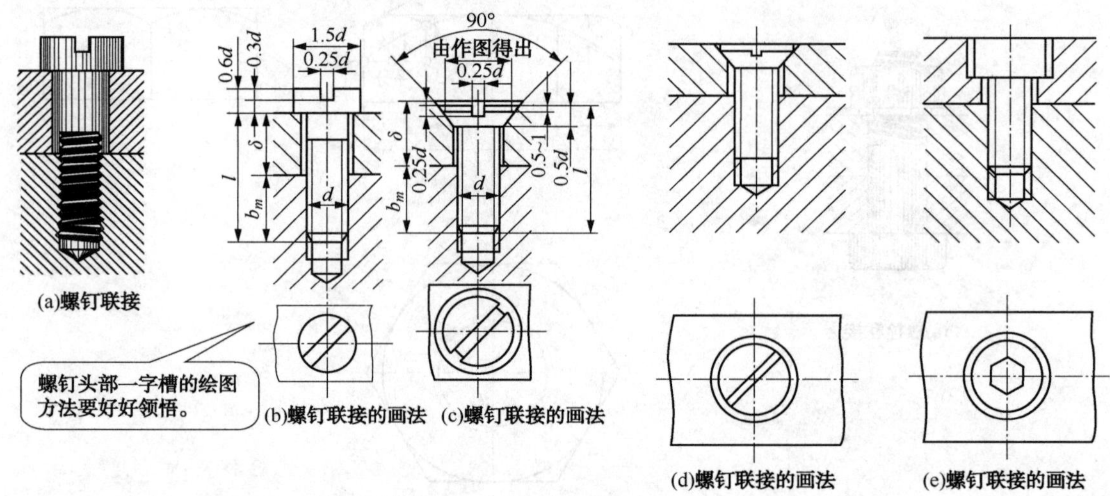

图 1-1-22　螺钉联接的画法

（3）双头螺柱联接

双头螺柱(简称螺柱)联接用于被联接零件之一的厚度较大或不宜用螺栓联接的场合。它由螺柱、螺母和垫圈组成。螺柱的两端都有螺纹，一端必须全部旋入厚度较大的被联接零件(如机体)的螺孔内，称为旋入端；另一端称为紧固端，如图 1-1-23 所示。

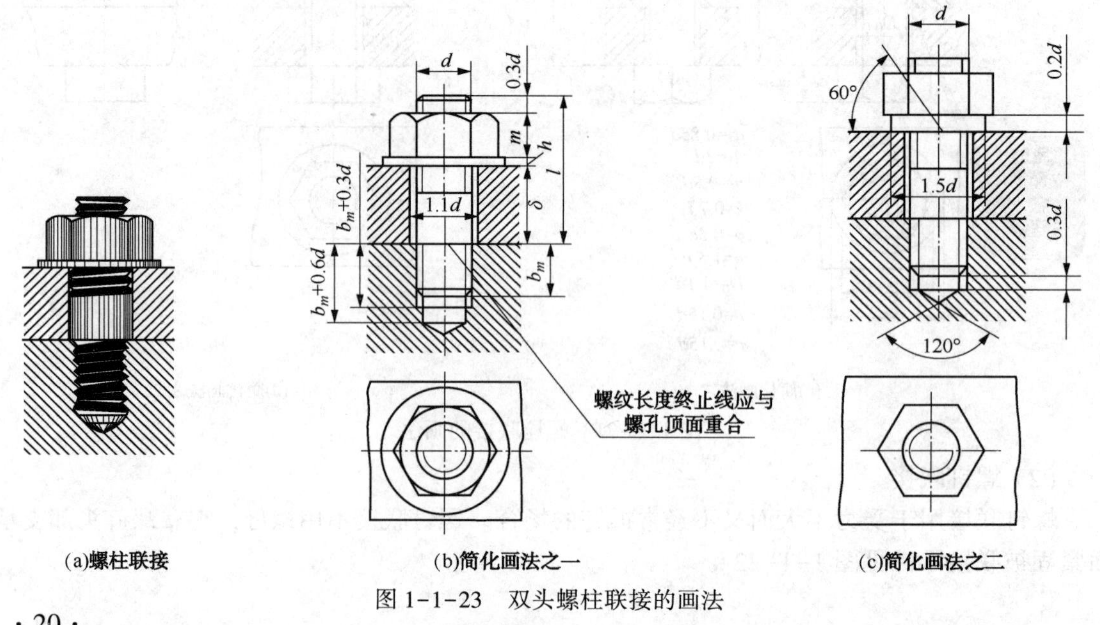

图 1-1-23　双头螺柱联接的画法

1）双头螺柱有效长度的确定　双头螺柱的有效长度 $l=\delta+h+m+0.3d$ 见图 1-1-23(b)，然后将计算所得的数值调整到标准中所规定的长度系列。旋入端的长度 bm 及螺孔深度，应根据螺孔零件的材质选取：设螺纹大径为 d，$bm=d$ 一般用于钢对钢，$bm=(1.25-1.5)d$ 一般用于钢对铸铁，$bm=2d$ 一般用于钢对铝合金。

2）双头螺柱的联接画法双头螺柱的联接画法如图 1-1-23(b)、图 1-1-23(c)所示，其紧固端部分与螺栓联接画法相同，旋入端部分与螺钉联接画法相同。

在装配图中，螺纹紧固件的工艺结构，如倒角、退刀槽、缩颈、凸肩等均可省略不画。常用螺栓、螺钉的头部及螺母等也可采用表 1-1-6 所列简化画法来绘制装配图。

表 1-1-6　常用螺栓、螺钉的头部及螺母的简化画法

形　式	简化画法	形　式	简化画法
六角头（螺栓）	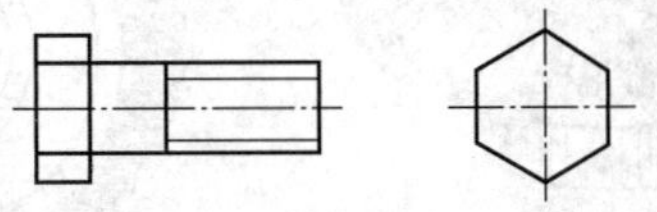	六角（螺母）	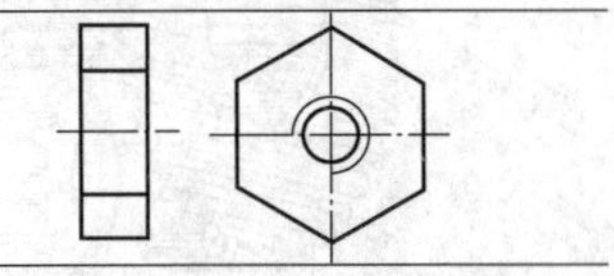
方头（螺栓）	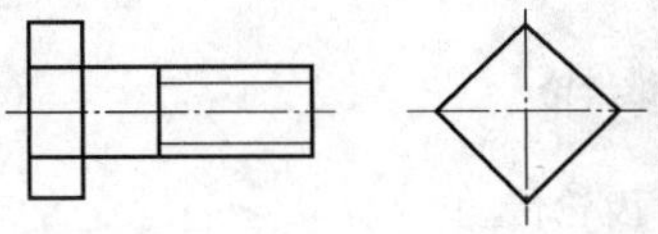	方头（螺母）	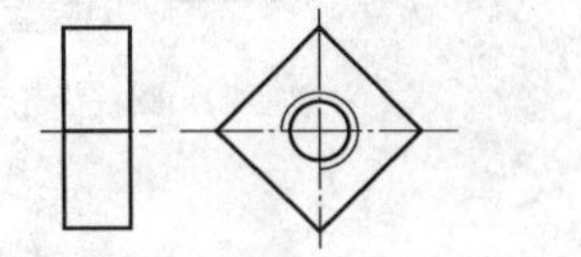
圆柱头内六角（螺钉）	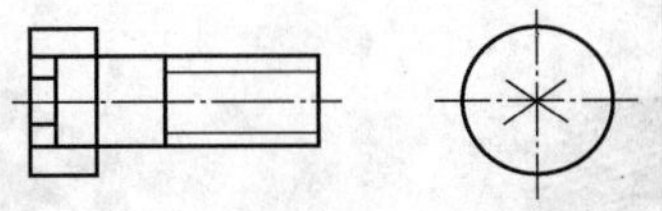	六角开槽（螺母）	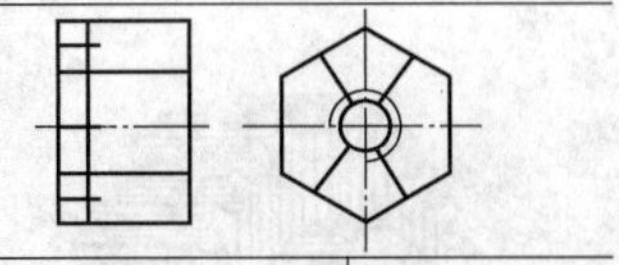
无头内六角（螺钉）	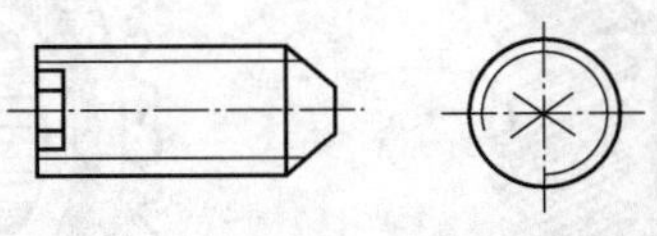	六角法兰面（螺母）	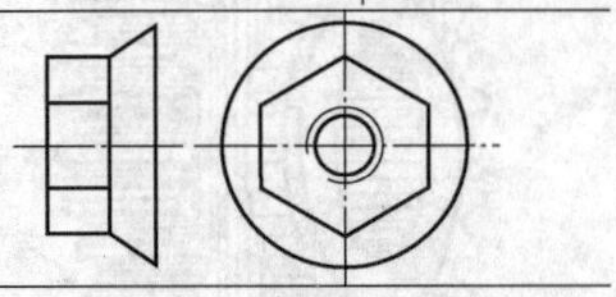
无头开槽（螺钉）	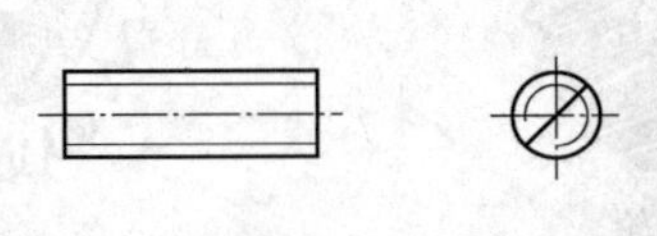	蝶形（螺母）	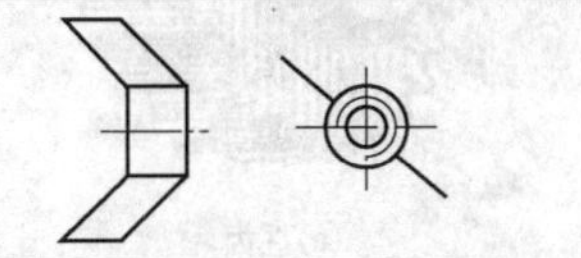
沉头开槽（螺钉）	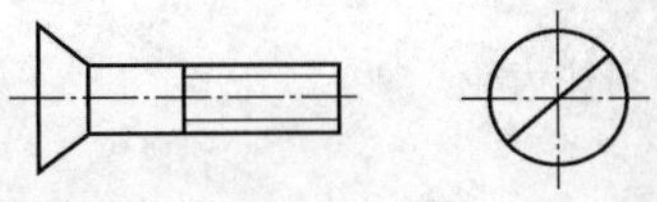	沉头十字槽（螺钉）	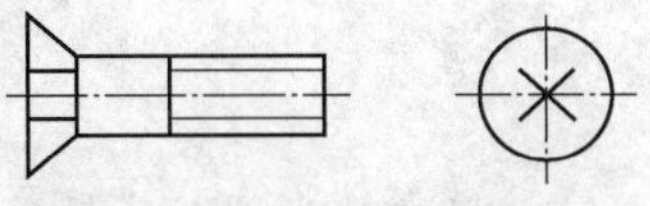
半沉头开槽（螺钉）	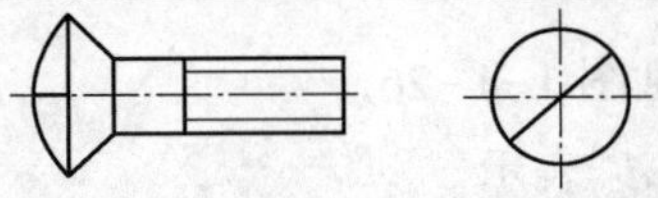	半沉头十字槽（螺钉）	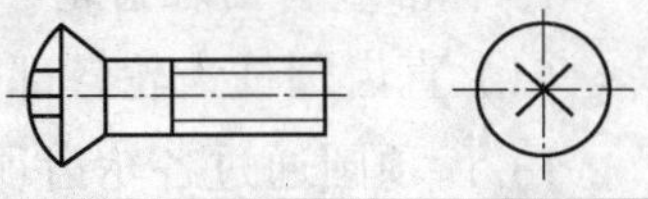
圆柱头开槽（螺钉）	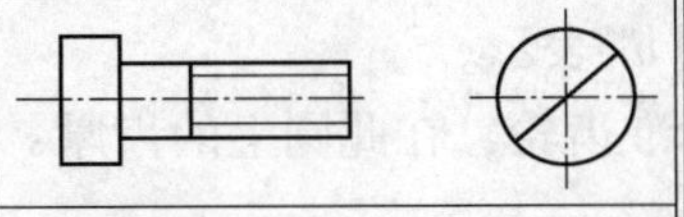	盘头十字槽（螺钉）	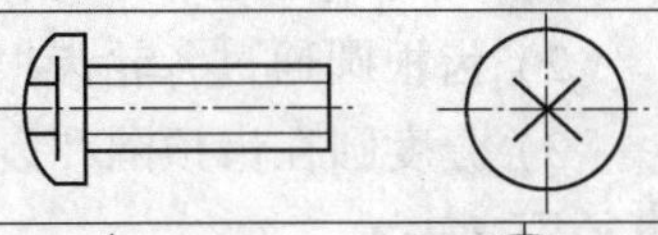
盘头开槽（螺钉）	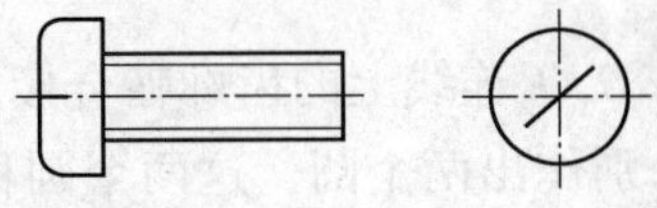	六角法兰面（螺栓）	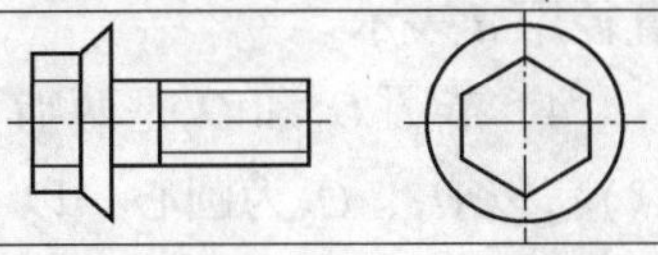
沉头开槽（自攻螺钉）	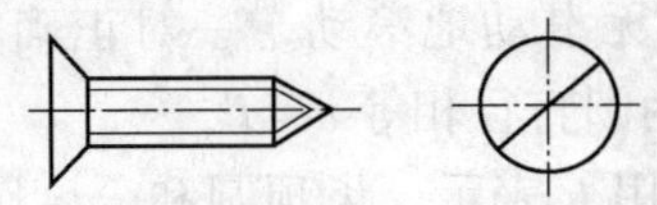	圆头十字槽（木螺钉）	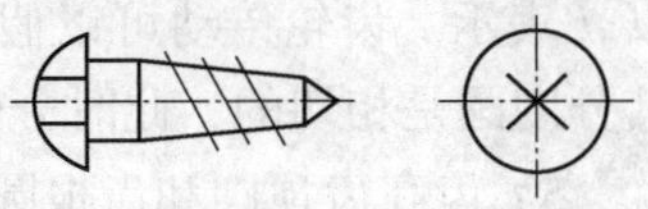

三、齿轮

传动零件如齿轮、蜗轮、蜗杆等以及滚动轴承，弹簧都是常用的零件，统称为常用件。其中齿轮是机械设备中常见的传动零件，它用于传递动力与运动，改变转速或方向。

常见的齿轮种类有圆柱齿轮、锥齿轮和蜗轮蜗杆等，如图 1–1–24 所示。按齿轮上的轮齿方向又可分为直齿轮、斜齿轮、人字齿轮等，如图 1–1–25 所示。

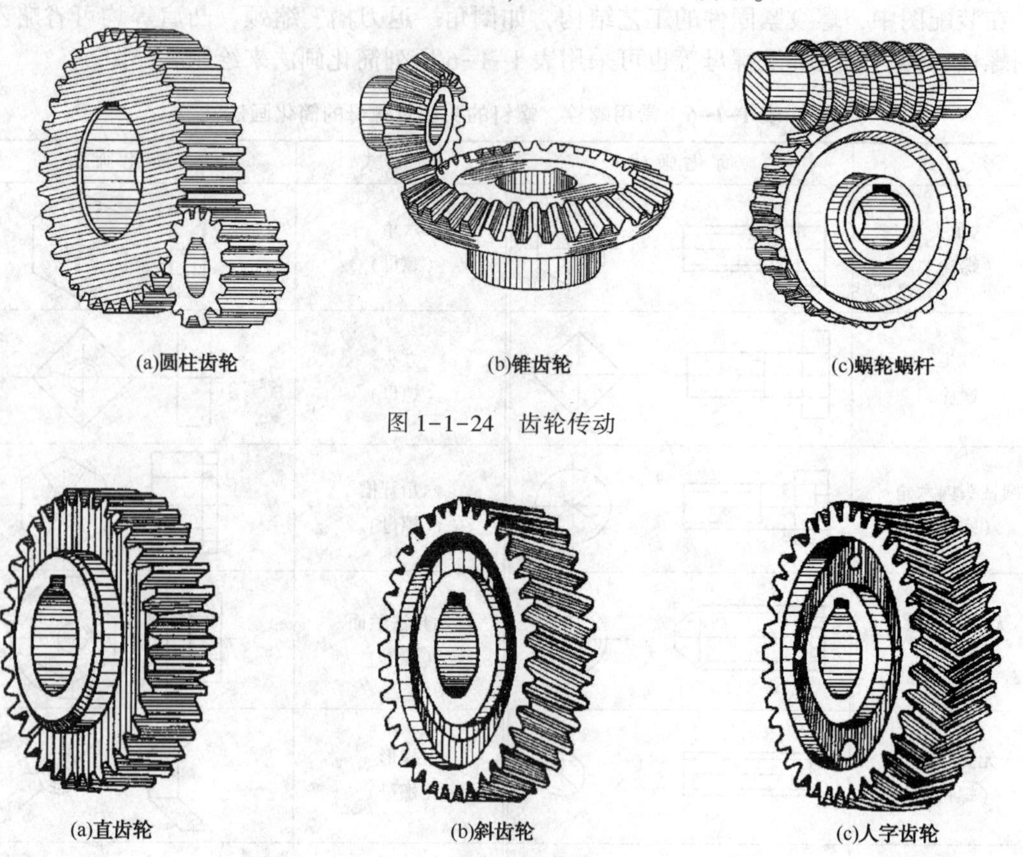

(a)圆柱齿轮 (b)锥齿轮 (c)蜗轮蜗杆

图 1–1–24 齿轮传动

(a)直齿轮 (b)斜齿轮 (c)人字齿轮

图 1–1–25 圆柱齿轮

1. 标准直齿圆柱齿轮

（1）直齿圆柱齿轮各部分名称和尺寸关系见图 1–1–26。

1）齿顶圆通过各轮齿顶部的圆，其直径用 d_a 表示。

2）齿根圆通过各轮齿根部的圆，其直径用 d_f 表示。

3）分度圆在齿顶圆和齿根圆之间，对于标准齿轮，在此圆上的齿厚 s 与槽宽 e 相等，其直径用 d 表示。

4）节圆 O_1 和 O_2 是两啮合齿轮的回转中心，O_1O_2 连线上的齿廓啮合接触点为 P 点（称节点），以 O_1、O_2 为圆心，以 O_1P、O_2P 为半径分别作出两个圆，这两个圆称为节圆，其直径以 d' 表示。齿轮传动可以假想是这两个圆在作无滑动地滚动。一对正确安装的标准齿轮，其分度圆是相切的，此时分度圆与节圆重合，两圆直径相等 $d=d'$。

5）齿高齿顶圆和齿根圆之间的径向距离，用 h 表示。齿顶圆和分度圆之间的径向距离

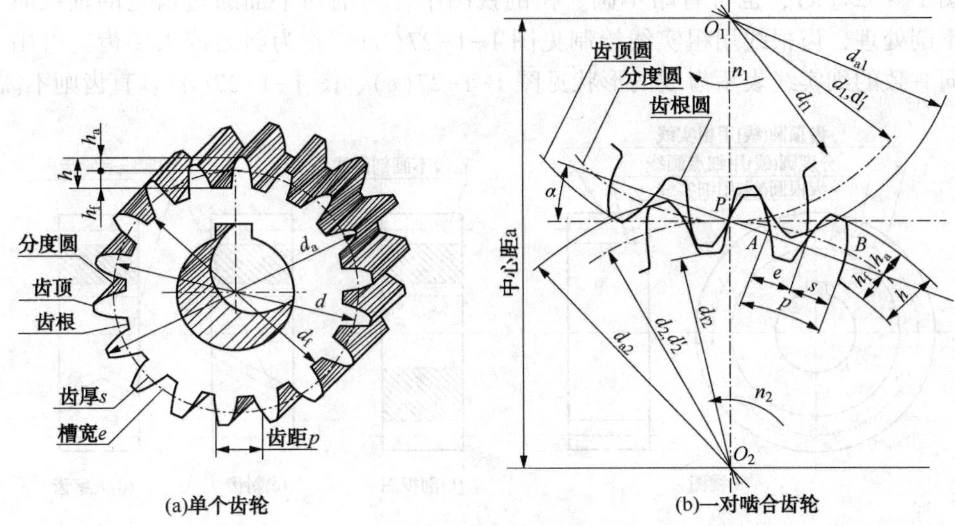

图 1-1-26　直尺圆柱齿轮各部分名称和代号

称齿顶高，用 h_a 表示。分度圆和齿根圆之间的径向距离称齿根高，用 h_f 表示。齿高 $h=h_a+h_f$。

6）齿距、齿厚、槽宽在分度圆上相邻两齿对应点之间的弧长称为齿距，用 p 表示。在分度圆上一个轮齿齿廓间的弧长称为齿厚，用 s 表示；相邻两个轮齿齿槽间的弧长称为槽宽，用 e 表示。对于标准齿轮，$s=e$，$p=s+e$。

7）模数 如果用 z 表示齿轮的齿数，则分度圆的周长=齿数×齿距。

所以 $zp=\pi$　　$d=zp/\pi$　　令 $m=p/\pi$　　则 $d=mz$

m 称为模数，单位是 mm(毫米)。为了便于齿轮的设计和加工，国标中对模数作了统一规定，见表 1-1-7。

表 1-1-7　标准模数(GB/T 1357—1987)　　单位：mm

第一系列	0.1，0.12，0.15，0.2，0.3，0.4，0.5，0.6，0.8，1，1.25，1.5，3，4，5，6，8，10，12，16，20，25，32，40，50
第二系列	0.35，0.7，0.9，1.75，2.25，2.75(3.25)，3.5，(3.75)，4.5，5.5，(6.5)，7，9，(11)，14，18，22，28，36，45

注：在选用模数时，应优先选用第一系列，其次选用第二系列，括号内模数尽可能不选用。

8）压力角 α 两齿轮啮合时，在节点 p 处两齿廓的公法线与两轮中心连线的垂线之间的夹角，俗称啮合角或齿形角。我国规定，标准渐开线齿轮的压力角 $\alpha=20°$。

9）传动比 i 主动齿轮转速 n_1(r/min)与从动齿轮转速 n_2(r/min)之比称为传动比，即 $i=n_1/n_2$:。由于转速与齿数成反比，因此传动比也等于从动齿轮齿数 z_2:与主动齿轮齿数 z_1 之比，即 $i=n_1/n_2=z_2/z_1$。

（2）直齿圆柱齿轮的规定画法

1）单个齿轮的规定画法对于单个齿轮，一般用两个视图表达，或用一个视图加一个局部视图表示，如图 1-1-27 所示。平行于齿轮轴线的视图也可以画成剖视图。轮齿部分的齿顶圆和齿顶线用粗实线绘制；分度圆和分度线用细点画线绘制；齿根圆和齿根线用细实线绘制，见图 1-1-27(a)，也可省略不画。在剖视图中，当剖切平面通过齿轮的轴线时，轮齿一律按不剖处理，齿根线用粗实线绘制见图 1-1-27(b)。若为斜齿或人字齿，可用三条与齿线方向一致的细实线表示齿线的形状见图 1-1-27(c)、图 1-1-27(d)。直齿则不需表示。

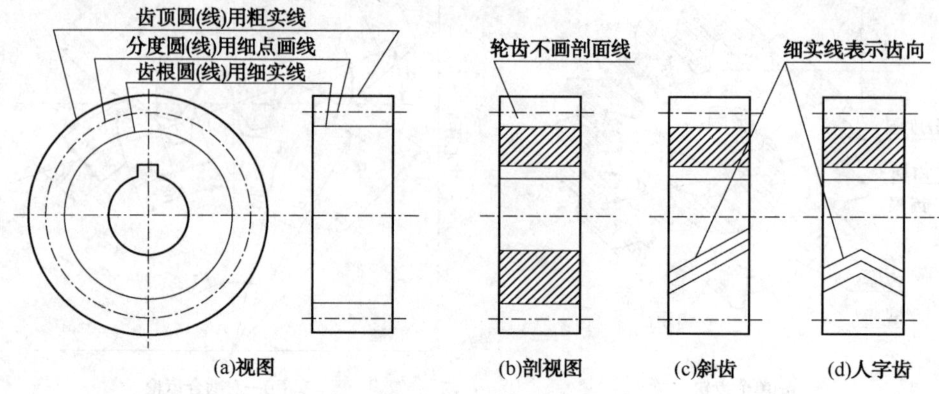

图 1-1-27　单个齿轮的画法

2）齿轮啮合的规定画法齿轮的啮合图，常用两个视图表达：一个是垂直于齿轮轴线的视图，另一个则取平行于齿轮轴线的视图或剖视图，如图 1-1-28 所示。

在垂直于齿轮轴线的视图中，它们的分度圆(啮合时称节圆)成相切关系。啮合区内的齿顶圆有两种画法，一种是将两齿顶圆用粗实线完整画出，如图 1-1-28 所示；另一种是将啮合区内的齿顶圆省略不画，如图 1-1-28(b)所示。节圆用细点画线绘制。

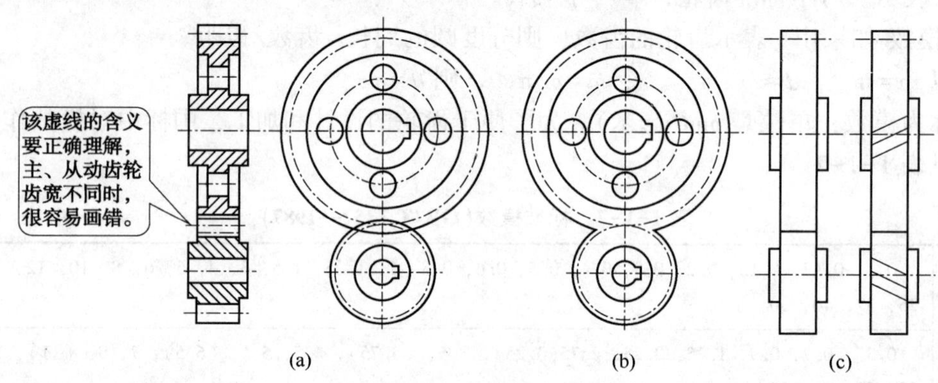

图 1-1-28　齿轮啮合画法

在平行于齿轮轴线的视图中，啮合区的齿顶线不需画出，节线用粗实线绘制，见图 1-1-28(c)所示。在剖视图中，当剖切平面通过两啮合齿轮的轴线时，在啮合区内，主动齿轮的轮齿用粗实线绘制，从动齿轮的轮齿被遮挡的部分用虚线绘制见图 1-1-28(a)，也可省略不画。

(3) 齿轮图样格式

图 1-1-29 所示为圆柱齿轮的图样格式，图中的参数表一般放置在图框的右上角，参数表中列出模数、齿数、压力角、精度等级和检验项目等。

2. 直齿锥齿轮

直齿锥齿轮用于相交两轴间的传动，常见的是两轴线在同一平面内成直角相交，如图

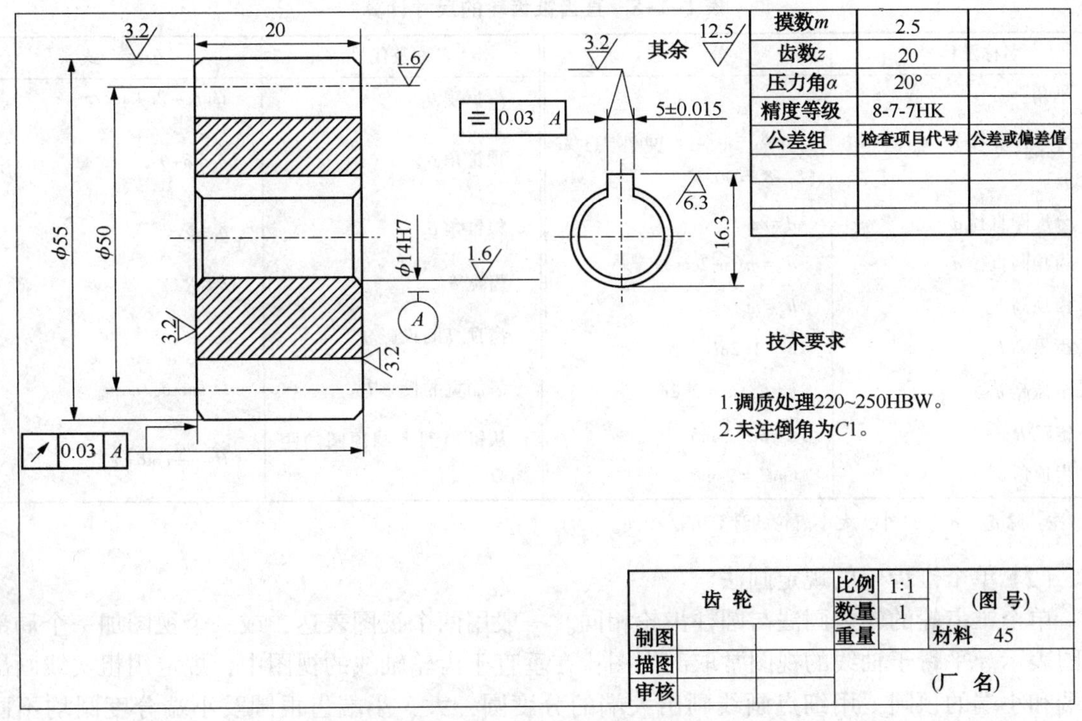

模数m	2.5	
齿数z	20	
压力角α	20°	
精度等级	8-7-7HK	
公差组	检查项目代号	公差或偏差值

齿 轮		比例	1:1	(图号)
		数量	1	
制图		重量		材料 45
描图				
审核				(厂 名)

图 1-1-29 圆柱齿轮图样格式

1-1-24(b)所示。从图中可以看出，直齿锥齿轮是在圆锥面上制出轮齿，所以轮齿沿齿宽方向由大端向小端逐渐变小，其模数也随之变化，因此规定以大端的模数来确定各部分的尺寸。

(1) 直齿锥齿轮各部分名称和尺寸关系见图 1-1-30。

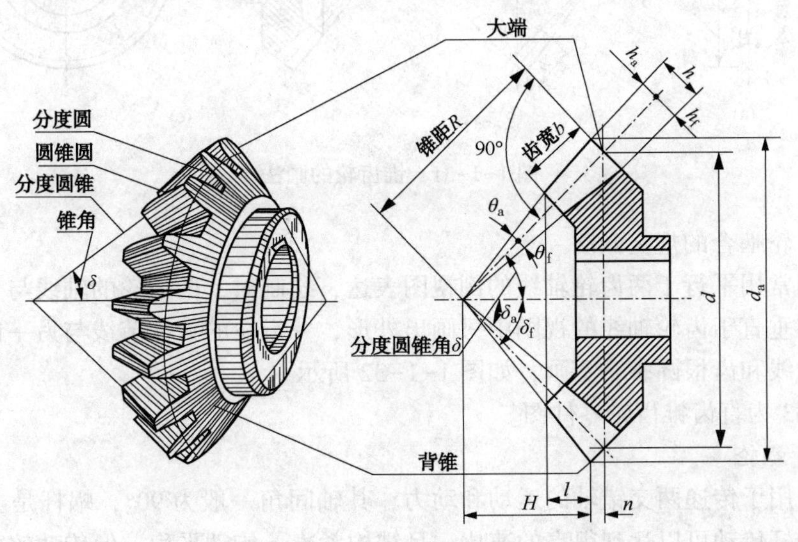

图 1-1-30 直齿锥齿轮各部分名称

直齿锥齿轮几何尺寸计算的基本参数是模数 m、齿数和分度圆锥角 δ，其轮齿部分的计算公式见表 1-1-8。

表 1-1-8　直齿锥齿轮的尺寸计算

名称及代号	公　式	名称及代号	公　式
锥角:		齿根角 θ_f	$\tan\theta_f=2.4\sin\delta/z$
δ_1（小齿轮）；δ_2（大齿轮）	$\tan\delta_1=z_1/z_2$；$\tan\delta_2=z_2/z_1$ （$\delta_1+\delta_2=90°$）	顶锥角 δ_a	$\delta_a=\delta+\theta_a$
分度圆直径 d	$d=mz$	根锥角 δ_f	$\delta_f=\delta-\theta_f$
齿顶圆直径 d_a	$d_a=m(z+2\cos\delta)$	齿宽 b	$b\leqslant R/3$
齿顶高 h_a	$h_a=m$	齿顶高的投影 n	$n=m\sin\delta$
齿根高 h_f	$h_f=1.2m$	齿面宽的投影 l	$l=b\cos\delta_a/\cos\theta_a$
全齿高 h	$h=h_a+h_f=2.2m$	从锥顶到大端顶圆的距离 H	$H=\frac{mz}{2}\cot\delta-n$
锥距 R	$R=mz/2\sin\delta$		
齿顶角 θ_a	$\tan\theta_a=2\sin\delta/z$		

注：除 δ_1、δ_2、H 外，大小齿轮的计算方法相同。

（2）单个锥齿轮的规定画法

单个锥齿轮的轮齿画法与圆柱齿轮相同。一般用两个视图表达，或一个视图加一个局部视图表示。平行于轴线的视图常取剖视图；在垂直于齿轮轴线的视图中，规定用粗实线画出大端和小端的顶圆，用细点画线画出大端的分度圆，大、小端齿根圆及小端分度圆均不画出。除轮齿按上述规定画法外，齿轮其余部分均按投影绘制，如图 1-1-31 所示。

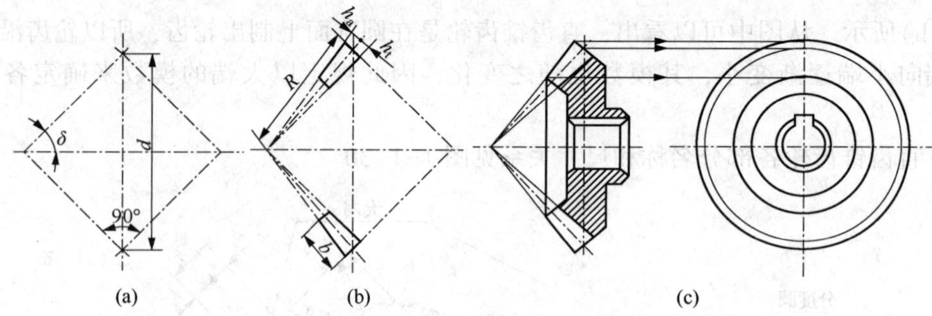

图 1-1-31　锥齿轮的画法

（3）锥齿轮啮合的规定画法

其主视图常用平行于两齿轮轴线的剖视图表达，绘制时，两齿轮的轴线与分度圆锥线相交于一点。在垂直于齿轮轴线的视图中只画出外形，一齿轮的大端节线与另一齿轮的大端节圆相切，齿根线和齿根圆省略不画，如图 1-1-32 所示。

图 1-1-33 为直齿锥齿轮零件图。

3. 蜗杆、蜗轮

蜗杆传动用于传递两交错轴的运动和动力，其轴间角一般为 90°，蜗杆是主动件，蜗轮是从动件。蜗杆传动可以达到很高的速比，且结构紧凑、传动平稳，但传动效率比齿轮传动要低。蜗杆上只有一条螺旋线的为单头蜗杆，有两条以上的为多头蜗杆。蜗杆的旋向有左、右之分。为了改善蜗轮与蜗杆轮齿的接触面，将蜗轮的轮齿顶部设计成凹圆环面。一对啮合的蜗杆、蜗轮必须模数相同、导程角与螺旋角相同、旋向相同。

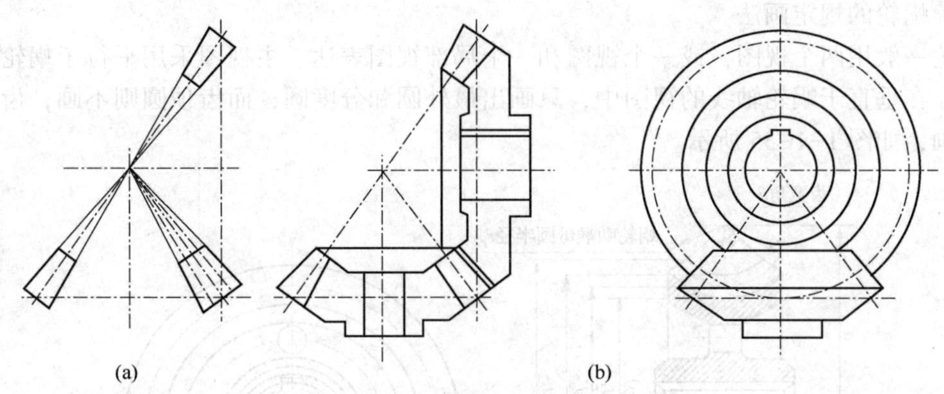

图 1-1-32　锥齿轮啮合画法

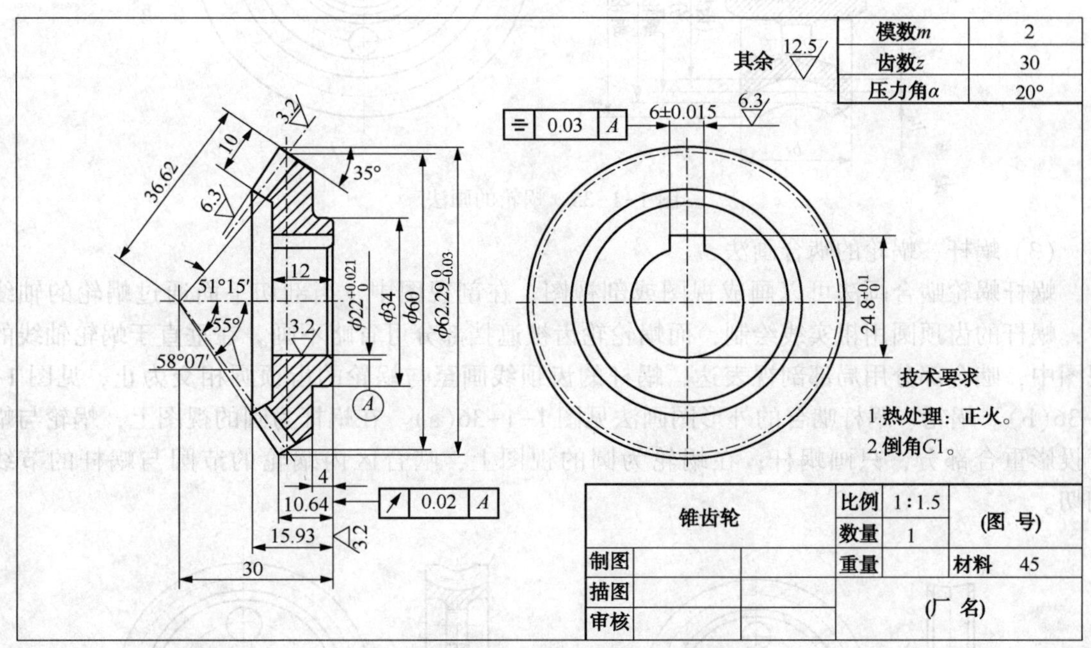

图 1-1-33　直齿锥齿轮零件图

（1）蜗杆的规定画法

在平行于蜗杆轴线的视图中，齿顶线用粗实线绘制，分度线用细点画线绘制，齿根线用细实线绘制，也可省略不画；在剖视图中，齿根线用粗实线绘制。在垂直于蜗杆轴线的视图中，齿顶圆用粗实线绘制，分度圆用细点画线绘制，齿根圆可省略不画，如图 1-1-34 所示。需要时，还应画出轴向齿廓放大图和法向齿廓放大图，以便标注尺寸。

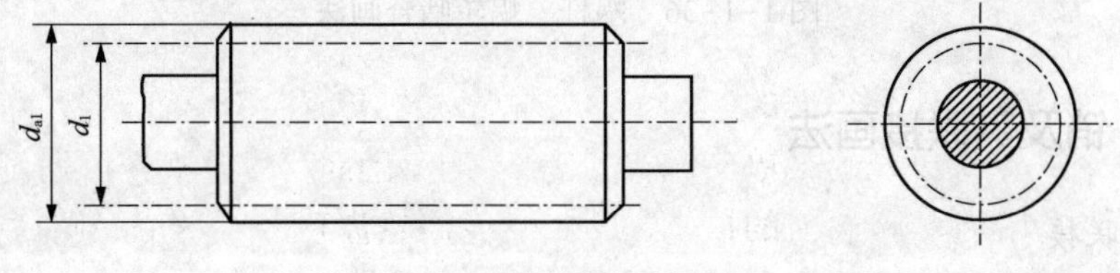

图 1-1-34　蜗杆画法

(2) 蜗轮的规定画法

蜗轮一般用两个视图，或一个视图和一个局部视图表达。主视图采用平行于蜗轮轴线的剖视图，在垂直于蜗轮轴线的视图中，只画出最外圆和分度圆，而齿顶圆则不画，齿根圆也省略不画，如图 1-1-35 所示。

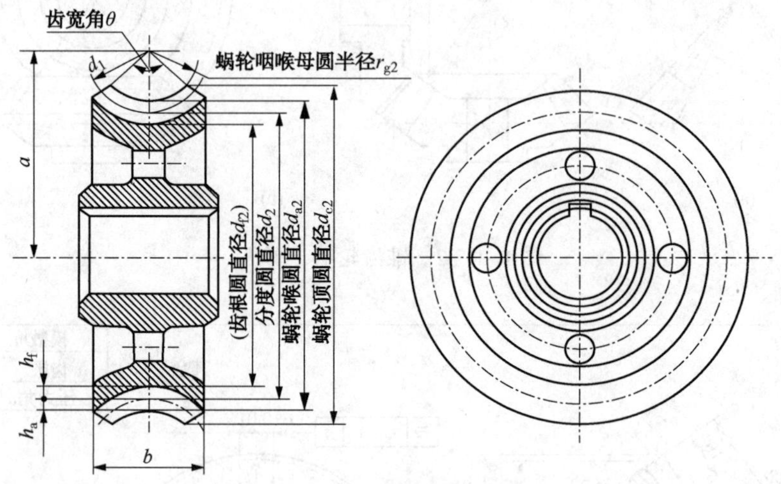

图 1-1-35　蜗轮的画法

(3) 蜗杆、蜗轮的啮合画法

蜗杆蜗轮啮合画法可以画成视图或剖视图。在剖视图中，当剖切平面通过蜗轮的轴线时，蜗杆的齿顶圆用粗实线绘制，而蜗轮轮齿被遮挡部分可省略不画。在垂直于蜗轮轴线的视图中，啮合部分用局部剖视表达，蜗杆的齿顶线画至与蜗轮的齿顶圆相交为止，见图 1-1-36(b)。蜗轮、蜗杆啮合的外形图画法见图 1-1-36(a)。在蜗杆为圆的视图上，蜗轮与蜗杆投影重合部分，只画蜗杆；在蜗轮为圆的视图上，啮合区内蜗轮的节圆与蜗杆的节线相切。

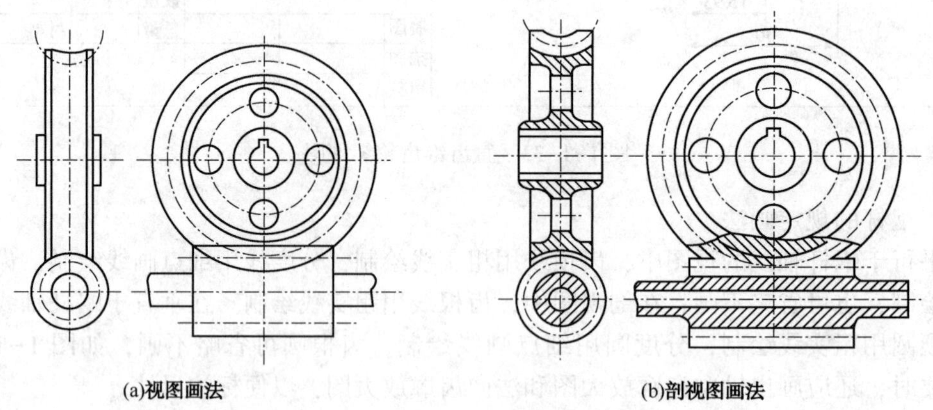

(a)视图画法　　(b)剖视图画法

图 1-1-36　蜗杆、蜗轮啮合画法

四、键、销及其联接画法

1. 键及其联接

(1) 键的作用和种类

键主要用于联接轴与轴上零件(如凸轮、带轮和齿轮等)，用于传递转矩或导向。由于键联接的结构简单，工作可靠、装拆方便，所以在生产中得到广泛应用。

常见键的种类有普通平键、半圆键、钩头型楔键和花键等。

(2) 键的联接画法

在键的联接画法中，普通平键和半圆键属于松键联接，键与键槽两侧面为配合面，画成一条线；键的顶面与键槽顶面留有一定间隙，应画成两条线，如图 1-1-37(a)所示。钩头型楔键的顶面是工作面，与键槽顶面为接触面，应画成一条线，两侧面是非配合面，应画成两条线，如图 1-1-37(b)所示。

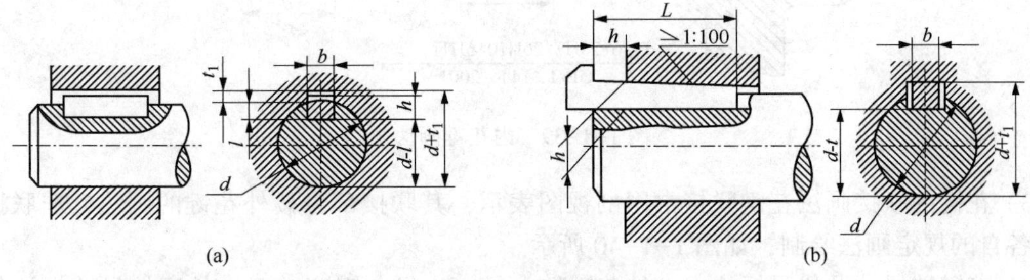

图 1-1-37 键的联接画法

(3) 矩形花键的画法及标注

花键的结构尺寸均已标准化。常用的花键齿形有矩形、三角形、渐开线等，本节只介绍矩形花键。

在轴上制成的花键称为外花键，在孔内制成的花键称为内花键。

1) 外花键的画法在平行于花键轴线的视图中，大径用粗实线、小径用细实线绘制；花键工作长度的终止端和尾部长度的末端均用细实线绘制，并与轴线垂直，尾部则画成斜线，与轴线的倾斜角度一般为 30°，如图 1-1-38(a)所示。局部剖视的画法如图 1-1-38(b)所示。垂直于花键轴线的视图按图 1-1-38(a)绘制，断面图画出一部分或全部齿形图 1-1-38(a)。

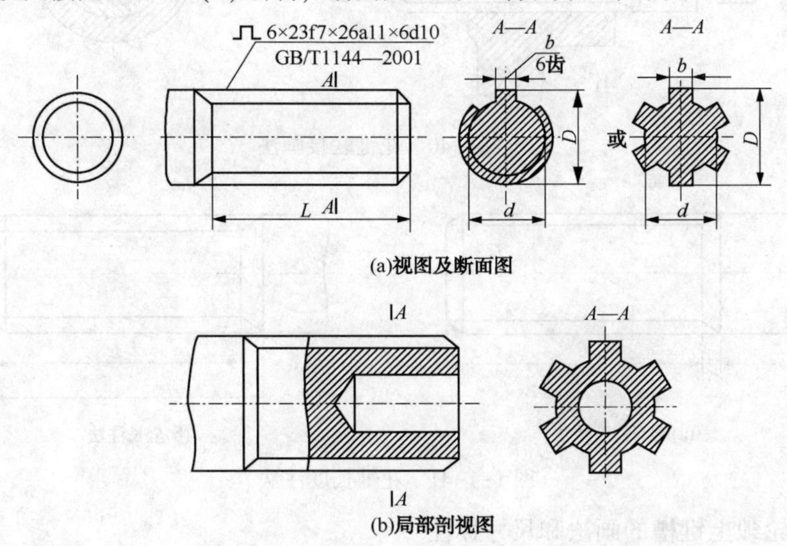

图 1-1-38 外花键画法

2）内花键的画法在平行于花键轴线的剖视图中，大径及小径均用粗实线绘制，并用局部视图画出全部或部分齿形，如图 1-1-39 所示。

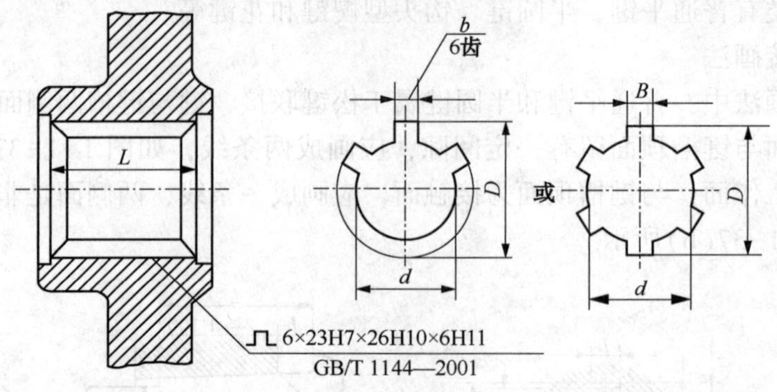

图 1-1-39　内花键画法

3）花键的联接画法花键联接常用剖视图表示，其联接部分按外花键的画法、非联接部分按各自的规定画法绘制，如图 1-1-40 所示。

4）花键的尺寸及代号标注内、外花键的大径、小径、键宽、工作长度的尺寸标注如图 1-1-38、图 1-1-39 所示。工作长度及尾部长度的标注如图 1-1-41（a）所示，工作长度及全长的标注如图 1-1-41（b）所示。

采用标准规定的花键代号标注时，外花键和内花键的注法如图 1-1-38、图 1-1-39 所示，花键联接注法如图 1-1-41 中所示。

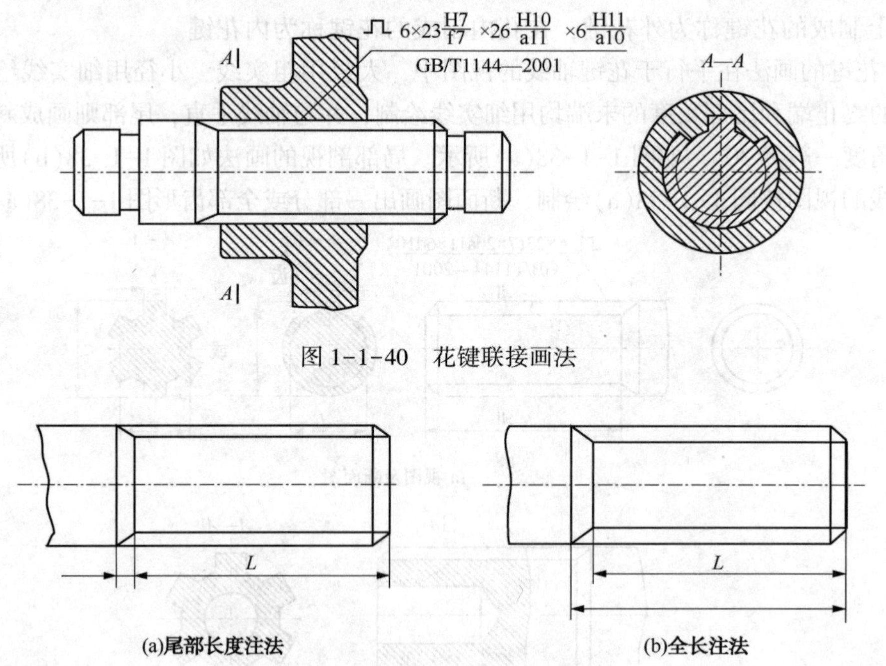

图 1-1-40　花键联接画法

图 1-1-41　花键长度注法

（4）轴和轮毂上键槽的画法和尺寸标注

如图 1-1-42 所示，键和键槽的尺寸可根据轴的直称在有关标准中查得，其中（$d-t_1$）和

$(d+t_2)$的极限偏差按相应的 t_1 和 t_2 的极限偏差选取，但$(d-t_1)$的极限偏差值应取负号。

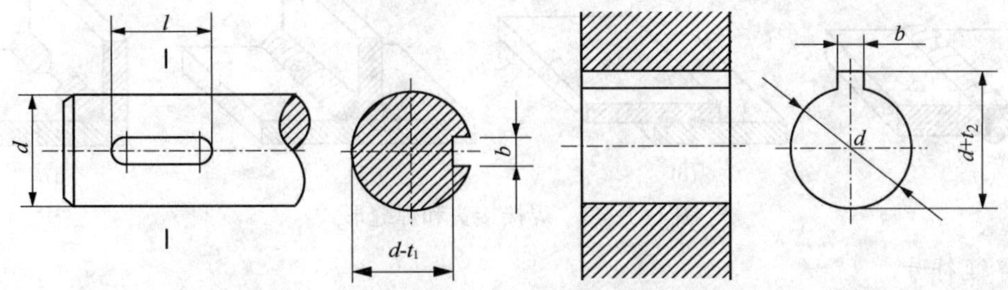

图 1-1-42　轴和轮毂上键槽的尺寸注法

2. 销及其联接

销主要用于零件间的联接和定位。销的类型很多，常用的有圆柱销、圆锥销和开口销等。销的标记及联接画法见表 1-1-9。

表 1-1-9　销的种类、标记及联接画法

名称及标准	主要尺寸与标记	联接画法
圆柱销 GB/T 119. 1—2000	l d **销** GB/T 119.1*d*×*l*	
圆锥销 GB/T 117—2000	1:50 d l **销** GB/T 117*d*×*l*	
开口销 GB/T 91—2000	l d **销** GB/T 91*d*×*l*	

五、焊接件图

焊接是在工业生产中广泛使用的一种连接方式，它是将需要连接的零件在连接部分利用电流或火焰产生的热量，将其加热到熔化或半熔化状态后，用压力使其连接起来，或在其间加入其他熔化状态的金属，使它们冷却后连成一体。

焊接形成的被连接件熔接处称为焊缝。常见的焊接接头有对接接头(见图 1-1-43(a))、搭接接头(见图 1-1-43(b))、T 形接头(见图 1-1-43(c))、角接接头(见图 1-1-43(d))等。

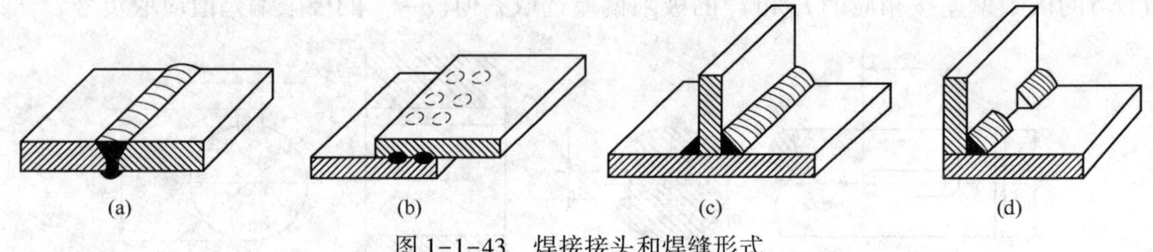

图 1-1-43　焊接接头和焊缝形式

1. 焊缝符号

绘制焊接图时，为了使图样简化，一般都用焊缝符号来标注焊缝，必要时也可采用技术制图中通常采用的表达方法表示。焊缝符号由国家标准 GB/T 12212—1990 和 GB/T 324—1988 中给予规定，它一般由基本符号与指引线组成，必要时还可以加上辅助符号、补充符号、焊缝尺寸符号等。焊缝的基本符号、辅助符号及补充符号在图上均用约 2/3 可见轮廓线宽度的线宽绘制。

（1）基本符号

基本符号是表示焊缝横断面形状的符号，常用基本符号及焊缝符号表示法及标注示例见表 1-1-10。

表 1-1-10　常用焊缝的基本符号及标注示例

焊缝名称	基本符号	焊缝形式	一般图示法	符号表示法标注示例
I 形焊缝				
V 形焊缝				
角焊缝				
点焊缝				

（2）指引线

指引线一般由带有箭头线和两条基准线（一条为实线，另一条为虚线）组成，指引线全部为细线，如图 1-1-44(a)所示。图 1-1-44(b)是加了尾部符号的指引线，作其他说明之用(如焊接方法、相同焊缝数量等)。基准线的虚线可以画在基准线实线的下侧或上侧。基准线一般应与图样的底边平行，特殊情况下也可以与底边垂直。

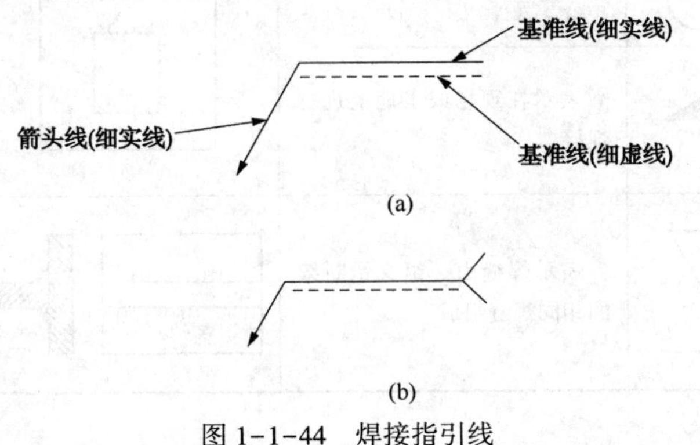

图 1-1-44　焊接指引线

(3) 辅助符号

辅助符号是表示焊缝表面形状特征的符号，见表 1-1-11。在不需要确切地说明焊缝表面形状时，可以不用辅助符号。

表 1-1-11　辅助符号及标注示例

名　称	符　号	符号说明	焊缝形式	标注示例及其说明
平面符号	——	焊缝表面平齐		平面 V 形对接焊缝
凹面符号	◡	焊缝表面凹陷		凹面角焊缝
凸面符号	◠	焊缝表面凸起		凸面 X 形对接焊缝

(4) 补充符号

补充符号是为了补充说明焊缝的某些特征而采用的符号，见表 1-1-12。

表 1-1-12　补充符号及标注示例

名称	符号	符号说明	一般图示法	标注示例及其说明
带垫板符号	▭	表示焊缝底部有垫板		V 形焊缝的背面底部有垫板
三面焊缝符号	⊏	表示三面带有焊缝，开口的方向应与焊缝开口的方向一致		工件三面有焊缝

续表

名称	符号	符号说明	一般图示法	标注示例及其说明
周围焊缝符号	○	表示环绕工件周围均有焊缝		
现场符号		表示在现场或工地上进行焊接		表示在现场沿工件周围施焊
交错断续焊接符号	Z	表示焊缝由一组交错断续的相同焊缝组成		$n \times l$ (e) $n \times l$ (e) 表示有 n 段，长度为 l，间距为 e 的交错断续角焊缝

（5）焊缝尺寸符号

焊缝尺寸符号是表明焊缝截面、长度、数量以及坡口等有关尺寸的符号，见表 1-1-13。

表 1-1-13　常用的焊缝尺寸符号

符号	名称	示意图	符号	名称	示意图	符号	名称	示意图
δ	板材厚度		K	焊角高度		c	焊缝宽度	
α	坡口角度		l	焊缝长度		h	余高	
P	钝边高度		e	焊缝间距		S	焊缝有效厚度	
b	根部间隙		n	焊缝段数		H	坡口深度	
R	根部半径		d	熔核直径		β	坡口面角度	

2. 焊缝标注基本符号相对基准线的位置

图 1-1-45 表示指引线中箭头线和接头的关系。

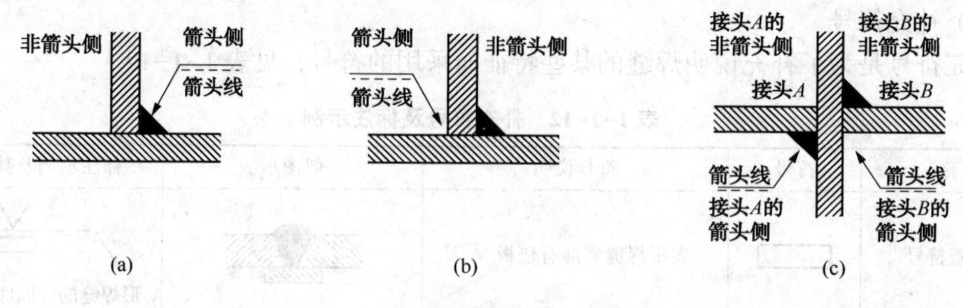

图 1-1-45　箭头线和接头的关系

图 1-1-46 为一焊接构件实例。焊接结构图实际上是装配图，但对于简单的焊接构件，一般不再单画各构成件的零件图，而在结构图上标出各构成件的全部尺寸，如图 1-1-46 所示。

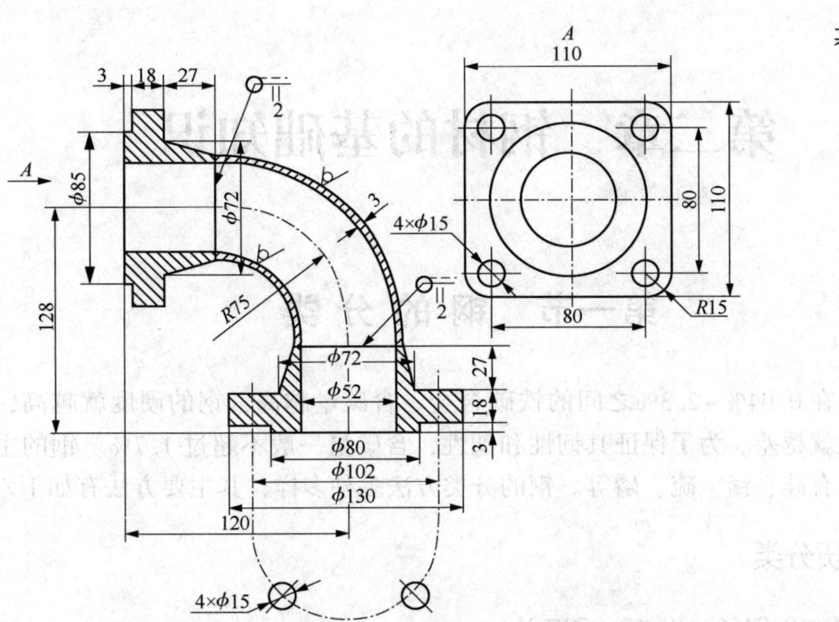

图 1-1-46　焊接构件实例

第二章　钢材的基础知识

第一节　钢的分类

钢是含碳量在0.04%~2.3%之间的铁碳合金。含碳量越高，钢的硬度就越高，但是它的可塑性和韧性就越差。为了保证其韧性和塑性，含碳量一般不超过1.7%。钢的主要元素除铁、碳外，还有硅、锰、硫、磷等。钢的分类方法多种多样，其主要方法有如下六种：

一、按品质分类

1. 普通钢(P≤0.045%，S≤0.050%)；
2. 优质钢(P、S均≤0.035%)；
3. 高级优质钢(P≤0.035%，S≤0.030%)。

二、按化学成分分类

1. 碳素钢：
(1) 低碳钢(C≤0.25%)；
(2) 中碳钢(C≤0.25%~0.60%)；
(3) 高碳钢(C≥0.60%)。
2. 合金钢：
(1) 低合金钢(合金元素总含量≤5%)；
(2) 中合金钢(合金元素总含量>5%~10%)；
(3) 高合金钢(合金元素总含量>10%)。

三、按成形方法分类

1. 锻钢；
2. 铸钢；
3. 热轧钢；
4. 冷拉钢。

四、按金相组织分类

1. 退火状态的：
(1) 亚共析钢(铁素体+珠光体)；
(2) 共析钢(珠光体)；

（3）过共析钢(珠光体+渗碳体)；
（4）莱氏体钢(珠光体+渗碳体)。
2. 正火状态的：
（1）珠光体钢；
（2）贝氏体钢；
（3）马氏体钢；
（4）奥氏体钢。
3. 无相变或部分发生相变的。

五、按用途分类

1. 建筑及工程用钢：
（1）普通碳素结构钢；
（2）低合金结构钢；
（3）钢筋钢。
2. 结构钢：
（1）调质结构钢；
（2）表面硬化结构钢：包括渗碳钢、氨钢、表面淬火用钢；
（3）易切结构钢；
（4）冷塑性成形用钢：包括冷冲压用钢、冷镦用钢；
（5）弹簧钢、轴承钢。
3. 工具钢：
（1）碳素工具钢；
（2）合金工具钢；
（3）高速工具钢。
4. 特殊性能钢：
（1）不锈耐酸钢；
（2）耐热钢：包括抗氧化钢、热强钢、气阀钢；
（3）电热合金钢；
（4）耐磨钢；
（5）低温用钢；
（6）电工用钢。
5. 专业用钢：
如桥梁用钢、船舶用钢、锅炉用钢、压力容器用钢、农机用钢等。

六、按冶炼方法分类

1. 按炉种分：
（1）平炉钢：
1）酸性平炉钢；
2）碱性平炉钢。

（2）转炉钢：

1）酸性转炉钢；

2）碱性转炉钢。

（3）电炉钢：

1）电弧炉钢；

2）电渣炉钢；

3）感应炉钢；

4）真空自耗炉钢；

5）电子束炉钢。

2. 按脱氧程度和浇注制度分：

（1）沸腾钢(F)；

（2）半镇静钢(b)；

（3）镇静钢(Z)；

（4）特殊镇静钢(TZ)。

第二节　常见钢号表示方法的分类说明

我国钢的牌号一般采用汉语拼音字母、化学元素符号和阿拉伯数字相结合的方法表示。

一、碳素结构钢和低合金高强度结构钢

碳素结构钢主要保证力学性能，故其牌号体现其力学性能，用Q+数字表示，其中“Q”为屈服点“屈”字的汉语拼音字首，数字表示屈服点数值，例如Q235表示屈服点为235MPa。牌号后面标注字母A、B、C、D，则表示钢材质量等级不同，含S、P的量依次降低，钢材质量依次提高。若在牌号后面标注字母“F”则为沸腾钢，标注“b”为半镇静钢，不标注“F”或“b”者为镇静钢。例如Q235-A·F表示屈服点为235MPa的A级沸腾钢，Q235-C表示屈服点为235MPa的C级镇静钢。

碳素结构钢一般情况下都不经热处理，而在供应状态下直接使用。通常Q195、Q215、Q235钢碳的质量分数低，焊接性能好，塑性、韧性好，有一定强度，常轧制成薄板、钢筋、焊接钢管等，用于桥梁、建筑等结构和制造普通铆钉、螺钉、螺母等零件。Q255和Q275钢碳的质量分数稍高，强度较高，塑性、韧性较好，可进行焊接，通常轧制成型钢、条钢和钢板作结构件以及制造简单机械的连杆、齿轮、联轴节、销等零件。

低合金高强度结构钢采用与碳素结构钢相同的牌号表示方法，仍然根据钢材厚度(直径)<16mm时的屈服点大小，分为Q295、Q345、Q390、Q420、Q460。钢的质量等级有A、B、C、D、E五个等级，E级要求-40℃的冲击韧性。低合金高强度结构钢一般为镇静钢，钢的牌号中不注明脱氧方法。A级钢应进行冷弯试验，其他质量级别钢，如供方能保证弯曲试验结果符合规定要求，可不作检验。根据需要，低合金高强度结构钢的牌号也可采用两位阿拉伯数字(表示平均含碳量的万分之几)和化学元素符号，按顺序表示，如16Mn等。

二、优质碳素结构钢

优质碳素结构钢必须同时保证化学成分和力学性能。其牌号是采用两位数字表示钢的平

均含碳量的万分之几。沸腾钢和半镇静钢在牌号尾部分别加符号“F”和“b”。如平均含碳量为0.08%的沸腾钢，其牌号表示为“08F”；平均含碳量为0.01%的半镇静钢，其牌号表示为“10b”。镇静钢一般不表示符号，如平均含碳量为0.45%的镇静钢，其牌号表示为“45”。钢的含锰量为0.70%~1.00%时，在牌号后加锰元素符号，如“50Mn”。高级优质钢在牌号后加字母“A”。特级优质钢在牌号后加字母“E”如“45E”。

优质碳素结构钢主要用于制造机器零件。一般都要经过热处理以提高力学性能。根据碳的质量分数不同，有不同的用途。08、08F、10、10F钢，塑性、韧性高，具有优良的冷成形性能和焊接性能，常冷轧成薄板；15、20、25钢用于制作尺寸较小、负荷较轻、表面要求耐磨、心部强度要求不高的渗碳零件，如活塞销、样板等；30、35、40、45、50钢经热处理(淬火+高温回火)后具有良好的综合力学性能，即具有较高的强度和较高的塑性、韧性，用于制作轴类零件，例如40、45钢常用于制造曲轴、连杆、一般机床主轴、机床齿轮和其他受力不大的轴类零件；55、60、65钢热处理(淬火+中温回火)后具有高的弹性极限，常用于制作负荷不大、尺寸较小(截面尺寸小于12~15mm)的弹簧，如调压和调速弹簧、柱塞弹簧、冷卷弹簧等。

三、工具钢

(1) 碳素工具钢的牌号由字母“T”与其后的数字组成，如“T9”。高级优质钢在牌号后加字母“A”如“T10A”。

(2) 合金工具钢和高速工具钢牌号的表示方法与合金结构钢基本相同，但一般不标明含碳量数字，如“Cr12MoV”(平均含碳量为1.60%)“W6Mo5Cr4V2”(平均含碳量为0.85%)当合金工具钢的含碳量小于1.00%时，含碳量用一位数字标明，表示平均含碳量的千分之几，如“8MnSi”。平均含铬量小于1%的合金工具钢，在含铬量(以千分之一为单位)前加数字“0”，如“Cr06”。

四、轴承钢

高碳铬轴承钢的牌号以字母“G”打头，牌号中不标明含碳量，铬含量以千分之一为单位，如“GCr15”的平均含铬量为1.5%。渗碳轴承钢牌号的表示方法与合金结构钢相同，仅在牌号头部加字母“G”如“G20CrNiMo”。

五、合金结构钢

(1) 钢号开头的两位数字表示钢的碳含量，以平均碳含量的万分之几表示，如40Cr。

(2) 钢中主要合金元素，除个别微合金元素外，一般以百分之几表示。当平均合金含量<1.5%时，钢号中一般只标出元素符号，而不标明含量，但在特殊情况下易致混淆者，在元素符号后亦可标以数字“1”，例如钢号“12CrMoV”和“12Cr1MoV”，前者铬含量为0.4%~0.6%，后者为0.9%~1.2%，其余成分全部相同。当合金元素平均含量≥1.5%、≥2.5%、≥3.5%……时，在元素符号后面应标明含量，可相应表示为2、3、4……等。例如18Cr2Ni4WA。

(3) 钢中的钒V、钛Ti、铝AL、硼B、稀土Re等合金元素，均属微合金元素，虽然含量很低，仍应在钢号中标出。例如20MnVB钢中。钒为0.07%~0.12%，硼为0.001%~0.005%。

(4) 高级优质钢应在钢号最后加“A”，以区别于一般优质钢。

（5）专门用途的合金结构钢，钢号冠以（或后缀）代表该钢种用途的符号。例如，铆螺专用的 30CrMnSi 钢，钢号表示为 ML30CrMnSi。

六、不锈钢和耐热钢

不锈钢和耐热钢的牌号采用化学元素符号和表示各元素含量的阿拉伯数字表示。各元素含量的阿拉伯数字表示应符合下列规定。

1. 碳含量

用两位或三位阿拉伯数字表示碳含量最佳控制值（以万分之几或十万分之几计）。

只规定碳含量上限者，当碳含量上限不大于 010%时，以其上限的 3/4 表示碳含量；当碳含量上限大于 0.10%时，以其上限的 4/5 表示碳含量。

例如：碳含量上限为 0.08%，碳含量以 06 表示；碳含量上限为 0.20%，碳含量以 16 表示；碳含量上限为 0.15%，碳含量以 12 表示。

对超低碳不锈钢（即碳含量不大于 0.030%），用三位阿拉伯数字表示碳含量最佳控制值（以十万分之几计）。

例如：碳含量上限为 0.030%时，其牌号中的碳含量以 022 表示；碳含量上限为 0.020%时，其牌号中的碳含量以 015 表示。

规定上、下限者，以平均碳含量×100 表示。

例如：碳含量为 0.16~0.25%时，其牌号中的碳含量以 20 表示。

2. 合金元素含量

合金元素含量以化学元素符号及阿拉伯数字表示，表示方法同合金结构钢第二部分。钢中有意加入的铌、钛、锆、氮等合金元素，加然含量很低，也应在牌号中标出。

例如：碳含量不大于 0.08%，铬含量为 18.00%~20.00%，镍含量为 8.00%~11.00%的不锈钢，牌号为 06Cr19Ni10。

碳含量不大于 0.030%，铬含量为 16.00%~19.00%，钛含量为 0.10%~1.00%的不锈钢，牌号为 022Cr18Ti。

碳含量为 0.15%~0.25%，铬含量为 14.00%~16.00%，锰含量为 14.00%~16.00%，镍含量为 1.50%~3.00%，氮含量为 0.15%~0.30%的不锈钢，牌号为 20Cr15Mn15Ni2N。

碳含量为不大于 0.25%，铬含量为 24.00%~26.00%，镍含量为 19.00%~22.00%的耐热钢，牌号为 20Cr25Ni20。

七、铸钢

以强度为主要特征的铸钢牌号为“ZG”（表示“铸钢“二字）加上两组数字，第一组数字表示最低屈服强度值，第二组数字表示最低抗拉强度值，单位均为 MPa 如“ZG200-400”。以化学成分为主要特征的铸钢的牌号为“ZG”加上两位数字，这两位数字表示平均含碳量的万分之几。合金铸钢牌号在两位数字后加上带有百分含量数字的元素符号。当合金元素平均含量为 0.9%~1.4%时，除锰只标符号不标含量外，其他元素需在符号后标注数字 1；当合金元素平均含量大于 1.5%时，标注方法同合金结构钢，如“ZG15Cr1Mo1V”、“ZG20Cr13”。

八、易切削钢

（1）钢号冠以“Y”，以区别于优质碳素结构钢。

（2）字母“Y”后的数字表示碳含量，以平均碳含量的万分之几表示，例如平均碳含量为

0.3%的易切削钢，其钢号为“Y30”。

(3) 锰含量较高者，亦在钢号后标出“Mn”，例如“Y40Mn”。

九、焊条钢

它的钢号前冠以字母“H”，以区别于其他钢类。例如不锈钢焊丝为“H2Cr13”。

第三节　钢中常存杂质元素对性能的影响

钢中常存杂质元素主要是指锰、硅、硫、磷及氮、氢、氧等。这些元素在冶炼时或者由原料、燃料及耐火材料中带入钢中，或者由大气进入钢中，或者脱氧时残留于钢中，它们的存在会对钢的性能产生影响。

一、硅和锰的影响

硅和锰在钢中均为有益元素，能溶于铁素体中起固溶强化作用，提高钢的强度和硬度。锰能消弱和消除硫的不良影响，并能提高钢的淬透性，含锰量很高的高合金钢(高锰钢)具有良好的耐磨性和其他的物理性能。

二、硫和磷的影响

硫和磷在钢中都是有害元素。硫在钢中以 FeS 的形式存在，含硫较高的钢在高温进行压力加工时，容易脆裂，产生热脆性。磷可溶于铁素体中，使钢的强度、硬度显著增加。但使钢脆化，产生冷脆性。在优质钢中，硫和磷控制在 0.05%以下。在低碳钢中含有较高的硫和磷，能使其切削易断，对改善钢的可切削性是有利的。

三、气体元素的影响

氮：室温下氮在铁素体中溶解度很低，钢中过饱和的氮在常温放置过程中会以 Fe4N 形式析出而使钢变脆，称为时效脆化。在钢中加入 Ti、V、Al 等元素可使氮以这些元素氮化物的形式被固定，从而消除时效倾向。

氧：氧在钢中主要以氧化物夹杂的形式存在，氧化物夹杂与基体的结合力弱，不易变形，易成为疲劳裂纹源。

氢：常温下氢在钢中的溶解度很低。当氢在钢中以原子态溶解时，降低韧性，引起氢脆。当氢在缺陷处以分子态析出时，会产生很高的内压，形成内裂纹，其内壁为白色，称为白点或裂纹。

第四节　钢的热处理

一、钢的退火

将钢加热到一定温度并保温一段时间，然后使它慢慢冷却，称为退火。钢的退火是将钢加热到发生相变或部分相变的温度，经过保温后缓慢冷却的热处理方法。退火的目的，是为了消除组织缺陷，改善组织使成分均匀化以及细化晶粒，提高钢的力学性能，减少残余应力；同时可降低硬度，提高塑性和韧性，改善切削加工性能。所以退火既为了消除和改善前道工序遗留的组织缺陷和内应力，又为后续工序作好准备，故退火是属于半成品热处理，又称预先热处理。

二、钢的正火

正火是将钢加热到临界温度以上，使钢全部转变为均匀的奥氏体，然后在空气中自然冷却的热处理方法。它能消除过共析钢的网状渗碳体，对于亚共析钢正火可细化晶格，提高综合力学性能，对要求不高的零件用正火代替退火工艺是比较经济的。

三、钢的淬火

淬火是将钢加热到临界温度以上，保温一段时间，然后很快放入淬火剂中，使其温度骤然降低，以大于临界冷却速度的速度急速冷却，而获得以马氏体为主的不平衡组织的热处理方法。淬火能增加钢的强度和硬度，但要减少其塑性。淬火中常用的淬火剂有：水、油、碱水和盐类溶液等。

四、钢的回火

将已经淬火的钢重新加热到一定温度，再用一定方法冷却称为回火。其目的是消除淬火产生的内应力，降低硬度和脆性，以取得预期的力学性能。回火分高温回火、中温回火和低温回火三类。回火多与淬火、正火配合使用。

（1）调质处理：淬火后高温回火的热处理方法称为调质处理。高温回火是指在500～650℃之间进行回火。调质可以使钢的性能，材质得到很大程度的调整，其强度、塑性和韧性都较好，具有良好的综合机械性能。

（2）时效处理：为了消除精密量具或模具、零件在长期使用中尺寸、形状发生变化，常在低温回火后（低温回火温度150～250℃）精加工前，把工件重新加热到100～150℃，保持5～20h，这种为稳定精密制件质量的处理，称为时效。对在低温或动载荷条件下的钢材构件进行时效处理，以消除残余应力，稳定钢材组织和尺寸，尤为重要。

五、钢的表面热处理

（1）表面淬火：是将钢件的表面通过快速加热到临界温度以上，但热量还未来得及传到心部之前迅速冷却，这样就可以把表面层被淬在马氏体组织，而心部没有发生相变，这就实现了表面淬硬而心部不变的目的。适用于中碳钢。

（2）化学热处理：是指将化学元素的原子，借助高温时原子扩散的能力，把它渗入到工件的表面层去，来改变工件表面层的化学成分和结构，从而达到使钢的表面层具有特定要求的组织和性能的一种热处理工艺。按照渗入元素的种类不同，化学热处理可分为渗碳、渗氮、氰化和渗金属法等四种。

渗碳：渗碳是指使碳原子渗入到钢表面层的过程。也是使低碳钢的工件具有高碳钢的表面层，再经过淬火和低温回火，使工件的表面层具有高硬度和耐磨性，而工件的中心部分仍然保持着低碳钢的韧性和塑性。

渗氮：又称氮化，是指向钢的表面层渗入氮原子的过程。其目的是提高表面层的硬度与耐磨性以及提高疲劳强度、抗腐蚀性等。目前生产中多采用气体渗氮法。

氰化：又称碳氮共渗，是指在钢中同时渗入碳原子与氮原子的过程。它使钢表面具有渗碳与渗氮的特性。

渗金属：是指以金属原子渗入钢的表面层的过程。它是使钢的表面层合金化，以使工件表面具有某些合金钢、特殊钢的特性，如耐热、耐磨、抗氧化、耐腐蚀等。生产中常用的有渗铝、渗铬、渗硼、渗硅等。

第五节　钢材力学性能

一、屈服点(σ_s)

钢材或试样在拉伸时，当应力超过弹性极限，即使应力不再增加，而钢材或试样仍继续发生明显的塑性变形，称此现象为屈服，而产生屈服现象时的最小应力值即为屈服点。设 P_s 为屈服点 s 处的外力，F_o 为试样断面积，则屈服点 $\sigma_s = P_s / F_o$(MPa)。

二、屈服强度($\sigma_{0.2}$)

有的金属材料的屈服点极不明显，在测量上有困难，因此为了衡量材料的屈服特性，规定产生永久残余塑性变形等于一定值(一般为原长度的 0.2%)时的应力，称为条件屈服强度或简称屈服强度 $\sigma_{0.2}$。

三、抗拉强度(σ_b)

材料在拉伸过程中，从开始到发生断裂时所达到的最大应力值。它表示钢材抵抗断裂的能力大小。与抗拉强度相应的还有抗压强度、抗弯强度等。设 P_b 为材料被拉断前达到的最大拉力，F_o 为试样截面面积，则抗拉强度 $\sigma_b = P_b / F_o$(MPa)。

四、伸长率(δ_s)

材料在拉断后，其塑性伸长的长度与原试样长度的百分比叫伸长率或延伸率。

五、屈强比(σ_s / σ_b)

钢材的屈服点(屈服强度)与抗拉强度的比值，称为屈强比。屈强比越大，结构零件的可靠性越高，一般碳素钢屈强比为 0.6~0.65，低合金结构钢为 0.65~0.75 合金结构钢为 0.84~0.86。

六、硬度

硬度表示材料抵抗硬物体压入其表面的能力。它是金属材料的重要性能指标之一。一般硬度越高，耐磨性越好。常用的硬度指标有布氏硬度、洛氏硬度和维氏硬度。

(1) 布氏硬度(HB)

以一定的载荷(一般 3000kgf)把一定大小(直径一般为 10mm)的淬硬钢球压入材料表面，

保持一段时间，去载后，负荷与其压痕面积之比值，即为布氏硬度值(HB)，单位为 kgf 力/mm^2(N/mm^2)。

(2) 洛氏硬度(HR)

当 HB>450 或者试样过小时，不能采用布氏硬度试验而改用洛氏硬度计量。它是用一个顶角 120°的金刚石圆锥体或直径为 1.59mm、3.18mm 的钢球，在一定载荷下压入被测材料表面，由压痕的深度求出材料的硬度。根据试验材料硬度的不同，分三种不同的标度来表示：

HRA：是采用 60kgf 载荷和钻石锥压入器求得的硬度，用于硬度极高的材料(如硬质合金等)。

HRB：是采用 100kgf 载荷和直径 1.58mm 淬硬的钢球，求得的硬度，用于硬度较低的材料(如退火钢、铸铁等)。

HRC：是采用 150kgf 载荷和钻石锥压入器求得的硬度，用于硬度很高的材料(如淬火钢等)。

(3) 维氏硬度(HV)

以 120kgf 以内的载荷和顶角为 136°的金刚石方形锥压入器压入材料表面，用材料压痕凹坑的表面积除以载荷值，即为维氏硬度值(HV)。

第六节　钢 材 选 用

一、结构的重要性

重型工业建筑结构、大跨度结构、高层或超高层的民用建筑结构或构筑物等重要结构，应考虑选用质量好的钢材，对一般工业与民用建筑结构，可按工作性质分别选用普通质量的钢材。

二、荷载情况

直接承受动力荷载的结构和强烈地震区的结构，应选用综合性能好的钢材；一般承受静力荷载的结构则可选用价格较低的 Q235 钢。

三、连接方法

焊接过程会产生焊接变形、焊接应力以及其他焊接缺陷，存在导致结构产生裂缝或脆性断裂的危险。因此，焊接结构对材质的要求应严格一些。

四、结构所处的温度和环境

钢材处于低温时容易冷脆，因此在低温条件下工作的结构，尤其是焊接结构，应选用具有良好抗低温脆断性能的镇静钢。此外，露天结构的钢材容易产生时效，有害介质作用的钢材容易腐蚀、疲劳和断裂，也应加以区别地选择不同材质。

五、钢材厚度

薄钢材辊轧次数多，轧制的压缩比大，厚度大的钢材压缩比小，所以厚度大的钢材不但强度较小，而且塑性、冲击韧性和焊接性能也较差。因此，厚度大的焊接结构应采用材质较好的钢材。

第七节　钢材的规格种类

一、钢板

钢板是用钢水浇注，冷却后压制而成的平板状钢材。薄板的宽度为500~1500mm；厚板的宽度为600~3000mm。见图1-2-1。

图1-2-1　钢板

1. 钢板的分类：

(1) 按厚度分类：薄板；中板；厚板；特厚板。

(2) 按生产方法分类：热轧钢板；冷轧钢板。

(3) 按表面特征分类：镀锌板(热镀锌板、电镀锌板)；镀锡板；复合钢板；彩色涂层钢板。

(4) 按用途分类：桥梁钢板；锅炉钢板；造船钢板；装甲钢板；汽车钢板；屋面钢板；结构钢板；电工钢板(硅钢片)；弹簧钢板；耐热钢板；合金钢板；其他。

2. 专用结构钢板

(1) 压力容器用钢板：用大写R在牌号尾表示，其牌号可用屈服点也可用含碳量或含合金元素表示。如：Q345R，Q345为屈服点。再如20R、16MnR、15MnVR、15MnVNR、8MnMoNbR、MnNiMoNbR、15CrMoR等均用含碳量或含合金元素来表示。

(2) 焊接气瓶用钢板：用大写HP在牌号尾表示，其牌号可以用屈服点表示，如：Q295HP、Q345HP；也可用含合金元素来表示如：16MnREHP。

(3) 锅炉用钢板：用小写g在牌号尾表示。其牌号可用屈服点表示，如Q390g；也可用含碳量或含合金元素来表示，如20g、15CrMog、16Mng、15MnVg、13MnNiCrMoNbg、12Cr1MoVg等。用于制造锅炉的钢板处于中温(350℃以下)高压状态下工作，它除承受较高的压力外，还受到冲击、水和蒸汽介质的腐蚀等，同时在制造过程中还要经受各种冷热加工工序，如卷板、焊接、热处理等。因此，对锅炉钢板的性能要求主要是：有良好的焊接性能，一定的高温强度和耐碱性腐蚀、耐氧化等。

（4）桥梁用钢板：用小写 q 在牌号尾表示，如 Q420q、16Mnq、14MnNbq 等。

（5）汽车大梁用钢板：用大写 L 在牌号尾表示，如 09MnREL、06TiL、08TiL、10TiL、09SiVL、16MnL、16MnREL 等。

二、型钢

1. 型钢的分类

（1）按材质分普通型钢及优质型钢

1）普通型钢是由碳素结构钢和低合金高强度结构钢制成的型钢，主要用于建筑结构和工程结构。

2）优质型钢由优质钢，如优质碳素结构钢、合金结构钢、易切削结构钢、弹簧钢、滚动轴承钢、碳素工具钢、合金工具钢、高速工具钢、不锈耐酸钢、耐热钢等制成的型钢，主要用于各种机器结构、工具及有特殊性能要求的结构。

（2）按生产方法的不同，型钢分为热轧(锻)型钢、冷弯型钢、冷拉型钢、挤压型钢和焊接型钢。

1）用热轧方法生产型钢，具有生产规模大、效率高、能耗少和成本低等优点，是型钢生产的主要方法。

2）用焊接方法生产型材，是将矫直后的钢板或钢带剪裁、组合并焊接成型，不但节约金属，而且可生产特大尺寸的型材，生产工字材的最大尺寸目前已达到 2000mm×508mm×76mm。

（3）按截面形状的不同，型钢分圆钢、方钢、扁钢、六角钢、等边角钢、不等边角钢、工字钢、槽钢和异型型钢等。

2. 工字钢

工字钢截面为工字形，见图 1-2-2。其规格以腰高(h)×腿宽(b)×腰厚(d)的毫米数表示，如“工 160×88×6”，即表示腰高为 160mm，腿宽为 88mm，腰厚为 6mm 的工字钢。工字钢的规格也可用型号表示，型号表示腰高的厘米数，如工 16#。腰高相同的工字钢，如有几种不同的腿宽和腰厚，需在型号右边加 a、b、c 予以区别，如 32a#、32b#、32c#等。工字钢分普通工字钢和轻型工字钢，热轧普通工字钢的规格为 10-63#。

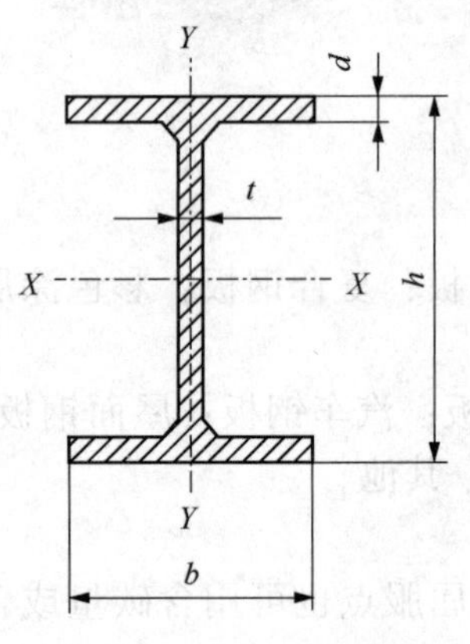

图 1-2-2　工字钢规格

3. H 型钢

见图 1-2-3。

（1）H 型钢分类

宽翼缘 H 型钢(HW)；

中翼缘 H 型钢(HM)；

窄翼缘 H 型钢(HN)；

薄壁 H 型钢(HT)；

H 型钢桩(HU)。

（2）表示方法

高度 H×宽度 B×腹板厚度 t_1×翼板厚度 t_2，如 H200×200×8×12 表示为高 200mm 宽 200mm 腹板厚度 8mm，翼板厚度 12mm 的宽翼缘 H 型钢。

（3）工字钢、HW、HM、HN、H 型钢的区别

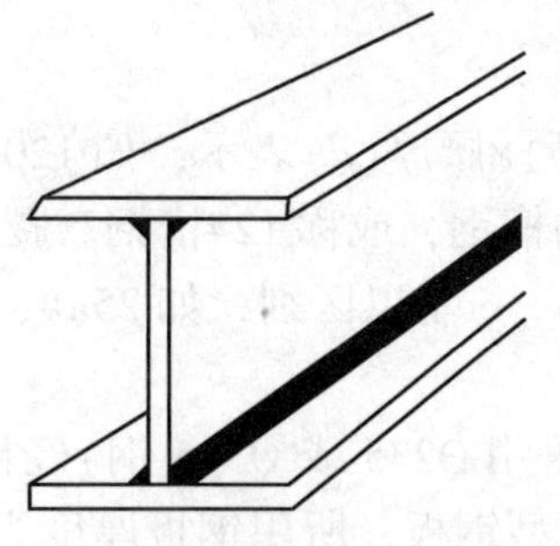

图 1-2-3　H 型钢

工字钢翼缘是变截面靠腹板部厚，外部薄；H 型钢的翼缘是等截面；

HW HM HN H 是 H 型钢的通称，H 型钢是焊制；HW HM HN 是热轧；

HW 型钢高度和翼缘宽度基本相等，主要在钢结构中用做钢框架柱；

HM 型钢高度和翼缘宽度比例大致为 1. 33~1. 75 主要在钢结构中用做钢框架柱，在承受动力荷载的框架结构中用做框架梁；例如：设备平台；

HN 是 H 型钢高度和翼缘宽度比例大于等于 2，主要用于梁；工字钢的用途相当于 HN 型钢。

工字钢由于截面尺寸均相对较高、较窄，故对截面两个主袖的惯性矩相差较大，因此，一般仅能直接用于在其腹板平面内受弯的构件或将其组成格构式受力构件。对轴心受压构件或在垂直于腹板平面还有弯曲的构件均不宜采用，这就使其在应用范围上有着很大的局限。

H 型钢属于高效经济截面型材，由于截面形状合理，它们能使钢材更高地发挥效能，提高承栽能力。不同于工字钢的是 H 型钢的翼缘进行了加宽，且内、外表面通常是平行的，这样可便于用高强度螺栓和其他构件连接。其尺寸构成合理系列，型号齐全，便于设计选用。

H 型钢的翼缘都是等厚度的，有轧制截面，也有由 3 块板焊接组成的组合截面。工字钢都是轧制截面，由于生产工艺差，翼缘内边有 1 : 10 坡度。H 型钢的轧制不同于普通工字钢仅用一套水平轧辊，由于其翼缘较宽且无斜度(或斜度很小)，故须增设一组立式轧辊同时进行辊轧，因此，其轧制工艺和设备都比普通轧机复杂。国内可生产的最大轧制 H 型钢高度为 800mm，超过了只能是焊接组合截面。

我国热轧 H 型钢国标(GB/T 11263—2010)将 H 型钢分为宽翼缘、中翼缘、窄翼缘和薄壁四类，其代号分别为 HW、HM、HN 和 HT。窄翼缘 H 型钢适用于梁或压弯构件，而宽翼缘 H 型钢则适用于轴心受压构件或压弯构件。工字钢与 H 型钢相比，等重量前提下，w、ix、iy 都不如 H 型钢。

4. 角钢

角钢在使用中要求有较好的可焊性、塑性变形性能及一定的机械强度。角钢有等边角钢和不等边角钢之分。等边角钢，以边宽和厚度表示，如∠100×10 为肢宽 100mm 、厚 10mm 的等边角钢。不等边角钢，则以两边宽度和厚度表示，如∠100×80×10 等。角钢可按结构的不同需要组成各种不同的受力构件，也可作构件之间的连接件。广泛地用于各种建筑结构和工程结构，如房梁、桥梁、输电塔、起重运输机械、船舶、工业炉、反应塔、容器架以及仓库货架等。

5. 槽钢

槽钢规格以腰高(h)×腿宽(b)×腰厚(d)表示，如120×53×5，表示腰高为120mm，腿宽为53mm的槽钢，腰厚为5mm的槽钢，或称12#槽钢。腰高相同的槽钢，如有几种不同的腿宽和腰厚也需在型号右边加a、b、c予以区别，如25a#、25b#、25c#等。

6. 薄壁型钢

薄壁型钢是用薄钢板(一般采用Q235或Q345钢)经模压或弯曲而制成，其壁厚一般为1.5~5mm。有防锈涂层的彩色压型钢板，所用钢板厚度为0.4~1.6mm，用作轻型屋面及墙面等构件。见图1-2-4。

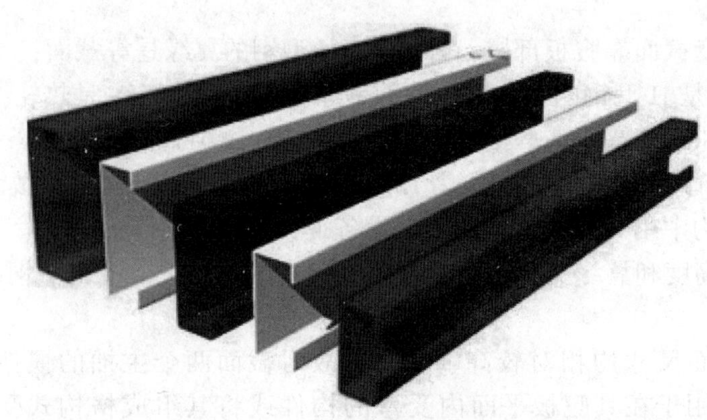

图1-2-4 薄壁型钢

三、钢管

1. 无缝钢管

(1) 无缝钢管由整块金属轧制而成，断面上无接缝。按制造工艺可以分为：热轧(挤压)、冷轧(拔)、热扩钢管；按横截面积形状的不同可分为圆管和异型管。根据用途不同可分为厚壁管和薄壁管。

(2) 结构用无缝钢管(GB/T 8162—2008)是用于一般结构和机械结构的无缝钢管。

(3) 流体输送用无缝钢管(GB/T 8163—2008)是用于输送水、油、气等流体的一般无缝钢管。

(4) 低中压锅炉用无缝钢管(GB 3087—2008)是用于制造各种结构低中压锅炉过热蒸汽管、沸水管及机车锅炉用过热蒸汽管、大烟管、小烟管和拱砖管用的优质碳素结构钢热轧和冷拔(轧)无缝钢管。

(5) 高压锅炉用无缝钢管(GB 5310—2010)是用于制造高压及其以上压力的水管锅炉受热面用的优质碳素钢、合金钢和不锈耐热钢无缝钢管。

(6) 化肥设备用高压无缝钢管(GB 6479—2013)是适用于工作温度为-40~400℃、工作压力为10~30Ma的化工设备和管道的优质碳素结构钢和合金钢无缝钢管。

(7) 石油裂化用无缝钢管(GB 9948—2013)是适用于石油精炼厂的炉管、热交换器和管道无缝钢管。

(8) 冷拔或冷轧精密无缝钢管(GB 3639—2009)是用于机械结构、液压设备的尺寸精度高和表面光洁度好的冷拔或冷轧精密无缝钢管。选用精密无缝钢管制造机械结构或液压设备等，可以大大节约机械加工工时，提高材料利用率，同时有利于提高产品质量。

(9) 结构用不锈钢无缝钢管(GB/T 14975—2012)是广泛用于化工、石油、轻纺、医疗、食品、机械等工业的耐腐蚀管道和结构件及零件的不锈钢制成的热轧(挤、扩)和冷拔(轧)无缝钢管。

(10) 流体输送用不锈钢无缝钢管(GB/T 14976—2012)是用于输送流体的不锈钢制成的热轧(挤、扩)和冷拔(轧)无缝钢管。

(11) 异型无缝钢管是除了圆管以外的其他截面形状的无缝钢管的总称。按钢管截面形状尺寸的不同又可分为等壁厚异型无缝钢管(代号为 D)、不等壁厚异型无缝钢管(代号为 BD)、变直径异型无缝钢管(代号为 BJ)。异型无缝钢管广泛用于各种结构件、工具和机械零部件。和圆管相比，异型管一般都有较大的惯性矩和截面模数，有较大的抗弯抗扭能力，可以大大减轻结构重量，节约钢材。

2. 有缝钢管

(1) 有缝钢管又称焊接钢管，是用钢板或钢带经过卷曲成型后焊接制成的钢管。焊接钢管生产工艺简单，生产效率高，品种规格多，但一般强度低于无缝钢管。焊管按照制造工艺可以分为：直缝焊接钢管，埋弧焊接钢管、板卷对接焊钢管，焊管热扩钢管。焊接钢管按焊缝的形式分为直缝焊管和螺旋焊管。较小口径的焊管大都采用直缝焊，大口径焊管则大多采用螺旋焊。

(2) 低压流体输送用焊接钢管(GB/T 3091—2015)也称一般焊管，俗称黑管。是用于输送水、煤气、空气、油和取暖蒸汽等一般较低压力流体和其他用途的焊接钢管。

(3) 低压流体输送用镀锌焊接钢管(GB/T 3091—2015)也称镀锌电焊钢管，俗称白管。是用于输送水、煤气、空气油及取暖蒸汽、暖水等一般较低压力流体或其他用途的热浸镀锌焊接(炉焊或电焊)钢管。钢管按壁厚分为普通镀锌钢管和加厚镀锌钢管。钢管的规格用公称口径(mm)表示，公称口径是内径的近似值。

(4) 普通碳素钢电线套管(GB 3640—88)是工业与民用建筑、安装机器设备等电气安装工程中用于保护电线的钢管。

(5) 直缝电焊钢管(YB 242—63)是焊缝与钢管纵向平行的钢管。通常分为公制电焊钢管、电焊薄壁管、变压器冷却油管等。

(6) 承压流体输送用螺旋缝高频焊钢管(SY 5038—2012)是以热轧钢带卷作管坯，经常温螺旋成型，采用高频搭接焊法焊接的，用于承压流体输送的螺旋缝高频焊钢管。钢管承压能力强，塑性好，便于焊接和加工成型；经过各种严格和科学检验和测试，使用安全可靠，钢管口径大，输送效率高，并可节省铺设管线的投资。主要用于铺设输送石油、天然气等的管线。

(7) 一般低压流体输送用螺旋缝高频焊钢管(SY 5037—2012)以热轧钢带卷作管坯，经常温螺旋成型，采用高频搭接焊法焊接用于一般低压流体输送用螺旋缝高频焊钢管。

3. 钢塑复合管、大口径涂敷钢管

钢塑复合管以热浸镀锌钢管作基体，经粉末熔融喷涂技术在内壁(需要时外壁亦可)涂敷塑料而成，钢管性能优异。与镀锌管相比，具有抗腐蚀、不生锈、不积垢、光滑流畅、清洁无毒，使用寿命长等优点。据测试，钢塑复合管的使用寿命为镀锌管的三倍以上。与塑料管相比，具有机械强度高，耐压、耐热性好等优点。由于基体是钢管，所以不存在脆化、老化问题。可广泛应用于自来水、煤气、化工产品等流体输送及取暖工程，是镀锌管的升级换代产品。由于其安装使用方法与传统的镀锌管基本相同，管件形式也完全相同，而且能代替铝塑复合管在大口径自来水输送上发挥作用，深受用户欢迎，已成为管道市场最具竞争力的新产品之一。

涂敷钢管是在大口径螺旋焊管和高频焊管基础上涂敷塑料而成，最大管口直径达1200mm，可根据不同的需要涂敷聚氯乙烯(PVC)、聚乙烯(PE)、环氧树脂(EPOZY)等各种不同性能的塑料涂层，附着力好，抗腐蚀性强，可耐强酸、强碱及其他化学腐蚀，无毒、不锈蚀、耐磨、耐冲击、耐渗透性强，管道表面光滑，不粘附任何物质，能降低输送时的阻力，提高流量及输送效率，减少输送压力损失。涂层中无溶剂，无可渗出物质，因而不会污染所输送的介质，从而保证流体的纯洁度和卫生性，在-40~+80℃范围可冷热循环交替使用，不老化、不龟裂，因而可以在寒冷地带等苛刻的环境下使用。大口径涂敷钢管广泛应用于自来水、天然气、石油、化工、医药、通讯、电力、海洋等工程领域。

第八节　钢材理论质量计算

钢材理论质量计算的计量单位为千克(kg)。其基本公式为：

W(质量，kg)=F(断面积 mm^2)×L(长度，m)×ρ(密度，g/cm^3)×1/1000

钢的密度为：7.85g/cm^3，各种钢材理论质量计算公式如表 1-2-1：

表 1-2-1　钢材质量计算

名称(单位)	计算公式	符号意义	计算举例
圆钢盘条(kg/m)	m=0.006165×d×d	d=直径 mm	直径 100mm 的圆钢，求每 m 质量。每 m 质量=0.006165×1002=61.65kg
螺纹钢(kg/m)	m=0.00617×d×d	d=断面直径 mm	断面直径为 12mm 的螺纹钢，求每 m 质量。每 m 质量=0.00617×12 2=0.89kg
方钢(kg/m)	m=0.00785×a×a	a=边宽 mm	边宽 20mm 的方钢，求每 m 质量。每 m 质量=0.00785×202=3.14kg
扁钢(kg/m)	m=0.00785×b×d	b=边宽 mm d=厚 mm	边宽 40mm，厚 5mm 的扁钢，求每 m 质量。每 m 质量=0.00785×40×5=1.57kg
六角钢(kg/m)	m=0.006798×s×s	s=对边距离 mm	对边距离 50mm 的六角钢，求每 m 质量。每 m 质量=0.006798×502=17kg
八角钢(kg/m)	m=0.0065×s×s	s=对边距离 mm	对边距离 80mm 的八角钢，求每 m 质量。每 m 质量=0.0065×802=41.62kg
等边角钢(kg/m)	m=0.00785×[d(2b-d)+0.215(R_2-2r_2)]	b=边宽 d=边厚 R=内弧半径 r=端弧半径	求 20mm×4mm 等边角钢的每 m 质量。从冶金产品目录中查出 4mm×20mm 等边角钢的 R 为 3.5，r 为 1.2，则每 m 质量=0.00785×[4×(2×20-4)+0.215×(3.52-2×1.22)]=1.15kg

续表

名称(单位)	计算公式	符号意义	计 算 举例
不等边角钢 (kg/m)	$m=0.00785\times[d(B+b-d)$ $+0.215\ (R_2-2r_2)]$	B=长边宽 b=短边宽 d=边厚 R=内弧半径 r=端弧半径	求 30mm×20mm ×4mm 不等边角钢的每 m 质量。从冶金产品目录中查出 30 ×20 ×4 不等边角钢的 R 为 3.5 ，r 为 1.2 ，则每 m 质量 = 0.00785 ×[4 ×(30+20−4) +0.215 ×(3.52−2 ×1.22)] = 1.46kg
槽钢 (kg/m)	$m=0.00785\times[hd+2t(b-d)$ $+0.349\ (R_2-r_2)]$	h=高 b=腿长 d=腰厚 t=平均腿厚 R=内弧半径 r=端弧半径	求 80mm×43mm ×5mm 的槽钢的每 m 质量。从冶金产品目录中查出该槽钢 t 为 8，R 为 8，r 为 4，则每 m 质量 = 0.00785 ×[80 ×5+2 ×8 ×(43−5) +0.349 ×(82−4 2)] = 8.04kg
工字钢 (kg/m)	$m=0.00785\times[hd+2t(b-d)$ $+0.615\ (R_2-r_2)]$	h=高 b=腿长 d=腰厚 t=平均腿厚 R=内弧半径 r=端弧半径	求 250mm×118mm ×10mm 的工字钢每 m 质量。从金属材料手册中查出该工字钢 t 为 13，R 为 10，r 为 5，则每 m 质量 = 0.00785 ×[250 ×10+2 ×13 ×(118−10) +0.615 ×(102−52)] = 42.03kg
钢板 (kg/m^2)	$m=7.85\times d$	d=厚	厚度 4mm 的钢板，求每 m^2 质量。每 m^2 质量 =7.85 ×4 = 31.4kg
钢管(包括无缝钢管及焊接钢管(kg/m)	$m=0.02466\times S(D-S)$	D=外径 S=壁厚	外径为 60mm 壁厚 4mm 的无缝钢管，求每 m 质量。每 m 质量 = 0.02466 ×4 ×(60−4) = 5.52kg

第九节 钢材的检验与验收

一、钢材的检验

对于制造重要冷作产品(如化工设备中的一类、二类、三类压力容器及高温高压锅炉等)的钢材，应经严格的、全面的技术检验，才能确保产品的质量和运行的安全。

检验材料的方法主要有化学分析，外表检查，显微分析，无损探伤，机械试验和工艺试验等。

(1) 化学分析。化学分析的目的是鉴定材料的化学成分，以判定是否与技术条件中规定的相符合。

(2) 外表检查。外表检查是从钢管的外部用肉眼或者放大镜进行观察，以确定材料的表面有无裂缝、凹陷、斑痕等缺陷。

(3) 显微分析。显微分析是用显微镜来观察材料的组织，确定材料内部的夹渣、气孔、组织不均匀等。

(4) 无损探伤。损探伤是在不损坏原材料的前提下进行试验的方法。常用的方法有超声波检验、荧光检验、着色检验和射线(X 和 γ 射线)检验等。

(5) 机械试验。机械试验是将材料制成规定的试样后，在各种试验机(如拉力试验机、冲击试验机等)上进行试验，以测定钢材的抗拉强度 σ_s、屈服强度 σ_b、延伸率 δ、断面收缩率 ψ 和冲击值 α_k 等机械性能。

(6) 工艺试验。工艺试验的目的是确定材料能否适应制造过程中的各种变形和焊接性能等。由于材料在制造过程中发生弯曲、压缩、扩张、扳边及压扁等的加工变形，因材在工艺试验中也就相应地做这些变形的试验，这些试验必须按照标准中所规定的方法进行。

(7) 焊接性能试验。用钢材制造的构建，差不多都采用焊接的方法，因此刚才的焊接性能(可焊接性)，特别是合金钢的焊接性能是很重要的。刚才的焊接性能是指钢材焊接后抵抗脆裂倾向的能力，是钢材重要的工艺性能指标之一。

钢材的焊接性能可通过直接试验和间接判断两种方法确定，直接试验就是把钢材按照使用情况焊接上，然后作力学性能试验、腐蚀性试验、物理性能试验等。但是，试验时焊接工艺必须能与现场施工条件相同。间接判断是根据钢中所含的碳和合金元素的含量来判断钢材的可焊性，这种方法只能作近似的估计，所以确定钢材焊接性能最可靠的方法是直接试验法。

以上 7 种钢材检验的方法，对于拥有化工容器设备一类、二类、三类压力容器制造许可证的企业，都是在理化实验室和焊接研究室进行的，以确定任一种钢材的可用性，进而可以投料生产制造产品。

二、钢材的验收

钢材进厂时，一般都按钢厂的质量保证书验收，钢材的品种规格应符合国家标准或订货技术条件的规定。

进厂的钢材可根据具体情况进行必要数量的抽验。目前，碳素钢的质量已经比较稳定，一般不需要抽验；对于合金钢，特别是一些新的合金钢种，就必须做重复试验。实验项目和试验数量，按规范要求确定，试验合格后的钢材方能验收入库。

钢材必须质量均匀，不得有夹层、裂纹、非金属夹杂和明显的偏析等缺陷。钢材的表面不得有肉眼可见的气孔、结疤、折叠和压入的氧化铁皮，以及其他影响强度的缺陷。

《固定式压力容器安全技术监察规程》中明确规定，用于制造第三类压力容器主要受压元件的材料，入厂后必须复检。复检内容至少应包括每批材料的力学性能和弯曲性能，每个炉号的化学成分。用于制造第一类、二类压力容器的材料，有缺少的项目时，也应进行复检并将缺少的项目补齐。

第二篇　专业知识

第一章　展开放样

第一节　可展开表面和不可展开表面

一、可展表面

构件的表面能全部平整地摊平在一个平面上，而不发生撕裂或皱折，这种表面称为可展表面。可展表面除平面外，还有柱面和锥面，如图 2-1-1(a)所示。

由成形分析可知，可展表面的性质是：凡以直线为母线，相邻两条直素线能构成一个平面时(即两素线平行或相交)的曲面，都是可展表面。

二、不可展表面

构件的表面不能自然平整地展开摊平在一个平面上，这样的表面称为不可展表面。如图 2-1-1(b)所示的圆球、圆环的表面和螺旋面等都是不可展表面。

因为上述构件表面不存在直素线(扭曲面虽然也由直素线组成，但其相邻两条直素线是呈空间交叉状态)，它的相邻两条曲素线不可能构成一个平面，所以是不可展表面。

如果把不可展表面分割成许多小块，每一小块看作只在一个方向弯曲，而在另一方向近似地看作直线，这样便可以把不可展表面作近似地展开。

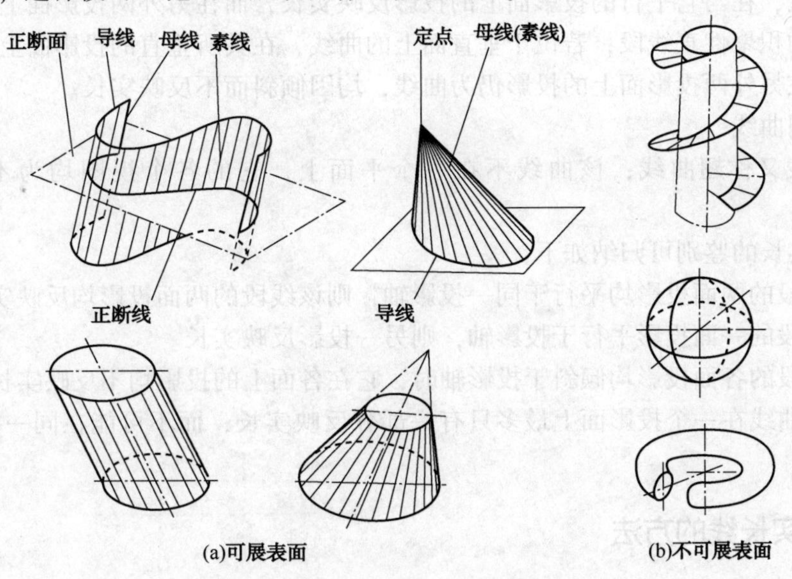

图 2-1-1　可展表面与不可展表面

第二节　空间线段实长求作方法

一、线段实长的鉴别

在展开图上，所有线(轮廓线、棱线及辅助线等)都是构件表面上对应部分的实长线。但是，这些线在一些构件的视图中，往往并不都反映实长，故必须先鉴别出非实长线并求出其实长，才能画展开图。

对于视图中的非实长线，可根据线段的投影特性来鉴别。为了说明问题，现把空间各种位置线段的投影特性简述如下：

1. 垂直线

在三视图中，当直线垂直于某一投影面时，则它必然平行于另两投影面。因此，该线在另两投影面上的投影反映实长。

2. 平行线

当直线平行于某一投影面而倾斜于另两投影面时，则该线在所平行的投影面上的投影反映实长，在另两投影面上的投影较其实长为短。

3. 一般位置线段

一般位置直线倾斜于各投影面，因此，它在各投影面上的投影均不反映实长，且较其实长为短。

4. 曲线

曲线分平面曲线和空间曲线两种。

(1) 平面曲线

平面曲线在视图中是否反映实长，由该曲线所在平面相对于投影面的位置决定。位于平行面上的曲线，在与它平行的投影面上的投影反映实长，而在另外两投影面上的投影，则为平行于轴线的积聚性直线段；若位于垂直面上的曲线，在其所垂直的投影面上的投影积聚成直线段，而在另外两投影面上的投影仍为曲线，均因倾斜而不反映实长。

(2) 空间曲线

空间曲线又称翅曲线，该曲线不在一个平面上，它的各个视图均为不反映实长的曲线。

对线段实长的鉴别可归纳如下：

1）若线段的两面投影均平行于同一投影轴，则该线段的两面投影均反映实长。

2）若线段的一面投影平行于投影轴，则另一投影反映实长。

3）当线段的各面投影均倾斜于投影轴时，它在各面上的投影均不反映实长。

4）空间曲线在一个投影面上最多只有一部分反映实长，而不可能在同一投影面上反映其全部实长。

二、求实长线的方法

1. 旋转法

旋转法求实长，就是把空间一般位置的直线段，绕一固定垂轴旋转使之与某投影面平行，则该线段在此投影面上的投影反映实长。图 2-1-2(a)所示为以 *Ao* 为轴，将 *AB* 旋转至与正面平行的 AB_1 位置。此时 *AB* 成为一条正平线 AB_1，其正面投影 $a'b'_1$ 即为 *AB* 的实长。图 2-1-2(b)表示将图 2-1-2(a)中的 AB 旋转成正平线的位置求实长。图 2-1-2(c)表示将 AB 旋转成水平线的位置求实长。

2. 直角三角形法

为了说明用直角三角形法求直线段实长的原理，再将图 2-1-2(b)、图 2-1-2(c)改画成图 2-1-3(a)、图 2-1-3(b)。从图中可以看出，*ab* 线经过旋转所求得的实长线 $a'b'$，是以 *AB* 的正面投影 $a'b'$的垂直高 $a'o$ 作对边，而以该线段的水平投影 $ab(ab=ob')$作底边的直角三角形的斜边。因此，对一般位置的直线段，不必用旋转法求实长，可直接用直角三角形法。

用直角三角形法求直线段实长，既可画在主视图中，也可画在俯视图或侧视图中。

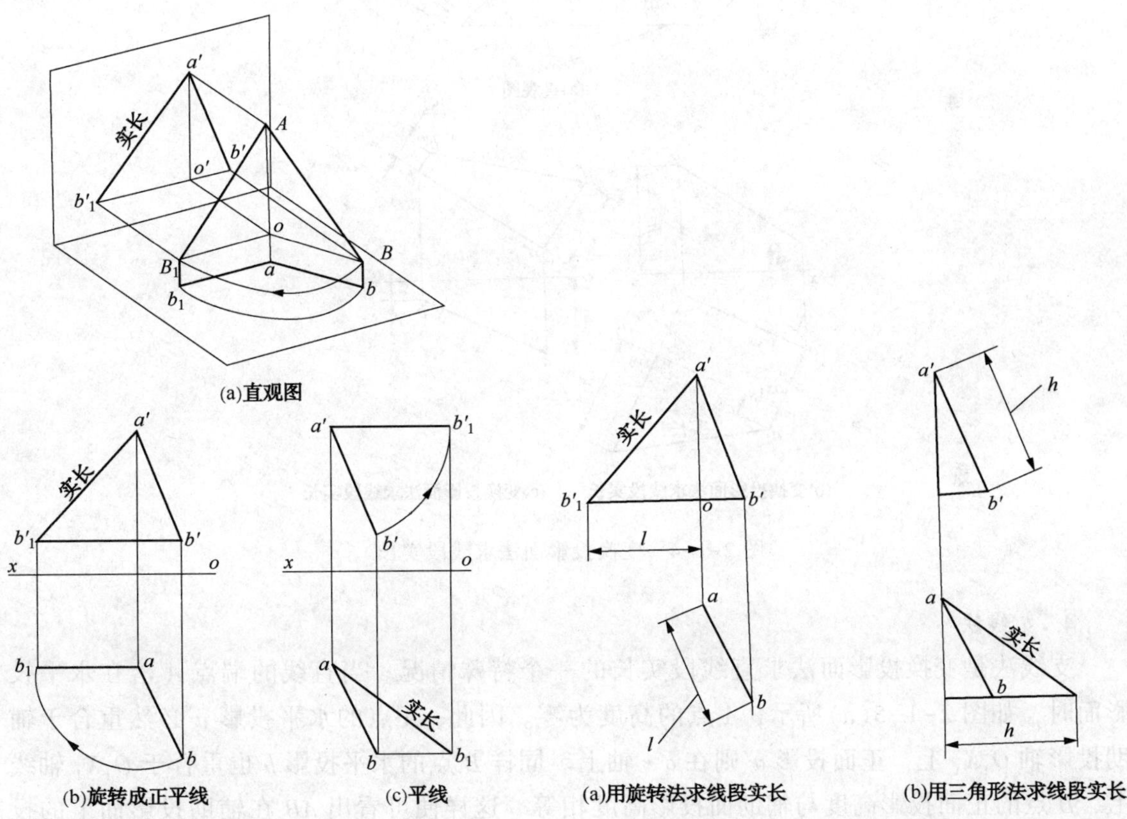

图 2-1-2　用旋转法求线段实长　　　　图 2-1-3　直角三角形法求线段实长

3. 变换投影面法

如前所述，只有当直线段平行于投影面时，才能在该投影面上反映实长。变换投影面法就是根据这一规律，设法用一新的投影面替换原来的某一投影面，使新设的投影面与空间直线相平行。这样，原来处于一般位置的直线也就成了这个新设投影面的平行线，它在该面上的投影就反映了线段的实长。这个新投影面称为辅助投影面。在辅助投影面上的投影，称为辅助投影。变换投影面法求直线段实长，由其作图特征也可称为直角梯形法。

辅助投影面的选择，必须是直角坐标系。用得最普遍的：一是垂直于水平投影面，倾斜于正投影面，称为正立辅助投影面；二是垂直于正投影面而倾斜于水平投影面，称为水平辅助投影面。在图 2-1-4(a)中，V_1 便是一个与直线平行，且垂直于水平面的正立辅助投影面。则 AB 在该面上的投影 $a'b'_1$ 反映实长，作图过程如图 2-1-4(b)所示。

图 2-1-4(c)为过 AB 作水平辅助投影面投影的结果，实长线 $a''b''$反映在主视图中。

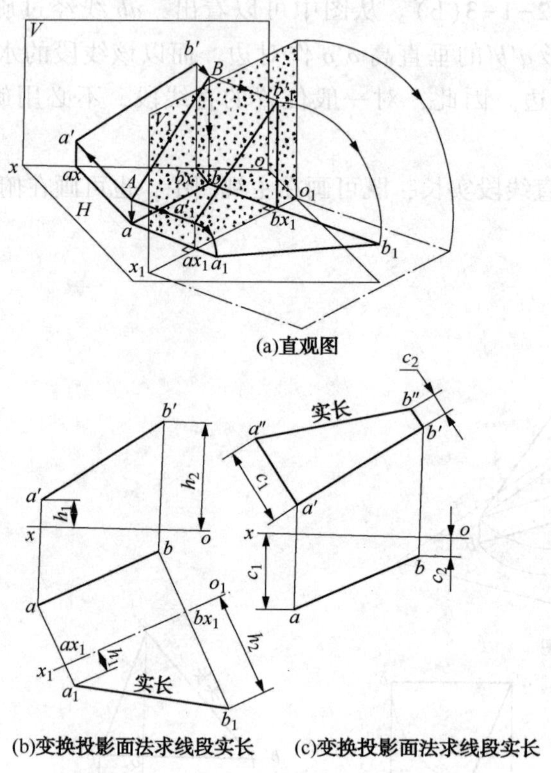

(a)直观图

(b)变换投影面法求线段实长　(c)变换投影面法求线段实长

图 2-1-4　变换投影面法求线段实长

4. 支线法

支线法是变换投影面法求直线段实长的一个特殊情况。当直线的端点 A 落在水平投影面时，如图 2-1-5(a)所示，A 点的高度为零。因此，A 点的水平投影 a 必然重合于辅助投影轴 O_1X_1 上，正面投影 a'则在 ox 轴上。同样 B 点的水平投影 b 也重合于 O_1X_1 轴线上，B 点的正面投影高度与辅助面投影高度相等。这样便可看出 AB 在辅助投影面上的投影实长 ab_1 与该线两视图间有勾、股、弦关系。即 ab_1 是以 AB 的水平投影 ab 为底边，以该线的正面投影高度 h 为对边的直角三角形的斜边。图 2-1-5(b)为翻转后的视图，此方法称为支线法。

图 2-1-5(c)所示为用支线法在正投影面上求 AB 实长。

由支线法求直线段实长可得出如下结论：

一般位置直线段的实长，是以该线的某一投影长度作底边，而以另一视图中的直高作对边的直角三角形的斜边。

用支线法求实长，可在直线的任一视图中任意端点引出支线，不必分析所引支线是否符合该线空间的实际位置。

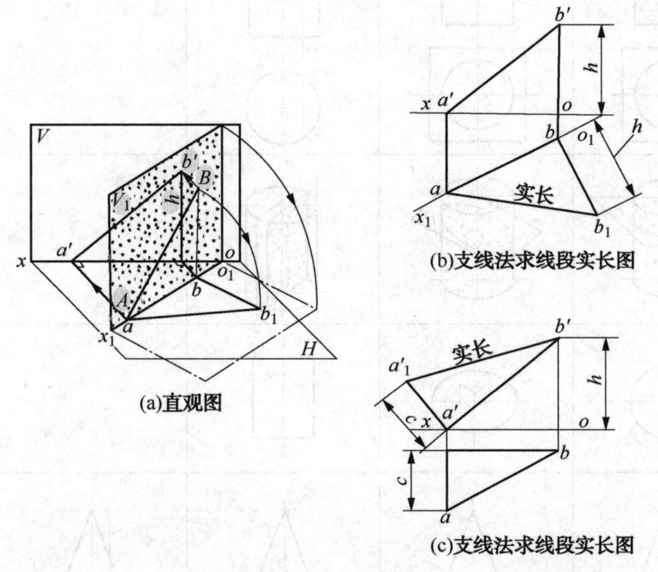

图 2-1-5　用支线法求一般位置线段实长

第三节　几何形体的截交线

一、截交线和截面实形

平面与立体表面相交，可以看作是立体表面被平面切割。图 2-1-6 所示为一平面与三棱锥相交，切割立体的平面 *P* 称为截平面，截平面与立体表面交线 1-2、2-3、3-1 为截交线，截交线所围成的平面图形△1-2-3 称为截面。研究平面与立体表面相交的主要目的是求截交线。

不论是平面立体还是曲面立体，尽管因被截平面切割的位置不同，所得到的截交线形状各异，但任何截交线都具有下面的性质：

（1）由于形体在空间有一定的范围，所以截交线一定是由直线或　曲线围成的封闭平面图形。

（2）截交线是被截切体与切面的公有线，同时也是相交两物体的分界线。

（3）一般情况下，曲面体的截交线是曲线，平面体的截交线是直线或折线。

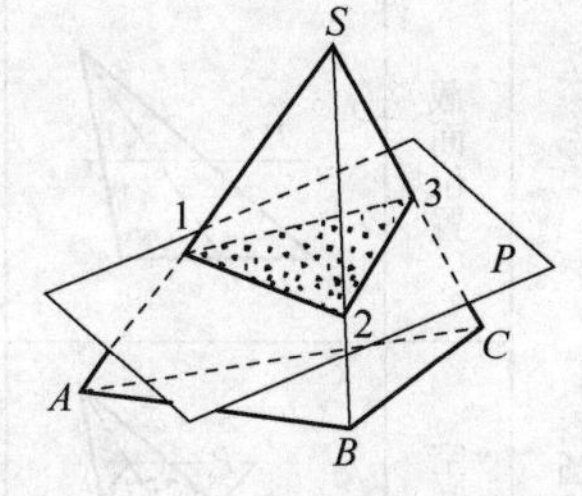

图 2-1-6　平面与立体相交

平面与立体相交的截面一般有六种类型，它们的空间形状和截面的实际形状如表 2-1-1 和图 2-1-7 所示。其中，球体被平面所截，在任何情况下，其截面都为圆形。

表 2-1-1　不同几何形体的截面

圆柱体截面	截面位置	P	P	P		
	空间形状	P	P	P		
	截面实际形状					
圆锥体截面	截面位置					
	空间形状					
	截面实际形状					
斜圆锥截面	截面位置	P	P	P		
	空间形状	P	P	P		
	截面实际形状					

续表

棱柱截面	截面位置	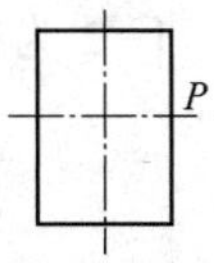	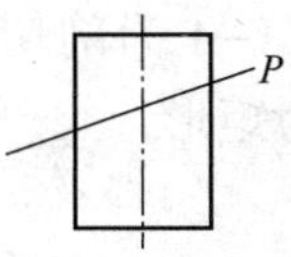	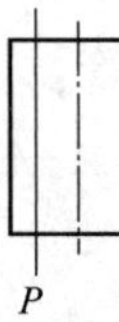		
	空间形状	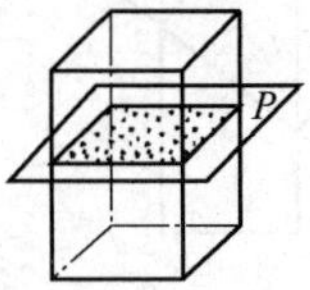	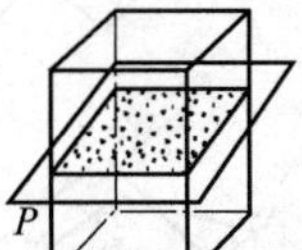	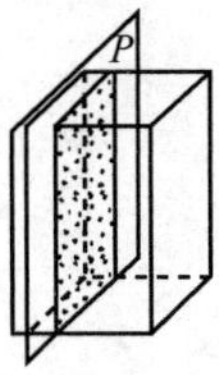		
	截面实际形状					
棱锥截面	截面位置	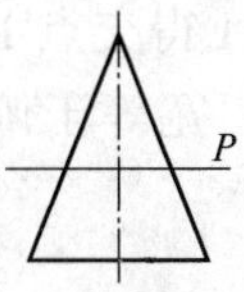	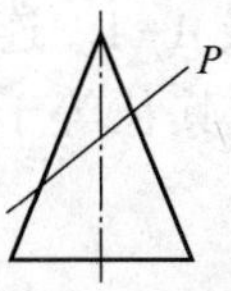	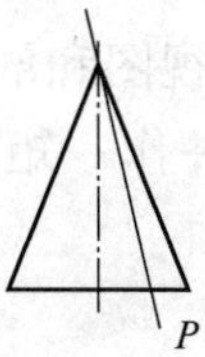		
	空间形状	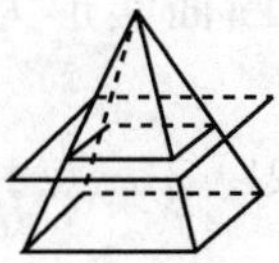	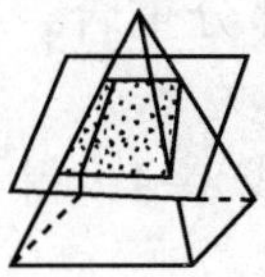	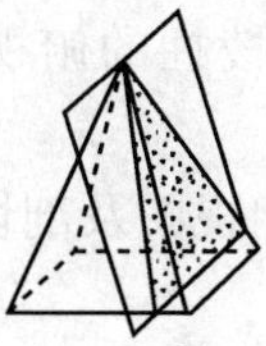		
	截面实际形状			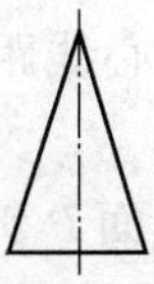		

由于构件形状和截切位置不同，截面实形的求作方法也不相同。但大体上可按以下步骤求实形：

(1) 画出构件的主视图、俯视图或有关视图。

(2) 画出截交线的两面投影。

(3) 若截平面为水平面时，截交线的水平投影反映实形，不必另求；若截平面为垂直面时，用旋转法或变换投影面法求截面实形；若截平面为正垂面或侧垂面(须画出左视图)时，用变换投影面法求实形；若截平面为一般位置平面时，须将截平面变换成投射面(垂直面)的视图，再进行变换投影(二次变换投影法)，即可求得截面实形。

下面分别举例简述平面立体、曲面立体以及由平面和曲面共同构成的立体被平面截切，求作其截面实形的方法。

1. 平面立体

(1) 矩形管

图 2-1-8 所示为正垂面 P 斜切矩形管，主视图 $A-A$ 为剖切迹线，1-2 为截交线的正面投影，截交线的水平投影与俯视图重合，$A-A$ 截面为矩形。

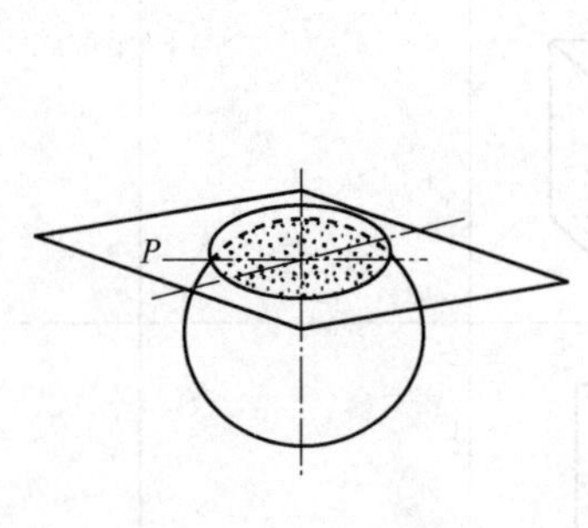

图 2-1-7　球体截面

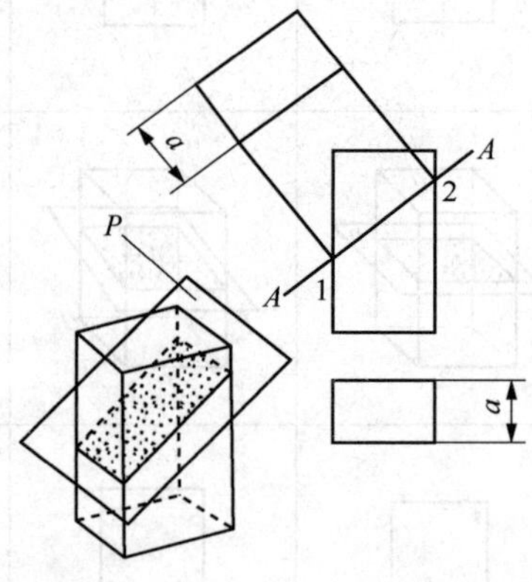

图 2-1-8　正垂面 P 斜切方管

1) 选用已知尺寸画出主视图、俯视图和剖切迹线 $A-A$。连接 $A-A$ 得交点 1、2。

2) 过 1、2 两点引 1-2 的垂线，并作一矩形，使其长等于 1-2，宽等于俯视图中的 a，即为 A-A 断面实形。

(2) 斜截六棱柱

图 1-1-9 所示为正垂面 P 过上端面斜切六棱柱。主视图 $A-A$ 表示剖切迹线，截交线的正面投影为 1′-3′，其水平投影与六棱柱的俯视图部分重合，$A-A$ 断面实形为六边形。其求法：

1) 先用已知尺寸画出主视图、俯视图及剖切迹线 $A-A$，得 1′、2′、3′三点，由 3′引下投影线得与俯视图的交点为 3。

2) 由主视图 1′、2′、3′点引直线 1′-3′的直角线，并作其垂线得三个交点，由各交点左右对称截取俯视图 1、2、3 点至水平中心线距离得出各点，顺次连成直线，即得 A-A 断面实形。

3) 斜截四棱锥　图 2-1-10 为正垂面 P 斜截正四棱锥，I-I 为剖切迹线，1′-3′为截交线的正面投影。截交线的水平投影为四边形。

a. 用已知尺寸画出主视图和俯视图，在主视图连接迹线 I-I 得 1′、2′(4′)、3′点，由 2′向右引水平线至 $O'B'$，得水平投影 2，4，距离以 a 表示。

b. 断面实形求法是由主视图 1′、2′(4′)、3′各点引对 1′-3′直角线上作垂线 1″-3″得各交点，取 2″-4″等于俯视图中的 2a 得 2″、4″点。顺次连接各点，即得所求断面实形。

4) 平面与四棱锥台棱线截切　图 2-1-11 所示为四棱锥台的剖切平面垂直于棱锥台棱线截切，切割点Ⅱ的正面投影与水平投影 2′、2 为已知。由于棱线不反映实长，剖切迹线不反映在主、俯两视图中，而反映在该棱线反映实长的视图中。因此本例求断面实形须用二次变换投影面法。

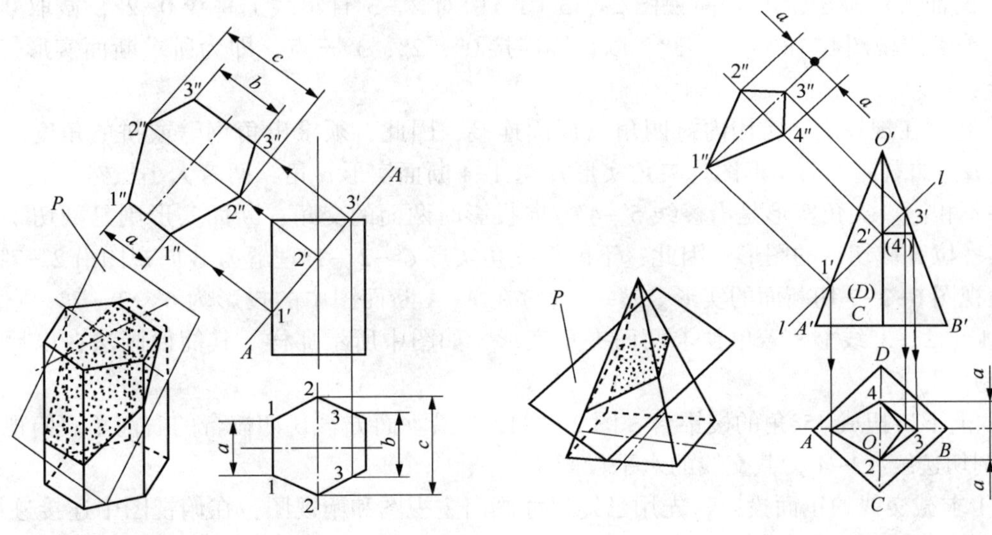

图 2-1-9　斜截六棱柱　　　　图 2-1-10　斜截四棱锥

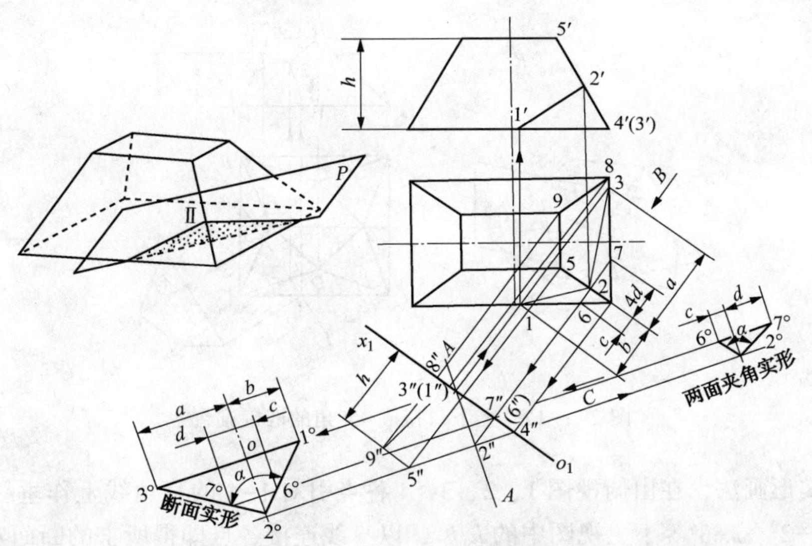

图 2-1-11　锥台棱线斜截

a. 先用已知尺寸画出主视图和俯视图，然后确定切点Ⅱ的两面投影 2′、2。

b. 先作一次变换视图，求出棱线实长。如 *B* 向视图是沿与 4-5 垂直方向对四棱锥进行部分投影。在此图中，4″-5″反映棱线实长，2 点投影在该线上为 2″。

c. *B* 向视图画法：过俯视图 4，5 两点引对 4-5 直角线，作距离为 *h* 的两条平行线 o_1x_1、5″-9″，得 4″、5″两点。连接 4″-5″即为棱线实长。由俯视图点 2 引对 4-5 直角线交 4″-5″于 2″。再由。2″引对 4″-5″直角线 2″-3″(1″)，交 o_1x_1 于 3″(1″)，2″-3″(1″) 即为迹线 *A*-*A* 剖切位置。由 3″(1″) 向俯视图引对 4-5 直角线与底断面相邻两边交点为 1、3，1 三角形 1-2-3 表示截交线的水平投影。再由俯视图 8、9 两点引对 o_1x_1 直角线交 o_1x_1、8″-9″两点连成 8″-9″直线，完成 *B* 向视图。

d. 断面实形画法，由 B 向视图 2″、3″(1″)引对 2″-3″直角线上垂线 0-2°，截取 0-1°、0-3°。等于俯视图 b、a 得 1°、3°，以直线连接 0°、2°、3°三点，即为所求断面实形，α 角为结合实角。

e. 此例在现场中，常用内衬四角以加固连接，因此，须求出角钢劈或拼的角度，即两面夹角 α，如右侧夹角实形图。夹角实形 α 与 A-A 断面实形 α 角，两者大小虽然一致，但其意义并不相同。夹角实形是沿棱线 5″-4″方向投影时两面的交角；断面实形则是剖切平面沿棱线某一位置截切后的图形。因此，不能把夹角实形 6°-2°-7°理解为 B 向视图沿 2″-7″(6″)或沿俯视图 6-2-7 切断面的实形。2″-7″(6″)在 A-A 断面图中的投影为 6°-2°-7°，它重合于 2°-1°、2°-3°线上。若单独求两面夹角实形，如图中所示那样。其简便画法在以后例题中再作介绍。

5）上下口扭成 45°角的棱锥台　图 2-1-12 为沿垂面 P 截切四棱台的右前角。俯视图中 I-I 为剖切迹线。1-4 为截交线的水平投影。

a. 1 求截交线的正面投影，先用已知尺寸画出主视图和俯视图，在俯视图中连接迹线 I-I 得与底边及棱线的交点 1、2、3、4。由 1、2、3、4 引上投影线，得与主视图各线对应交点为 1′、2′、3′、4′。通过各点连成直线得截交线的正面投影。

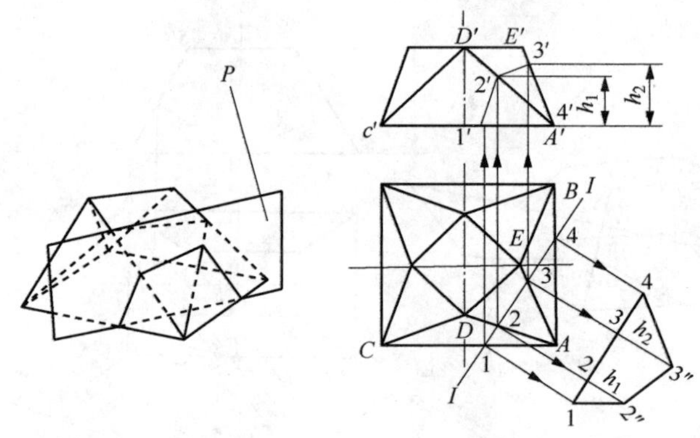

图 2-1-12　上下口扭成 45°角的四棱锥台

b. 断面实形画法，在由俯视图 1、2、3、4 各点引对 1-4 的直角线上作垂线 1-4，得各交点。截取 2-2″、3-3″等于主视图中的 h_1h_2，以直线连接各点即得所求的断面实形。

c. 若切平面 P 垂直于 ADE 平面，并通过底方对角线 BC 截切，如图 2-1-13 所示。这时的断面实形不能直接画出。其原因是三角形 ADE 为一般位置平面，与它垂直剖切的平面迹线不反映在俯视图中，而反映于该平面投影成投射面(垂直面)的视图中。因此，要进行二次投影变换方能求出断面实形。如 A 向视图是沿 1-2 方向(垂直 AO)对四棱锥台进行部分投影。在此图中，三角形 ADE 为投射面积聚成 $A''E''(D'')$，1-2 线积聚成 1″(2″)点在该线上。

d. A 向视图画法，在俯视图 BC 延长线上作两条距离为矗的垂线 o_1x_1、$F''E''(D'')$，与由俯视图 A、D、E 各点引与 BC 平行线交点为 A''、$B''(C'')$、$E''(D'')$、F''，以直线连接各点得 A 向视图。在 A 向视图中，由 $B''(C'')$点引对 $A''E''(D'')$的直角线得交点 1″(2″)。$B''1''$表示沿 I-I剖切的截交线。由 1″(2″)引对 o_1x_1的直角线得与俯视图 AD、AE 的交点为 1、2。连接 $B1$、$2C$，得 B-1-2-C 截交线的水平投影。

e. 断面实形画法，在 $A''E''(D'')$向右的延长线上作垂线，由 $B''(C'')$引与 $E''A''$平行线得交

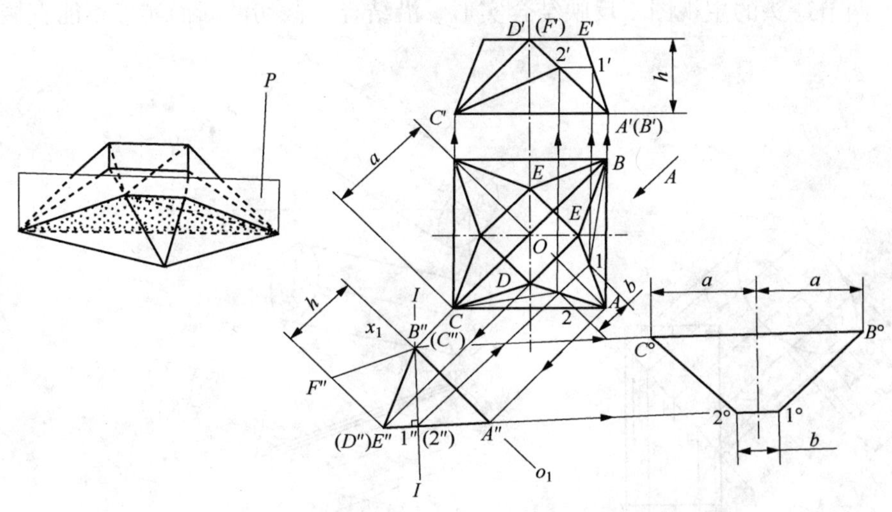

图 2-1-13　上下口扭成 45°角的四棱锥台底方对角线截切

点 C(未注符号)，由交点左右对应截取俯视图上的口、6/2，得 1°、2°、C°、B°，以直线连接各点，得 *I*–*I* 断面实形。

2. 平面和曲面构成的立体

(1) 切平面斜切圆管图 2–1–14 表示正垂面斜切圆管，截交线的正面投影为 1′–7 ′，其水平投影与圆管断面重合。

1) 用已知尺寸画出主视图、断面图及截交线 1′–7 ′。

2) 断面实形求法，6 等分圆管断面半圆周，等分点为 1、2、3…7。由等分点引上投影线，得到与主视图 1 ′~7 ′的交点。在由 1′~7′各点引对 1′~7′的直角线上作垂线 1″~7″，得与各线交点。由各交点左右对称截取断面各等分点至水平中心线距离，得出各点，连成椭圆曲线，即得所求断面实形。

(2) 切平面水平截切不反映实形的圆管从图 1–1–15 的主视图和俯视图可知圆管上端向右后方倾斜，切平面迹线距离管底中心线高度为 *h* 水平截切。由于主视图不反映圆管实形，因此断面实形不能直接求出，须先求出圆管实形图及剖切迹线。

1) 圆管实形图的画法，在由俯视图 O_1、O_2点引对 O_1O_2的直角线上作垂线 BO''_1，取 *BA*、BO''_2分别等于主视图 h_1、*h*，得 *A*、O''_2两点。连接 $O''_1O''_2$ 为圆管轴线实长。由 $O''_1O''_2$ 左右以圆管半径画轮廓线，即得圆管实形图。再由 *A* 点引与 BO''_1的平行线 *A*′–*A*′表示截切迹线，8′–1′为截交线。

2) 以 O''_1为圆心，用圆管半径画 1/2 断面，6 等分断面半圆周，等分点为 1、2、3、…7。由等分点引与 $O''_1O''_2$ 的平行线，得与截交线 1′–8′交点为 1′、2′、3′、4′、5′。再由 8′向左引与轴线的平行线，交圆管断面于 8。

3) 断面实形的画法，在由截交线 1′~8′各点，引对 1′~8′直角线上作垂线 1″~8″，得与各线交点，由各交点左右对称截取圆管断面各点至 1~7 距离，得出各点，并连成椭圆睦线，即得所求断面实形。

(3) 切平面沿两节弯头结合线截切　在图 2–1–16 中，管Ⅱ成竖直轴线反映实长，上接管工，下连大圆管，结合线的水平投影积聚成圆。管 I 顶端向左后方倾斜的轴线不反映实长。因此，两节弯头的主视图不反映结合实形。沿结合线截切的断面实形不能直接作出。

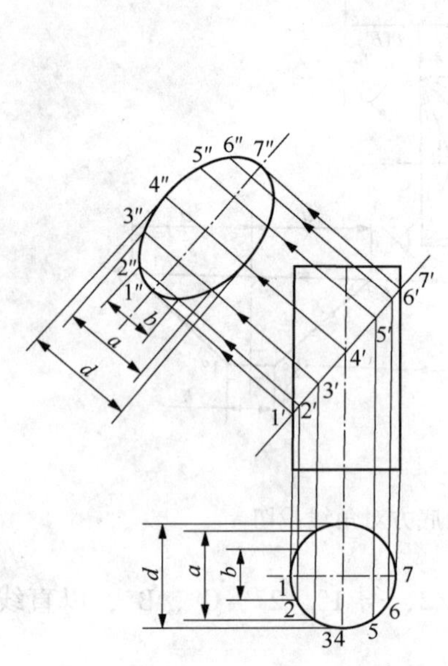

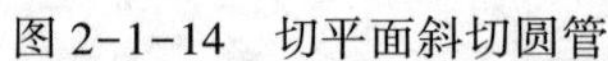
图 2-1-14 切平面斜切圆管

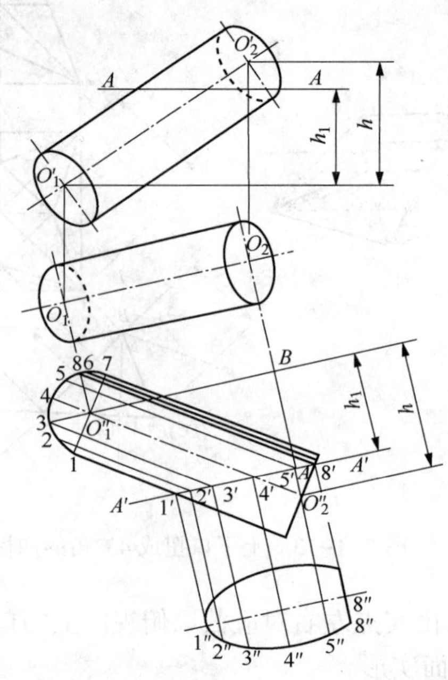

图 2-1-15 截切不反映实形的圆管

1）结合实形的求法。先用已知尺寸画出主视图和俯视图(结合线大致画)。再由俯视图 O_1、$O_2(O_3)$引对 O_1O_2的直角线上截取 $O''_3O''_2$、O''_2B 分别等于主视图 h_2、h_1 得 O''_3、O''_2、B。再由 O_1引对 O_1O_2的直角线与由 B 点引与该线平行线交于 O''_1，连接 $O''_1O''_2$为管Ⅰ轴线实长，$\angle O''_1O''_2O''_3$为两节弯头结合实角。2 等分$\angle O''_1O''_2O''_3$，分角线 A-A(迹线)与两节弯头轮廓线交于 1′、5′点。1′-5′即为结合线，得弯头结合实形。

2）A-A 断面实形为椭圆，求法与前例相同，说明省略。

3）由于管Ⅱ与大圆管垂直相交，下端反映交接实形。因此，在求两节弯头结合实形图中，管Ⅱ下端投影直接沿交接实形画出。

(4) 切平面与圆锥轴线倾斜　图 2-1-17 表示正垂面沿 A-A 斜切圆锥，1′-5′为截交线的正面投影，断面实形为下圆上尖的鸡蛋形近似椭圆。

1）先用已知尺寸画出主视图和俯视图，在主视图上连接迹线 A-A 交圆锥母线于 1′-5′两点。

2）求截交线的水平投影，先求特殊点，即长、短轴两端点的投影。1′、5′两点为长轴两端点的正面投影，其水平投影在俯视图水平中心线上，按“长对正”的投影关系可直接画出 1、5 两点。由于该截面实形为非正规椭圆，其垂直于投影面的短轴在 1-5 线上的位置难于准确确定。为此：在俯视图中(包括水平和垂直投影轴在内)将图圆周均分为 8 等分，并通过除轴线以外的其余 4 点按由下到上的次序作其 4 条素线的水平投影和正面投影。在主视图中，得素线与 A-A 迹线的交点 2′、3′、4′，并由 2′、4′两点得俯视图中对应素线投影上的对应投影点 2、4 及其对称点投影；过 3′点作水平辅助剖切面，则在俯视图中得其截交线(圆)与“3”点所在素线的交点 3。通过各点连成圆滑的曲线(对称于水平轴线)，得截交线的水平投影。

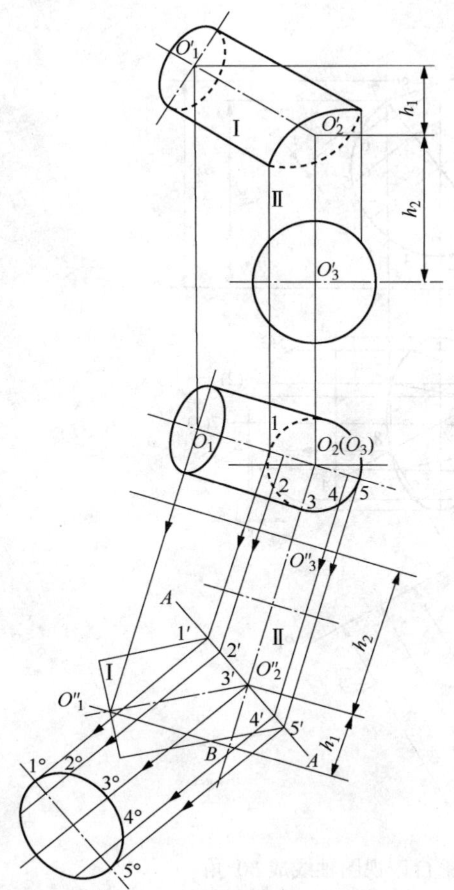

图 2-1-16　切平面沿两节弯头结合线截切

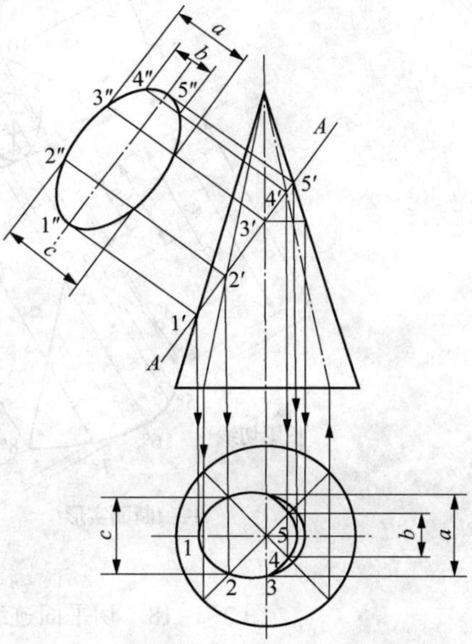

图 2-1-17　切平面与圆锥轴线倾斜

3）断面实形求法，在主视图中，由 1′-5′线上各点引对 1′-5′的直角线在其上作垂线 1″-5″得与各线交点，由各交点左右对称截取俯视图中 2、3、4 点至 1-5 距离，得出各点，连成蛋形曲线，即为所求断面实形。

（5）切平面迹线与圆锥台俯视图轴线成 30°角　图 2-1-18 为锥顶向左倾斜正截头直圆锥的两面视图，剖切迹线 *A*-*A* 通过俯视图大端椭圆中心与水平轴线成 30°角。

1）用已知尺寸画出主视图、俯视图(底圆投影为标准椭圆)及剖切迹线 A-A。

2）在主视图上，以 1-7 为直径画大端 1/2 断面，6 等分断面半圆周，等分点为 1、2、3…7。由各等分点引对 1-7 直角线得交点，再由各交点向锥顶连接素线。

3）在俯视图水平轴线的延长线上画大端 1/2 辅助断面，并分为 6 等分。由等分点向左引水平线，与底圆的投影(椭圆)相交，由椭圆周各交点向锥顶连素线。此时，由俯视图可见，截交线 *A*-*A* 除与所作素线一一相交外，还与底圆右下部相交，其交点称为点“8”；与底圆左上部相交，其交点称为点“9”；与锥面轮廓线相交，其交点称为点“10”。再由 10-9-8 线上各交点(除“10”点以外)引上投影线，得与主视图各对应素线和 1-7 交点为 2′、3′…9′。通过各点连成光滑曲线为截交线的正面投影(由“10”点所引上投影线与主视图中 3′、4′两点间投影曲线相切，为投影控制线)。各点至 *ox* 轴的高度分别为 h_2、h_3、h_4…h_9。

4）断面实形画法。在俯视图中画 o_1x_1，平行于 *A*-*A*，与由 10-9-8 线各点(除“10”点以

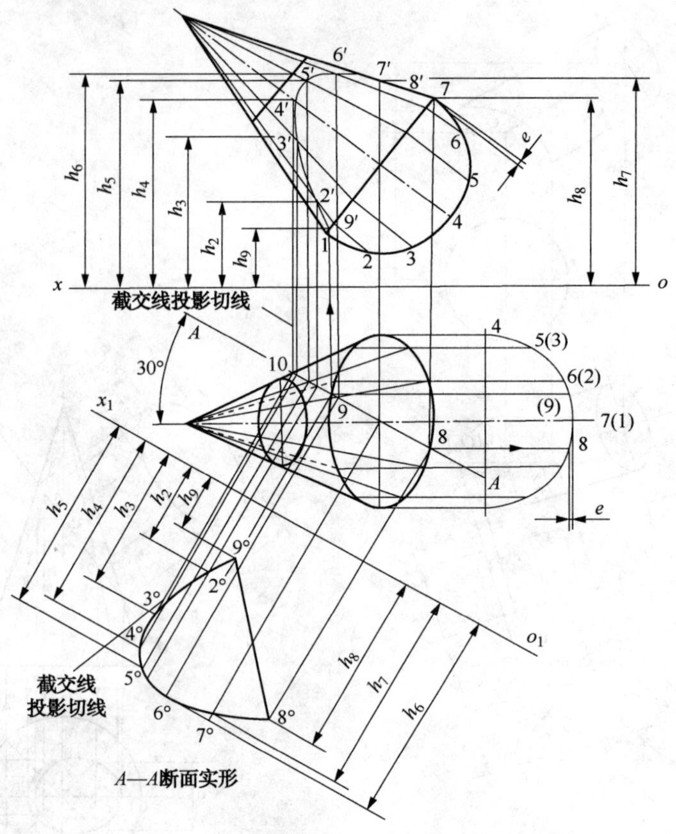

图 2-1-18　切平面迹线与圆锥台俯视图轴线成 30°角

外)引对 o_1x_1 直角线，得各交点，对应截取主视图截交线各点至 o_1x_1 距离，得 2°、3°、4°、…9°。通过各点连成光滑曲线(由“10”点所引 o_1x_1 直角线和断面实形图中 3°与 4°点间曲线相切)，即得所求 *A-A* 断面实形。

(6) 切平面斜切圆顶细长圆底台+此台顶断面半径 *R* 与底断面细长圆半径 *R* 相等，剖切迹线 A-A 过底断面左半圆中心垂直于台的右边线，如图 2-1-19 所示。

1) 先用已知尺寸画出主视图和顶底断面图，过 *o* 点画剖切迹线 *A-A* 垂直于台的右边线，得 *o*、1′点。

2) 断面实形画法：3 等分顶断面 1/4 圆周，等分点为 1、2、3、4。由等分点引下垂线，得与顶口线交点，由各交点分别引与右边线平行线，并延长至主视图外，得与 *o*′1°交点(*o*′-1°∥*o*-1′)，由各交点左右对称截取顶断面 *a*、*b*、*R* 得出各点，连成直线和曲线，即得所求 *A-A* 断面实形。

(7) 切平面斜切顶圆底方　图 2-1-20 表示正垂面 *P* 斜切顶圆底方，主视图 *A-A* 为剖切迹线，*o*″-3″为截交线的正面投影。

1) 用已知尺寸画出主视图和俯视图，在主视图连接迹线 *A-A* 得 *o*′、3″两点。

2) 4 等分俯视图半圆周，等分点为 1、2、3、2、1。将各等分点分别与 B、C 连接，并画出各线的正面投影 *B*′1′、*B*′2′、*B*′3′，得到与 *o*′-3″的交点。由 *o*′-3″上交点引下投影线，得到与俯视图各线的对应交点，顺次连成直线和曲线，此即为截交线的水平投影。

3) 断面实形的求法，在由主视图 o_7-3”各点引对 o_7-3”直角线上作垂线 o_3 得各交点，

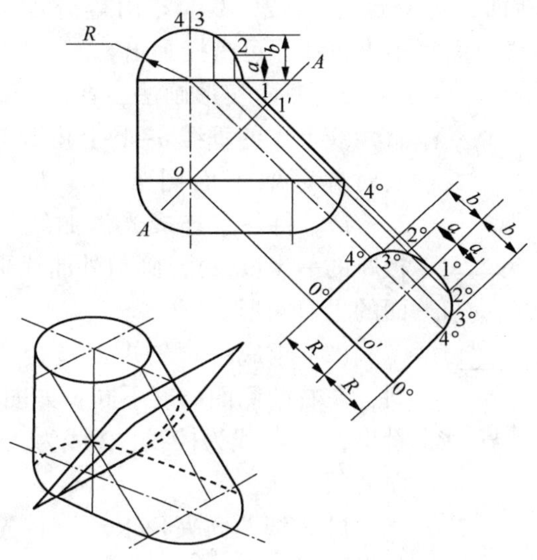

图 2-1-19　切平面斜切圆顶细长圆底台

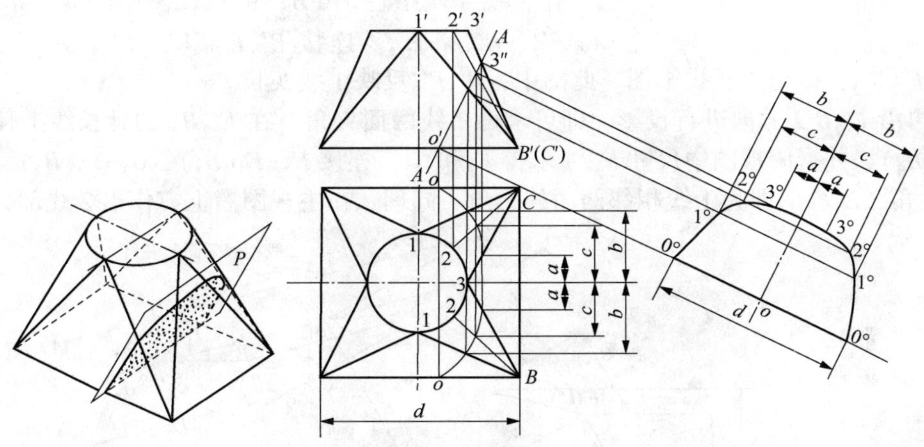

图 2-1-20　切平面斜切顶圆底方

由各交点左右对称截取俯视图 a、b、c、d 尺寸，得 0°、1°、2°、3°、3°、2°、1°、0°。以直线和曲线顺次连接各点，即得 A-A 断面实形。

二、相交构件的结合线及其求法

1. 断面实形的应用

为使相交构件符合质量要求，在制作过程中，需用样板检验构件的断面尺寸，因此需要求出构件的断面实形或两面夹角实形。现举例如下。

(1) 画等径三通补料带的检验样板等径斜交三通补料带的检验样板为沿该带中线 A-A 断面的里口实形，如图 2-1-21 所示。

1) 根据已知尺寸画出主视图、断面图(按平均直径)和剖切迹线 A-A。

2）三等分支管 1/4 断面，等分点为 1、2、3、4。由等分点引支管素线，得与结合线 1′~4′交点（等径相交结合线正面投影为直线，可直接画出）。

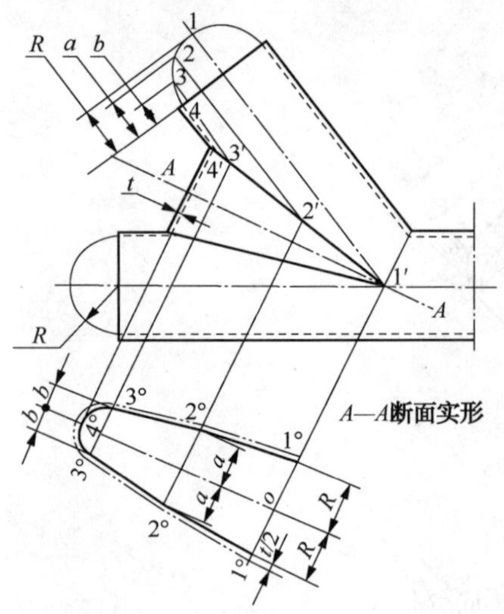

图 2-1-21　等径三通补料带的检验样板

3）断面实形画法，在结合线 1 7-4 7 各点引对 A-A 直角线上作的垂线 o-4°上得到与各线交点。由各交点左右对称截取断面图 R、a、b，得 1°、2°、3°、4°、3°、2°、1°。将各点连成光滑曲线，再由曲线各点向内截取板厚的一半（$t/2$），画与外曲线平行的内曲线，得 A-A 断面的里口实形。

（2）求底平顶斜矩形棱台各棱边角度主视图顶口倾斜，左右两侧面高度不同，如图 2-1-22 所示。从图中可看出，1、3 线为棱线，2 线为 ABFE 内的折线。求各线两面夹角。

1）1 线两面夹角求法：首先求出反映 1 线实长的部分投影图。

在俯视图中，由 B 点引 BF 的垂线，并选该线上一点 B'_2作直线 AB'_2平行于 FB；由主视图中的 h_1、h_2 分别求得 F'_2、G'_2和 E'_2。连接 $B'_2E'_2$、$B'_2F'_2$、$B'_2G'_2$，以及 $F'_2E'_2$、$F'_2G'_2$，即得 1 线投影图。此图中，$B'_2F'_2$反映 1 线实长。

2）再沿 $F'_2B'2$ 方向进行投影，即可求得 1 线两面夹角。在 $F'_2B'_2$的延长线上任意选择一点 $F_3(B_3)$，并据俯视图中尺寸 b、a 求得 E_3和 G_3；连接 E_3-$F_3(B_3)$，G_3-$F_3(B_3)$，则两连线所夹之角∠$E_3F_3G_3$即为 1 线相邻两面的夹角。同理，在主视图右上方作出 2 线部分投影图

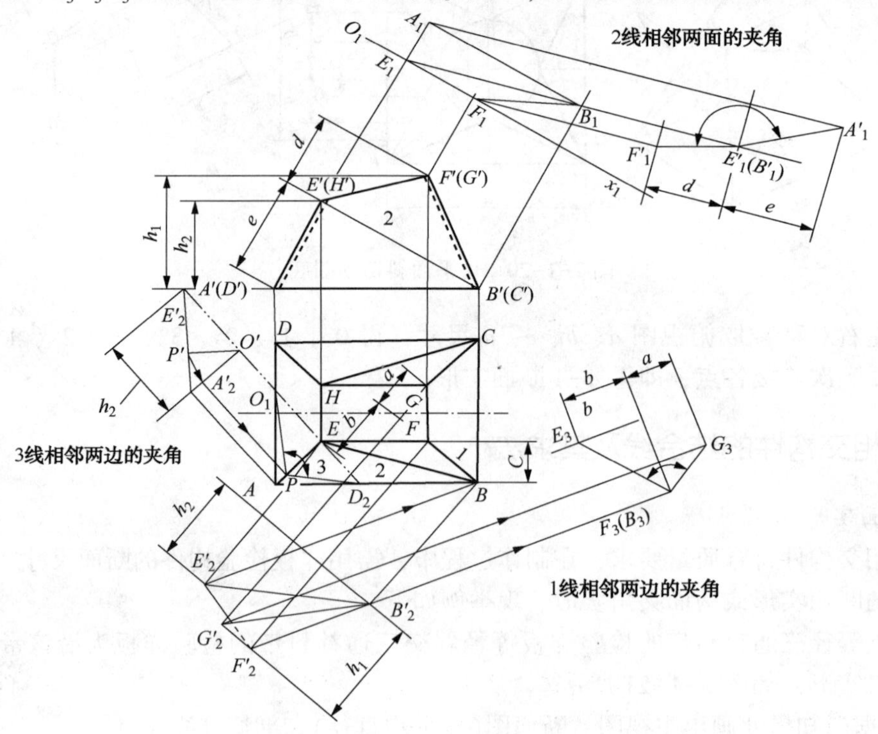

图 2-1-22　求底平顶斜矩形棱台各棱边角度

后，求出2线相邻两面的夹角。如图2-1-22所示，说明省略。

3）3线两面夹角的求法：在俯视图中投影线AE的左上方作AE的平行线，交过A、E两点AE的直角线于A'_2、O'两点；延长$E\ O'$至E'_2，使$O'E'_2=h_2$，连接A'_2、E'_2两点，则$A'_2E'_2$为3棱线AE的实长。过O'作$A'_2E'_2$的垂线$O'P'$，则$O'P'$为过O'点3棱线的横断面的积聚性投影。将$O'P'$绕O'回转到$A'_2\ O'$上并返投在俯视图中3棱线AE上于P点；令AE的直角线$E\ O'$交两底边为O_1、O_2两点，连接O_1P、O_2P，则$\angle O_1P\ O_2$即为了棱线AE两边的夹角。

（3）锥管的立体图。平面立体相贯结合线为空间封闭折线，因此，只要求出结合线上特殊点（转折点）也就求出了结合线。

1）用截平面法求结合线，先用已知尺寸画出主视图和俯视图的轮廓线，然后，设想用P平面沿方管上边截切相贯体图2-1-23（b）得两形体截交线的水平投影，其为二平行线互交的正方形，交点1、3即为结合线上Ⅰ、Ⅲ点的水平投影。由1、3引上投影线，得与截交线的正面投影，交点为1′（3′）。

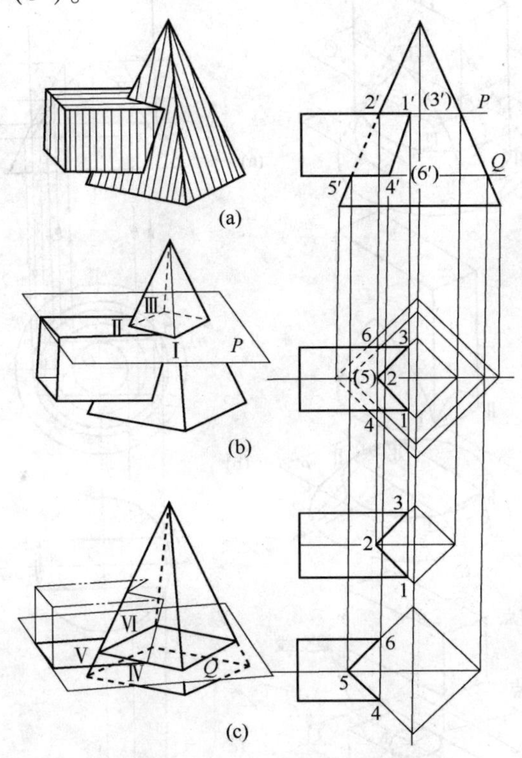

图2-1-23 方管与方锥管相交

2）再用Q平面沿方管下边线截切相贯体图2-1-23（c），得截交线的水平投影仍为二平行线互交的正方形，但大于P平面截切的正方形，其交点4、6为结合线Ⅳ、Ⅵ点的水平投影。由4、6两点引上投影线，得与截交线的正面投影交点为4′（6′）。以直线连接1′-4′（3′-6′）和1-2、2-3，则完成了结合线的两视图。

（4）求矩形管正交圆锥管的结合线如图2-1-24所示，矩形管正交圆锥管结合线的水平投影与矩形管断面积聚重合，为已知，只需求出主视图。

1）首先找出特殊点——最高点、最低点、最左点和最右点。最高点和最低点为矩形管前后面、四角点与圆锥面的交点；最左点与最右点为两形体左、右边线的交点，画图时可直接作出。

如求结合线的最低点，设想用截平面 P 从矩形管与圆锥管相贯的最低点水平截切图 2-1-24(b)，其截交线的水平投影为圆，反映在俯视图中则为矩形的外接圆。接点 2(共 4 个)即为接合线上最低点Ⅱ的水平投影，该点的正面投影为 2′，2′为截交线圆的正面投影与矩形两边线的交点。

如求最高点，选 Q 平面在结合线的顶点水平截切相贯体图 2-1-24(c)，其截交线的水平投影为矩形及其内切圆。它反映在俯视图中就是在矩形断面内作长边的内切圆，切点为 4 (2 个)，4 点即为结合线最高点Ⅳ的水平投影。该两点的正面投影 4′必然在内切圆的正面投影上。同理，可选用 R 平面等剖切平面水平截切相贯体，求出足够多的一般位置截交点后，即可作出结合线的主视图。其具体作法如下。

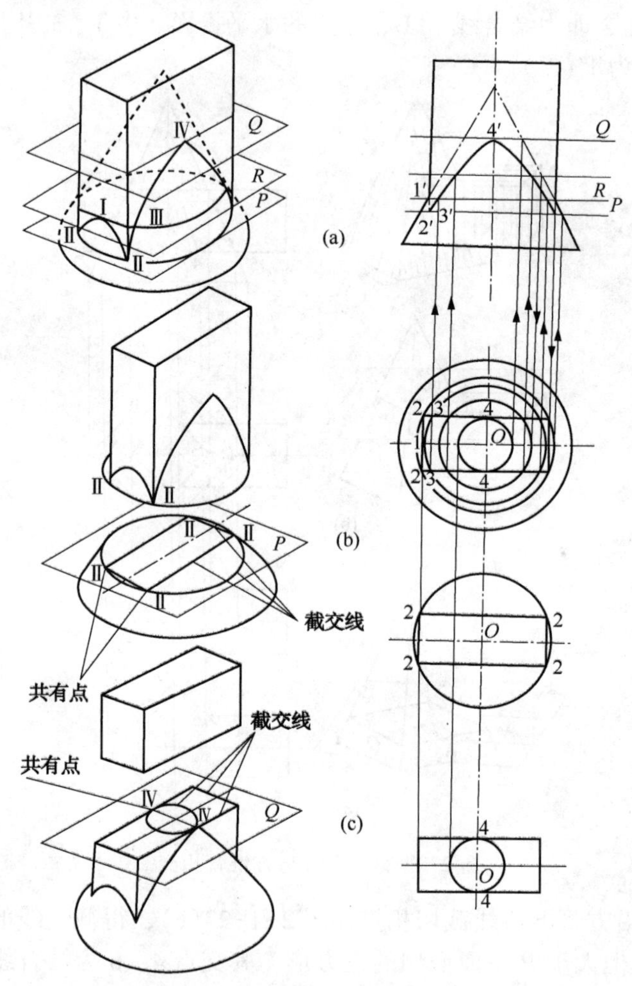

图 2-1-24　矩形管正交圆锥管

2）用截平面法求结合线，先用已知尺寸画出主视图轮廓线和俯视图，以 O 为中心画矩形断面外接圆和长矩边的内切圆。三圆表示用截平面 P、Q、R 截切相贯体所得截交线的水平投影，并按“长对正”关系画出三圆的正面投影。然后，由截交线上各点引上投影线，得到与各圆的正面投影的对应交点，将 2′-3′-4′-3′-2′连成曲线，即为所求结合线。

（5）求圆管与圆锥管水平相交的结合线如图 2-1-25 所示，圆管与圆锥管相交的结合线为一封闭的空间曲线。由于圆管轴线垂直于侧面，结合线的左视图积聚成圆，其余两视图中的投影如下求作：

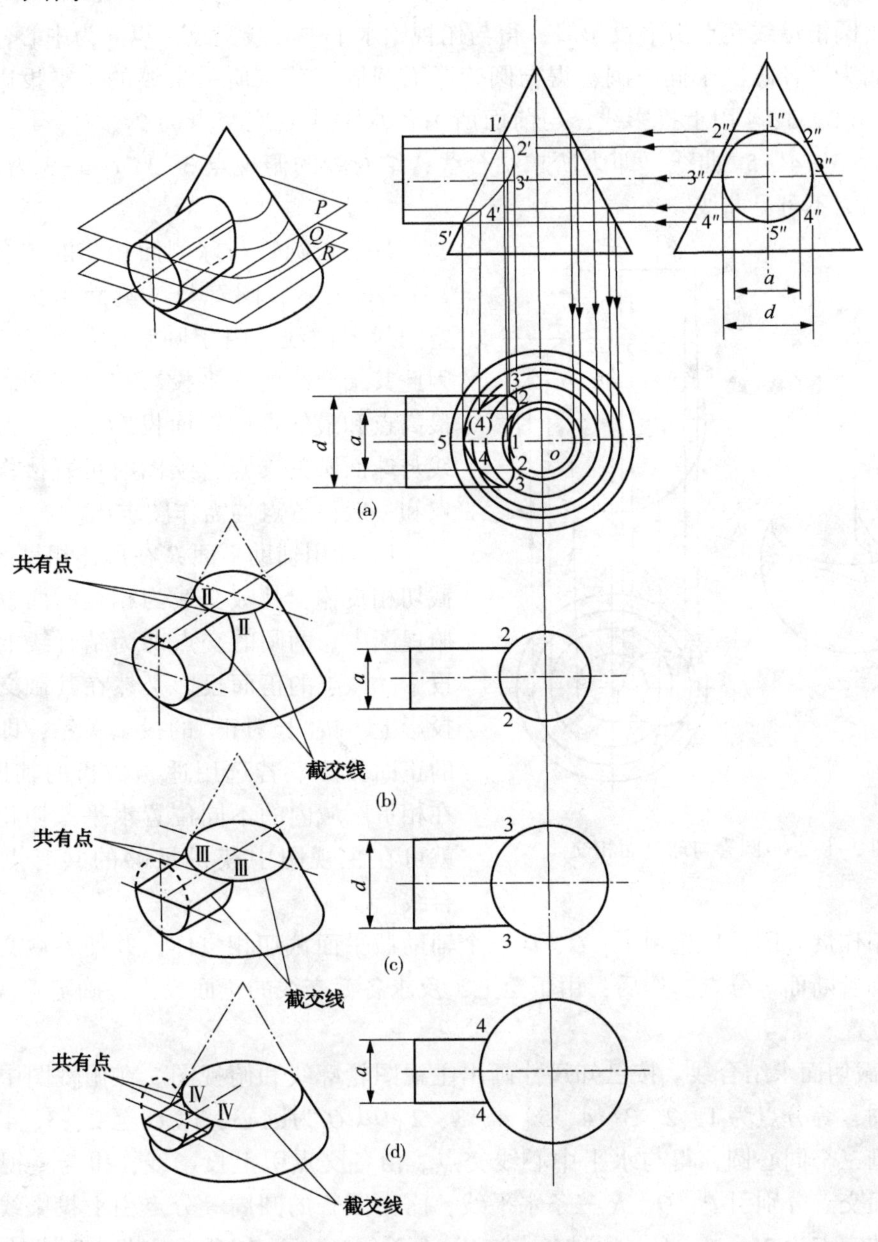

图 2-1-25　圆管与圆锥管水平相交

1）结合线上最高点和最低点的正面投影 1′、5′为圆管边线与圆锥母线的交点，画图时，可直接求出。结合线最前点的侧面投影 3”、3”在圆管断面水平直径上，它的水平投影 3、3 两点可从 Q 平面沿圆管轴线截切相贯体(图 2-1-25(c))，从其截交线的水平投影中获得。再按“长对正”的投影关系，求出该点的正面投影 3′。此外，还需求出一般位置的若干点，如用 P、R 平面沿圆周等分点位置截切相贯体(图 2-1-25(b)、图 2-1-25(c))，分别得出一般位置共有点的水平投影 2、2，4、4。再按“长对正”，求出各点的正面投影 2′、4′。以上是求相贯体共有点的基本原理，下面扼要说明其具体作法。

2）用截平面法求结合线。先用已知尺寸画出主视图(见图 1-25)，8 等分左视图圆管断面圆周，等分点为 1″、2″、……5″、4″、3″、2″。由等分点向左引水平线，得与主视图轮廓线交点。由圆锥母线交点引下投影线，得与俯视图水平中心线交点，以 *o* 为中心，以 *o* 至各交点的距离为半径画三个同心圆，得与圆管断面圆周等分点所引素线的水平投影，交点为 2、3、4。由 2、3、4 引上投影线，与前面所引各水平线对应交点为 2′、3′、4′。通过各点连成 1′-2 ′-3′-4′-5 ′曲线，即为所求结合线；结合线的俯视点 3-2-1-2-3 为可见曲线，3-4-5-4-3为不可见曲线。

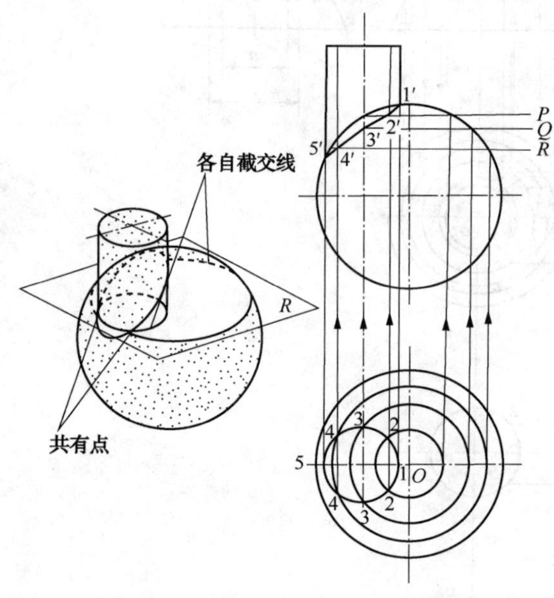

图 2-1-26　圆管与球侧面相交

（6）求圆管与球侧面相交的结合线。如图 2-1-26 所示，圆管与球侧面相交，结合线为空间封闭曲线。由于圆管轴线垂直于水平面，因此其结合线的水平投影积聚成圆。结合线的最高点和最低点的正面投影 1′、5′为圆管轮廓线与球面圆的交点，绘图时可直接作出。最前点和一般位置点均需作图求出。

1）如用辅助平面 *R* 在形体相贯区域内水平截切相贯体，其裁交线为相交的两食圆反映在俯提图中。两圆的交点即为结合线上点的水平投影。该点的正面投影必然在其截交线的正面投影上。按“长对正”的投影关系，即可求出它的正面投影。若选用适当数目的辅助截平面，在相贯区域内的不同位置水平截切相贯体，则就可在主视图中获得足够的共有点，画出结合线。

为便于作展开图，现选用 *P*、*Q*、*R* 三个辅助截平面截切相贯体，并使各截交线的水平投影通过圆管断面等分点。然后，由下至上，反求各截交线的正面投影，确定主视图 *P*、*Q*、*R* 的截切位置。

2）用截切面求结合线。按已知尺寸画出主视图轮廓线和俯视图。在俯视图中 8 等分圆管断面圆周，等分点为 1、2、3、4、5、4、3、2。以 *O* 为圆心，以 *O* 至 2、3、4 各点的距离为半径画三个同心圆，得与水平中心线交点。由各交点引上投影线，得与主视图球面交点。过球面交点分别引 *P*、*Q*、*R* 三条水平线，露由圆管的圆周等分点引上投影线，与各水平线对应的交点为 2′、3′、4′。通过各点连成 1′-2 ′-3′-4 ′-5 ′曲线，即为所求的结合线。

（7）旋转体圆柱与旋转体圆锥的轴线相交于 *O* 如图 2-1-27 所示，两相交体都是旋转体，它们的轴线在空间相交，则交点就是辅助球面的球心。因两旋转体轴线同时平行于正投影面，则它们的轴线的正投影均表现为实长。利用上述条件求作结合线。

1）以二相交旋转体轴线的交点为圆心，作一系列辅助球面，也就是作一系列同心圆(圆的半径大小的选择以同一球面的截交线可得到交点为准)；

2）找出同一球面在两相交形体上的截交线，这只要把圆与形体的交点相应连接即可；

然后，再找到同一球面在两相交形体上的截交线的交点，连接即得结合线。

（8）支管与主管均为圆管，且中心线相交的构件如图 2-1-28 所示，它符合应用辅助球面法求结合线的条件。

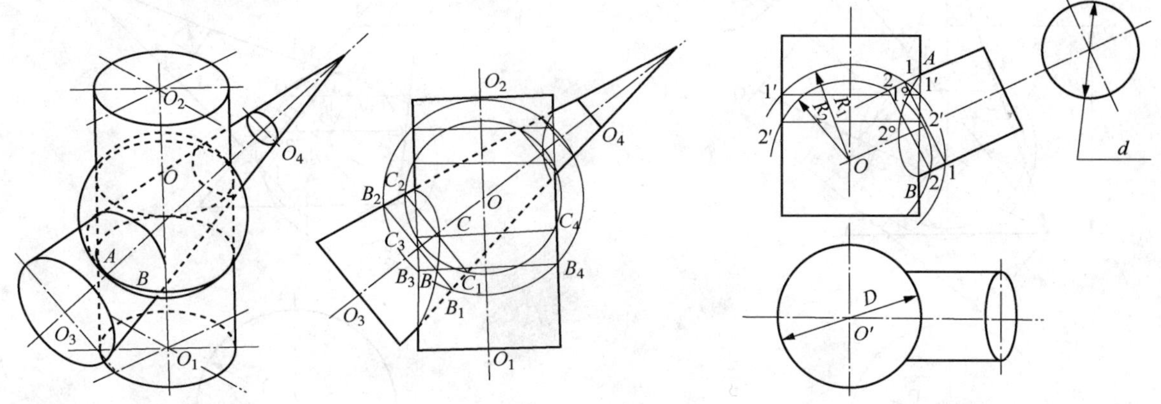

图 2-1-27　圆柱与圆锥轴线相交

图 2-1-28　两圆管斜交

1）在主视图中，以 O 为中心，以小于 OA 而大于主管半径的任意尺寸为半径画两个同心圆(弧)；作两个辅助球面上的两条截交线及交点。

2）两个同心圆(弧)与主管和支管边线分别交于 1′、1′、2′、2′以及 1、1 和 2、2，用直线把 1′-1′和 1-1 分别连接得交点 1°，再用直线把 2′-2′和 2-2 分别连接，得交点 2°；同时，A 点和 B 点显然是不求而可确定的结合点。所以，通过各点连成 A-1°-2°-B 曲线，即得结合线。

（9）两个正圆锥相交的构件　如图 2-1-29 所示，两个正圆锥相交而成的构件，二者中心线相交且反映实长，故可用辅助球面法求其结合线。求结合线的步骤简述如下。

1）在主视图中，以 O 为圆心，以小于 OA 而大于主管半径的任意尺寸为半径，画两个同心圆(弧)；作两个辅助球面上的两条截交线及交点。

2）两个同心圆(弧)与主管和支管边线，分别交于 1′、1′、2′、2 7，以及 1、1 和 2、2，用直线把 1 7-1 7 和 1-1 分别连接得交点 1°，再用直线把 2′-2′和 2-2 分别连接，得交点 2°；同时 A 点和 B 点显然是不求而可确定的结合点，所以，将 A-1°-2°-B 连成曲线，即得结合线。

（10）主管为斜圆锥，支管为正圆锥的二锥轴线相交且反映实长的三通构件如图 2-1-30 所示。用辅助球面法求结合线，画法如下：

1）在主视图 M、N 之间随便画 n 条水平线，在图中画 1′-1 ′、2′-2 ′两条线，它们与斜圆锥轴线交于 O_1、O_2两点，过 O_1及 O_2分别引斜圆锥底面 CE 的垂线，与正圆锥轴线相交于 O'_1、O'_2，则 O'_1、O'_2就是辅助球面的球心。

2）以 O'_1，为圆心，以 O'_1-1′为半径画圆，与正圆锥边线交于 1、1 两点，将 1-1 相连接，此连线与 1′-1′相交于 1°，则 1°就是结合点；依照同样方法可求出结合点 2°等。

3）图中 M、N 两点当然是不求就可确定的结合点，用平滑曲线将 M-1°-2°-N 顺次连接，即得其结合线。

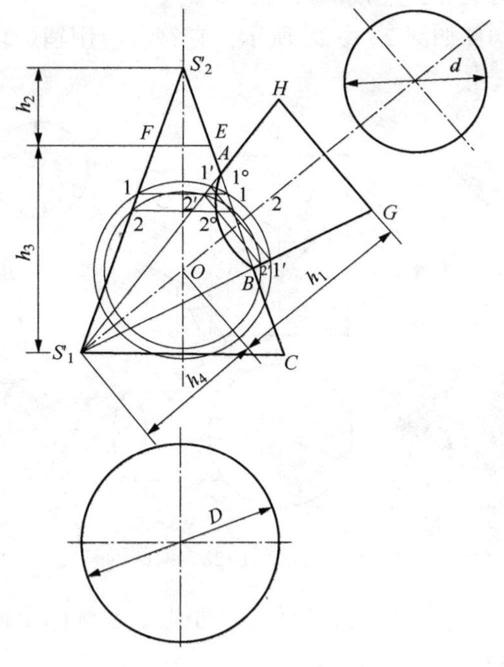

图 2-1-29　两正圆锥相交

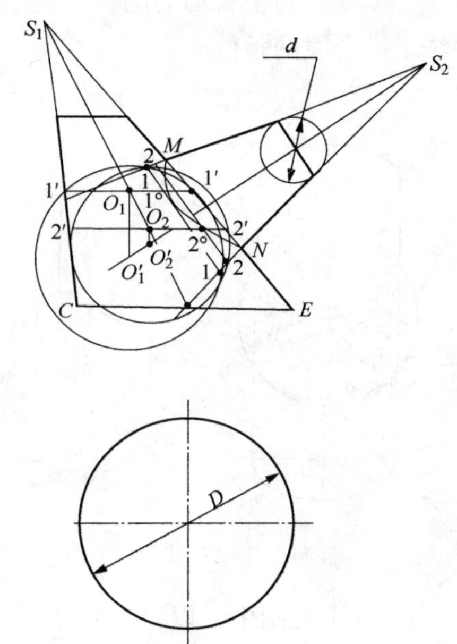

图 2-1-30　斜圆锥与正圆锥相交

第四节　立体弯管的展开计算

一、立体弯管概述

如果管子的数只弯头不在同一平面内，则该类管子称之为立体弯管。这种立体弯管，在工业设备，蒸汽锅炉及汽轮机的进汽管道中经常见到。立体弯管在投影图上都不能表示出实际弯曲角(简称空间夹角)的大小。但在弯管时，必须知道管子实际的弯曲角度。根据管子的投影图，通常采用计算法或作图法求得空间夹角的值。

立体弯管有各种形状，初看起来似乎没有共同之点，但根据管子在图样上的特征，可以归纳成三种类型。

二、展开计算

1. 第一类型弯管空间夹角的作图及计算

这类弯管在投影图的两视图上，能直接表示出管子各段的真实长度，如图 2-1-31 为第一类型弯管的投影形状。其投影图上的弯曲角都不是管子的实际夹角。

现取一种为例(图 2-1-32)，说明空间夹角的求法。

(1) 作图法　作弯管两投影图 2-1-32(a)，其中 ab 及 $a'c'$ 为管子的实长。

延长 $c'a'$ 线，过 b' 点作此延长线的垂线得交点 d'(图 2-1-32(b))。

以 a' 点为圆心，ab 之长为半径作圆弧交 $b'd'$ 延长线于 p 点。连接 $a'p$(图 2-1-32(c))，则 $\angle pa'c'$ 就是弯管的空间夹角，用 α 表示；$\angle pa'd'$ 为其外角，用 β 表示。同一类型中其余

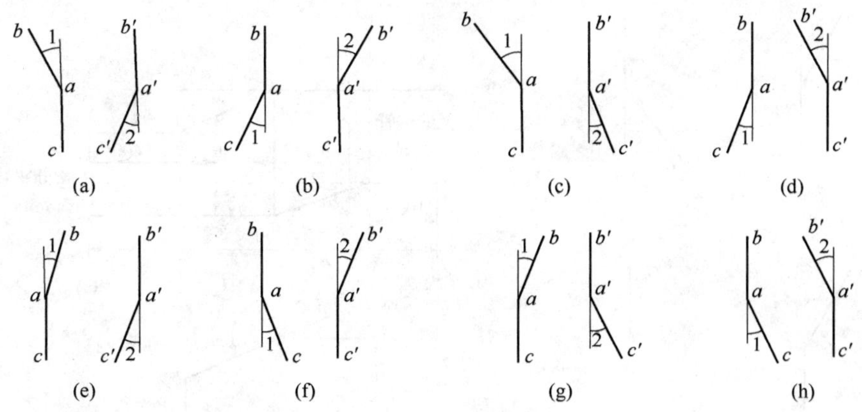

图 2-1-31　第一类型弯管的投影

各种弯管都可用相同的方法求得空间夹角 α 与 β 值。

(2) 计算法(图 2-1-32)

已知∠1，∠2，

求∠α(∠β)

解
$$\cos 1=\frac{ae}{ab}=\frac{a'b'}{a'p}$$

$$\therefore\ a'b'=a'p\cos 1$$

在 $\triangle a'b'd'$ 中
$$\cos 2=\frac{a'd'}{a'b'}$$

$$\therefore\ a'd'=a'b'\cos 2=a'p\cos 1\cdot\cos 2$$

在 $\triangle a'pd'$ 中
$$\cos\beta=\frac{a'd'}{a'p}=\frac{a'p\cos 1\cdot\cos 2}{a'p}=\cos 1\cdot\cos 2$$

式中 cos1 与 cos2 可由三角函数表查得，由计算而得的 $\cos\beta$ 的值，可由查表查得 β 角大小，而对夹角 α 可按下式计算：

$$\alpha=180°-\beta$$

用作图法和计算法都能求得空间夹角值。作图法较简单，但精确度要比计算法差。

图 2-1-33 为第一类型的弯管实例。弯管上有三个弯曲角，两端的两弯曲角均属已知，而中间的弯曲角只知其两投影。所以其空间夹角，必须按上述作图或计算方法求得。采用图解时，应先取出其包含空间夹角的部分，如图 2-1-33(a)中的点划线之间区域。这区域大小，可以任意选取，以作图方便为原则，将取出的部分放出实样图 2-1-33(b)；然后用上述作图法作出空间夹角 α 及其外角 β。其值可用量角器量得。接着可以绘出整个管子的工作草图图2-1-33(c),并可计算出管子的展开长度。

2. 第二类型弯管空间夹角的作图及计算

这类弯管在投影图上的特点是：组成管子夹角的两边有一边在投影图中有实长，另一边没有实长，仅仅是投影长度。

图 2-1-34 列举了第二类型弯管的投影，其空间夹角可用作图法或计算法求得。

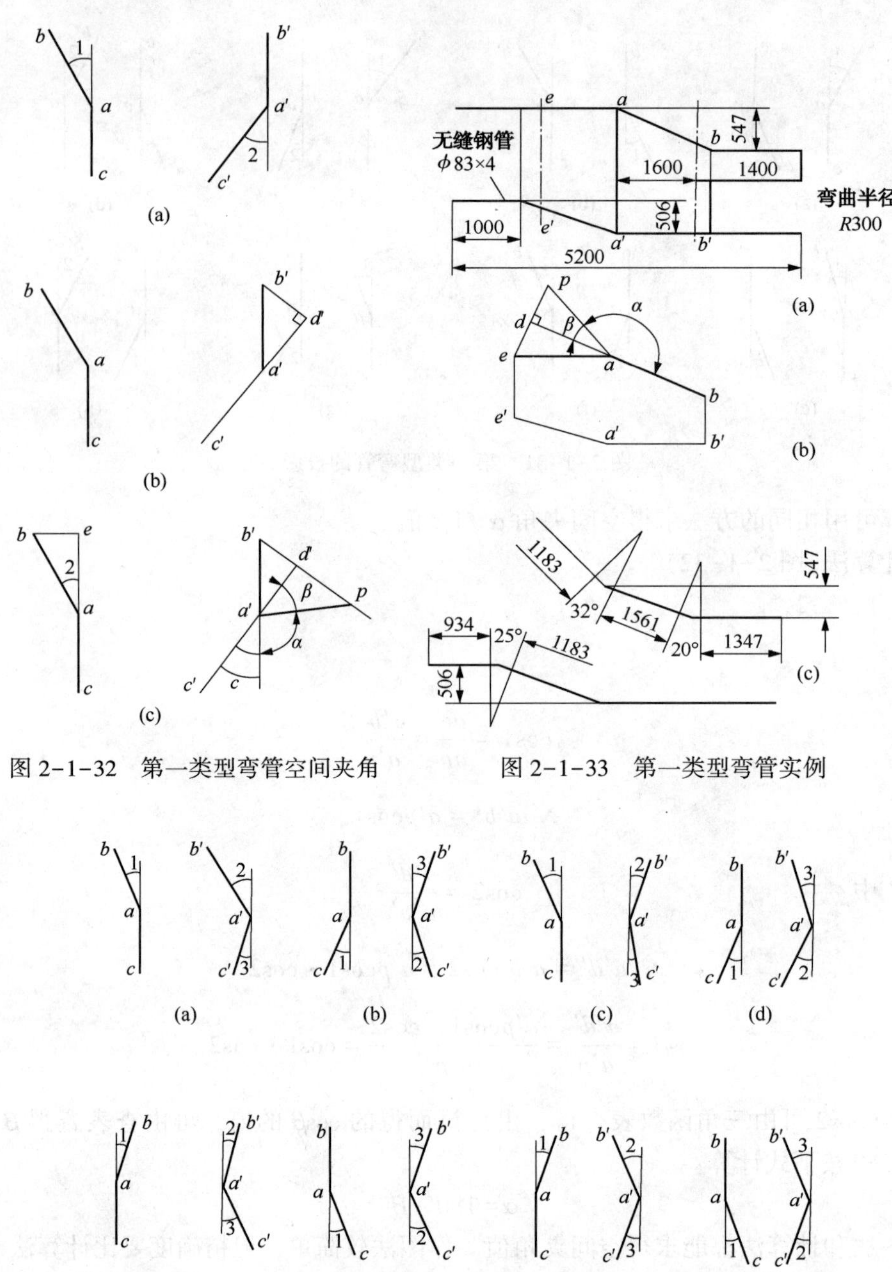

图 2-1-32　第一类型弯管空间夹角　　图 2-1-33　第一类型弯管实例

图 2-1-34　第二类型弯管的投影

（1）作图法

1）作弯管的投影 bac 及 $b'a'c'$（见图 2-1-35（a））。

2）用直线连结 6、6′二点，并延长 ca 直线与 bb' 线交于 d 点。将 d 点投影至左视图上得 d' 点，过 6′点作 $a'b'$ 及 $c'a'$ 线的垂线得 e' 点（见图 2-1-35（b））。

3）在 $a'b'$ 线之垂线上量取 bd 之长得 f' 点（图 2-1-35（c）），以 a' 点为圆心，$a'f'$ 线长为半径作圆弧，交 $6'e'$ 延长线于 p 点，则 $\angle pa'c'$ 即为所求之空间夹角 α，$\angle pa'e$ 为其外角 β。

（2）计算法（见图 2-1-35）

在△abd 中　$\tan 1=\dfrac{bd}{ad}$

$$\because\ ad=a'd'\quad bd=b'f'$$

$$\therefore\ \tan 1=\frac{b'f'}{a'd'}$$

在△$a'b'd'$中

$$\cos 2=\frac{a'd'}{a'b'};$$

在△$a'b'f'$中

$$\cos\phi=\frac{a'd'}{a'f'}=\frac{a'd'}{a'p'}$$

$$\tan\phi=\frac{b'f'}{a'b'}=\frac{a'd'\cdot\tan 1}{a'b'}=\tan 1\cdot\cos 2$$

在△$a'b'e'$中：

$$\cos(2+3)=\frac{a'e'}{a'b'}$$

在△$a'e'p$ 中

$$\cos\beta=\frac{a'e'}{a'p}=\frac{a'b'\cos(2+3)}{a'p}=\cos\phi\cos(2+3)$$

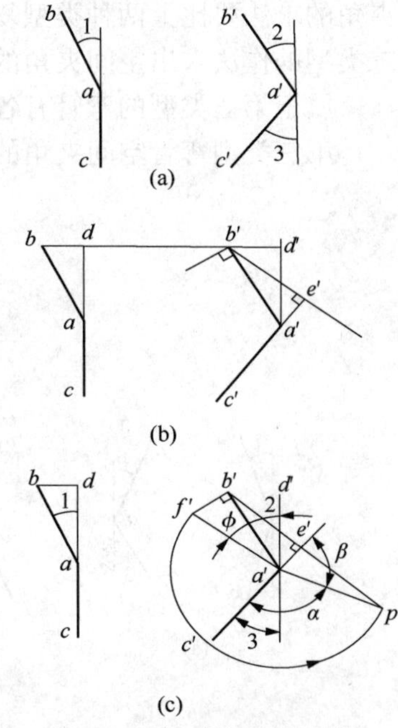

图 2-1-35　第二类型弯管空间夹角的作图法

由上式可算出β之值，而α为：　　$\alpha=180°-\beta$

图 2-1-36 例举了一弯管实例，管子直径为 $\phi 40\times 3$mm，各弯曲半径均为 $R=300$mm，管子上有三个弯曲角，其中有一弯曲角，按它在投影图上的形状，属于第二类型，因而求其实际夹角，可采用第二组的作图法或计算法。

先将弯管按实际尺寸进行放样，然后在其中以适当大小取其所求夹角的两边。如图中点划线所框出之区域，并按管子中心线划出，如图 2-1-36(b)所示。为了便于说明，分别在投影图上标以符号 bac 及 $b'a'c'$。

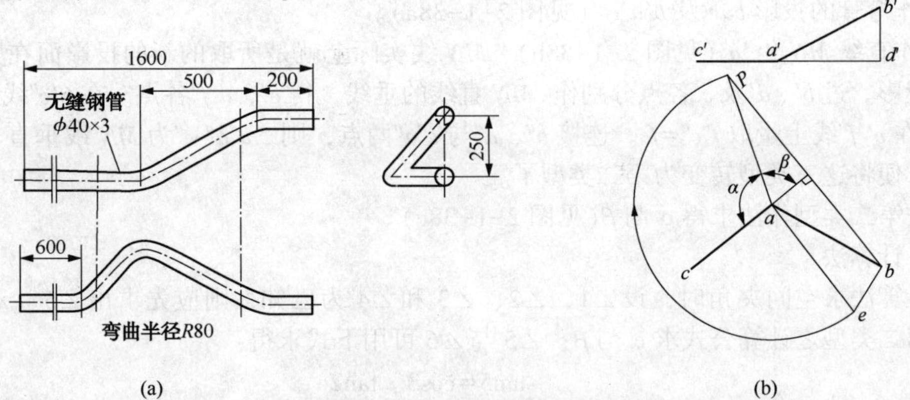

图 2-1-36　第二类型的弯管实例

过 b 点作 ab 的垂线。在此垂线上量取 $b'd'$之长得 e 点，连接 ae 两点，作 ca 的延长线，并过 b 点作此线的垂线。以 a 点为圆心 ae 之长为半径，作圆弧与此垂线交于 p 点，连接 p、a 两点，则∠pac 为弯管的空间夹角 α，其外角 β 为管子弯曲的中心角。

3. 第三类型弯管空间夹角的作图及计算

这类弯管在图样上的特点是：构成夹角的管子两边在投影图上都成两次倾斜。所以空间夹角的求法要比上两种类型复杂。作图时，应先将第三种类型转化成第二种类型，然后按第二类型的作法求出空间夹角的值。

属于第三类型的弯管有各种形状，图 2-1-37 所示为第三类型中部分弯管的投影。

第三类型弯管空间夹角的作图法见图 2-1-38。

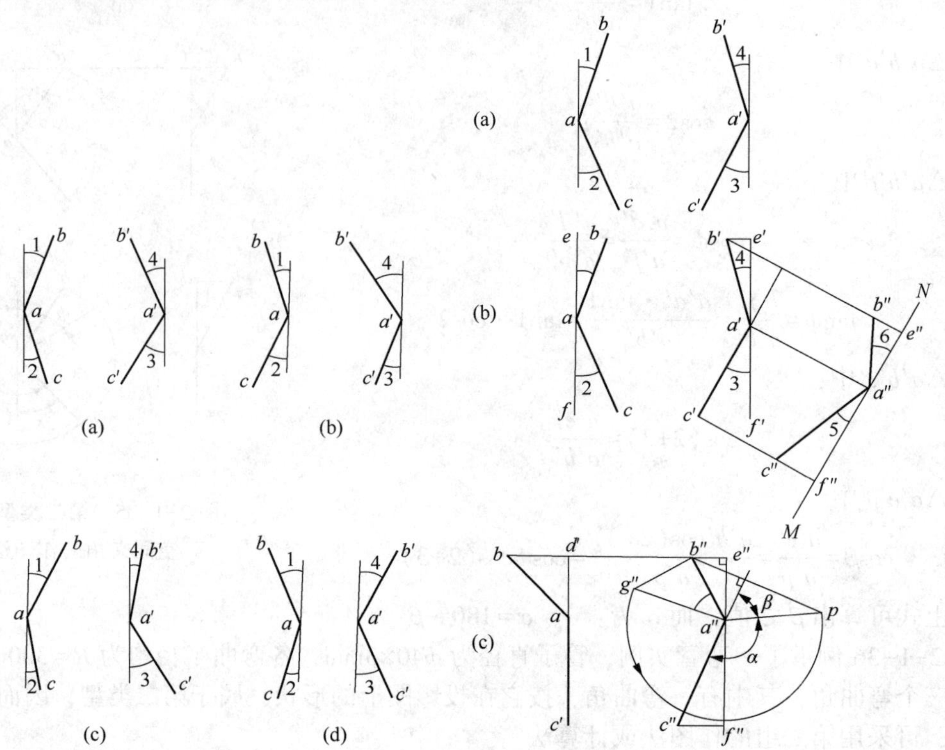

图 2-1-37　第三类型弯管的投影　　图 2-1-38　第三类型弯管空间夹角的作图法

(1) 作图法

1) 作弯管的投影 bac 及 $b'a'c'$(见图 2-1-38a)。

2) 作直线 $MN /\!/ c'a'$(见图 2-1-38b)，MN 线实际上就是所取的新的投影面在竖直投影面上的投影。过 b'、a'及 c'各点分别作 .MN 直线的垂线，得 e''、$a''f''$各点。在 $6'e''$线上量取 $e''b''=eb$；在 $c'f''$线上量取 $f''c''=fc$。连接 b''、a''与 $c''a''$两点，则 $\angle b''a''c''$为 MN 线垂直方向的投影，这样便将这三类型转变为第二类型了。

再按第二类型作法求得 α 与 β(见图 2-1-38c)。

(2) 计算法

用计算法求空间夹角时，设∠1、∠2、∠3 和∠4 为已知，则应先求出∠5、∠6 之值，然后按第二类型之计算公式求 α 与 β；∠5 与∠6 可用下式求得：

$$\tan 5=\cos 3\cdot\tan 2$$

$$\tan 6=\frac{\cos 4\cdot\tan 1}{\cos(3+4)}$$

由计算所得的∠5 与∠6 的值，再按第二类型弯管的计算公式求得空间夹角 α 与 β。

图 2-1-39 列举了弯管实例，分析其弯曲角的投影形状，可知由点划线所框出的弯曲角属于第三种类型，求其空间实际夹角时，可将框出的区域管子中线按实样划出。如图 1-39b 所示。图中将管子两边在两投影图上分别标上代号 bac 及 $b'a'c'$。作图时，如前所述，先由

第三类型投影转换成第二类型图，为此作平行于 $a'b'$ 之直线 MN，将 b'、a'、c' 点分别向 MN 直线作投影，得 f''、a''、g'' 三点，量取 $f''b''=bd$；量取 $g''c''=ce$，将 b''、c'' 点与 a'' 相连，则 $b'a'c'$ 与 $b''a''c''$ 的投影属于第二类型。

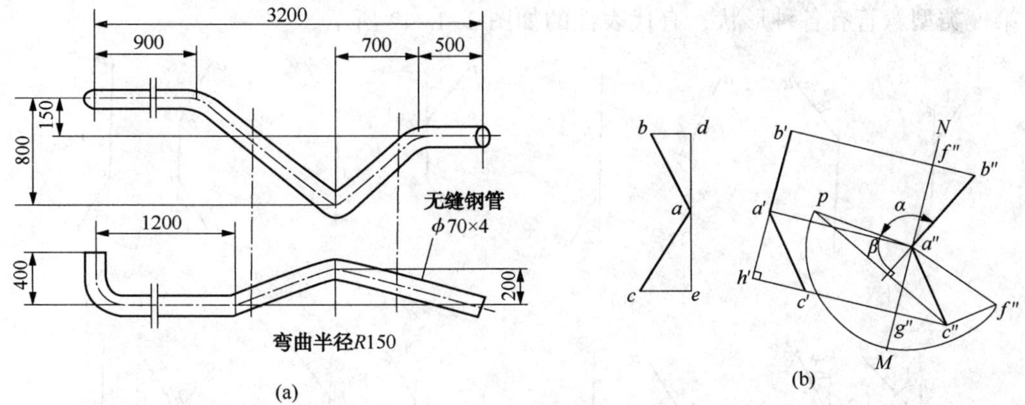

图 2-1-39　第三类型弯管实例

这时空间实际夹角再按第二类型作法求得。过 c'' 点作 $a''e''$ 的垂线，使 $c''i''=c'h'$，连接 a''、i'' 两点。作 $a''b''$ 的延长线，并过 c'' 点作此延长线的垂线，以 a'' 点为圆心，$a''i''$ 的长为半径作圆弧交于 p 点，连接 p、a'' 两点，则 $\angle pa''b''$ 为弯管的空间夹角 α，其外角为 β。

三、立体弯管倾角的计算

弯管形状的复杂程度，不但取决于管子弯头的数目，而且取决于弯头所在弯曲平面的数目。所谓弯管的倾角，是指相邻两弯头所在平面之间的夹角。当相邻两弯头位于同一平面时，其倾角为零。

在弯制具有倾角的管子时，不但应求出管子空间夹角的值，还应求出其倾角的值。这是由于弯好一个弯头后，接着弯曲第二个弯头时，管子必须按倾角的值定位，如图 2-1-40 所示，定位时将管子 2 置于平台 1 上，将弯好管子的一端用起重钩 6 吊起，使与平台所成的夹角 θ 等于倾角。为了检验管子定位的正确度，可用万能角尺 4 与水平仪 5 等工具，将一平板 3 紧靠在倾斜的管子上，然后使万能角尺的夹角等于倾角，改变管子的吊起程度，使万能角尺上水平仪成水平位置。此时管子吊起角度等于倾角。

弯管为了定位的方便，倾角总是计其小于 90°的值，如图 2-1-41(a)所示，图 2-1-41(b)中两弯头平面间夹角虽大于 90°，但为了定位测量的方便，倾角按其外角计算。

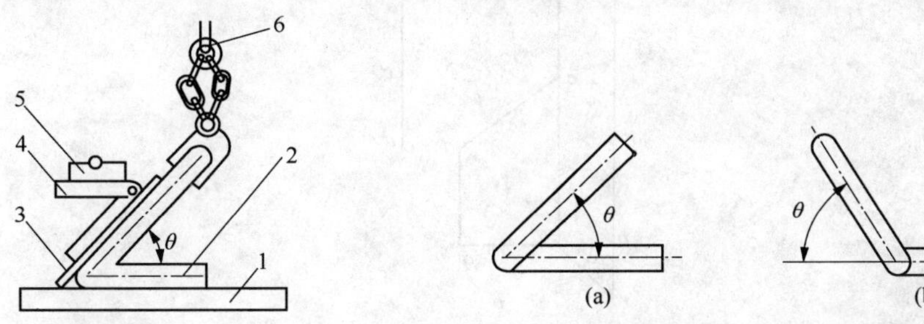

图 2-1-40　立体弯管时的管子定位示意图　　图 2-1-41　倾角的测定

立体管子有各种形状，按其组成两弯头中间的直管在两投影图上所表示的形状，可分为两大类。凡是中间直管在两投影图中有一投影为实长时，都属第一类型；凡中间直管在两投影图中均未表示其实长时，均属第二类型。

1. 第一类型弯管倾角的计算

第一类型弯管有各种形状，有代表性的如图 2-1-42 所示。

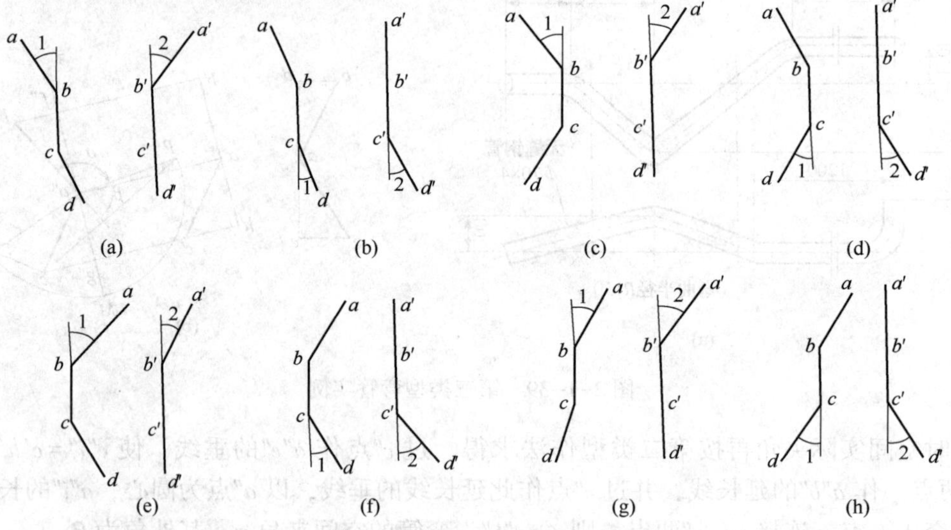

图 2-1-42　第一类型倾角的投影

现以第一种形状弯管为例，来说明其倾角的求法，弯管在两投影图上的形状分别为 *abcd* 和 *a′b′c′d′*，如图 1-41 所示。延长 *bc* 线，在延长线任意位置作垂直于延长线的投影轴，过 *a*、*d* 两点向投影轴作投影线得 *p*、*q* 两点，以 *p* 为起点，在 *ap* 延长线上量取 *a′s′*之长得 *r* 点，则两弯头的投影分别为 *or* 与 *op*，∠*roq* 大于 90°，所以倾角应计其外角（∠*rop*），用符号 θ 表示。

其倾角也可用计算法求得见图 2-1-43。设已知∠1、∠2。则

$$\tan\theta = \frac{pr}{op} = \frac{a's'}{as} = \frac{b's'\tan\angle 2}{bs\tan\angle 1} = \frac{\tan 2}{\tan 1}$$

或

$$\tan\theta = \tan\angle 2 \cdot \cot\angle 1$$

其他形状的弯管的倾角也可用类似的方法求得。

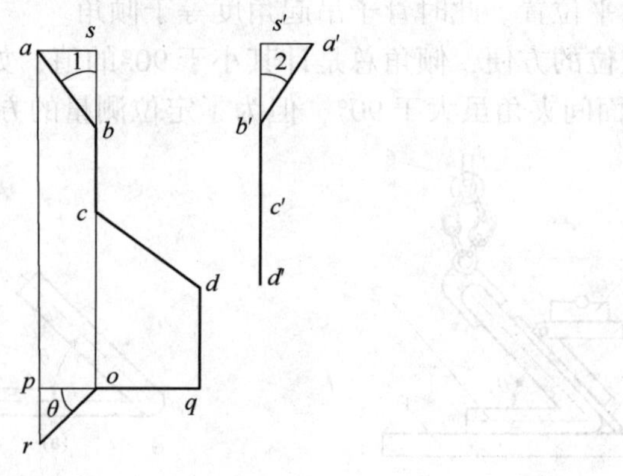

图 2-1-43　倾角的作图法

2. 第二类型弯管倾角的计算

第二类型弯管的投影如图 2-1-44 所示。

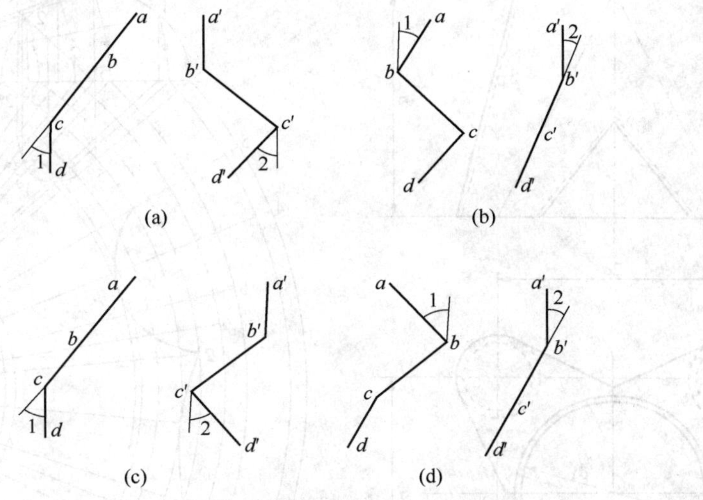

图 2-1-44　第二类型弯管倾角的投影

倾角 θ 的作图法如图 2-1-45 所示。先将中间一段管子用变更投影面的方法，使其在投影图上表示实长，图中取 MN 投影轴平行于 bc，然后由 a、b、c、d 四点向 MN 作垂线，并在垂线上量取左视图上各点水平投影线的长得 a''、b''、c''和 d''各点，用直线顺次连接各点得到新的投影，这样将第二类型变换成第一类型了，然后再按第一类型的方法求得倾角 θ。

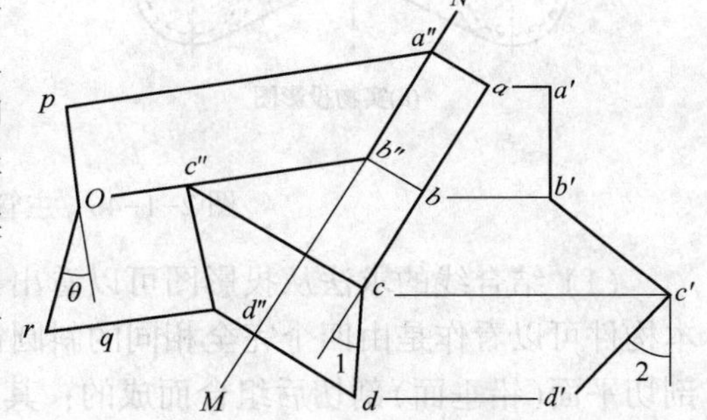

图 2-1-45　第二类型弯管倾角的作图法

设管子 bcd 段的空间夹角为 α，则倾角 θ 也可用下式求得：

$$\sin\theta = \frac{\sin\angle 1 \cdot \cos\angle 2}{\sin\alpha}$$

式中　$\angle 1$、$\angle 2$——cd 及 $c'd'$ 段在两投影图中的角度；

α——$\angle bcd$ 的空间夹角。

同类型中其它形状的弯管也可用相同的方法求得。

第五节　复杂结构件的展开

一、锥柱形体的复杂相交构件

下面所举的几个例子，重点将放在求其结合线方面。虽然这里都是锥柱形体相交构件的例子，但对于其它类型的相交构件，也可参照本书分析、求作。结合线求出后，就可运用前面介绍的基本方法将各构件展开。

1. 主管为大圆、支管为渐缩的五通管

图 2-1-46a 为实物的投影图，已知尺寸为 a、d_1、d_2、h、t。

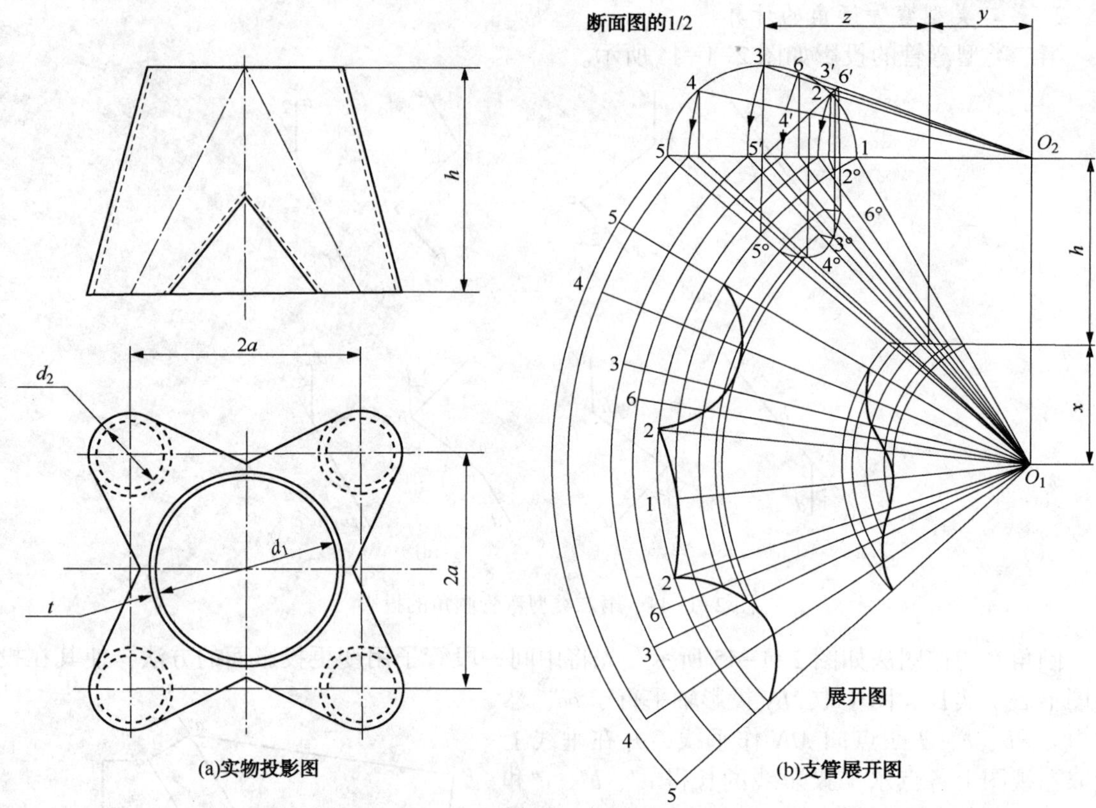

图 2-1-46　主管为大圆支管为渐缩五通管

(1) 结合线的求法从投影图可以看出，主管顶口与支管底口平行，又都是正圆，因此，本构件可以看作是由四个完全相同的斜圆锥管径如俯视图所示的通过水平和垂直中心线的两剖切平面(铅垂面)剖切后组合而成的；其上口内径为 d_1、底口内径为 d_2。所以只需取出其一支管，画出其断面图和主视图即可。如图 2-1-38b 所示，为经板厚处理后的一支管的主视图；在其上口作其辅助半圆并标注出其剖切面位置，由半圆周各等分点和控制点(特殊点)引下垂线，这些下垂线与 5-1 线的交点再与 O_1 相连，此连线即为过圆周上述各点的素线的投影线。再由点 3′、4′、6′、5′引下投影线，把对应交点连成曲线，即得出所求结合线 2°-6°-3°-4°-5°。

(2) 展开图画法先用旋转法求主视图内各条素线的实长以及各素线上截交点的相应位置。以 O_1 为扇形中心，在主视图的左下面画以素线 O_1-1 为对称轴的斜圆锥展开图。然后在展开图中的各素线上求作各截交点以及底口上的各等分点。将两端对应交点各连成曲线，即得所求结合线。

2. 圆管一圆锥一圆管三节直角换向连接管

图 2-1-47(a)为实物投影图，a、b、c、d_1、d_2、h_1、h_2、t 为已知尺寸。

(1)结合线的求法　已知的三个图面都不能表示实角，故必须求出实角才能求出结合线。先另画俯视图的中心 A-B-C，如图 2-1-47(b)所示。在由 A 点引对 AB 的垂直线上截取 h_1、h_2，得 G、A'、H 各点。∠$HA'B'$即为管Ⅰ与管Ⅱ中心线的夹角，$A'B'$为管Ⅱ中心线的实长。分别以点 $A'B'$为中心，画管Ⅰ、管Ⅱ的断面。作两圆的公切线，与由 A'圆切点引与 HA'平行线得交点为 F_1、F_2。F_1F_2 即为管Ⅰ与管Ⅱ的结合线。再求管Ⅱ与管Ⅲ的结合线：以 B

点为圆心，$A'B'$ 作半径画圆弧，与 DA 延长线交点为 A_1。$\angle A_1BC$ 即为管Ⅱ与管Ⅲ中心线的夹角。以点 A_1、B 分别为圆心画管工、Ⅱ断面。作两圆的公切线，得交点 B_1、B_2，B_1B_2 即为管Ⅱ与管Ⅲ的结合线。从管Ⅱ中间任意垂直中心线切断，分为两部分，如图中 f_1 和 f_2。在 $A'B'$ 延长线上画 E_1E_2 断面，由管Ⅲ端面中心 C' 沿 $A'B'$ 方向的投影线和 e 值得交点 C''，过断面圆心 E'' 和 C'' 作径向线交断面圆于 E_3 点，则点 E'_2 和 E_3 间的弧长 S 即为管Ⅱ与管Ⅲ在 E_1-E_2 断面处的错心差。

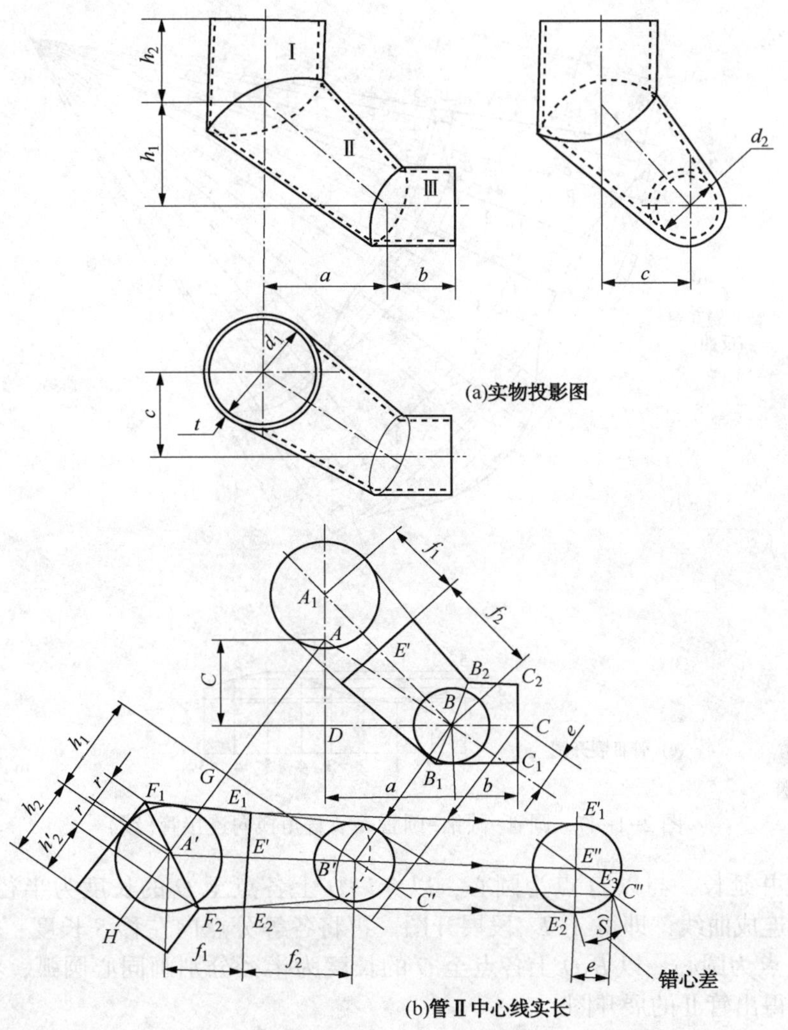

图 2-1-47　圆管-圆锥-圆管三节直角换向连接管

(2) 管Ⅰ的展开图画法如图 2-1-47(c)。在水平线上取 3-3 等于管Ⅰ板厚中心径展开长度。在由 3 点引上垂线，取图 2-1-47(b)的 h_2、r、r 得点为 1、0、5。以 O 点为圆心，r 作半径画半圆，由 4 等分半圆周的等分点向右引水平线，与由 8 等分水平线 1-3 的等分点分别引的上垂线的对应交点连成曲线，即得所求的管 I 展开图。用同样的方法画管Ⅲ的展开图，如图 2-1-47(e)所示。

(3) 管Ⅱ的展开图画法 将图 2-1-47(b)管Ⅱ的两部分画在一个展开图中，如图 2-1-47(d)所示。由此等分半圆周的等分点引与 $E'O$ 的平行线，与 E_1E_2 平行线，其与 F_2O 得出交点。在以 O 点为圆心，以 E_2O 为半径画的圆弧上截取 1-1 等于 E' 圆的周长，并截取各等分

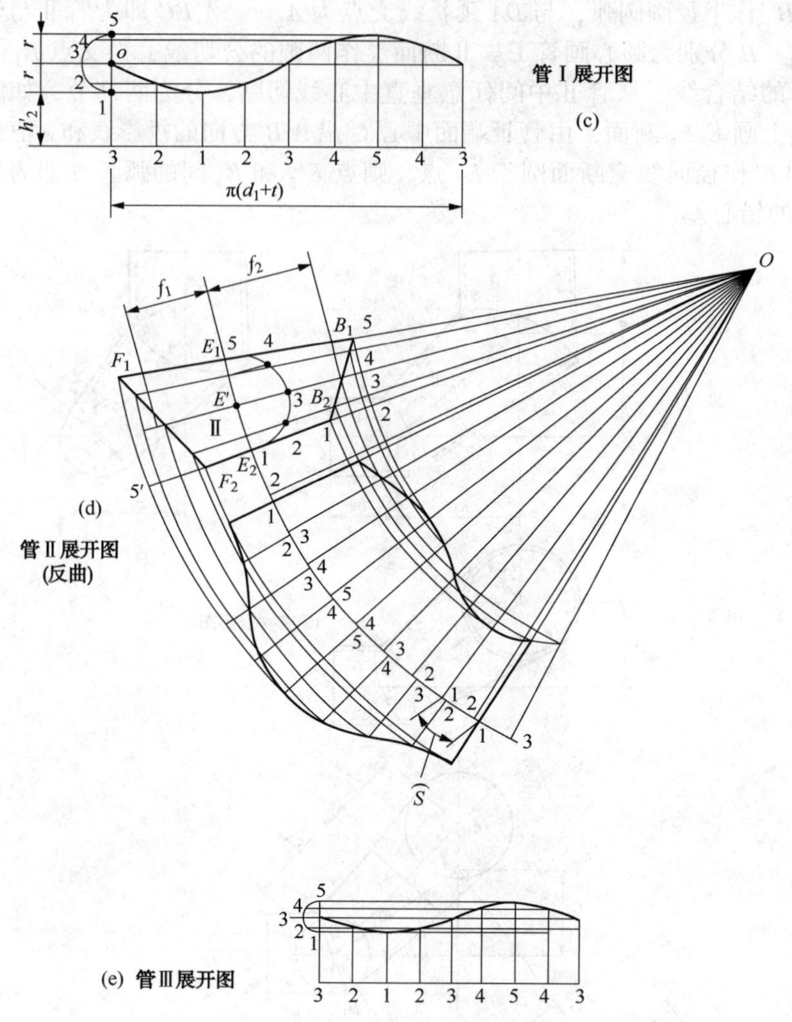

(e) 管Ⅲ展开图

图 2-1-47 圆管-圆锥-圆管三节直角换向连接管(续)

点，与 O 连线并延长，与以 O 点为圆心，以 $5'-O$ 上各点至 O 的长度为半径画同心圆弧，将其对应交点连成曲线，即得 $A'E'$ 段展开图。再将各等分点向左移 S 长度，得出各点与 O 连线，与以 O 点为圆心，以 B_2O 上各点至 O 的长度为半径分别画同心圆弧，将其对应交点连成曲线，即得出管Ⅱ的展开图。

3. 斜圆锥插正四棱锥的构件

如图 2-1-48 所示，已知尺寸(指板厚处理后的放样尺寸)为 a、b、c、d、e、f、g、h_1、h_2、h_3、h_4。

(1) 结合线的求法参照图 2-1-48 简述如下。

1) 利用斜圆锥的断面图，在二视图中画出斜圆锥 8 等分素线，各等分点编号如图所示。由两视图分析可知，棱边 $J-A$ 穿过斜圆锥表面，即棱线 $J-A$ 两边的梯形平面与斜圆锥表面都有结合线，而且它们的两个交点是主视图中可见结合线和不可见结合线的分界点；素线 S_2-3 与棱锥表面的交点为最后点，素线 S_2-7 与棱锥表面的交点为最前点。根据两形体的特点，可以使用两组切面来求作两形体的结合线上的必要的结合点。第一组只有一个，是过俯视图中 AC 的铅垂面；第二组切面共有五个，它们是过俯视图中斜圆锥 8 等分素线的铅垂面。

2）过俯视图中 AC 的铅垂面，它在正四棱锥上的截交线表现在主视图中，即是四棱锥的外部投影轮廓，它在斜圆锥上的截交线，应是顶点在 S_2-3 素线上的双曲线，其实形表现在主视图中。由俯视图可见，过 AC 的铅垂面与 S_2-3 交于 1 点，与 S_2-4(2) 交于 2(3) 点，与斜圆锥的底圆交于 10(9) 点。由 1、2(3) 点向上各引投影线，与其所在素线的对应投影分别交于 1′、2′、3′点。在主视图中，过(10)、2′、1′、3′、(9) 作双曲线，即为斜圆锥被过 AC 的铅垂面截切所得的截交线在主视图中所表现出的实形。该线与 JA 棱线交于 4′、5′两点，则这两点就是 JA 棱线对斜圆锥表面的贯穿点，是空间结合线的拐点。

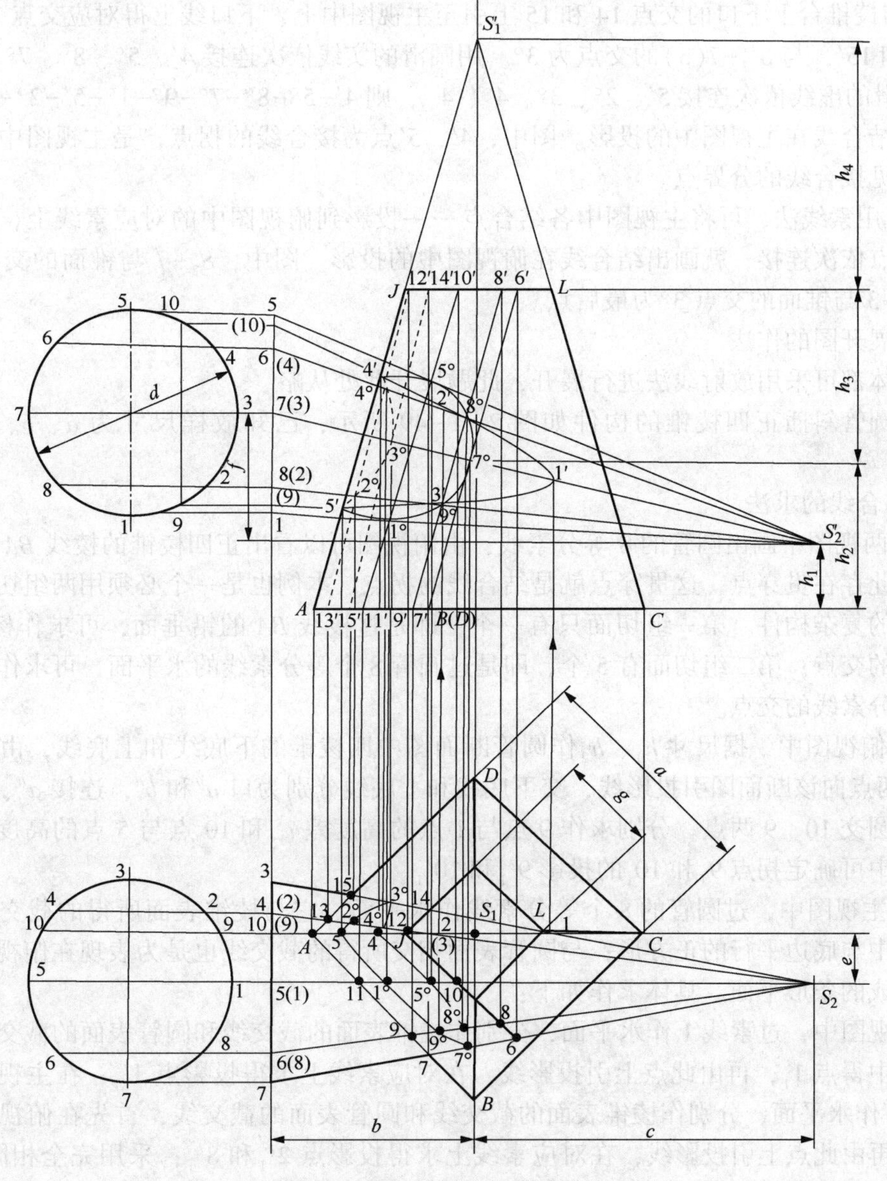

图 2-1-48　斜圆锥插正四棱锥

3）过俯视图中斜圆锥 8 等分素线的铅垂面与斜圆锥表面的截交线反映到主视图中，就是主视图中斜圆锥的 8 等分素线；该构件在正四棱锥上截交线的正投影是这样——求作出来的：由俯视图中 S_2-7 与棱锥台上口线的延长线的交点 6、与下口线的交点 7 上引至主视图中上、下口线上得对应交点 6 ′和 7 ′，连接 6′、7′，与 S_2-7 的对应素线 S'_2-7(3) 的交点为 7°；由俯视图中 S_2-6(8) 与棱锥台上口线的延长线的交点 8、与下口线的交点 9 上引至主视图中上下口线上得对应交点 8′和 9′，连接 8′和 9′，与 S_2-6(8) 的对应素线 S'_2-6、S'_2-8 的交点分别为 8°和 9°；由俯视图中 S_2-5(1) 与棱锥台上、下口的交点 10 和 11 上引至主视图中上、下口线上得对应交点 10′和 11′，连接 10′和 11′，与 S'_2-5 和 S'_2-1 的交点分别为 5°和 1°；由俯视图中 S_2-4(2) 与棱锥台上、下口的交点 12 和 13 上引至主视图中上、下口线上得对应交点 12′和 13′，连接 12 ′和 13′，与 S'_2-(4) 和 S'_2-2 的交点分别为 4°和 2°；由俯视图中 S_2-3 与棱锥台上下口的交点 14 和 15 上引至主视图中上、下口线上得对应交点 14′和 15′，连接 14′和 15′，与 S'_2-7(3) 的交点为 3°。用圆滑的实线依次连接 4′、5°、8°、7°、9°、1°、5′；用圆滑的虚线依次连接 5′、2°、3°、4°、4 ′，则 4′-5°-8°-7°-9°-1°-5′-2°-3°-4°-4′ 曲线就是结合线在主视图中的投影。图中，4′、5′点为接合线的拐点，是主视图中可见结合线与不可见接合线的分界点。

4）运用素线法，可将主视图中各结合点一一投影到俯视图中的对应素线上，用圆滑的实线将各点依次连接，就画出结合线在俯视图中的投影。图中，S_2-7 与锥面的交点 7°为最前点，S_2-3 与锥面的交点 3°为最后点。

（2）展开图的作法

两形体都可采用放射线法进行展开，此题展开此处从略。

例：圆管斜插正四棱锥的构件如图 2-1-49 所示，已知放样尺寸为 a、b、c、d、e、f_1、h_2。

1）结合线的求法

a. 在两视图中画出圆管的 8 等分素线，由俯视图可以看出正四棱锥的棱线 BA 穿过圆管表面，因此存在贯穿点，这贯穿点就是结合线的拐点。本例也是一个必须用两组切面才能求出结合线的复杂构件。第一组切面只有一个，即是过棱线 BA 的铅垂面，可求作棱线 BA 和圆管表面的交点；第二组切面有 5 个，即是过圆管 8 个等分素线的水平面，可求作棱锥表面与 8 个等分素线的交点。

b. 在俯视图中，据尺寸 h_1、h_2 作圆管断面图中四棱锥的下底线和上底线，由俯视图中的 A、B 两点向该断面图引投影线，交下底线和上底线分别为口 a'' 和 b''，连接 a''、b''，与断面图中 d 圆交 10、9 两点。分别求作 9 点与 1 点的高度差 t_1 和 10 点与 5 点的高度差 t_2，则在主视图中可确定拐点 9_1 和 10_1 的投影 $9'_1$ 和 $10'_1$。

c. 在主视图中，过圆管的 8 个等分素线作水平面。它与棱锥表面所得的截交线为表现在俯视图中与底边平行的正方形；与圆管表面相交所得的截交线也是为表现在俯视图中由两条素线组成的条形平面。具体求作如下：

在主视图中，过素线 1 作水平面，分别作棱锥表面的截交线和圆管表面的截交线，首先在俯视图中得点 1_1，再由此点上引投影线，在对应素线上求得投影点 $1'_1$；在主视图中，过素线 2、8 作水平面，分别作棱锥表面的截交线和圆管表面的截交线，首先在俯视图中得点 2_1 和 8_1，再由此点上引投影线，在对应素线上求得投影点 $2'_1$ 和 $8'_1$；采用完全相同的方法，分别作通过点 3、7、6、4 和 5 的水平面，通过如前作图，可在主视图中依次得到结合点 3_1、7_1、6_1、4_1 和 5_1 的两面投影。在主视图中，依次连接 $9'_1$、$1'_1$、$2'_1$、$3'_1$、$4'_1$、$5'_1$ 和 $10'_1$；在俯视图中依次连接 9_1、1_1、2_1、3_1、4_1、5_1、10_1、6_1、7_1、8_1 和 9_1，即可得结合线在主视图和俯视图中的两面投影。

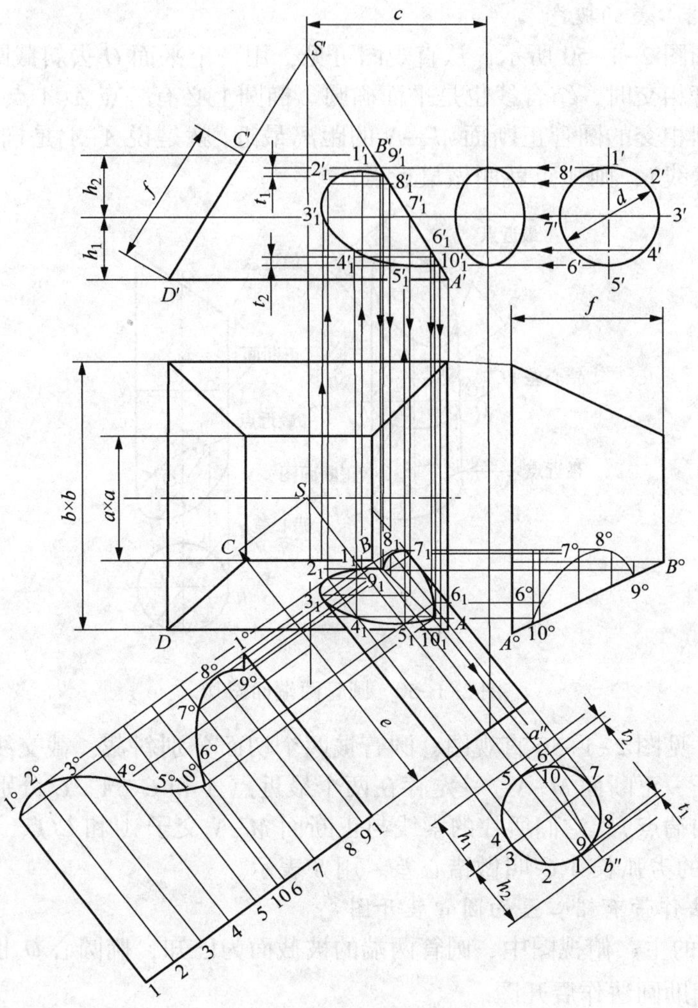

图 2-1-49　圆管斜插正四棱锥

2）作展开图。两形体都使用了平行线展开法。圆管的展开，如图所示，需注意在作圆管展开图前，应添加两条过拐点 9_1、10_1 的圆管素线。

棱锥台的展开图，现以其右侧一面的展开为例，其简要步骤如下：

a. 分别以 a、b 为上底和下底、f 为高，在俯视图的右侧作等腰梯形。

b. 由 $B°$ 作下底垂线，以 $B°$ 为起点，按主视图中投影线段 $B'-9'1-8'1-7'1-6'1-10'1-A'$ 的长度在垂线上依次截取，过各截取点作底线的平行线，与俯视图中各投影点对应相交，得交点 9°、8°、7°、6°、10°。依次连接各点，则该展开图即可画成。

c. 至于前侧板，也可用同一方法求出展开图。

二、等径蛇形弯管构件

在管道工程中，有时会遇到等径蛇形弯管构件。这是一种比较特殊的构件，它与一般等径圆管构件的基本区别在于所有相交的等径圆管中心线不能都在同一平面上，也就是所有相交的等径圆管中心线，在任一投影图中，都不可能同时反映实长，这样的等径圆管构件，就叫做等径蛇形弯管构件。

1. 最近点、错心差的概念

（1）最近点如图 2-1-50 所示，从直观图可见，用一个平面 Q 去斜截圆管，截面是一个椭圆，两等径圆管相交时，结合线也是平面椭圆。椭圆上必有一点 A（A 点是椭圆长轴端点）到任一不与该椭圆相交的圆管正断面 M—N 的距离最近（就是说 A-A' 是椭圆和正断面 M-N 之间最短的唯一素线），则 A 点就叫做最近点。

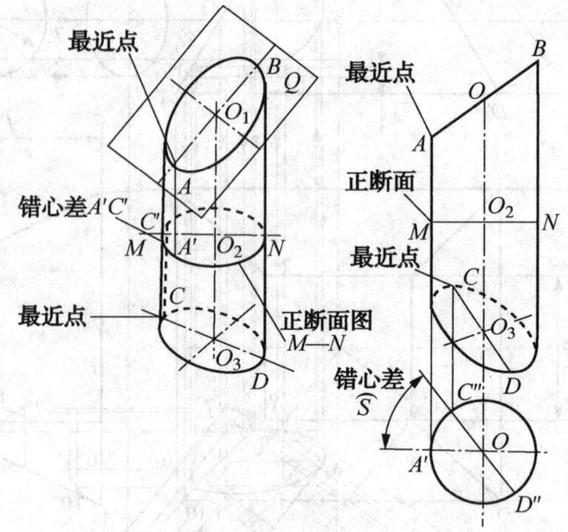

图 2-1-50　圆管两端面斜切

（2）错心差　见图 2-1-50 直观图，圆管被两个切面分别斜截，截交线不相交。两个切面间的截体上的任一正断面 M-N，一定存在两个最近点 A 和 C（A、C 分别是两个切面的椭圆形截交线的长轴端点），它们所在的素线与正断面 M-N 交子 A' 和 C' 点，A' 和 C' 之间的圆形正断面 M-N 上的劣弧长 $A'C'$ 叫做错心差。用 S 表示。

2. 用辅助圆法作带有错心差的圆管展开图

在图 2-1-51 的主、俯视图中、圆管两端的被截面为已知，椭圆心 O_3 也为已知，管中心线反映实长，用辅助圆法作展开图。

先将圆管截体以正断面 M-N 为界分成上下两部分，M-N 正断面不与两端椭圆截交线相交。对于上面的部分，其辅助圆半径 r_1 和 r_2 可在主、俯视图上直接作出，其中心线长就是尺寸 $a(o_1\ o_2)$，上部分可用辅助圆法作出展开图。

（1）作展开图步骤

1）作线段 MN，其长度等于 πd，且分成 8 等分。

2）过 M 作 MN 的垂线，在垂线上截取其长度等于 n 的 MO_1 线段。

3）以 O_1 为圆心，以 r_1、r_2 分别为半径，画 1/4 圆弧；使半径为 r_1 的圆弧在 O_1、M_1 之间，使半径为 r_2 的圆弧在 O_1、M 之外。

4）把两圆弧各 2 等分，标号为 1、2、3、4、5，使 1 点在 O_1、M 之间。又设 MN 上的 8 等分点标号为 1、2、3、4、5、4、3、2、1，使 1 在 MN 的起端，即和 M 重合，接缝选择在上部截体的过最近点的素线上。

5）过辅助圆上的 1、2、3、4、5 各点，引 MN 平行线与由 MN 上等分点所引 MN 垂线相交（交点未标），把交点连接后，即得上部 A-B-N-M 部分的展开图。

截体 M-N 以下部分利用辅助圆法展开。设主、俯视图的 CD 是下部椭圆截交线的长轴，C 对 M-N 来说是最近点。怎样找到辅助圆的半径呢？首先在断面上确定主、俯图中 C、D 两点的位置 C'' 和 D''，且通过圆心连接 $C''D''$，再作直线 X_1X_1 平行于 $C''D''$，以 X_1X_1 为新投影

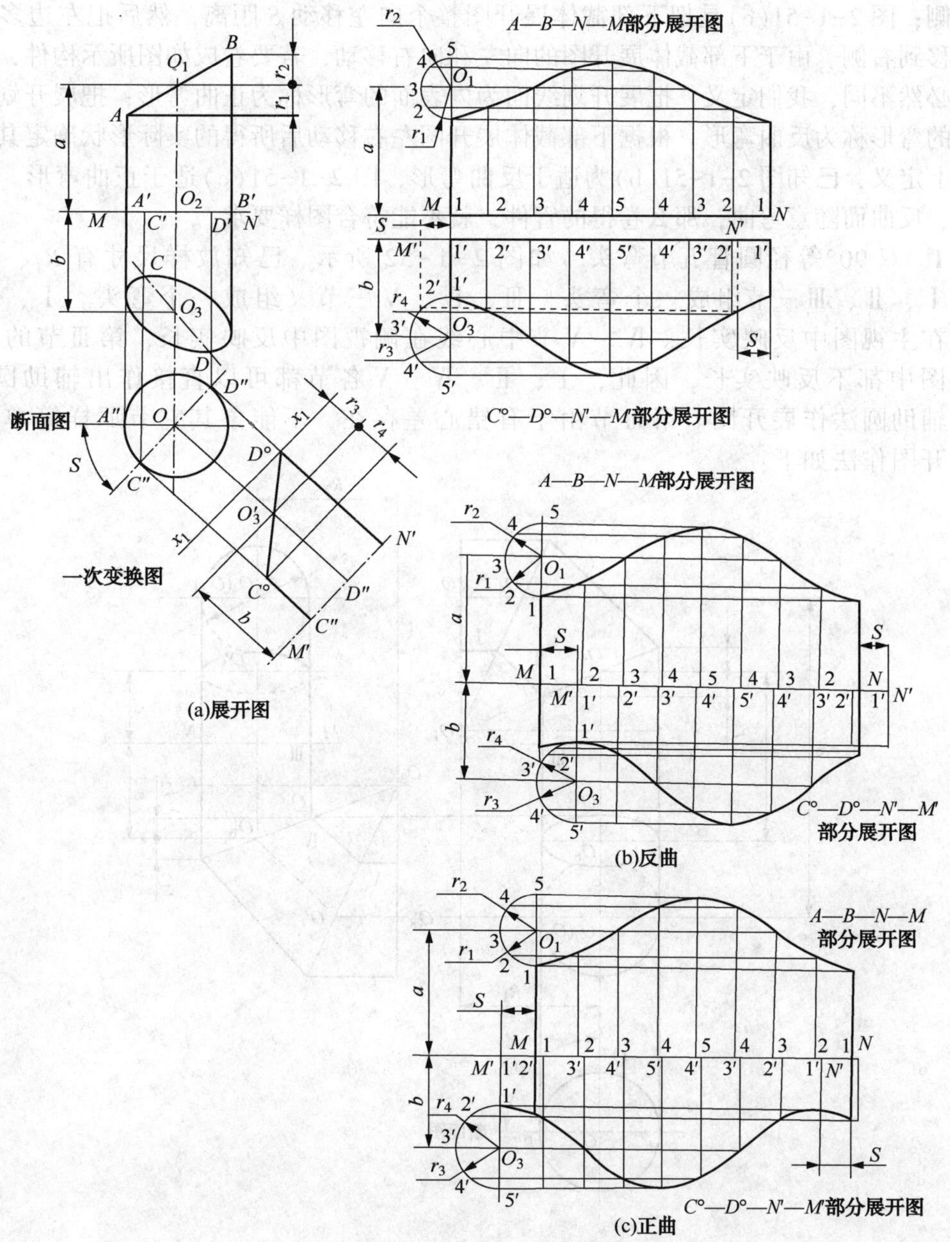

图 2-1-51　圆管两端面斜切展开

轴，应用更换投影面法求出 M-N 下半部的一次变换图，如图所示。展开方法与上部相同，此处不再赘述。

（2）展成一块料的作法

1）在视图中根据最近点 A 和 $C(C°)$ 找出错心差。

2）用上述方法和步骤画出 A-B-N-M 部分展开图。

3）在 M-N 上截取 M-M'和 M'-N'，使 M-M'之长等于 S，使 M'-N'之长等于 πd，然后用和上述相同的方法与步骤画出 $C°$-$D°N'$-M'部分展开图见图 2-1-51(b)。与图 2-1-51(a)相比，图 2-1-51(b)是把下部截体展开图整个向右移动 S 距离，然后把右边多出来的部分平到左侧；图 2-1-51(c)是把下部截体展开图整个向左移动 S 距离，然后把左边多出来的部分平移到右侧。由于下部截体展开图的向左和向右移动，若要卷成如图所示构件，则其弯曲方向必然不同，我们定义，把展开划线面为内表面的弯形称为正曲弯形；把展开划线面为外表面的弯形称为反曲弯形。根据下部截体展开图左右移动后所得的实际形状确定其弯形方向。由上定义，已知图 2-1-51(b)为适于反曲弯形，图 2-1-51(c)适于正曲弯形。如果不考虑正、反曲而随意弯曲，那么卷得的管件，就不能符合图样要求。

例 1　双 90°等径圆管五节弯头　如图 2-1-52 所示。已知放样尺寸有 R_1、R_2、a、b、d。Ⅰ、Ⅱ、Ⅲ三节组成一个弯头，Ⅲ、Ⅳ、Ⅴ三节又组成一个弯头。Ⅰ、Ⅱ节的中心线在主视图中反映实长，Ⅳ、Ⅴ节中心线在侧视图中反映实长，第Ⅲ节的中心线在两视图中都不反映实长，因此，Ⅰ、Ⅱ、Ⅳ、Ⅴ各节都可以直接作出辅助圆半径，直接用辅助圆法作展开图。第Ⅲ节由于有错心差存在，不能象其它节那样简单。第Ⅲ节的展开图作法如下：

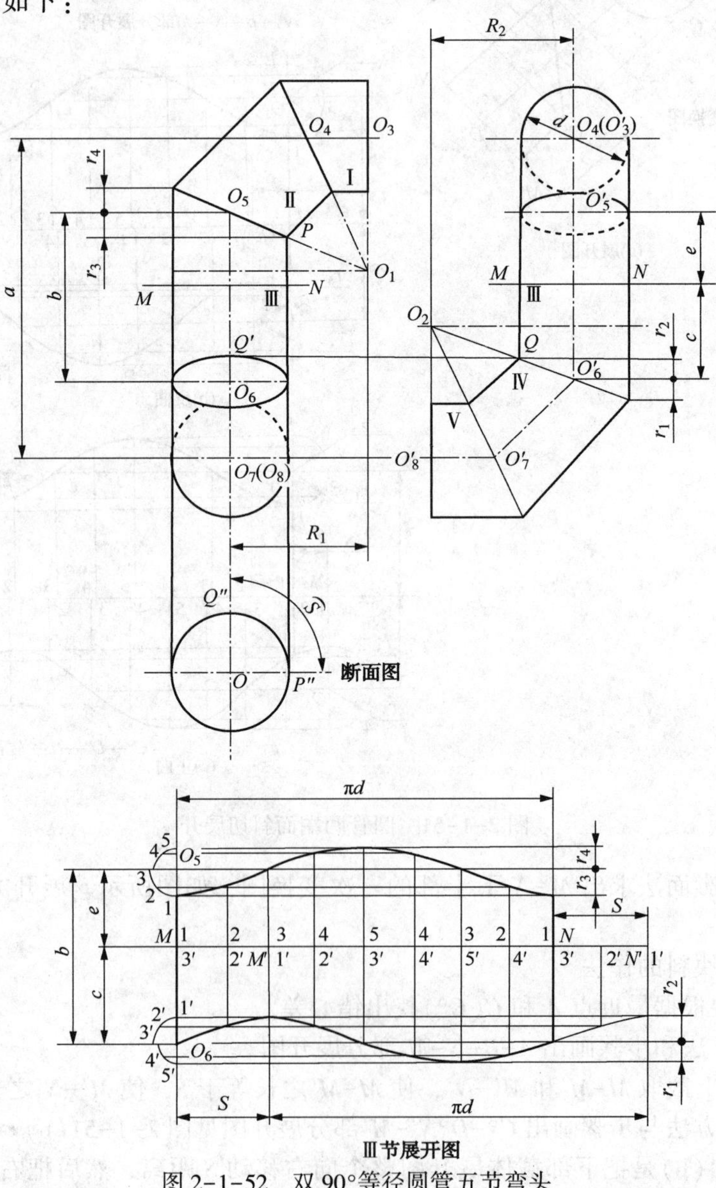

图 2-1-52　双 90°等径圆管五节弯头

a. 找出错心差。第Ⅲ节的上下结合线距正断面 $M-N$ 最近点有 P、Q 两点，Q 点投到主视图上一定是 Q'点。过 P、Q'引铅垂线断面图于 P''、Q''点，于是 90°弧 $Q''P''$就是错心差 S。

b. 在主视图和左视图中，分别作出辅助半径 r_1、r_2、r_3、r_4。

c. 作一水平直线为展开方向，在直线上任取一点 M，过 M 作该直线的垂线；自 M 点分别向上和向下两侧截取 $M-O_5$，和 $M-O_6$，并使它们分别等于侧面图中的 e 和 c，分别以 O_5、O_6为圆心，以辅助圆半径 r_3、r_4、r_1、r_2分别为半径画 1/4 圆弧，把圆弧各分为 2 等分，标号如图所示，最近点被标为 1 和 1′。

d. 自 M 点起截取 MN 等于 πd，截取 MM'等于 S，截取 $M'N'$等于 πd，再把 MN、$M'N'$各 8 等分；现在要把接缝选在主视图中 P 侧(即过最近点 P 的最短素线上)，则 M 处标号必为 1，相应地 M'处标号为 1′，其余标号如图所示。

e. 过以 O_5为圆心的辅助圆弧上的各等分点，引 MN 平行线与由 MN 上各等分点所引，MN 垂线对应相交(交点未标)，将各交点依次连接起来，就得到上部的展开曲线；用同样作法，可作出下部的展开曲线。

f. 以 MN 上部的展开部分为基准，将下部右端超出上部的部分，平移补到左边去。这样，MN 展开线的上、下部分完全对齐，这样的展开图就是所求的全部展开图。本展开图为反曲。

例 2　拐 90°的三节等径圆管弯头　如图 2-1-53a 所示。已知尺寸有 a、b、c、d、e、f，第Ⅲ节在主视图上的投影有重影性，即中心线 O_3O_4积聚为一点 $O'_3(O'_4)$，管壁投影为一个圆。

(1) 展开图的作法。例中Ⅱ节的中心线不反映实长，因此辅助圆半径不能在两视图上直接求出，又由于三条中心线不在同一平面上，第Ⅱ节必存在错心差；又因为三条中心线的夹角在视图上也不反映实角，所以作展开图的步骤，应首先从中心线实长以及错心差入手。

(2) 求中心线实长、实角及错心差，同时确定辅助圆半径。

① 由于第Ⅲ节中心线为正垂线，应用更换投影面法，通过一次变换，求出第Ⅱ节中心线实长以及与第Ⅲ节中心线所夹实角。在第Ⅱ节的 $O''_2-O''_3$上任做正断面 $M-N$(与任一端的截面椭圆不能相交)，则 $M-N$ 右边的两节弯头的展开具备了条件，因为 $M-N$ 右边的两节弯头中心线都反映 l 和 e 的实长，且夹角为实角，可以作出辅助圆半径 r_1和 r_2(r_1、r_2也是第Ⅲ节的辅助圆半径)。

② 通过两次变换，把第Ⅱ节左侧半段的中心线变为新投影面的垂直线，则 $M-N$ 正断面投影为一个圆。

③ 通过三次变换求得第Ⅰ节中心线的实长，重现第Ⅱ节 $M-N$ 左边中心线的实长以及与第Ⅰ节所夹实角。由此可直接画出它们展开图辅助圆半径 r_3和 r_4，于是 $M-N$ 正断面左边的两节弯头的展开已具备了条件。

④ 求第Ⅱ节的错心差。首先在一次变换图上找到对于 $M-N$ 的最近点 P，再在三次变换图上找到对于 $M-N$ 的最近点 Q，然后由 P、Q 分别作第Ⅱ节中心线的平行线切二次变换图圆周于 P'和 Q'，则弧 $P'Q'$的长就是第Ⅱ节的错心差 S。

(3) 有了辅助圆半径 r_1、r_2、r_3、r_4，又有了错心差 S 和各节中心线的实长 a、e、h、l，就

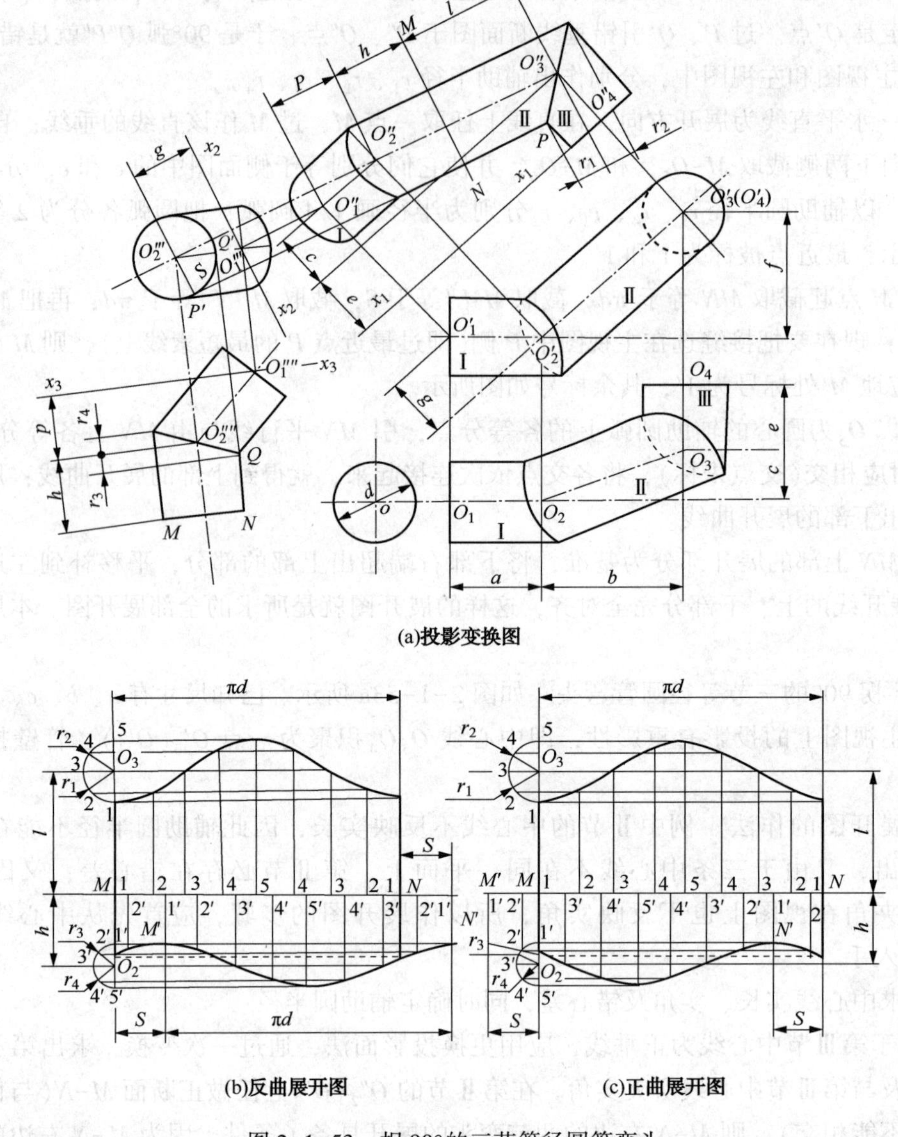
(a)投影变换图

(b)反曲展开图

(c)正曲展开图

图 2-1-53　拐 90°的三节等径圆管弯头

可以应用辅助圆法作各节的展开图了。由于第Ⅰ、第Ⅲ两节不涉及错心差问题，故展开很容易，在此不再叙述。现只把第Ⅱ节的展开过程简述如下(见图 2-1-53(b)、图 2-1-53(c))：

① 作展开线 MN 与 O_2O_3 垂直相交于 M，使 MN 等于 πd，使 MO_2、MO_3 分别等于一次变换图中的 h 和 l，以 O_3、O_2 分别为圆心，以 r_1、r_2 和 r_3、r_4 分别为半径，画 1/4 辅助圆弧(注意彼此位置)且各 2 等分，等分点标号如图所示，最近点被标为 1 和 1′；

② 在 MN 上截取 MM' 和 $M'N'$，使 MM' 等于错心差 S，使 $M'N'$ 等于 πd，再把 .MN、$M'N'$ 各 8 等分。第Ⅱ节的接缝现选在过 P 的素线上，所以 M、M' 处的标号应为 1 和 1′，其顺序为 1、2、3、4、5、4、3、2、1 和 1′、2′、3′、4′、5′、4′、3′、2′、1′；

③ 由辅助圆上的各等分点引 MN 的平行线，由 MN、$M'N'$ 上的各等分点引 MN 的垂线，并对应相交(交点未标)，把交点依次连接，得第Ⅱ节管两端的展开曲线。以 MN 上部的展开图两端素线为界，将下部右侧的多余部分平移到下部左侧空缺处正好填齐，则所得图形即

为全部展开图。本展开图是反曲。

如果 MM'（即错心差）是沿 MN 相反方向截取，那么就会得到图 2-1-53(c) 所示的展开图，该展开图则是正曲。

例 3 等径圆管四节蛇形弯管构件（俗称攀墙弯头） 如图 2-1-54(a) 所示。已知尺寸有 a、b、c、d、e、f、g。由两视图可以看出，第Ⅰ、Ⅱ两节的中心线在主视图上表现为实长，因此，第1、Ⅱ两节中心线的夹角反映实角。本构件各节画展开图的步骤应如下进行：

(1) 求其它各节中心线的实长及所夹实角，各节的辅助圆半径、第Ⅱ、Ⅲ节的错心差。

① 根据第Ⅰ、Ⅱ两节中心线在主视图中表现实长和实角的已知条件，作第Ⅱ节的正断面 M-N，那么 M-N 右边的两节弯头可以用辅助圆法展开，其辅助圆半径为 r_1 和 r_2。

② 通过一次变换把第Ⅱ节实长中心线投影为一个点，以 d 为直径，以 O''_3 为圆心画圆，

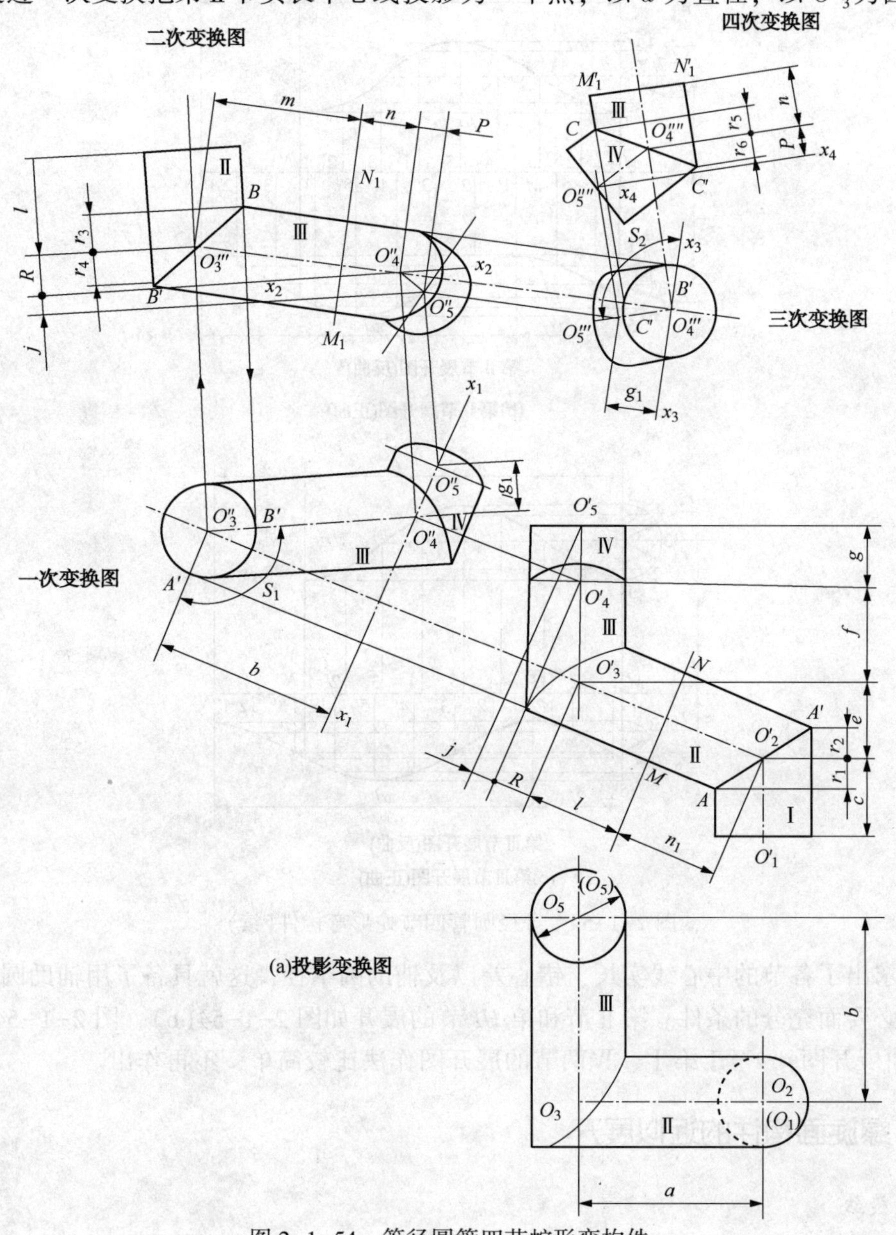

图 2-1-54 等径圆管四节蛇形弯构件

此圆即 $M\text{-}N$ 处的断面图。

③ 通过二次变换把第三节中心线的实长求出来，并求出第Ⅱ节和第Ⅲ节所夹实角。

④ 在第二次变换图上，从第Ⅲ节上作正断面 $M_1\text{-}N_1$，那么 $M_1\text{-}N_1$ 左侧的两节弯头的展开具备条件，其辅助圆半径为 r_3、r_4。

⑤ 通过三次变换，把第Ⅲ节的中心线投影为一个点，以 d 为直径，以 d''_4 为圆心画圆，此圆就是 $M_1\text{-}N_1$ 处的断面图。

⑥ 通过四次变换求出第Ⅳ节中心线实长及其与第Ⅲ节中心线所夹实角。

⑦ 在四次变换图上求出 $M_1\text{-}N_1$ 右侧两节弯头的展开辅助圆半径 r_5、r_6。

⑧ 求出第Ⅱ节的第Ⅲ节的错心差 S_1 和 S_2。

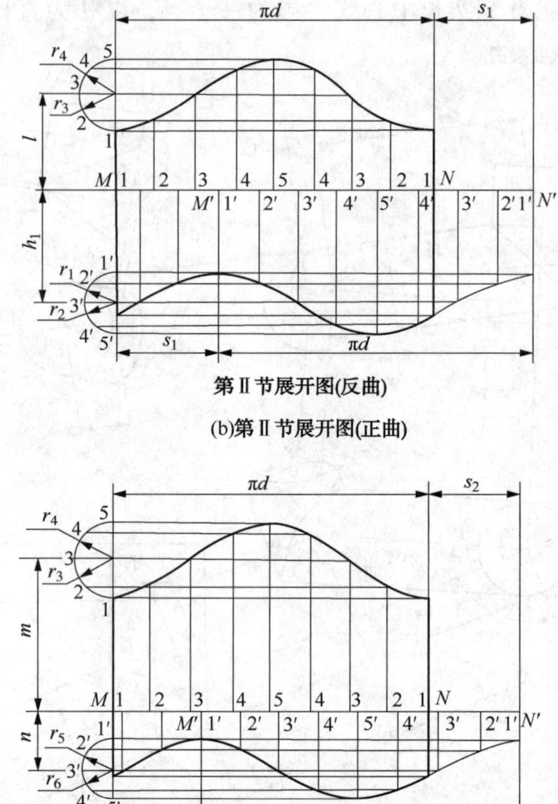

第Ⅱ节展开图(反曲)

(b)第Ⅱ节展开图(正曲)

第Ⅲ节展开图(反曲)

(c)第Ⅲ节展开图(正曲)

图 2-1-54　等径圆管四节蛇形弯构件(续)

（2）求出了各节的中心线实长、错心差以及辅助圆半径，这就具备了用辅助圆法作各节展开图的必要而充分的条件。第Ⅱ节和第 *HI* 节的展开如图 2-1-54(b)、图 2-1-54(c)所示(都为正曲展开图)，至于第Ⅰ、Ⅳ两节的展开图作法比较简单，不再作出。

三、螺旋面构件的近似展开

1. 螺旋线

螺旋线是工程上应用较广的空间曲线之一。螺旋线可以在不同的面上形成，分为圆柱螺旋线、圆锥螺旋线等，其中最常见的是圆柱螺旋线。

圆柱螺旋线是一个点顺着圆柱面的母线作匀速直线运动和该母线绕着柱轴匀速转动的复合运动的轨迹，这里的圆柱称为螺旋线的导圆柱。

图 2-1-55(a)所示为画右旋螺旋线的过程。首先根据导圆柱的直径，作出它的投影图，将圆周分为 12 等分，按逆时针方向将各等分点标注在俯视图上，取一段高为导程 p，将这段也分成相同的等分数，各分点自下而上依次编号。最后自正面投影各分点作水平线，自水平投影各分点作 o-x 轴垂线，与正面投影上对应的水平线的交点即为圆柱螺旋线上点的正面投影，用曲线板将这些点圆滑地连接起来，就完成了该圆柱螺旋线的正面投影。由图可知，圆柱螺旋线的水平投影是一个圆，它的正面投影是正弦曲线。

图 2-1-55(b)所示为圆柱螺旋线展开后的图形，由于其形成规律，螺旋线的展开为一直线。它是以导柱正截圆周之长(πd)和导程(p)为两直角边的直角三角形的斜边。

根据上述几何关系，可以看到圆柱螺旋线的两个基本特性：

(1) 圆柱螺旋线，是属于圆柱表面不在同一素线上的两点之间最短距离的连线，也称为圆柱表面上的测量线。

(2) 圆柱螺旋线与圆柱上任何素线交于相等的角度，如图 2-1-55(b)中的 β 角，称之为该圆柱螺旋线的螺旋角。它的余角 α，称为该圆柱螺旋线的升角。对一条螺旋线来说，它的 α、β 角是常数，从圆柱螺旋线上任一点所作的切线，都与水平面成相等的 α 角(见图 2-1-55(c))。

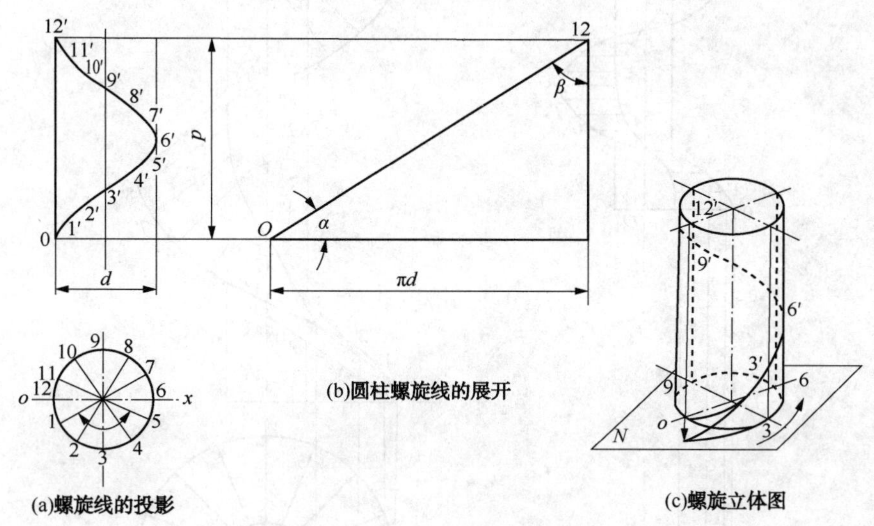

图 2-1-55　螺旋线的性质

2. *螺旋面*

母线作螺旋运动形成的曲面，称为螺旋面。其导线为螺旋线及轴线，工程上用得最多的是直母线螺旋面，母线与轴线相交成直角者，称为正螺旋面，斜交者，称为斜螺旋面。

(1) 正螺旋面正螺旋面是母线一端沿着圆柱作螺旋线运动，并且母线始终保持垂直于轴线而形成的曲面。

作正螺旋面的投影图时，除了画出导线的投影，还须画出一系列素线的投影。在图 2-1-56中，正螺旋面的轴线为铅垂线，而其素线始终与轴线交成直角，因此各条素线皆处于水平线位置，其正面投影皆平行于 O-x 轴，水平投影则均通过圆心 O_1点。

正螺旋面的母线运动时，母线上所有各点分别作半径不等的螺旋运动，但它们的导程都是相等的，由图 2-1-56 可见，圆柱螺旋线可看作是正的螺旋面与共轴的圆柱面相交所得。

(2) 斜螺旋面　斜螺旋面是母线的一端沿着圆柱螺旋线运动，并且母线始终保持与轴线斜交成一定角度而形成的曲面。

图 2-1-57 是一斜螺旋面的投影图。该螺旋面的母线与轴线相交成 α 角。根据已知导线(动点沿圆周方向移动的距离)螺旋线的投影，先作平行于锥面的素线，从 O'点开始，作正平线的正面投影 $O'O''$，其与轴线交角反映 α 角的实形。水平投影 OO_1''为过 O_1点引的圆半径。其余素线根据两端点的轨迹作图，即素线每旋转一角度时，母线两端点则升高同一高度，始终与轴线保持夹角 α。图中当 O 点转过 360°/16 到 1 点时，得正面投影为 1(在导线的投影上)，这时在轴线上的 o''点也上升 1/16 导程而移到 1″点，连 1′-1″即为第二根素线的正面投影，其水平投影为半径 o_1-1。用同样方法依次求出其它素线的正面投影 2′-2″、3′-3″……和水平投影 o_1-2、o_1-3…，在正面投影上，沿各素线投影的外侧，用实线描出斜圆锥面的外形线，则斜螺旋面的投影，如图 2-1-57 所示。

图 2-1-57 还表示当斜螺旋面有一小圆柱的轴心时，则在小圆柱面上得一导程相同而由点 $A(a, a')$起始的螺旋线。

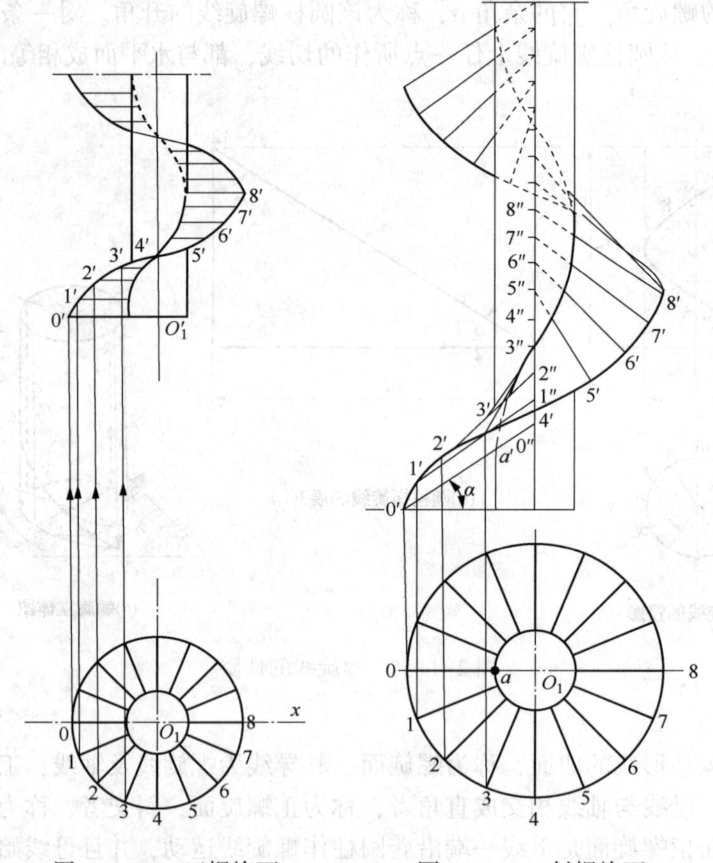

图 2-1-56　正螺旋面　　　图 2-1-57　斜螺旋面

3. 螺旋体

一平面图形(例如三角形、正方形、梯形等)绕一圆柱作螺旋运动，则得到一螺旋体。在工程和机器中，常用到很多形式的螺旋体。

图 2-1-58 为螺旋输送器，其螺旋部分由矩形(径向宽度×板厚)作螺旋运动形成的螺旋体，将其装入一圆桶中，转动轴心，便可用来按箭头所示方向输送固体颗粒状物料。

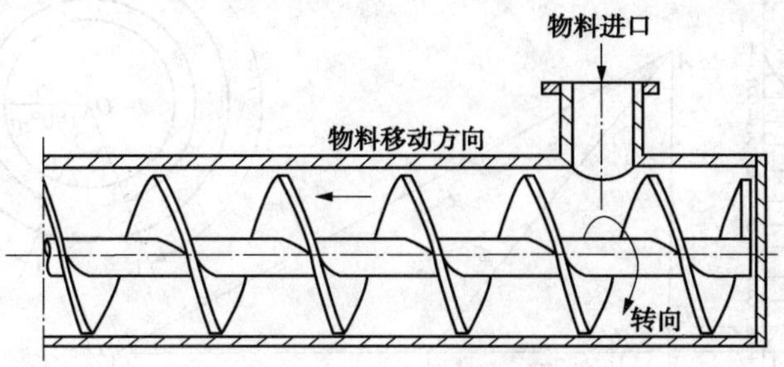

图 2-1-58　螺旋输送器

螺旋面也是一种不可展曲面，但可以将其作近似展开。

例 1　螺旋输送机回转叶片的展开如图 2-1-59 所示。已知尺寸为 a、r、p。

螺旋输送机回转叶片，现场又称之为绞龙，在工矿企业中应用最广，是用机械输送物料的螺旋输送机的主要零件。这种叶片下料的方法很多，这里仅介绍常用的两种：图解法和计算法。

（1）主视图的画法　先用已知尺寸画出俯视图，12 等分外圆圆周，等分点为 1、2…7、6…1，连接各等分点于 o_1，与内圆圆周得出交点。在俯视图 1 点向上引对 1-7 的垂直线上截取 1-1 等于已知尺寸 p。12 等分 1-1，等分点为 1、2…7、6…1。由各等分点向左引与 1-7 平行线，与由内外圆周等分点分别引上垂线对应交点连成曲线，即得出主视图。

（2）螺旋线实长的求法在主视图中，由 1 点向右引的水平线上作垂线 AB，取 AB 等于已知尺寸 p。由 B 点向右取 BC、BD 等于俯视图内、外圆周展开长度，连接 AC、AD，即为螺旋线实长 l_2、l_1。由主视图 2 点向右引水平线，与 AB 得交点为 E。由 B 点向右取等于俯视图外圆周等分弧长 b，得点 b'，其与 E 连线($E\ b'$)，即为等分螺旋线实长。

(3)图解展开图画法　先用螺旋线实长 l_1、l_2和已知尺寸 a 作一个等腰梯形，如展开图上的 A_1CDA_2。延长 A_2A_1，与 DC 得交点为 o。由 o 引 A_2D 的垂直线，与 $A_1\ C$、A_2D 相交于点 1°、1。在以 o 为圆心、o-1 为半径画的圆弧上截螺旋线实长 l_1得点为 1′。连接 o-1′，以 o 为圆心，以 o-1°为半径，画圆弧 1°-1″，点 1″恰在 o-1′上，则扇形 1′-1-1°-1″即为所求展开图。

用计算法求展开图时不用放样，而是根据已知尺寸，用计算式求出展开图需要的尺寸，直接作展开图。

计算式：

螺旋线长度(展开图上的弧长)l_1、l_2 计算公式如下：

$$l_1=\sqrt{(\pi d_1)^2+p^2}$$

$$l_2=\sqrt{(\pi d_2)^2+p^2}$$

$$r_1=al_2/(l_1-l_2)$$

$$\alpha=180l_2/\pi r_1=57.2956l_2/r_1$$

（4）展开图画法　如图 2-1-59b 所示。以。为圆心，取 r_1 和 r_1+a 作半径，画同心圆，在外圆圆周上任取一点 1 与 o 连线，由 o 引与 o-1 成 α 角度的 o-1′，得交点为 1″，1′。扇形 1′-1-1°-1″即为所求展开图。

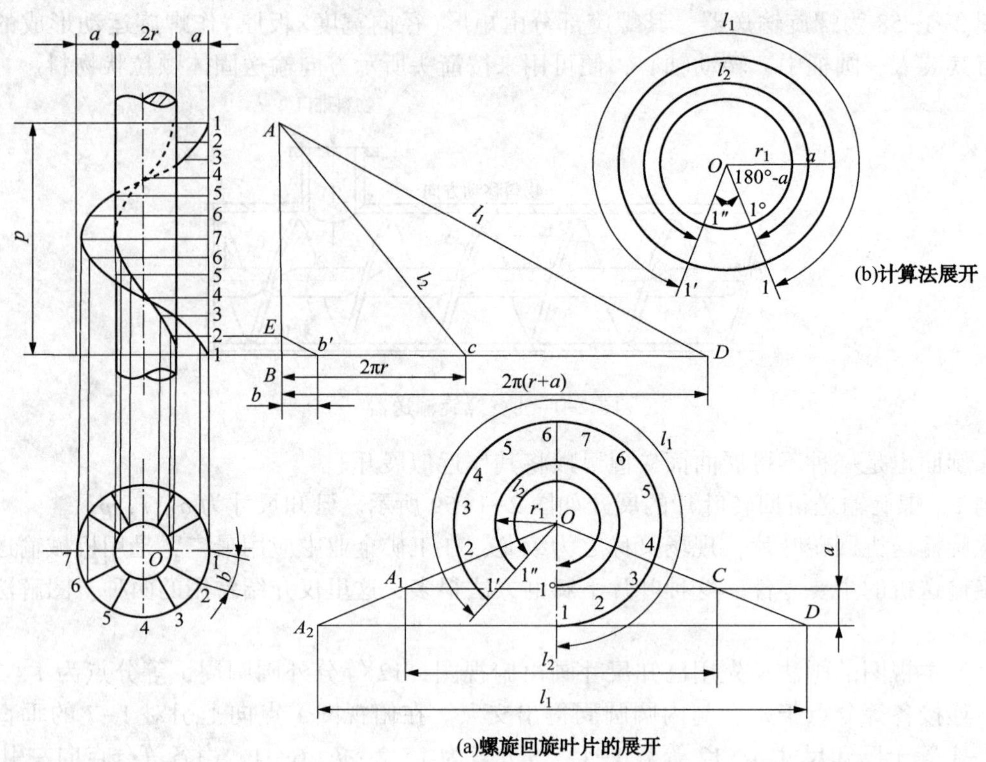

图 2-1-59 螺旋输送机回旋叶片的展开

例 2 斜螺旋叶片的展开 如图 2-1-60 所示。已知尺寸为 d_1、d_2、h、s。

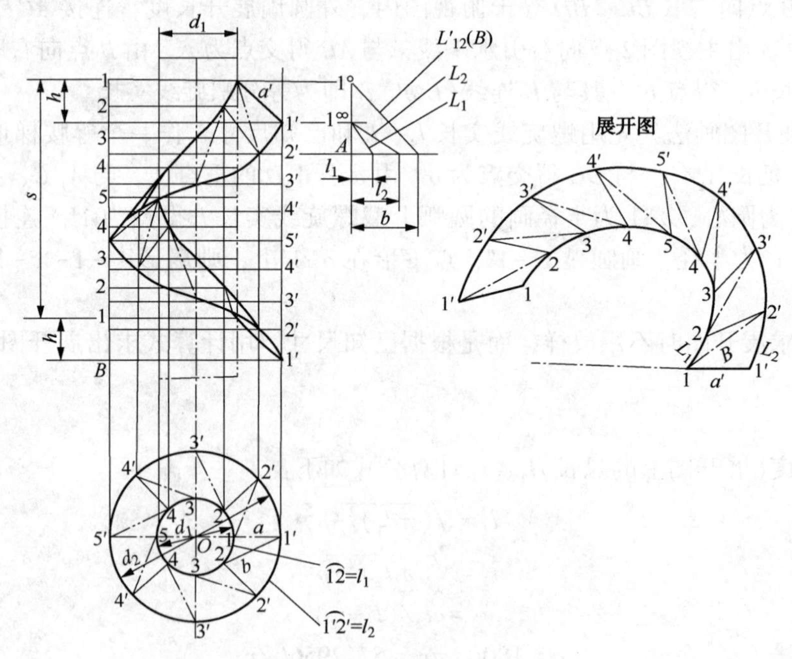

图 2-1-60 斜螺旋叶片

（1）俯视图和主视图的画法 先画垂直线，再用已知尺寸画出俯视图的内外圆周。8 等分外圆圆周，等分点为 1′、2′…5′…1′，连接各等分点与 o，与内圆周得出等分点 1、2…5、

4⋯1。在由点 1′引对 1′-5′上垂线上截取 1′-1′等于已知高度 s。8 等分 1′-1′，等分点为 1′、2′⋯5′、4′⋯1′。由各等分点向左引水平线，与由俯视图外圆圆周等分点引上垂线对应交点连成曲线，即得出主视图外圆螺旋线。由俯视图外圆周点 5′引上投影线，由点 B 向上取 B-1 等于已知尺寸 h，取 1-1 等于已知尺寸 s。8 等分 1-l，等分点为 1，2⋯5、4⋯1。由各等分点向右引水平线，与由俯视图内圆圆周等分点引上投影线对应交点连成曲线，即得出主视图内圆螺旋线。

(2) 实长线的求法先在俯视图上以双点划线连接 1-2′、2-3′⋯4-5′、5-4′⋯2-1′。俯视图上虽然各点符号不同，但实线 a 和双点划线 b 长度相同，都是投影线。实线 a 在主视图上表示出实长为 a'。俯视图内圆周等分弧长 l_1 和外圆周等分弧长 l_2 都含有主视图一个等分的高度，双点划线 b 含有的高度为 1 个等分高度+h，在实际工作中，可在一个直角线上求出实长线。为介绍求实长线原理，故分别求出。在主视图上 2′点向右水平延长线上作垂线 1°-A。由点 1、1′向右引水平线与垂线对应交点为 1°、1°°。由 A 点向右取等于 l_1、l_2、b 的点，并如图分别与 1°°、1°相连，则分别可得内圆周等分弧实长 L_1、外圆周等分弧实长 L_2 和双点划线实长 L_{12}'。

(3) 展开图画法　画一水平线段 1-1′等于 a'，随之，按俯视图中内外圆弧和双点划线的构成关系依次求出各点。即由 B 和 L_2 得 2′点；由 L_1 和 a' 得 2 点；由 B 和 L_2 得 3′点；由 L_1 和 a' 得 3 点；按此方法可依次求点 4′、4、5′、5、4′、4、3′、3、2′、2、1′、1。如图通过各点连成曲线和直线，即得出所求的展开图。

例 3　方管迂回 180°的螺旋管　如图 2-1-61(a)所示。已知尺寸为 a，h，r，t。

(1) 俯视图和主视图的画法　先用已知尺寸画出俯视图的外形和主视图的两个断面、分别 6 等分俯视图内、外半圆周，等分点为 1′、2′⋯7′和 1、2、⋯7。以实线和双点划线连接各点。再分别 6 等分主视图高(h+a)。等分点为 1、2⋯7。通过各等分点引水平线，与由俯视图各等分点引上投影线对应交点连成曲线，即得出主视图。

(2) 实长线的求法　俯视图实长线 a+t 为实长，只求出双点划线 b 即可。在俯视图中由 7 点引对 7-6′的垂直线，取 7-7″等于主视图等分高，7″-6′即为所求实长线 b°。

(3) 内侧板展开图画法　在主视图中向左引水平线上取等于俯视图内半圆周长(厚板则

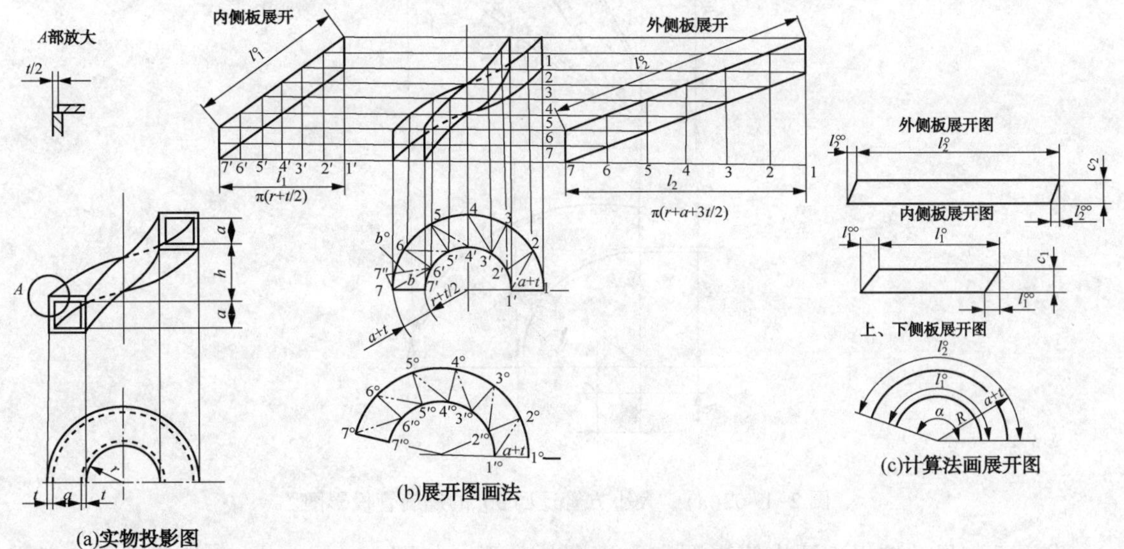

图 2-1-61　方管迂回 180°的螺旋管

按板厚中心），并截取各点，引上投影线，与主视图各等分点向左射的水平线对应交点连成直线，即得出内侧板展开图。用同样的方法求外侧板展开图，说明省略。

（4）上下底板展开图画法按俯视图中 $a+t$，b 及内外等分圆弧的相互连接形式，以 1′-1 实长线为起始线，用各线实长线依次求作各点，连成曲线，即得所求展开图。

（5）计算法　除放样展开外，还可以用计算法求出 l°_1、l°_2、$l^{\circ\circ}_1$、$l^{\circ\circ}_2$、c_1、c_2、a、R 的数值，直接作出展开图。

计算式：

$$l^{\circ}_2=\sqrt{[\pi(r+a+1.5t)^2]+(h+a)^2}$$

$$l^{\circ}_1=\sqrt{[\pi(r+t/2)]^2+(h+a)^2}$$

$$c_2=\pi a(r+a+1.5t)/l^{\circ}_2$$

$$c_1=\pi a(r+t/2)/l^{\circ}_1$$

$$l^{\circ\circ}_2=a(h+a)/l^{\circ}_2$$

$$l^{\circ\circ}_1=a(h+a)/l^{\circ}_1$$

$$R=l^{\circ}_1(a+t)/(l^{\circ}_2-l^{\circ}_1)$$

$$a=180l^{\circ}_1/\pi R$$

用求出的尺寸直接作展开图，如图 2-1-61(c)所示。

例 4 大小方管迂回 90°的螺旋管　如图 2-1-62(a)所示。已知尺寸为 a、b、c、d、r、R、t、h。

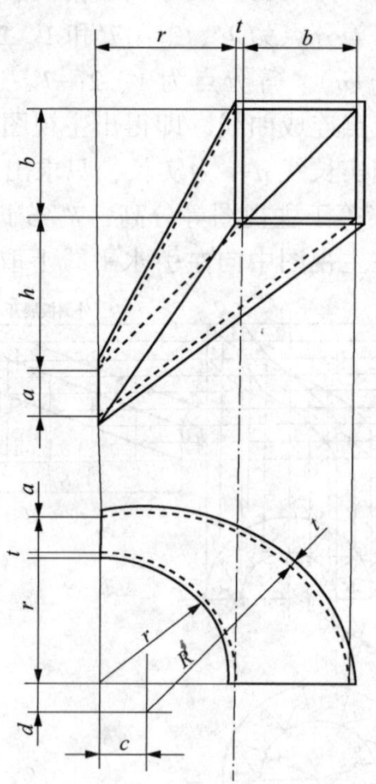

图 2-1-62(a)　大小方管迂回 90°的螺旋管投影图

先用已知尺寸按里皮画出俯视图和主视图的外形，如图 2-1-62(b)。然后分别 6 等分俯视图内、外圆弧，等分点为1′、2′…7′和1、2…7。由各等分点分别引上投影线，将其与主视图对应的交点分别连成直线。内、外侧板上的弧长线为实长线，上、下底板上的线则为投影线。

(1) 内侧板展开图画法　由主视图1′点向左所引的水平线上截取俯视图内圆弧展开长度(在实际工作中应取板厚中心弧长)，并截取各等分点，引下投影线，与由主视图内侧板上各点向左引水平线对应交点连成曲线，即得出内侧板展开图。

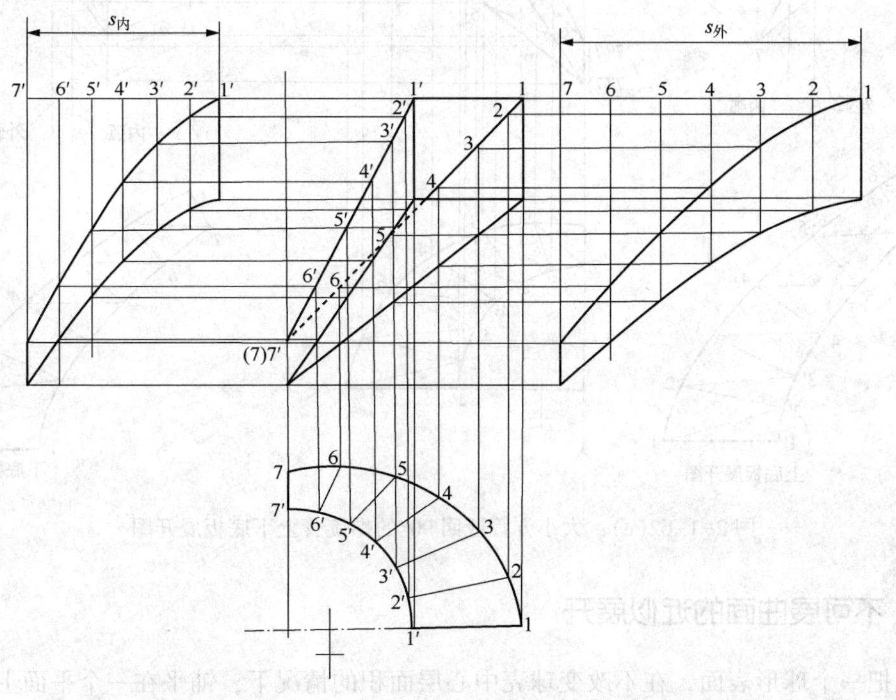

图 2-1-62(b)　大小方管迂回90°的螺旋管内外侧板展开图

(2) 外侧板展开图画法　在主视图1点向右引的水平线上截取等于俯视图外圆弧展开长度(在实际工作中应取板厚中心弧长)，并截取各等分点，引下垂线，与由主视图外侧板上各点向右引水平线对应交点连成曲线，即得出外侧板展开图。

(3) 实长线的求法　上下底板各线在俯视图和主视图上都不能表示实长，必须一一求出。为避免图面复杂，将图2-1-62(b)的主、俯视图照画为图2-1-62(c)。在主视图和俯视图上分别连成双点划线(对角线)。上底板和下底板的投影线在俯视图上相同，在主视图上各线投影完全不同，因此必须分别求出。在由主视图1′点向左引水平线上作垂线1′-7′。由主视图的上底板各点分别向左引水平线，再由垂线1′-7′向左取等于俯视图各实线长度，由垂线1′-7′向右取等于俯视图各双点划线长度。按各点分别连成其实长线。用同样的方法，求出下底板各投影线实长。

(4) 上底板展开图画法　画水平线1′-1等于俯视图中1′-1。分别以1′和1为圆心，1′-2和1-2′的实长为半径画弧交于2′点，它就是展开图中的求作点2′；用同样方法依次求作点2、3′、3、4′、4、5′、5、6′、6、7′、7。通过各点连成曲线，即得出上底板展开图，如图2-1-62(c)。用同样的方法画出下底板展开图。

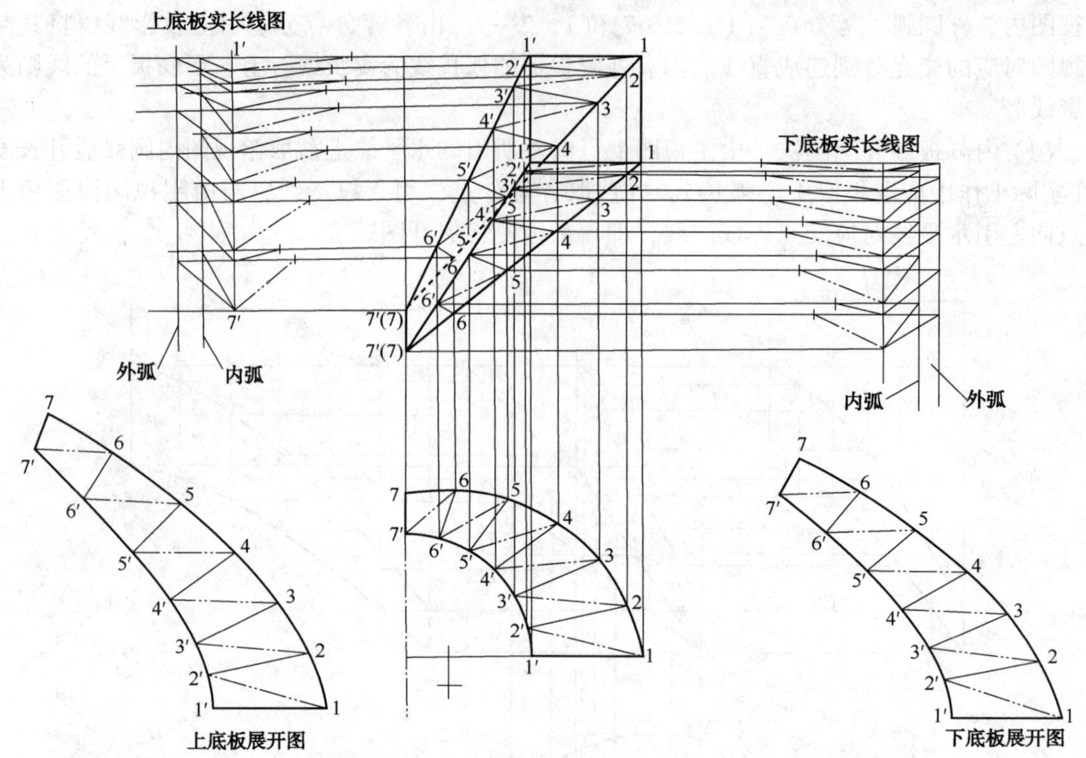

图 2-1-62(c) 大小方管迂回 90°的螺旋管上下底板展开图

四、不可展曲面的近似展开

要想把一个球形表面，在不改变球壳中心层面积的情况下，铺平在一个平面上是不可能的。这就是所说的不可展曲面。

球面、抛物面、双曲线面都属于不可展旋转面。

不可展曲面虽然不能精确地展开，但还是可以把它近似地展开的。

例如，一个乒乓球，可以把它分割成小块，再把每二小块都看成是一小平面，把这些被认定的小平面铺到同一个平面上，这样一来，乒乓球表面就近似地展开了。根据这一设想，不可展曲面近似展开的原理可叙述为：根据被展曲面的大小和形状，将其表面按某种规则分割成若干部分，再假定所分成的每一小部分都是可展曲面，将每一小块可展曲面一一展开，便得到不可展曲面的近似展开图。

怎样将其表面按某种规则分割成若干小部分，通过以下几例说明一下。

球体是典型的不可展曲面，它在两个方向都弯曲，所以不能自然地展开成平面，只能作近似的展开。将球体表面分割成若干小的曲面，每个曲面看作是单向弯曲，这样便能作出每一小块曲面的展开图，将各小块下料成形后拼接成完整的球体。由于分割方式的不同，也就有不同的展开方法。

例 1 球体的分瓣展开　球体的分瓣展开是球体展开的一种形式，是沿着经线方向把球面分割成若干块，每块大小相同，然后进行展开，如图 2-1-63 所示，作法如下：

(1) 把主视图圆周分为 12 等分，各等分点与中心 o 相连。4 等分断面 1-5 圆弧，等分点为 1、2、3、4、5。由等分点向上引垂线得与相贯线的交点。

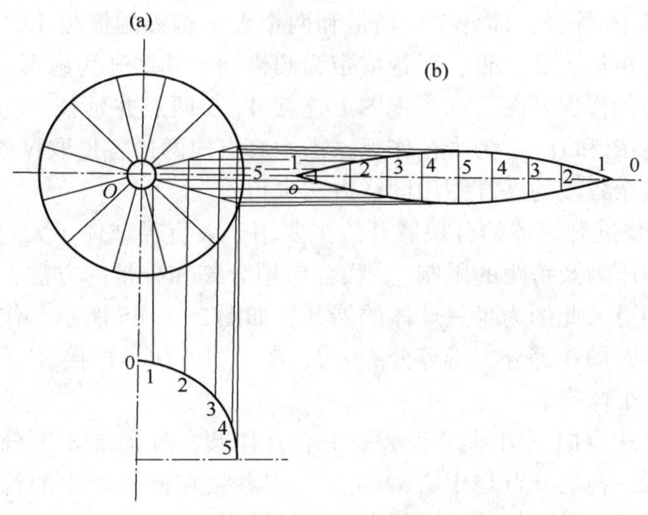

图 2-1-63　球体的分瓣展开

（2）在向右延长的水平轴线上截取 o-o 等于断面图半圆周长，并由中点 5 向左、右按长度照录断面图 4、3、2、1 点。过各点引垂线，与由相贯线各点向右所引水平线得对应交点分别连成光滑曲线，得球面展开图的 1/12。为避免接缝汇交于一点，在球的两极用小圆板连接。

例 2　球体的分带展开　球体的分带展开法是沿纬线方向把球面分割为若干横条带，每一横条条带可看成是正圆锥台锥面，用放射线法展开，如图 2-1-64 所示，作法如下：

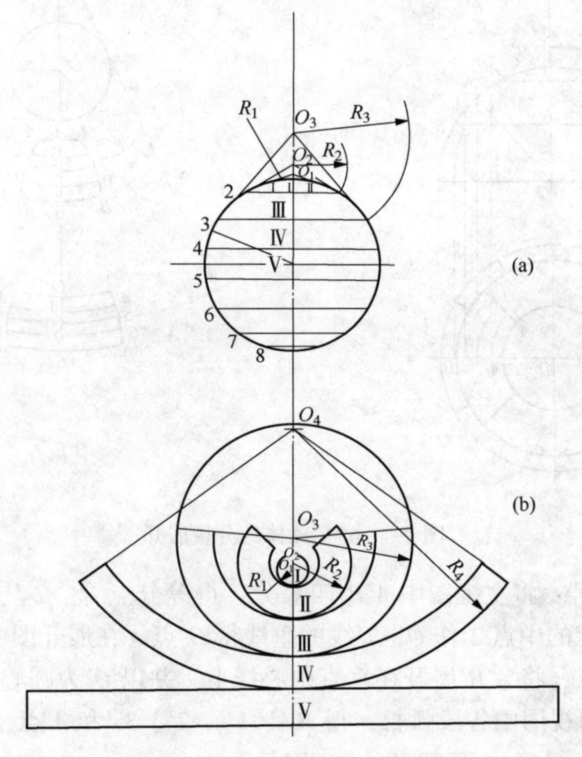

图 2-1-64　球体的分带展开

(1) 将圆周分成 16 等分，即分 7 个横带和两个大小相等的极板Ⅰ。中间一个横带Ⅴ为圆柱形，其展开为一矩形。Ⅱ、Ⅲ、Ⅳ各横带为圆锥面，其展开为扇形。

(2) 以横带Ⅳ为例作展开图。在主视图上连接 4、3 两点并延长，与垂直中心线相交得 O_4点。以 O_4为圆心，R_4和 O_4-3 为半径作弧，由中心点向两边各量取Ⅳ段大圆周的一半，得横带Ⅳ的展开图。其余各段的展开图用同样方法求得。

例 3　球体的分块展开球体的分块展开法主要用于大直径球体（大直径球体由于受原材料尺寸和压力机工作压力及跨距的限制）。联合应用分瓣和分带的方法，将球面分成若干小块，作各块的展开即可。此例为半只球体的展开，如图 2-1-65 所示，作法如下：

(1) 将主视图半圆周 3 等分，得等分点 A'、B'、C'、D'。连接 A'、C'和 B'、D'，将半球分为上、中、下 3 个球带。

由 A'、B'、C'、D'点向下引垂线至水平中心并作圆，各圆周 8 等分。为使接缝交错布置，各等分点应错开，各等分点与中心 O 连线，得各块在俯视图中的投影。然后根据俯视图中的接缝线向主视图投影，作得主视图中接缝的投影。

(2) 作展开图

① 顶部的展开：顶部展开为一圆板，其直径是以弧长 l 为半径的圆。

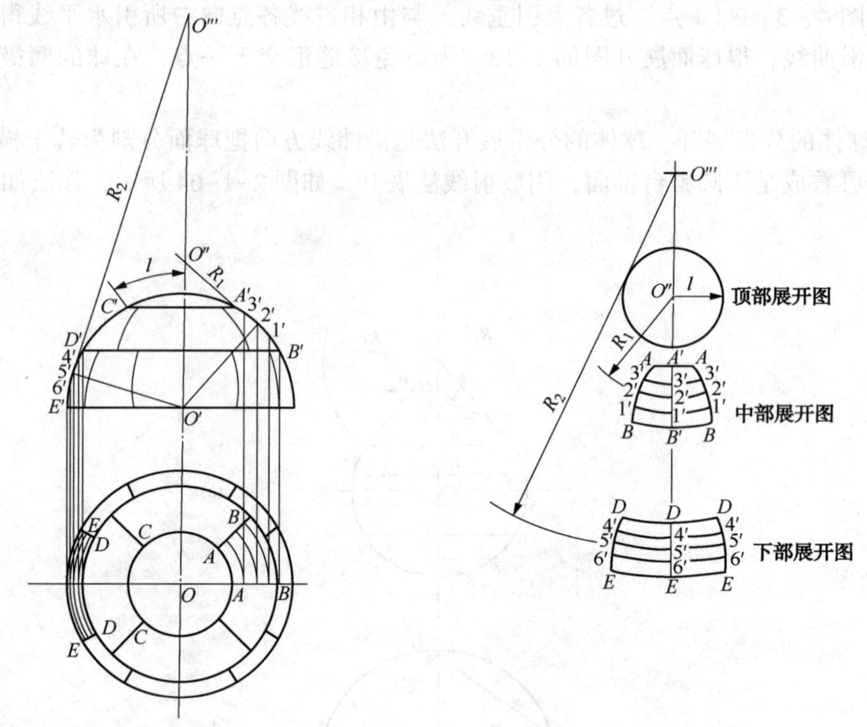

图 2-1-65　球体的分块展开

② 中部分块的展开：将主视图中 $A'B'$四等分，得等分点 1′、2′、3′。在俯视图中作圆弧。在主视图中过 $A'B'$的中点 2′作 O'-2′线的垂线得 O''点。在展开图中以 O''-2′的长即 R_1为半径画弧。以 2′为基点，将 $A'B'$展开在垂直中心线上。并以 O''为圆心，过各点作同心圆弧，在各圆弧上分别量取俯视图中各段弧长，得 B'、1′、2′、3′和 A 点，用曲线连接各点即得展开图。

③ 下部分块展开：方法与中部展开相同。

第六节　结构件工艺加工余量的确定

一、工艺加工余量

根据工艺需要，由工艺规程规定留出的、为各工序成形加工中所必备量叫工艺加工余量，也叫工艺性消耗。

1. 下料工件的工艺余量

下料工件的工艺余量包括：

(1) 火焰、等离子、激光等切割的切口宽度。

(2) 火焰、等离子、激光等切割件之间的距离。

(3) 各种锯床切割的锯口宽度、无齿锯的砂轮宽度。

(4) 剪床的压口宽度(一般一批剪切件只有一个压口)。

(5) 板料或型钢的去边宽度，一般不直接用原材料边作为工件的边。

(6) 冲压件的件边距和搭边值。

(7) 工件内孔的去除料。

(8) 切割件的机械加工余量。

2. 成形工件的工艺余量

成形工件的工艺余量包括：

(1) 弯曲件的单角压边余量及多角压形预留的误差余量。

(2) 成形件的机械加工余量。

(3) 焊接件的收缩余量。

(4) 先折弯后切割的余量。

(5) 管子或型钢弯曲时用的工艺余量。

(6) 工艺用料包括焊接件的拉筋，结构件机械加工夹紧用的连接块，装点用的调整块等。

(7) 卷圆毛坯料两端的余量。

二、空间直线、夹角的求作方法

1. 求空间直线的实长

(1) 旋转法求实长见图 2-1-66。

1) 选任一投影面上(第一投影面)所求线段的一端(定点)为旋转中心，以该线段长为半径(另一端为动点)向该面与另一投影面(第二投影面)的公共投影轴线方向画圆弧。

2) 作通过第一投影面上线段的定点并平行于公共投影轴的直线，与圆弧交为一点，通过该点作垂直于公共投影轴的直线。

3) 通过第二投影面上线段上的相对动点，作平行于公共投影轴的直线，与垂直于投影轴的直线相交于一点。

4) 连接该点与第二投影面线段上相对定点，该线段长度即为所求线段的实长。

例 1　如图 2-1-66(c)所示，已知直线段 AB 的两面投影，用旋转法求实长。

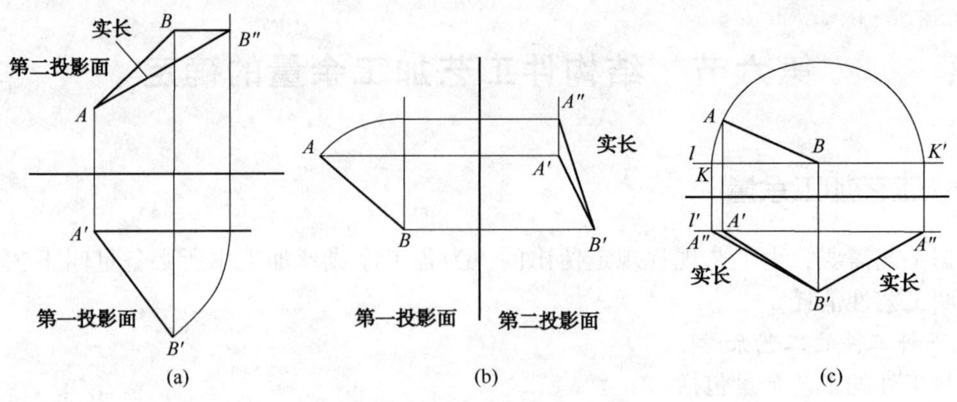

图 2-1-66　旋转法求实长

解：过 B 点和 A' 点分别作平行于投影轴的直线 l 和 l'，以 B 为圆心、BA 为半径作半圆弧，与直线 l 交于 K、K' 点。过 K、K' 点向下作垂线，与直线 l' 交于两点均为 A'' 点。连接 $B'A''$，$B'A''$ 即为直线段 AB 的实长。

（2）三角形法求实长见图 2-1-67

1）任选一投影面(第一投影面)上的线段为一直角边。

2）以第二投影面上、线段两端点与两投影面公共投影轴的距离差为另直角三角形。

3）作出的直角三角形的斜边即为所求线段的实长。

例 2　如图 2-1-67b 所示，已知直线段 AB 的两面投影，用直角三角形法求实长。

解：过 B 点作平行于投影轴的直线 l，与 A、A' 点的投影线交于 K 点，过 A' 点作垂直于 $A'B'$ 的直角线 l'，以 A' 为圆心，以 AK 为半径画圆弧交直角线 l' 于两点均为 A''，连接 $B'A''$，$B'A''$ 即为直线段 AB 的实长。

2. 求空间相交直线或空间两平面的夹角

掌握空间两直线在空间夹角的求法，同样可以求出空间两平面的夹角，但必须满足下列条件：如果两直线分别被两平面包含，在其交点处又同时垂直于两平面的相交直线，则两直线的夹角即为两平面的夹角。如图 2-1-68 所示，直线 AB、AC 相交于 A 点并给出两面投影，求 BAC 的方法如下：

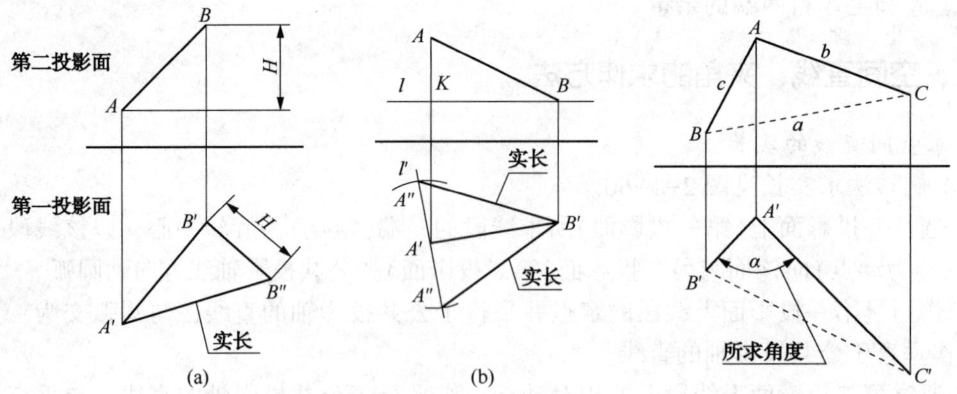

图 2-1-67　三角形法求实长　　　图 2-1-68　求空间相交直线夹角

（1）画图法

1）连接 BC 和 $B'C'$。

2）分别求出 AB、BC、AC 实长。

3）用各边实长画出三角形实形，量出 $\angle BAC$。

（2）计算法

1）根据给出的条件，求出各边长。

2）用余弦定理求出所需角度。

$$a^2=b^2+c^2-2bc\cos\angle BAC$$

第二章 材料成形

第一节 手工成形应力改变的特点

手工成形是冷作饭金工的基本技能。在新品试制、修旧利废中有不可替代的作户该工艺方法的特点如下：

1. 方法灵活。手工成形不是完全依靠锤子敲打，同时也需要一些简单胎具、靠模及各种通用工具，有时也辅以压力机械。手工成形质量取决于操作程序能否合理安排、工夹具能否合理选用及操作技巧的熟练程度。

2. 对工件施力不规则。材料主要靠锤击力变形。这种外力表现为力的大小不等，着力点不均及冲击速度不一致，使工件材料表面硬化或产生局部附加变形或应力不均。

3. 加热时易留下残余应力。一般为手工加热。由于工件热源不均，同一要求变形目的区域产生的热应力不同。

4. 手工成形时回弹不易掌握，也就是说应力变形不易掌握。

5. 手工成形工具。手工成形必用手锤及大锤，但平时还经常用挡铁、型锤、垫铁、摔子等专用工具。有时还需制作专用胎具。

6. 手工成形一般坯料留有余量，对咬缝件下料尺寸往往因操作者不同而不同。

第二节 内应力产生的原因

物体受到外力作用时或加热时引起物体内部之间相互作用的力称为内力。单位面积上的内力称内应力。内应力是工件产生变形的主要原因，其产生的原因为：

1. 热应力的产生

由温度差引起的应力称为热应力。主要由原材料退火状态不理想、工件的工艺加热或作为产品中的工：件受热不均匀引起的。

2. 残余应力的产生

残余应力主要是在工艺过程中引起的。如焊接时焊接处的热源、工件局部加热引起的应力，还包括冷成形时造成永久变形的残余应力。

3. 外力引起的变形应力

包括对金属进行的剪切、弯曲、冲压、切削、铆接等工艺的外力，还包括磕、碰、摔、撞、过载等非正常外力引起的变形应力。

第三节　非圆筒体的制造工艺

一、锥体的卷制技巧

1. 设计和使用小端阻力板卷圆法。

目前，卷板机厂家生产的设备一般只能卷制锥度有限的筒体。对于大锥度的工件，如果生产批量大，只能由锻压设备厂家设计非标准的卷板机。如果批量不大，可以在普通三辊卷板机上采用阻力板卷板法。其原理是：在卷制过程中，只要满足扇形板料两端(工件的大端和小端处)行走速度一样就能卷制出理想的锥体件。将阻力板放在锥体的小端，并使其在卷制时始终与锥体的小端接触，依靠两者之间的摩擦力减小锥体小端的行走速度，尽量使锥体两端(扇形板料两端)行走速度一致，即可以满足工作需要，如图 2-2-1 所示。

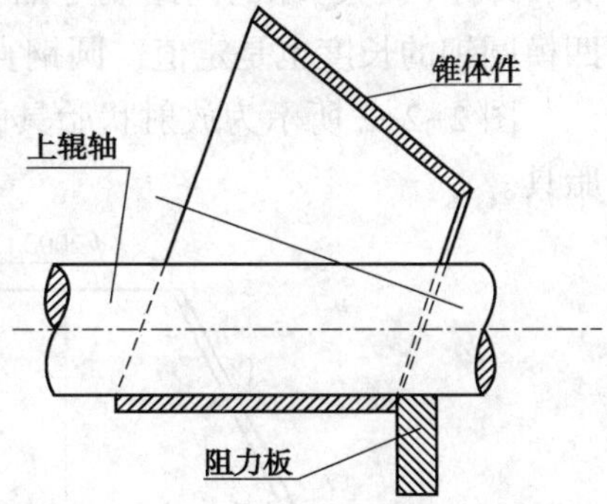

图 2-2-1　阻力板位置示意图

2. 阻力板的设计及安装使用

由于普通三辊卷板机的型号、结构不同，阻力板的设计应根据设备结构、工件尺寸的不同而设计。原则如下：

(1) 阻力板的选材应是金属且摩擦力尽量大一些。

(2) 阻力板的横向尺寸应小于两下辊间的距离，厚度应不小于 20mm。

(3) 阻力板上端应制成圆弧形，圆弧半径略大于上辊半径并与上辊不接触。

(4) 阻力板的安装位置应使锥体小端在卷制过程中始终不接触卷板机的活动床头。

(5) 阻力板应通过其他结构可靠地安装在卷板机上。

(6) 阻力板尽量具备与锥体小端接触顶压力大小的调节能力。

3. 用阻力板卷制的方法

(1) 将扇形板吊人卷板机前，应将小端磨光滑，以免粗糙度过大将板卡住。

(2) 卷制前将小端抹黄油，达到既减速又滑动的作用。

(3) 开始卷制时，由于小端受阻和锥体还没有形成曲率，板料不容易走动撬棍在大端处的上辊与板料件间拨动的方法解决。

(4) 卷至接近成形时，有时锥体不易转动。处理方法是微升上辊，用撬棍在大端处锥体与下辊之间橇拨。

4. 组对锥体纵缝的方法

锥体卷制时经常出现的毛病是大端接触、小端有缝隙。解决的方法是当锥体的大端接触后，先不要点焊，继续加压卷制。当大端过掩、小端接触后，先点焊小端，通过起升上辊或用吊车起吊大端过掩处即可。若还不奏效，再配以螺旋推进器整治。

二、锥体的其他成形方法

鉴于锥体的形状，除了采用卷制以外，一般都采用冷压或手工槽制。锥体的压制胎具和方法，按胎具的空间位置分，有立式胎和卧式胎；按上下胎的形状分，有扇形曲面胎和刀形胎；按加工手段分，有手工槽制胎和机械压制胎。不论哪种胎具，大小端的间距和胎具长度都要相匹配，不能任意设计，其理论根据是：大小端间距的比等于锥体大小端直径的比，也等于大小端弧长的比。

1. 槽制圆锥凹模的设计要领

槽制圆锥体的凹模，对大型锥体只用作预弯头，然后用卷板机卷制成形。小型锥体可用其压制或手工槽制。成形后的锥体，不论是整料还是多瓣料，常发生错口、错边、端口不平、一端间隙小另一端间隙大、一膀高一膀低、扭曲等问题。其根本原因与凹模的斜度有关，即小(或大)端的间距确定后，大(或小)端的间距是定值，而不是随意安排的。另外，凹模圆钢的长度也是定值，圆钢直径也有一定规则。下面举例分析：

图 2-2-2 所示为放射状胎具的设计原理，图 2-2-2(a)为锥体施工图，图 2-2-2(b)为胎具。

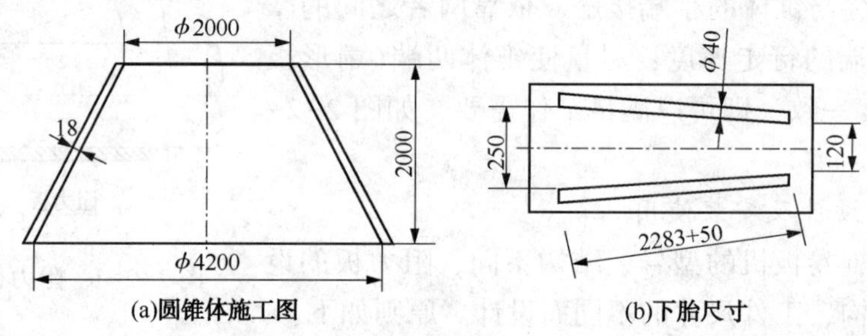

(a)圆锥体施工图 (b)下胎尺寸

图 2-2-2 放射状胎具的设计原理

(1) 凹模圆钢长度计算。圆钢的长度就是锥体素线的长度，为了使用方便的需要，长度上加 50mm 即可，其计算方法是：

$$L = \sqrt{(2\,118 - 1\,018)^2 - 2\,000^2}\text{mm} = 2283\text{mm}$$

(2) 凹模大小端间距的确定。小端间距根据经验确定，与锥体锥度、尺寸大小有关。考虑到满足成形空间需要和节省材料，本例确定为 120mm。大端间距应该是：大端间距：小端间距 = 锥体大端尺寸：锥体小端尺寸，即

$$4236 : 2036 = x : 120$$

$$x = 250\text{mm}$$

(3) 圆钢直径分析。圆钢直径的确定原则是，保证成形后锥体与底板有一定距离，而且圆钢应有一定的刚度。本例选用 φ40mm 的圆钢，可满足要求。

2. 小锥体压制模设计要领

小锥体由于其体积小，一般多由薄板制成。其成形可用大锤和槽弧锤在锥体凹模上进行，也可在小型压力机上进行。为了压制的方便，坯料大多下成两瓣，很少下成整料(高度较低时也可下成整料)。下面介绍在卧式压力机上压制小锥体的胎具结构。

(1) 半扇形下料

1) 半扇形坯料压制时，凹模同槽制凹模，凸模为板状带圆弧结构，如图 2-2-3 所示。

2) 由卧式压力机结构所决定，它不受板长的限制，当工件轴向较长时，可加长上部长度，如图中虚线部分 2。

3）大批量生产时，在毛坯无余量的情况下，要考虑坯料的理想定位机构。

（2）整体下料

1）用于整体坯料压制时，如图 2-2-4 所示。框式凸模的内腔尺寸要大于锥体的外形。

2）框式凸模要考虑出料机构，同时要保证强度。

3. 大锥体压制模具设计要点

压制胎具分两种：一种是倾斜式，这种胎具若压制锥度较大的锥体件时，板料易下滑，影响成形精度；另一种是水平式，这种胎具不但解决了板料下滑的缺陷，而且可便于横向分段插入，压制任意 1/n 的扇形板。

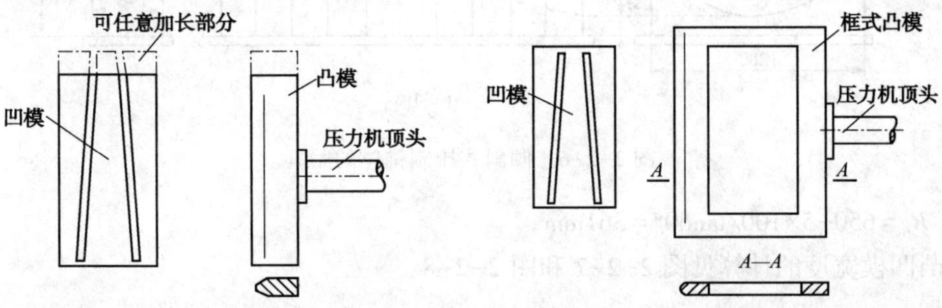

图 2-2-3　半扇形料的卧式压制胎具　　　　图 2-2-4　整扇形料的卧式压制胎具

（1）倾斜式压模

能保证锥体工件成形后中心线处于水平位置。如图 2-2-5 所示为工件，图 2-2-6 所示为压制模。现简介如下：

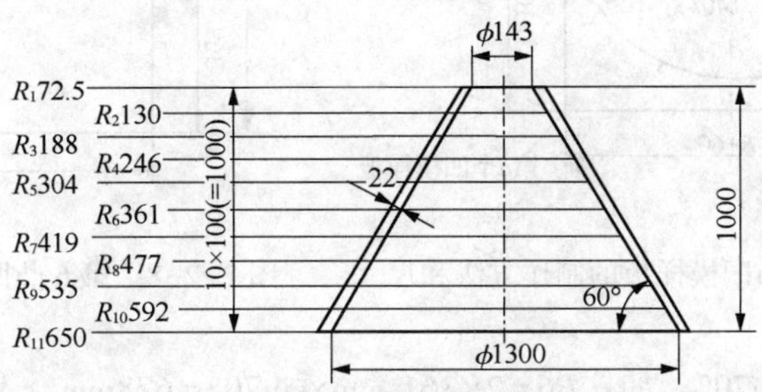

图 2-2-5　大角度大椎体件

本例为按整料的 1/3 下料，按大于 1/3 做胎具。凸凹模各由 11 块立板组成。各立板可以加焊垫板。凸凹模的立板应用数控切割或制作样板下料。现举例介绍立板及凸凹模具尺寸计算。

1）各立板的计算

$$R_{\mathrm{n}} = R - kh/\tan\alpha$$

式中　R——锥台大端内半径，mm；

R_{n}——第 n 块立板的半径，mm；

n——锥体等分数

k——R_{n} 至 R 包含的等份数

h——轴向等分锥体每等份的尺寸，本例为 100mm；

α——图样给定的椎体角度。

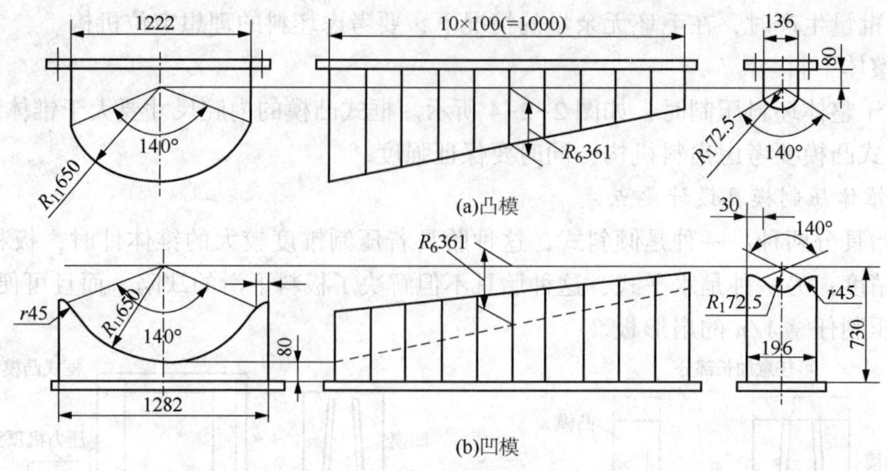

图 2-2-6　倾斜式压制锥体的胎具

如：$R_6=650-5\times100/\tan60°=361\text{mm}$。

2）凸凹模宽度的计算见图 2-2-7 和图 2-2-8

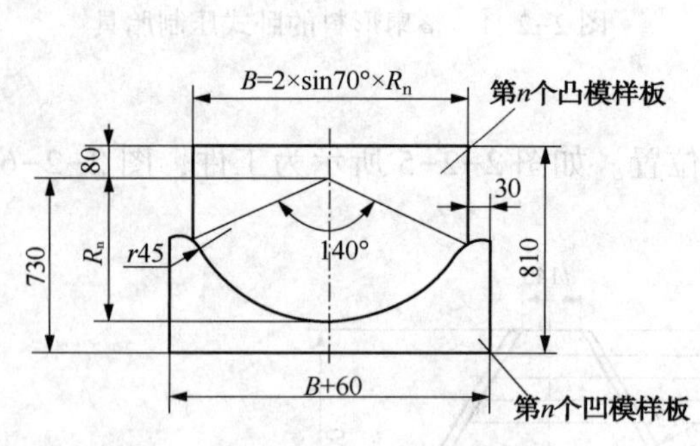

图 2-2-7　倾斜式凸凹模样板的制作方法和尺寸

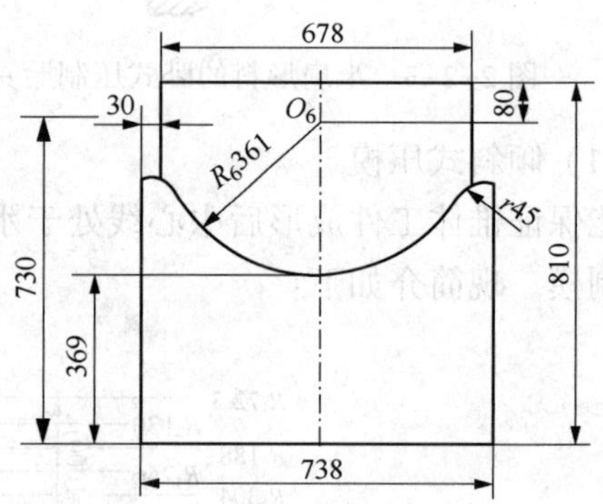

图 2-2-8　第 6 凸凹模制作样板的方法

凸模宽度 $B=2\text{Rn}\sin70°$，如：$B6=2\times361\ \text{mm}\times\sin70°=678\text{mm}$。

凹模宽度 $B6'=(678+60)\text{mm}=738\text{mm}$，凹模最低处高度 $h6=730-361=369\text{mm}$，式中 730mm 为锥体轴线与底板上平面之间的距离。

(2) 水平式压模

能保证锥体零件在成形中及成形后其锥面始终处于水平位置。此种压模送料方便、逐段压型、用料少，操作较方便，适用于批量不大的压制。压模结构与倾斜式基本相同。

(3) 设计要点

1）根据情况锥体的坯料可以分成若干份，以奇数为好。

2）倾斜式压模在结构上应克服上下模之间的水平移动。

3）上下模采用铸造结构较好。

4）上下模采用板料拼接时，各板之间允许有空隙，但要考虑焊接的可能性。曲面机加工是首选。若采用单片气割成形，应用模区样板装点。

5）为保证拼件的弧度一致，可将各拼接板全部焊接完成后机加工。

6）压模模区的尺寸要比锥体件的轴线或锥体表面尺寸长一些。

第四节　压弯的工艺技巧及缺陷排除

一、板料自由弯曲工艺

板料自由弯曲在机械制造业中应用极为广泛。压弯设备主要是折弯机或利用弯曲模在压力机上进行。

1. 自由弯曲的受力分析

板料开始受弯曲力时，在其变形区内外表面(弯曲处的圆弧部分)引起的应力数值小于材料的屈服点，仅在板料内部引起弹性变形的，称为弹性弯曲阶段。当外力继续加大时，板料变形部分曲率半径随着变小，板料外表面首先由弹性变形状态过渡到塑性变形状态，塑性变形由内外表面向中心逐步扩展，变形由弹性弯曲过渡为弹-塑性弯曲和纯塑性弯曲。

2. 影响压弯弹复的因素

板料弯曲后卸载过程中的弹复现象表现为弯曲件的曲率和角度变化。与弹复有关的因素如下：

(1) 材料力学性能。材料的屈服点 σ_s 越高，弹性模数 E 越小，加工硬化越激烈，曲变形弹复越大。

(2) 相对弯曲半径于 r/t(r 为内弯曲半径，t 为板厚)。当 r/t 较大时工件角度大于模具角度，当 r/t 较小时则相反。

(3) 弯曲角大小与弹复量成正比。

(4) 当设备给出的力超过弯曲力时弹复变小，当弯曲力达到矫正力时弹复应不存在。

(5) 摩擦的影响。指工件表面与模具表面间的摩擦，它可以改变弯曲板料部分的应力状态。摩擦在大多数情况下可以增大弯曲变形区的拉应力，减小弹复。

(6) 模具结构对弹复的影响。通常包括上模圆角、下模开口宽度、下模圆角半径、上下模间隙大小、是否采用背压法(下模部分设有顶板，压形中工件始终处于上下顶压力的受力状态)等因素。

(7) 弯曲半径大小。同样的板厚、材质情况下，弯曲半径大小与弹复大小成正比。

(8) 压弯长度尺寸大小与弹复大小成正比。

3. 最小弯曲半径的确定

相对弯曲半径 r/t 越小，弯曲时切向变形程度越大。当 r/t 减小到一定程度后，会使板料外侧纤维的伸长变形超过材料性能所允许的界限而发生破坏，所以最小弯曲半径是设计制造的重要参数。影响最小弯曲半径主要因素如下：

(1) 板料力学性能。板料塑性越好则变形稳定性越强，可采用较小弯曲半径。在需要的情况下，为达到较小圆角，可采用热弯曲或对材料进行热处理的方法，恢复冷变形硬化材料的塑性。

(2) 材料轧制方向。弯曲线与板材轧制方向垂直时可获得较小的弯曲半径。

(3) 弯曲件宽度。当 $b/t<10$ 时(b 为弯曲宽度，t 为板料厚度)，弯曲半径可减小。当 $b/$

t>10 时，弯曲半径不可减小。

（4）板材表面质量。同样情况下，气割件比剪切件弯曲半径可小些，对剪切件应注意清除毛刺或避免毛刺面在弯曲板料外侧。

（5）板料厚度。板料薄的件比板料厚的件更容易获得较小的弯曲半径。

二、自由弯曲缺陷及解决措施

1. 工件角度误差产生原因及解决措施

（1）实测角度超出设定角度公差带范围

1）折弯机滑块重复定位精度差。控制滑块重复定位精度不要超过 0.05~0.1mm。

2）被折板料的厚度偏差离散范围太大。如要求折弯角度一致，最好把板料按厚度偏差分成几组，再按不同的偏差对滑块进深值进行校正，然后按校正过的进深值对板料分批折弯。

3）板料的材料屈服点 σ_s 不一致，离散范围太大。可采用校正折弯方式来保证制件精度。

4）工件有一边或两边尺寸较小。可采用增大弯角边长尺寸方法压制后，再将多余部分去掉。

（2）制件两端角度不一致、超出允差

1）滑块到达折弯终点位置即下死点时，与工作台面的平行度超出允差。应调整机器，使滑块与工作台面的平行度达到 0.06~0.1 mm/m。

2）上模的安装面与底面的平行度超出允差，使滑块两端在实际折弯时的进深值不一致。应修理上模，使其平行度达到 0.06~0.1 mm/m。

3）下模的 V 形槽与底面的平行度超出允差。应将下模在水平方向旋转 180°后，再试折工件。如两端角度误差增大，则必须修复下模，或与上模一起综合考虑修整量。也可以在下模与工作台面之间临时采用加薄垫片的方法，但要注意从一端向另一端逐渐减薄。

4）被折板料的两端厚度不一致，超出允差。如已知板料的两端厚度不一致，可把较厚的一端板料放在滑块到达折弯终点位置时进深值较小的一端。或采用在下模与工作台面之间临时加薄垫片的方法。

（3）制件中间角度大于两端角度、超出允差

1）滑块、工作台或模具无预凸装置。折弯机在满负荷或接近满负荷工作时，滑块和工作台要产生弹性变形，即滑块中间向上拱、工作台中间向下凹，改变了板料折弯时中间部分的滑块进深值，形成中间角度比两端角度大。可采用在下模与工作台之间临时加薄垫片的方法，但要注意从中间向两端逐渐减薄。

2）模具磨损。无预凸装置的折弯机，由于模具中间磨损，在折薄板时，形成中间角度比两端角度大。对于分段上模，可采用把中间磨损的模具块换到两端的方法。

3）下模变形。无预凸装置的折弯机，由于下模变形，两端向上翘起，在折薄板时下模变形量没能消除，形成中间角度比两端角度大。此时只能修整或校正下模。

4）预凸装置没调整或调整不合适。滑块、工作台或具有预凸装置的折弯机，由于预凸装置没有进行调整，或者预凸调整量太小，没能抵消负荷时的变形。只要把预凸量调整合

适，即可解决问题。

（4）制件中间角度小于两端角度、超出允差

1）下模变形。无预凸装置的折弯机，由于下模变形，中间向上拱，在折薄板时下模变形量没能消除，形成两端角度大、中间角度小。此时只能修整或校正下模。

2）预凸装置没调整或调整不合适。有预凸装置的，由于预凸调整量过大，引起两端的进深比中间的小，从而形成两端角度大、中间角度小。需重新调整预凸量。

2. 制件棱边直线度误差的产生原因及解决措施

（1）制件折弯角棱边中间凹，直线度误差超过允差

自由折弯时，被折板料中性层内侧的材料受压，在长度方向上向两端流动，中性层外侧的材料受拉，在长度方向上向中间流动，形成折弯角长度方向的棱边中凹现象。折弯变形小，中凹现象轻；折弯变形大，中凹现象严重。也就是说，折弯角内圆弧半径 R 与被折板厚 t 的比值越小，被折板料宽度越窄，折弯变形就越厉害，棱边中凹现象就越严重。减轻中凹现象的办法就是减小折弯变形。一是加大折弯角内圆弧半径 R，二是增加被折板料的宽度。

（2）制件折弯角棱边中间凸，直线度误差超出允差

采用气割方式下料的被折板料，由于下料时的内应力没有消除而产生折弯角棱边中凸的现象。减轻中凸现象的办法，一是改用剪切下料，二是采用自然时效或振动时效的方法消除气割下料时的内应力。

（3）制件扭曲

1）上模或下模的折弯工作面在垂直方向扭曲，造成折制工件扭曲。应校正或修整模具。

2）被折板料不平整。由于被折板料不平整，而折弯机在进行板料折弯时对被折板料并不起校平作用，造成制件扭曲。折弯前校平被折板料即可解决问题。

3. 制件边长误差的产生原因及解决措施

（1）实测边长超出设定值公差带范围

1）滑块导轨间隙过大，导致折弯中心线时而向前、时而向后偏移，前移时制件边长加大，后移时制件边长减小。可调整导轨间隙，使之在 0.05~0.15mm 之间。

2）对于数控折弯机，后挡料装置重复定位精度超差也是一个原因。调整后挡料装置重复定位精度达到 0.10mm。

（2）实测制件边长与设定值有一固定偏差，此偏差超出公差带范围

1）挡料位置计算公式有误。自由折弯时的挡料位置计算公式应考虑下模 V 形槽开口宽度。

2）挡料装置基准有误差。需重新校正。

3）对于数控折弯机，应选择合适的 X 轴校正值加以校正。

（3）实测制件边长一端大、另一端小，超出公差带范围

1）挡料装置与折弯中心线不平行。由于挡料装置与折弯中心线平行度误差大制件边长两端大小不一。应重新调整使平行度误差在 0.15mm 以内。

2）上模和下模的折弯中心线不重合。上模的折弯中心线是尖角中心，下模的折弯中心线是 V 形槽中心，两者中心线不重合，也会造成制件边长两端不一致。应重新调整使两者

中心线重合。

4. 制件的其他缺陷产生原因及解决措施

(1) 制件折弯角处外侧开裂

1) 被折板料的伸长率较低，即塑性不好，不具有承受弯曲变形的塑性弯角处外侧开裂。应换用塑性较好的板料。

2) 被折板料的轧制方向与折弯线平行，由轧制缺陷引起制件折弯角处外侧开裂。为此，下料时尽量使板料的轧制方向与折弯线垂直，或者成45°交角。

3) 过小的内圆弧半径，使被折板料在折弯时的变形超出了许用塑性变形值，产生开裂。

(2) 制件端头开裂

板料的端头因下料时的毛刺或冷作硬化等缺陷，使之在折弯时形成应力集中或伸长率降低而开裂。应将被折弯板料端面有毛刺或冷作硬化等缺陷的一面置于折弯内侧，或在折弯前去除被折板料端头的毛刺及冷作硬化层。

第五节　压延的工艺技巧及缺陷排除

一、压延成形工艺

1. 压延的功用及工件种类

压延(或称拉深、拉延、引伸、拉伸)是利用专用模具将冲裁或剪裁后所得到的平板坯料制成开口的空心件的一种冲压工艺方法。压延工序，在冲压生产中占据有很重要的地位。用压延工艺，可以制成筒形、阶梯形、锥形、球形、方盒形和其他不规则形状的薄板工件。如果压延与其他冲压成形工艺配合，还可能制造形状极为复杂的冲压件。压延件的可加工尺寸范围也相当广泛，小至几毫米的钟表零件，大至2~3m的汽车及拖拉机壳体零件，都可以用压延方法制成。因此，压延工艺在电子、电器、仪器仪表、汽车、飞机等工业生产以及日常生活用品制造中，都得到了广泛应用。

压延件大致可分以下几种不同类型：

(1) 圆筒形直壁旋转体零件(如直壁筒形件、带凸缘的筒形件、阶梯形件等)，如图2-2-9(a)所示。

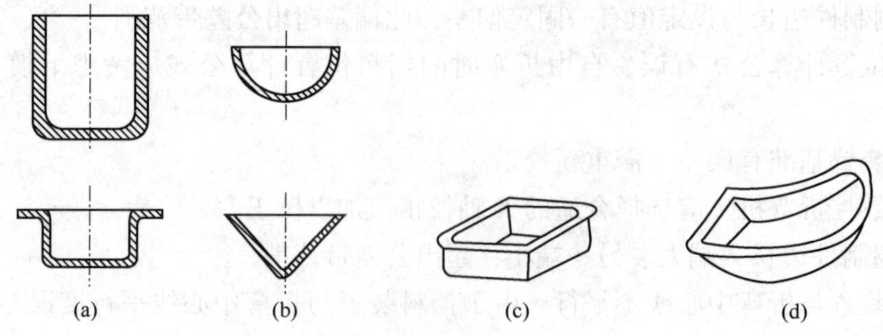

图2-2-9　压延件的分类

(2) 曲面旋转体零件，如球形件、锥形件等，如图2-2-9(b)所示。

(3) 直壁非旋转体盒形件，如正方、长方盒形件及带凸缘的方盒形件等，如图 2-2-9(c)。

(4)非旋转体复杂曲面形零件，如图 2-2-9(d)所示。

(5) 非旋转体大型覆盖件，如汽车、拖拉机的车门及轿车车身等。

2. 压延的过程

压延的基本过程如图 2-2-10 所示。压延所用的模具一般是由凸模、凹模和压边圈(有时可不带压边圈)三部分构成。其凸模与凹模形状和结构与冲裁模不同，它们的工作部分没有锋利的刃口，而是做成圆角。凸模与凹模的间隙稍大于板料的厚度。

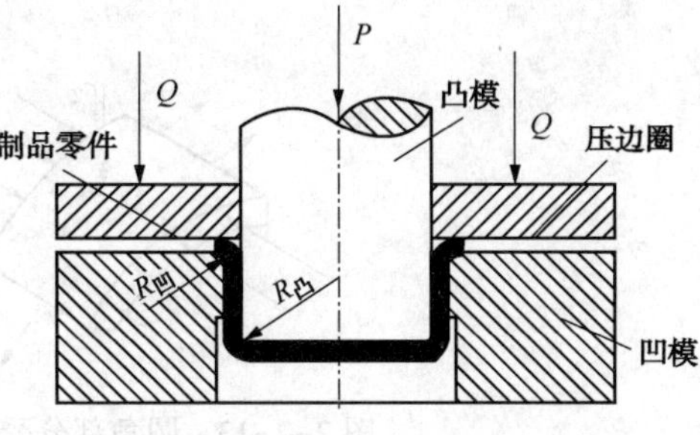

图 2-2-10　压延过程

在压延开始时，平板坯料同时受凸模压力和压边圈压力作用，其凸模的压力要比压边圈压力大得多。坯料受凸模向下的压力作用，随凸模进入凹模，最后使得坯料被压延成开口的筒形件。

在压延过程中，由于凹模口小于坯料的直径，因此坯料的一部分材料在压延中产生塑性流动而转移，这部分材料除一部分增加了制件的高度外，另一部分则增加了筒壁的厚度。由此看来，压延过程即是由于坯料受力所引起的金属内部相互作用，使金属内每一小单元体之间都产生内应力，在内应力作用下材料发生塑性变形而不断地拉入凹模内，最后成为筒形件。

3. 压延时材料应力、应变状态及工作原理

压延时，平板坯料各部分的受力和变形情况是不同的，而且随着压延过程的进展而变化。图 2-2-11 所示为在压延过程中的某一时刻，工件所处的应力、应变分布区域。根据各部分应力、应变状态不同，可把压延工件划分成以下五个区域：

(1) 工件的凸缘部分。工件凸缘部分是压延时的主要变形区。该部分受三个方向应力作用，如图 2-2-12 所示。其径向受拉应力 σ_1 作用，切向则受压应力 σ_3 作用。这两种应力使坯料产生塑性变形并向中心移动，逐渐进入凸模与凹模所形成的间隙里，最终形成零件的筒形侧壁。在凸缘的厚度方向，由于压边圈的作用，坯料又受压应力 σ_2 作用，在一般情况下，σ_1 和 σ_3 的绝对值要比 σ_2 大得多。

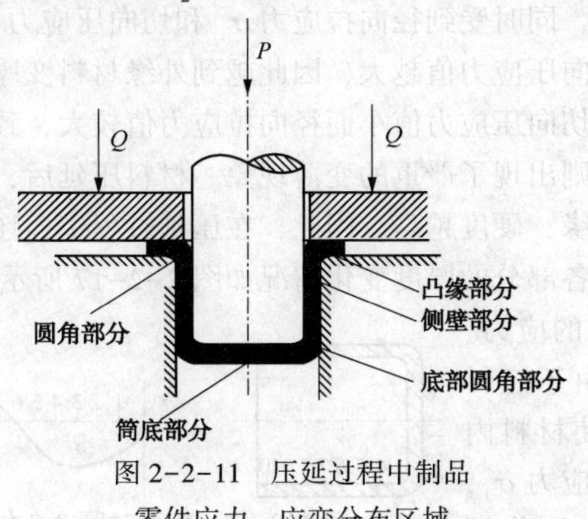

图 2-2-11　压延过程中制品零件应力、应变分布区域

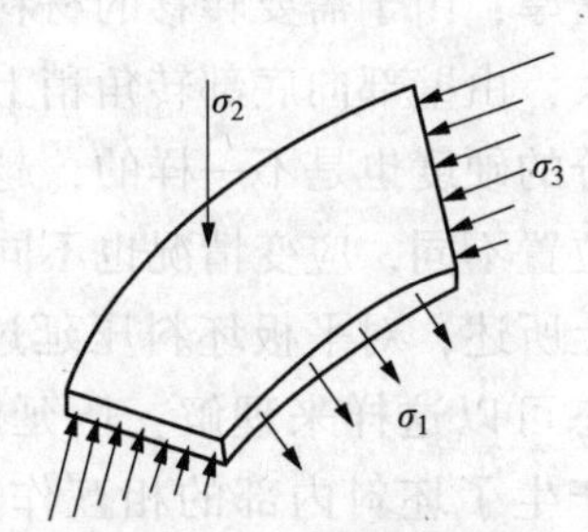

图 2-2-12　凸缘部分受应力情况

(2) 工件圆角部分。工件圆角部分是一个过渡区。这部分材料的应力及变形比较复杂：除在径向受拉应力 σ_1 和切向受压应力 σ_3 外，还由于承受凹模圆角的压力和弯曲作用，而在厚度方向受压应力作用 σ_2，如图 2-2-13 所示。

(3) 工件筒形侧壁部分。筒形侧壁部分是已经经历过塑性变形的变形区。在继续压延时，凸模的压延力要经圆筒壁传递到凸缘部分，因此该部分承受单向拉应力 σ_1 的作用，发生少量的纵向伸长和变薄，如图 2-2-14 所示。

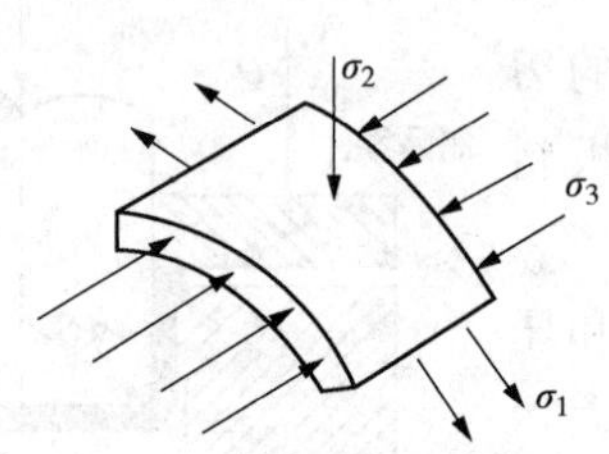

图 2-2-13　圆角部分受应力情况

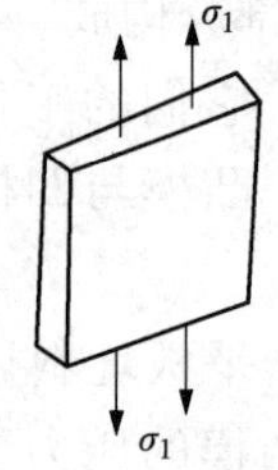

图 2-2-14　筒形侧壁部分受力情况

(4) 工件底部圆角部分。工件底部圆角部分是过渡区域。它承受径向拉应力 σ_1 和切向拉应力 σ_3 作用。同时，在厚度方向由于凸模的压力和弯曲作用，而又受压应力的 σ_2 作用，如图 2-15 所示。

(5) 工件筒底部分。材料在压延前后，筒底部分始终是平的，不产生大的变形。但由于压延的作用，材料将受两向拉应力，厚度略有变薄，如图 2-2-16 所示。

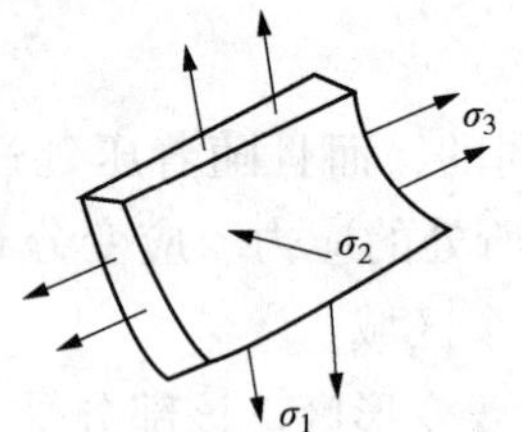

图 2-2-15　底部圆角部分受应力情况

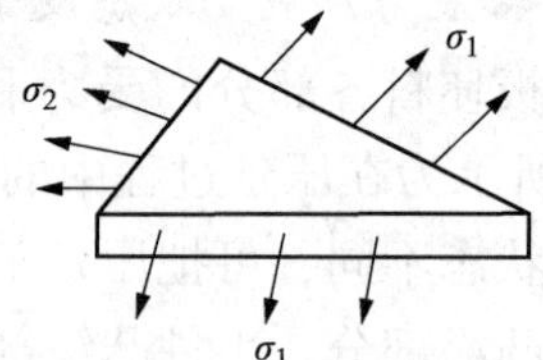

图 2-2-16　筒底部分受力情况

随着应力分布不同，材料的应变状态各部分也不一样，这可根据工件变化情况来分析其应变状态。一般情况下，工件压延后其底部略有变薄，但基本上等于原坯料的厚度。筒壁部分在压延过程中，处于凸缘部分位置时，同时受到径向拉应力 σ_1 和切向压应力 σ_3 作用。由于越到外缘，需要转移的材料越多，切向压应力值越大，因此越到外缘材料变厚越大，使筒壁上段增厚；由于需要转移的材料少，切向压应力值小而径向拉应力值较大，致使越靠下部变薄越大，由壁部向底部转角稍上处，则出现了严重的变薄现象。材料压延后，沿高度方向上各部分的硬度也是不一样的，越到上缘，硬度越高。因此，在压延过程中，坯料由于各部分所处位置不同，应变情况也不同，其各部分的厚度变化情况如图 2-2-17 所示。

综上所述，对平板坯料压延过程中的应力、应变状态可以这样来理解：压延时，由于坯料受力而产生了坯料内部的相互作用，使材料内部各点产生了内应力一在径向产生了拉应力 σ_1，在切向产生了压应力 σ_3。在 σ_1、σ_3 共同作用

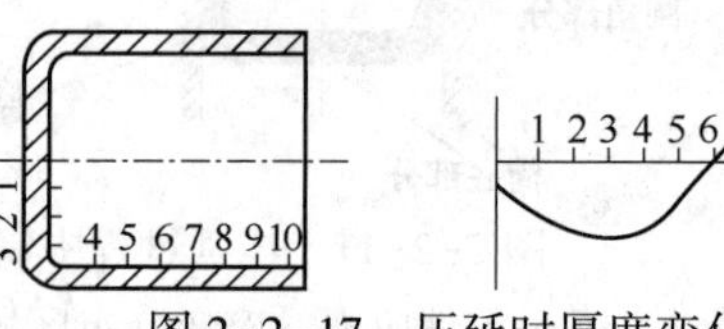

图 2-2-17　压延时厚度变化情况

下，凸缘区 的材料先发生塑性变形，并不断被拉人凹模内，因而成为不同壁厚的筒形件。

二、压延件缺陷及解决措施

压延件常见的缺陷类型及解决措施见表 2-2-1。

表 2-2-1 压延件常见缺陷类型及解决措施

序号	缺陷情况	原因分析	防止措施
1	凸缘起皱 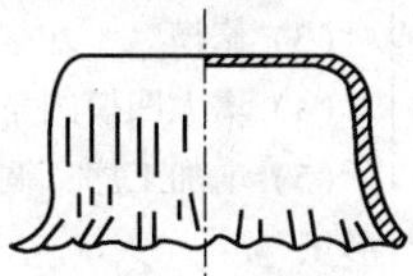	凸缘部分压边力太小，无法抵制过大的切向压应力引起的切向变形，因而失去稳定形成皱纹	增加压边力或适当地增加材料厚度
2	锥形件的斜面或半球面形件的腰部起皱 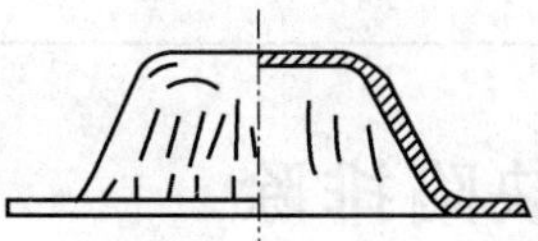	压延开始时，大部分材料处于悬空状态，加之压边力太小，凹模圆角半径太大或润滑油过多，使径向拉应力小，材料在切向压应力的作用下，失去稳定而起皱	增加压边力或采用拉延筋；减小凹模圆角半径；加厚材料
3	破裂或裂纹 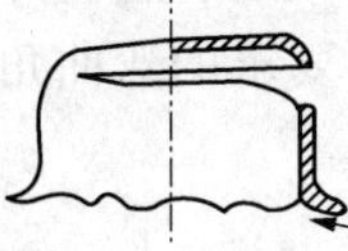	（1）材料质量低劣 （2）压边力太大或不均匀 （3）凹模洞口不光 （4）毛坯尺寸太大 （5）凹模圆角太小 （6）凸凹模之间间隙太小 （7）未按工艺规程操作或工艺规程不合理(如润滑、退火等) （8）上一道工序压延的高度小 （9）变形程度太大(即压延系数太小) （10）压边圈的表面不光洁，有损坏、压痕 （11）凸模的圆角半径太小 （12）模具不同心	（1）更换材料 （2）调整压边力 （3）修模 （4）修改毛坯尺寸 （5）加大凹模圆角 （6）调整间隙 （7）严格按工艺规程操作或制定合理的工艺规程 （8）调整上一道压延高度 （9）增加工序，调整各工序的变形量 （10）磨光压边圈表面 （11）适当增加凸模圆角半径 （12）调整模具
4	工件边缘高低不一致 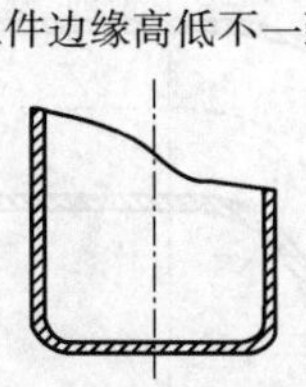	（1）毛坯与凸、凹模中心不同心 （2）材料厚薄或模具间隙不匀 （3）凹模圆角半径不匀	（1）调整定位 （2）调匀模具间隙或更换材料 （3）修凹模圆角
5	矩形盒件角部破裂 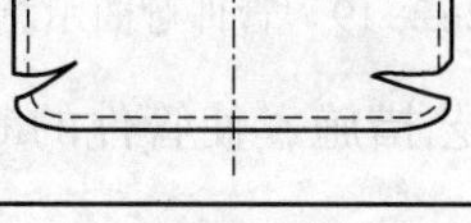	（1）模具圆角半径太小，间隙太小 （2）角部变形程序太大	（1）加大模具角部圆角半径及间隙 （2）增加压延次数(包括中间退火工序)

续表

序号	缺陷情况	原因分析	防止措施
6	工件外形不平整	(1) 凸模上无出气孔 (2) 材料的弹性回跳 (3) 间隙太大 (4) 矩形工件变形程度太大	(1) 增加出气孔 (2) 增加整形工序 (3) 调整间隙 (4) 调整各道工序变形程度
7	工件底部转角处材料变薄	(1) 材料表面粗糙 (2) 材料厚度太厚 (3) 凸模圆角半径与直壁衔接不好 (4) 凹模圆角半径太小 (5)压延系数太小 (6) 间隙太小 (7) 润滑不好	(1) 更换合适材料 (2) 更换合适材料 (3) 修模 (4) 增大凹模圆角 (5) 增加工序，调整各工序的变形量 (6) 调正间隙 (7) 采用适合于压延工艺的润滑剂

第六节　弯管的工艺技巧及缺陷排除

一、管材弯曲原理

如图 2-2-18 所示，弯曲模胎 4 固定在弯管机主轴上并随主轴一起旋转，管坯 6 的一端由夹紧块 3 压紧在弯曲模胎上。在管坯与弯曲模胎的相切点附近，其弯曲外侧装有压块 1，弯曲内侧装有防皱块 5，而管坯内部装有心棒 2。当弯曲模胎 4 转动时，管坯即绕弯曲模胎逐渐弯曲成形。管件的弯曲角度由挡块(图中未示出)控制，管件要求的弯曲角度时，则撞击挡块，使弯曲模胎停止转动。

二、管材弯曲方法的选用原则

(1) 根据管件的材质、精度要求及相对弯曲半径 R/D 见图 2-2-19、相对厚度 t/D(D 为管件外径，t 为管件壁厚，R 为管件中心层弯曲半径)，选用合适的弯曲加工方法。

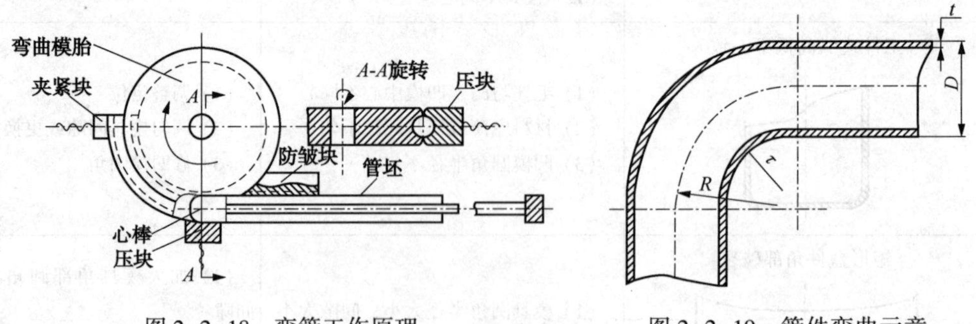

图 2-2-18　弯管工作原理　　图 2-2-19　管件弯曲示意

(2) 采用适当的施加外力或外力矩的方法，采取必要的工艺措施，使管件的断面形状畸变和壁厚变化量尽可能小。

（3）采用的弯曲模具及设备尽可能简单、通用，操作尽可能方便、安全。

（4）保证一定的生产率，降低加工成本。

三、各种弯曲方法的使用条件及注意事项

管材弯曲方法较多，按弯曲方式可分为绕弯、推弯、压弯和滚弯，按弯曲时加热与否可分为冷弯和热弯，按弯曲时有无填充物可分为有芯弯管和无芯弯管。

1. 绕弯

绕弯可分为手工弯管、有芯弯管、无芯弯管和顶压弯管四种。

（1）手工弯管

是利用简单的弯管装置对管材进行弯曲加工的方法，又可分为冷弯和热弯两种，适于材外径 $D \leqslant 25$mm 的管材及单件小批量生产场合。

手工弯管时，应注意以下几点：

1）同一管件上有几处需要弯曲，先弯曲靠近管端的部位，再按顺序弯曲其他部位。

2）对于空间弯曲件，弯好第一个弯后，管件的某一端必须定位、紧固，才能按顺序弯曲其他部位。

3）对有缝管材弯曲时，应将管缝置于弯曲的中性层位置，以防在管缝处开裂。

（2）有芯弯管

是在弯管机上利用心棒使管材沿弯曲模胎绕弯的工艺方法。不同的管材直径需用不同的弯曲模胎、压块、防皱块和心棒，不同的弯曲半径需用不同的弯曲模胎，而外径相同、壁厚不同的管材，则需用不同的心棒。因此，要制造不同直径和各种弯曲半径的弯管，就必须配备相应的弯曲模胎、压块、防皱块和心棒。对于弯曲半径 $R/D \geqslant 1.5 \sim 3.5$、截面形状精度要求高的管件，对直径较大、壁厚较薄的管件，应采用有芯弯管。

（3）无芯弯管

是在弯管机上利用反变形法控制管材截面的变形，使管材沿弯曲模胎绕弯的工艺方法。无芯弯管机比有芯弯管机结构简单，它省去了心棒和心棒的固定调整装置，因此应用更为广泛。在理想情况下经多次试验，只要反变形槽的形状、尺寸适当，可控制管材截面椭圆度。反变形槽的断面形状如图 2-2-20 所示，反变形槽的尺寸与相对弯曲半径 R/D 有关，见表 2-2-2。一般在弯曲半径 $R/D>1.5$ 时，或管件截面形状精度要求不高时，采用无芯弯管。

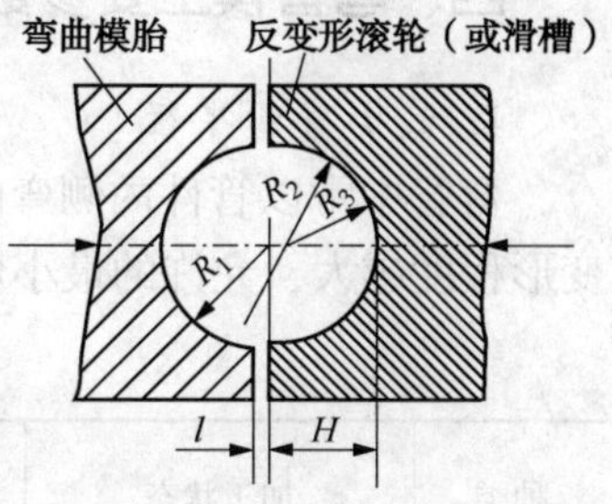

图 2-2-20　反变形槽

表 2-2-2　反变形槽的尺寸　mm

相当弯曲半径 R/D	R_1	R_2	R_3	H
1.5~2	0.5D	0.95D	0.37D	0.56D
>~3.5	0.5D	1.0D	0.4D	0.545D
≥3.5	0.5D		0.5D	0.5D

（4）顶压弯管

是在有芯弯管的基础上发展起来的，即在有芯弯管的同时（在弯管机上），沿管材轴向施加一个顶压力，从而改变了管材在弯曲过程中的应力分布情况，改善了弯管截面的椭圆

度，减轻了管壁变薄量。该方法可获得相对弯曲半径及 $R/D=1$ 甚至 $R/D<1$ 的管件。

2. 推弯

推弯是在一般压力机、液压机或专用推制机上进行弯曲加工，主要用于弯制弯头。根据推弯工艺特点不同，又可分为型模式冷推弯管和心棒式热推弯管两种。型模式冷推弯管是在常温下将管材压人带有弯曲空腔的型模中，从而形成管弯头。心棒式热推弯管是在推力和牛角心棒阻力的作用下，边加热边推制，使管材产生周向扩张和轴向弯曲变形，从而将较小直径的管坯推制成较大直径的弯头。

型模式冷推弯管弯制的最小相对弯曲半径 $R/D\approx1.3$，外侧管壁减薄量和截面椭圆度也比其他弯管方法相对减小，但一般要求管材的相对厚度 $t/D\geqslant0.06$。

心棒式热推弯管弯制的弯头 $R\approx(1\sim2)D$，弯曲角度 $\alpha\leqslant180°$。

3. 压弯

压弯是最早用于管材弯曲加工的工艺方法，它是在液压机上利用模具或胎具对管材进行弯曲加工。压弯方法既可弯制带直段的管件，又可弯制弯头。

压制弯头是在液压机上利用压制胎具对管材进行压弯的工艺方法，分为热压和冷压两种，可压制碳钢弯头、合金钢弯头、不锈钢弯头以及铜、铝弯头等。一般压制的弯头直径为 $\phi25\sim1400$mm，壁厚为 2.5～40mm，弯曲半径为 $R=(1\sim1.5)D$。

4. 滚弯

滚弯是用三个驱动辊轮对管材进行弯曲加工，其滚弯方法及滚弯机工作原理与板材滚弯基本相同，区别仅在于管材滚弯所用的辊轮具有与弯曲管材断面形状相吻合的工作表面。通过改变辊轮的间隔，就可作任意曲率半径的弯曲。滚弯方法对弯曲半径有一定限制，仅适用于曲率半径要求大的厚壁管件，尤其对弯制环形或螺旋线形弯管件特别方便。

四、弯管模主要参数

1. 最小弯曲半径

弯管中常以管件内侧弯曲半径 r 作为衡量弯曲变形程度的工艺参数。r 值越小，表示弯曲变形程度越大，允许的最小弯曲半径可作为管材弯曲的成形极限，其值可参照表 2-2-3 选用。

表 2-2-3　管材最小弯曲半径

<table>
<tr><th>种类</th><th colspan="2">加工状态</th><th>管外径/mm</th><th colspan="4">弯曲半径 $R\geqslant$</th></tr>
<tr><td rowspan="6">钢管</td><td colspan="2">热弯</td><td>任意值</td><td colspan="4">3d</td></tr>
<tr><td rowspan="5">冷弯</td><td>焊接钢管</td><td>任意值</td><td colspan="4">6d</td></tr>
<tr><td rowspan="4">无缝钢管</td><td>5～20</td><td rowspan="4">壁厚≤2mm</td><td>4d</td><td rowspan="4">壁厚>2mm</td><td>3d</td></tr>
<tr><td>>20～35</td><td>5d</td><td>3d</td></tr>
<tr><td>>35～60</td><td>—</td><td>4d</td></tr>
<tr><td>>60～140</td><td>—</td><td>5d</td></tr>
<tr><td>铜管</td><td colspan="2" rowspan="2">冷弯</td><td>≤18</td><td colspan="4">2d</td></tr>
<tr><td>铝管</td><td>>18</td><td colspan="4">3d</td></tr>
</table>

2. 弯曲处最小壁厚(外侧)t_{min}、最大壁厚(内侧)t_{max}和壁厚减薄率。

估算公式如下：

$$t_{\min} = t\left[1 - \frac{1 - t/D}{2R/D}\right]$$

$$t_{\max} = t\left[1 + \frac{1 - t/D}{2R/D}\right]$$

$$\text{壁厚减薄率} = \frac{t - t_{\min}}{t} \times 100\%$$

式中　$t_{\min}$——管材弯曲后最小壁厚，mm；

$t_{\max}$——管材弯曲后最大壁厚，mm；

t——管材原始壁厚，mm；

R——中心层弯曲半径，mm；

D——管材外径，mm。

3. 弯曲模胎半径

当相对弯曲半径 $R/D=3\sim4$ 时：

对合金钢管 $R_1=0.94R$

对碳素钢管 $R_1=(0.96\sim0.98)R$

式中　R_1——弯曲模胎半径，mm；

R——中心层弯曲半径，mm；

D——管材外径，mm。

R_1 的取值与 R/D 值的大小成反比，但最终靠试模时修正。

4. 心棒的尺寸及工作位置系数见图 2-2-21

计算公式如下：

$d=D_1-(0.5\sim1.5)$

$L=(3\sim5)d$

$$e=\sqrt{2(R+D_1/2)z-z^2}$$

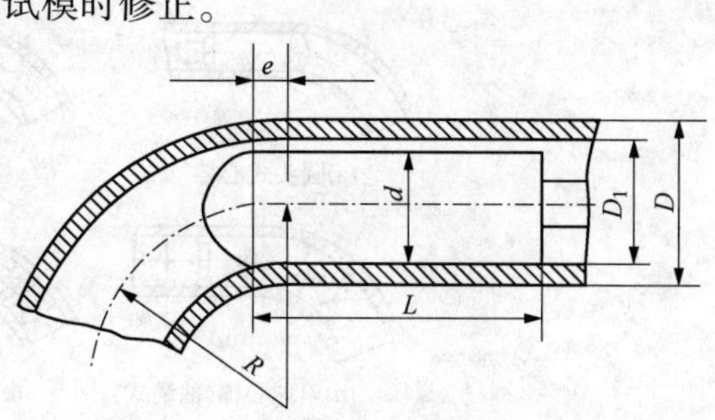

图 2-2-21　心棒的工作位置和尺寸

式中　d——心棒直径，mm；

e——棒工作位置系数，mm；

R——中心层弯曲半径，mm；

D_1——管材内径，mm；

D——管材外径，mm；

z——管材内壁与心棒之间的间隙，$z=D_1-d$，mm；

L——心棒圆柱体长度，mm；

当心棒的直径 d 大时，L 取较小值；反之取较大值。

5. 弯曲弯矩

弯曲弯矩是选择弯管机的必要参数，这里给出估算公式：

$$M=\mu W\sigma_b\sqrt[3]{D/\rho}$$

式中　D——管材外径，mm；

W——弯曲截面系数，mm^3；

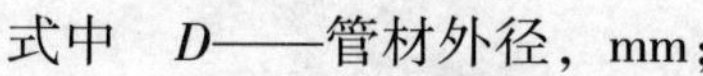

σ_b——材料抗拉强度，MPa；

ρ——弯曲中性层的曲率半径，mm；

μ——考虑因摩擦而使弯矩增大的系数。

μ 不是摩擦系数，主要与表面状态有关。一般来说，采用刚性心棒，不用润滑时，可取 $\mu=5\sim8$；采用铰链结构的活动心棒时，可取 $\mu=3$。

五、心棒的选择

心棒是有芯弯管装置中的重要工具，其作用是从管材内部支承管壁，防止管件截面畸变和管壁出现褶皱。

1. 各种心棒的特点

常用心棒结构型式见图 2-2-22。

圆头式心棒见图 2-2-22(a)形状简单，制造方便。通常用于要求不高的管件弯曲。心棒常用 3Cr2W8V 材料制造，热处理硬度为 52~56HRC。

勺式心棒见图 2-2-22(b)与弯曲外侧壁的支承面积较大，防截面畸变的效果比圆头式心棒好，且具有一定的防皱作用，制造也比较容易。通常用于相对弯曲半径 $R/D\approx2$ 的中等壁厚的较小直径管件。心棒材料及热处理硬度与圆头式心棒相同。

单球心棒见图 2-2-22(c)(球窝式)、图 2-2-22(d)(轴销式)可绕装配支点作一定量的转动，可较多地深入弯管变形区，防畸变效果较好，常用于直径不大($D\leqslant37$mm)的弯管件。心棒材料一般为 45 钢(淬火 44~48HRC)，若弯曲不锈钢管时，应采用铝青铜制造心棒。

链节式多球心棒见图 2-2-22(e)由支承球和链节组成，只能在一个弯曲平面内摆动。由于它可以深入弯曲变形区与管坯一起弯曲，因而防截面畸变的效果好。

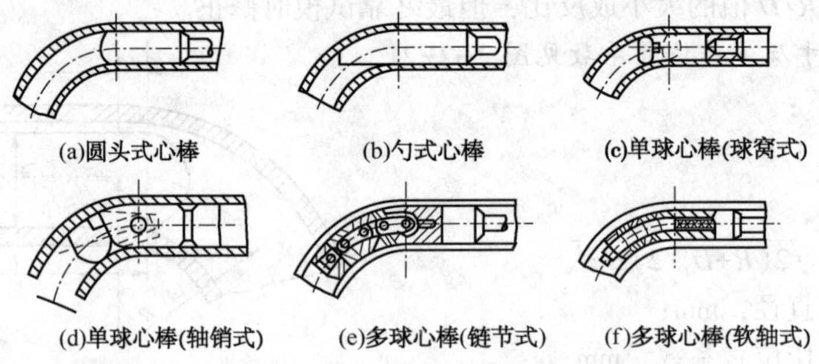

图 2-2-22　心棒的结构形式

软轴式多球心棒见图 2-2-22(f)是用一根软轴把多个碗状球体串接而成，可实现空间任意方向的摆动，适用于薄壁管的单一、多次和空间弯曲成形的管件。采用多球心棒弯管，在弯曲后借油缸抽出心棒过程中，还可对管件矫圆。多球心棒的主要缺点是制造工艺性差，心棒材料及热处理要求与单球心棒相同。

对于有色金属管材弯曲，心棒也可采用有色金属制作。

心棒的工作部分要抛光加工，粗糙度不大于 $Ra0.8\sim0.4\mu$m。心棒的另一端用螺纹与拉杆连接，拉杆固定在机床的尾部支架上。只要旋转拉杆，就可调整心棒端头在管材弯曲变形区的前后位置。

2. 心棒的线图选择

线图选择心棒是一种简便的方法，具体如下：

如图 2-2-23 所示，在线图 A 左方及中间标尺上分别找到管材外径与壁厚的比值 D/t 及弯曲半径与管材外径的比值 R/D 的对应点，两点连线延长交于右方标尺上，交点所在区域就是所选用的心棒种类。对于 D/t 大于 40 的弯管，往往需用多球心棒。若从线图 A 选定为多球心棒，再从线图 B 的左方及中间标尺上找到比值 D/t 和 R/D 的对应点，两点连线延长交于右方标尺上，交点所在区域就是所选用的心棒球数。

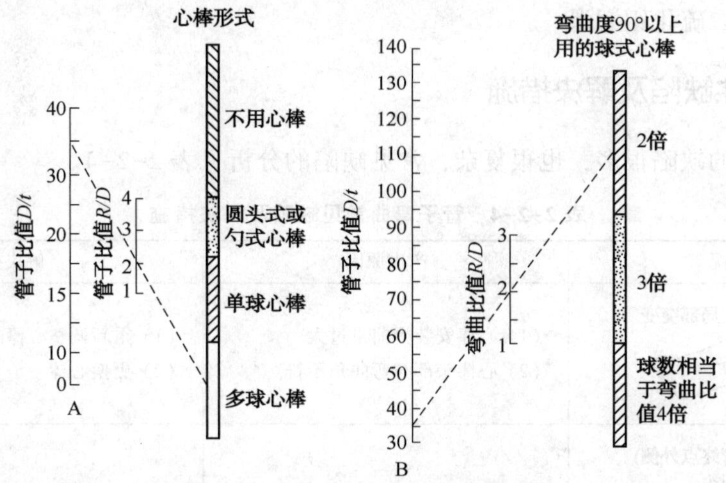

图 2-2-23　心棒的线图选择

六、常用弯管工具

常用弯管工具主要有弯曲模胎、压紧块、压块、防皱块、心棒等。

1. 弯曲模胎

弯曲模胎是满足管件成形、具有一定几何形状的工装。主要有以下三种：

（1）可卸式。对压块等其他弯管工具，在模胎上可方便地布置、装拆，用途广泛。

（2）整体式。对压块等其他弯管工具在模胎上位置是唯一的，适用于小件或大批量生产。

（3）特殊式。根据管件的特殊要求设计。

2. 夹持块

夹持块是将管端与模胎固定的夹紧器，其工作接触面形状与管材半径相吻合。

3. 压块

压块是在管子变形处，压住管子外侧的压紧器。其工作接触面形状由工艺方法决定，要求表面光滑，表面硬度不低于 45HRC。

4. 防皱块

防皱块是防止管材弯曲时起皱的垫块。其工作接触面与管材半径相吻合。粗糙度不小于 $Ra1.6\mu m$，表面硬度不低于 50HRC。

上述常用弯管工具，根据尺寸情况可制成镶块结构。

七、弯管填充料及润滑

管材弯曲时，在管材内装入填充料是一种常用的方法。在实际生产中，常用的填充料有石英砂、松香、低熔点化合物以及低熔点合金，也有用流体（如作为压力介质的水、油）作为填充物的，或采用“冰冻”方法用冰作为填充料。

冷弯管中，如需使用润滑剂，选择的润滑剂应具有适当的黏度，对管材无腐蚀和易溶于有机溶剂。润滑剂应当均匀地涂在与管壁接触的所有活动面上，包括心棒、压块、防皱块、管材内壁及外壁。弯管常用润滑剂有机油、航空滑油等。对大直径薄壁不锈钢管弯曲用的铝青铜心棒可采用二硫化钼润滑。

八、弯管件缺陷及解决措施

管子弯曲时的缺陷很多，也很复杂，常见缺陷的分析见表 2-2-4。

表 2-2-4　管子弯曲常见缺陷及解决措施

缺陷情况	产生原因	解决措施
弯曲部位胀大，局部突变	（1）心棒安装提前量过大 （2）心棒头部与弯曲角不符	（1）重新调整心棒的提前量 （2）更换心棒
鸡颈(反变形弯管终点外侧) A A A—A	（1）反应形弯管时，弯曲的终点处预变形量无法抵消掉，小弯曲半径时，问题更严重 （2）压块压力过大	（1）选用带有由反变形曲线型面过渡到正圆弧的过渡区的压块 （2）重新调整压块压力
弯曲部位内侧出现皱纹	（1）心棒与管壁之间间隙过大 （2）压块压力过小 （3）压块尺寸不当	（1）更换棒，使总间隙在 0.1～0.3mm，或调整心棒提前量 （2）重新调整压块压力 （3）检查压块尺寸，返修
前切点附近内侧出现皱纹 前切点 后切点	心棒安装提前量过小，前切点处管壁得不到心棒支撑	重新调整心棒的提前量
后切点附近内侧出现皱纹 前切点 后切点	（1）无防皱块 （2）防皱块安装不当	（1）安装防皱块 （2）重新调整防皱块
外侧裂口	（1）压块施加的力过大 （2）心棒与管壁之间的间隙过小，摩擦力太大 （3）心棒提前量过大 （4）润滑不良 （5）管材热处理不当	（1）重新调整压块压力 （2）更换心棒，使总间隙在0.1～0.3mm （3）重新调整心棒提前量 （4）加强润滑 （5）检查管材热处理状态

续表

缺陷情况	产生原因	解决措施
弯曲径向方向内外侧突起 A A A—A	管子外径超差，不适应现有的弯管工具	更换管材
内侧弯曲起点处下陷	反变形弯管时，弯曲的起点处顶变形量无法抵消掉，小弯曲半径时问题更严重	无法排除，弯曲半径应在 $1.5D_0$ 以上
外侧凹瘪	夹紧块施加的压力过大	重新调整夹紧块
弯曲部位外侧变薄	(1) 压块施加的压力过大 (2) 心棒提前量过大	(1) 重新调整压块的压力 (2) 重新调整心棒的提前量
管材外表划伤、压伤	(1) 夹紧块、压块施加的力过大 (2) 采用可卸式弯管模时，弯管工具安装对缝处错位 (3) 管材外表、弯管工具工作表面清理不干净	(1) 重新调整夹紧块、压块的压力，或更换 (2) 修理弯管工具表面，或对可卸式弯管模中的镶块重新修磨，重新安装调整弯管工具，消除它们间的错位现象 (3) 对管材外表、弯管工具工作表面重新认真清理，并加适当润滑剂
管材内壁划伤	(1) 管材内壁清理不干净 (2) 心棒有毛刺、尖边 (3) 心棒硬度低、拉毛 (4) 润滑不良或润滑剂不干净	(1) 清洗管材内壁 (2) 更换心棒 (3) 加强润滑或更换润滑剂

第七节　橡皮成形原理和工艺知识

橡皮成形是板料成形工艺的方法之一，在飞机制造业中，橡皮成形广泛地被采用。在压延和胀形等方面，几乎所有用凸模、凹模的成形，橡皮模可以代替凸、凹模其中之一。这样，橡皮就成了通用模具。

1. 橡皮成形的特点　橡皮成形优点较多，周期短，效率高，成本低，加工时零件表面不易被损伤，表面质量好。

橡皮成形也有一定的缺点，成形压力能量损失大，由于零件圆角部分成形比较困难，所以不适宜用在形状复杂或深度较大的零件。

橡皮成形一般适用于曲线弯边，不规则的曲形表面等。

2. *橡皮成形的基本原理*　橡皮成形是利用橡皮有弹性的特点，在压力作用下，很容易改变形状，因此只要有一个成形下模，利用上面橡皮向下移动，橡皮压在下面的成形模上，在成形模反作用力的作用下，橡皮随成形模的形状而改变形状。

零件毛坯料放在它们之间时，则随之一同改变成为成形模的形状，去载后就得到压制成形的零件，如图 2-2-24 所示。

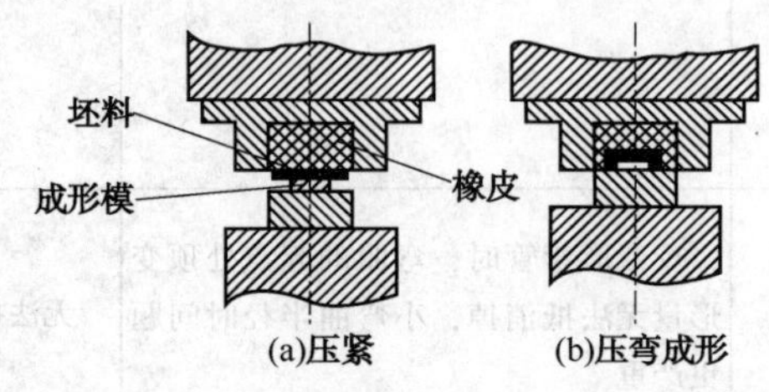

图 2-2-24　橡皮成形

第八节　爆炸成形原理和工艺知识

一、爆炸成形的基本原理

如图 2-2-25 所示，爆炸成形是在炸药爆炸的一瞬间所产生的高压、高温气体，形成一种强烈的冲击波，通过盛放在盛水圈 4 中的水作为传递介质，促使坯料 1 在很短的时间内，以极快速度产生塑性变形，贴合在模具 2 上，从而达到成形的目的。

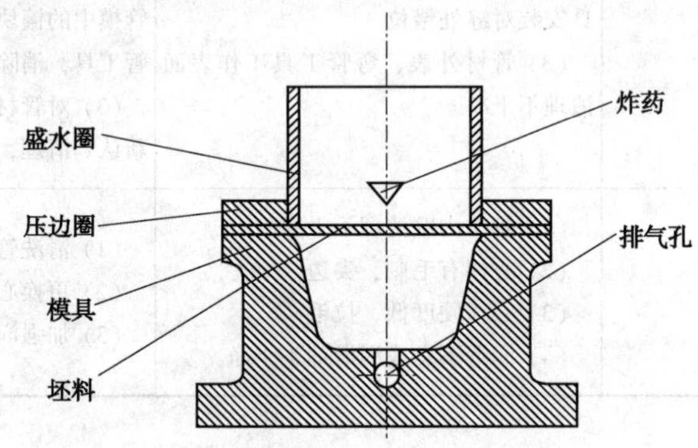

图 2-2-25　爆炸成形示意图

为了防止成形时工件边缘起皱，采用了压边圈 3，模具上开有排气孔 6，在爆炸贴合瞬时把空气排挤出去，以利坯料更严密的贴合在模壁上。

1. *爆炸成形的工艺特点*

爆炸成形时，由于用水或砂子等介质来代替刚性的压模，因此对爆炸成形的零件形状不会因无法冲压而受到限制，如图 2-2-26(a)、图 2-2-26(b)所示。

爆炸成形工艺的适应范围很广，可用于成形，又可用于整形，并且可以用于衬里的贴合，如图 2-2-26(c)所示。尤其是对复合板材制件的成形，更有它的特点，使其均匀复合，不易起层。

另外，由于成形速度快，压力大，所以零件回弹现象特别小。例如爆炸成形直径为 ϕ600mm 的封头，直径方向回弹量小于 0.05%，而用冷冲压方法加工得到的零件。回弹量可达 0.5%，是爆炸成形的十倍。

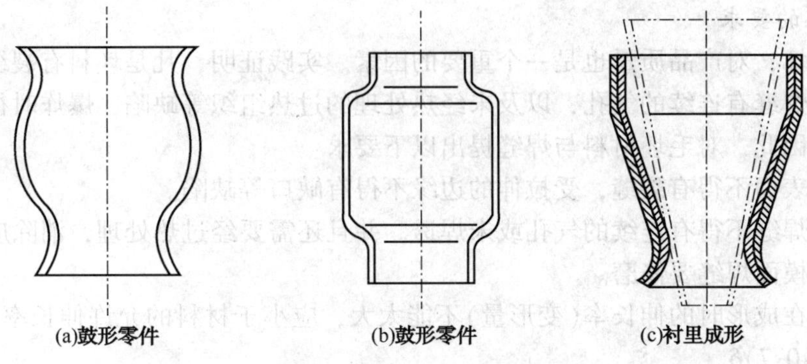

图 2-2-26　爆炸成形零件

爆炸成形不仅零件的精度高，而且还能使一些难以加工的金属板料成形。对单件或小批量以及压模形状很复杂的大型零件，采用这种成形方法更为有利。

爆炸成形的优点：

(1) 质量好。由于贴模性能好，只要模具尺寸准确，表面光洁，则零件贴模面粗糙度就好，尺寸精度也高，同时壁厚减薄现象也不严重。若成形后经退火处理，力学性能可进一步得到改善。

(2) 设备及模具简单。在爆炸成形过程中，不需要大型专用压力机，只要一般的起重设备和水泵以及一个凹模就可以了，因此对设备条件较差的工厂也能采用。

(3) 操作方便，成本低，模具制造简单，产品制造周期短。

2. 常用炸药的性能爆炸成形的炸药，分低能炸药和高能炸药两种。

低能炸药的爆炸过程，是用硝铵快速燃烧，产生高温、高压气体形成冲击波。

高能炸药是烈性炸药，爆炸过程是用雷管引燃，爆炸能产生强大的冲击波。

爆炸成形的实质是，爆炸时的炸药的化学能转变为机械能和热能，以冲击波形式作出机械功。

二、爆炸成形的工艺要求

1. 对成形模具的要求

为了保证成形零件的质量，除采用无底的模具外，其它都必须考虑排气问题。否则，由于坯料在爆炸瞬间贴向凹模，模腔内空气无法排出，压力迅速上升，使坯料不能很好的贴模，得不到应有的形状，甚至引起破坏。

另外模具本身也应有足够的强度，至于材料，可根据成形零件材料和厚薄，以及大小与批量的多少一起考虑。对形状复杂、尺寸精度要求高、厚度大、材料抗拉强度高而尺寸小、批量又大的零件，则采用锻造合金钢；如果零件厚度较大，材料为一般碳钢或高强度的有色金属，可采用铸钢；如果工件的批量不是太大，还可采用球墨铸铁。

对精度要求不高，单件或小批量，用药量少的中小型零件，可采用锌合金加工模具。这样成本低，加工方便，周期短。缺点是强度差，受冲击后尺寸易变化，成形精度不高，寿命短。倘若尺寸大，厚度小的零件，还可考虑用水泥作本体以玻璃钢或环氧树脂为衬里，它不需要进行机械加工，制造容易、成本低。尽管抗冲击性能差，但对单件、小批量还是可以采用的。

2. 对毛坯的要求

毛坯的好坏，对产品质量也是一个重要的因素。实践证明，凡是坯料有裂缝、结疤、尖锐的压痕或拼焊缝有连续的气孔，以及未经热处理的过热组织等缺陷，爆炸时往往在这些部位产生断裂。因此，对毛坯材料与焊缝提出以下要求：

(1) 材料表面不得有裂缝，受拉伸的边缘不得有缺口等缺陷。

(2) 拼接焊缝不得有连续的气孔或未焊透。并且还需要经过热处理，消除应力，改善组织。另外，贴模面焊缝要修磨。

(3) 毛坯在成形时的伸长率(变形量)不能太大，应小于材料的允许伸长率 $\delta\%$。伸长率最好为$(0.05\sim0.7)\delta$。

3. 对药包位置、形状和药量的要求

对形状对称的零件，药包应放在零件的对称轴上，上下的位置可根据不同情况来考虑。例如，考虑爆炸过程中毛坯先后成形的次序，尽量使毛坯与模腔中的气体能顺利排出。爆炸时，冲击波作用在零件上力的大小，应与零件变形量相对应，就是说，要求变形量大的地方受到的作用力也要大一些。

4. 对传递介质的要求

在爆炸成形时，如果直接以空气作为压力传递介质，往往会因爆炸冲击波及施压速率太快而导致毛坯破裂，所以一般都以水作为传递介质。它可以减缓冲击波，增加压力的持续时间，提高成形效率，节约炸药用量，并且减少噪声和保护零件表面不受炸药烧伤。

5. 爆炸成形应注意的事项

爆炸成形与一般冲压成形不同，它是通过炸药爆炸产生的冲击波，并借助介质的传递来实现坯料成形的。因此，在施工中必须注意模腔内的排气、密封以及安全等。

(1) 爆炸成形时，模具里的空气必须适当的排除，因为空气的存在，不但阻止坯料顺利的贴模，而且会因模腔内空气的高度压缩而造成零件表面烧伤，因此在爆炸前，模腔内应保持一定的真空度。

(2) 爆炸成形必须采用合理的密封装置，如果密封装置不好，会使模腔的真空度下降，影响零件的表面质量。密封材料可采用粘土与油脂的混合物，或采用密封圈结构等。

(3) 爆炸成形有一定的危险性，因此，必须注意安全，严格遵守操作规程。

第三章　装配和连接

第一节　装配及分类

影响制定装配工艺的因素很多，但掌握结构件装配工序的过程和基本要领极为重要。本节较系统地介绍制定装配工艺所需的知识及要点。

一、装配及分类

将各种钢结构零件组合起来并使每一零件都获得正确的定位，从而装配成符合图样。

(1) 必须使产品获得正确的几何形状。包括外部轮廓形状和尺寸的正确及内部结构形状、尺寸的正确。

(2) 保证理想的连接效果。装配时要充分考虑连接焊缝的可操作性，保证在理想的焊接规范条件下顺利施焊，使结构件达到强度要求。

(3) 克服和减小变形是结构件装配必须解决的问题。在采取各种措施情况下，对出现的必然变形应有预见性，并能实施整形方案。

1. 装配的分类

结构件按定位方式可分为自由装配和胎具装配为部件装配法和零件装配法。

2. 装配三要素

进行任何工件的装配，不论是采用何种方法，凡装配工作都具有三个要素，即：支承、定位、夹紧。

支承是解决工作物放在何处装配的问题；定位就是约束零件的自由度，把零件控制在一个所需要的位置上；夹紧的目的就是通过外力促使零件获得正确的定位。这三点是制定装配工艺必须要考虑的问题。

3. 工件定位规则

(1) 工件的自由度

前面已经提到，定位就是控制工件的自由度，自由度就是物体能够自由运动的可能性。当把某个工件固定到一定的位置，把它的自由度完全约束起来，不让它自由运动，那么这个工件就算达到了定位。

1) 物体在乎面上具有三个自由度。比如一块钢板，假若用两个支承点把它支承起来，钢板仍是放不稳的，因为这两个支承点构成了一条轴线，钢板仍然可以围绕这根轴线转动。只有把两个支承点至少改为三个支承点，钢板才不能再转动。这说明，自由的物体在乎面上具有三个自由度。若要控制这三个自由度，就必须设置三个支承点。三鼎足物体支放在平地上比较稳固就是这个道理。

2) 物体在空间具有六个自由度。因为任何物体在空间都可以分解为六个方向的运动。

如图 2-3-1 所示，在空间的物体，可以沿左右、前后、上下六个方向移动，又可以沿 OX、OY、OZ 三根轴线转动，于是产生六个方向的自由度。

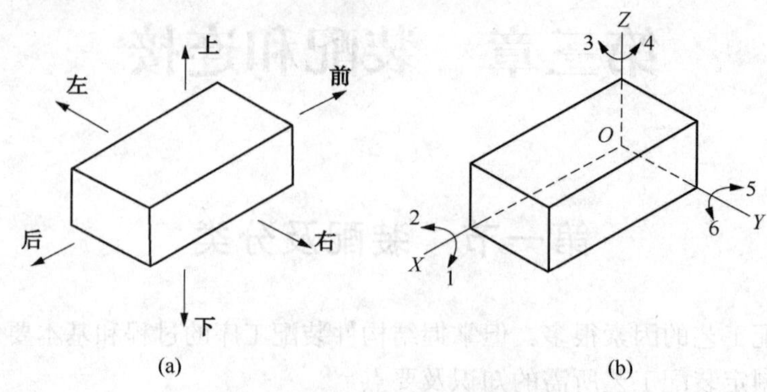

图 2-3-1　物体在空间的自由度

(2)六点定位规则

根据物体在空间具有六个自由度这一客观规律，人们规定了“六点定位规则”作为工件定位的基本原理。如图 2-3-2 所示，在三个相互垂直的基准面上设置六个支承点，在这六点构成的范围里放置一个工件，同时施加三个夹紧力 W_1、W_2、W_3，使零件与六个支承点很好地接触，此时，这一工件的六个自由度就全部被约束了，从而达到了“定位”。这就是“六点定位规则”。

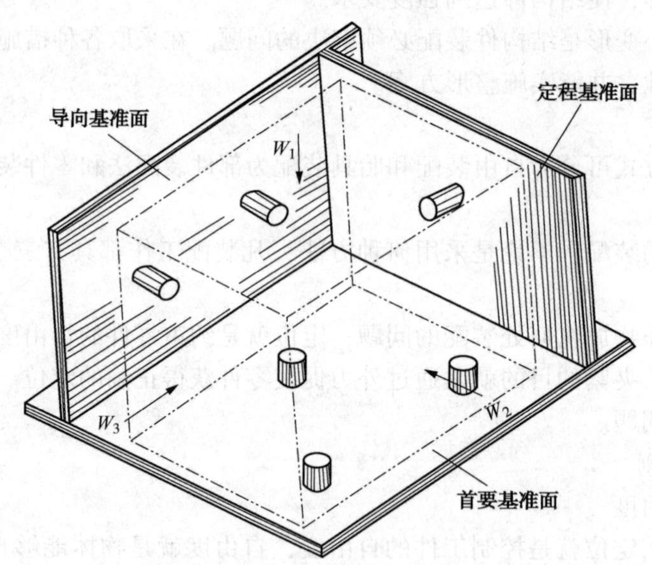

图 2-3-2　六点定位规则

在三个相互垂直的基准面上，其六个支承点是这样分布的：底面(首要基准面)，设三个支承点；侧面(导向基准面)，设两个支承点；端面(定程基准面)，设一个支承点，如图 2-3-2 所示。但在实际应用时应注意，当若干个工件组合在一起的时候，工件甲的某一个面可以作为工件乙的定位基准面，工件乙的某一个面又可以作为工件丙的定位基准面。这是装配结构件产品时工件定位的必然规律。

4. 基准的选择

基准就是指某些作为依据的点、线、面，可以根据它来确定另外一些点、线、面的位置。在钢结构装配过程中，量尺寸、划线、工件定位、检验产品等，都要有一些点、线、面作为基准。比如度量尺寸，首先要确定一个起点，那么，这个起点就是基准。

根据基准的作用不同，一般都是把基准分成两大类：设计基准和工艺基准。

(1) 设计基准

在设计结构件产品的时候，按照产品的不同类型和特点以及产品在使用中的具体要求所选定的一些基准，称为设计基准。图样上标明的主要尺寸一般都是从设计基准出发的。圆筒形产品的圆心和轴线，对称形状工件的中心线，安装在一定基础上的工件的安装面，以及工件的端面、对称面等，通常都用来作为设计基准。

(2) 工艺基准

凡属在工艺过程中用到的基准称为工艺基准，它和设计基准有时是重合的，有时则不重合。工艺基准分下列六种：

1) 原始基准。划线(或加工)时最初度量尺寸的依据称为原始基准。例如，当工件的毛边不太平直时，仅仅用毛边作为划线的原始基准，一旦划线基准找出来之后，原始基准就不作为主要的基准了。这样做，尺寸的准确度就不至于因毛边的不平直而出现误差。

2) 划线基准。在绘图、放样、号料、划线定位以及各种需要划线的场合下，来作为其他线条依据的点和线均称为划线基准。

3) 度量基准。度量尺寸的起点称为度量基准。

4) 定位基准。在装配过程中，凡用来作为控制零工件位置的点、线、面都称为定位基准。按照前述六点定位规则，定位基准又分首要基准、导向基准和定程基准。

5) 检验基准。检验工件几何形状或尺寸所用到的点、线、面称为检验基准。例如用对角线法检验矩形，需要在该项矩形工件四角相应的位置上确定四个点，这四个点就是检验基准。

6) 辅助基准。倘若利用工件上原有的点、线、面仍不能完成度量、划线、定位、检验等任务时，可以临时增设一个起过渡作用的基准，它就称为辅助基准。

第二节　自由装配法

利用划线和简单的工具(通用平台、钢板、框架等)、装配夹具(不包括胎具)及简易的专用度量、定位工具进行的装配称为自由装配法。

自由装配法对操作者的技术水平要求较高，现场经验多者可以使用。其缺点是工件定位比拉困难，上料、夹紧等各项操作比较繁琐，工作效率低，优点是不受条件限制，不需专用工艺装备，工作条件要求不高，可因地制宜解决问题。除大批量生产装配结构件外，一般采用自由装配法较经济。

一、自由装配法选用的原则

(1) 用于某些圆筒形工件。

(2) 用于结构件的修理件。

(3) 用于生产批量不大的工件。

(4) 用于大型产品结构件。一般大型产品部件采用胎具装配，当装配总成时则采用自由装配法。

（5）用于新产品的试制。采用自由装配法的较多。

（6）用于对变形预测有难度的结构件。

二、自由装配法使用要领

（1）保证有一个平整的供装配用的工作面(工作台)，对于大型机构件，可采用若干点(柱)组成的平面(框架式平台)。

（2）对大型平台、大型结构件空间要素精度检查及数据确定应采用水准仪或经纬仪等测量工具。

三、自由装配的定位

1. 直线定位

（1）在平台上划线，一般应在工作台上划出工件中心线和外轮廓线。

（2）当某一大件作为装配基准面时(不用平台)，应在大件上划线。

（3）采用样板划线时，确保样板基准的准确性，一般不用装配零件做基准。

（4）避免重复划线，对厚板件或型钢装点时只划一条线，对组合件应按中心线定位，必要时按相应两个边划线作为轮廓定位。

（5）装配周期长的工件划线，必须打样孔或做好标记。

2. 圆柱销定位

销与工装的固定采用过渡配合，销与工件接触面采用动配合，当焊接变形不利于脱离工件时应加大销与工件的间隙，若定位精度高可考虑锥体定位。

3. 活动挡铁定位

一般指空间长距离范围内的尺寸定位，如图 2-3-3 所示。

4. 临时支撑定位

为保证工件某部位距离，装点前先加一临时定位板，待焊接后再将定位板拆掉。

5. 样板定位

为完成某些空间零件装点而设计特制的定位器称为样板，样板设计时除要考虑零件几何尺寸外，还要考虑零件的变形因素，如图 2-3-4 所示。

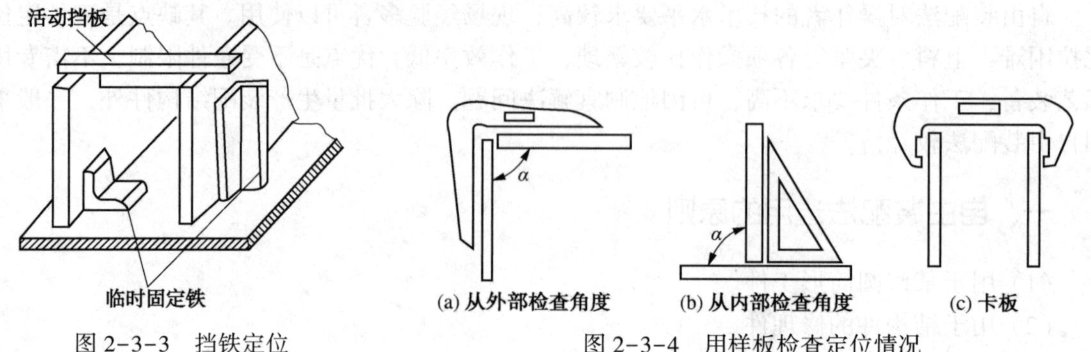

图 2-3-3　挡铁定位

图 2-3-4　用样板检查定位情况

第三节　工装装配法的应用

工装装配法是利用工装解决零件的定位、夹紧并达到装配目的的一种装配方法。其特点是定位夹紧可靠、装配中尺寸测量量小、工作效率高、质量好、节省人工体力，如在装配、焊接两用工装上采用刚性夹具，即能有效控制、减小焊接变形。

一、选用的原则

1. 大批量生产时用。
2. 工件的尺寸或几何形状精度要求较高时用。
3. 空间尺寸多时用。

二、使用要领

1. 度的部位用可调节支撑。
2. 工装使用前应检测主要基准面及重要尺寸的精度。
3. 禁止在工装表面电焊引弧，不能用工装平面作为加工平台或锤击。
4. 工装使用时应放置平稳。
5. 对螺旋夹紧器不能用锤击。
6. 不允许在工装上对工件做冷、热处理等操作。
7. 工装定位面应涂油，不能涂漆。

第四节　常用装配夹具

工装和夹具是生产上的技术准备，也是工艺设计的重要内容。系统掌握夹具的种类、作用及使用要点，系统掌握工装的设计要领，是搞好工艺设计的基础。

一、夹具的种类

在装配结构件产品的过程中，凡属用来对零件施加外力。使零件获得正确定位的全部装备，称为组装夹具。组装夹具施加给零件的作用力有四种方式：夹紧、压紧、拉紧、顶紧（或撑开）。

由于夹具的功能不同，组装夹具又分专用夹具和通用夹具两种。通用组装夹具一般都是单个的小型夹具，它具有两个明显的特点：第一是灵活，独立使用、轻便小巧，使用范围广泛；第二是通用，一样的夹具可以组装多种产品，或者只要稍加改动即可用来组装另一种产品。专用组装夹具则比较复杂，但操作简便、效率高。其夹具力往往来源于机械、气动、液压等。

按照夹具本身的性质来分，组装夹具主要包括螺旋夹具、杠杆夹具、气动夹具、液压夹具、楔条夹具、偏心夹具、磁铁夹具等。

二、夹具的选用和设计要领

1. 螺旋夹具

（1）弓形螺旋夹。弓形螺旋夹也称U形夹，它是起夹紧作用的丝杆夹具。

弓形螺旋夹应设计得轻巧、适用、坚固。因为这类夹具都是手工操作，不能做得太笨重，应在保证有足够强度的前提下尽可能做得轻巧。图2-3-5所示为几种比较理想的设计形状。

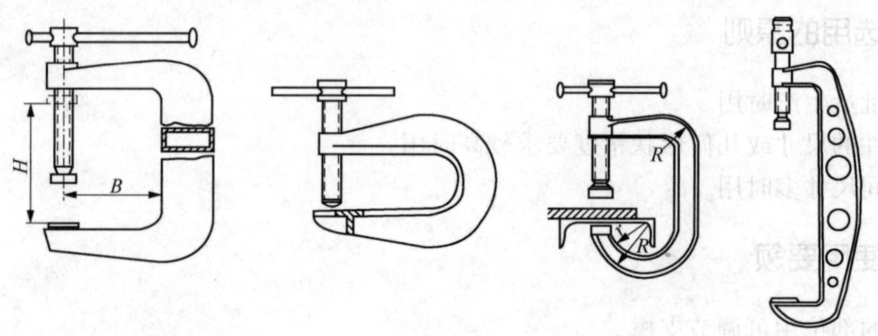

图2-3-5　弓形螺旋夹的几种典型形状

（2）螺旋拉紧器。螺旋拉紧器又称松紧螺栓，它是起拉紧作用的丝杆夹具。螺旋拉紧器一般都是用具有正反螺纹或单向螺纹的丝杆和螺母，加上圆管和钩具等零件制成，如图2-3-6所示。

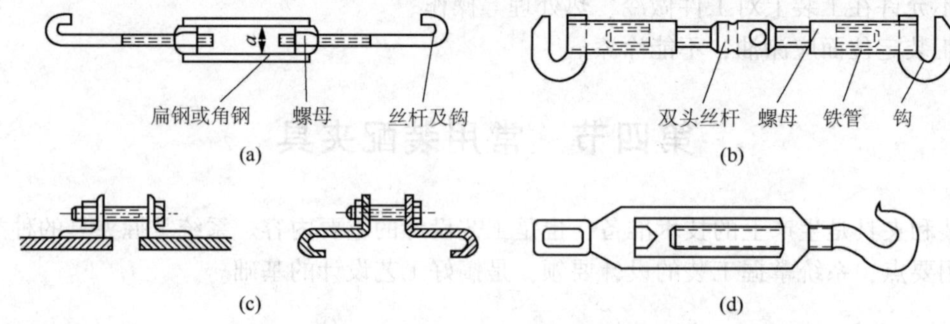

图2-3-6　螺旋拉紧器

螺旋拉紧器不仅用于组装，也可用于矫正钢结构产品。当拉紧器不够长时，一般都补加链条接长。

从结构的不同形式来分，螺旋拉紧器有两种：一种是使用时转动螺母，如图2-3-6(a)所示，其丝杆是分开的，两个螺母是用适当长度的拉杆连接一起，钩具和丝杆连在一起。另一种如图2-3-6(b)所示，使用时转动丝杆，这种拉紧器的钩具可以通过圆管连接在螺母上，也可将钩具直接焊在螺母上(此形式适用于较短的拉紧器)。

在拉紧器本身结构强度较大的情况下，拉紧器也可当推撑器使用，如图2-3-6(b)所示。

图2-3-6(c)所示是两种简易的螺旋拉紧器。图2-3-6(d)所示是没有正反螺纹而只有单向螺纹的拉紧器。

（3）螺旋推撑器。螺旋推撑器即丝杆顶具，是起顶紧或撑开作用的，如图2-3-7所示。

图 2-3-7(a)所示是最简单的丝杆顶具，由丝杆、螺母、圆管三种零件组成。其丝杆头是尖的，因此只适宜于顶厚板或较大的型钢。图 2-3-7(b)所示顶具与前者有所不同，即在丝杆头部增加了压块，顶压时不会损伤工件，也不会打滑，而且它的另一端也装配有压块，当操作过程中转动丝杆不方便时，可以转动圆管，同样推动丝杆前进。例如，在圆筒形工件内部操作时，使用这种工具比较方便。图 2-3-7(c)所示的顶杆，是用具有正反螺纹的螺杆制成的。

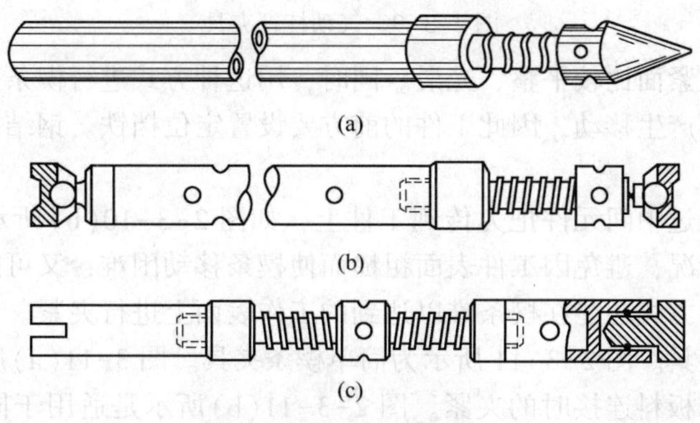

图 2-3-7　丝杆顶具

2. 杠杆夹具

杠杆夹具结构简单，应用非常广泛。简易的杠杆夹具，成本低，制作容易，为生产中所常用。例如 U 形夹，不仅用于组装，还可用于矫正和反转工件，槽钢、工字钢、板料的翻转一般都用 U 形夹。U 形夹的几种形式如图 2-3-8 所示。

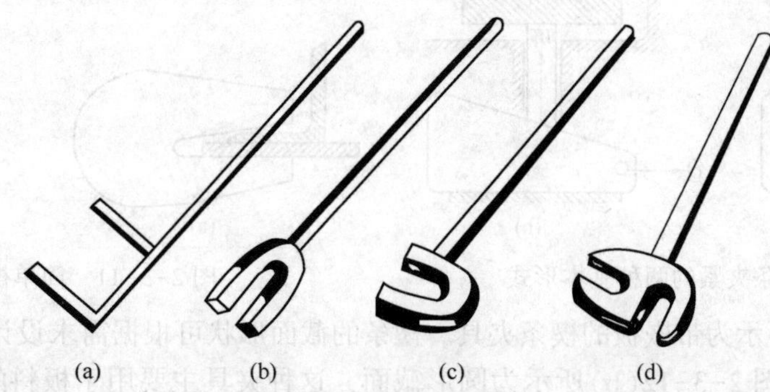

图 2-3-8　几种简易的杠杆夹具

3. 气动夹具

气动夹具的基本形式分为两种：当气缸的力直接作用在工件上，或者通过压块作用在工件上，这类气动夹具是一般的气动夹具；如果气缸的力不是直接作用在工件上，而是通过杠杆把力传给工件，这类夹具称为气动—杠杆复合夹具。图 2-3-9 所示为几种基本的气动杠杆夹具。从这里可以看出，杠杆的作用之一是转换了力的方向。图 2-3-9(a)所示为从水平方向压紧工件，图 2-3-9(b)所示为从垂直方向压紧工件，图 2-3-9(c)所示为通过压块把力分解为两个方向，从水平、垂直两个方向同时压紧工件。

4. 楔条夹具

(1) 楔条夹具分类。楔条夹紧有两种基本形式，如图 2-3-10 所示。

第一种形式是楔条直接作用于工件上，如图 2-3-10(a)所示。由于楔条直接在工件上

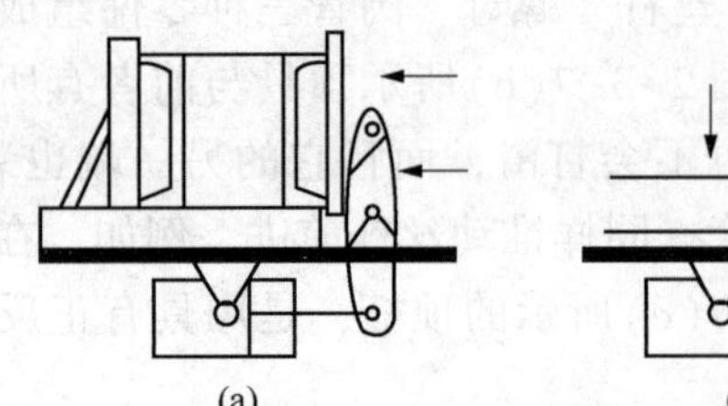
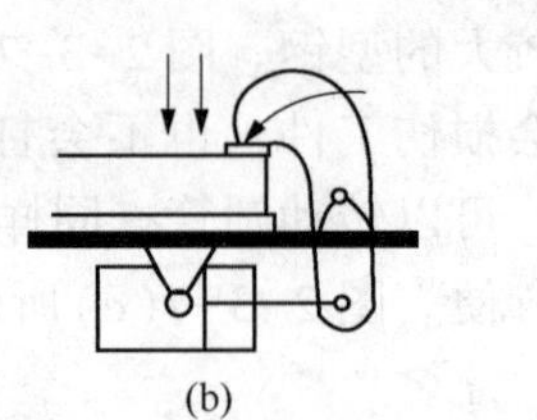
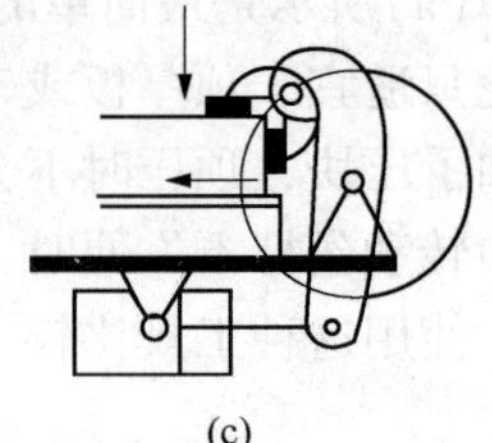

图 2-3-9 气动杠杆夹具

摩擦，因此要求被夹紧面比较平整、光滑。同时，用这种方式进行楔条夹紧，被夹紧的工件会跟随楔条的推进而产生移动，因此工件的前方要设置定位挡铁。钢结构件装配所用的楔条夹具多属这一类型。

第二种形式是通过中间元件把力传到工件上，如图 2-3-10(b)所示。这种形式能改善楔条与工件的接触情况，避免因工件表面粗糙而使楔条移动困难，又可防止工件的夹紧表面受到损伤。这种夹紧方式还能在楔条难以达到的工作表面上进行夹紧。

（2）常用楔条夹具。图 2-3-11 所示为简单楔条夹具。图 3-11(a)所示是简单的楔口夹板，一般用于型钢和板料连接时的夹紧。图 2-3-11(b)所示是适用于同一场合的夹具，但是斜面不是做在 U 形夹的内面，而是另外打人楔条。由于楔条必须用锤敲击，如果楔条的斜面角太大，就不能达到白锁。为了使楔条有自锁的作用，楔条的斜面角一般采用 10°~15°。楔条通常用碳素工具钢制造，淬火后的硬度为 50~62HRC。

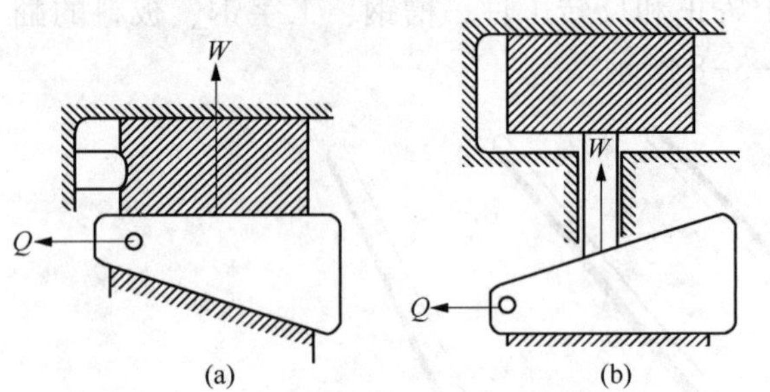

图 2-3-10 楔条夹紧的两种基本形式

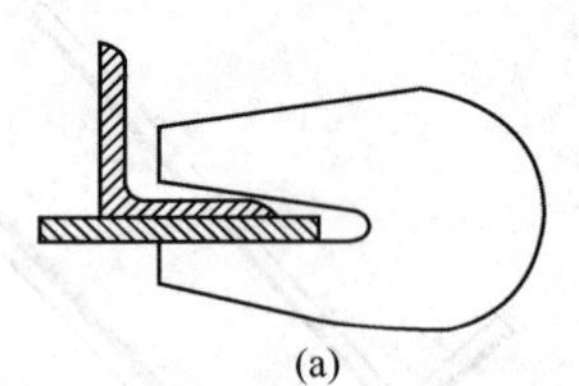
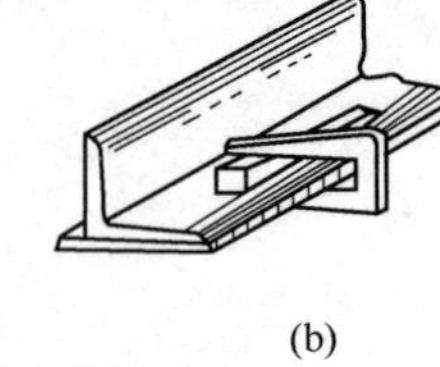

图 2-3-11 简单楔条夹具

如图 2-3-12 所示为带嵌板的楔条夹具。楔条的截面形状可根据需求设计。图 2-3-12(a)所示为矩形截面，图 2-3-12(b)所示为圆形截面，这种夹具主要用于板料的对齐。

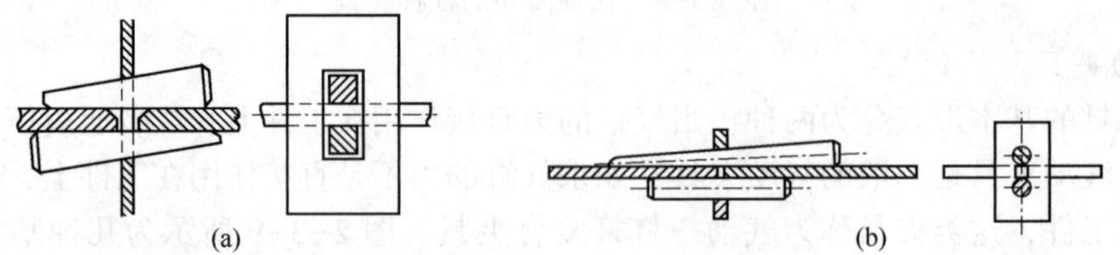

图 2-3-12 带嵌板的楔条夹具

如图 2-3-13 所示为可调楔条夹具，在拉板Ⅰ的两个方孔中，扣定圈Ⅱ分别焊在被拉的两块板料上。在扣定圈的孔中打人楔条便可进行对齐。由于在拉板两边方孔的两侧焊有挡板 A 和 B，所以只要在扣定圈和挡板之间打人楔条，就可以调整焊缝尺寸的大小。

图 2-3-14 所示为角钢楔条夹具，将适当长度的角钢加工出斜度即成。使用时在较低的

板料上焊一个角钢套，将角钢楔条打人角钢套，就能将两块板料矫平。这种简易夹具制作容易，成本又低，在许多场合下都是适用的。

5. 偏心夹具

所谓偏心夹具，是指由偏心轮或凸轮的自锁性能来实现夹紧作用的夹紧装置。偏心轮是一种回转中心与几何中心不重合的零件，由于它的外形线上各点到回转中心的距离不等，所以转动偏心轮就可以压紧工件。

偏心夹具适合在没有振动或振动很小的情况下使用，否则容易松开。偏心夹具的缺点是夹紧力不及其他各种夹具，但是它的优点是动作快。

偏心轮有两种：一种是圆形偏心轮；另一种是非圆形的曲线偏心轮。前者容易制作，应用较广，现介绍如下。

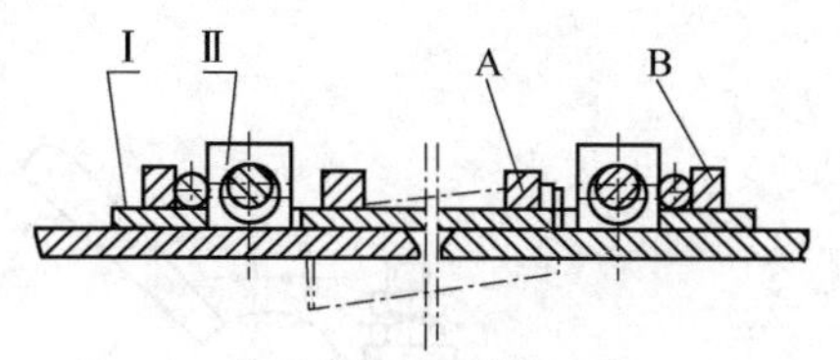

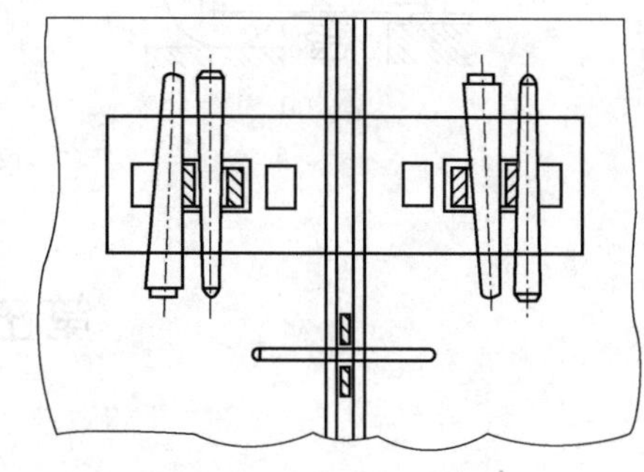

图 2-3-13 可调协调夹具

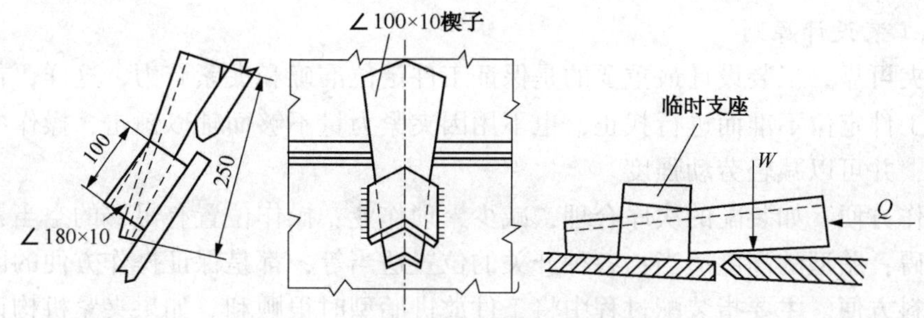

图 2-3-14 角钢协调夹具

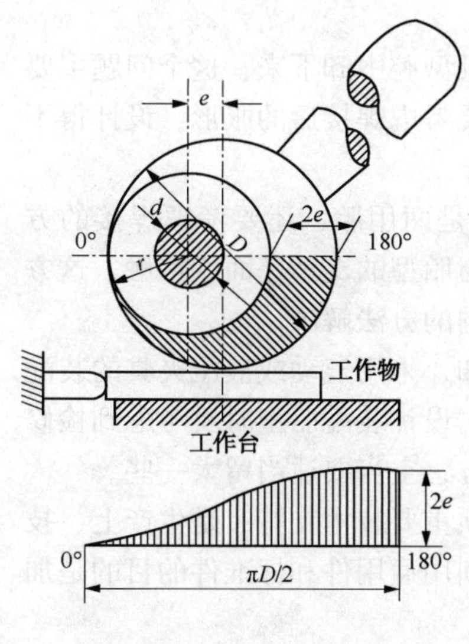

图 2-3-15 圆形偏心轮

图 2-3-15 所示为圆形偏心轮。图中：D 为偏心轮直径，d 为回转轴直径，e 为偏心距。在生产中，偏心轮直径 D 一般取 40~80mm，偏心距 e 一般取 $0.075D$。从图 2-3-15 中可以看出，偏心夹紧的原理与楔条夹紧相似，制作偏心轮时，一雌用中碳钢车制后进行淬火，使偏心轮的工作面具有较好的耐磨性。

图 2-3-16 所示为三个偏心夹具实例，都是通过杠杆(即压板)将偏心夹紧力传给工件的。图中：e 为偏心距，P 为夹紧手柄用力方向。如图 2-3-16(a)和图 2-3-16(b)形式上大致一样，但夹紧时手柄用力的方向不同。前者是手柄往上推实现夹紧，后者是手柄往下压实现夹紧。前者是用弹簧支撑压板，偏心轮松开后，可以连同压板一起回转 90°，以便取出工件；后者则是通过圆销把压板连在底座上，不便于回转。图 2-3-16(c)所示偏心夹具，压板的背部做成圆弧形状，其几何圆心与手柄的回转中心不重合，产生偏心距 e，因此能实行偏心夹紧。当手柄退回时，又可以带动压板的尾部，使压板同时打开，以便取出工件。

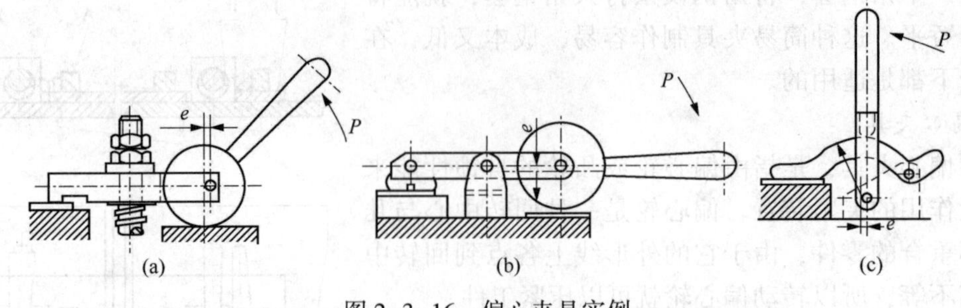

图 2-3-16 偏心夹具实例

第五节 装配工装

一、设计原则和步骤

1. 装配工装设计原则

(1) 装夹可靠。工装设计最重要的是保证工件定位准确和夹紧有力，这样，在装配过程中就不用因工件定位不准而进行找正，也不用因夹紧力量不够而辅以锤击，操作中就可以省去许多麻烦，并可以减轻劳动强度。

(2) 操作方便。如装配的次序合理，减少繁琐作业；操作位置有足够的空当，且不受其他物件的阻碍；胎型的高度适当；各种开关的位置适当等，都是保证操作方便的因素。

(3) 进料方便。主要指装配过程中将工件放进胎型时很顺利。如果夹紧机构设计得不恰当，常常成为进料的障碍。如夹紧机构在打开位置时，退回的距离或张开的角度要适当，这样才便于进料。

(4) 便于取出工件。当工件装配完毕，要能顺利地从胎具型腔中卸下来，这个问题主要在设置定位器和压紧机构时加以考虑。对于固定尺寸定位，要考虑焊接后的胀形，设计得不好就会把工件卡住而拿不出来。

(5) 便于点焊或施焊。一般装配胎要求便于点焊，如果是两用胎，还要考虑焊接的方便。由于工件上的焊缝常常是多方位的，其中必有一个方面与胎型的支承基面相接触，这方面的焊缝就不能焊到。可以采取在支承基座的表面上局部开洞的方法解决。

(6) 便于检修。主要是对比较复杂的装配胎型而言。例如，采用气动或液压夹具的装配胎型，所用的气缸、油缸、管道、接头等出了毛病就要修理，设计装配胎型时要考虑到检修时能比较顺畅地进行工作，如对于需要使用扳手、管钳的地方，空当要适当留大一些。

(7) 利用标准件和通用件。标准化是现代化生产中的一项重要技术支持，是生产上、技术上实现集中统一、协调、互换的保证。设计装配工装时，利用通用件和标准件的目的是加快设计和制造进度，并保证维修时便于互换。

(8) 组合装点胎。可拆卸的装配工作主要是克服一个胎型只适应某一特定产品的局限性，它的各部分(主要指定位器和压紧机构)要能够按照实际需要来移动位置，甚至整个结构都能伸缩，各个需要移动的部位均采用螺栓连接。设计这种胎型时，要将两种或三种类似产品的图样进行仔细研究，找出它们的共性和特性，然后进行精心的设计。

2. 装配工装设计步骤

（1）搜集原始资料

1）产品图样。产品图样是设计装配工装的技术依据，图样上不仅提供产品(或部件)的几何形状、内部结构和尺寸，同时提出了对产品的技术要求。技术要求是决定装配工装制作精度的依据。

2）产品的生产计划。产品生产的数量是决定工装总体设计方案的依据。小批量产品可以制作简单的工装；大批量生产时，应设计结构先进的快速装配工装。

3）总结经验。在设计新工装之前，有必要研究本单位或外单位设计使用过的同类型的胎型结构，分析其优缺点，从中总结出经验来，作为设计新工装的参考资料。

4）生产单位的具体情况。例如，设计某一个部件的装配胎型，就要了解与该部件生产相衔接的其他工序的情况，看其他工序对该部件有什么具体要求。

（2）计算和选择关键尺寸

1）确定为保证装配要求的关键尺寸、工装结构上所必须保证的重要尺寸及精度要求。

2）间接保证关键尺寸和重要尺寸的尺寸链计算。

（3）关键件或关键技术的确定

1）本工装的技术状况。如有无工艺关键零件，有无新技术、新工艺、新材料的应用，如果有应事先做好准备或与外界沟通。

2）需外购的夹具、标准件或材料应事先订货，需外协的工件应事先考虑。

（4）构思设计工装草图。此阶段应与工装使用者或有关人员研讨，完善设计方案

（5）对重要件做工艺审查。

（6）绘制正式工装图样。

（7）交上级有关部门或专家审批。

二、装配工装主要件的设计要领

装配工装结构设计主要由工件的形状和尺寸精度决定，以满足图样要求为目标。其主要件的设计要领如下：

1. 支承底座的设计

支承底座即装配工装的主体，它为产品提供了支承基准面，而且定位器和压紧用的全部装置都安装在它的上面。支承底座的表面通常是平的，也可以是曲面或其他形状，总之要与产品的装配基准面相吻合。

（1）结构尽量简单、减小外形尺寸，但要保证具有足够的强度和刚度，以免使用中变形。

（2）支承底座的设计与定位器的设计结合起来，一方面要考虑定位器设在什么地方，另一方面要考虑便于在工装上划线。一般工装的外形尺寸要大于产品的外形尺寸。

（3）支承底座的设计要与压紧机构的设计结合起来。比如采用气动夹紧时，气缸如何安装，管道如何布置，都要在设计底座时同时考虑。经验表明，把工装的支承部分做成桁架结构的底座，便于在结构内适当的位置安装管道、气缸、杠杆或其他夹紧元件，效果良好(不必在工装上到处割缺口或开洞)。

（4）当工装外形尺寸较大时可考虑以点平面代替大平面。

当底座制好之后，就要进行一次准确的划线，以便安排定位器和压紧器。为了便于检

验，通常对一些重要线条(如中心线)用样冲打下标记，如果需要调整定位器时，不必再重新划线。

2. 定位器的设计

定位器的作用是给工件的定位提供基准。设置定位器的原则是保证工件装配位置的准确，在公差范围内保证装配质量。用工装装配出的工件，其几何形状和规格尺寸是否准确，主要不是取决于操作者，而是取决于工装定位器是否可靠、正确。

(1) 定位基准的确定

装配一个部件之前，要选择一个合适的基准面。那是针对整个部件而言，具体对每个零件，也必须有一个理想的基准。

1) 单一基准。实际上就是一个单一的“面”，其他的一件或多件都靠它来定位。

2) 多面基准。经工艺分析后满足图样要求而采取的一种基准，其面与面的尺寸一般从工艺角度制定，其尺寸往往用以满足购进的不易更改的型材或标准件、成品件尺寸或经工艺尺寸链计算出的尺寸。

(2) 定位器的可调节性

1) 固定式定位器。使用得较多，结构简单，定位可靠。

2) 可调定位器。这种定位器主要用于一胎多用场合，它是根据同样的结构形式设计但尺寸不同，通过螺纹移动调整块调节。

3) 活动定位器。这种定位器是需定位时放人，不用时拿开。主要在焊接反变形或本处点焊时挡住其他部位施焊时用。

(3) 定位器的形式

工装上的定位器主要是挡铁。图 2-3-17 所示为单面挡铁和双面挡铁。

图 2-3-18 所示为带有台阶的挡铁，由于台阶的作用，上下两个零件能以同一挡铁进行定位。

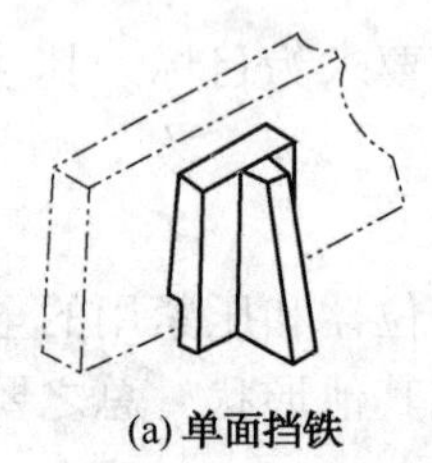

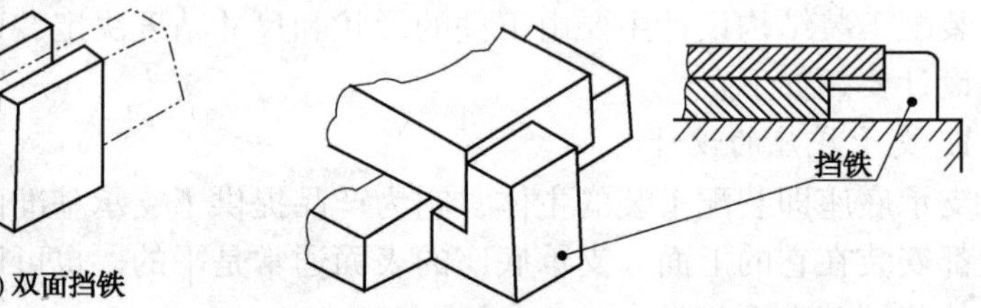

图 2-3-17　单面挡铁和双面挡铁

图 2-3-18　具有台阶的挡铁

图 2-3-19 所示是设在工装侧壁的活动挡铁，工作完毕之后，将活动圆销取出，挡铁即向后仰，达到虚线所示的位置，这时工件便能顺利地从工装里取出。

图 2-3-20 所示为可以回转的单面挡铁，当把挡铁转到工作位置时，以上面带有手把的螺帽进行紧固。图 2-3-21 所示为可以回转的双面挡铁，当把挡铁转到工作位置时，插进一个圆销以固定之。

图 2-3-22 所示为专用定位器的一个例子，为某一底架装配胎上中梁头部的定位器。因为当中梁组焊完毕后，其头部有收拢现象，进入底架装配时必须加以解决。如图所示的定位机构，，其作用是当气缸向上顶时，推动两个杠杆分别向两边张开，于是把原来收拢的中梁头部撑开；同时，由于控制点的作用，能保证撑开的尺寸大小合适，而且使中梁的中心线恰

恰在工装的中心线上。定位器设置得是否准确，要通过首件检查来得出结论，当首件检查发现问题时，可找出原因后将定位器作适当调整。

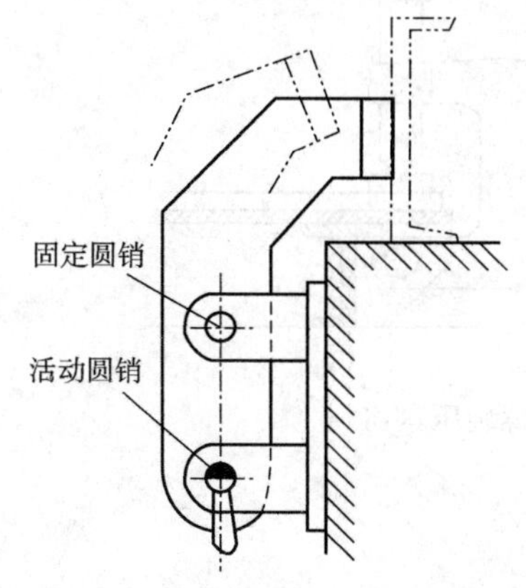

图 2-3-19　可以掀开的挡铁

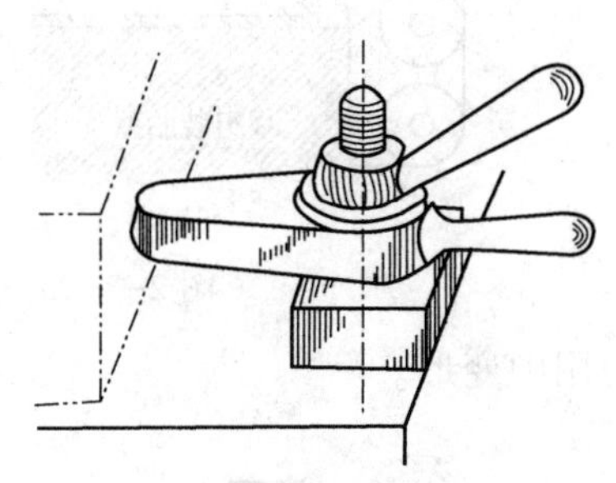

图 2-3-20　可以回转的单面挡铁

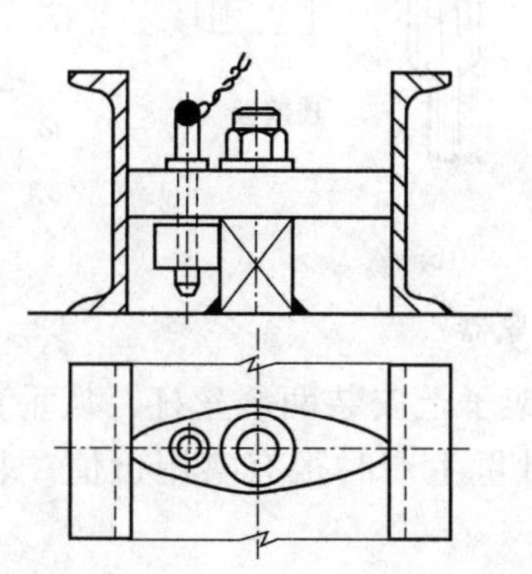

图 2-3-21　可以回转的双面挡铁

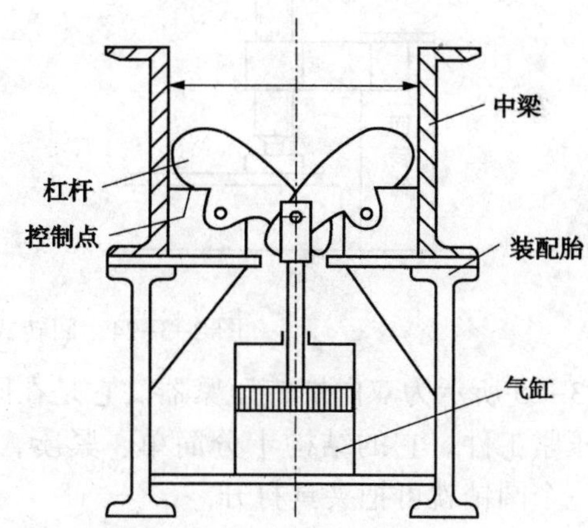

图 2-3-22　中梁头部定位机构

3. 压紧机构的设计

将单件或部件通过外力固定在定位面上的机构称为压紧机构。

(1) 螺纹压紧器

在装配工装上用于垂直方向往下压紧工件的压紧器，一般都要能够打开，以便于进料和取出工件，这种压紧器可以做成掀开式或回转式。图 2-3-23 所示是两种掀开式的螺旋压紧器。

图 2-3-23(a)所示是最常见的一种方式，只要抽出一个圆销，夹具就可以打开。图 2-3-23(b)所示螺旋压紧器与前者大同小异，其特点是只用一个圆销，打开夹具时不必将圆销抽出；设计时，要考虑丝杆的中心线对准圆销的中心线，同时，这种形式只有当工装边缘位置的下方具有空当才能采用。

图 2-3-24 所示为回转式的螺旋压紧器。图 2-3-24(a)所示为压紧器的示意图，图 2-3-24(b)所示为它的结构剖析。

由图 2-3-24 可以看出，这种压紧器是由套筒、轴、盖、连接板、丝杆、螺帽等组成。套筒焊在工装的支承底座上，连接板的两端分别与轴、螺帽连在一起(焊接)，将轴放人套筒后，将盖固定在套筒顶部，使用时丝杆部分可以回转 90°左右。设计时，要求套筒的强度

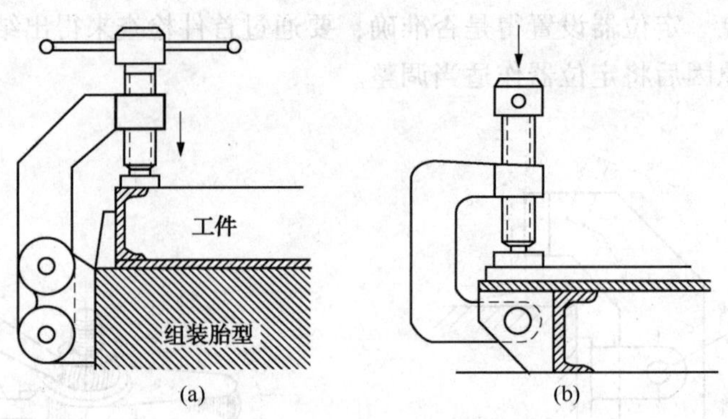

图 2-3-23　掀开式螺旋压紧器

要大，以免使用中变形。

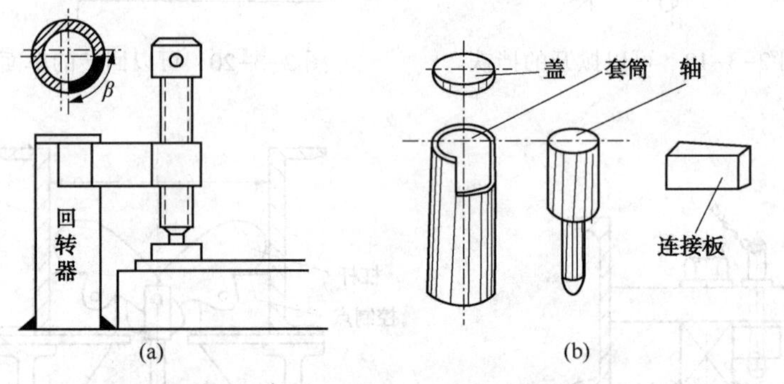

图 2-3-24　回转式螺旋压紧器

图 2-3-25 所示为双向螺旋压紧器。它是在同一个架子上安装两个丝杆，从垂直、水平两个方向压紧工件。它的结构十分简单、紧凑，在小批量生产时很有实用价值。装配结束时，抽掉一个圆销就可把夹具打开。

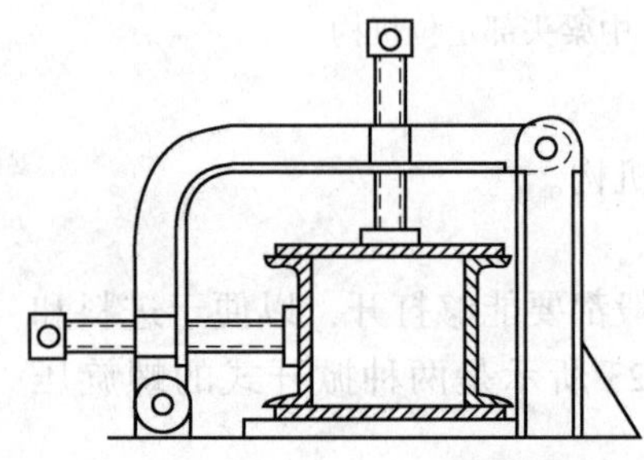
图 2-3-25　二位一体的螺旋压紧器

(2) 曲杠杆压紧器

1) 曲杠杆压紧的形式

在压紧机构中运用曲杠杆可以简化结构，改变力的方向。如为考虑气动工装体积不致于过大，常常把气缸装到比较隐蔽的地方去。这种情况下，可通过杠杆来转换力的方向。如果力的方向要转换 180°，可以采用直杠杆。如果力的方向只要转换 90°，用直角杠杆就可以解决。直角杠杆是曲杠杆的特定形式。图 2-3-26 所示为直角杠杆的三种式样。图 2-3-26(a)、图 2-3-26(b)所示都是一个力臂推动一个重臂；图 2-3-26(c)所示为较复杂的曲杠杆，是用一个力臂通过圆轴的作用而带动两个重臂。

如图 2-3-27 所示为曲杠杆应用示例。图 2-3-27(a)为小于 90°用于气缸夹具的曲杠杆，但杠杆安装方式改为朝上安装，因此能把水平方向的原始力转换为垂直向下的作用力。图中 a 表示力臂的行程，b 表示重臂的行程，由于力臂与重臂相等，因此力点与重点的行程也相等($a=b$)。

图 2-3-27(b)为直角杠杆，力臂和重臂一样长，杠杆采用倒挂式安装，气缸为回转式

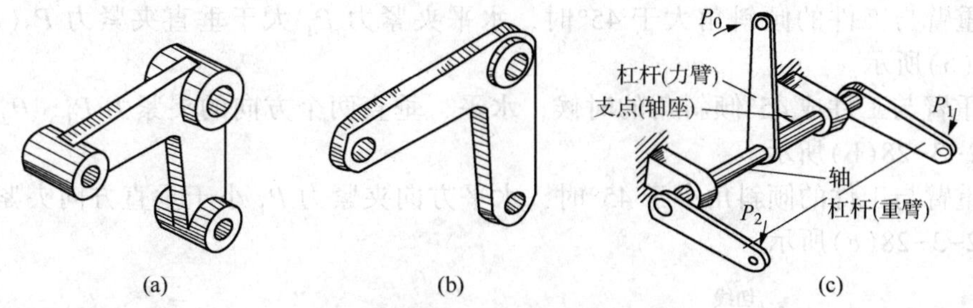

图 2-3-26　直角杠杆的三种样式

水平安装，可使水平方向的原始力转换为垂直向上的作用力。

图 2-3-27(c)为小于 90°的曲杠杆，但气缸安装方式与前两例不同，即采用摆动式垂直安装，因此能把垂直方向上的原始力转换为水平方向的作用力。图中，力臂与重臂不相等，因此，力点与重点的行程不相等($a<b$)。

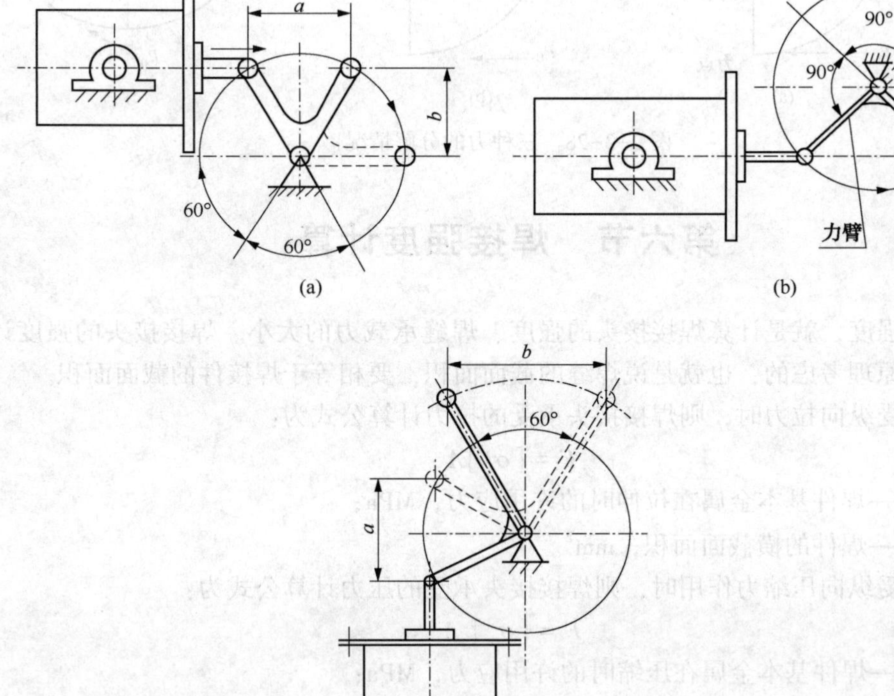

图 2-3-27　曲杠杆的应用及气缸安装方式

从上述几例看出，曲杠杆的角度可以任意选择，曲杠杆上力臂和重臂的长度也可任意选择，安装方式也可以多样化。设计时应该注意：力臂和重臂是一个整体。

2）曲杠杆力的分解。现以曲杠杆为例，说明夹紧时力的分解。图 2-3-28 所示为曲杠杆三种力的分解情况：

a. 当重臂与工件的倾斜角大于45°时，水平夹紧力 P_1 大于垂直夹紧力 P_2($a>b$)，如图2-3-28(a)所示。

b. 当重臂与工件成45°倾斜角的时候，水平、垂直两个方向的夹紧力 P_1、P_2 相等($a=b$)，如图2-3-28(b)所示。

c. 当重臂与工件的倾斜角小于45°时，水平方向夹紧力 P_1 小于垂直方向夹紧力 P_2($a<b$)，如图2-3-28(c)所示。

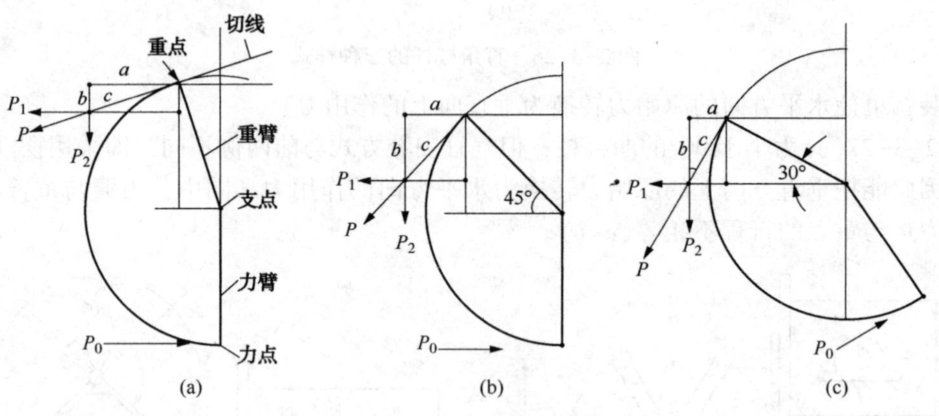

图2-3-28　三种力的分解情况

第六节　焊接强度计算

计算焊接强度，就是计算焊接接头的强度、焊缝承载力的大小。焊接接头的强度计算，是根据等强度原理考虑的，也就是说焊缝的截面面积，要相等于焊接件的截面面积。

如果焊件受纵向拉力时，则焊接接头承受的拉力计算公式为：

$$F=[\sigma_p]A$$

式中　$[\sigma_p]$——焊件基本金属在拉伸时的许用应力，MPa；

A——焊件的横截面面积，mm^2。

如果焊件受纵向压缩力作用时，则焊接接头承受的压力计算公式为：

$$F=[\sigma_c]A$$

式中　$[\sigma_c]$——焊件基本金属在压缩时的许用应力，MPa；

A——焊件的横截面面积，mm^2。

如果焊件以梁的形式受弯曲力作用时，焊接接头承受的力矩计算公式为：

$$M=[\sigma_p]W$$

式中　W——焊件的“截面矩量”或称为截面系数，其值等于截面对中性轴的惯性矩除以离中性轴最远纤维的距离。各种型钢的截面矩量，可在型钢表中查出。

一、搭接接头的焊缝情况与强度计算

1. 搭接接头的焊缝情况

搭接焊缝是利用角焊缝形成的，如图2-3-29所示。角焊缝的方向与作用力的方向，如果是垂直的就叫做正面焊缝，如图2-3-29(a)所示；如果是平行的，就叫做侧面焊缝，如

图 2-3-29(b)所示；如果所成角度，即不是 0°，也不是 90°，而是 β 角，就叫斜焊缝，如图 2-3-29(c)所示；如果包含正面和侧面两种焊缝，就叫做组合焊缝，见图 2-3-29(d)。

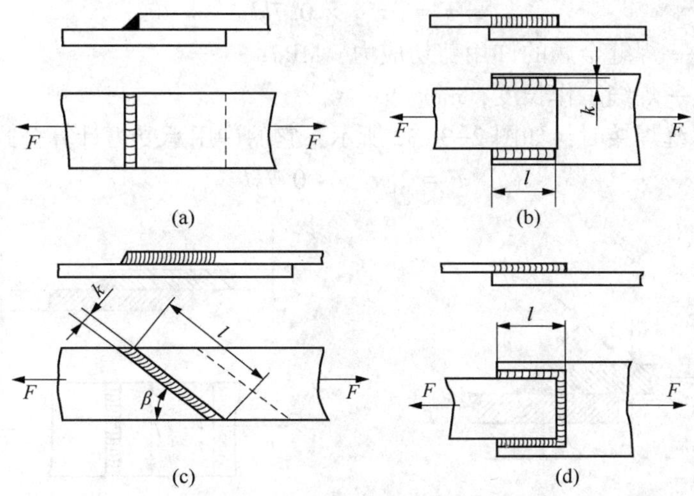

图 2-3-29　搭接焊缝的种类

用手工电弧焊时，搭接角焊缝横截面形状，有如下两种，如图 2-3-30 所示。

(1) 正常的。即等腰三角形，焊脚 k 等于板厚 t，如图 2-3-30(a)所示。

(2) 凹面的。即截面是底边比高度大的三角形，能保证焊缝金属和基本金属平缓连接，正面焊缝的搭叠宽度 c 不得小于 $5t$，如图 2-3-30(b)所示。

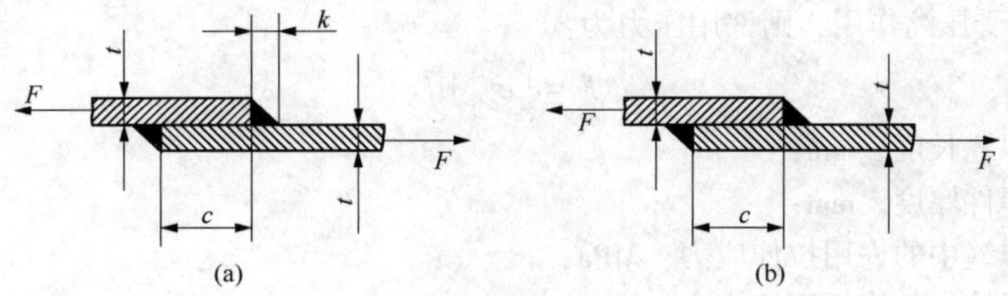

图 2-3-30　搭接角焊缝截面形状

如图 2-3-30(a)所示，作用力 F 的作用线通过角焊缝时，必须弯折，因此应力集中较严重，在焊缝根脚上往往形成强烈应力，易于开裂破坏。这种情况，反应在正常的等腰三角形焊缝中最为严重。因此，在承受动载荷时，应采用凹形焊缝。为了不使侧面焊缝中产生过分不均匀的应力，一般规定侧面焊缝的长度 l 不应超过 60mm(焊脚高度)但是正面与斜焊缝的长度不应小于 40mm。

侧面角焊缝的强度也决定于焊脚高度。随着焊缝直角边的增大，焊缝强度极限则减小，所以焊脚高度有如下规定：如果受静载荷作用，则不应大于 $1.5t$，如果受动载荷作用，则不应大于 $1.2t$(t 是所连接焊件板材的最小厚度)。焊缝最小焊脚高度不小于 4mm。

2. 搭接接头的强度计算

正面焊逢在承受拉力或压力时，它的破裂通常是沿着直角平分线的最小截面开始的。但是，考虑到偏心力矩的存在和局部应力集中，使焊缝工作条件变坏，所以焊缝的许用应力取得较低，使它等于许用切应力。在普通工程中，正面焊缝的强度是按切应力进行计算的。这种方法是假定性的、近似的。

图 2-3-31 所示，是由一道正面焊缝所组成的搭接接头。它的许用承受力计算公式如下：

$$F = [\tau'] \times 0.7kl$$

式中 $[\tau']$——焊缝金属的许用剪切应力，MPa；

l——焊缝工作长度，mm。

由二道搭接焊缝焊接时，如图 2-3-32 所示，它的许用承受力计算公式如下：

$$F = 2[\tau'] \times 0.7kl$$

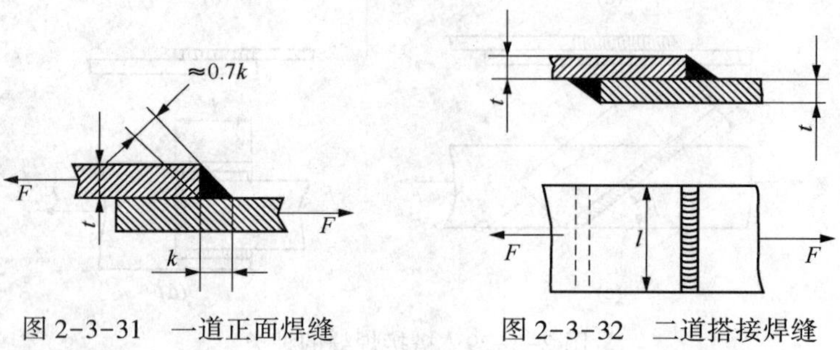

图 2-3-31　一道正面焊缝　　图 2-3-32　二道搭接焊缝

二、对接接头的强度计算

如果焊件受拉伸作用，则许用拉力为：

$$F = [\sigma'_p]tl$$

如果焊件受压缩作用，则许用压力为：

$$F = [\sigma'_c]tl$$

式中 l——焊缝长度，mm；

t——焊件厚度，mm；

$[\sigma'_p]$——焊缝中的许用拉伸应力，MPa；

$[\sigma'_c]$——焊缝中的许用压缩应力，MPa。

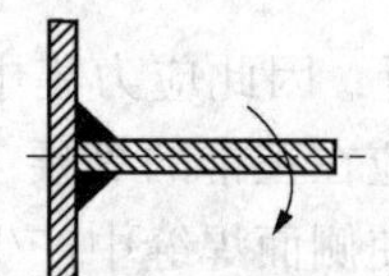

图 2-3-33　T 形接头

三、T 形接头强度计算

因为 T 形接头主要用于受弯曲作用的焊件中，如图 2-3-33 所示，所焊接钢板没有焊透，在留有“缝隙”的情况下，焊缝计算采用最小面积的截面，计算强度采用角焊缝的抗剪强度，当接头受拉伸时，许用拉力计算公式为：

$$F = 2[\tau'] \times 0.7kl$$

式中 $[\tau']$——焊缝中许用剪切应力，MPa；

l——焊缝长度，mm；

k——焊脚高度，mm。

图 2-3-34(a)所示为构件受弯曲力矩 M 作用时，它的强度计算公式为：

$$\sigma = \frac{M}{W} \leqslant [\sigma'_p]$$

式中　$[\sigma'_p]$——焊缝许用拉伸应力，MPa；

M——弯曲力矩，N·mm；

W——焊缝截面矩量(等于 $lh^2/6$)，mm^3。

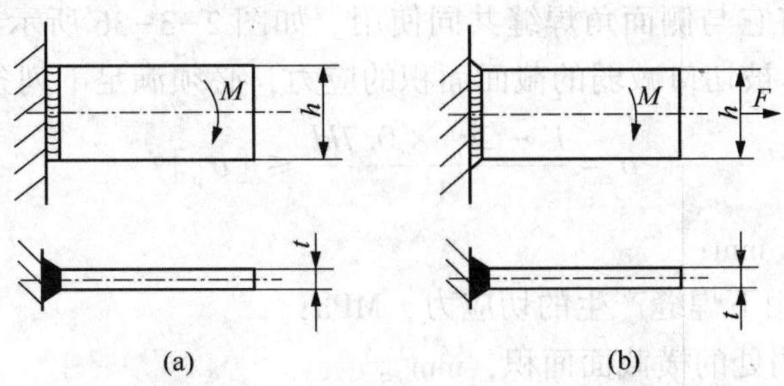

图 2-3-34　在弯曲力矩作用下的 T 形接头

在同一接头上作用有弯曲力矩 M 和纵向拉伸力 F 时，如图 2-3-34(b)所示，其强度计算为：

$$\sigma = \frac{M}{W} + \frac{F}{A} \leqslant [\sigma'_p]$$

式中　A——焊缝截面面积(等于 ht)，mm^2；

M——弯曲力矩，N·mm。

例　如图 2-3-32 所示，结构件的基本金属许用拉伸应力 $[\sigma'_p]=1.5\times10^8$Pa，焊缝金属的许用剪切应力 $[\tau']=9\times10^7$Pa，板料宽 $l=250$mm，板料厚 $t=10$mm，焊接二道焊缝，试计算接头的许用拉力 F'。

基本金属板料截面为 250mm×10mm＝2500mm^2

它的许用拉力为

$$F' = [\sigma_p]A = 1.5 \times 10^8 \times 25 \times 10^{-4} = 375000(\text{N})$$

在计算两道正面焊缝的接头中，正面焊缝的许用拉力为

$$\begin{aligned} F' &= 2[\tau'] \times 0.7kl \\ &= 2 \times 9 \times 10^7 \times 0.7 \times 1 \times 10^{-2} \times 25 \times 10^{-2} \\ &= 3.15 \times 10^5(\text{N}) \end{aligned}$$

图 2-3-35 所示，力矩 M 被两个侧面焊缝的力偶及正面焊缝的力偶所平衡。

因此得下列公式：

$$M = \tau \times 0.7kl(h + k) + M_{c\tau}$$

$$M_{c\tau} = \frac{\tau \times 0.7kh^2}{6}$$

因此
$$\tau = \frac{6M}{0.7k[6l(h + k) + h^2]} \leqslant [\tau']$$

式中　k——焊脚高度，mm；

$[\tau']$——焊缝中的许用切应力，MPa；

$M_{c\tau}$——竖焊缝所承受力矩，N·mm；

M——外力矩，N·mm。

切口接头的强度计算，是对剪切力进行计算。一般切口横截面成矩形，如图 2-3-36 所示，切口宽 $a=2t$，长 $l=10t\sim25t$，切口用电焊填满。剪切应力是沿焊缝发生的，切口接头

许用承受力为：

$$F' = [\tau'] \times 2tl$$

切口焊接的缺点，是焊着金属不能补偿被割去的基本金属。为了消除切口焊接对基本金属的减弱现象，宜于将它与侧面角焊缝共同使用。如图 2-3-36 所示，减弱部分由长度为 l 的侧焊缝补偿。因此，被切口减弱的截面面积的应力，必须满足下列条件：

$$\sigma = \frac{F - 2\tau' \times 0.7kl}{A'} \leqslant [\sigma_p]$$

式中　l——切口长度，mm；

τ'——在 F 力作用下焊缝产生的切应力，MPa；

A'——被切口减弱处的横截面面积，mm^2。

所以，侧面焊缝长度的选择，应使切口截面中的应力不致超过许用应力。

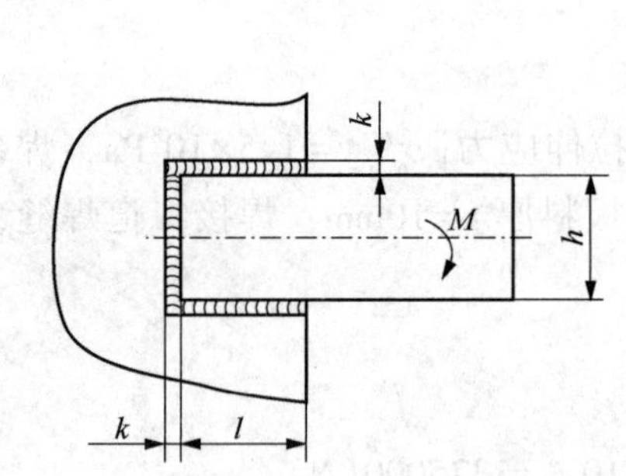

图 2-3-35　弯曲力矩作用下的组合焊缝

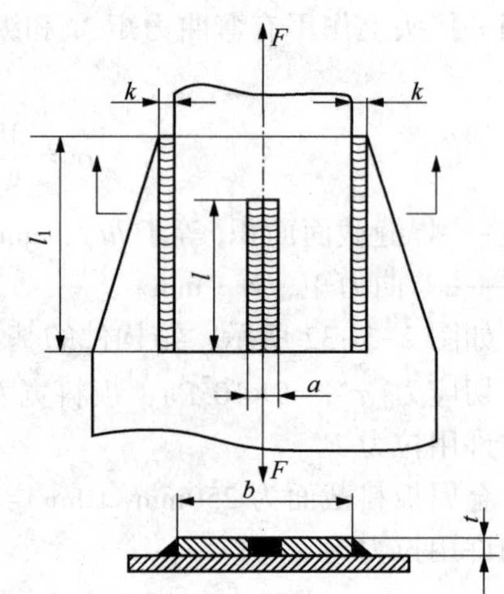

图 2-3-36　剪切力作用下的组合焊缝

第七节　铆接强度计算

当铆接件为强固铆接时，铆钉要承受较大的作用力，以保证构件有足够的强度，但又不能选用直径过大的铆钉。为了适当地选择相应规格的铆钉，必须对单件铆钉进行受力分析。

一、铆钉的受力分析

如图 2-3-37 所示。当被连接的板件受到外力作用时，板件将力传递给铆钉见图 2-3-37(b)，铆钉这时受到大小相等、方向相反而且相距很近的一对平行力 F 的作用(没作用在一条直线上)。使铆钉受切力和挤压力。

1. 铆钉受的切力

在 F 力的作用下，铆钉首先产生切变形，见图 2-3-37(c)，ab 剖面相对于 cd 剖面产生了 $a \sim a'$的滑移，这时矩形 $abcd$ 变成了平行四边形 $a'b'cd$，使直角改变了一个角度 r'。这样的变形，就是剪切变形。

在两个 F 力之间，与力平行的 mn 剖面位置上，存在着一个抵抗变形的内力 Q，见

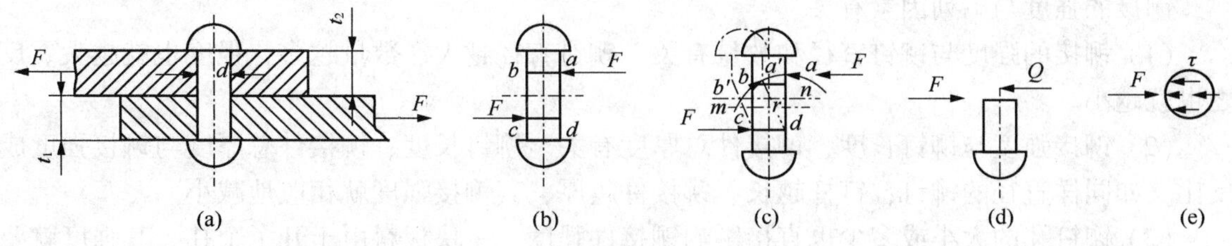

图 2-3-37　铆钉受切力作用

图 2-3-37(d)。根据力的平衡条件

$$Q = F$$

将此内力 Q 称为剪切力，假如剪切力在 mn 剖面上是均匀分布的，则单位面积上的剪切力见图 2-3-37(e)，称为切应力。通常用 τ 表示。

$$\tau = Q/A$$

式中　A——受剪切的剖面面积，mm^2；

τ——切应力，MPa；

Q——剪切力，N。

铆钉杆受剪切力作用时，严格来说，切应力 τ 不是均匀分布的，因为铆钉杆受剪切力的同时，还伴随着弯曲，挤压等变形。为了简化计算，仍然假定切应力 τ 是均匀分布的。

2. 铆钉受的挤压力

当铆接件受到载荷作用时，铆钉在受剪切的同时，往往伴随着局部受挤压现象见图 2-3-38，铆钉和板料在半圆柱形的接触面上同时受挤压。挤压应力与压缩应力不一样，压缩应力发生在整个物体的内部，而挤压应力只发生在接触的表面上。

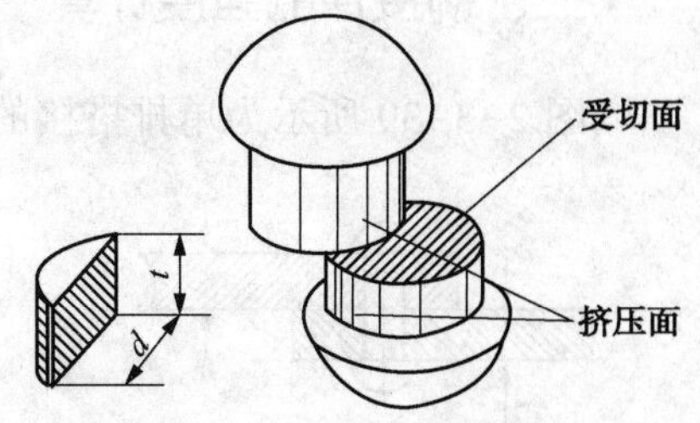

图 2-3-38　铆钉受切力和挤压

挤压应力的分布是较复杂的，为了简化计算，一般采用下面的公式计算挤压应力 σ_c：

$$\sigma_c = \frac{F_c}{A_c}$$

式中　σ_c——挤压应力，MPa；

F_c——挤压力，N；

A_c——挤压面面积，mm^2。

图 2-3-38 铆钉与板料的接触面是半圆柱面，那么计算挤压面积就是半圆柱面的投影面。

$$A_c = dt$$

二、铆接件的受力分析

在铆接结构中，由于受外力的作用，铆接件常常有被破坏的现象。通过受力分析了解到，铆接件对铆钉产生拉力或压力，这时铆钉就受到剪切力的作用，若铆接件的本身强度大于铆钉的强度时，铆钉被拉长，铆接力大大减弱，从而出现铆钉松动现象，严重时铆钉被剪断。若铆钉强度大于铆接件的强度，则铆接件的钉孔被拉裂。因此在设计时，根据等强度的原则进行计算，但考虑到维修时的方便，更换铆钉比更换板料铆接件要容易得多，同时成本也低，所以板料铆接件的强度应略比铆钉的强度大些。

铆接的强度与下列因素有关。

(1) 铆接的强度与铆钉直径和数量有关。铆钉直径越大、数量越多，强度也就越大。反之也就越小。

(2) 铆接强度与铆钉长度、铆接件总厚度有关。铆钉长度、铆接件总厚度与铆接强度成反比。如同样直径的铆钉，钉杆越长、铆接件越厚，其铆接强度就相应地减小。

(3) 铆钉孔的大小或多少也直接影响铆接件强度。一块板料由于开了个孔，其强度就要减弱，开孔越多越大，其强度就越小。

(4) 对接时，双盖板要比单盖板的强度提高一倍。

从以上情况分析，影响铆接强度的因素是复杂的。怎样合理地布置铆钉，应从多方面考虑，比如铆钉的钉距、边距、排矩以及铆钉排列方式等等。

紧固的铆钉在铆接件上不是直接受剪切的。这是由于在铆钉铆紧的情况下，铆接件之间产生很大的压应力，当在外力作用下被铆接的两板件之间沿贴合面方向有错移趋势时，两板件的贴合面上产生静摩擦力，该摩擦力随外力的变化而变化。当外力大于该最大静摩擦力时，铆钉才开始受到剪切和挤压。如果外力还在不断的增加，铆接件或铆钉可能被不断增加的外力所破坏，这就直接涉及到铆接的强度问题。因此，在设计铆接结构时，必须进行铆接的强度计算。

三、铆接件的强度计算

图 2-3-39 所示为单排搭接的铆钉连接。

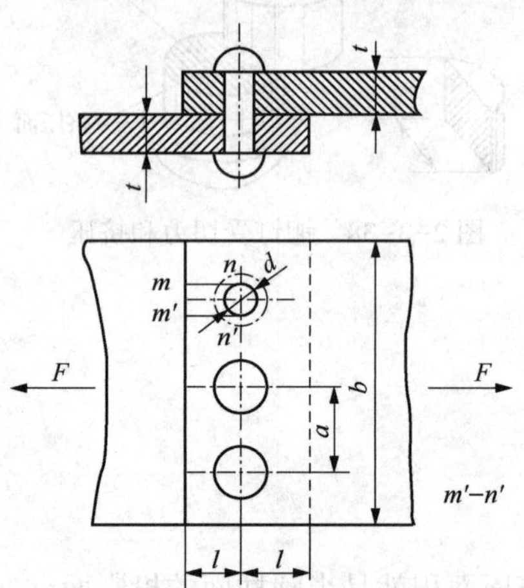

图 2-3-39　单排搭接的铆钉连接

已知铆接件板料宽度为 b，厚度为 t，外力的拉伸载荷为 F，从铆钉中心沿受力方向到板料边缘的距离为 l，铆钉的直径为 d，钉距为 a，数量为 n 个。

从铆接件受力情况分析表明，当铆接件承受载荷时，作用力主要靠板料之间的摩擦阻力传递的。当外力逐渐增加到大于铆接件之间的最大静摩察力时，便产生滑移，使铆钉杆压紧孑L壁而承受剪切和挤压。铆接件强度计算有下列几种情况。

(1) 如果铆接件板料的厚度较大，而铆钉的直径较小时，则可能发生铆钉杆被切断。

假定铆接件上所有铆钉都受平均的载荷，那么一只铆钉承受的抗剪强度计算公式为：

$$\frac{F}{n} \leqslant \frac{\pi d^2}{4}[\tau']$$

式中　F——拉伸载荷，N；

n——铆钉数量；

d——铆钉直径，mm；

$[\tau']$——剪切许用应力，MPa。

(2) 如果铆接件板料厚度较薄，而铆钉的直径较大时，则铆钉孔壁(受力面)金属因压应力过大而出现塑性变形，使钉孔逐渐形成椭圆形。在这种情况下，铆接板料将被铆钉破坏。

这时，一只铆钉的抗挤压强度的条件是：

$$\frac{F}{n} \leqslant dt(\sigma_c)$$

式中　t——板料厚度，mm；

$[\sigma_c]$——挤压许用应力，MPa。

(3) 当铆钉钉距过小时，板料盒在通过铆钉中心的平面处发生断裂。

在这种情况下，其强度计算公式为：

$$\frac{F}{n} \leqslant (a-d) \cdot t[\sigma_P]$$

式中　a——钉距，mm；

t——板料厚度，mm；

$[\sigma_P]$——许用拉伸应力，MPa。

(4) 如果铆钉中心线至铆接板料边缘尺寸不足时，则铆钉会沿平面 $m-n$ 和 $m'-n'$ 见图 2-3-49把板料边缘剪裂。

在这种情况下，其强度计算公式为：

$$\frac{F}{n} \leqslant 2lt[\tau']$$

式中　l——铆钉中心至板料边缘尺寸，mm；

$[\tau']$——许用切应力，MPa。

在计算时，按照各种可能的破坏形式，根据各部分的零件强度相等的原则，便可求出 d、t、a 及 l 的相互关系。常用的几种铆钉连接的基本关系，见表 2-3-1。

表 2-3-1　常用的几种铆钉连接的基本关系

连接参数	单排连接		双排交错连接	
	搭接	双盖扳对接	搭接	双盖板对接
铆钉直径 d/mm	$2t$	$1.7t$	$2t$	$1.5t$
钉距 a/mm	$3d$	$3d$	$2d$	$2d$
排距 a_1/mm	$3d$	$3d$	$4d$	$6d$
沿作用力方向从铆钉中心到板边距离 t	$2d$	$2d$	$1.5d$	$1.5d$
强度系数 φ	0.67	0.67	0.75	0.84

注：①单盖板对接与搭接相同。

② 强度系数 $\varphi=\frac{a_1-d}{d}$。

密固连接的铆钉直径与板厚的关系见表 2-3-2。

表 2-3-2　密固连接的铆钉直径与板厚的关系　mm

板料厚度 t	5~6	6~8	8~10	11~15	14~19	18~23	23~27	27~31	31~35	35~38	38~41
铆钉直径 d	11	14	17	20	23	26	29	32	35	38	41

根据铆接强度计算的结果和实际数据，规定铆钉排列的规范如下：

1) 在铆钉成排排列时，钉距或排距 $a \geqslant 3d$。

2) 在铆钉交错排列时，沿对角线铆钉中心间的距离 $a_{对} \geqslant 3.5d$。

3) 由铆钉中心到板边的距离

沿受力方向 $l \geqslant 2d$

垂直受力方向（板边是切出时）$l \geqslant 1.5d$；

垂直受力方向（板边是辗出时）$l \geqslant 1.2d$。

4）为了保证板与板之间紧密贴合，以及钉与钉之间的稳固性，铆钉中心间的最大距离为 $a \leqslant 8d$ 或 $a \leqslant 12t$（t 为铆接件最小厚度）。如果距离太大，就会使铆钉间的板鼓起，贴合不紧密。但是，对于有角钢围板时，铆钉中心间距离可适当加大。此外，对于受拉力时，可加到 $16d$ 或 $24t$；对于受压时可加到 $12d$ 或 $18t$。

5）铆钉中心到板边的最大距离为 $l=4d$ 或 $z=8t$。

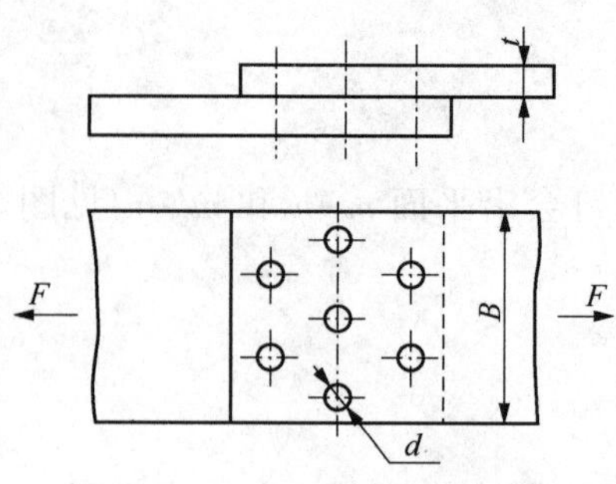

图 2-3-40　铆接强度计算例图

在连接必须紧密的地方采用最小的距离，在承受弱载荷或起结构作用的地方采用最大的距离。

例　如图 2-3-40 所示，此 F 铆接件由两块宽 $B=180\text{mm}$、板厚 $t=10\text{mm}$ 的板料，用 7 个直径 $d=20\text{mm}$ 铆钉连接，并承受 1.47×105N 的拉伸作用。设板料的许用应力 $[\sigma_P]=156.8\times10^6\text{Pa}$，许用切应力 $[\tau]=9.6\times10^7\text{Pa}$，挤压许用应力 $[\sigma_c]=2.4\times10^8\text{Pa}$，试计算连接的强度是否符合要求。

铆钉的切应力：

$$\tau = \frac{F}{nA} = \frac{1.47 \times 10^5}{7 \times \pi \times 10^2} = 6.7 \times 10^7(\text{Pa})$$

$$6.7 \times 10^7\text{Pa} < 9.6 \times 10^7\text{Pa}$$

板料和铆钉的挤压应力：

$$\sigma_c = \frac{F_c}{ntd} = \frac{1.47 \times 10^5}{7 \times 1 \times 10^{-2} \times 2 \times 10^{-2}} = 1.05 \times 10^8(\text{Pa})$$

$$1.05 \times 10^8\text{Pa} < 2.4 \times 10^8\text{Pa}$$

计算结果：这一连接所能承受的载荷，较所指定的载荷大，符合连接强度要求。在该连接中，当被连接板材强度较弱时，还应对其在各铆钉分布截面上的抗拉强度进行校核。

第八节　螺纹连接强度计算

一、螺纹连接的基本形式

螺纹连接是用带螺纹的零件组成的可拆卸的固定连接。它具有结构简单，紧固可靠，装拆迅速方便（并可经多次装拆而不损坏）等优点，所以其应用极为广泛。

常见的螺纹连接有：

（1）螺栓（单头螺栓）连接　螺栓一端有螺纹，拧上螺母，可将被连接件连成一体，螺母与被连接件之间常放置垫圈。主要用于被连接件不太厚，并能从连接两边进行装配的场合。

常用的螺栓连接件有两种：一种如图 2-3-41（a）所示，这种螺栓连接其螺栓杆与孔之间有间隙，主要用于承受轴向拉伸载荷的联接。另一种如图 2-3-41（b）所示，螺栓连接是用铰制孔用螺栓，其螺纹杆上有螺纹部分较细，无螺纹部分的螺杆与孔采用基孔制的过渡配合或静配合。因此，能精确地固定被连接件的相对位置，并能承受横向作用力所引起的剪切和挤压。

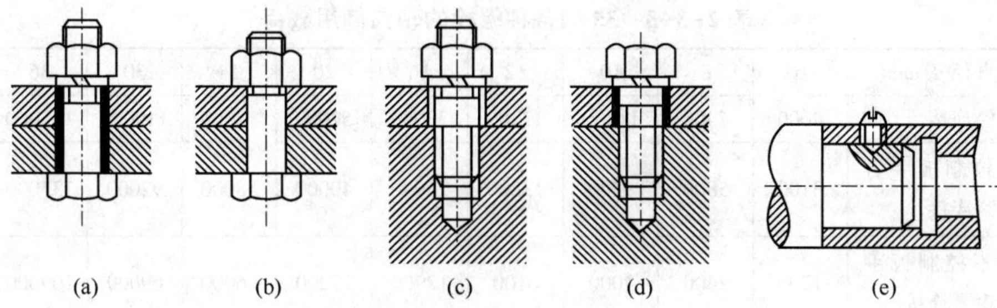

图 2-3-41　螺纹连接

(2) 双头螺栓连接双头螺栓是两头有螺纹的杆状连接件。一头拧入被连接件的螺孔中，另一头穿过其余被连接件的孔，拧上螺母，就能将被连接件连成一体图 2-3-41(c)。在拆卸时，只要拧开螺母，就可使被连接零件分开。

它主要用于盲孔、经常拆装、结构比较紧凑或工件较厚不宜用单头螺栓连接的场合。

(3) 螺钉连接　其形式如图 2-3-41(d)所示，它不用螺母，直接将螺钉拧人被连接件的螺孔中，达到连接的目的。适用于受力不大或一些较小零件的连接。

(4) 紧固螺钉连接　其全长上都有螺纹，它用来拧入一零件的螺孔内而用钉杆末端顶住另一零件的表面，以固定两零件的相对位置。

此外还有地脚螺栓、吊环螺钉、螺母和垫圈等。

二、螺栓直径的选择

在螺纹连接中，常用的是螺栓连接。而且在螺栓的强度计算中，一般是根据螺栓在连接中的受力特点和传力大小来选择螺栓的直径，以判断该连接是否符合强度要求。

在螺栓连接中，绝大多数的螺栓是承受拉力的，根据连接是否拧紧，可分为松连接和紧连接。松连接的螺栓没有预紧力，只是在承受工作载荷时，连接中才有力的作用。如起重吊钩图 2-3-42 上的螺栓连接。松连接一般应用较少。紧连接在承受工作载荷之前，连接中就有很大的预紧力，在钢结构中的螺栓连接绝大多数为紧连接。

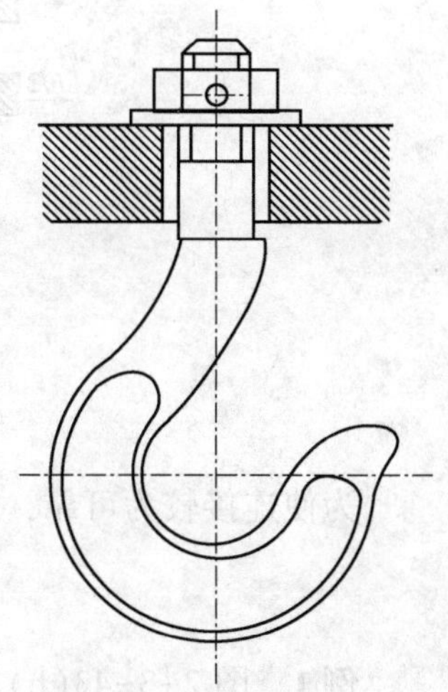
图 2-3-42　起重吊钩

螺栓连接中最常发生的破坏形式是螺杆部分被拉断。因螺栓都已标准化了，其各部分结构尺寸及螺母尺寸已根据等强度原则和经验确定，因此选用螺栓时先确定螺栓直径，然后按标准选择螺栓及相应的螺母和垫圈。如果螺杆的强度已足够，则螺纹和螺母的强度也就够了。

松连接中的螺栓，受轴向载荷作用前，螺栓不受拉力作用。在紧连接中，拧紧螺母，一方面使螺栓受拉，另一方面，由于螺纹间的摩擦，还将使螺栓受扭。所以在紧连接中，螺栓在承受工作载荷之前就受到拉伸和扭转的组合作用。扭转对螺栓强度的影响，根据理论和经验确定，大约等于螺栓所受纯拉伸对强度影响的 30%。

表 2-3-3 给出材料为 35 钢正火的螺栓，在各种直径时所能承受的轴向载荷，供选用时参考。

表 2-3-3　35 钢各种螺栓的轴向御用载荷　　N

螺栓公称直径 d/mm		6	8	10	12	16	20	24	30	36	42
静载荷	松连接	4000	7400	11800	17200	33000	52000	75000	119000	175000	240000
	控制扳手力矩紧连接	3100	5800	9200	13200	25000	40000	58000	92000	135000	184000
	不控制扳手力矩紧连接	1200	2400	4000	6100	12900	22200	36000	69000	109000	159000
不控制扳手力矩变载荷或起重用		500	1000	1700	2600	6000	9300	13400	21300	31000	42000

注：对于 Q235 及 45 钢，应将表中许用值分别乘以 0.75 及 1.1。

在确定紧连接螺栓直径时，由于连接的工作条件不同，选用螺栓时的轴向载荷，也有不同的计算方法，下面介绍两种常用的方法。

1. 受横向载荷作用

这种连接中，螺栓的直径略小于孔径图 2-3-43，当被连接零件受到横向载荷作用时，必须把螺栓拧紧，使被连接零件之间产生足够大的摩擦力，阻止它们的相对滑动，也就是说这种连接是靠螺栓预紧后产生的静摩擦力来传递横向载荷的，因此受载荷作用时，螺栓只受轴向的预紧力作用，不受横向载荷作用。预紧力 F_0 的大小可根据受横向载荷作用时不发生相对滑动的条件来确定。如果被连接零件受到的横向载荷为 F，它们间的摩擦系数为 f，摩擦面的个数为 m，则被连接件之间的预紧力 F_0 应满足

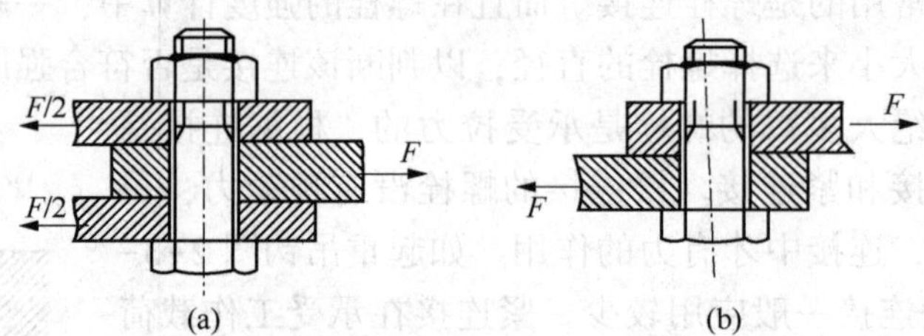

图 2-3-43　受横向载荷螺栓

$$mF_0f > F$$

$$F_0 > \frac{F}{mf}$$

为使连接较为可靠，通常取预紧力为

$$F_0 = 1.2\frac{F}{mf} \tag{2-1}$$

例 1　图 2-3-43(b)所示的连接中的螺栓材料为 35 钢，被连接的两零件间的摩擦系数为f=0.2，连接承受横向力 F=5000N，试确定螺栓的直径。

解：摩擦面个数 m=1，为了使连接可靠，螺栓的预紧力按式(2-1)取

$$F_0 = 1.2\frac{F}{mf} = 1.2 \times \frac{5000}{1 \times 0.2} = 30000(\text{N})$$

查表 2-3-3 可知，如不控制扳手力矩，应取 M24 的螺栓，如控制扳手力矩可取 M20 的螺栓。

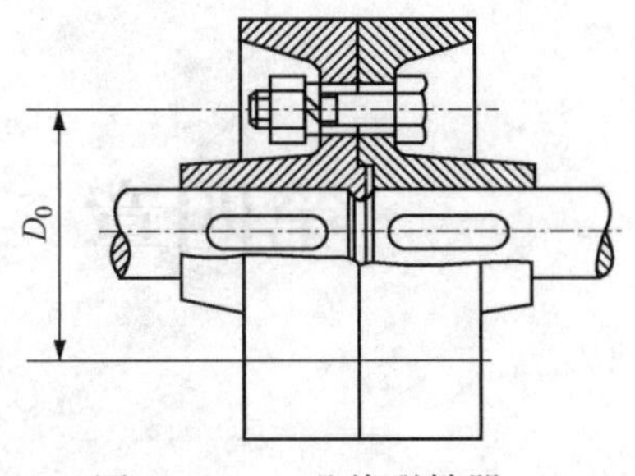

图 2-3-44　凸缘联轴器

例 2　电动机与减速器上凸缘联轴器用的螺栓连接如图 2-3-44 所示。已知：两半联轴器用 4 个粗制螺栓连接，配置螺栓的圆周直径 $D_0=80$mm，螺栓的材料为 35 号钢，电动机的功率为 10kW，转速为 1440r/min，盘间摩擦系数 $f=0.1$，试确定螺栓直径。

解：联轴器传递的转矩

$$M_n=974\frac{N}{n}=974\times\frac{10}{1440}=6.76$$

$$=67600(\mathrm{N\cdot mm})$$

传递这个转矩时，4 个螺栓需承受的横向载荷

$$Q=\frac{2M_n}{D_0}=\frac{2\times 67600}{80}=1690(\mathrm{N})$$

每个螺栓需承受的横向载荷为

$$F=\frac{Q}{4}=\frac{1690}{4}=423(\mathrm{N})$$

摩擦面个数 $m=1$，为了使连接可靠，螺栓的预紧力

$$F_0=1.2\frac{F}{mf}=1.2\frac{423}{1\times 0.1}=5080(\mathrm{N})$$

查表 2-3-3 可知，如不控制扳手力矩应取 M12 的螺栓。

2. 受轴向载荷作用

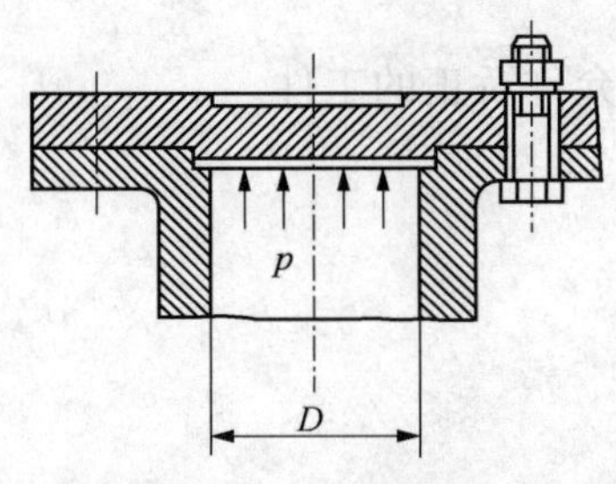

图 2-3-45　气缸螺栓

这种联接的特点是螺栓承受的工作载荷与轴线重合，显然螺栓的预紧力将因此发生变化。为了使螺栓在承受工作载荷 F 时，被连接的零件之间仍然有一定的压紧力，使被联接零件间不出现间燃。例如图 2-3-45 所示的容器与顶盖的联接，在容器内充满高压气体时，顶盖与容器必须仍然压得很紧，才能防止漏气，为此，必须将螺栓预紧到一定程度，当螺栓承受的工作载荷为 F 时，螺栓实际承受的拉力 F_0 应较 F 为大，这样才能把被联零件压紧，通常应使 $F_0=2F$。

例 3　用 8 个螺栓将顶盖连接在容器上，已知容器中的气压为 $p=1$MPa，容器的直径 $D=20$cm，试确定螺栓的直径。

解：容器盖上的压力为

$$F=\frac{\pi D^2}{4}\cdot p=\frac{3.14\times 0.2^2}{4}\times 10^6=31400(\mathrm{N})$$

每个螺栓所受的工作载荷为

$$F_1=\frac{F}{8}=\frac{31400}{8}=3930(\mathrm{N})$$

螺栓实际承受的拉力 $F_0=2F_1=7860(\mathrm{N})$

查表 2-3-3 可知，如不控制扳手力矩，取 M16 的螺栓才能有足够的强度。

第四章　结构件连接变形的矫正

第一节　矫正方法的选择

一、冷矫正的特点和范围

1. 冷矫正的特点

(1) 操作简单直观，矫正力直接作用于变形处。

(2) 一般对材料组织结构无影响，不会出现因加热矫正不当损坏工件的现象。

(3) 与热矫正相比，矫正精度比较高。

(4) 矫正较彻底，遗留残余应力少，工件使用可靠。

(5) 掌握工件回弹规律有利于矫正效果。

(6) 工作环境好。

(7) 需具备一定的设备工具条件。

2. 冷矫正的范围

(1) 变形简单或有一定规律的结构件。

(2) 原有设备(包括校直机、压力机、整形机等)的能力范围允许矫正的工件。

(3) 适用于矫正塑性较好的材料。

(4) 尺寸较小的工件。

(5) 对大批量工件一般都会创造有利于冷矫正的条件。

(6) 不宜加热的结构件。

二、热矫正的特点与范围

1. 热矫正的特点

(1) 所需的设备工具简单，成本较低。

(2) 矫正工件变形范围广。

(3) 操作者要具备一定的经验。

(4) 易产生残余应力及连锁变形

(5) 可现场解决重大变形问题。

(6) 有时需二次矫正。

2. 热矫正的范围

(1) 适用于外形庞大、变形复杂、矫正力大的结构件。

(2) 对中碳钢、高碳钢及合金钢部件的变形，只有材料处于退火状态时才可采用热矫正。

(3) 适用于包含有大规格型钢结构件的矫正。

(4) 无法用设备矫正的结构件。

(5) 大的结构件组装群，由于运输、吊运、存放引起变形的单元结构部件。

(6) 可用于对机械加工件废品的挽救，用热胀冷缩原理在一定范围内增加切削量。

第二节 火焰矫正

一、火焰加热温度

1. 加热温度的选择

火焰矫正时，应根据被矫正件材质、板厚和加热方法等不同情况，选择不同的加热温度，可分为低温、中温和高温三种。

(1) 低温加热。加热温度为500~600℃。低温加热适用于薄板，如板厚小于6mm的钢板。由于低温加热最高温度在相变温度之下，适于含碳量大于0.25%的碳素钢和合金高强度钢火焰矫正。低温加热允许浇水(清水)冷却，如600MPa级合金高强度钢可在450℃浇水冷却。

(2) 中温加热。加热温度为600~700℃，加热到这个温度范围内钢的屈服点更接近于零值。对于含碳量大于0.35%的钢和低合金高强度钢，也不会产生淬硬组织，并具备消除钢加工硬化、产生再结晶的优点，所以在这个温度范围内火焰矫正最佳。同时也允许较大的冷却速度，如浇水冷却等。

中温加热适用于板厚6~2mm的钢板件火焰矫正。但对含碳量大于0.35%的碳素钢和低合金高强度钢，加热温度要控制准确，应采用测温笔或测温仪器测量，不得超过Al(723℃)。

(3) 高温加热。加热温度为723~850℃。高温加热适用于大厚板加热，如板厚14~16mm加热温度为750~800℃，板厚大于20mm加热温度为850℃。但对含碳量大于0.35%的碳素钢和低合金高强度钢不能采用高温加热矫正。

2. 火焰矫正加热温度的控制

对于含碳量小于0.25%的低碳钢，由于加热温度范围较宽，可近似地凭观察钢材的加热颜色估计加热温度，见表2-4-1。

表2-4-1 钢材表面颜色及其相应的温度

颜色	温度/℃	颜色	温度/℃
浅褐色	500	橘黄色	900
赤褐色	600	淡橘黄色	950
暗褐色	650	黄色	1000
暗樱红	700	淡黄色	1100
樱红色	750	白微黄	1200
淡樱红	800	亮白	1300
橘黄微红	850		

从钢材表面颜色判断温度有一定的误差，而且与观察者的经验和现场的光线亮度关系很大，因此对含碳量大于0.35%的碳素钢和低合金高强度钢应采用测温笔或测温仪器测定比

较可靠。

(1) 测温笔测定。测量不同温度的测温笔各具有一定温度的熔点。先用标志一定温度的测温笔在钢材上划出笔痕，在加热过程中，若发珥笔痕开始缓缓熔化，则说明钢材已加热到测温笔所示的温度，此时就要停止加热。也可在加热过程中，用测温笔不断地划出笔痕，若3~5s后笔痕开始熔化，说明温度已达到测温笔所示的数值；若笔痕迅速熔化，则表示温度已超过；若笔痕仍不熔化，则表示加热温度还不够，要继续加热。这种测定温度的方法较颜色辨别的方法精度高。

(2) 测温仪器测定。利用测温仪器测定加热钢材的温度是当前比较理想的方法，精确度较高。常用的仪器有辐射感应器、热电偶测温仪、光电温度计、红外线温度计和光线示波仪等。

3. 火焰选择

按混合气体内氧气体积与乙炔、丙烷等气体的比值 α 的大小，把氧-乙炔焰分成三种：$\alpha=1\sim1.2$ 称中性焰，$\alpha>1.2$ 称氧化焰，$\alpha<1$ 为碳化焰。

火焰矫正通常采用氧化焰，主要特点是加热快，生产效率高，但采用氧化焰易产生过热现象。对于厚度在10mm以下的钢板，采用氧化焰较好。若使钢材产生均匀收缩，一般可采用中性焰。中性焰适合矫正10~30mm厚度的钢板。对于厚度大于30mm的钢板，应采用碳化焰缓慢加热，以便逐渐“烤透”钢板，避免钢板表面温度比较高，而内部温度比较低的现象。

二、火焰矫正的加热速度和冷却速度

1. 火焰矫正的加热速度

通常火焰矫正加热速度比火焰切割速度慢些。在加热温度和烤嘴一定时，火焰矫正的加热速度随板厚增加而降低，见表2-4-2。

表2-4-2 火焰矫正加热速度与板厚关系

加热速度/(mm/s) \ 板厚/mm \ 气体种类	2~4	6~8	10~12	14~16	18~20	>25
乙炔	15~25	14~16	8~10	7~9	5~6	<5
丙烷	13~20	11~13	6~11	7~9	5~7	<4

火焰矫正焊接角变形，如线状加热时速度慢，沿厚度方向温差小，矫正的效果不佳。若速度过慢(小于250mm/min时)，高温加热会使表面过热而出现缺陷。

2. 冷却速度

火焰矫正的冷却方法通常有两种：一种是空气中冷却，简称空冷(近似于正火处理)；另一种是喷水冷却(近似于淬火处理)。

(1) 空冷。空冷是由空气靠近加热体吸收热量，空气密度变小，向上浮起，其他处冷空气又进入，随之空气又向上浮起，形成空气自然对流换热，加热体由于丧失热量温度逐渐下降至室温。空气是热的不良导体．钢件在空气中冷却速度小，仅相当于钢件在水中淬火冷却速度的2%~3%。但火焰矫正冷却速度较慢，可得到近似于正火的金相组织，这是其优点。含碳量大于0.25%的钢或合金钢，如果加热温度超过723℃则必须空冷。空冷的缺点是冷却时间较长、生产效率低。

(2) 喷水冷却。为提高火焰矫正生产效率，使用清水作为冷却介质就能满足要求。因盐水或其他水溶液冷却速度过快易产生裂纹，不宜在火焰矫正中使用。水在不同温度范围内的冷却速度见表 2-4-3。水冷应用于低温矫正和中温矫正．对于含碳量小于 0.25%的低碳钢高温矫正时也可采用喷水冷却，喷水冷却可提高效率 3 倍以上，如加热至重结晶温度则还能细化晶粒，提高力学性能。但对于含碳量大于 0.25%的碳素钢和低合金高强度钢，中温加热和高温加热时不宜采用喷水冷却。

表 2-4-3　水在不同温度范围内的冷却速度

水温/℃	在下列温度范围内的冷却速度/(℃/s)	
	650~550℃	300~200℃
18	600	270
26	500	270
50	100	270

三、火焰能率和烤嘴角度

1. 火焰能率

主要根据每小时可燃气体(乙炔或丙烷)的消耗量(L/h)来确定，而气体消耗量又取决于烤嘴的大小，所以一般用烤嘴大小表示火焰能率大小。火焰能率根据加热构件的厚度来估算，以确定烤嘴。只有适当的火焰能率，才能给予足够的热量烤透构件，达到火焰矫正的目的。在施工中，火焰矫正操作者都力图采用较大的火焰能率，以提高生产效率，如采用焊炬代替等。火焰能率(乙炔的消耗量)可按下式计算：

$$V = (100 \sim 120)\delta$$

式中 V——火焰能率(乙炔的消耗量)，L/h；

δ——钢板厚度，mm。

由上式计算出乙炔的消耗量之后，可选择焊炬型号和焊嘴号码。

2. 烤嘴角度

通常火焰矫正烤嘴的角度 α 为 80°~90°，但发现板件加热不透、出现翘曲变形时，为降低加热温度可将 α 减小。

火焰矫正的参数还包括氧气的压力、乙炔(或丙烷)的压力等，通常乙炔压力为 1~117.6kPa，氧气的压力随板厚和烤嘴的加大而加大。火焰矫正的参数是相互关联的。表 2-4-4 为用焊炬进行氧-乙炔火焰矫正的参数，供参考。

表 2-4-4　用焊炬进行氧-乙炔火焰矫正的参数选择

项目	钢板厚度/mm				
	≤2	2~6	6~12	14~20	20~40
焊炬(焊炬嘴号)	H01-2-$^{0.5}_{0.6}$	H01-6-$^{0.9}_{1.3}$	H01-12-$^{1.3}_{2.2}$	H01-20-$^{2.4}_{3.2}$	H01-40-$^{3.2}_{4.6}$
代用割炬及割炬嘴号	G01-30-0.6	G01-30-$^{0.8}_{1.0}$	G01-100-$^{1.0}_{1.3}$	G01-100-1.6	G01-300-5
氧气压力/kPa	98.1~245.2	196.1~392.3	392.3~686.5	588.4~748.5	784.5~980
乙炔压力/kPa	1.0~117.6				

续表

项目		钢板厚度/mm				
		≤2	2~6	6~12	14~20	20~40
以横向收缩为主	加热温度/℃	500~600	500~650	600~700	720~850	720~850
	加热速度/(mm/s)	15~25（直线形运焰）	10~20（螺旋形运焰）	5~15（螺旋形运焰）	4~10（螺旋形运焰）	4~8（螺旋形运焰）
以角变形为主	加热温度/℃	450~500	500~600	600~700	720~850	720~850
	加热速度/(mm/s)	18~25（直线形运焰）	10~18（直线形运焰）	6~12（波浪形运焰）	6~10（波浪形运焰）	5~10（波浪形运焰）

3. 火焰矫正的技术要求

（1）对制造要求有上拱度的板结构焊接梁（如起重机主梁等部件），应以腹板下料预制上拱度为主，装配焊接要控制焊接变形以达到技术要求。

（2）应尽量避免在构件危险截面的受弯矩最大区进行火焰矫正。火焰加热面积在一个截面上不宜太大，可多选几个截面加热。

（3）尽量避免同一焰道多次加热。

（4）采用火焰矫正，加热部位应尽量与焊接部位对称，这样可以使焊接残余应力与热矫形余量应力相互抵消一部分。

（5）必须弄清楚矫正构件的材质。对低合金高强度钢水冷却必须控制温度，应有测温仪器。如果温度控制不准，对高强度钢加热温度超过 A_1（723℃）会有相变产生，当采用水冷时易出现低碳马氏体组织，使结构件变脆，力学性能变差。

（6）火焰矫正施加外力必须慎重。由于施加外力引起的预约束应力使加热部位受压应力，过大的压应力会使加热部位失稳，引起加热体皱褶，即加热表面凹凸不平。

（7）防止表面缺陷。火焰矫正加热温度过高，易引起表面出现裂纹、熔融和起鳞等缺陷。如使用割炬加热，事先没有关紧高压氧气阀门，有氧气泄漏会使燃烧温度过高。

第三节　机械矫正

矫正主要采用火焰矫正或火焰加外力矫正，而外力的实现主要靠胎具、机具及其他工具。

一、常用机具

1. 千斤顶

主要有三种类型，即简易螺栓千斤顶、Q 型螺旋千斤顶和 QY 型油压千斤顶。

（1）简易螺栓千斤顶。结构如图 2-4-1 所示，主要有顶帽、螺栓顶杆和底座等组成。螺旋螺栓顶杆通过底座上的螺旋起升。其结构简单，主要用于火焰矫正梁、柱的弯曲变形。

（2）Q 型螺旋千斤顶。结构如图 2-4-2 所示，技术规格可按 JB/T2592-2008《QJ 螺旋千斤顶》标准选取。

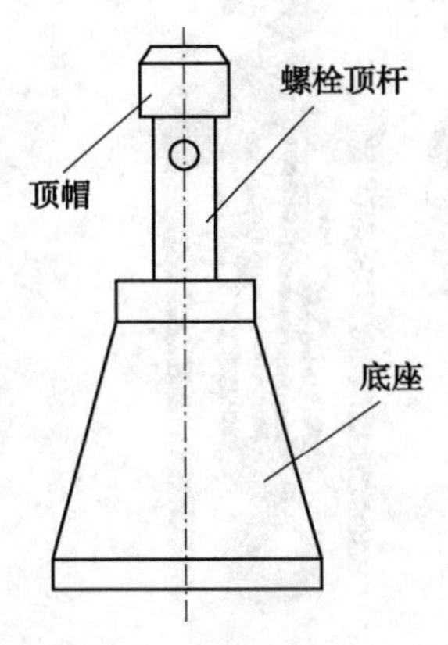

图 2-4-1 简易螺栓千斤顶

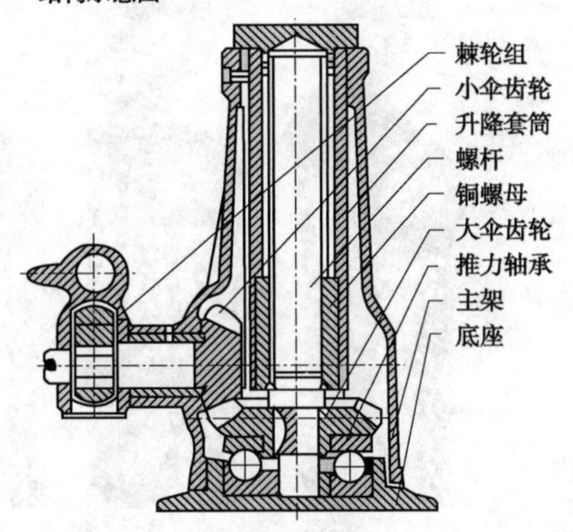

图 2-4-2 Q 型螺旋千斤顶

（3）QY 型油压千斤顶。一种手动油压千斤顶，外形如图 2-4-3 所示，技术规格可按 JB/T2104-2002《油压千斤顶》标准选取。

2. 螺旋拉紧器

通过调整螺栓长短达到拉紧工件的作用，可用来矫正梁、柱的弯曲变形。如图 2-4-4 所示。

手拉葫芦：起重高度一般不大于 3m，特制最大提升高度 12m，起重量可达 20t，1~2 人操作。如图 2-4-5 所示。

图 2-4-3 QY 型油压千斤顶

二、矫正胎具

1. 螺旋顶紧器

如图 2-4-6，由挡铁、横梁和螺杆组成，旋转螺杆可起到夹紧作用，主要用于矫正主梁、柱的扭曲变形。

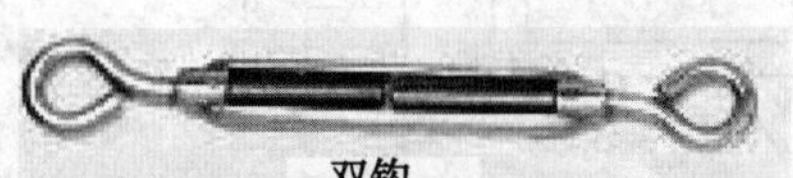

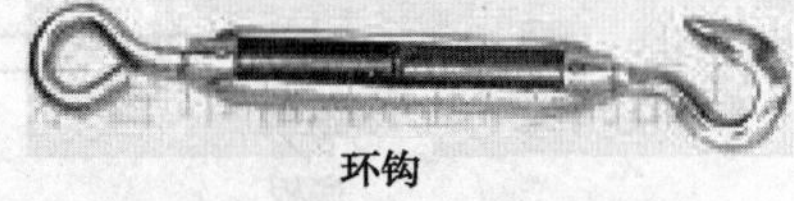

图 2-4-4 螺旋拉紧器

2. 烤板座

其构造如图 2-4-7，由底板、立柱和上座板等件组成。底板下面是一个加工好的平面，厚度 40~60mm，并钻有直径 40~80mm 的孔，孔边距 150mm。底板最好采用耐热钢或铸铁材料，立柱和上座板为一体，上面可加重物。这种胎具主要配合平台用于火焰矫正板件的波浪变形。

3. 烤板夹胎

其构造如图 2-4-8，固定架是矩形的框架，框架竖杆为两槽钢对焊而成，中间沿高度每隔 500mm 钻以穿滑杆的孔。烤板通过穿滑杆挂起，可随滑杆的位置变动而移动。

使用此胎具时，工字梁正放，找出腹板波浪变形超差处，将固定架套在此处，烤板靠上腹板，用千斤顶加压，使腹板波浪被烤板压平，再通过烤板孔用火焰加热腹板来矫正。烤完

图 2-4-5　手拉葫芦

图 2-4-6　螺旋顶紧器

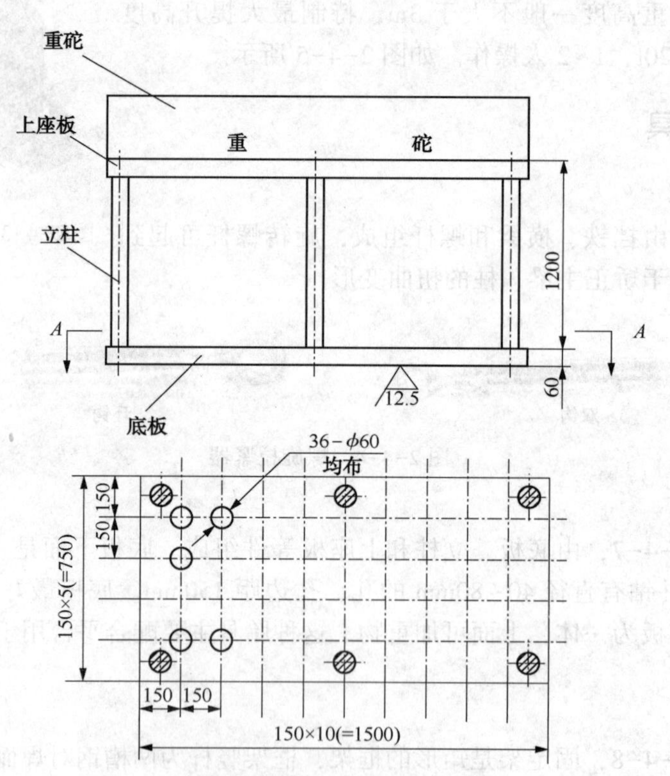

图 2-4-7　烤板座

一处，冷却后移动滑杆，进行下一处矫正。

这种胎具主要用于矫正立方的Ⅰ型梁结构件的腹板波浪变形。

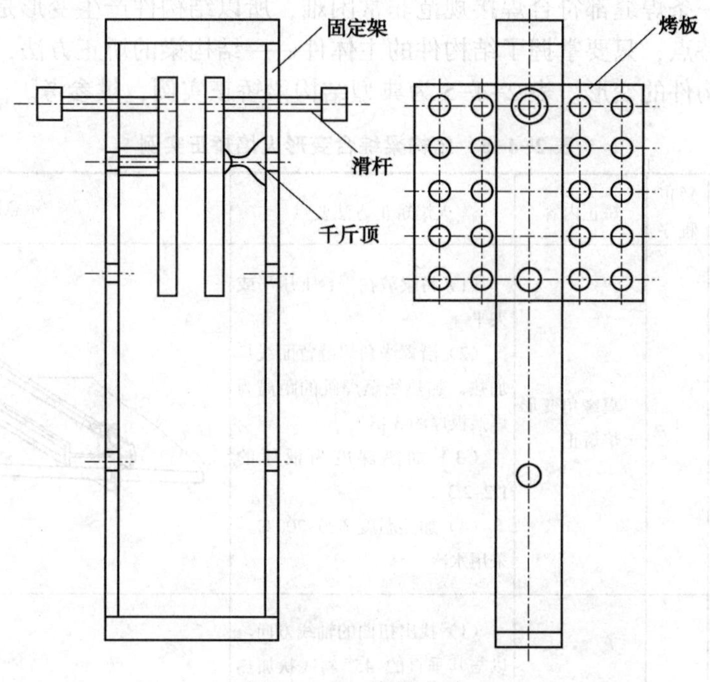

图 2-4-8　烤板夹胎

第四节　典型结构梁的火焰矫正

一、结构梁的火焰矫正程序

这里讲的结构梁指的是由若干单元件焊接而成的梁。根据制造经验，绝大多数梁都采用火焰矫正方法。当对某种梁矫正一种变形时，会诱发其他变形，也就是说火焰矫正变形往往是互相牵连的。如矫正梁的扭曲变形，会诱发梁的弯曲变形；矫正梁盖板翼缘角变形，会诱发梁的弯曲变形；矫正梁的弯曲变形，会诱发梁的腹板或盖板的波浪变形；矫正梁的腹板或盖板的波浪变形，会诱发梁的弯曲变形，等等。

根据梁的火焰矫正诱发变形的大小，通常梁的火焰矫正程序如下：

(1) 矫正梁的扭曲变形；

(2) 矫正梁的翼缘角变形；

(3) 矫正梁的弯曲变形；

(4) 矫正梁的腹板、盖板波浪变形。

火焰矫正梁变形的程序，主要根据梁的实际变形情况(一般是拱挠、水平弯曲和腹板波浪变形同时存在)在梁弯曲变形不大的情况下，为施工方便，可先矫正梁的腹板或盖板的波浪变形，然后再矫正梁的弯曲变形。

二、典型结构梁矫正实例

结构件的使用范围极为广泛，而不同行业的结构件形状、尺寸等差异很大。在制造中，要使结构件的每一条焊缝都符合焊接规范非常困难，所以结构件产生变形是必然的。但结构件又有它的构成特点，只要掌握了结构件的主体件——结构梁的矫正方法，就可以类似地解决形态各异的结构件的变形。表 2-4-5 为典型结构梁矫正实例，供参考。

表 2-4-5　结构梁综合变形火焰矫正实例

序号	项目	矫正程序	矫正内容	火焰矫正方法要点	示意图
1	工字梁扭曲翼缘塌边	1	翼缘角变形火焰矫正	（1）将梁放在平台上压平或夹平 （2）沿翼缘角焊缝背面线状加热。加热线至焊趾的距离为焊接板厚的 3 倍 （3）加热深度为板厚的 1/2~2/3 （4）加热温度 600~700℃。采用水冷	a
		2	扭曲的矫正	（1）找出扭曲的轴线方向，以与其垂直的 45° 斜线状加热盖板 （2）对面的盖板，对称反方向线状加热 （3）加热深度为板厚的 1/2	
		3	矫正梁诱发的弯曲变形	（1）在梁弯曲侧的盖板上横向带状加热 （2）相对应带状加热位置在腹板上加热三角形面积 （3）加热深度等于板厚	
		4	矫正诱发的腹板波浪变形	（1）在凸起的波峰处，圆点加热，可采用同心圆式加热 （2）火焰点状加热，次序见图示 （3）火焰加热温度 600~700℃，可采用浇水冷却 （4）凸起波峰处矫平后，如凹谷仍存在，可将工字梁翻个变凸面朝上进行矫正	①②③④

续表

序号	项目	矫正程序	矫正内容	火焰矫正方法要点	示意图
2	通用桥式起重机箱形主梁螺旋形扭曲变形，下挠和腹板波浪变形火焰矫正	1	梁螺旋形扭曲火焰矫正	（1）采用螺旋拉紧器等工具加反向扭矩，将梁扭正 （2）在盖板和腹板上相对应斜线加热，斜线方向与扭曲轴线方向垂直 （3）加热线深度为板厚的 1/2 （4）加热线应分批次进行	
		2	矫正梁的下挠	（1）在下盖板上横向带状加热，加热顺序由两端向中间，可分批次进行 （2）在盖板带状加热，相对腹板处加热三角面积，应注意，每处盖板加热带状应和腹板加热三角形同时进行 （3）加热深度为板厚	
		3	矫正腹板波浪变形	（1）在波浪处点状加热，面积为圆点，可采用螺旋形运焰 （2）加热温度 600~700℃，加热深度为板厚。可采用木锤或铜平锤锤击加热点周围 （3）喷水冷却 （4）先加工凸处，如冷却后仍有凹处，应将凹处焊吊耳，然后通过吊起吊耳将凹处揪成凸形后再加热矫正	
3	通用桥式起重机主梁上拱度过大和水平弯曲过大的火焰矫正	1	同时矫正梁上拱度和水平弯曲	（1）在梁的上盖板上加热梯形面积，梯形大边朝凸向侧 （2）加热方向由小边向大边 （3）与梯形面积相对应，在腹板处按三角形面积加热，大边侧腹板加热大三角形面积，小边侧腹板加热小三角形面积 （4）加热深度等于板厚 （5）火焰加热分批次进行	
		2	矫正诱发的腹板波浪变形	矫正方法同前	

续表

<table>
<tr><th>序号</th><th>项目</th><th>矫正程序</th><th>矫正内容</th><th>火焰矫正方法要点</th><th>示意图</th></tr>
<tr><td rowspan="2">4</td><td rowspan="2">通用桥式起重机主梁水平弯曲变形的火焰矫正</td><td>1</td><td>矫正梁的水平弯曲变形</td><td>（1）在梁的凸向侧腹板上横向线状加热，与此相对应在上下盖板上按三角形面积加热（要同时加热）
（2）加热深度等于板厚
（3）先加热两头，按批次进行</td><td>1–2
2–1
2–1
1–1</td></tr>
<tr><td>2</td><td>矫正梁诱发的腹板波浪变形</td><td>矫正方法同前</td><td></td></tr>
<tr><td rowspan="3">5</td><td rowspan="3">门式起重机主梁拱度大、翘度小的火焰矫正</td><td>1</td><td>矫正梁的拱度过大变形</td><td>（1）在梁的跨内（两支腿中间）上盖板上，火焰横向带状加热，与此相对应在两腹板上同时三角形加热。加热方向应由盖板宽度中点向两边同时加热
（2）加热深度等于板厚
（3）加热应分批次进行</td><td rowspan="2">1–1 2–2 2–1 1–2
L
与支腿连接座
3–1 3–4 3–3 3–2</td></tr>
<tr><td>2</td><td>矫正梁悬臂端翘度小</td><td>经矫正恢复主梁上拱度后，如悬臂端的翘度小：
（1）在梁的悬臂端上盖板上横向带状加热，与此相对应在腹板处三角形加热，加热方向由盖板宽度中间向两边同时加热
（2）加热深度等于板厚
（3）加热应分批次进行</td></tr>
<tr><td>3</td><td>矫正诱发的腹板波浪变形</td><td>矫正方法同前</td><td></td></tr>
<tr><td>6</td><td>门式起重机主梁拱度小、翘度大的火焰矫正</td><td>1</td><td>矫正主梁拱度小</td><td>（1）在梁跨内下盖板上横向带状加热，与此相对应在腹板处三角形加热
（2）带状加热由盖板中间分别向两边加热，腹板两边三角形加热要同时进行
（3）加热深度等于板厚
（4）加热应分批次进行</td><td>A L
与支腿连接座</td></tr>
</table>

续表

序号	项目	矫正程序	矫正内容	火焰矫正方法要点	示意图
6	门式起重机主梁拱度小、翘度大的火焰矫正	2	矫正主梁悬臂翘度大	经矫正的梁跨内上拱度合格后，如翘度仍然大，应进行火焰矫正： （1）在悬臂的下盖板处横向带状加热，与此相对应，在腹板处三角形加热 （2）下盖板带状加热，仍从盖板中间向两边同时加热，腹板也要三角形加热 （3）加热深度等于板厚 （4）加热应分批次进行	A A向
		3	矫正诱发的腹板波浪变形	矫正方法同前	

第五章　技能训练

第一节　托架制造实训

一、读图分析

见图 2-5-1 本件为一焊接结构部件。其底面为焊接接口，根据使用情况要求外形美观。本件为薄板拼焊，采用定位焊(总装时全焊)，应注意采取合理的定位措施。

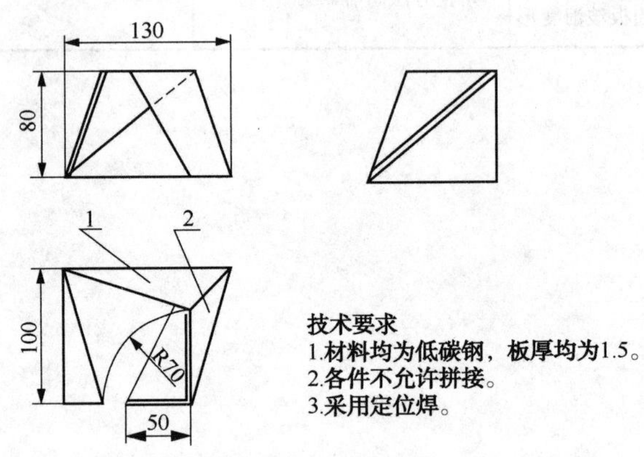

图 2-5-1　托架制件

二、工艺过程

1. 件 1 工艺过程

(1) 用三角形展开法展开并制作出展开样板。沿展开图外形均减小 1~1.5mm。

(2) 号料。按样板划线。

(3) 下料

1) 手工下料。用平衡錾錾切(自己制作工具)；剪板机和平衡錾并用。

2) 机械下料。用快速剪床切割；根据展开样板编程，采用数控切割机床下料。

(4) 成形

1) 手工成形。用自制的槽制锥度的凹模及刀形锤槽制锥度圆弧。

2) 机械成形。设计制作专用压型胎或冲压模，在液压机、摩擦压力机或冲床上完成成形工序。

3) 整理并测量。

2. 件 2 工艺过程

(1) 用直角三角形计算法展开，其展开尺寸如图 2-5-2 所示。

其计算方法如下：

$$AB = \sqrt{(\sqrt{100^2 + 50^2})^2 + 80^2} = 137.48\text{mm}$$

$$BC = 50\text{mm}$$

$$CD = 70\text{mm}$$

$$DE = \sqrt{(\sqrt{30^2 + 30^2})^2 + 80^2} = 90.55\text{mm}$$

$$EA = 30\text{mm}$$

$$AC = \sqrt{100^2 + 80^2} = 128\text{mm}$$

$$CE = \sqrt{(\sqrt{100^2 + 30^2})^2 + 80^2} = 131.5\text{mm}$$

(2) 号料

1) 制作号料样板划线，比展开计算图形周边单向小1.0~1.5mm。

2) 在 E 处留余量(AE 延长线方向上)。因 $\angle DCE$ 较大，D 处不留余量。

3) 制作用于件 2 外部切割余料的样板。

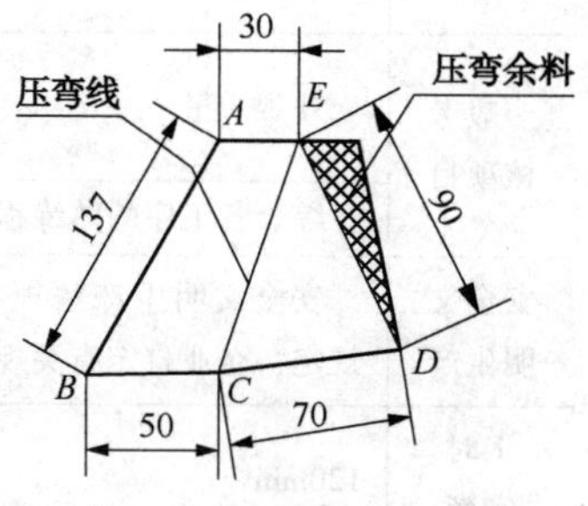

图 2-5-2　工件 2 展开图形

(3) 下料

1) 手工下料。用平衡錾錾切。

2) 机械下料。用剪床剪切。

(4) 成形

1) 手工成形。用台虎钳和手锤折弯，钳口不平直或无棱角时可用条形垫块(其成形角度小于 90°，必要时制作角度样板)。

2) 机械成形。在普通折弯机上将工件折成 90°，而后整理成所需角度。设计制作压形胎，在压力机上完成压形。

3) 用外部成形余料样板划线，去除余料。方法有锯削、磨削、铣削、平衡錾錾切。

4) 整理并测量。

3. 制件的装配

(1) 自由组装法

在平台上划出工件底平面外廓线；用角度、高度样板完成定位。

(2) 胎具装配

制作专用胎具；按工件四面外形定位，用凸台定位块及角度定位块。

三、制作难点及技巧

为保证工件棱角分明，在工件平面与圆弧分界线及弯角处(工件外面)应刻划深沟线，其深度约 0.1mm。

为方便装配，件 1 的两个底边夹角应稍小于 90°，装配时靠凸台定位块将其固定装配。

四、技能考核评分表

技能考核评分表见表 2-5-1。

表 2-5-1　托架制造考核评分表

考核项目	考核内容	考核要求	配分	评分标准	扣分	得分
主要考核项目	展开下料	展开方法得当	7	方法不当扣 2 分		
		下料尺寸正确	6	每超差 1.0 扣 1 分		
		錾切下料	7	设备下料扣 2 分		
	成形	手工成形	18	如用设备成形扣 6 分		
		成形方法得当	10	方法不得当扣 5 分		
	装配	尺寸 80 公差±0.5 其余尺寸公差均为±1.0	14	各件尺寸每超 1.0 扣 1 分		
		装配方法得当	8	方法不当扣 4 分		
一般考核项目	外观质量	外形周正	7	不周正扣 1~3 分		
		无明显锤击印或隔痕	7	出现一处扣 1 分		
	综合各工序的熟练程度	各工序操作熟练	6	根据熟练程度给 1~6 分		
安全文明生产	安全文明生产法规有关规定，企业自定有关规定	按标准评定	10	违反有关规定扣 1~10 分		
工时定额	120min	按规定时间完成		超工时定额 5%～20% 扣 2~10 分		

第二节　五面体制造实训

一、读图分析

见图 2-5-3 本件属于封闭的结构件形体，由于制件形状怪异，不存在工艺和测量基础平面，其难度在于各个单元件制作时尺寸下料及板厚处理必须理想。因为一旦装点后各尺寸将无法更改和修理，为满足三件拼接的要求，应考虑折弯成形时的方便性。

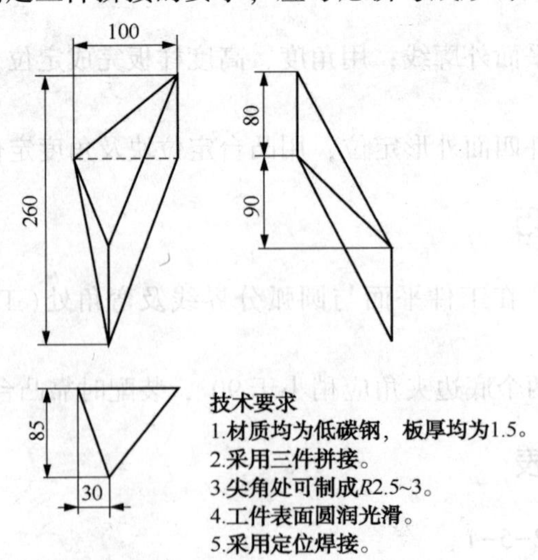

图 2-5-3　五面体制件

本件下料处理方案：外观由五个平面组成，制作时由三件组成。

件 1 为三角形板料 ACB；

件 2 为三角形 ABE 和四边形 $BCDE$ 连体件；

件 3 为三角形 ADE 和三角形 ACD 连体件。

为方便展开下料，现介绍本件各棱线和有关直线的实长计算方法。

$$AB = \sqrt{(\sqrt{90^2 + 30^2})^2 + 85^2} = 127.4\text{mm}$$

$$BC = 90\text{mm}$$

$$CD = \sqrt{(\sqrt{180^2 + 70^2})^2 + 85^2} = 211\text{mm}$$

$$DE = 80\text{mm}$$

$$AE = \sqrt{100^2 + 80^2} = 128.1\text{mm}$$

$$BE = \sqrt{(\sqrt{170^2 + 70^2})^2 + 85^2} = 202.5\text{mm}$$

$$AD = 100\text{mm}$$

$$AC = \sqrt{(\sqrt{180^2 + 30^2})^2 + 85^2} = 201.3\text{mm}$$

$$BD = \sqrt{(\sqrt{70^2 + 90^2})^2 + 85^2} = 142.2\text{mm}$$

二、工艺过程

1. 件 1 工艺过程

(1) 在钢板上按前述计算结果直接划线作出三角形。

(2) 下料

1) 手工下料。用平衡鏨鏨切。

2) 机械下料。用剪板机剪切。

2. 件 2 工艺过程

(1) 展开

1) 在主视图上连接 BD，该件是由三个三角形 ABE、BDE 和 BCD 组成。

2) 按各实长线画出展开五边形 $ABCDE$。

(2) 号料

在原展开图周边单面减小 1.5mm 左右，制号料样板，并在钢板上划线号料(按前例托架在折弯处留余量)。

(3) 下料

1) 手工下料。用平衡鏨鏨切。

2) 机械下料。用快速剪床或联合剪冲机斜刃刀冲切。

(4) 成形

1) 制作该件成形角度样板，其方法如下：

如图 2-5-4 所示，给出图 2-5-3 各点名称 A、B、C、D、E 及两面视图，由 A' 向 $B'E'$ 作垂线，交 $B'E'$ 于 F 点，从 F 点向主视图作投影线交 BE 于 F' 点。通过 B'、F、E' 点作三条直角线，并与平行于 $B'E'$ 的直线交于 1、2、3 点，截取主视图中 C 点到 B 点、A 点(D 点)、E 点的水平高度距离等于 $B''C''$. (C'' 与 1 重合) A''-2、D''-3、E''-3，连接 $A''E''$、$D''E''$、$A''B''$、

$B''E''$、$B''C''$、$C''D''$得换面后的投影图。

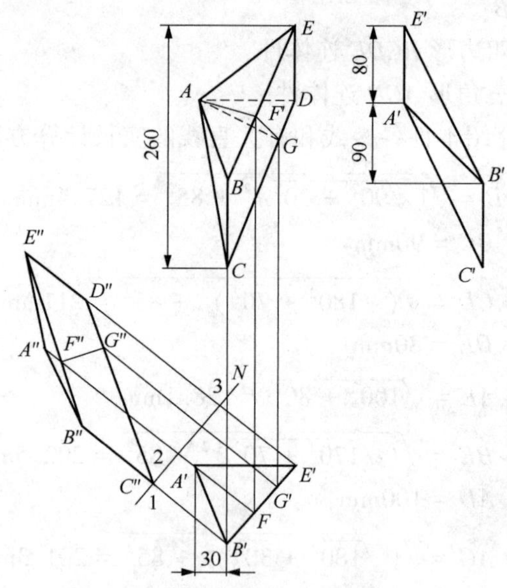

图 2-5-4　五面体压形角度计算

$A''2$ 与 $B''E''$相交于 F''，过 F''作 $B''E''$的直角线、交 $C''D''$于 G''，过 G''作 $B'E'$的垂线得交点 G'，过 G'向主视图作投影线，与 CD 交于 G 点，连接 AF'、$F'G$、AG，得出 $\Delta AF'G$ 在主视图的投影，用旋转法求出三个边实长，作出 $\Delta AF'G$，量出 $\angle AF'G$ 即为压形样板角度。

同时也可以用计算法计算出各边的长度，用余弦定理计算出角度，这里不再赘述。

2）手工成形。用台虎钳、手锤、夹紧块及垫铁等。

3）机械成形。在折边机上压弯，注意应在下模上配以垫铁；批量大时设计制作专用压形胎，在冲床、摩擦压力机和液压机上使用；去除工艺余料。

4）整理并测量。

3. 件 3 工艺过程

件 3 与件 2 相同，这里仅给出该件成形角度样板计算：

$$成形角度=180°-\arctan(85/180)=154.7°$$

4. 制件的装配

对于单件制作，装配时掌握面与面之间的角度即可。对于大尺寸工件则需制作装点胎具，多数情况是将工件按图示位置布置，增设各面空间定位，一面三点为首选。注意：最后装点工件的定位应为活动定位。

三、制作难点及技巧

1. 组合件的选样

要点是两件组合后的压制角度及其他尺寸的掌握应方便，如本件将四边形 $BCDE$ 和三角形 ADE 组合，一是压形角度偏小成形困难，二是压后形状保证及整理难度较大。

2. 尺寸的测量

本件外形均为三面交点，图样给的全是尖点、交点尺寸，测量时应根据可靠的角度间接推算出各尖点间的尺寸。

3. 影响尺寸的因素

主要因素应是角度和接口状况。因焊缝在某种程度上可以弥补接口的不足，角度不准则影响工件使用。如果大批量生产则应在提高角度精度的情况下选择理想的接口。

四、技能考核评分表

技能考核评分表见表 2-5-2。

表 2-5-2　五面体制造考核评分表

考核项目	考核内容	考核要求	配分	评分标准	扣分	得分
主要考核项目	展开下料	展开方法得当	3	方法不当扣 1 分		
		考虑工艺余量	2	没考虑扣 2 分		
		下料尺寸正确	5	每超差 1.0 扣 1 分		
		錾切下料	10	用设备下料扣 3 分		
	成形	手工成形	10	用设备成形扣 5 分		
		成形方法得当	10	方法不得当扣 5 分		
	装配	尺寸 260 公差±1.5 其余各尺寸公差均为±1.0	18	各件尺寸每超 1.5 扣 1 分		
		装配方法得当	8	方法不得当扣 4 分		
一般考核项目	外观质量	外形周正	6	不周正扣 1~3 分		
		棱角分明	6	出现一处不分明扣 2 分		
	综合各工序的熟练程度	无明显锤击印或隔痕	6	出现一处扣 1 分		
		各工序操作熟练	6	根据熟练程度给 1~6 分		
安全文明生产	安全文明生产法规有关规定，企业自定有关规定	按标准评定	10	违反有关规定扣 1~10 分		
工时定额	120min	按规定时间完成		超工时定额 5%~20% 扣 2~10 分		

第三节　输料斗制造实训

一、读图分析

见图 2-5-5 本件为斜圆锥体的一半与山形压形件拼焊而成，制作的关键是保证理想的接口。焊缝布置在外面，采用角接接头。为解决压形困难，件 2 改成两部分拼接，即件 2 和件 3 接接。本件下料处理方案为：

件 1　为斜圆锥体的一半。

件 2　为三角形 *ABE* 和三角形 *ABC* 的连体件。

件 3　为三角形 *BCD*。

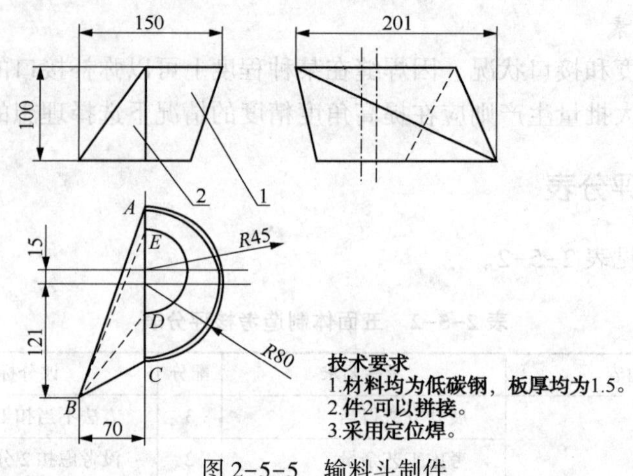

图 2-5-5　输料斗制件

二、工艺过程

1. 件 1 工艺过程

（1）采用三角形展开法或放射线法画展开图，两圆弧分别定为 $R78.5$ 和 $R43.5$，锥体高度 100mm 不变。

（2）按展开图做号料样板，用样板号料划线。

（3）下料

1）手工下料。用平衡錾錾切。

2）机械下料。用快速剪床切割下料；用数控机床切割下料。

（4）成形

1）手工成形

a. 在坯料上划压弯线。

b. 用两圆钢（$l=140$mm，直径 $\phi16\sim\phi20$mm）焊于平板上，两圆钢夹角与工件锥度一样，制成手槽凹模。

c. 用刀形锤槽制工件。

2）机械成形

设计制作专用压形模在压力机上压形，适用于大批量生产。

3）整理并测量。

2. 件 2 工艺过程

（1）用直角三角形法求出各棱线实长。

（2）在展开下料实际尺寸上周边均减小尺寸 1.5mm 并制成号料样板。

（3）用样板在钢板上划线号料。

（4）下料

1）手工下料。用平衡錾錾切。

2）机械下料。用剪板机下料。

（5）成形

参照上节五面体制造的件 2 的方法求出件 2 压弯角度并制出样板

1）手工成形。用台虎钳、手锤、夹紧块及垫铁。

2）机械成形

a. 在折边机上用通用模压弯，下模上加垫块控制角度。

b. 批量大时设计制作专用压模，在各种压力机上都可使用。

c. 尖点折弯处理前，在尖角处起弯时一般加上工艺余量，然后去除。根据实践经验也可采用压形处理方法，其过程如下：将坯料尖角去掉一块(压弯线方向去掉3~4mm，一般为3mm以下薄板，视工件大小及使用情况而定)；折弯前在折弯线的外平面划深沟线；用圆弧头状錾子和手锤踩弯。

3）整理并测量。

3. 件3工艺过程

下料后周边均可增大1~2mm，采用实配方法，大批量生产时不适合实配。

4. 制件的装配

（1）自由装配法

1）按该件底面和上面尺寸在平台上划线。

2）先将件1与件2装在一起，再装配件3。

3）采用角接接口。

4）用弯尺定位并检查。

（2）胎具装配法。

三、工艺难点及技巧

1. 接口处精确度

将件2上平面(*AC*边)留有5mm余量，以确保该件上平面高度尺寸的修理量。

2. 件3最后实配

件1、件2装点后可能会有累积误差产生，如果件3装点不上时可采用实配下料这样即使局部尺寸超差也不会影响整体件的装配，若不影响使用不失为一种可取的方法。选三角形*ABE*和*ABC*组合为件2，主要从工艺性考虑其压形角度方便。

四、技能考核评分表

技能考核评分表见表2-5-3。

表2-5-3 输料斗制造考核评分表

考核项目	考核内容	考核要求	配分	评分标准	扣分	得分
主要考核项目	展开下料	展开方法得当	4	方法不当扣2分		
		考虑工艺余量	4	件2拼接时没考虑余量扣2分		
		下料尺寸正确	6	每超差1.0扣1分		
		錾切下料	10	用设备下料扣4分		
	成形	手工成形	18	用设备成形扣6分		
		成形方法得当	10	方法不得当扣5分		
	装配	各尺寸公差均为±1.0（括号内尺寸不考虑）	12	各件尺寸每超1.0扣1分		
		装配方法得当	8	方法不当扣4分		

续表

考核项目	考核内容	考核要求	配分	评分标准	扣分	得分
一般考核项目	外观质量	外形周正	6	不周正扣 1~3 分		
		无明显锤击印或隔痕	6	出现一处扣 1 分		
	综合各工序的熟练程度	各工序操作熟练	6	根据熟练程度给 1~6 分		
安全文明生产	安全文明生产法规有关规定，企业自定有关规定	按标准评定	10	违反有关规定扣 1~10 分		
工时定额	120min	按规定时间完成		超工时定额 5%~20% 扣 2~10 分		

第四节　分离器制造实训

一、读图分析

见图 2-5-6 本分离器形体复杂，件 1 为经平面斜截、弧面斜截的 1/2 圆筒与两个特殊形状的四边形组成的连体件。件 2 为 1/2 的斜圆台。件 3 为内铰龙式封板。本分离器，件 1 应采用拼接，各件的加工应确保精度。

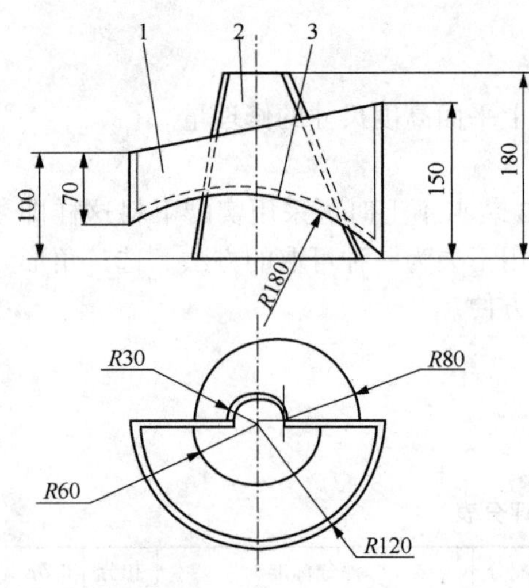

图 2-5-6　分离器制件

二、工艺过程

1. 件 1 工艺过程

本件将件 1 分为三件拼接，即半圆筒体和左、右堵板。

（1）半圆筒体工艺过程

1）展开。采用平行线法，圆筒展开半径 $R=118.5$，主视图在尺寸 150 处被一下斜 11.8°的平面所截，下部被一 $R180$ 的圆曲面所截，将俯视图半圆分若干等份后，各点向上投影得出若干圆筒体的素线，便可展开成形。

2）号料。按展开图形制号料样板，并在样板上划线号料。

3）下料

手工下料：采用平衡錾錾切。

机械下料：可采用快速剪床等机械切割下料。

大批量生产时，将其展开图形换算成若干轨迹坐标点编程，采用数控等离子切割。特大批量时采用冲裁模下料。

4）成形

手工成形：手工槽圆弧，在 V 形块上或自制槽圆弧胎上槽制，用刀形锤较理想。本件槽制前应划出槽弯线(与筒中心平行)，注意接口的平直。采用小型卷板机卷制，卷制前手工槽制两端接口的圆弧。

机械成形：大批量生产时设计压形模。压制时注意至少压三次，即中间压一次，两端各压一次。

整理并检测。

(2) 两个堵板工艺过程

1) 展开。根据主视图尺寸可直接计算。如果用画图法展开，应根据图样尺寸重新绘制。本堵板可作为其他各件误差累积的消化件。

2) 号料。按计算或绘制图的实际长度制作样板并号料。

3) 下料

手工下料：用平衡錾錾切。

机械下料：用剪床剪切后砂轮加工圆弧边缘，大批量时采用数控等离子下料，特大时批量采用冲裁模下料。

2. 件 2 工艺过程

(1) 展开。按放射性法或三角形展开法展开，并分别以半径 $R=28.5$ 和 $R=78.5$ 展开。

(2) 号料。按展开图形制样板并号料。

(3) 下料

1) 手工下料。用平衡錾錾切，手工等离子切割。

2) 机械下料。用快速剪床下料，联合剪冲机下料，批量大时采用数控等离子切割下料，特大批量采用冲裁模下料。

(4) 成形

1) 手工成形。用刀形锤和自制槽圆弧胎槽制。

2) 机械成形。批量大时设计制作专门压形模。

3) 整理并检测。

3. 件 3 工艺过程

(1) 展开方法

1) 在主视图上画出 $R180$ 的圆弧，其两个端点的水平距离为俯视图半圆的直径 $\phi238$。同时在半圆的圆心上画 $\phi120$ 的同心半圆。

2) 将俯视图两半圆(半环形)分若干份(不一定等分，应考虑展开时各点连接上的均匀性)，连接圆心与各个分点，得出两半圆上的各个交点。

3) 通过各交点向主视图作投影线，分别与圆弧 $R180$ 相交，得出各点(即将圆弧分成若干份)。

4) 将俯视图两半圆弧上各点向右引水平线。

5) 将主视图 $R180$ 圆弧上所截分的各段圆弧长(实长)，在俯视图各交点向右引的水平线上依次截取，得出展开图形的各点坐标。

6) 连接各点，即为展开图形。

(2) 号料。按展开图制作样板并号料。

(3) 下料

1) 手工下料。用平衡錾錾切下料；手工等离子切割下料。

2) 机械下料。快速剪床剪切、数控等离子切割下料。

(4) 成形

1) 手工成形。手工槽制成形。在垂直于半圆环形直径方向上划平行线若干条为槽制线，在台虎钳上或在制作的简易凹模上槽制。凹模可用两长度为 300mm 的 ϕ16 圆钢和一块底板焊成。

2）机械成形。卷板机卷制。坯料前行方向为半圆环直径方向，批量大时可采用冲压模成形。

3）整理并检测。

4. 制件的装配

（1）自由装配法

1）在平台上将本件底面投影(俯视图)划线。

2）将半圆筒体与件 3 装点在一起成组件。

3）将件 2 与组件装点。件 2 放于平台上，定位组合件靠弯尺及平台上半圆弧定位，在保证高度 150 和 100 情况下点焊，(悬空一边垫起)两件之间点工艺拉筋。

4）装配两个堵板。堵板一次装不上时应修理边缘再装。

（2）胎具装配法。批量大时采用胎具装配。由于批量大，件 2 和两个堵板可制成连体一次冲压成形，装配时只要堵板两端与件 3 半圆筒体直径端点重合即可。此时胎具比较简单，只设计悬空高度定位凸台和半圆筒体直径端点定位即可。

三、制作难点及技巧

（1）合理安排拼接方案。如果按图示将件 1 制成一体，首先是加工困难，其次是装配时困难，效果不好。本方案最后装堵板，能消化前工序的误差，简化了工艺。

（2）依靠互相平行(平行于圆筒中心线)的素线进行加工，槽制或卷制时确保工件移动的可靠性，解决了工艺方法不当造成的扭曲。

四、技能考核评分表

技能考核评分表见表 2-5-4。

表 2-5-4　分离器制造考核评分表

考核项目	考核内容	考核要求	配分	评分标准	扣分	得分
主要考核项目	展开下料	展开方法得当	8	方法不当扣 4 分		
		下料尺寸正确	7	每超差 1.0 扣 1 分		
		錾切下料	7	设备下料扣 3 分		
	成形	手工成形	18	用设备成形扣 5 分		
		成形方法得当	6	方法不得当扣 3 分		
	装配	尺寸 180、150 公差±1.0，其余尺寸公差均为$^{0}_{-2}$	17	各尺寸每超 1.0 扣 1 分		
		接口缝隙小于 1．0	3	局部超过扣 1~2 分		
		装配方法得当	6	方法不当扣 3 分		
一般考核项目	外观质量	外形周正	4	不周正扣 1~2 分		
		各面过渡清晰	4	出现不清晰一处扣 0.5 分		
		无明显锤击印或隔痕	4	出现一处扣 1 分		
	综合各工序的熟练程度	各工序操作熟练	6	根据熟练程度给 1~6 分		

续表

考核项目	考核内容	考核要求	配分	评分标准	扣分	得分
安全文明生产	安全文明生产法规有关规定，企业自定有关规定	按达到规定的标准程度评定	10	违反有关规定扣1~10分		
工时定额	120min	按规定时间完成		超工时定额5%~20%扣2~10分		

第五节　导流器制造实训

一、读图分析

见图2-5-7该件为多件组合的复杂相贯体，下料展开方式较少见。件2与件3为正圆锥体与正圆筒体的相贯，件2与件4为正圆锥体与马槽形件的相贯。展开该件的关键是根据视图先求出件2与件3、件4的相贯线，再根据相贯线将各件展开。

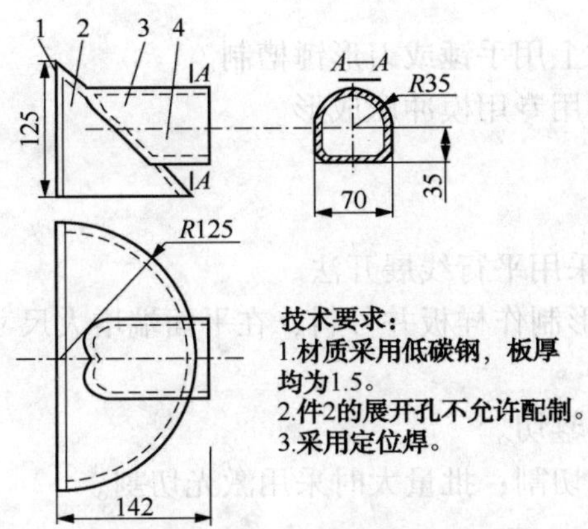

图2-5-7　导流器制件

根据该类相贯体制造经验，虽然影响相贯处理想接触的因素很多，但首要问题是画相贯线时的准确性，否则将给装配时带来很大麻烦。

二、工艺过程

1. 件1工艺过程

（1）号料。该件下料为一个等边三角形，按图下料即可。

（2）下料

1）手工下料：全部用平衡錾錾切，或剪板机剪切外形后整理。

2）机械下料：批量大时用激光数控切割机切割下料。

2. 件2工艺过程

（1）展开。展开半径取 $R=124$，用放射线展开方法。

（2）号料。按展开图形制号料样板并号料。

（3）下料

1）手工下料。全部用平衡錾錾切。

2）机械下料。快速剪床切割，用联合剪冲机冲切外形，内孔平衡錾整切；批量大时采用等离子数控切割机切割。

（4）成形

1）手工成形。制作手槽凹模，用刀形锤手工槽制。

2）机械成形。设计专用压形模。但应在里孔中间部位点焊相同厚度的支撑，防止压形时变形。成形后将支撑去掉。

3）整理并检测。

3. 件3工艺过程

（1）展开。根据相贯线采用平行线展开法。

（2）号料。根据展开图形制样板并号料，在平面端增大尺寸2mm。

（3）下料

1）手工下料。用平衡錾錾切。

2）机械下料。快速剪床切割，用剪冲机切外形，手工砂轮机磨削；根据批量可采用激光切割或冲裁下料。

（4）成形

1）手工成形。在台虎钳上用手锤或刀形锤槽制。

2）机械下料。批量大时用专用模冲压成形。

3）整理并检测。

4. 件4工艺过程

（1）展开。根据相贯线采用平行线展开法。

（2）号料。根据展开图形制作样板并号料，在平面端增大尺寸2mm。

（3）下料

1）手工下料。用平衡錾錾切。

2）机械下料。快速剪床切割；批量大时采用激光切割。

5. 制件的装配

（1）自由装配法

1）部件装。将件3、件4先装点在一起成组件。

2）总装。在平台上画工件俯视图各件轮廓线，装点时保证组件空间位置的正确，可用平尺定位并注意工件的相应高度尺寸。

（2）胎具装配法

1）保证各件独立地定位，不能为减小接口缝隙让某装点件作为定位因素。

2）对件3、件4装配时应考虑斜铁移动调高度。

三、制作难点及技巧

（1）多件相贯易产生接口缝隙。在实际制作中件2可先不开孔，将件3和件4装点与件2接触画线然后去孔。本方法适用于单件或小批生产。

（2）形状各异易产生累积误差。件3和件4装点后平面端往往出现台阶，解决办法是适当加长，最后整理去除余料。本方法同样适于单件或小批生产。

(3) 件 2 锥顶部下料时可去掉 2~3mm，以便于成形。最后堆焊修磨，工件同样美观。

四、技能考核评分表

技能考核评分表见表 2-5-5。

表 2-5-5　导流器制造考核评分表

考核项目	考核内容	考核要求	配分	评分标准	扣分	得分
主要考核项目	展开下料	展开方法得当	10	方法不得当扣 5 分		
		下料尺寸正确	8	每件超差 1.0 扣 1 分		
		曲线部分鏨切下料	12	本处用设备下料扣 4 分		
	成形	手工成形	12	用设备成形扣 4 分		
		成形方法得当	8	方法不得当扣 4 分		
	装配	各尺寸公差均为±1.0	12	每超 1.0 各扣 1 分		
		接口缝隙小于 1. 0	3	局部超过扣 1~2 分		
		装配方法得当	5	方法不得当扣 2 分		
一般考核项目	外观质量	外形周正	6	不周正扣 1~3 分		
		无明显锤击印或隔痕	8	出现 1 处扣 2 分		
	综合各工序的熟练程度	各工序操作熟练	6	根据熟练程度给 1~6 分		
安全文明生产	安全文明生产法规有关规定，企业自定有关规定	按达到规定的标准程度评定	10	违反有关规定扣 1~10 分		
工时定额	120min	按规定时间完成		超工时定额 5%~20% 扣 2~10 分		

第六节　迂回接头制造实训

一、读图分析

见图 2-5-8 本件是迂回 180°的矩形螺旋管。一端为矩形，一端为方形，其上、下盖板相当于蛟龙叶片；内、外侧板为一长度不变的母线运动后形成的螺旋曲面。本件应注意选择好理想的成形和装配方法，焊接上采用角接接口形式等工艺方法。

为便于展开，现将该件整个展开方法介绍如下：

如图 2-5-9 所示为此类工件的投影图形，一般已知尺寸为 a、b、c、h、t、r，可根据所给条件画出其展开图。图 2-5-10 所示为工作的展开图。

实长线的求法：先用已知尺寸按里口画出俯视图和主视图，如图 2-5-10 所示。在俯视图中只知道内半径 r，外半径没有尺寸，因此，需要用螺旋线画法求出外圆曲线。六等分半圆周，等分点为 1、2、…、7。连接各等分点与 O 并延长，与六等分 $7'$-$7''$各等分点至 O 分别作半径所画同心圆弧得交点为 $2'$、$3'$、$4'$、$5'$、$6'$、$7'$，通过各交点连成曲线得出俯视图。由各等分点和各交点分别引上垂线，与六等分主视图高($a+h$)的等分点画水平线，对应交点连成曲线。即得出主视图。俯视图实线都是实长线，只求出双点画线实长即可。在分别由双点画线的一端引双点画线的直角线上取等于主视图等分高度 n，得出各点分别连成斜线．即得出所求实长线为 e'_1、e'_2、e'_3、e'_4、e'_5、e'_6。

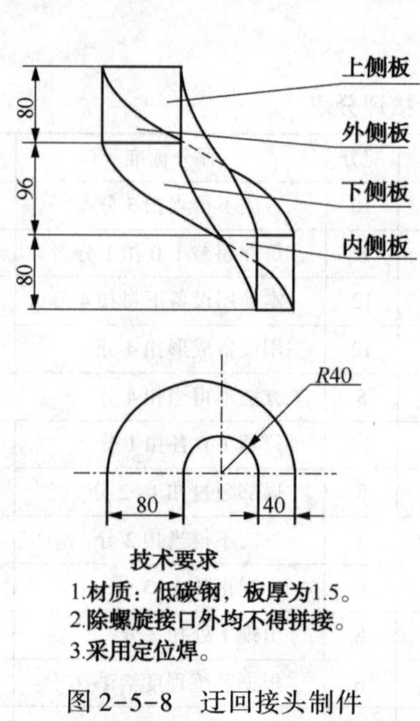

图 2-5-8　迂回接头制件

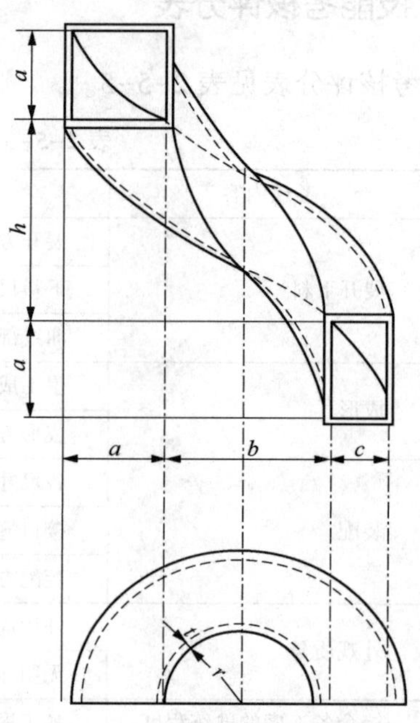

图 2-5-9　迂回接头投影图

内侧板展开图画法：在由主视图点 7^x 向左引的水平线上截取等于俯视图内圆弧伸直长度(在实际工作中应取板厚中心弧长)，并照录各等分点引上垂线，与由主视图内侧板各点向左引水平线对应交点连成直线，即得出内侧板展开图。

外侧板展开图画法：在主视图由点 7^x 向右引的水平线上截取等于俯视图 1′-7′曲线伸直长度(在实际工作中应取板厚中心长度)，并照录各点分别引上垂线，与由主视图外侧板各点向右引水平线对应交点连成曲线，即得出外侧板展开图。

上下侧板展开图画法：画 1″-1°等于俯视图 1′-1，以点 1″中心、俯视图实长线 e'_1 为半径画圆弧，与以点 1°为中心、内侧板展开图 1°-2°(在实际工作中内侧板取板厚度中心长度，等分可按照里口求出)为半径所画圆弧，得交点为 2°。以点 2°为中心、俯视图实长线 d_2 为半径画圆弧，与以点 1″为中心、外侧板 1″-2″(在实际工作中外侧板取板厚中心长度，作此展开图用曲线则按图上的方法求之)为半径所画圆弧，得交点为 2″。以点 2″为中心、俯视图实长线 e'_2 为半径画圆弧，与以点 2°为中心、内侧板展开图 2°-3°为半径所画圆弧，得交点为 3°。以点 3°为中心、俯视图 d_3 为半径画圆弧，与以点 2″为中心、外侧板展开图 2″-3″为半径所画圆弧，得交点为 3″。以点 3″为中心、俯视图实长线 e'_3 为半径画圆弧，与以点 3°为中心、外侧板展开图 3°-4°为半径所画圆弧，得交点为 4°。以点 4°为中心、俯视图 d_4 为半径画圆弧，与以点 3″为中心、外侧板展开图 3″-4″为半径所画圆弧，得交点为 4″。以点 4″为中心、俯视图实长线 e'_4 为半径画圆弧，与以点 4°为中心、内侧板展开图 4°-5°为半径所画圆弧，得交点为 5°。以点 5°为中心、俯视图 d_3 为半径画圆弧，与以点 4″为中心、外侧板展开图 4″-5″为半径所画圆弧，得交点为 5″。以 5″为中心、俯视图实长线 e'_5 为半径画圆弧，与以点 5°为中心、内侧板展开图 5°-6°为半径所画圆弧，得交点为 6°。以点 6°为中心、俯视图 d_6 为半径画圆弧，与以点 5″为中心、外侧板展开图 5″-6″为半径所画圆弧，得交点为

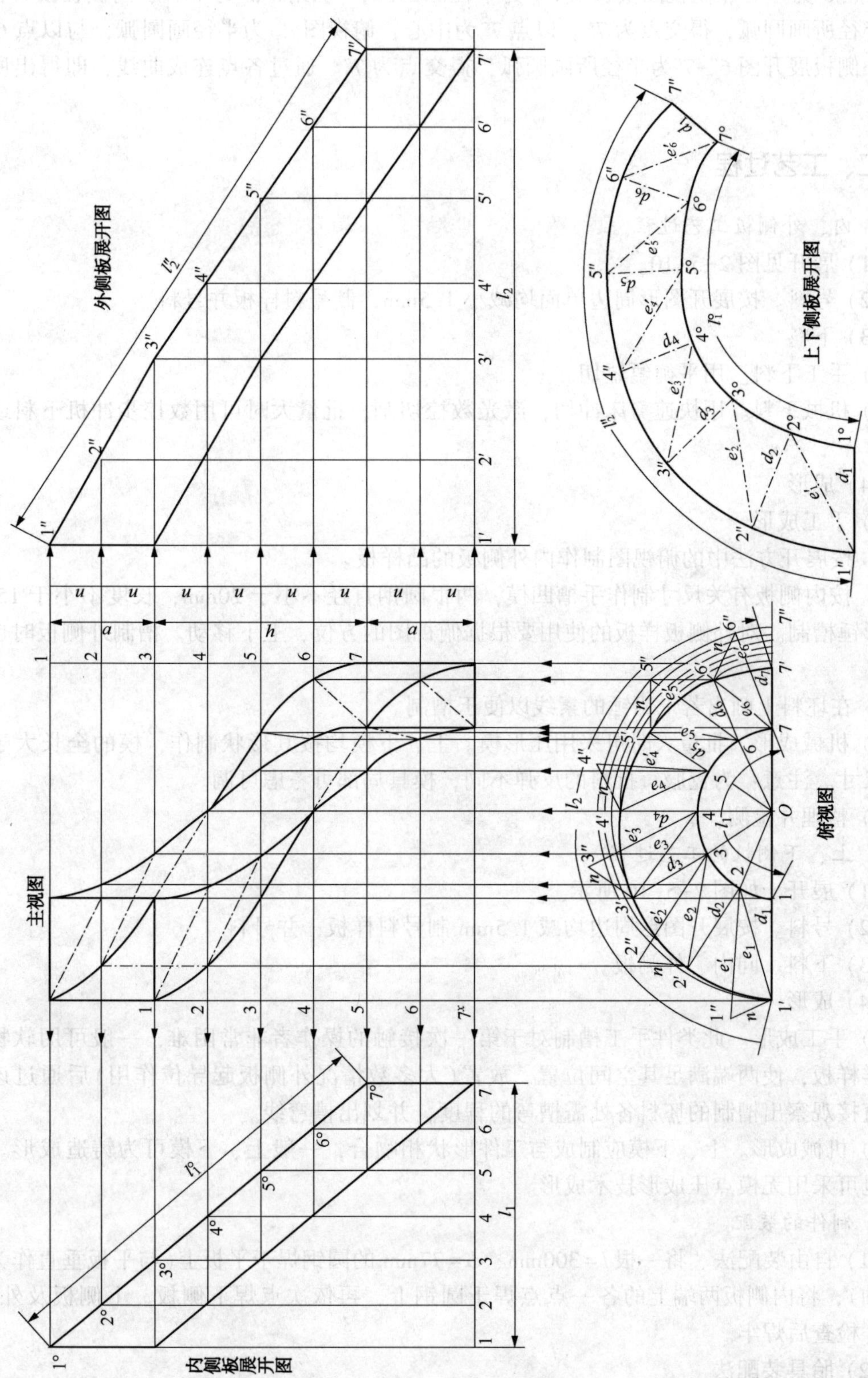

图 2-5-10　迂回接头展开方法

6″。以点6″为中心、俯视图实长线 e'_6 为半径画圆弧，与以点6°为中心、内侧板展开图6°-7°为半径所画圆弧，得交点为7°。以点7°为中心、俯视图 d_7 为半径画圆弧，与以点6″为中心、外侧板展开图6″-7″为半径所画圆弧，得交点为7″。通过各点连成曲线，即得出所求展开图。

二、工艺过程

1. 内、外侧板工艺过程

(1) 展开见图2-5-10。

(2) 号料。按展开图形周边单面均减小1.5mm，制号料样板并号料。

(3) 下料

1) 手工下料。用平衡錾錾切。

2) 机械下料。用快速剪床冲切，激光数控切割，批量大时可用数控步冲机下料或冲模下料。

(4) 成形

1) 手工成形

a. 按展开方法中的俯视图制作内外侧板的凸样板。

b. 按内侧板有关尺寸制作手槽凹模，两根圆钢直径不小于20mm，长度不小于150mm，用刀形锤槽制。对外侧板样板的使用要根据俯视图的方位，上下移动。槽制外侧板时也用此凹模。

c. 在坯料上画出若干铅锤的素线以便于槽制。

2) 机械成形。批量大时可采用压形模。上、下模均按其形状制作，模的全长大于工件全高尺寸。注意：为克服每批料的反弹不同，模具局部可考虑可调。

3) 整理并检测。

2. 上、下侧板的工艺过程

(1) 展开。如图2-5-10所示。

(2) 号料。按展开图形周边均减1.5mm制号料样板，并号料

(3) 下料。同内、外侧板。

(4) 成形

1) 手工成形。此类件手工槽制对于第一次接触的操作者非常困难，一般可用软物质制成放样样板，使两端满足其空间位置，放置(大多数情况外侧板起导位作用)后通过该样板便可直接观察出槽制的坯料各处需槽弯的程度，并划出槽弯线。

2) 机械成形。上、下模应制成与工件形状相吻合，一般上、下模可为铸造成形。有条件的也可采用无模点压成形技术成形。

3. 制件的装配

(1) 自由装配法。将一根 $l=300$mm、$\phi=77$mm 的圆钢焊于平板上(与平板垂直作为定位中心轴)，将内侧板两端上的各一点点焊于圆钢上，再依次点焊下侧板、上侧板及外侧板。经尺寸检查后焊牢。

(2) 胎具装配法

1) 定位要领。内侧板用圆钢或圆筒外圆定位；外侧板用若干个立筋组成的曲线定位；上、下侧板两端有高度定位块和夹持固定机构，并采用方形夹紧器先将工件上端四件夹紧，

逐次向下将接口点焊。

2）装点顺序。下侧板—内侧板—外侧板—上侧板。

三、制作难点及技巧

（1）此类件尺寸小或板料厚时单元件可采用压制成形。

（2）当板料薄且尺寸大时，一般可以不作弯曲成形，将件上端固定后用叉板加点焊装点。

（3）当板料较厚(如板厚 3～10mm)且尺寸大时，可用现场加热弯曲法逐步弯曲逐步装配。

（4）此类件的焊缝为空间曲线，批量大时应采用焊接机械或专业焊胎，如有条件采用数控焊接更理想。

四、技能考核评分表

技能考核评分表见表 2-5-6。

表 2-5-6　迂回接头制造考核评分表

<table>
<tr><th>考核项目</th><th>考核内容</th><th>考核要求</th><th>配分</th><th>评分标准</th><th>扣分</th><th>得分</th></tr>
<tr><td rowspan="8">主要考核项目</td><td rowspan="3">展开下料</td><td>展开方法得当</td><td>6</td><td>方法不得当扣 3 分</td><td></td><td></td></tr>
<tr><td>下料尺寸正确</td><td>8</td><td>每件超差 1.0 扣 1 分</td><td></td><td></td></tr>
<tr><td>錾切下料</td><td>8</td><td>用设备下料扣 3 分</td><td></td><td></td></tr>
<tr><td rowspan="2">成形</td><td>手工成形</td><td>18</td><td>用设备成形扣 6 分</td><td></td><td></td></tr>
<tr><td>成形方法得当</td><td>10</td><td>方法不得当扣 5 分</td><td></td><td></td></tr>
<tr><td rowspan="3">装配</td><td>尺寸 R40、80、40 公差均为±1.0，其余尺寸±1.5</td><td>12</td><td>各尺寸每超差 1.0 扣 1 分</td><td></td><td></td></tr>
<tr><td>接口缝隙小于 1. 0</td><td>4</td><td>局部超过扣 1～2 分</td><td></td><td></td></tr>
<tr><td>装配方法得当</td><td>6</td><td>方法不得当扣 3 分</td><td></td><td></td></tr>
<tr><td rowspan="3">一般考核项目</td><td rowspan="2">外观质量</td><td>外形周正</td><td>4</td><td>不周正扣 1～2 分</td><td></td><td></td></tr>
<tr><td>无明显锤击印或隔痕</td><td>8</td><td>出现一处扣 2 分</td><td></td><td></td></tr>
<tr><td>综合各工序的熟练程度</td><td>各工序操作熟练</td><td>6</td><td>根据熟练程度给 1～6 分</td><td></td><td></td></tr>
<tr><td>安全文明生产</td><td>安全文明生产法规有关规定，企业自定有关规定</td><td>按达到规定的标准程度评定</td><td>10</td><td>违反有关规定扣 1～10 分</td><td></td><td></td></tr>
<tr><td>工时定额</td><td>120min</td><td>按规定时间完成</td><td></td><td>超工时定额 5%～20% 扣 2～10 分</td><td></td><td></td></tr>
</table>

第三篇　行业知识

第一章 钢 结 构

第一节 钢结构基本知识

随着我国国民经济的全面发展，钢结构在建筑结构中应用的比率越来越高，另外，随着我国冶金企业的不断发展及产业结构的不断调整，我国已成为世界产钢大国，钢与钢材的品种、规格也日渐增多，建筑配套产品日益齐全，同时国家的建筑技术政策也由以往的限制使用钢材转变为积极推广应用钢材，这都为在建筑工程中应用和使用钢材提供了有利的条件。

钢结构是指用钢板和热扎、冷弯或焊接型材通过连接件连接而成的能承受和传递荷载的结构形式。钢结构体系具有自重轻、工厂化制造、安装快捷、施工周期短、抗震性能好、投资回收快、环境污染少等综合优势，与钢筋混凝土结构相比，更具有在“高、大、轻”三个方面发展的独特优势。

以钢材制作为主的结构，是主要的建筑结构类型之一。钢材的特点是强度高、自重轻、刚度大，故用于建造大跨度和超高、超重型的建筑物特别适宜；材料匀质性和各向同性好，属理想弹性体，最符合一般工程力学的基本假定；材料塑性、韧性好，可有较大变形，能很好地承受动力荷载；建筑工期短；其工业化程度高，可进行机械化程度高的专业化生产；主要用于重型车间的承重骨架、受动力荷载作用的管廊结构、厂房结构、框架结构、桅杆结构、桥梁等大跨结构、高层和超高层建筑等。加工精度高、效率高、密闭性好，故可用于建造压力容器、塔类设备及工业用炉等。

一、钢结构的特点

1. 轻质高强、质地均匀

钢与混凝土、木材相比，虽然质量密度较大，但其屈服点较混凝土和木材要高得多，其质量密度与屈服点的比值相对较低。在承载力相同的条件下，钢结构与钢筋混凝土结构、木结构相比，构件较小，重量较轻，便于运输和安装。

钢材质地均匀，各向同性，弹性模量大，有良好的塑性和韧性，为理想的弹塑性体，完全符合目前所采用的计算方法和基本理论。

2. 生产、安装工业化程度高，施工周期短

钢结构生产具备成批大件生产和高度准确性的特点，可以采用工厂制作、工地安装的施工方法，所以其生产作业面多，可缩短施工周期，进而为降低造价、提高效益创造条件。

3. 密闭性能好

由于焊接结构可以做到完全密封，一些要求气密性和水密性好的高压容器、大型油库、气柜、管道等板壳结构都采用钢结构。

4. 抗震及抗动力荷载性能好

钢结构因自重轻、质地均匀，具有较好的延性，因而抗震及抗动力荷载性能好。

5. 具有一定的耐热性

温度在250℃以内，钢的性质变化很小，温度达到300℃以上，强度逐渐下降，达到450~650℃时，强度降为零。因此，钢结构可用于温度不高于250℃的场合。在自身有特殊防火要求的建筑中，钢结构必须用耐火材料予以维护。当防火设计不当或者当防火层处于破坏的状况下，有可能将产生灾难性的后果。

6. 钢结构抗腐蚀性较差

钢结构的最大缺点是易于锈蚀。新建造的钢结构一般都需仔细除锈、镀锌或刷涂料。以后隔一定时间又要重新刷涂料，维护费用较高。目前国内外正在发展不易锈蚀的耐候钢，可大量节省维护费用，但还未能广泛采用。

二、钢结构的应用

1. 大跨度钢结构
2. 重型厂房钢结构
3. 受动力荷载影响的结构
4. 可拆卸的结构
5. 高耸结构和高层建筑
6. 轻型钢结构
7. 容器及其他化工设备

三、钢结构材料的基本要求和性能

1. 对钢结构用钢的基本要求

（1）较高的抗拉强度和屈服点，是衡量结构承载能力的指标，高则可减轻结构自重，节约钢材和降低造价；是衡量钢材经过较大变形后的抗拉能力，直接反映钢材内部组织的优劣，同时高可以增加结构的安全保障。

（2）较高的塑性和韧性　塑性和韧性好，结构在静载和动载作用下有足够的应变能力，既可减轻结构脆性破坏的倾向，又能通过较大的塑性变形调整局部应力，同时又具有较好的抵抗重复荷载作用的能力。

（3）良好的工艺性能(冷加工、热加工和可焊性)　良好的工艺性能不但要易于加工成各种形式的结构，而且不致因加工而对结构的强度、塑性和韧性等造成较大的不利影响。

此外，根据结构的具体工作条件，有时还要求钢材具有适应低温、高温和腐蚀性环境的能力。

2. 钢材的破坏形式

钢材有两种性质完全不同的破坏形式，即塑性破坏和脆性破坏。

塑性破坏是由于变形过大，超过了材料或构件可能的变形能力而产生的，仅在构件的应力达到了钢材的抗拉强度后才发生。塑性破坏前，总有较大的塑性变形发生，且变形持续的时间较长，很容易及时发现而采取措施予以补救，不致引起严重后果。

脆性破坏前塑性变形很小，甚至没有塑性变形，计算应力可能小于钢材的屈服点，断裂从应力集中处开始。由于脆性破坏前没有明显的预兆，无法及时觉察和采取补救措施，而且个别构件的断裂常引起整个结构塌毁。脆性破坏的原因：钢材内部缺陷，焊接缺陷、构造不合理、使用不当等。

在设计、施工和使用钢结构时，要特别注意防止出现脆性破坏。

3. 钢材的主要性能

(1) 强度性能

钢材标准试件在常温静载情况下，单向均匀受拉试验时的荷载—变形曲线或应力—应变曲线，由此曲线可获得许多有关钢材性能的信息，钢材拉伸实验和应力-应变，曲线见图 3-1-1。

比例极限：曲线的 *OP* 段为直线，表示钢材具有完全弹性性质，*P* 点应力称为比例极限。

屈服点：随着荷载的增加，曲线出现 *ES* 段，这时表现为非弹性性质，此段上限 *S* 点的应力称为屈服点。

高强度钢没有明显的屈服点和屈服台阶。这类钢的屈服条件是根据试验分析结果而人为规定的，故称为条件屈服点(或屈服强度)。条件屈服点是以卸荷后试件中残余应变为 0.2% 所对应的应力定义的。

抗拉强度或极限强度：超过屈服台阶，材料出现应变硬化，曲线上升，直至曲线最高处的 *B* 点，这点的应力称为抗拉强度或极限强度。当应力达到 *B* 点时，试件发生颈缩现象，至 *D* 点而断裂，见图 3-1-1。

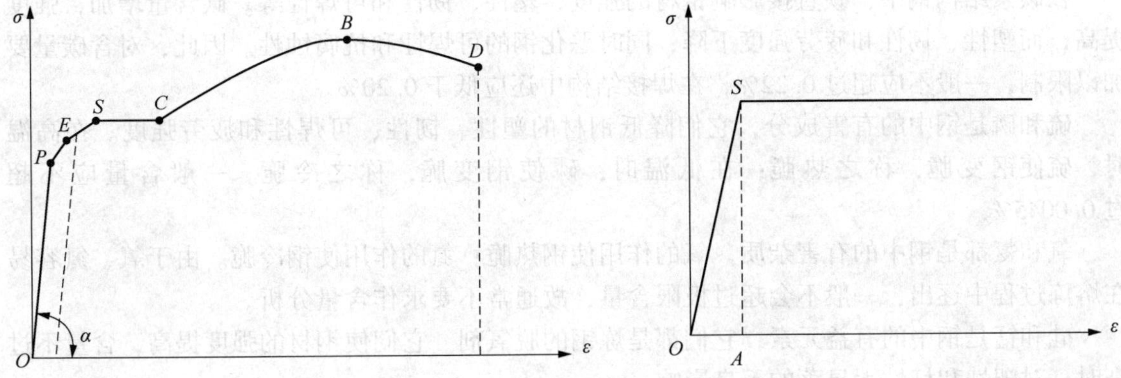

图 3-1-1　钢材拉伸实验和应力应变曲线

当以屈服点的应力作为强度限值时，抗拉强度成为材料的强度储备。

(2) 塑性性能

伸长率：试件被拉断时的绝对变形值与试件原标距之比的百分数，称为伸长率。伸长率代表材料在单向拉伸时的塑性应变的能力。

(3) 冷弯性能

冷弯性能由冷弯试验来确定。试验时按照规定的弯心直径使试件弯成 180°，如试件外表面不出现裂纹和分层，即为合格。“冷弯试验合格”一方面表示材料塑性变形能力符合要求，另一方面表示钢材的冶金质量(颗粒结晶及非金属夹杂分布，甚至在一定程度上包括可焊性)符合要求，因此，冷弯性能是判别钢材塑性变形能力及冶金质量的综合指标。重要结构中需要有良好的冷热加工的工艺性能时，应有冷弯试验合格保证。

(4) 冲击韧性

韧性是钢材强度和塑性的综合指标。通常是钢材强度提高、韧性降低则表示钢材趋于脆性。

由于低温对钢材的脆性破坏有显著影响，在寒冷地区建造的结构不但要求钢材具有常温(20℃)冲击韧性指标，还要求具有0℃和负温(-20℃或-40℃)冲击韧性指标，以保证结构具有足够的抗脆性破坏能力。

(5) 可焊性

可焊性是指采用一般焊接工艺就可完成合格的(无裂纹的)焊缝的性能。钢材的可焊性受碳含量和合金元素含量的影响。碳含量在0.12%~0.20%范围内的碳素钢，可焊性最好。碳含量再高可使焊缝和热影响区变脆。

四、各种因素对钢材主要性能的影响

1. 化学成分

钢是由各种化学成分组成的，化学成分及其含量对钢的性能(特别是力学性能)有着重要的影响，铁(Fe)是钢材的基本元素，在碳素结构钢中约占99%，碳和其他元素仅占1%，但对钢材的力学性能却有着决定性的影响。其他元素包括硅(Si)、锰(Mn)、硫(S)、磷(P)、氮(N)、氧(O)等。低合金钢中还含有少量(低于5%)合金元素，如铜(Cu)、钒(V)、钛(Ti)、铌(Nb)、铬(Cr)等。

在碳素结构钢中，碳直接影响钢材的强度、塑性、韧性和可焊性等。碳含量增加，强度提高，而塑性、韧性和疲劳强度下降，同时恶化钢的可焊性和抗腐蚀性。因此，对含碳量要加以限制，一般不应超过0.22%，在焊接结构中还应低于0.20%。

硫和磷是钢中的有害成分，它们降低钢材的塑性、韧性、可焊性和疲劳强度。在高温时，硫使钢变脆，称之热脆；在低温时，磷使钢变脆，称之冷脆。一般含量应不超过0.0045%。

氧和氮都是钢中的有害杂质。氧的作用使钢热脆；氮的作用使钢冷脆。由于氧、氮容易在熔炼过程中逐出，一般不会超过极限含量，故通常不要求作含量分析。

硅和锰是钢中的有益元素，它们都是炼钢的脱氧剂。它们使钢材的强度提高，含量不过高时，对塑性和韧性无显著的不良影响。

钒、铌、钛都能使钢材晶粒细化。我国的低合金钢都含有这三种元素，作为锰以外的合金元素，既可提高钢材强度，又保持良好的塑性、韧性。

2. 冶金缺陷

常见的冶金缺陷有偏析、非金属夹杂、气孔、裂纹及分层等。偏析是钢中化学成分不一致和不均匀性。非金属夹杂是钢中含有硫化物与氧化物等杂质。气孔是浇注钢锭时，由氧化铁与碳作用所生成的一氧化碳气体不能充分逸出而形成的。浇注时的非金属夹杂物在轧制后能造成钢材的分层，会严重降低钢材的冷弯性能。

3. 钢材硬化

冷加工使钢材产生很大塑性变形，提高了钢的屈服点，但降低了钢的塑性和韧性，这种现象称为冷作硬化(或应变硬化)。

在高温时熔化于铁中的少量碳和氮，随着时间的增长逐渐从纯铁中析出，形成自由碳化物和氮化物，对纯铁的塑性变形起遏制作用，从而使钢材的强度提高，塑性、韧性下降。这种现象称为时效硬化，俗称老化。

在一般钢结构中，不利用硬化所提高的强度。

4. 温度影响

钢材性能随温度变动而有所变化。总的趋势是：温度升高，钢材强度降低，应变增大；反之，温度降低，钢材强度会略有增加，塑性和韧性却会降低而变脆。

在200℃以内钢材性能没有很大变化，430~540℃之间强度急剧下降，600℃时强度很低不能承担荷载。但在250℃左右，钢材的强度反而略有提高，同时塑性和韧性均下降，材料有转脆的倾向，钢材表面氧化膜呈现蓝色，称为蓝脆现象。钢材应避免在蓝脆温度范围内进行热加工。当温度在260~320℃时，在应力持续不变的情况下，钢材以很缓慢的速度继续变形，此种现象称为徐变现象。

当温度从常温开始下降，特别是在负温度范围内时，钢材强度虽有提高，但其塑性和韧性降低，材料逐渐变脆，这种性质称为低温冷脆。

5. 应力集中

在钢结构的构件中有时存在着孔洞、槽口、凹角、截面突然改变以及钢材内部缺陷等。此时，构件中的应力在某些区域产生局部高峰应力，在另外一些区域则应力降低，形成应力集中现象。研究表明，在应力高峰区域总是存在着同号的双向或三向应力，使材料处于复杂受力状态，同号的平面或立体应力场有使钢材变脆的趋势。

但由于建筑钢材塑性较好，在一定程度上能促使应力进行重分配，使应力分布严重不均的现象趋于平缓。故受静力荷载作用的构件在常温下工作时，在计算中可不考虑应力集中的影响。但在负温下或动力荷载作用下工作的结构，应力集中的不利影响将十分突出，往往是引起脆性破坏的根源，故在设计中应采取措施避免或减小应力集中，并选用质量优良的钢材。

6. 反复荷载作用

钢材在反复荷载作用下，结构的抗力及性能都会发生重要变化，甚至发生疲劳破坏。根据试验，在直接的连续反复的动力荷载作用下，钢材的强度将降低，即低于一次静力荷载作用下的拉伸试验的极限强度，这种现象称为钢材的疲劳。疲劳破坏表现为突发的脆性断裂。

第二节　放样和号料

一、放样

根据图样，按工件的实际尺寸或一定比例画出该工件的轮廓，或将曲面摊成平面，以便准确地定出工件的尺寸，作为制造样板、加工和装配工作的依据，这一工作过程称为放样。在化工容器设备的制造中。有的工件由于形状和结构比较复杂，如锅炉、离心机等，尺寸又大。它们的设计图纸一般是按1∶5、1∶10甚至更小的比例绘制的，所以在图纸上除了主要尺寸，这就需要用过放样才能解决；放样还能检验产品设计的图纸是否准确、合理；样板的形状也必须用过放样才能制造。因此，放样是冷作产品制造过程中的重要一环。

放样的方法有多种，但长期以来一直是采用实尺放样，随着工业技术的发展，出现了光学放样、自动下料等新工艺，并在逐步推广应用。但实尺放样仍是广泛应用的基本方法。

1. 划线工具和使用

在钢板上进行划线时，通常应用的工具有划针、圆规、角尺、样冲和曲线尺等。

（1）划针：划针主要用在钢板表面上划出凹痕的线段。通常采用直径 4~6mm，长约 200~300mm 的弹簧钢或高速钢制成，划针的尖端必须经过淬火，以增高其硬度。有的划针还在尖端焊上一段硬质合金，然后磨尖，以保持长期锋利。

为使所划线条清晰正确，针尖必须磨得锋利，其角度约为 15°~20°。由钢丝制成的划针用钝重磨时，要经常浸入水中冷却，但要注意不要是针尖过热退火而变软。

使用划针时，用右手握持，使针尖与直尺的底边接触，并应向外侧倾斜约 15°~20°，向划线方向倾斜 45°~75°。用均匀的压力使针尖沿直尺移动划出线来，用划针划线要尽量做到一次划成，不要连续几次重划，否则线条变粗，反而模糊不清。

（2）圆规：用于在钢板上划圆、圆弧或分量线段的长度。常用的有普通圆规和弹簧圆规两种。普通圆规的开度调节方便，所以适用于量取变动的尺寸，为避免工作中受振而使开开度变动，可用螺帽锁紧。弹簧圆规的开度用螺母来调节，两脚尖开度在操作中不易变动，所以在分量尺寸时应用。

圆规一般采用中碳钢或工具钢制成，两脚要磨成长短一样，脚尖能靠近合拢，这样就能划较小的圆弧。脚尖应保持锋利，经热处理淬硬，有的在两脚端部焊上一段硬质合金，耐磨性更好。使用圆规时，旋转中心的一个脚尖插在作为圆心的孔眼内定心，并应施加较大的压力，另一脚则以较轻的压力在材料表面上划出圆弧，这样可使中心不致偏移。

（3）长杆地规：划大圆、大圆弧或分量长的直线时，可应用长杆地规。长杆采用断面长方形木质杆制成，也可以采用表面磨光的钢管。在长杆上套有两只可以移动调节的圆规脚，圆规脚位置调整后用紧固螺钉锁紧。

（4）粉线：划长的直线时，很难一次用直尺完成，如果用直尺分几段划，则不易准确。只有应用粉线，才可以提高划长直线工作的效率与质量。

划线时将粉线圈绕于粉笔上，然后抽动粉线，就可以使粉线涂上白粉（或其他颜色），用大拇指将粉线两端按住在钢板上，然后用大拇指与食指将粉线中部垂直提起并放开，在钢板上就能弹出线条来。弹线时，要注意风向，防止把线吹斜。当线长超过 2. 5m 时，不要在大风下进行弹线。弹线也可用墨线或油线。为使尺寸准确，要求粉线粗细不得超过 1mm。

（5）角尺角尺有扁平的和带筋的两种。扁平的角尺主要用于划直线，以及检验工件装配角度的正确性，这种角尺也适用于在钢板上的划线，它一般采用 2~3mm 厚的钢板、铜板、硬质铝板、不锈钢板制成。使用带筋角尺时，可以将筋靠在型钢的直边上，划出与直边垂直的线，这种角尺灵活方便，适用于各种型钢的划线。

扁平和带筋的角尺如图 3-1-2 所示。

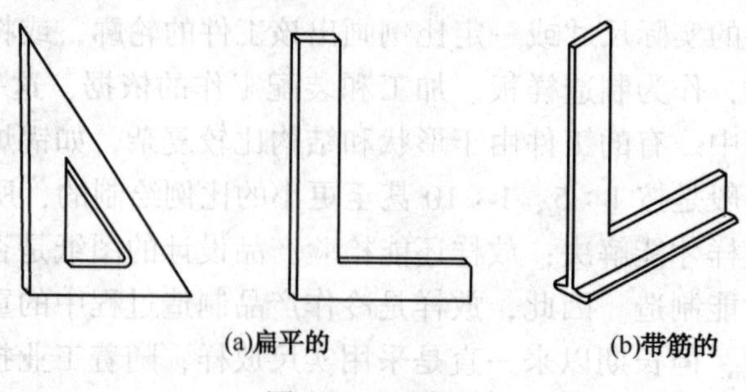

图 3-1-2　角尺

（6）样冲：为使钢板上所划的线段能保存下来，作为施工工程中的依据或检查标准，就得在划线后用样冲沿线冲出小眼作为标记。在使用圆规划圆弧前，也要使用样冲在圆心上冲眼，作为圆规脚尖的定心。样冲的尖端要经过淬火并磨成45°~60°的圆锥形。

使用样冲时先将尖端置于所划的线上，样冲与钢板成倾斜位置，以便准确找出要打眼的位置，然后将样冲竖直于钢板，用手锤轻击顶端，冲出孔眼。在直线线段上可冲得稀些，曲线线段上冲得密些。

(7) 划针盘：用于在平台上划线或找正工件定位的正确度。它由底座、立柱、划针和夹紧螺母等组成。划针的直头端用来划线，弯头端常用来找正工件的位置。用夹紧螺母把划针固定在支柱一定的高度上。

划线时，应使划针基本上处于水平位置，不要倾斜太大；划针伸出的部分应尽量短些，这样划针的刚度较好，不易产生抖动；划针的夹紧也要可靠，避免尺寸在划线过程中变动；在拖动底座时，一方面将针尖紧靠工件，划针与工件的划线面之间沿划线方向要倾斜一定角度，另一方面应使底座与平台台面紧紧接触，而无摇晃或跳动现象，为此，底座与平台的接触面应十分干净。

划针盘的形状如图 3-1-3 所示。

(8) 划线规：划线规如图 3-1-4 所示用作划与型钢边相平行的直线，使用时，应将划线的端板靠住型钢的边缘，移动划线规，用划针划出与其型钢相平行的直线。针尖与端板的距离可以随需要而调整。

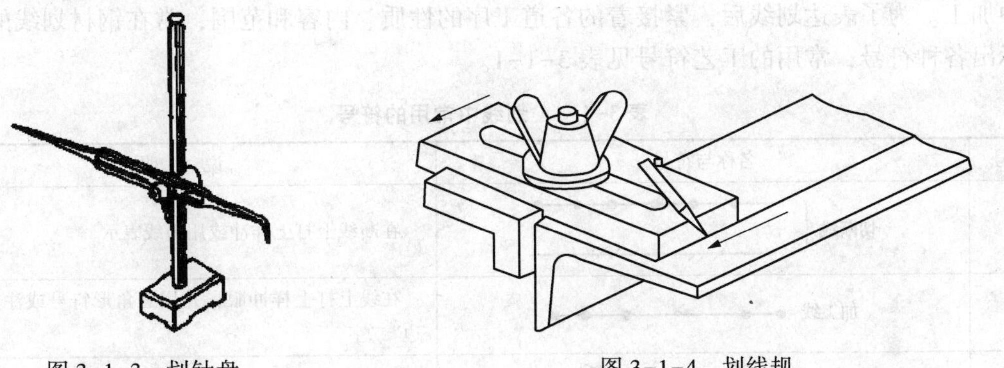

图 3-1-3　划针盘　　图 3-1-4　划线规

(9) 曲线尺：在划线过程中，常常需要用光滑的曲线连接数个已知的定点，使用曲线尺，可以提高工作效率。图 1-3-5(a)为结构比较简单的一种曲线尺，它是用螺杆一头的螺母来调整尺的曲率半径。

图 1-3-5(b)为另一种曲线尺，它由横杆 1、滑杆 2、弯曲尺 3 及定位螺钉 4 组成。横杆可用木材制成。其断面尺寸为 60mm×40mm，滑杆上开有长方形的孔(20mm×10mm)，滑杆即在孔中移动调节。在各滑杆的端头与弯曲尺铰接，这样可用金属或易于弯曲的纤维材料制成。

使用曲线尺时，调节各滑杆，使尺弯曲成与各已知定点接触，然后旋紧定位螺钉，将其固定，再沿弯曲尺划出所需要的曲线。

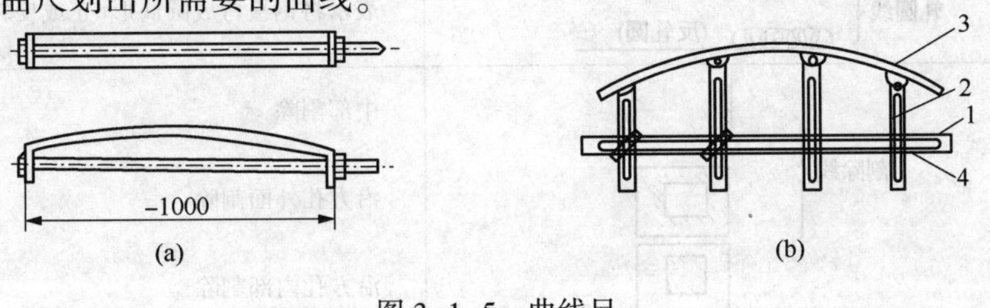

图 3-1-5　曲线尺

（10）手锤：在放样过程中，手锤用来敲击样冲打记号等，一般为0.2kg左右。

2. 划线的基本规则和常用符号

（1）划线的基本规则

为了保证划线质量，必须严格遵守下列规则：

1）垂直线必须用作图法划，不能用量角器或直角尺，更不能用目测法划线。

2）用圆规在钢板上划圆、圆弧或分量尺寸时，为防止圆规脚尖的滑动，必须先冲出样冲眼。

除必须遵守上述基本原则外，还应注意如下事项。

a. 核对钢材牌号和规格是否与图纸的要求相符，对于重要产品所用的刚才，应有合格的质量证明文件，刚才的化学成分和机械性能应符合图纸所规定的要求。

b. 划线前刚才表面应该平整，如果表面呈波浪型或凸凹不平度过大时，就会影响划线的准确度，所以事先应加以矫正。

c. 钢材的表面应干净清洁，并检查其表面有无夹灰、麻点、裂纹等缺陷。

d. 划线工具(如卷尺、角尺、三角板等)要定期检验校正。尽可能采用高效率的工夹具，以提高效率。

（2）划线常用符号

将图样上的零件划带刚才上以后，这只是零件整个制造过程中的一个环节，还需要进行各种加工。为了表达划线后，紧接着的各道工序的性质、内容和范围，常在钢材划线的零件上标出各种符号，常用的工艺符号见表3-1-1。

表3-1-1　划线中常用的符号

序号	名称与符号	说　明
1	切断线	在断线上打上样冲或用斜线表示
2	加工线	在线上打上样冲眼，并用三角形符号或注上“刨边”二字
3	中心线	在线的两端打上样冲眼并作上标记
4	对称线	表示零件图形与此线完全对称
5	轧角线 (正) 轧角尺 (反) 轧角尺	表示将钢材弯成一定角度或角尺
6	轧圆线 (正轧圆) (反轧圆)	表示将钢板弯成圆筒形(正或反轧)
7	割除线	中部割除 沿方孔外面割除 沿方孔内部割除

3. 画线

画线分为平面划线和立体画线。平面线是在一个平面上画线，立体画线是画立体上几个面有联系的线。铆工在放样和号料工作中多为平面划线。

（1）画线基准

在一个工件上，由于存在着很多线和面，在这些线和面的相互关系中，基准线或基准面起着决定其他线和面的作用。画线基准就是指这种起决定作用的基准线或基准面。在准备画线时，必须首先选择和确定基准线或基准面。

图 3-1-6(a)所示的工件，是一块长方形板料。上面有一个大圆孔和 8 个小圆孔，大圆孔和小圆孔的位置都是由十字形中心线确定的，所以中心线即为基准线。

图 3-1-6(b)所示的工件，是一块多边形连接板，它是由四条直线和一条斜线组成的，其中两条短线和一条斜线的位置是由两条边缘线确定的，所以这两条边缘线是基准线。

图 3-1-6(c)所示的工件，其中有几条线的位置是由下边缘线确定的，另外几条线的位置是由中心线确定的，所以该图的化线基准是下边缘线和中心线。

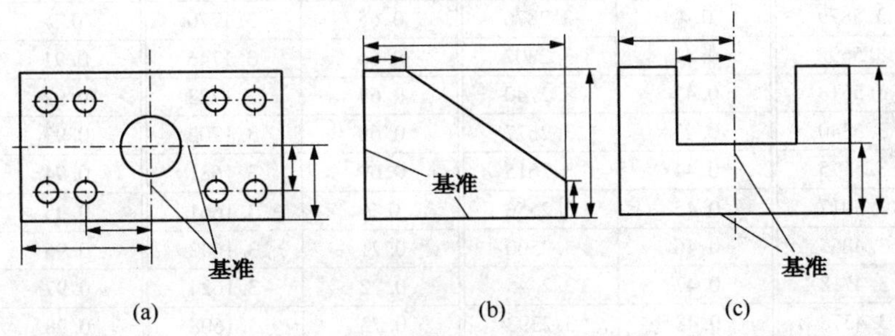

图 3-1-6　画线基准选择举例

（2）常用数据和公式　铆工常用的数据和公式较多，通常有一下一些计算公式。

1）圆周长　其计算公式为：

$$L=2\pi R=\pi D \quad (1-1)$$

式中　L——圆周长；

π——圆周率，通常取 3.1412；

R——圆半径；

D——圆直径。

2）椭圆周长　椭圆如图 3-1-7，其周长计算公式为：

$$L=PI\times(A+B)/2 \quad (1-2)$$

式中　L——椭圆周长；

PI——椭圆圆周率；

A——椭圆长轴；

B——椭圆短轴。

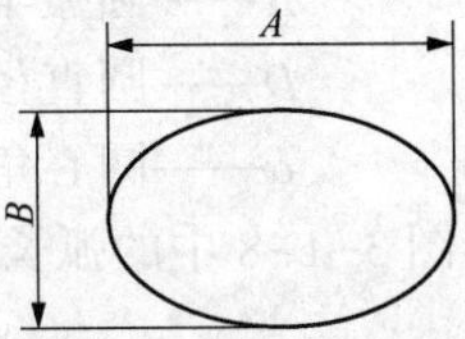

A
B

图 3-1-7　椭圆周长计算图

PI 值是由 B/A 的比值确定的。

例如已知一椭圆的长轴 $A=1000\text{mm}$，短轴 $B=800\text{mm}$，则 $B/A=\frac{800}{1000}=0.8$，查表 3-1-2，找到对应的 PI 值为 3.1513，则该椭圆周长 $L=PI\times(A+B)/2=900\times3.1513=2836.2\text{mm}$。

表 3-1-2　椭圆系数表

B/A	系数	B/A	系数	B/A	系数	B/A	系数
0.01	3.9615	0.26	3.4189	0.51	3.2249	0.76	3.1562
0.02	3.9253	0.27	3.4070	0.52	3.2204	0.77	3.1549
0.03	3.8912	0.28	3.3955	0.53	3.2162	0.78	3.1536
0.04	3.8588	0.29	3.3844	0.54	3.2121	0.79	3.1524
0.05	3.8280	0.3	3.3738	0.55	3.2081	0.8	3.1513
0.06	3.7987	0.31	3.3636	0.56	3.2044	0.81	3.1503
0.07	3.7708	0.32	3.3537	0.57	3.2008	0.82	3.1493
0.08	3.7442	0.33	3.3443	0.58	3.1973	0.83	3.1484
0.09	3.7188	0.34	3.3352	0.59	3.1940	0.84	3.1475
0.1	3.6954	0.35	3.3265	0.6	3.1909	0.85	3.1468
0.11	3.6713	0.36	3.3181	0.61	3.1879	0.86	3.1460
0.12	3.6491	0.37	3.3100	0.62	3.1850	0.87	3.1454
0.13	3.6278	0.38	3.3022	0.63	3.1822	0.88	3.1448
0.14	3.6074	0.39	3.2948	0.64	3.1796	0.89	3.1443
0.15	3.5879	0.4	3.2876	0.65	3.1770	0.9	3.1438
0.16	3.5692	0.41	3.2807	0.66	3.1746	0.91	3.1433
0.17	3.5513	0.42	3.2740	0.67	3.1723	0.92	3.1430
0.18	3.5340	0.43	3.2677	0.68	3.1702	0.93	3.1426
0.19	3.5175	0.44	3.2615	0.69	3.1681	0.94	3.1423
0.2	3.5017	0.45	3.2556	0.7	3.1661	0.95	3.1421
0.21	3.4865	0.46	3.2500	0.71	3.1642	0.96	3.1419
0.22	3.4718	0.47	3.2445	0.72	3.1624	0.97	3.1418
0.23	3.4578	0.48	3.2393	0.73	3.1608	0.98	3.1417
0.24	3.4443	0.49	3.2343	0.74	3.1592	0.99	3.1416
0.25	3.4314	0.5	3.2295	0.75	3.1576	1	π

3）任意弧长　如图 3-1-8(a)所示，圆心角小于 180°，其弧长的计算公式为：

$$L=\frac{\pi R\alpha}{180}=0.01745R\alpha \tag{1-3}$$

如图 3-1-8(b)所示，圆心角大于 180°，其弧长的计算公式为：

$$L=\frac{\pi D\alpha}{360}=0.00873d\alpha \tag{1-4}$$

上两式中　L——弧长；

R——圆弧半径；

D——圆直径；

α——圆心角。

图 3-1-8 中的弧长还可用下式计算：

$$L=R\theta \tag{1-5}$$

式中　θ——为圆心角 α 的弧度表示，$\theta=\frac{\pi\alpha}{180}$。角度 α 转化为弧度 θ 后，与圆弧半径 R 相乘，即可计算出弧长 L。

4）圆周等分　圆周等分的计算公式为：

$$S=DK \tag{1-6}$$

式中　S——圆周上每一等分的弦长；

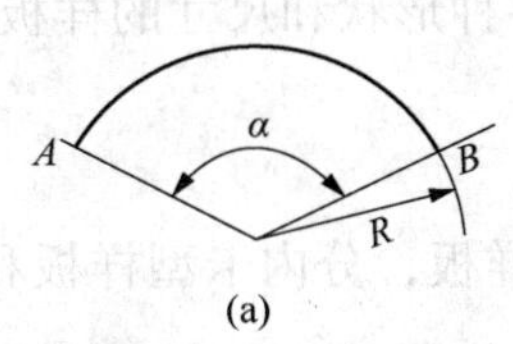

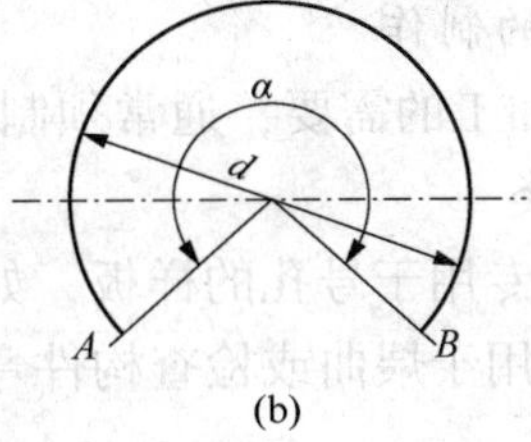

图 3-1-8　弧长计算图

D——直径；

K——圆周等分系数，见表 3-1-3。

如图 3-1-9 所示，法兰盘号孔样板直径 D 为 400mm，需在圆周长分 11 个等距离的孔。从相关表 3-1-3 中查得，等分系数 K=0. 28173，代入公式：

$$S = DK$$
$$= 400 \times 0.28178$$
$$= 112.71\text{mm}$$

表 3-1-3　圆周等分系数表

等分数 *n*	直径的系数 *k*	等分数 *n*	直径的系数 *k*	等分数 *n*	直径的系数 *k*	等分数 *n*	直径的系数 *k*
		31	0. 10117	61	0. 05148	91	0. 03452
		32	0. 09802	62	0. 05065	92	0. 03414
3	0. 86603	33	0. 09506	63	0. 04985	93	0. 03377
4	0. 70711	34	0. 09227	64	0. 04907	94	0. 03342
5	0. 58779	35	0. 08964	65	0. 04831	95	0. 03306
6	0. 50000	36	0. 08716	66	0. 04758	96	0. 03272
7	0. 43388	37	0. 84080	67	0. 04687	97	0. 03238
8	0. 328268	38	0. 08258	68	0. 04618	98	0. 03205
9	0. 340202	39	0. 08047	69	0. 04552	99	0. 03173
10	0. 30902	40	0. 07846	70	0. 04487	100	0. 03141
11	0. 28178	41	0. 07655	71	0. 04423	101	0. 03110
12	0. 25882	42	0. 07473	72	0. 04362	102	0. 03080
13	0. 23932	43	0. 07299	73	0. 04302	103	0. 03050
14	0. 22252	44	0. 07134	74	0. 04244	104	0. 03050
15	0. 20791	45	0. 06976	75	0. 04188	105	0. 02992
16	0. 19509	46	0. 06824	76	0. 04133	106	0. 02964
17	0. 18375	47	0. 06679	77	0. 04079	107	0. 02936
18	0. 17365	48	0. 06540	78	0. 04027	108	0. 02908
19	0. 16463	49	0. 06407	79	0. 03976	109	0. 02881
20	0. 15643	50	0. 06279	80	0. 03926	110	0. 02855
21	0. 14904	51	0. 06165	81	0. 03878	111	0. 02830
22	0. 14232	52	0. 06038	82	0. 03830	112	0. 02805
23	0. 13617	53	0. 05924	83	0. 03784	113	0. 02779
24	0. 13053	54	0. 05815	84	0. 03739	114	0. 02755
25	0. 12533	55	0. 05709	85	0. 03695	115	0. 02732
26	0. 12054	56	0. 05607	86	0. 03652	116	0. 02708
27	0. 11609	57	0. 05509	87	0. 03610	117	0. 02685
28	0. 11197	58	0. 05414	88	0. 03569	118	0. 02662
29	0. 10812	59	0. 05322	89	0. 03529	119	0. 02640
30	0. 10453	60	0. 05234	90	0. 03490	120	0. 02618

4. 样板的样杆的制作

由于零部件等加工的需要，通常须制作适应于各种形状和尺寸的样板和样杆。

(1) 样板的种类

1) 号孔样板　专用于号孔的样板，如图 3-1-9。

2) 卡形样板　用于煨曲或检查构件弯曲形状的样板，分内卡型样板和外卡型样板两种，如图 3-1-10 所示。

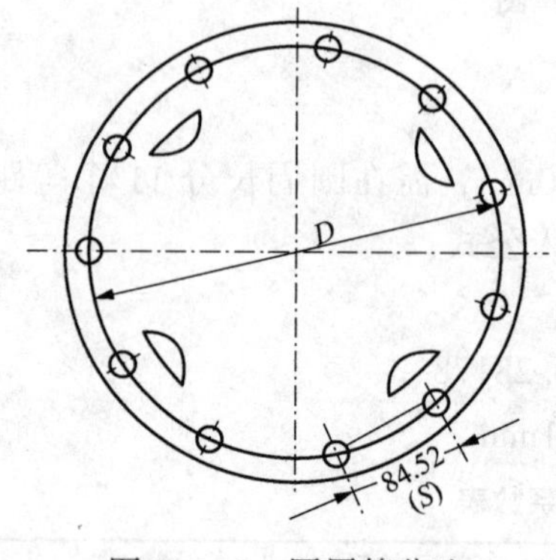

图 3-1-9　圆周等分法

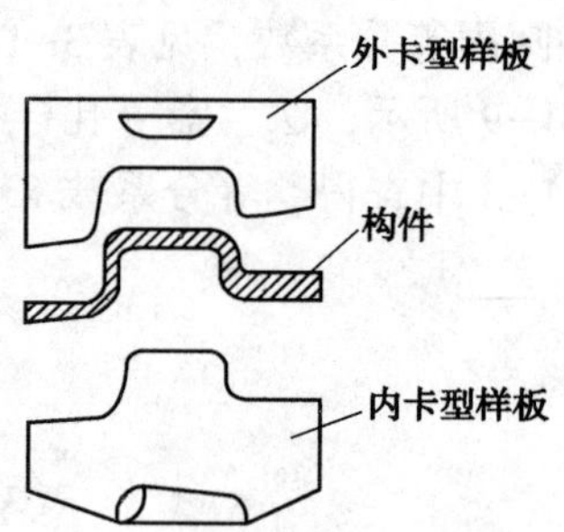

图 3-1-10　内、外卡型样板

3) 成形样板　用于煨曲或检查弯曲件平面形状的样板。此类样板不仅用于检查各部分的弧度，同时还可以作为端部割豁口的号料样板，图 3-1-11 所示是其中一例。

4) 号料样板　用于号料或号料同时号孔的样板，见图 3-1-12。

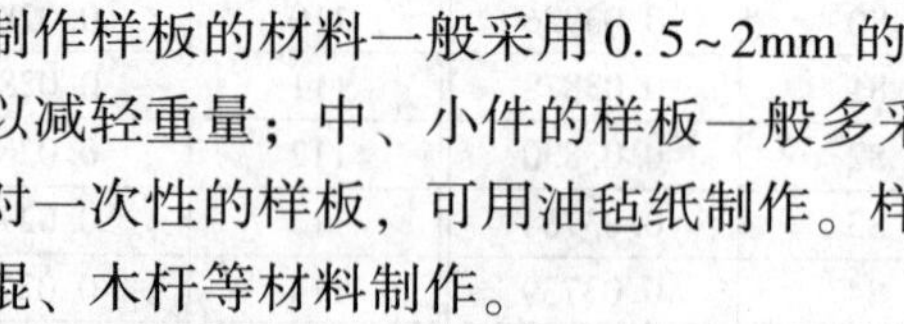

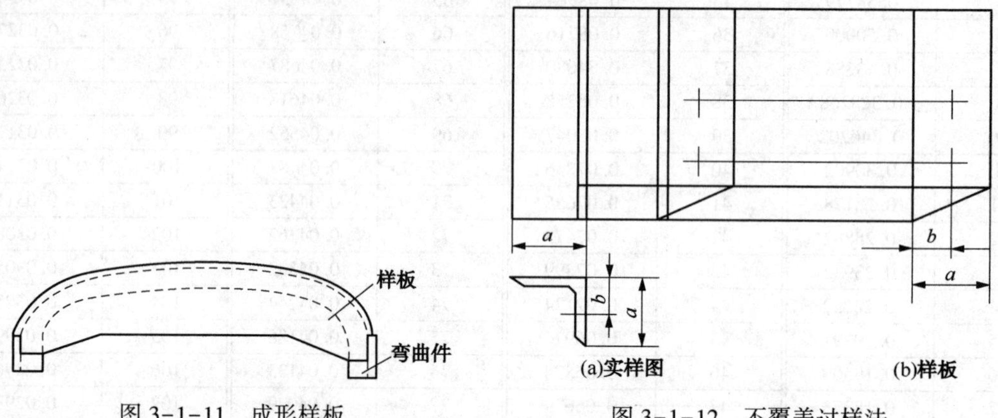

图 3-1-11　成形样板

图 3-1-12　不覆盖过样法

(2) 样板、样杆的材料

制作样板的材料一般采用 0.5~2mm 的薄钢板(铁皮)。当工件较大时可用板条拼接成花架，以减轻重量；中、小件的样板一般多采用 0.5mm 或 0.75mm 薄铁皮制作。为节约薄钢板，对一次性的样板，可用油毡纸制作。样杆一般用 25mm×0.8mm 或 20mm×0.8mm 扁钢条或铁棍、木杆等材料制作。

(3) 号料样板的制作

对不需要展开的平面形零件的号料样板有如下两种制造方法。

1) 画样法　即按零件图的尺寸直接在样板料上作出样板，见图 3-1-11。

2) 过样法　这种方法又叫移除法，它有不覆盖过样和覆盖过样两种。不覆盖过样法就是通过作垂线或平行线，将实样图中的零件形状过到样板料上的作样板方法。如图 3-1-12(b)所示的钢号孔样板，就是用过图 3-1-12(a)的实样图取得的。覆盖过样法就是把样板料覆盖在实样图上，再根据事前作出的延长线，画出样板的方法。如要作出图 3-1-13(a)所示的连接板的样板，可将连接板边缘的轮廓线和各孔的纵横中心线延长，将略大于连接板的样板料覆盖在实样图上，再把露出的延长线的两端，用平尺或粉线连接起来，即把实样图上的形状画到样板料上。最后将样板的多余部分剪去，即把实样图上的形状画到样板料上。最后将样板的多余部分剪去，在交叉线有孔的位置上打上洋冲眼，即为孔的中心，从而作成连接板的样板，如图 3-1-13(b)所示。

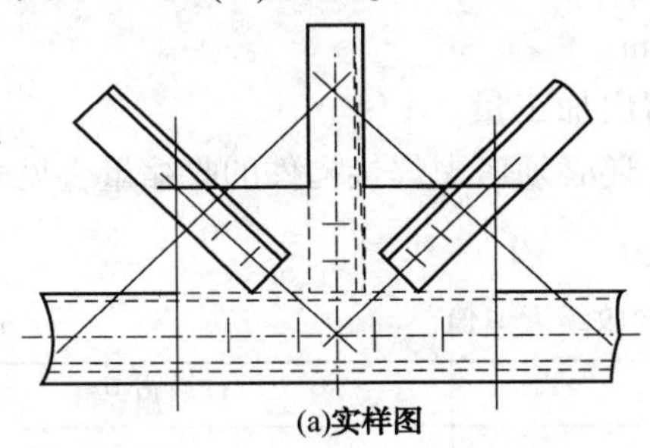

(a)实样图

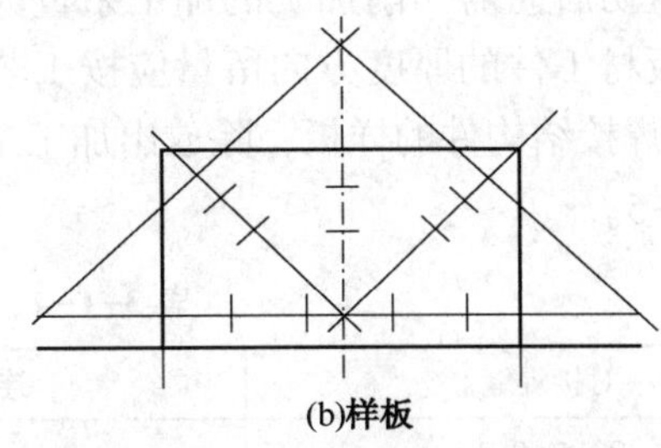

(b)样板

图 3-1-13　覆盖过样法

采用覆盖过样法，一般是为了保存实样图。当不需要保存实样图时，上面的连接板样板就可以采用画样法制作。上述样板的制作方法，同样适用于号孔、卡型和成型等样板的制作。样板制出后，必须在上面注上零件件号、件数及加工符号等，有的还需要注明名称、材料牌号。

(4) 样杆的制作

对于又长又大的型钢号料、号孔，采用卷尺测量，既麻烦又容易错，因此在批量生产时常用样杆来号料。

如图 3-1-14 所示的角钢实样图，可用过样法将角钢孔和长短位置过到样杆上，孔的记号方向(记号的开口方向)与角钢两面的孔相对应。

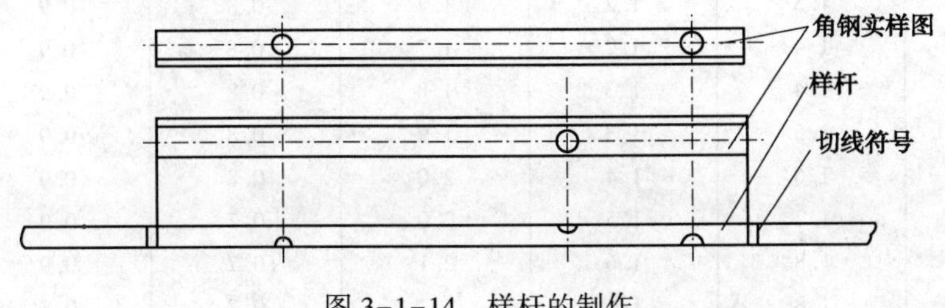

图 3-1-14　样杆的制作

孔的记号有半圆形(如图 3-1-14 样杆中的记号)、角形(V)、半方形(⊔)、双半圆形、双角形和方形等。号料时，向记号的开口方向号孔为正号，反之则为反号。

样杆制成后，必须在上面注明零件的件号、正反号的数量、变心距、孔径及加工符号等。

号料时，较大的样杆要用卡子卡住样杆，并挂在型钢上进行号料，如果所号的角钢两端具有一定形状时，可以做个成型样板补充样杆的号料。当型钢较短且两端具有一定的形状时，可直接做号料样板。

5. 零件的加工余量和放样允差

(1) 零件的加工余量

为了保证产品质量，防止由于下料失误使零件造成废品，有的样板、样杆应根据加工的实际情况，适当留出加工余量，一般可按下列数据考虑。

1）自动氧气切割时的加工余量为2~3mm。

2）手动氧气切割时的加工余量为3~4mm。

3）氧气切割后还需要切削加工的加工余量为4~5mm。

4）剪切后尚需切削加工的加工余量为3~4mm。

5）板材工件的厚度方向留量应按工艺规定留出加工量。

对于焊接结构件的样板，除放出加工余量外，还必须考虑焊接构件的收缩量，见表3-1-4和表3-1-5。

表3-1-4　焊缝纵向收缩近似值　mm/m

对接焊缝	连接角焊缝	间断角焊缝
0.15~0.3	0.2~0.4	0~0.1

表3-1-5　焊缝横向收缩近似值

接头类型 / 图示 / 缩量 / 钢板厚度 t(mm)	V形坡口对接焊缝	X形坡口对接焊缝	单面坡口十字角焊缝	单面坡口角焊缝	无坡口单面角焊缝	双面间断角焊缝
	mm					
5	1.3	1.2	1.6	0.8	0.9	0.4
6	1.3	1.2	1.7	0.8	0.9	0.3
7	1.4	1.2	1.7	0.8	0.9	0.3
8	1.4	1.3	1.8	0.8	0.9	0.3
9	1.5	1.3	1.9	0.8	0.9	0.25
10	1.6	1.4	2.0	0.8	0.9	0.25
11	1.7	1.5	2.0	0.7	0.9	0.20
12	1.8	1.6	2.1	0.7	0.9	0.20
13	1.8	1.6	2.2	0.7	0.8	0.20
14	1.9	1.7	2.3	0.7	0.8	0.20
15	2.0	1.8	2.4	0.7	0.8	0.20
16	2.1	1.9	2.5	0.6	0.8	0.20
17	2.2	2.0	2.6	0.6	0.8	0.20
18	2.4	2.1	2.7	0.6	0.7	0.20
19	2.5	2.2	2.9	0.6	0.7	0.20
20	2.6	2.4	3.0	0.6	0.7	0.20
21	2.7	2.5	3.1	0.5	0.6	0.20
22	2.8	2.6	3.2	0.4	0.5	0.20
23	2.9	2.7	3.4	0.4	0.4	0.20
24	3.1	2.8	3.5	0.4	0.4	0.20

（2）放样的允许误差

零件的放样，由于受到画线量具和工具精度的影响及视力的差异，实样图将出现一定的尺寸偏差，把这种偏差限制在一定的范围之内，就叫做放样的允许误差。常用的放样允许误差，见表3-1-6。

表3-1-6　常用放样允许误差　　mm

顺号	名　称	允许误差	顺号	名　称	允许误差
1	十字线	±0.5	6	两孔之间	±0.5
2	平行线和准线	±0.5~1	7	样杆、样条和地样	±1
3	轮廓线	±0.5~1	8	度板和地样	±1°
4	结构线	±1	9	加工样板	±1~2
5	样板和地样	±1	10	装配用样杆、样条	±1

（3）放样时的注意事项

1）放样开始之前，必须看懂施工图纸。要考虑好先画哪个几何图形，或者先从哪根线着手。

2）画完实样图后，要从两方面进行检查：一方面检查是否有遗漏的工件及规定的孔；另一方面检查各部尺寸。

3）如果图纸看不清或对工作图有疑问，应该先向工程技术人员问清楚，并做出清晰的标注和更正。

4）放样时不得将锋利的工具如画针等立放在场地上，用完的钢卷尺随时卷好。

5）需要保存的实样图，应注意保护存放，不得涂抹和践踏。

6）样板、样杆用完后，应妥善保管，避免锈蚀或丢失。

二、号料

利用样板、样杆或根据图纸，在板材及型钢上，画出孔的位置和零件形状的加工界线，这种操作称为号料。

1. 号料时注意事项

（1）准备好下料时所使用的各种工具，如手锤、样冲、画规、划针、铁剪等。

（2）熟悉施工图纸，检查样板是否符合图纸要求。根据图纸直接在板料和型钢上号料时，应检查号料尺寸是否正确，以放生产错误，造成废品。

（3）如材料上有裂缝、夹层及厚度不足等现象时，应及时研究处理。

（4）刚才如有较大弯曲、凸凹不平的，应先进行矫正。

（5）号料时，不要把材料放在人行道和运输道上。对于较大型钢画线多的面应平放，以防止发生安全事故。

（6）号料工作完成后，在零件的加工线和接缝线上。以及孔中心位置，应视具体情况打上样冲眼。同时应根据样板上的加工符号、空位等，在零件上用白铅油标注清楚，为下道工序提供方便。

（7）号料时应注意个别零件对材料轧制方向的要求。

（8）需要剪切的零部件，号料时应考虑剪切线是否合理，避免发生不适于剪切操作的情况。

2. 号料允许偏差

金属结构中的所有零件，几乎都要经过号料工序，为确保工件质量，号料不得超过允许误差。号料的常用允许误差，见表 3-1-7。

表 3-1-7　常用号料允许误差

序号	名　称	允许误差/mm	序号	名　称	允许误差/mm
1	直线	±0.5	6	料宽和长	±1
2	曲线	±0.5~1	7	两孔(钻孔)距离	±0.5~1
3	结构线	±1	8	铆接孔距	±0.5
4	钻孔	±0.5	9	样冲眼和线间	±0.5
5	减轻孔	±2~5	10	扁铲	±0.5

3. 合理的号料方法

在钢板上划单个零件时，为提高材料的利用率，总是将零件靠近钢板的边缘，以留出一定的加工余量。如果零件制造的数量较多，则必须考虑在钢板上如何排列才合理，即为合理用料。图 3-1-15 为同一种零件两种排样方案的比较，显然图 3-1-15(a)排样方式的材料利用率不及图 3-1-15(b)中的高，从这个例子可以看到排样对节约材料所起的重要作用。

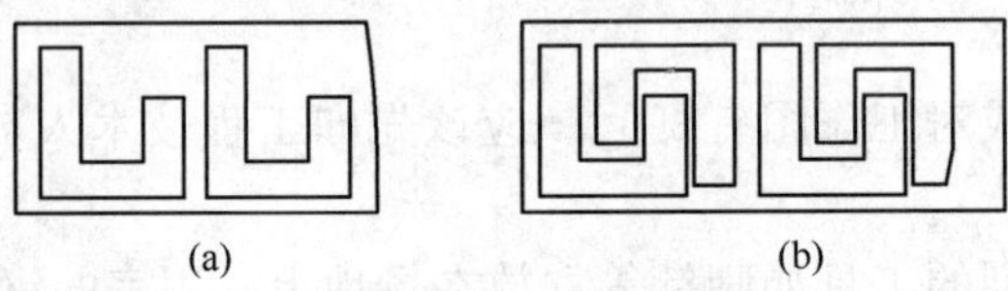

图 3-1-15　排样比较

所谓材料的利用率是指零件的总面积与板材的总面积之比，用百分数表示，即

$$K=\frac{na}{A}\times100\% \tag{1-7}$$

式中　K——材料利用率,%；

n——板材上的零件数，个；

a——每一个零件的面积，mm^2；

A——板料的面积，mm^2。

下料时，必须采用各种途径，最大限度地提高原材料的利用率，以节约材料，下面介绍几种常用的节约用料方法。

(1) 集中下料法　由于钢材的规格多种多样，而下料的零件也是多种多样的，为了做到合理使用原材料，将各类产品中使用想用牌号、相同厚度的零件集中在一起进行下料，这样可统筹安排，大小搭配，充分利用原材料，提高材料的利用率，如图 3-1-16 所示是由 8 种零件集中下料的实例。

(2) 长短搭配法　长短搭配法适用于型钢的下料。由于零件长度不一，而原材料又有一定的规格，下料时先将较长的料排出来，然后计算出余料的长度，根据余料长度再排短料，这样长短搭配，使余料最小。

(3) 零料拼整法　在生产实际中，为了提高材料的利用率，在工艺许可的条件下，常常有意采用拼整的结构。例如在钢板上割制圆环零件时，如果采用整体结构，则材料利用率太低，为此可将圆环分成两半个或 1/4 形，再拼焊而成，如图 3-1-17 所示。尤其以 1/4 为单

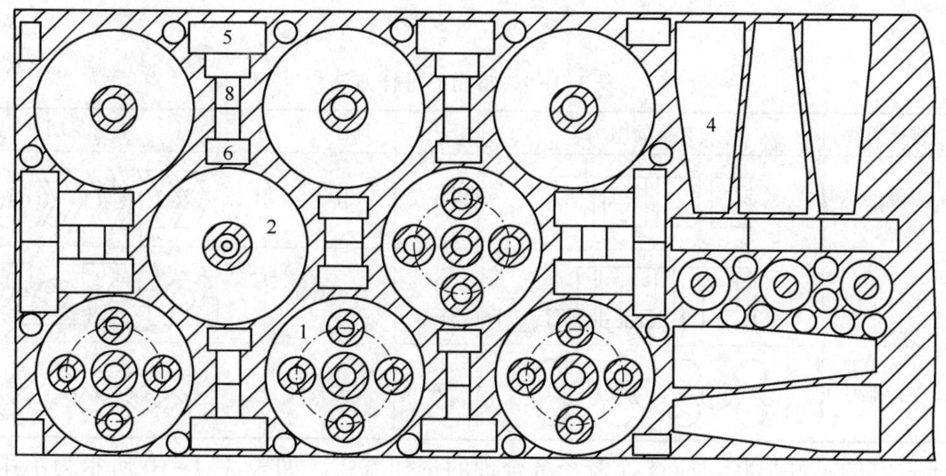

图 3-1-16　集中下料

元要比 1/2 为单元的利用率高。

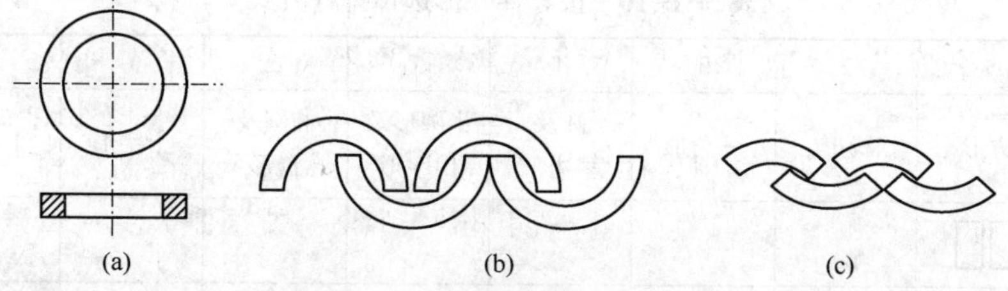

图 3-1-17　圆环零件的下料方案

（4）排样套料法　当零件下料的数量较多时，为使板材得到充分利用，必须精心安排零件的图形位置，同一形状的零件或各种不同形状的零件进行排样套料。

排样时，必须分析零件的形状特点，不同形状的零件应按不同的方式排列，零件形状一般有方形、梯形、三角形、圆形及多边形、半圆及山字形、椭圆及盘形、十字形、丁字形和角尺形 9 种。如表 3-1-8 所示。

表 3-1-8　零件圆样外形的分类

序号	名称	图　形	序号	名称	图　形
1	方形	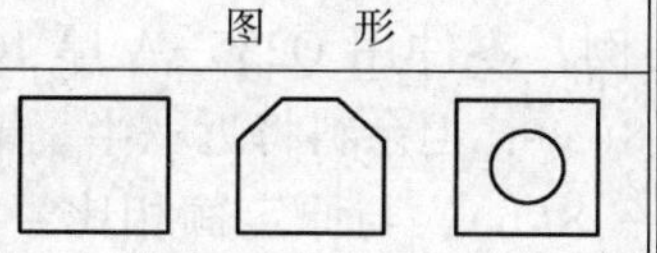	6	椭圆及盘形	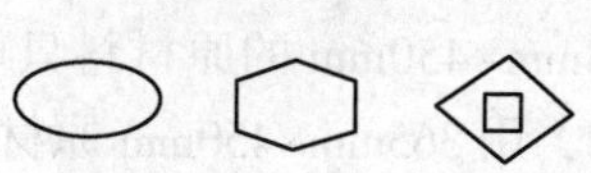
2	梯形	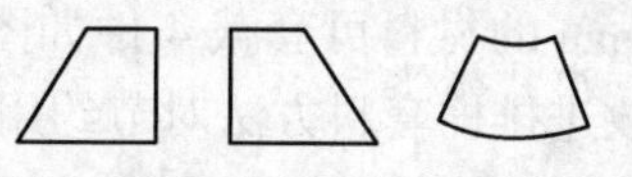	7	十字形	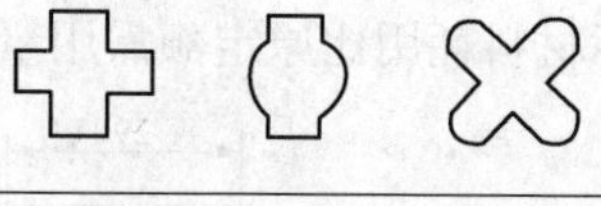
3	三角形	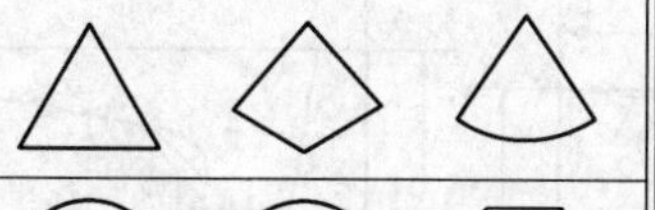	8	丁字形	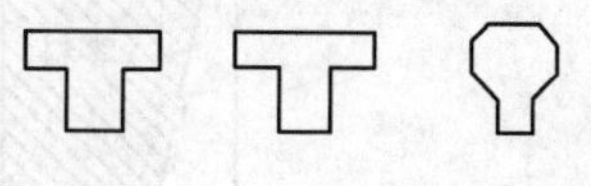
4	圆形及多边形	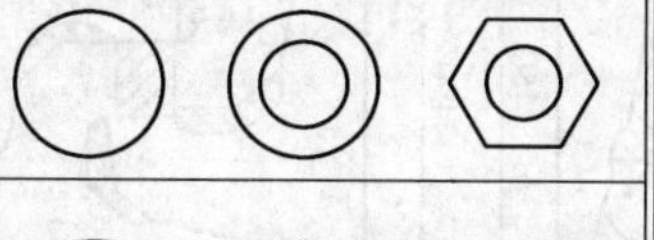	9	角尺形	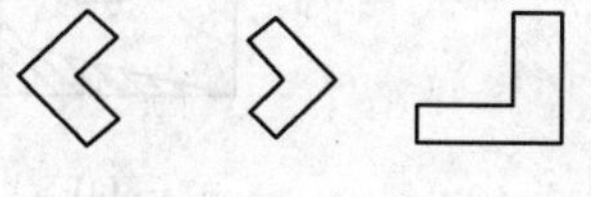
5	半圆及山字形	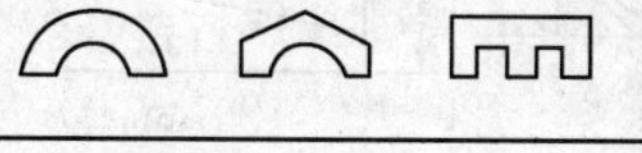			

常用的排样方式有直排、单行排列、多行排列、斜排、对头直排、对头斜排。如表 3-1-9

所示。

表 3-1-9 常用的排样方法

序号	排样类型	排样简图	序号	排样类型	排样简图
1	直排	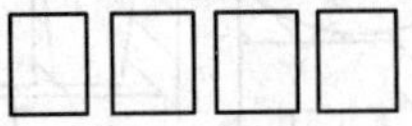	4	斜排	
2	单行排列		5	对头直排	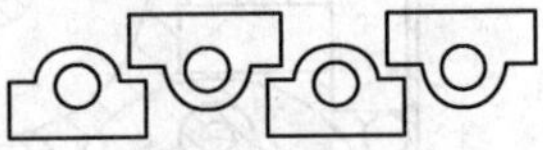
3	多行排列	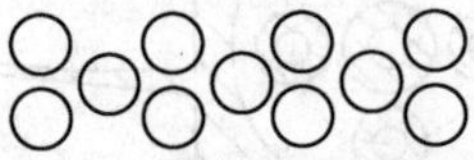	6	对头斜排	

对于一定的零件形状，应选择最经济合理的排样方式。如表 3-1-10 所示为不用形状零件的合理排列方式。

表 3-1-10 按零件外形选择排样方式

排样方式	1 方形	2 梯形	3 三角形	4 圆及多边形	5 半圆形及山字形	6 椭圆及盘形	7 十字形	8 丁字形	9 角尺形
直排	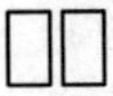								
单行排列									
多行排列									
斜排									
对头直排					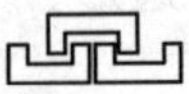			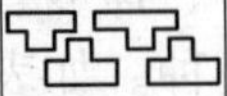	
对头斜排									

图 3-1-18 为支腿零件改进排样套料的实例，零件用 Q235-A 厚 10mm 的钢板。应用 29mm×450mm 的原材料只可做一件如图 3-1-18(a)，但余料将近一半。第一次改进排样套料后，用 365mm×450mm 原材料可做 2 件如图 3-1-18(b)，与原定额相比，节约材料 159%，但余料仍有 1/3。经第二次改进后，用 490mm×490mm 的材料可套裁 4 件如图 3-1-18(c)，使实际材料耗用比原定额需用量节约了 217%，可见改进排样套料方法对节约用料所起的重要作用。

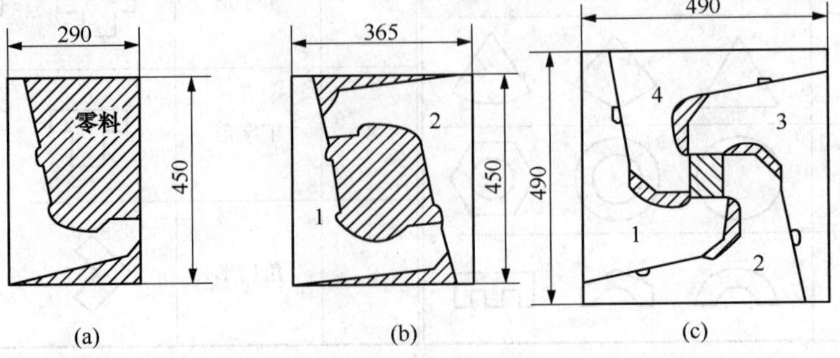

图 3-1-18 支脚的排样套料实例

图 3-1-19 所示为圆板零件进行套中再套的实例，使余料得到充分利用。

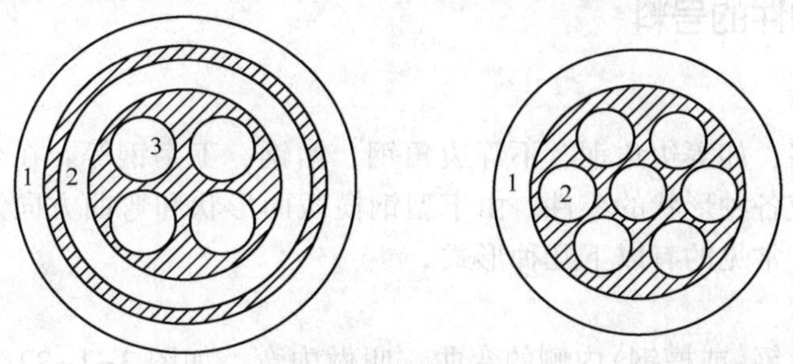

图 3-1-19 圆环、圆板套中套实例

为提高材料的利用率，在不影响产品质量的前提下，建议更改设计工艺，也是提高材料利用率的一条途径。例如图 3-1-20 所示的产品是由 4mm 不锈钢钢板制造的，材料定额为 804mm×1200mm 做一件，而实际库存材料为 1200mm×4000mm，如按原定额下料，一张大料只能下 3 件如图 3-1-20(a)，材料利用率只有 60.5%。在可行的情况下，如果将原设计 ϕ260mm 的圆筒直径缩小 1mm(即为下公差，加工成 $\phi260-1$)，展开坯料改为 1200mm×800mm，这样一张大料即可制做 5 件，如图 3-1-20(b)所示，材料利用率达到 100%。

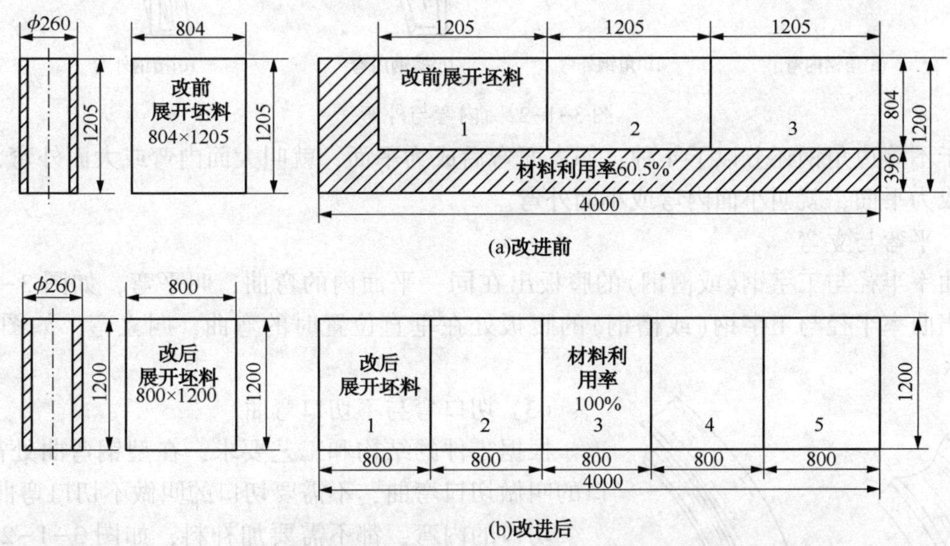

图 3-1-20 不影响产品质量更改产品设计实例

必须指出，排样套料时，除考虑提高材料利用率外，还要考虑采用何种切割方式例如剪切时要考虑到剪切的方便，如图 3-1-21(a)所示，图 3-1-21(b)的排样就不便于剪切。因此，排料时必须综合加以考虑，务必做到既省料又合理。

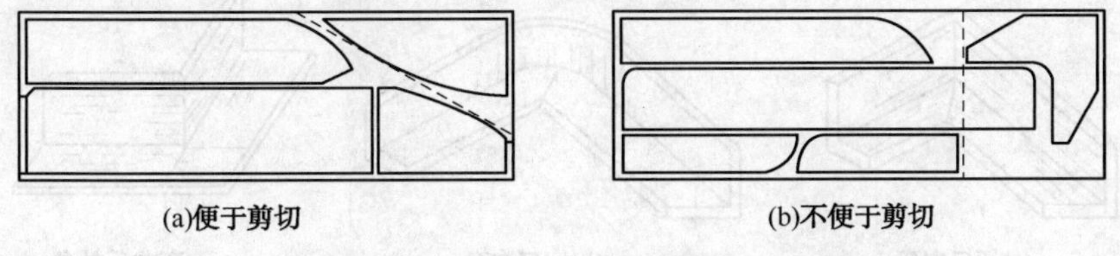

图 3-1-21 考虑零件剪切方便性的排样图

三、型钢弯曲件的号料

1. 型钢弯曲形式

型钢的种类很多，如等边角钢、不等边角钢、槽钢、工字钢等。在金属结构的制造中。经常要把型钢弯曲成各种形状的零件。由于型钢横截面形状和弯曲方向及零件形式等不同，所以有不同的分法，常见的有以下几种形式。

（1）内弯与外弯

当曲率半径在角钢(或槽钢)内侧的弯曲，叫做内弯，如图 3-1-22(a)所示，槽钢见图 3-1-22(c)。当曲率半径在角钢(或槽钢)的外侧的弯曲，叫做外弯，如图 3-1-22(b)所示，槽钢见图 3-1-22(d)。

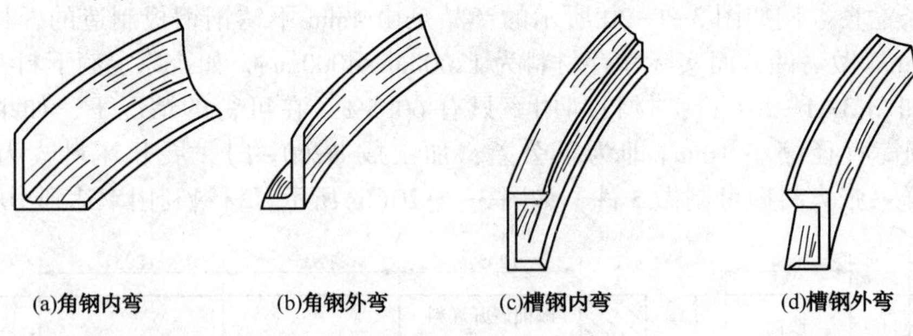

图 3-1-22　内弯与外弯

对于不等边角钢还分以下 4 种：如大面弯后成为平面，就叫大面内弯或大面外弯，如小面弯后成为平面，就叫小面内弯或小面外弯。

（2）平弯与立弯

当曲率半径与工字钢(或槽钢)的腹板出在同一平面内的弯曲，叫平弯，如图 3-1-23a 所示。当曲率半径与工字钢(或槽钢)的腹板处在垂直位置时的弯曲，叫立弯，如图 3-1-23b 所示。

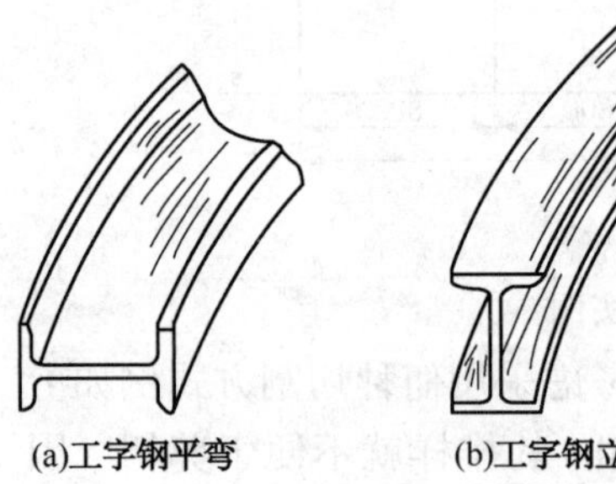

图 3-1-23　型钢平弯与立弯

（3）切口弯与不切口弯曲

根据零件的结构和工艺要求，在型钢弯曲处需要切口的叫做切口弯曲，不需要切口的叫做不切口弯曲。

切口的内弯，都不需要加补料，如图 3-1-24(a)、图 3-1-24(b)所示。切口的内弯又分为直线切口和圆弧切口两种。

切口的外弯，都需要加补料，这种通常被称为弯曲后补角，如图 3-1-24(c)所示。

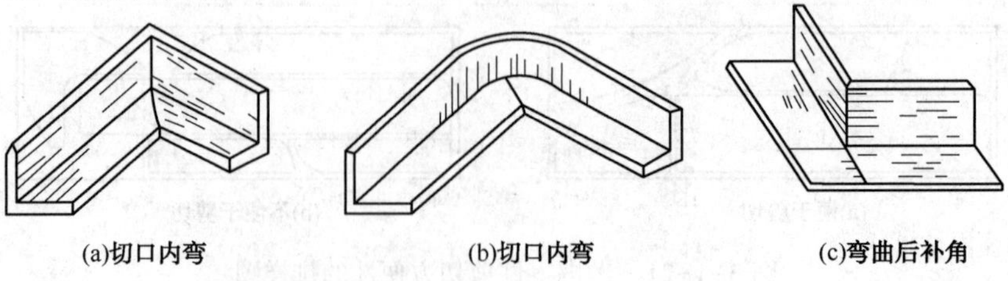

图 3-1-24　切口内弯与弯曲后补角

此外还有一些特殊的弯曲形式，如图 3-1-25 所示为角钢的一种特殊弯曲。

图 3-1-25 角钢的特殊弯曲

2. 型钢切口弯曲的号料

(1) 型钢切口内弯号料

1) 直线切口

图 3-1-26(a)所示的角钢件是由图 3-1-26(b)所示直线切口角钢经内弯而成的。从两图中可以看出，切口角 $\beta=180°-\alpha$（α 为已知弯曲角），切口宽 $l=2fg$，见图 3-1-26(a)矩形 $ongf$。因此有如下作切口方法。

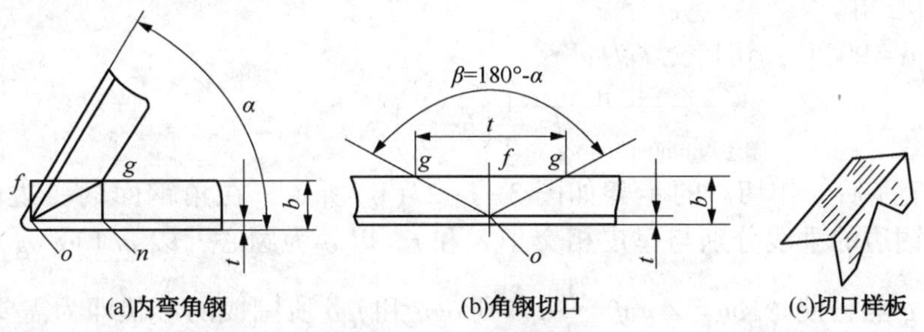

图 3-1-26 内弯角钢的直线切口

一种是作图法。作图法是通过作实样图先求出 l 再画切口，步骤是先作出图 3-1-26(a)所示的实样图，从中得出 fg 或 on。然后在角钢上作垂涎 of，与角钢里皮相交于 o，与外缘相交于 f，并在 f 两侧取已得 fg，连接 og，则得三角形 gog 即为切去的部分。另外，也可以用作角度 β 的方法画出切口。

成批生产时，一般采用切口样板号切口。切口样板如图 3-1-26(c)所示。

另一种是计算法。先计算出切口宽 l，再画切口。其公式为：

$$l=2(b-t)\tan\frac{\alpha}{2} \tag{1-8}$$

式中 l——切口宽度[见图 3-1-26(b)]；

b——角钢宽度；

t——角钢厚度；

α——弯曲角。

画切口的步骤同上。

2) 圆弧切口

图 3-1-27 所示的角钢件，f、n 是里皮弧的两个切点，g 是$\overset{\frown}{fn}$的中心点，o 为弧心（角钢边缘的交点）。如果把 on 和 og 切开并伸直，即成图 3-1-27(b)所示的弧形切口角钢。

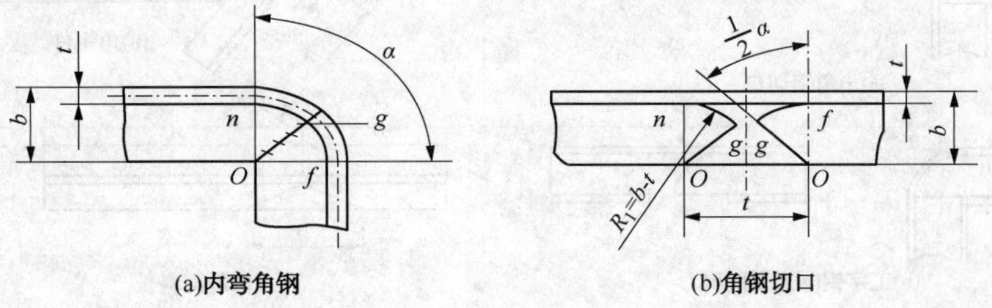

图 3-1-27 内弯角钢的圆弧切口

从图 3-1-27(a)、图 3-1-27(b)可知，此角钢件的圆角里皮半径 $R_1=b-t$，中性层半径为 $b-\frac{t}{2}$。为求出切口宽 l，除作实样图外，还可以通过计算求得。其计算式为：

$$l=0.01745\left(b-\frac{t}{2}\right)\alpha \tag{1-9}$$

式中 l——圆弧切口宽；

b——角钢宽度；

t——角钢厚度；

α——圆心角。

当圆心角 $\alpha=90°$时，切口宽 l 为：

$$l=\frac{1}{2}\left(b-\frac{t}{2}\right)\pi \tag{1-10}$$

求得切口宽 l 后，作切口的步骤如图 3-1-27(b)所示，在角钢面的一边取 OO 等于 1，过两 o 点作角钢边的垂线分别与里皮相交于 n 和 f。以 o 为圆心，以 on(或 og)为半径画弧，在两弧上各取 g 点，使$\angle gon=\angle gof=\frac{1}{2}\alpha$，则 ogn 和 fgo 所围成的形状即为需要切去的部位。

图 3-1-28(a)、图 3-1-28(b)分别为角钢和工字钢(或槽钢)的另一种圆弧切口形式。其作切口的方法基本与上述角钢圆弧切口的作法相同(作法从略)。

(2) 型钢切口弯曲的料长计算

1) 直线切口

图 3-1-29 为角钢内弯任意角度的零件，按里皮取各边的下料长度，故料长的计算公式为：

$$L=A'+B'=A+B-2t\cot\frac{\alpha}{2} \tag{1-11}$$

当角钢内弯 90°时，料长的计算公式为：

$$L=A'+B'=A+B-2t \tag{1-12}$$

式中 A'、B'——角钢每边的里皮尺寸；

A、B——角钢每边的外皮尺寸；

t——角钢厚度；

α——弯曲角；

L——角钢内弯任意角度时的料长。

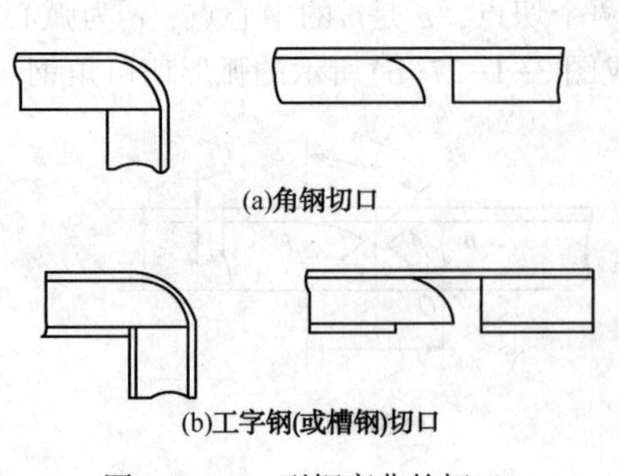

图 3-1-28 型钢弯曲的切口

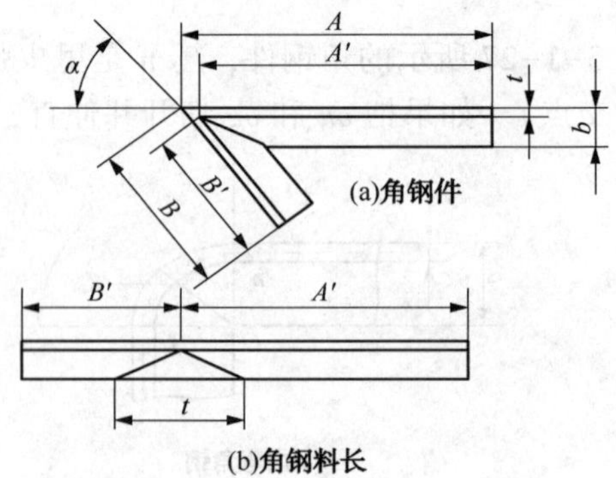

图 3-1-29 内弯角钢的料长计算

图 3-1-29(b)所示的角钢的切口宽 l，可按公式(1-8)求得。

当内弯 90°角钢框时，如图 3-1-30(a)所示，其料长的计算公式为：

$$L=2(A+B)-8t \tag{1-13}$$

其每边的料长分别为 $A-2t$ 和 $B-2t$，如图 3-1-30(b)所示。

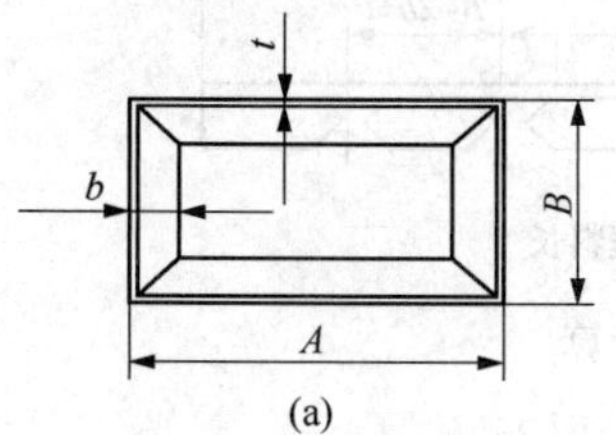

(a)

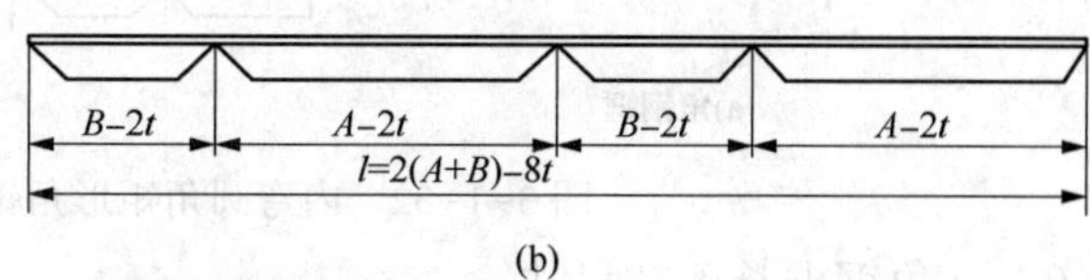

(b)

图 3-1-30　内弯 90°角钢框料长计算

当内弯成正多边形角钢框时，其料长的计算公式为：

$$l=n\left(A-2t\tan\frac{\alpha}{2}\right) \tag{1-14}$$

式中　l——正多边形角钢框料长；

n——边数；

A——每边的外皮尺寸；

t——角钢厚度；

α——切口角。

2）圆弧切口

图 3-1-31 为角钢圆弧内弯任意角度的零件，其料长的计算公式为：

$$L=A+B+0.01745\left(b-\frac{t}{2}\right)\alpha \tag{1-15}$$

式中　L——角钢内弯任意角度时的料长；

A、B——角钢每边的外皮尺寸；

b——角钢宽度；

t——角钢厚度；

α——圆心角。

当圆心角 $\alpha=90°$时，料长的计算公式为：

$$L=A+B+\frac{1}{2}(b-t)\pi \tag{1-16}$$

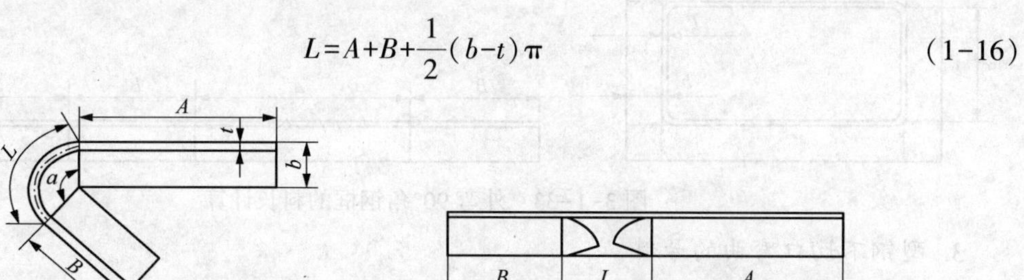

图 3-1-31　圆弧内弯角钢的料长计算

图 3-1-32 所示为内弯圆角矩形角钢框，其料长计算公式为：

$$L=2(A+B)-8t+(2b-t)\pi \tag{1-17}$$

式中　L——圆角矩形角钢框的料长；

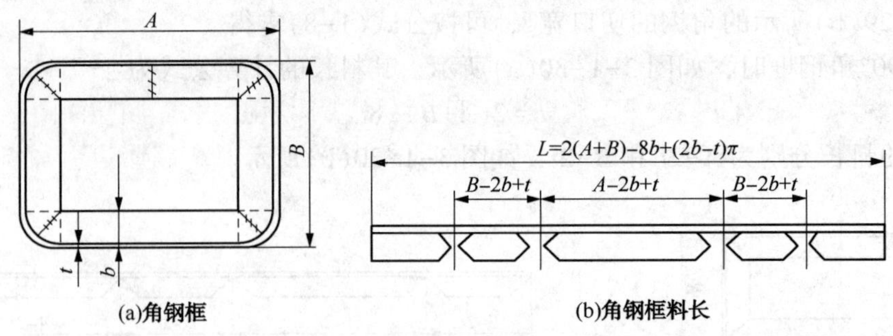

图 3-1-32　内弯圆角矩形角钢框料长计算

A、B——角钢框长、宽尺寸；

b——角钢宽度；

t——角钢厚度。

例如：内弯圆角矩形角钢框，若 $A=1200$mm，$B=600$mm，角钢宽 $b=100$mm，厚度 $t=10$mm，则其料长 L 由公式(1-17)求得：

$$L=2(1200+600)-8\times100+(2\times100-10)\pi$$
$$=3600-800+397=3397\text{mm}$$

(3) 角钢补角弯曲后的料长计算

角钢补角弯曲的零件料长的计算公式同式(1-11)；当角钢内弯 90°角钢框时，料长的计算公式同式(1-12)；当外弯成 90°角钢框时，料长的计算公式同式(1-13)。

若外弯矩形角钢框的长宽尺寸标注在里皮上，则料长的计算公式为：

$$L=2(A'+B') \tag{1-18}$$

式中　L——角钢框料长；

A'——里皮长度；

B'——里皮宽度。

例如：图 3-1-33 所示的角钢框 A'、B'分别为 1300mm 和 650mm，则：

$$L=2(A'+B')=2(1300+650)$$
$$=3900\text{mm}$$

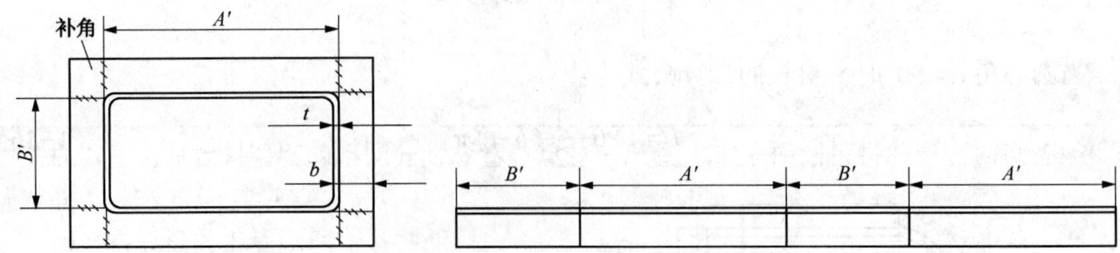

图 3-1-33　外弯 90°角钢框的料长计算

3. 型钢不切口弯曲的号料

(1) 理论公式计算

型钢中的扁钢、方钢、圆钢、钢管、工字钢等的弯曲件的展开料长度计算方法，与板料的弯曲计算展开料长度的方法相同，其计算公式见表 3-1-8。

角钢、槽钢的弯曲存在中性层，由于它们的中性层接近各自的重心距，因而产生了按角钢、槽钢重心距计算其展开料长度的理论公式，见表 3-1-9。角钢、槽钢重心距，见有关《材料手册》中所列。

由于角钢槽钢等的弯曲方法不同和理论公式的计算结果与实际有一定差异。外弯出来的料要长些，内弯出来的料要短些。因此在施工过程中应注意纠正。

（2）经验公式计算

在生产实际中，在弯曲角钢圈、槽钢圈时，各生产单位往往采用经验公式来计算料长。常用的经验公式如下：

1）内弯等边角钢圈　如表 3-1-11 第 2 图所示，其钢圈展开料长 L 的经验公式为：

$$L=\pi d-1.5b \tag{1-19}$$

式中　d——角钢圈外径；

b——角钢宽度。

2）外弯等边角钢圈　外弯等边角钢圈展开料长 L 的经验公式为：

$$L=\pi d+1.5b \tag{1-20}$$

式中　d——角钢圈内径；

b——角钢宽度。

3）外弯槽钢圈　外弯槽钢圈展开料长 L 的经验公式同公式(1-20)。

式中　d——槽钢圈内径；

b——槽钢翼缘(翼板)宽度。

4）内弯槽钢圈　内弯槽钢圈展开料长 L 的经验公式同式(1-19)。

式中　d——槽钢圈外径；

b——槽钢翼缘(翼板)宽度。

5）大面内弯不等边角钢圈　大面内弯不等边角钢圈其展开料长 L 的经验式为：

$$L=\pi d-1.5a \tag{1-21}$$

式中　d——角钢圈外径；

a——角钢大面宽。

表 3-1-11　型钢不切口弯曲件展开长度计算公式

类别	名称	形　状	计算公式	式中说明
钢板（扁钢、圆钢）	圆筒及圆环	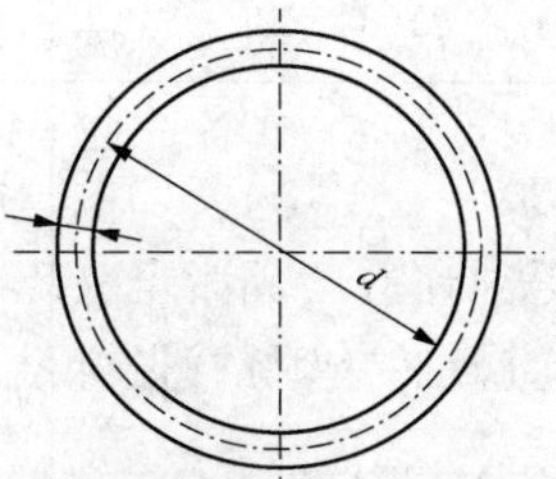 d	$L=d\pi$	L 为计算展开料长 d 为圆中径
等边角钢	内弯圆	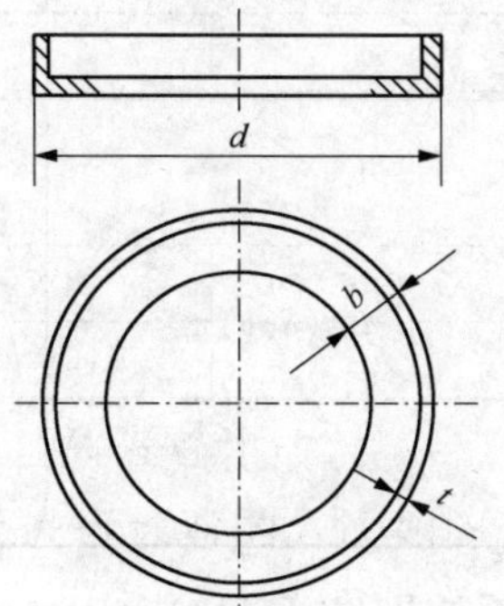 d b t	$L=(d-2Z_0)\pi$	d 为圆外径 Z_0 为重心距

续表

类别	名称	形状	计算公式	式中说明
等边角钢	内弯弧形	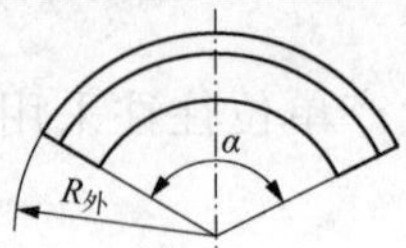	$L=\frac{\pi(R_{外}-Z_0)}{180}\alpha$	$R_{外}$为圆外半径 α 为圆心角 Z_0 为重心距
等边角钢	外弯弧形	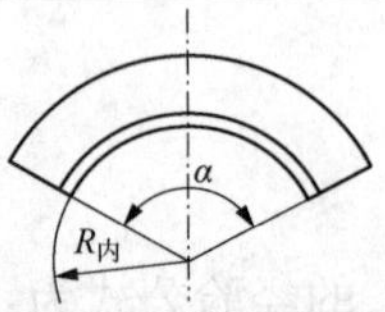	$L=\frac{\pi(R_{内}+Z_0)}{180}\alpha$	$R_{内}$为圆内半径
等边角钢	外弯椭圆	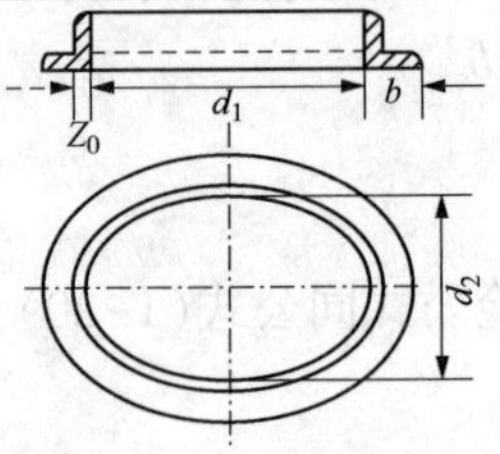	$L=(d_1+2Z_0)PI$	d_1 为内长径 d_2 为内短径 PI 为椭圆圆周率 Z_0 为重心距
不等边角钢	大面内弯圆	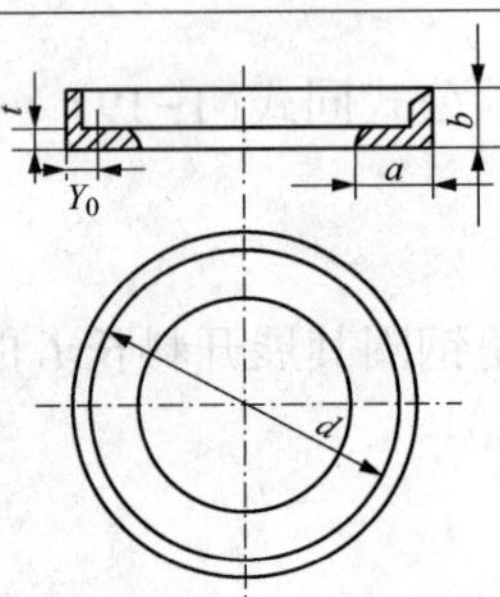	$L=(d-2Y_0)\pi$	d 为外直径 Y_0 为重心距
槽钢	外弯圆	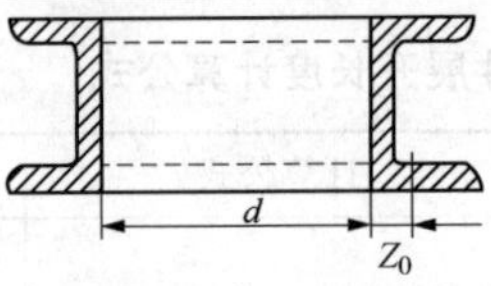	$L=(d+2Z_0)\pi$	d 为内直径
槽钢	平弯圆	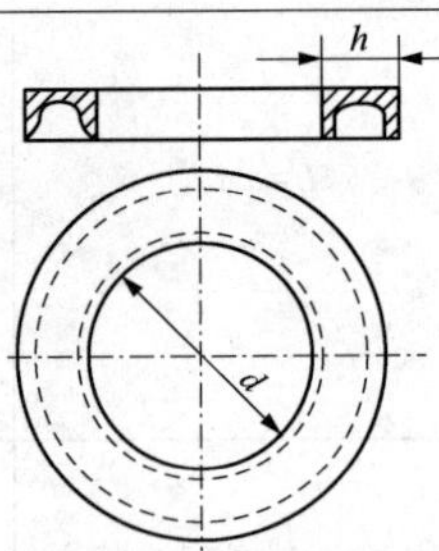	$L=(d+h)\pi$	d 为内直径 h 为槽钢高
工字钢	立弯圆	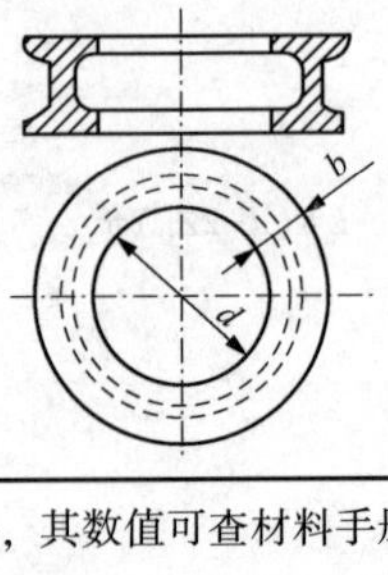	$L=(d+b)\pi$	d 为内直径 b 为工字钢平面宽

注：Z_0、Y_0 为重心距符号，其数值可查材料手册。

6）大面外弯不等边角钢圈　大面外弯不等边角钢圈其展开料长 L 的经验式为：

$$L=\pi d+1.5a \tag{1-22}$$

式中　d——角钢圈内径；

a——角钢大面宽。

7）小面内弯不等边角钢　小面内弯不等边角钢圈展开料长 L 的经验公式同式 1-19。

式中　d——角钢圈外径；

b——角钢小面宽。

8）小面外弯不等边角钢圈　小面外弯不等边角钢圈其展开料长 L 的经验公式同式1-20。

式中　d——角钢圈内径；

b——角钢小面宽。

经验公式一般是手工热弯得到的结果。它计算方便，这已被铆工广泛应用。由于手工弯曲与压力机械弯曲的不同，冷弯与热弯的不同，方法和操作者的熟练程度等原因，经验公式计算的材料长度有时略长些，特别在冷压弯曲时较明显。因此，应在生产实践中，不断地积累经验和数据，来充实和完善经验公式的准确程度。

第三节　加工成形

钢材经放样下料后还不能作为坯料，必须将零件从原材料上，按其轮廓形状进行切割，然后进一步加工成型。本章内容包括钢材的切割、零件的预加工、弯曲成型和压制成型等。

一、钢材的切割

切割的目的就是将放样、下料的零件形状从原材料上进行分离。钢材的切割可通过切削、冲剪或热切割三种不同的方法来实现。常用的切割方法有锯割、砂轮切割、剪切、冲裁、气割、光电跟踪气割、数控气割和等离子切割等几种。

1. 锯割

锯割是通过锯齿的切削运动，将钢材分离的过程。锯割不但能切断金属，而且还可以在金属上锯成切口或缝道。锯割常用于切断型钢，分为手工锯割和机械锯割两种。其中，手工锯割是一种人工操作的常用简便方法；机械锯割需在锯床上进行。

（1）手工锯割

1）手锯的构造

手锯的结构形式有固定式和可调整两种，它是由锯架、夹头、翼型螺母、手柄和锯条组成的。如图 3-1-34 所示。

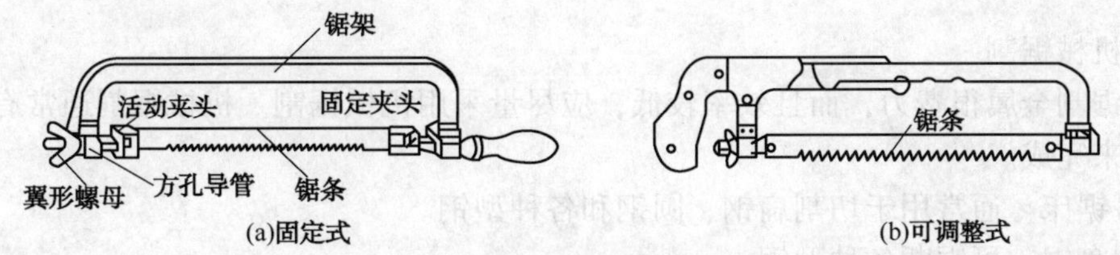

图 3-1-34　手锯

锯架成弓形，有固定式和可调整式两种。固定式锯架只能安装一种长度规格的锯条；可调整式锯架分成两端，前段可在后段中伸出缩紧，可以安装几种长度规格的锯条。

锯架的两端，装有固定夹头和活动夹头，锯条挂在夹头的两销上，拧紧翼形螺母就可把锯条拉紧。

锯条上有很多锯齿，当锯条向前推进时，每个锯齿就进行切削工作。锯齿的切削部分呈楔形，这是任何一种切削方法必须具备的基本条件。切削部分包括两个表面和一个刀刃，即前刀面(与切屑接触的表面)、后刀面(正在由切削刃切削形成的表面)、切削刃(前刀面与后刀面的交线)。细齿锯条适用于锯割硬材料，因硬材料不易锯入，每锯一次的铁屑较少，不会堵塞容屑槽，而锯齿增多后，可使每齿的锯削量减少，材料容易被切除，故锯切比较省力，锯齿也不容易磨损。在锯割管子或薄板时，为防止锯齿被工件钩住以致崩断，也必须用细齿锯条。

2）锯割方法

手锯在向前推进时才能起切削作用，所以安装锯条时使锯齿向前，不能倒装。锯条是用一下翼形螺母调节松紧，不能装得过紧或过松。锯条装得过紧，在锯切时受力不当，容易折断；张度过松，锯缝不易平直，锯条同样也容易折断，所以必须调节到一个适合的张度。锯条装好后应检查锯条装得是否歪斜、扭曲，否则应校正。

用手锯锯割的工件一般都较小，所以可用虎钳夹持，但必须夹紧，不允许在锯割时发生松动。

如果是圆形工件，则应在钳口中加一对 V 形衬铁或用管子虎钳才能使工件夹紧。夹紧工件时，锯缝不应离钳口过远，否则锯割时工件容易弹动折断锯条。

起锯时，若锯条和整个工件宽度接触，这样往往不能按所划的线进行，引起工件表面的损坏，所以必须使锯条和工件倾斜成一个角度 α，α 不超过 15°。角度过大容易把锯齿折断。

起锯分远起锯和近起锯两种。一般用远起锯较好如图 3-1-35(a)，因锯齿是逐步切入材料，不易被卡住。而近起锯如图 3-1-35(b)时若掌握不好，锯齿容易被工件棱角卡住而折断。

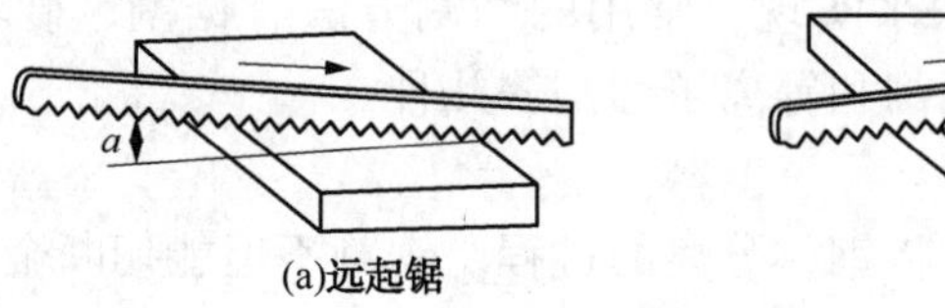

图 3-1-35　起锯方法

锯割的速度不能过快或过慢，推锯时压力不能过大，否则容易折断锯条。当手锯向前推进时，应对手锯施加一定压力，当锯条退回时，不但不需要施加压力，还应把锯架微微抬起，以减少锯齿的磨损，同时在锯割钢材时，为避免锯齿过早磨损，应加油或肥皂水冷却。在锯割过程中，时刻注意按所划的线进行，在快要锯断时，推锯的速度应较慢，压力应减少。

(2) 机械锯割

手锯锯割金属很费力，而且效率较低，应尽量采用机械锯割。机械锯割通常有以下几种锯割设备来完成。

1）弓锯床　通常用于切割扁钢、圆钢和各种型钢。

2）圆盘锯　可锯断各种型钢。

3）摩擦锯　可锯割各种型钢，也可切割管子、铸铁或钢板。

机械锯割时，为了提高锯割效率，可以将材料用特制的夹具夹成一束，再一起锯割。

2. 砂轮切割

砂轮切割是利用砂轮片高速旋转时，与工件摩擦产生热量，使之熔化而形成割缝。为了获得较高的切割效率和较窄的割缝，切割用的砂轮片必须具有很高的圆周速度和较小的厚度。

砂轮切割不但能切割圆钢、异型钢管、角钢和扁钢等各种型钢，尤其适宜于切割不锈钢、轴承钢、各种合金钢和淬火钢等材料。

目前，应用最广的砂轮切割工具，是可移式砂轮切割机，它是由切割动力头、可转夹钳、中心调整机构及底座等部分组成。切割时将型材装在可转夹钳上，驱动电动机通过皮带传动砂轮片进行切割，用操纵手柄控制切割给进速度。操作时要均匀平稳，不能用力过猛，以免过载或砂轮崩裂。

3. 剪切

剪切是利用上下两剪刀的相对运动来切断钢材。剪切具有生产效率高、切口光洁、能切割各种型钢和中等厚度的钢板等优点，所以是应用很广的一种切割方法。

(1) 剪床的种类

1) 剪直线的剪床

按两剪刀的相对位置，剪直线的剪床分平口剪床、斜口剪床和圆盘剪床 3 种，如图 3-1-36 所示。

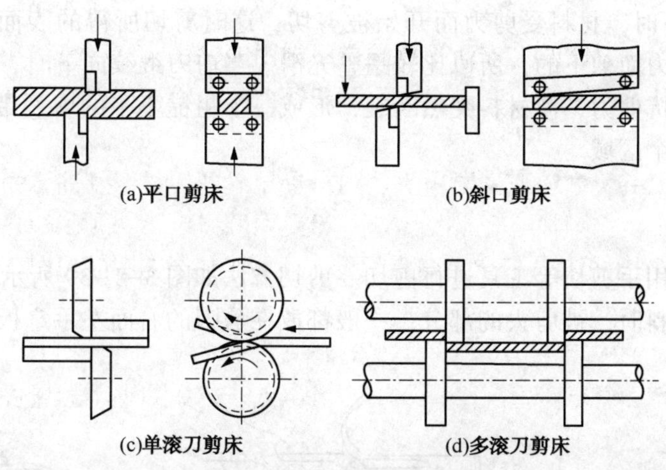

图 3-1-36　剪直线的剪床

平口剪床上下刀板的刀口是平行的，剪切时，下刀板固定，上刀板作上下运动。这种剪床工作时受力较大，但剪切时间较短，适宜于剪切狭而厚的条钢。

斜口剪床的下刀板成水平位置，一般固定不动，上刀板倾斜成一定的角度(ψ)作上下运动，由于刀口逐渐与材料接触而发生剪切作用。所以剪切时间虽较长，但所需要的剪力远比平口剪床要小，因而这种剪床应用较广泛。

圆盘剪床的剪切部分是由一对圆形滚刀组成的称单滚刀剪床，由多对滚刀组成的称多滚刀剪床。剪切时，上下滚刀作反向转动，材料在两滚刀间，一面剪切，一面给进。所以这种剪床适宜于剪切长度很长的条料。而且剪床操作方便，生产效率高，所以应用较广泛。

2) 剪曲线的剪床

剪曲线的剪床有滚刀斜置式圆盘剪床和振动式斜口剪床两种。如图 3-1-37 所示，滚刀斜置式圆盘剪床又分单斜滚刀和全斜滚刀两种，单斜滚刀的下滚刀是倾斜的，适用于剪切直线、圆、圆环；全斜滚刀剪床的上、下滚刀都是倾斜的，所以适用于剪切圆、圆环及任意曲线。

(a)下滚刀斜置式圆盘剪床 (b)上下滚刀均斜置式圆盘剪床 (c)振动式剪床

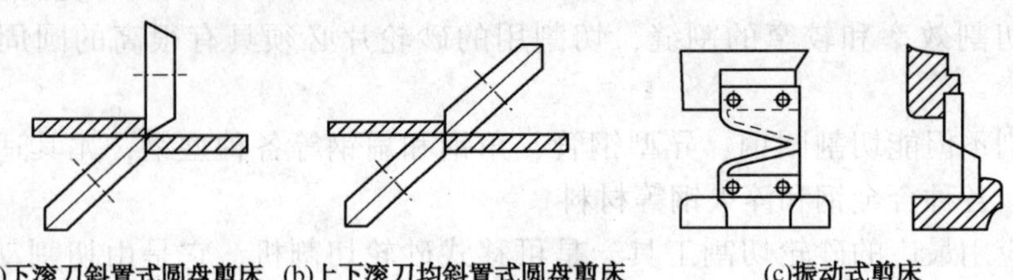

图 3-1-37 剪曲线的剪床

振动式剪床的上下刀板都是倾斜的，其交角较大，剪切部分极短，工作时上刀板每分钟的行程数有数千次之多，所以工作时上刀板似振动状，这种剪床能剪切各种形状复杂的板料，并能在材料中间切割出各种形状的穿孔。

(2) 剪床的切料过程

将被剪材料置于剪床的上下两个剪刃间，下剪刀固定不动，而上剪刀垂直作向下运动，这样材料便在两刀刃的强大压力下剪开，完成剪切工作。

材料的剪断面可分成 4 个区域，如图 3-1-38 所示，当上剪刀开始向下动作时，便压紧钢板，由于钢板受上、下剪刀的压力，剪刀压入钢板而造成圆角，形成圆角带 1 和揉压带 4。当剪刀继续压下时，材料受剪力而开始被剪切，这时剪切所得的表面称为切断带 2。由于这一平面是受剪力而剪下的，所以比较平整光滑。当剪刀继续向下时，材料内部的应力速度达到材料的最大抗剪力，使材料突然断裂，形成一个粗糙不平的剪裂带 3，所以在钢板的剪切面上形成了 4 个区域。

(3) 剪切工艺

1) 手剪工艺

手工剪切是利用手剪切等工具进行剪切。剪切方法如图 3-1-39 所示，一般按划好的线进行剪切。剪短直料时，被剪去的部分，一般都放在剪刀的右面左手拿板料，右手握住剪刀柄的末端。

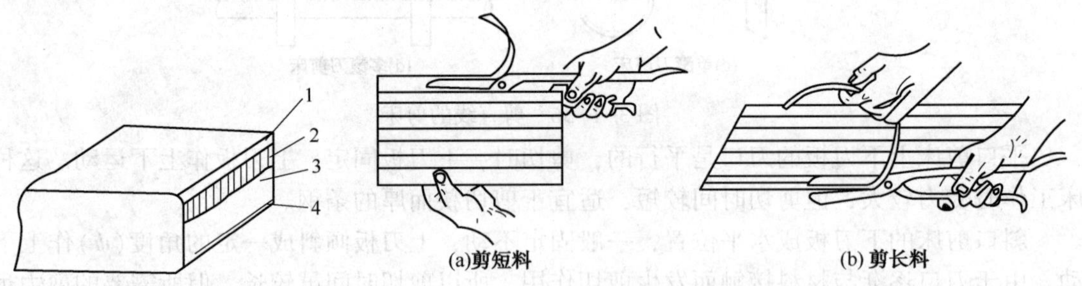

图 3-1-38 剪切材料的断面

(a)剪短料 (b) 剪长料

图 3-1-39 手剪剪直料

剪切时，见到要张开大约 2/3 刀刃长。上下两刀片间不能有空隙，否则剪下的材料边上会有毛刺，若间隙过大，材料就会被刀口夹住而剪不下来。为此应把下柄往右拉，使上下刀片的间隙就能消除。图 3-1-39(a)是剪短直料时的情形。

当板料较宽、剪切长度超过 400mm，必须将被剪去的那部分放在左面，图 3-1-39(b)所示。否则，板料较长，剪刀的刀口较短，剪切过程中就必把左面的大块板料向上弯曲，很费力。把被剪去的部分放在左边，就容易向上弯曲了。

剪切圆料时，应按图 3-1-40 所示的逆时针剪切。顺时针剪切时如图 3-1-40b 会把所划的线遮住，影响操作。

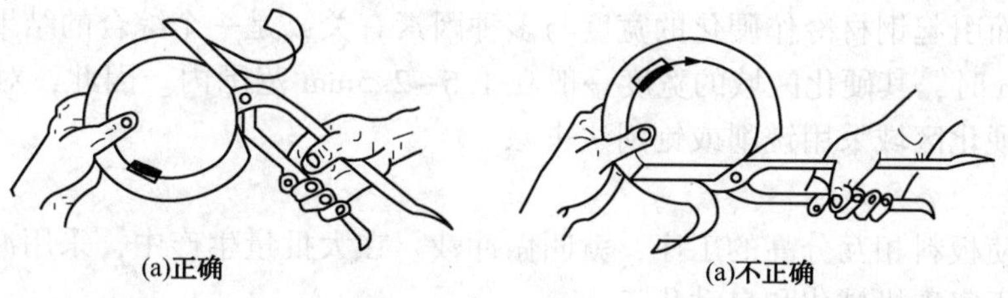

图 3-1-40　剪切圆料

2）斜口剪床上的剪切工艺

剪切前应检查被剪板料的剪切线是否清晰，钢板表面必须清理干净。然后才可以将钢板置于剪床上进行剪切。

当剪切条料时，如剪切线很短，仅有 100~200mm 时，应使剪切线对准下刀口一次剪短，剪切时两手应扶住钢板，以免在剪切时移动，影响工件质量。

当剪切较大钢板时，应采用吊车配合将板吊起，高度比下剪刀口略低，钢板四周由五至六人扶住。对线时，可配于必要的手势，由主对线人为主，以使各操作人员相互配合调整钢板的位置。每剪切完一段长度后，必须协同钢板推进。钢板初剪正确与否，会影响整个钢板的剪切质量，如果初剪时有了偏差，以后的剪切过程中就很难进行校正。为使初剪能正确进行，应将钢板上的剪切线对准下刀口，第一次剪切长度不宜过长，约 3~5mm，以后再以 20~30mm 的长度进行剪切，待钢板的剪开长度达 200mm 左右，能足以卡住上下剪切时，初剪才算完成，以后只要将钢板推足，对准剪切线进行剪切。

如果一张钢板上有几条相交的剪切线时，必须确定剪切的先后顺序，不能任意剪切，图 3-1-41 所示的几条剪切线，应按图中数字次序的先后剪切为宜，否则会使剪切造成困难。选择剪切先后次序的原则是，应使每次剪切能将钢板分成两块。

在斜口剪床上还可以剪切曲率半径较大的曲线，因为这样的曲线可以近似看做是一段段很短的直线组成。

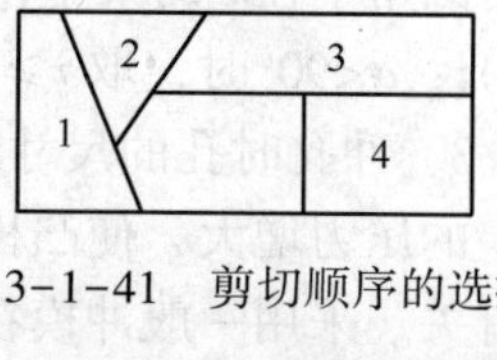

图 3-1-41　剪切顺序的选择

3）龙门剪床的剪切工艺

剪切前同样需要将钢板表面清理干净，并划出剪切线。然后，将钢板吊至剪床的工作台面上，并使钢板重的一端放在剪床的台面上，以提高它的稳定性，然后调整钢板，使剪切线的两端对准下刀口。要两人操作，其中一人指挥，分别站立在钢板两旁。剪切线对准后，控制操纵机构，剪床的压紧机构先将钢板压牢，接着进行剪切。一次就可以完成线段的剪切，而不像斜口剪床那样分几段进行，所以剪切操作要比斜口剪床容易。

龙门剪床上的剪切长度不超过下刀口的长度。

(4) 剪切对钢材质量的影响

剪切是一种高效率切割金属的方法，切口也较光洁平整，但也有一定的缺点，例如材料经剪切后会发生弯扭变形，剪后必须进行矫正，此外，如果刀片间隙不适当，剪切断面就会粗糙并带有毛刺。

在剪切过程中，由于切口附近金属的受剪力作用而发生挤压、弯曲而变形，由此而引起金属的硬度、屈服强度提高，而塑性下降，材料变脆，这称为冷作硬化。硬化区域的宽度与钢材的机械性能、钢板的厚度、刀片间隙、上刀刃的锐利程度和压紧装置的位置与压紧力有密切的关系。

由于剪切而引起钢材冷作硬化的宽度与多种因素有关，是一个综合的结果。当被剪钢板厚度小于25mm时，其硬化区域的宽度一般在1.5~2.5mm范围内。因此，对于制造重要的工件时，应将硬化区域采用铣削或刨削法去除。

4. 冲裁

利用冲模使板料相互分离的工序，就叫做冲裁。在大批量生产中，采用冲裁分离可以提高生产率，易于实现机械化和自动化。

（1）冲裁的分类和过程

冲裁分落料和冲孔两种。如果冲裁时，沿封闭曲线分离的板料时零件时，称为落料。反之，封闭曲线以外的板料作为零件时，称为冲孔。例如冲制一个平板垫圈，冲其外形时称为落料。冲内孔时称为冲孔。落料和冲孔的原理相同，但在考虑模具工作部分的具体尺寸时，才有所区别。

冲裁可以制成成品零件，也可以作为弯曲压延和成形等工艺准备的毛坯。冲裁时板料分离的变形过程时曲柄压力机和摩擦压力机等。

冲裁时板料分离的变形过程分弹性变形阶段、塑性变形阶段和剪裂阶段三个阶段。

（2）冲裁件的工艺性

冲裁零件的形状、尺寸和精度要求，必须符合冲裁的工艺要求，这就是冲裁件的工艺性问题，主要包括一下几方面的内容。

1）冲裁件的形状应力求简单、对称，尽可能采用圆形或矩形等规则形状，应避免过长的悬臂和切口，悬臂和切口的宽度要大于板厚的两倍，如图3-1-42(a)所示。

2）冲裁件的形状和内形的转角处，应以圆弧过渡，避免尖角，以便于模具加工，减少热处理或冲压时在尖角处开裂的现象。同时也能防止尖角部位刃口的过快磨损。

圆角半径 r 的大小，可由板厚 t 而定如图3-1-42(b)。当尖角 $\alpha>90°$ 时，取 $r\geqslant(0.3\sim0.5)t$；$\alpha<90°$ 时，取 $r\geqslant(0.6\sim0.7)t$。

3）冲孔时孔的尺寸越小，虽冲床负荷越小，但不能过小，因为孔过小时，凸模单位面积上的压力增大，使凸模材料不能胜任。孔的最小尺寸与孔的形状、板厚 t 和材料的机械性能有关。采用一般冲模在软铜或黄铜上所能冲出的最小孔径为：

冲圆孔的最小孔径 $=t$；

冲方孔的最小边长 $=0.9t$；

冲矩形孔的最小短边 $=0.8t$；

冲长圆孔的两对边的最小距离 $=0.7t$。

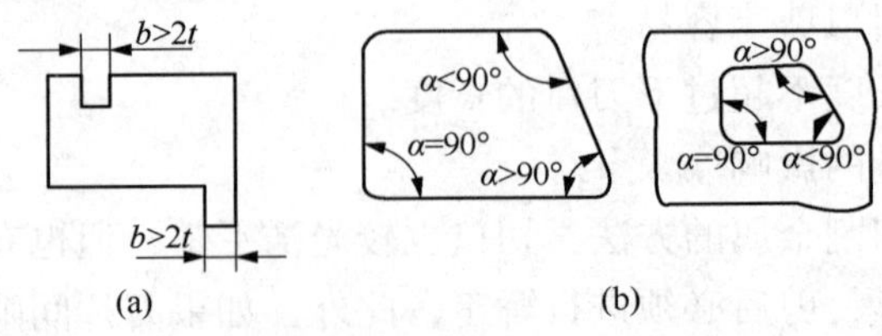

图3-1-42　冲裁件的工艺性

4）零件上孔与孔之间或孔与边缘之间的距离，受凹模强度和零件质量的限制，也不能太近，设上述距离为 a，则取 $a\geqslant2t$。并使 $a>3\sim4$mm。

5. 氧气切割

氧炔焰切割简称氧气切割，是目前广泛使用的一种切割方法。

(1) 氧气和乙炔的性质

氧气是一种无色、无味的助燃气体，但不能自然。乙炔是切割中使用的燃烧气体。由于它使用方便、价格低廉，并且火焰的燃烧温度高，所以得到广泛使用。乙炔是无色的具有特殊刺激性气味的气体。

(2) 氧气切割的原理及设备

因为高温的钢能在氧气中剧烈燃烧，所以钢能用氧气切割。在切割之前首先将金属加热至燃烧点，然后用高压的氧气喷射上去，使其剧烈燃烧，同时借喷射压力将熔渣吹去。

氧气切割的设备和工具有乙炔发生器、回火防止器、氧气钢瓶、压力调节器、软管等。

(3) 氧气切割工艺

1) 气割前的准备

气割前首先应将钢板矫平，并把被切割的工作垫起、工件下面要留出一定的空间并使其畅通，保证切口的熔渣向下顺利排除，工件下面的空间不能密封，否则有爆炸危险。工件表面的油污和铁锈要加以清理。为保证切割尺寸的准备，要在工件上预先划好切割线。

2) 气割规范的选择

气割时，正确地选择规范对保证切割质量有很大的影响，主要选择以下的规范参数：割炬的功率、氧气压力、气割速度、预热火焰的能率。

3) 气割技术

气割操作主要有钢板穿孔、圆钢的气割、多层气割、靠模气割、斜孔气割、复合钢板的气割和不锈钢的震动气割等。

切割时，割嘴应与工件表面保持一适当距离。当工件厚度小于 100mm 时，从提高效率出发，工件表面最好位于预热焰温度最高处，即工件表面位于距焰心 2~4mm 处；当工件厚度超过 100mm 时，为了防止割嘴过热和因铁渣飞溅面使割嘴堵塞，割嘴与工件表面的距离应增大些。

气割将接近终点时，割嘴应向切割相反方向倾斜一些，以利于钢板下部提前割透，使收尾平直。

气割过程中必须防止回火。一旦发生回火，应及时将皮管折拢并捏紧，并紧急关闭乙炔阀，再关氧气阀，使回火在割炬内迅速熄灭。

4) 气割件变形及控制

气割件变形主要是由于气割时金属局部受热，使金属产生不均匀的热胀冷缩而引起的变形。为了减小变形，钢板应事先矫平，清除表面锈污，气割前用预热焰粗略地预热钢材表面，以疏松剩余氧化皮、铁锈；此外，应使气割件尽可能在最后瞬间脱离钢板，保证气割件在切割时具有较大的刚度，以减少变形。采用多割炬的对称气割方法以及对周长作分段的气割方法，也可以达到减少气割件变形的目的。

6. 光电跟踪自动气割

光电跟踪自动气割时一项新技术，它可省掉在钢板上划线的工序，而直接进行自动气割。光电跟踪自动气割时将被切割零件图样以一定比例(一般为 1：10)画成缩小仿型图以作光电跟踪之用。在光电跟踪的同时，自动操纵气割机进行气割。所以光电跟踪气割机是一种高效率的自动化气割设备，由于跟踪的稳定性好和传动可靠，因此大大提高了气割的质量和生产率，降低了劳动强度。

光电跟踪有两种基本形式：一种是光量感应法，将灯光聚焦形成的光点投射到图纸上，并使光点的投射正好一半在线条上，另一半在线条外，光点的中心位于线条的边缘。当光点偏向线条或偏离线条时，经过放大器就可以控制伺服电机，带动图纸或光点头移动。

另一种形式是脉冲相位法。光线经水平装置的透镜投射到反光镜上，再反射到偏光镜上，然后聚焦形成光点，使反射到光电管上的光线产生两个电脉冲信号，脉冲信号经放大后，控制闸流管使之导通进行工作。

光电跟踪原理示意如图 3-1-43 所示。

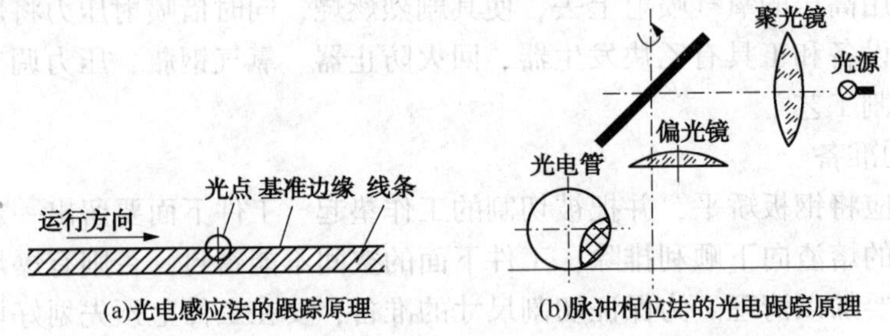

图 3-1-43　光电跟踪原理示意图

7. 数控气割

数控气割时随着电子计算技术的发展而使用的一项新技术，并得到了普遍的应用，而且已出现了几代的替代产品，这种气割机可省去放养划线等工序而直接进行切割，它的出现标志着自动化气割已进入了一个新时代。

所谓数控，就是指用于控制机床或设备的操作指令(或程序)，以数字形式给定的一种新的控制方式。将这种指令提供给数控切割机的控制装置时，气割机便能按照给定的程序，自动的进行工作。

数控气割机的组成与工作过程如图 3-1-44 所示。

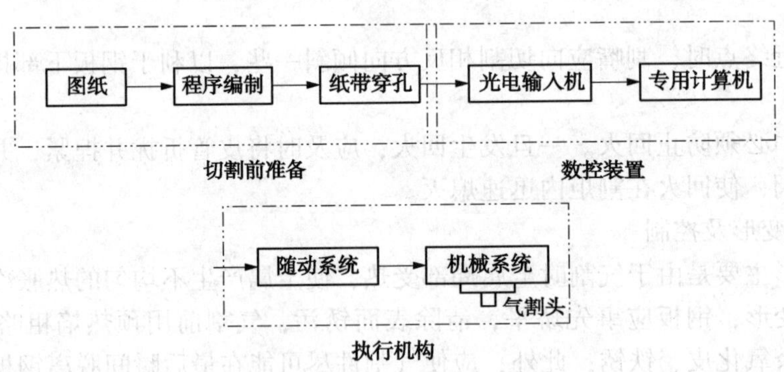

图 3-1-44　数控气割机基本结构框图

8. 等离子弧切割

等离子切割是利用高温高速等离子焰流，将切口金属及其氧化物熔化，并将其吹走而完成的切割过程，属于热切割性质，但与氧气切割在本质上是不同的。由于等离子弧的温度极高，焰流速度也高，所以任何高熔点的氧化物都给熔化并吹走，因此能切割任何金属。目前主要用于切割不锈钢及铝、镍、铜及其合金等金属和非金属材料，而且还部分代替氧炔焰，用来切割一般碳钢。

（1）等离子弧切割的优点

能量高度集中，温度高，可以切割任何高熔点金属、有色金属和非金属材料。由于弧柱被高度压缩、温度高、直径小，有很大的机械冲击力；切口较窄，切割质量好、切速高、热影响小、变形小，切割厚度可达 150~200mm。等离子弧切割的成本较低，特别时采用氮气等廉价气体，成本更为降低。

（2）等离子切割工艺

等离子切割的气体一般用氮或氮氢混合气体，也可用氩或氩氢、氩氮混合气。切割电极采用含钍 1.5%~2.5%的钍钨棒，这种电极采用钨棒作电极烧损要小，并且电弧稳定。

为了有利于热发射，使等离子弧稳定燃烧，以及减少电极烧损。等离子切割时一般都把钨级接负，工件接正，即所谓正接法。

等离子弧切割内圆或内部轮廓时，应在板材上预先钻直径约 ϕ12~16mm 的孔，切割由孔开始。

二、零件的预加工

经剪切或气割后的零件，一般都需要进行预加工。零件的预加工包括边缘加工、孔加工、功丝与套丝的零件修整等工作。

1. 边缘加工

（1）凿削

凿削工作主要用于不便于机械加工的场合。由于有的零件体积大、规格复杂，难以在金属切削设备上进行加工，所以可用凿削加工。凿削分手工和机械两种。

手工凿削时利用手锤交敲击凿子进行切削加工的方法。凿子的种类较多，常用的有扁凿和狭凿两种。扁凿用于凿切工件的毛刺、尖棱、凿削平面和凿断薄的板料；狭凿用于开孔和挑焊根等凿削加工。凿子一般用 T7 或 65mm 钢锻制，经刃磨与热处理后方可使用。

当凿削脆性材料时，如铸铁件，要防止工件边缘材料的崩裂。在一般情况下，凿削到离尽头 10mm 处，必须调头凿削余下的部分。

如用凿子修整不合格的焊缝或定位焊时，应先用狭凿后用扁凿。

角钢之间采用搭接焊接时，搭接处角钢的背棱，需要扁凿出去棱角。

扁凿和狭凿如图 3-1-45 所示。

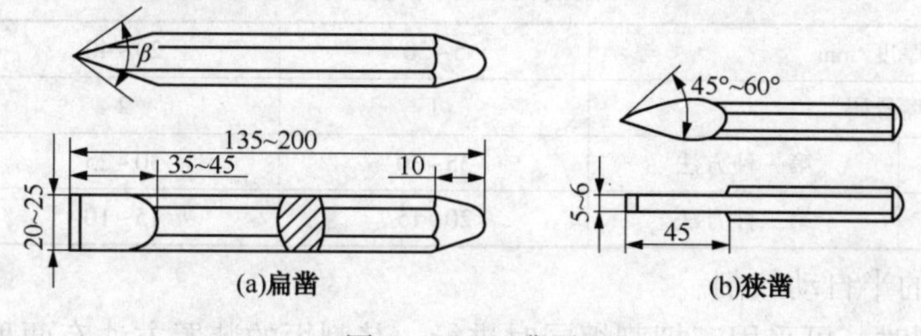

图 3-1-45　凿子

机械凿削的工作效率较高，可减轻劳动强度。机械凿削大多采用风凿进行的。风凿是利用压缩空气作为动力的一种风动工具。利用压缩空气来推动风凿气缸内的活塞。使其产生往复运动，来锤击凿子的顶部进行工作。

风凿凿子的刃口形状与手工用的凿子不用。手工用的凿子刃口处有棱角，在凿削时，由于风凿的振动，使凿削后的表面留下高低不平的痕迹，另外凿子的振动也剧烈。为了提高凿削的质量，风凿凿子的刃口两面应磨成圆弧形状。在施工中，必须备有几把楔角大小不用的凿子，这样可以根据需要来选择。

(2) 坡口的气割

气割除了能切割金属外，还能加工焊接坡口。只要改变割炬的倾斜度，便能加工出焊接坡口。

1）单面坡口的半自动气割

利用CG1-30型半自动自割机，可进行钝边和有钝边的V形坡口气割。气割时，割炬的装置方法有两种。第一种方法如图3-1-46(a)所示，是适用于气割厚度不大的钢板。气割时垂直割炬在前面行走进行气割，倾斜割炬在后面气割坡口，两把割炬之间相隔距离l，其大小取决于割件厚度，见表1-1第二种方法如图3-1-46(b)所示，是垂直割炬在前面移动，主要气割钝边，而倾斜割炬在后面气割坡口，两把割炬间距l取决于割件厚度，见表3-1-12采用此法气割时，l的距离较小，气割速度可略提高些。气割过程中，倾斜割炬切割时，气割机不需要停车，可直接开启切割氧进行连续气割。

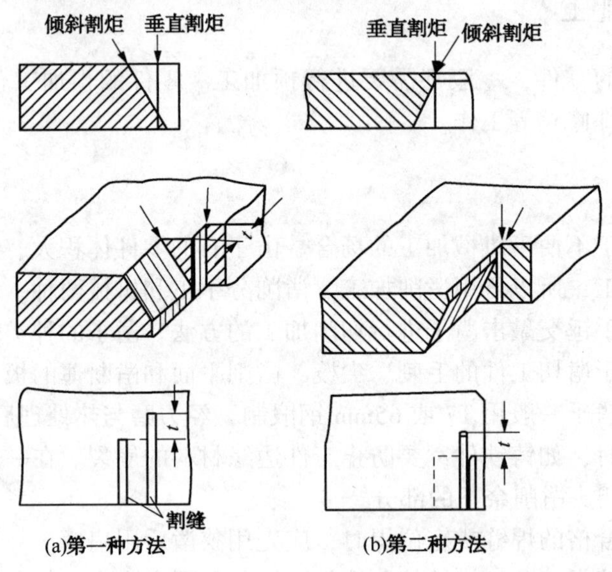

图3-1-46　V型坡口气割

表3-1-12　割嘴间隔距离与割件厚度的关系

割件厚度/mm		5~20	20~40	40~60
割嘴号码		1	2	3
割嘴间隔距离	第一种方法	35~30	30~25	25~15
l/mm	第二种方法	20~15	15~10	10~7

2）双面坡口的半自动气割

双面坡口气割时，可采用三把割炬同时进行。其割炬的装置方法有两种。一种方法如图3-1-47(a)所示，是适用于气割厚度在50mm以下割件。垂直割炬1在前面气割，距离a处的斜割炬2气割下斜边，距离b处的倾斜割炬3气割上斜边。另两种方法如图3-1-47(b)所示，是适用于气割厚度在50mm以上的割件。气割时，割炬1与割件表面垂直；割炬2放置在与割炬1相同的位置，即与气割方向垂直的直线上，这样可用两把割炬同时加热。为了防止切割氧射流的相互影响和干扰，而将割炬2安装成与气割方向后倾12°~15°。割炬3与割炬 1 的距离高为 b。

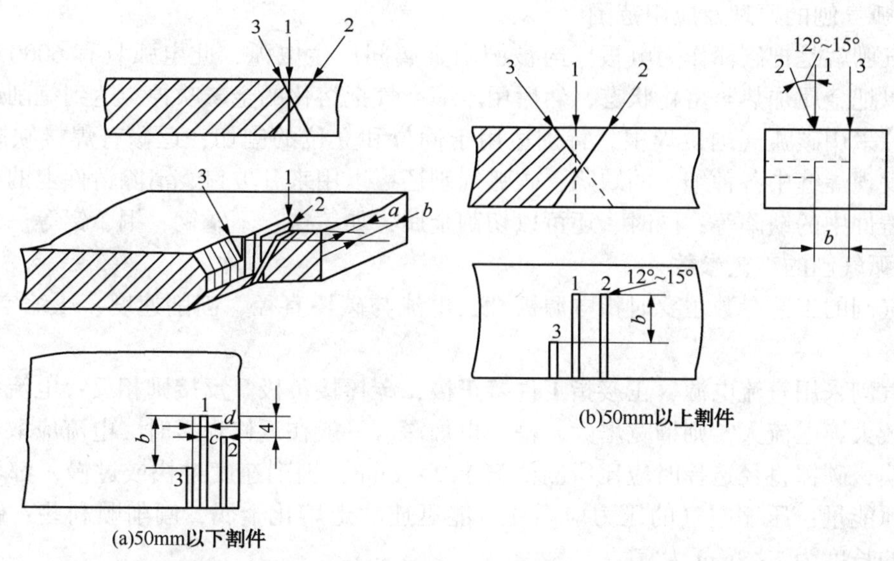

图 3-1-47　X 形坡口气割

气割 X 形坡口时，不论采用那种方法，a 与 b 值应根据割件厚度决定。其割嘴间距离与割件厚度的关系见表 3-1-13。

表 3-1-13　双面坡口气割时割嘴间隔距离与割件厚度的关系

割件厚度/mm		20	30	40	60	80	100
割嘴间隔距离/mm	a	10～12	8～10	0～2	0	0	0
	b	25	22	20	18	16	16

（3）机械的边加工

采用机械的边加工方法与手工方法相比，不但效率高、劳动强度低，而且质量好，所以在成批生产中已广泛采用。机械的边加工是在铯边机、铣边机上进行的。

用铯边机或铣边机加工，可以得到较好的光洁度和精确度。铯边机啊加工的余量随钢材的厚度、钢材的切割方法而不同，选择铯边机加工的余量时不应小于表 3-1-14 所列的数值。

表 3-1-14　铯边加工的余量

钢　材	边缘加工形式	板材厚度/mm	最小余量/mm
低碳钢	剪切机剪切	≤16	2
低碳钢	剪切机剪切	>16	3
各种钢材	气割	各种厚度	4
优质低合金钢	剪切机剪切	各种厚度	>3

铯边机的铯削长度一般为 3～15m。当铯削长度较短时，可将很多工件同时进行铯边。当钢板的边缘铯成垂直的平面时，可将多块钢板重叠起来，一次铯削，这样可使安置和压紧钢板的辅助时间缩短。因而能显著提高机床的利用率。当铯削坡口（如 V 形）时，将铯刀与钢板构成一定的角度，但每次只能铯削一种规格。

（4）碳弧气刨

1）碳弧气刨的原理及应用范围

碳弧气刨就是把碳棒作为电极。与被刨削金属间产生电弧，此电弧具有 6000℃左右的高温，足以把金属加热至熔化状态，然后用压缩空气把熔化的金属吹掉，达到铯削或切割金属的目的。采用碳弧气刨挑焊根，特别适用于仰位和立位的刨切；返修有焊接缺陷的焊缝时，容易发现焊缝中各种细小的缺陷；碳弧气刨还可以用来开坡口、清除铸件上的毛边、浇冒口以及铸件中的缺陷等；同时，还可以切割金属，如铸铁、不锈钢、铜、铝等。

2）碳弧气刨的工艺参数

碳弧气刨的工艺参数主要时指电源极性，电流与碳棒直径、刨削速度、压缩空气压力，电弧长度等。

碳弧气刨采用直流电源，正接指工件接正极，碳棒接负极。反接则相反；电流对刨槽的尺寸影响较大，电流大，则槽宽增大，槽深也加深。一般在返修焊接时，电流应取小些，便于发现缺陷；碳棒直径选择时应比所刨槽宽小 2~4mm；刨削速度过快或过慢，都不能有效地利用电弧能量；压缩空气的压力应高些，能迅速吹走熔化金属，刨削顺利些；碳弧刨削时，电弧的长度为 1~2mm 为宜。

2. 钻孔

用钻头在实心材料上加工处孔的方法称为钻孔。钻孔时，工件固定不动，钻头完成切削加工，其相对运动包括钻头的切削运动和进刀运动。

钻孔的精度只能达到 5~6 级，表面粗糙度可达到 $\overset{100}{\vee}$ ~ $\overset{25}{\vee}$。

钻头是钻孔的切削工具。用碳素工具钢或高速钢制成，并经淬火与回火处理。按其形状不同，分麻花钻和扁钻两类。

常用的钻孔设备有台钻和摇臂钻床。常用的钻孔工具有手板钻、手枪式风钻、手提式风钻、手枪式电钻、手提式电钻、磁座钻等。

钻孔操作如下：

（1）工件的夹持

钻孔前必须将工件夹紧固定，以防止钻孔时工件移动而折断钻头，或使钻孔位置便宜。对于体积庞大的工件，可直接放在钻床的底座上进行钻孔。

（2）钻孔方法

钻孔前先在工件上划出所要钻孔的中心和直径，在孔的圆周上（90°位置）打 4 个样冲眼，可作为钻孔后检查用。钻孔时调整钻头位置，以对准孔的中心，然后试钻一浅坑，并调整工件或钻头的位置，使钻头中心借正，当钻出的孔坑与所划的孔的四周同心时，就可正式钻孔。

当孔将要被钻穿时，必须减小对钻头的压力，以减少孔口的毛刺、并防止钻头的损坏。

钻盲孔时，可以利用钻床上的定位杆来确定钻孔深度。

钻削时应不断地家冷却润滑液，防止钻头退火软化，还能起润滑作用，以减少钻屑的摩擦热，提高孔壁的粗糙度。

为提高钻孔效率，可将数块钢板重叠起来钻孔，但钢板应先进行矫平，并用夹紧沿板边夹紧，或采用点焊固定。

在薄板上钻孔时应采用薄板钻。

3. 攻丝和套丝

用丝锥(螺丝攻)在孔中切削处内螺纹称攻丝，用牙在圆杆上切削处外螺纹称套丝。

(1) 攻丝

攻丝所用的工具有丝锥和铰手。丝锥分手用和机用两种，有粗牙喝细牙两类。在成套丝锥中，分两种方式来分配每支丝锥的切削量；即锥形分配和柱形分配。通常手用丝锥，大于或等于 M12 的采用柱形分配，而 M12 以下的丝锥采用锥形分配。铰手用来夹持丝锥部方榫，带动丝锥旋转切削，最常用的时活动铰手，活动铰手中方孔的大小可以任意调节，以适合夹持不用尺寸的方榫。

攻丝的方法如下：

1) 攻丝前，应先用钻头在工件上钻削出底孔，孔口需倒角。

2) 将工件夹持固定后，先用头锥切削，尽量把丝锥放正，然后对丝锥加压力并转动铰手。为避免切削过长而卡住丝锥，每转 1~2 圈后，要反转 1/4 圈左右，以使断屑。

3) 在攻丝过程中，如果换用一支丝锥时，应先用手将丝锥旋入已攻出的螺纹孔中，然后用铰手扳转，不能以开始就可铰手把丝锥旋入，否则难免产生晃动和压力，而损坏螺纹，影响螺纹质量。

(2) 套丝

套丝所用工具有圆板牙和扳牙铰手。圆板牙有固定式和可调节式两种，前者直径不能调节，后者的直径可作微量调节。可调式圆板牙的内孔至外圆开了一条槽，调整槽缝边的两个小螺钉，可使槽缝胀开或缩小，以调节螺孔的大小。

扳牙铰手用来安装圆板牙，并带动圆板牙旋转进行套丝。板牙放入铰手后用螺钉紧固。

套丝的方法如下。

1) 用钢板牙在钢料上套丝前，为了套丝方便一些，圆杆直径应比螺纹的外径(公称直径)小一些。

2) 将圆板牙安装在合适的铰手中，圆杆的段部必须先倒好角。套丝时，板牙断面应于圆杆中线线垂直，两手按顺时针方向均匀地旋转板牙铰手，并稍加压力，当板牙切出几牙螺纹后，就不再加压力，只需旋转铰手。每转 1~2 圈再反转 1/4 圈，以便断屑。套丝过程中可加机油润滑。

4. 零件的修整

零件经边加工后，常用锉削或磨削修整。

(1) 锉削

用锉刀对工件表面进行切削加工，使工件达到所需要的尺寸、形状和表面粗糙度的过程，即为锉削。这种方法，常用来锉削修整零部件，倒毛刺等辅助工作。

锉削所用的主要工具时锉刀。锉刀采用高碳工具钢 T12 或 T13 制成，并经过热处理，其硬度可达 HRC62~67。锉刀按其断面形状的不用可分为平锉(板锉)、方锉、三角锉、半圆锉和圆锉 5 种，根据被加工件的要求，选择不同断面形状的锉刀。

(2) 磨削

用砂轮对工件表面进行切削加工的方法称为磨削。磨削用于消除钢板边缘的毛刺、除锈；装配过程中，修整零件表面由于装配工夹具的拆除后而遗留下来的焊疤；受压容器的焊缝，在探伤检查之前，要进行打磨处理等。

磨削用的工具，除固定式电动砂轮机外，还有悬吊式电动砂轮机、携带式手提风动和电动砂轮机等。

砂轮机进行磨削前，应先检查有无裂纹和破碎，防护罩是否完好。磨削过程中，不准在砂轮片边角及侧面磨削工件；用力不得过猛，要平稳地上下、左右地移动着磨削，如果用钢丝轮代替砂轮，可以清除金属表面的铁锈、旧漆层；如以布伦代替砂轮，还可以进行抛光工作。

三、弯曲成型

将材料弯成一定角度或一定形状的工艺方法称为弯曲。弯曲时根据材料的温度分冷弯和热弯。按照弯曲的方法分手工弯曲和机械弯曲。

1. 卷板

(1) 卷板的分类

卷板是在卷板机上，对板料进行连续三点滚弯的过程。

在单曲率制件中有圆柱面、圆锥面和不同曲率的柱面；在双曲率制件中有球面和双曲面等。按卷制曲面形状不同的分类见表 3-1-15。

表 3-1-15　卷板曲率的分类

分类	名称	简图	说明	分类	名称	简图	说明
单曲率卷制	圆柱面	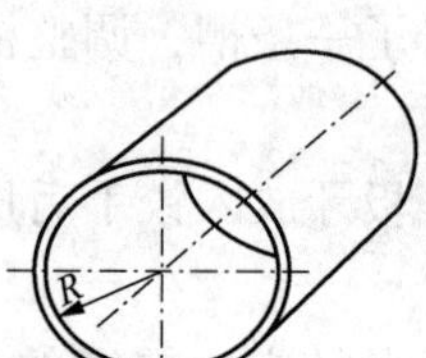	最简便常用	单曲率卷制	任意柱面	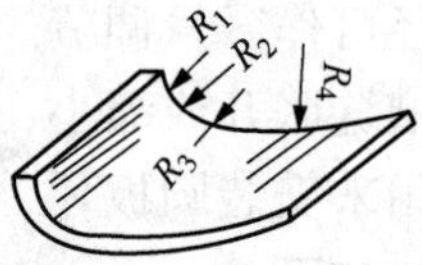	用仿形或自动控制可以实现
	圆锥面	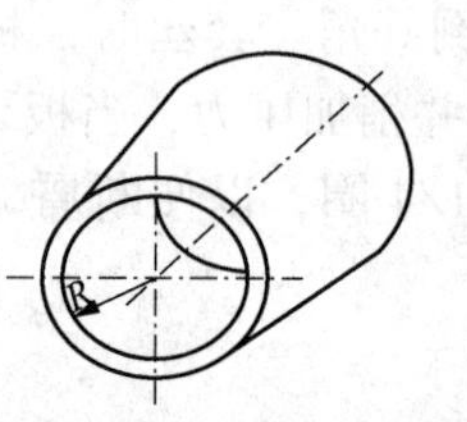	较简便常用	双面率卷制	球面		当沿卷板机轴线方向的弯曲不大时可以实现
					双曲面		

根据卷制时板料温度的不同分为冷卷、热卷和温卷。它是根据板料的厚度和设备条件来选定的。

(2) 卷板机的工程原理

卷板机可分为三辊卷板机和四辊卷板机两类。其中三辊卷板机又分为对称式与不对称式两种。卷板机的工作原理如图 3-1-48 所示。图 3-1-47(a)为对称式三辊筒卷板机的辊筒断面图，辊筒沿轴向具有一定的长度，以使板料的整个宽度受到弯曲。

在两个下辊筒的中间对称位置上有上辊筒 1，上辊能在垂直方向调节，使置于上下辊筒间的板料 4 得到不同的弯曲半径。下辊筒 2 是主动辊，安装在固定的轴承内，由电动机通过齿轮减速器使其同方向同转速转动，上辊是被动的，安装在可作上下移动的轴承内。

工作时板料置于上下辊间，压下上辊，使板料在支承点间发生弯曲，当两下辊转动时，由于摩擦力作用使板料移动，从而使整个板料发生均匀的弯曲。

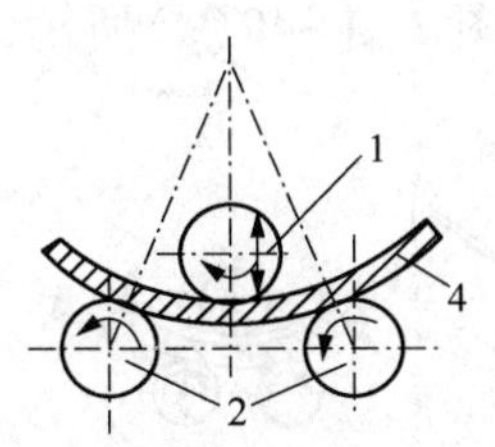

(a)对称式三辊筒卷板机

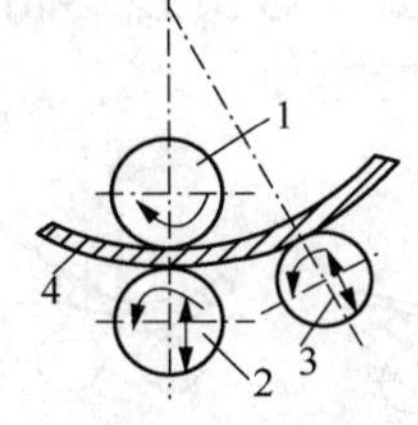

(b)不对称式三滚筒卷板机

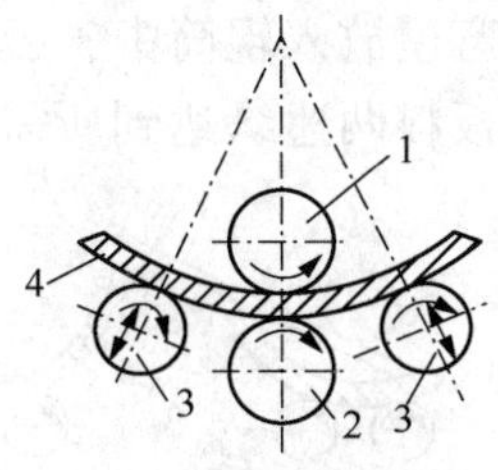

(c)四辊筒卷板机

图 3-1-48　卷板机的工作原理

根据上述弯曲原理可知，只有当板料与上滚筒接触到的部分，才会达到所需要的弯曲半径，因此板料的两端边缘各有一段长度没有接触上辊，不发生弯曲，称为剩余直边，其长度约为两下辊距离的一半。

图 3-1-48(b)是不对称三辊卷筒机的卷弯简图，上辊筒 1 位于下辊筒 2 的上面，另一辊筒 3 在侧面，称为侧辊筒。上下两辊筒是由同一电动机带动旋转的。下辊能上下调节，调节的最大距离约等于能卷弯钢板的最大厚度。侧辊筒 3 是被动的，能沿倾斜方向调节。弯曲时将板料 4 送入上下辊间，然后调节下辊将板料压紧，产生一定的摩擦力，再调节侧辊的位置，当上下辊由电动机驱动旋转时，使板料发生弯曲。

这种不对称三辊筒卷板机的优点是板的两端边缘也能得到弯曲，剩余直边的长度比对称式三辊卷板机缩小很多，其值不到板厚的两倍。虽然侧辊与下辊之间板料得不到弯曲，但只要将板料从卷板机上取出后调头弯曲，就能够完成整个弯曲过程。

图 3-1-48(c)为四辊筒卷板机，它与不对称三辊卷板机基本相似，只是增加了一只侧辊筒 3，板料边缘的弯曲由两个侧辊分别完成，这样就克服了板料在不对称三辊筒卷板机上进行调头弯曲的麻烦。

(3) 卷板工艺

卷板由预弯、对中和卷弯三个过程组成。

1) 预弯(压头)

板料在卷板机上弯曲时，两端边缘总有剩余直边。理论的剩余直边数值与卷板机的形式有关，如表 3-1-16 所列。表中 L 为侧辊中心距，t 为板料厚度。实际上剩余直边值要比里了呢值大，一般对称弯曲时为$(6\sim20)t$；不对称弯曲时为对称弯曲时的$(1/6\sim1/10)t$。由于剩余直边在矫圆时难以完全消除，并造成较大的焊缝应力和设备负荷，容易产生质量和设备事故，所以一般应对板料进行预弯，使剩余直边弯曲到所需的曲率半径后再卷弯。

表 3-1-16　理论剩余直边的大小

设备类别		卷板机			压力机
弯曲形式		对称弯曲	不对称弯曲		模具压弯
			三辊	四辊	
剩余直边	冷弯时	$L/2$	$(1.5\sim2)t$	$(1\sim2)$	$1.0t$
	热弯时	$L/2$	$(1.3\sim1.5)t$	$(0.75\sim1)$	$0.5t$

预弯可在三辊、四辊卷板机或水压机上进行。

在三辊卷板机上进行预弯的方法如图 3-1-49 所示。当预弯板厚不超过 24mm 的情况下，可用预先弯好的一块钢板作为弯曲模板，其厚度 t_0 应大于板厚 t 的两倍，宽度也应比板料略宽一些，将弯模放入辊筒中，板料置于弯模上，如图 3-1-49(a)所示，压下上辊使弯模来回滚动，使板料两边缘达到所需要的半径。

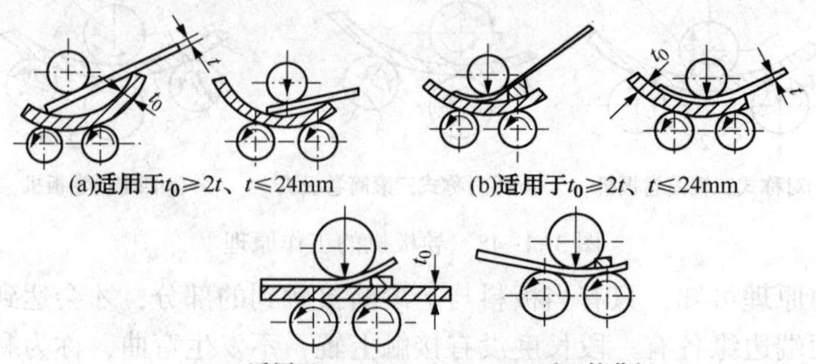

图 3-1-49 用三辊卷板机预弯

如图 3-1-49(b)所示，在弯模上加一块楔形垫板的方法也能进行预弯，压下上辊即可使板边弯曲，然后随同弯模一起滚弯。

在无弯模的情况下，可以取一平板，其厚度 t_0 应大于板厚的两倍，在平板上放置一楔形垫板如图 3-1-49(c)，板边置于垫板上，压下上辊，使边缘弯曲。

对于较薄的钢板可直接在卷板机上用垫板弯曲，如图 3-1-49(d)所示。

采用弯模预弯时必须控制弯曲功率不超过设备能力的 60%，操作时应严格控制上辊的压下量，以防过载损坏设备。

在四辊筒卷板机上预弯时，将板料的边缘置于上下辊间并压紧如图 3-1-50 所示，然后调节侧辊使板料边缘弯曲。

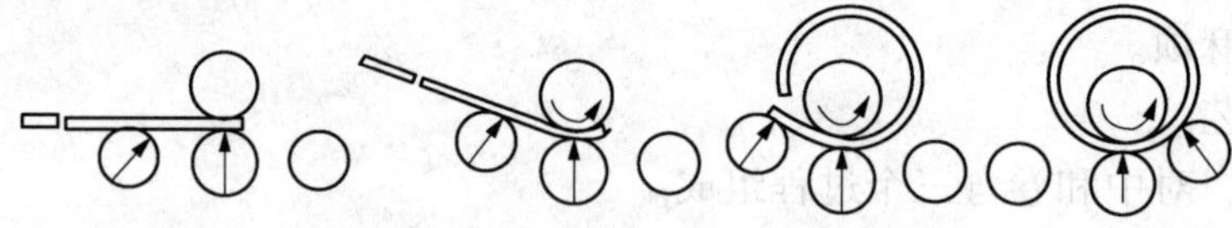

图 3-1-50 在四辊筒卷板机上预卷和卷圆

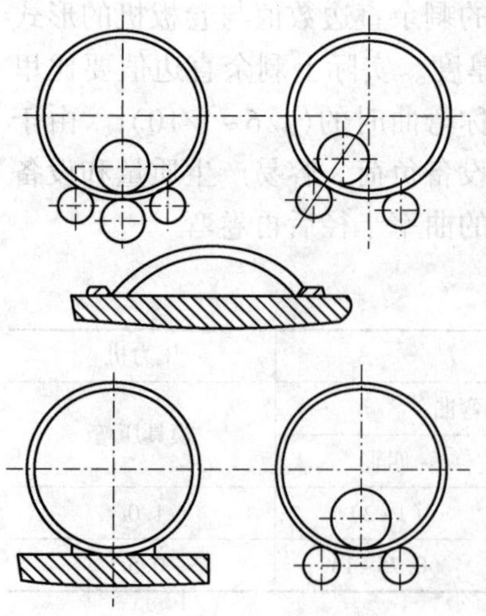

图 3-1-51 采用模具预弯

在水压机上采用模具预弯的方法，适用于各种板厚，如图 3-1-51 所示。通常模具的长度要比板料短，因此预弯必须逐段进行。

2）对中

将预弯后的板料置于卷板机上滚弯时，为防止产生歪扭，应将板料对中，使板料的纵向中心线与滚筒轴线保持严格的平行。对中的方法有图 3-1-52 所示的几种。

在四辊卷板机上对中时，调节侧辊，使板边紧靠侧辊对准见图 3-1-52(a)。在三辊卷板机上利用挡板，使板边靠紧挡板也能对中，见图 3-1-52(b)。也可将板料抬起使板边靠紧侧辊，然后再放平，见图 3-1-52(c)。把板料对准侧辊的直槽见图 3-1-52(d)也能进行对中，此外也可以从辊筒的中间位置用视线来观察上辊的外形线与板边是否平行来对中。上辊与侧辊是否平行也可用视线来检验并加以调整。

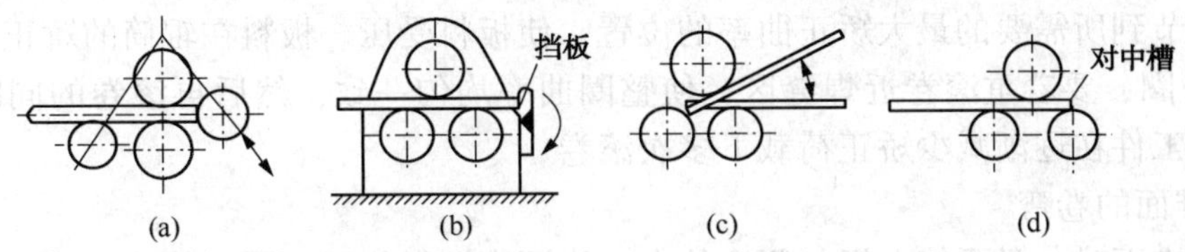

图 3-1-52　对中的方法

3）圆柱面的卷弯

a. 冷卷

板料位置对中后，一般采用多次进给法滚弯，调节上辊筒（三辊筒卷板机）或侧辊筒（四辊筒卷板机）的位置使板料发生初步的弯曲，然后来回滚动而弯曲。当板料移至边缘时，根据板边和所划的线来检验板料位置的正确与否。逐步压下上辊并来回进行滚动，使板料的曲率半径逐渐减小，直至达到规定的要求。冷卷时由于钢板的回弹，卷圆时必须施加一定的过卷量，在达到所需的过卷量后，还应来回多卷几次。对于高强度钢由于回弹较大，最好在最终卷弯前进行退火处理。

卷弯过程中，应不断地用样板检验弯板两端的曲率半径。在卷板机上能弯卷的最小圆筒直径取决于上辊的直径，考虑到圆筒卷弯后的回弹，能卷弯的最小圆筒直径约上辊直径的 1.1~1.2 倍。

b. 热卷

由于卷弯过程是板料弯曲塑性变形的过程，冷卷时变形越大，材料所产生的冷加工硬化也越严重，在钢板内产生的应力也就会越大，从而严重影响卷弯质量，甚至会产生裂纹而导致报废。一般来说，当碳素钢板的厚度 t 大于或等于内径 D 的 1/40 时，应进行热卷。

热卷前，必须对钢板进行均匀的加热。加热温度就是一般的始卷温度，卷曲结束温度就是一般的终卷温度。热卷时由于钢板表面的氧化皮剥落，氧化皮在钢板与辊筒间辊轧，使筒体内壁形成凹坑和斑点，

钢板加热时表面产生氧化皮，使厚度减薄。同时在热卷时，钢板在辊筒的压力下也会使厚度减小，所以热卷后总减薄量约为原厚度的 5%~6%。但钢板的长度略有增加，因此下料尺寸可略缩短。

热卷时不必考虑板料的回弹，对于整圆圆筒，只要控制下料尺寸，卷至刚好闭合即可。为防止热卷工件过早从卷板机卸下而产生变形，应将工件在终卷的曲率下不断滚动，直至工件表面变暗（<500℃）为止。

热卷后的工件为防止其变形，可按图 3-1-53 所示的方法放置，也可以立放。

c. 温卷

为了消除冷、热卷板的困难，取冷、热卷板的优点，便出现了温卷耳朵新工艺。温卷将钢板加热至 500~600℃，它比冷卷时有更好的塑性，同时减少卷板机超载的可能，又可以减少氧化皮的危害，操作也比热卷方便。

由于温卷的加热温度通常在金属的再结晶温度以下，因而它实质上仍属冷加工范围。

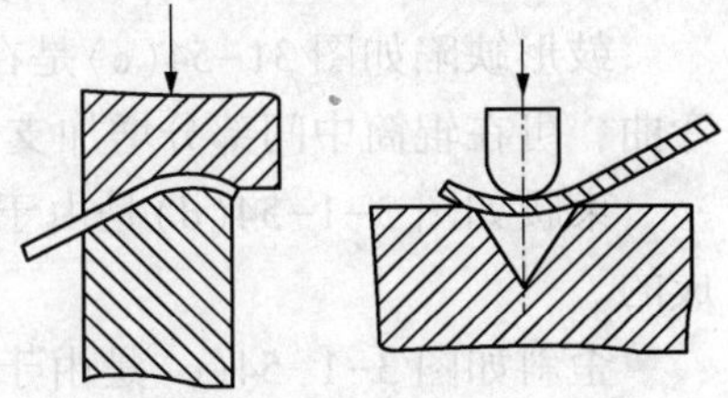
图 3-1-53　热卷后工件的合理放置

d. 矫圆

圆筒卷弯焊接后会发生变形，所以必须进行矫圆。矫圆分加载、滚圆和卸载三个步骤。

先将辊筒调节到所需要的最大矫正曲率的位置，使板料受压。板料在辊筒的矫正曲率下，来回滚卷 1~2 圈，要着重滚卷近焊缝区，使整圈曲率均匀一致，然后再滚卷的同时，逐渐退回辊筒，使工件在逐渐减少矫正荷载下多次滚卷。

4）圆锥面的卷弯

卷弯圆锥面时，只要使上辊与侧辊的中心线调成倾斜位置，同时使滚压线始终与扇形坯料的母线重合，就能卷成圆锥面。

圆锥面的卷弯过程与圆柱面相似，也是先预弯、后卷弯。圆锥面的卷弯方法通常有分区卷制法、矩形送料法、旋转送料法和小口减速法等几种。

5）任意柱面的卷弯

对于曲率半径变化的柱面，也可在卷板机上弯曲。这种柱面是按半径的大小不同，采用升降辊筒的方法，以调节钢板的各种不同的弯曲程度，依稀逐段滚弯，将整个钢板弯曲到所需要的形状。滚弯过程中，各段分别用样板检验。

（4）卷板质量

卷板的质量问题包括外形缺陷，表面压伤和卷裂等三个方面。

1）外形缺陷

卷弯圆柱形桶身时，几种常见的外形缺陷有过弯、锥形、鼓形、束腰、边缘歪斜和棱角等缺陷。如图 3-1-54 所示。

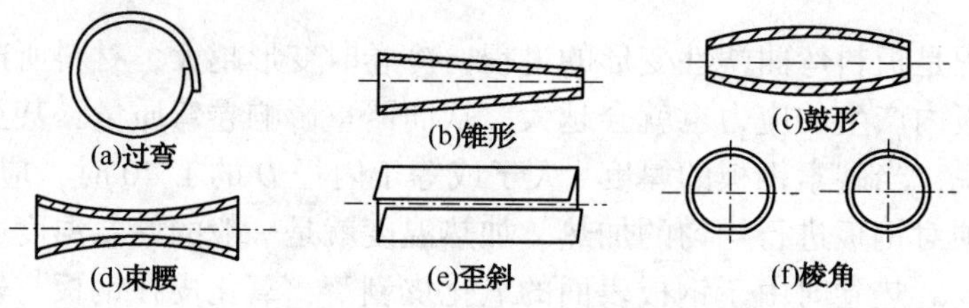

图 3-1-54　几种常见的外形缺陷

过弯如图 3-1-54(a)是由于上辊(三辊筒卷板机)、或侧辊(四辊卷板机)的调节距离过大，使两边缘重叠起来。用大锤锤击桶身的边缘可使直径扩展，过弯就可以消除。为了防止筒身过弯，在每次调节辊筒后用样板检查其弯曲度。

锥形缺陷是由于上辊或侧辊两端的调节量不一致，使上下辊的中心线不平行而产生的，为了防止这种缺陷，应使用样板在整个筒身长度上检验其曲率半径是否相同，如有不同时，应在曲率半径大的一端增加辊筒的进给量。

锥形缺陷如图 3-1-54(b)所示。

鼓形缺陷如图 31-54(c)是在卷板时，由于辊筒刚性不足发生弯曲所致，为防止辊筒的弯曲，可在辊筒中间部分增加支承辊筒。

束腰如图 3-1-54(d)是由于上辊下压力或下辊的顶力太大，使辊筒发生反向弯曲而造成的。

歪斜如图 3-1-54(e)是由于坯料进料时，没有对中、或坯料不是矩形。在热弯时辊轴受力不均，也会使钢板局部轧薄，造成歪斜缺陷。

棱角如图 3-1-54(f)是由于顶弯不准而造成，当预弯不足时造成外棱角，预弯过大时造成内棱角。

如图 3-1-55 所示为三辊或四辊筒卷板机矫正棱角缺陷的几种方法。

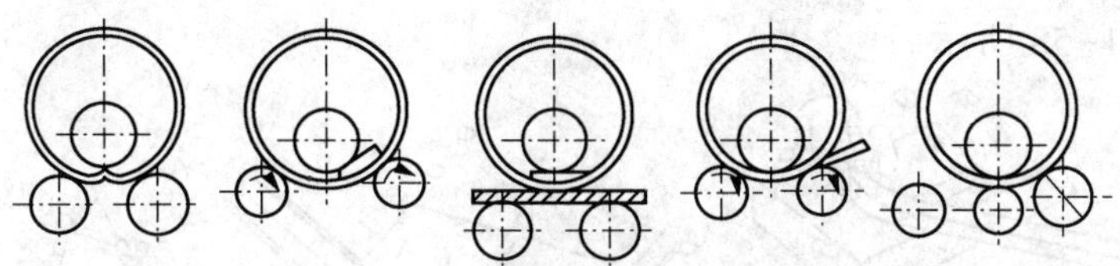

图 3-1-55　矫正棱角的方法

2）表面压伤

卷板时，钢板或辊筒表面的氧化皮及粘附的杂质，会造成板料表面的压伤，尤其是在热卷或热矫圆时，氧化皮与杂质的危害更为严重。因此，卷板之前，必须将钢板和辊筒表面的锈皮、毛刺。棱角或其他硬性颗粒处理干净。非铁金属、不锈钢及精密板料卷制时，最好固定专用设备，必要时用厚纸板(如石棉橡胶板等)或专用涂料等保护工件表面。

3）卷裂

板料在卷弯时由于变形太大，材料的硬作硬化，以及应力集中等因素都能使材料的塑性变坏而造成裂纹。为了防止卷裂的产生，可以采取限制变形率，钢板进行正火处理，对缺口敏感性大的钢种，最好将板料预热到 150~200°C 后卷制，消除板料表面可能产生应力集中的因素(如使板料的纤维方向与弯曲线垂直，拼接焊缝需经修磨)等措施。

2. 型钢弯曲

(1) 型钢弯曲时的变形

型钢弯曲时，由于重心线与力的作用线不在同意平面上，如图 3-1-56 所示所以型钢除受弯曲力矩外，还要受到扭矩的作用，使型钢断面产生畸变。角钢外弯时夹角增大，角钢内弯时夹角缩小。

此外，由于型钢弯曲时，材料的外层受拉应力，内层受压应力，在压应力作用下易出现皱折变形，在拉应力作用下，易出现翘曲变形。

型钢的弯曲变形情况如图 3-1-57 所示，变形程度决定于应力的大小，而应力的大小又决定于弯曲半径，弯曲半径越小，畸变程度越大。为了控制应力与变形，规定了最小弯曲半径，其数值可按表 3-1-17 中所列的公式进行计算，式中 Z_0 为型钢的重心距。由于型钢热弯时能提高材料额的塑性，所以最小弯曲半径可比冷弯小。型钢结构的弯曲半径应大于最小弯曲半径。

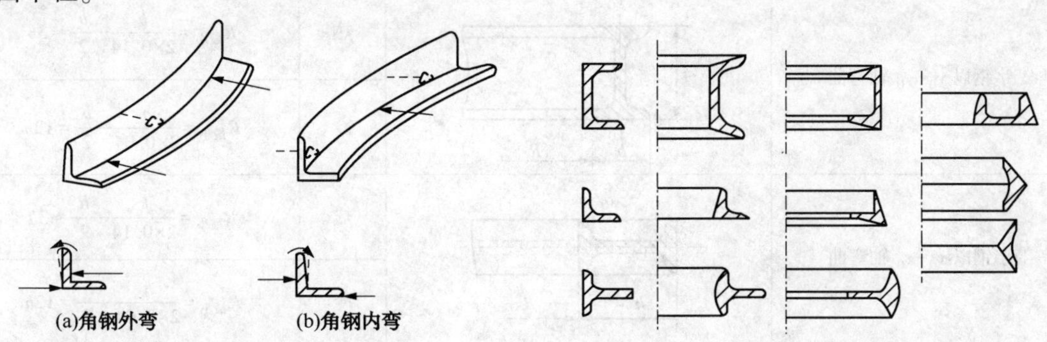

图 3-1-56　型钢弯曲时的受力和变形　　图 3-1-57　型钢弯曲时的断面变形

(2) 型钢的弯曲方法

型钢的弯曲方法基本上有手工弯曲、卷弯、回弯、压弯和拉弯等几种。

手工弯曲时在工作平台上，利用弯曲模具、大锤、卡子、定位圆楔(或方楔)操作来进行弯曲。如图 3-1-58 所示。

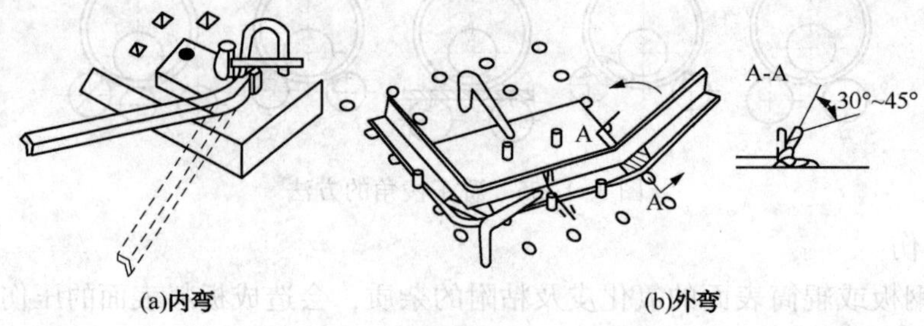

(a)内弯　　(b)外弯

图 3-1-58　角钢的手工弯曲

表 3-1-17　型材最小弯曲半径计算公式

名　称	简　图	状态	计算公式
不等边角钢小边外弯		热	$R_{最小}=\dfrac{b-x_0}{0.14}-x_0\approx 7b-8x_0$
		冷	$R_{最小}=\dfrac{b-x_0}{0.04}-x_0=25b-26x_0$
不等边角钢大边外弯		热	$R_{最小}=\dfrac{B-y_0}{0.14}-y_0\approx 7b-8y_0$
		冷	$R_{最小}=\dfrac{B-y_0}{0.04}-y_0=25b-26y_0$
不等边角钢小边内弯		热	$R_{最小}=\dfrac{b-x_0}{0.14}-b+x_0\approx 6(b-x_0)$
		冷	$R_{最小}=\dfrac{b-x_0}{0.04}-b+x_0=24(b-x_0)$
不等边角钢大边内弯		热	$R_{最小}=\dfrac{B-y_0}{0.14}-B+y_0\approx 6(B-y_0)$
		冷	$R_{最小}=\dfrac{B-y_0}{0.04}-B+y_0=24(B-y_0)$
工字钢以 y_0-y_0 轴弯曲		热	$R_{最小}=\dfrac{b}{2\times 0.14}-\dfrac{b}{2}\approx 3b$
		冷	$R_{最小}=\dfrac{b}{2\times 0.04}-\dfrac{b}{2}=12b$
工字钢以 x_0-x_0 轴弯曲		热	$R_{最小}=\dfrac{k}{2\times 0.14}-\dfrac{h}{2}\approx 3h$
		冷	$R_{最小}=\dfrac{h}{2\times 0.04}-\dfrac{h}{2}=12h$
槽钢以 x_0-x_0 轴弯曲		热	$R_{最小}=\dfrac{h}{2\times 0.14}-\dfrac{h}{2}\approx 3h$
		冷	$R_{最小}=\dfrac{h}{2\times 0.04}-\dfrac{h}{2}=12h$

名　称	简　图	状态	计算公式
槽钢以 y_0-y_0 轴外弯	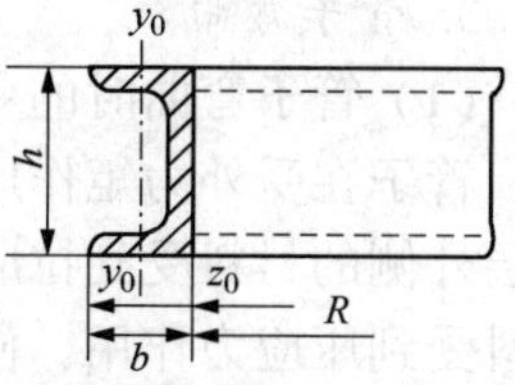	热	$R_{最小}=\frac{b-z_0}{0.14}-z_0\approx 7b-8z_0$
		冷	$R_{最小}=\frac{b-z_0}{0.04}-z_0=25b-26z_0$
槽钢以 y_0-y_0 轴内弯	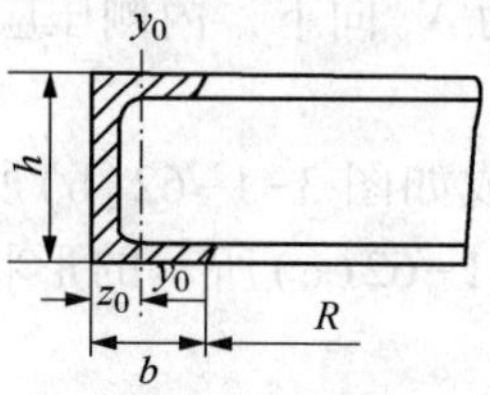	热	$R_{最小}=\frac{b-z_0}{0.14}-b+z_0\approx 6(b-z_0)$
		冷	$R_{最小}=\frac{b-z_0}{0.04}-b+z_0=24(b-z_0)$
圆钢弯曲	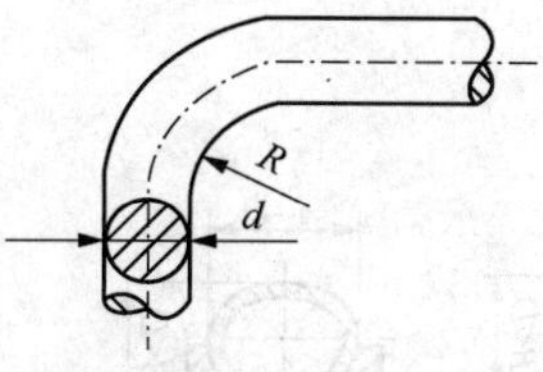	热	$R_{最小}=d$
		冷	$R_{最小}=2.5d$
扁钢弯曲	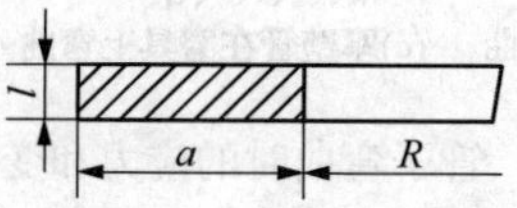	热	$R_{最小}=3a$
		冷	$R_{最小}=12a$

卷弯可在专用的型钢弯曲机上进行，如采用三辊型钢弯曲机弯曲，如图 3-1-59 所示。在卷板机的辊筒上套上辅助套筒也可进行弯曲，套筒上揩油一定形状的槽(视所煨型钢形式而定)，便于将需要弯曲的型钢边嵌在槽内，以防弯曲时产生皱折。如图 3-1-60 所示。

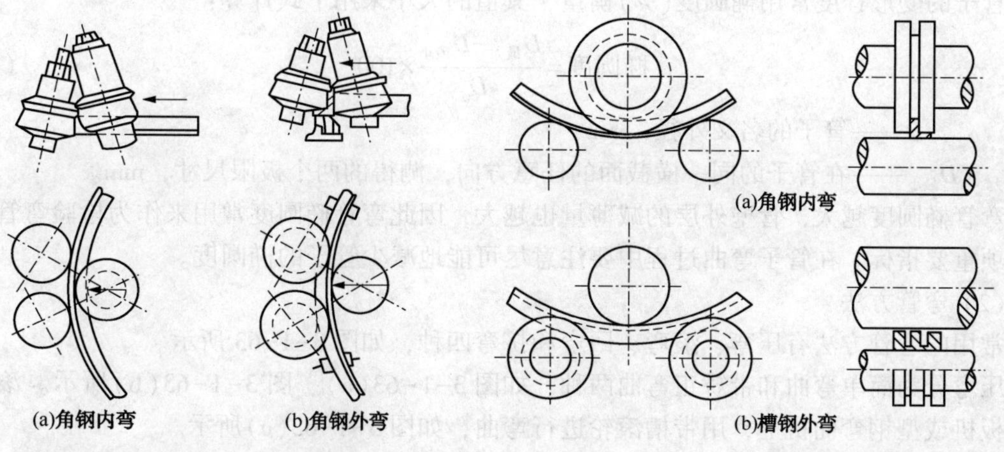

(a)角钢内弯　(b)角钢外弯

图 3-1-59　型钢弯曲机工作部分

(a)角钢内弯　(b)槽钢外弯

图 3-1-60　在三辊卷板机上弯曲型钢

回弯是将型钢的一端固定于弯曲模具上，模具旋转时型钢沿模具外形而发生的弯曲变形。

压弯是在压力机或撑直机上，利用模具斤西瓜一次或多次压弯，使型钢发生弯曲变形。

拉弯是在专用的拉弯设备上进行的，如图 3-1-61 所示。型钢两端由两夹头夹住，一个夹头由拉力油缸的作用，使钢材产生拉应力，旋转工作台，型钢在拉力的作用下沿模具发生弯曲。

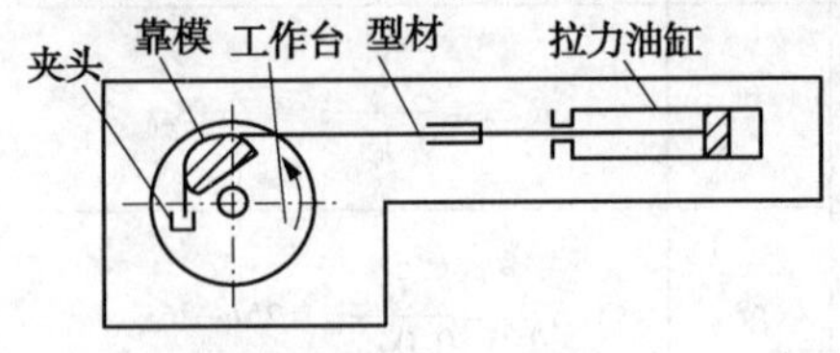

图 3-1-61　型钢拉弯机

3. 管子弯曲

(1) 管子弯曲时的变形

管子在受外力矩作用下弯曲时如图 3-1-62(a) 靠中性层外侧的材料受到拉应力作用，使关闭减薄，内侧的材料受到压应力作用，使管壁增厚，加上外侧拉应力的合力 N_1 向下，内侧压应力的合力 N_2 向上，管子的横断面在受压情况下会发生畸变。

管子在自由状态弯曲时，断面会变成如图 3-1-62(b) 所示的椭圆形，如管壁较厚，用带半圆形槽模具弯曲时，其变形如图 3-1-62(c) 所示的形状，当壁厚较薄时，其变形如图 3-1-62(d) 所示的形状。

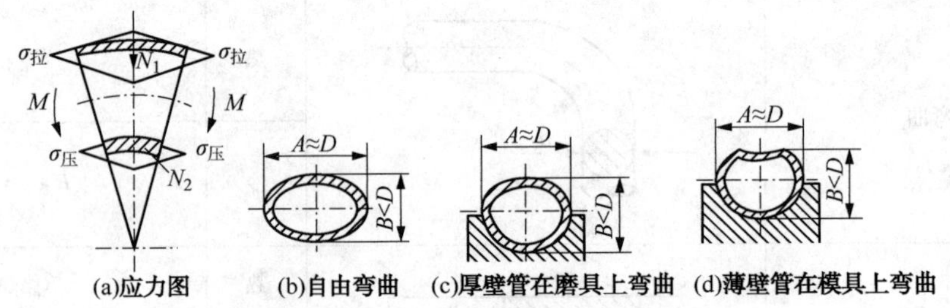

图 3-1-62　管子弯曲时的应力和变形

管子弯曲时的变形程度，取决于相对弯曲半径和相对壁厚的值。所谓相对弯曲半径就是指管子中心层的弯曲半径与管子外径之比，相对壁厚是指管子壁厚与管子外径之比。相对弯曲半径和相对壁厚值越小，变形越大，严重时会引起管子的外壁破裂，内壁起皱成波浪形。

管子的变形程度常用椭圆度(%)衡量，其值的大小采用下式计算：

$$椭圆度=\frac{D_{最大}-D_{最小}}{D}\times 100 \quad (2-1)$$

式中　D——管子的名义外径，mm；

$D_{最大}$、$D_{最小}$——在管子的同一横截面的任意方向，测得的两个极限尺寸，mm。

弯管椭圆度越大，管壁外层的减薄量也越大，因此弯管椭圆度常用来作为检验弯管质量的一项重要指标。在管子弯曲过程中要注意尽可能地减少管子的椭圆度。

(2) 弯管方法

常用的弯管方法有压弯、滚弯、回弯和挤弯四种，如图 3-1-63 所示。

压弯分为简单弯曲和带矫正弯曲两种，如图 3-1-63(a)、图 3-1-63(b) 所示。滚弯是在卷板机或型钢弯曲机上，用带槽滚轮进行弯曲，如图 3-1-63(c) 所示。

回弯是在立式或卧式弯管机上弯曲，分辗压式和拉拔式两种，如图 3-1-63(d)、图 3-1-63(c) 所示。

挤弯是在压力机或专用推挤机上弯曲，分为型模式和蕊棒式两种，如图 3-1-63(f)、图 3-1-63(g) 所示。型模式挤弯一般采用冷挤，蕊棒式挤弯一般采用热挤。

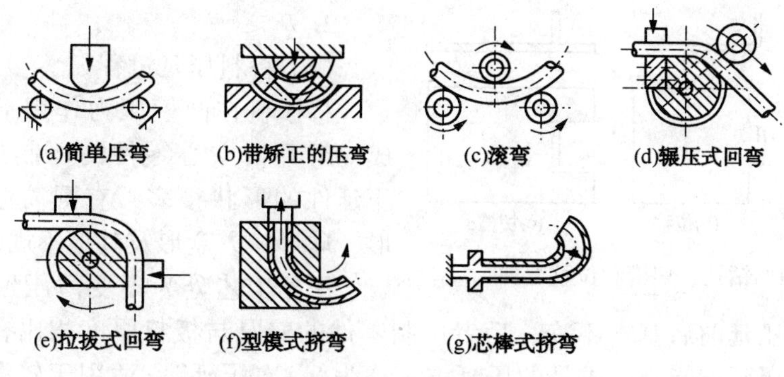

图 3-1-63　常用弯管方法

四、压制成型

1. 压弯

利用模具对板料施加外力，使它弯成一定角度或一定形状，这种加工方法称为压弯。

(1) 压弯件的质量问题及防止措施

在压弯过程中，材料容易出现弯裂、回弹和偏移等质量问题。

1) 弯裂。材料压弯时，由于外层纤维受拉伸应力，其值超过材料的屈服极限，所以常由于各种因素而促使材料发生破裂而造成报废。在一般情况下，零件的圆角半径不应小于最小弯曲半径。如果由于结构要求等原因，必须采用小于或等于最小弯曲半径时，就应该分两次或多次弯曲，先弯成较大的圆角半径，再弯成要求的圆角半径，使变形区域扩大，以减少外层纤维的拉伸变形。也可采用热弯或预先退火的方法，提高其塑性。

2) 弯曲回弹。材料在弯曲后的弯曲角度和弯曲半径，总是与模具的形状和尺寸不相一致，这是由子材料弯曲时，在塑性变形的同时还存在弹性变形，这种现象称为弯曲回弹。

减少弯曲零件的回弹方法可以修正模具的形状，采用加压矫正法，用拉弯法等减少回弹。

3) 偏移。材料在弯曲过程中，沿凹模圆角滑动时会产生摩擦阻力，当两边的摩擦力不等时，材料就会沿凹模圆角滑动，产生偏移，使弯曲零件不合要求。

防止偏移的方法是采用压料装置或用孔定位。弯曲时，材料的一部分被压紧，使其起到定位的作用，另一部分则逐渐弯曲成形。因此，压料板或凸膜表面制出齿纹、麻点、顶锥，以增加定位效果。

(2) 压弯件的结构工艺性

为保证压弯件的尺寸精度和质量，必须具有良好的工艺性，为此应注意以下几点：

1) 压弯件的圆角半径不宜小于最小弯曲半径，也不宜过大，因过大时材料的回弹也越大。

2) 压弯件的直边长度，不得小于板料厚度的两倍，过小的直边不能产生足够的弯矩，这就很难得到形状准确的零件。

3) 材料的边缘局部弯曲时，为避免转角处撕裂，应先钻孔或切槽，将弯曲线位移-距离，如图 3-1-64 所示。

4) 压弯带孔零件时，孔的位置不应位于弯曲变形区内，以免使孔发生变形。

5) 压弯件的形状应对称，内圆角半径要相等，以保持材料压弯时平衡。

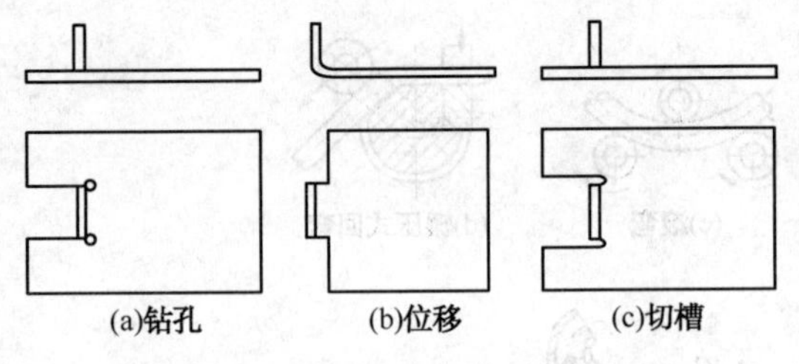

图 3-1-64 钻孔、切槽和位移弯曲

2. 压延

(1) 板料压延过程

将板料在凸模压力作用下，通过凹模形成一个开口空心零件的压制过程称为压延。压延件的形状很多，有圆筒形、阶梯形、锥形、球形、方盒形及其他不规则的形状。

压延工艺分为不变薄压延和变薄压延两种，前者壁厚在压延前后基本不变，后者压制零件的壁厚与板料厚度相比有明显的变薄现象。凡通过一次压延就能制成成品的压延方式称为“一次压延”它适用于较浅的压延件；凡需要经过数道压延工序才能制成成品的压延方式称为“多次压延”，它适用于较深或较复杂的压延件。

(2) 压延件起皱

如果在板料两端施加轴向压力，当压力增加到某一数值时，板料就会产生弯曲变形，这种现象称为受压失稳。亚延时的起皱与板料的受压失稳相似，压延时凸缘部分受切向压应力的作用，由于板料较薄，当切向凸缘的整个周围产生波浪形的连续弯曲称为起皱。

压延件起皱后，使零件边缘产生波形，影响质量，严重时由于起皱部分的金属不能通过凹模的间隙而使零件拉破。

防止起皱的有效方法是采用压边圈，压边圈安装于凹模上面，与凹模表面之间留有($1.15t \sim 1.2t$)的间隙(t 为板料厚度)，压延过程中的凸缘便于向凹模口流动。

压延件的起皱如图 3-1-65 所示。

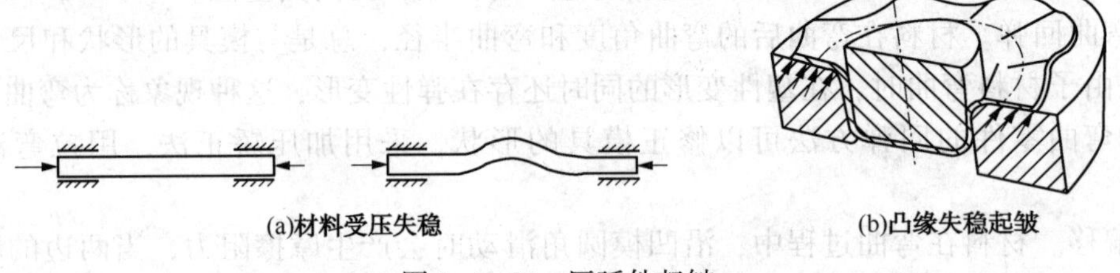

图 3-1-65 压延件起皱

(3) 压延件壁厚变化

在压延过程中，由于板料各处所收的应力不同，使压延件的厚度发生变化，有的部位增厚，有的部位减薄。

现以压制碳钢封头壁厚的变化情况为例，说明硬性壁厚变化的因素。如图 3-1-66 所示。

一般椭圆形封头如图 3-1-66(a)，在接近大曲率部位处变薄最大，如碳钢封头可达 8%~10%，铝封头可达 12%~15%，球形封头如图 3-1-66(b)在底部变薄最严重，可达 12%~14%。

影响封头壁厚变化的因素有：

1）材料强度越低，壁厚变薄量愈大。

2）变形程度越大，封头底部越尖，壁厚变薄量越大。

3）上下模间隙及下模圆角越小，壁厚变薄量越大。

4）压边力过大或过小，都将增大壁厚变薄量。

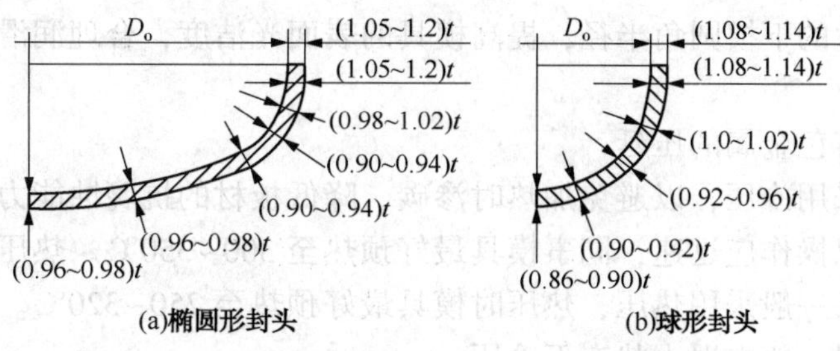

图 3-1-66　碳钢封头压后壁厚变化情况

5）模具的润滑好，壁厚的变薄量小。

6）热压时，温度越高，则壁厚变薄量越大，加热不均匀，也会使局部变薄量增大。

（4）压延件的硬化

室温压延时，由于材料产生很大的塑性变形，所以板料经压延后会产生加工硬化，使强度和硬度显著提高，塑性降低，从而使进一步压延发生困难。

材料硬化的程度与变形程度有关，为了控制材料的硬化程度，应根据材料的塑性合理选择变形程度，凡事材料强度和硬度较大的压延件应采用多次压延的方法来进行，并采用中间退火的措施，以消除材料变形后的硬化，防止零件破裂。

（5）封头压制时容易产生的缺陷

图 3-1-67 所示为封头压制时容易产生的各种缺陷。

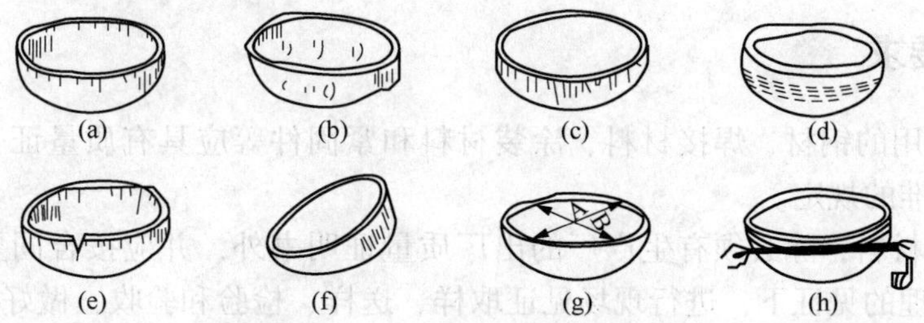

图 3-1-67　封头压制缺陷

1）起皱和起包如图 3-1-67(a)、图 3-1-67(b)是由于加热不均匀，压边力太小或不均匀，模具间隙及下模圆角太大等原因，使封头在压延过程中其变形区的毛坯出现的纬向应力大于径向拉应力，从而使封头在压延过程中起皱或起包。

2）直边拉痕压坑如图 3-1-67(c)是由于下模，压边圈工作表面太粗糙或拉毛，润滑不好及坯料气割熔渣未清除等原因造成的。

3）外表面微裂纹如图 3-1-67(d)是由于坯料加热规范不合理，下模圆角太小，坯料尺寸过大等原因造成的。

4）纵向撕裂如图 3-1-67(e)是由于坯料边缘不光滑或有缺口，加热规范不合理。封头脱模温度太低等原因所致。

5）偏斜如图 3-1-67(f)是由于坯料加热不均匀，坯料定位不准，或压边力不均匀等原因造成。

6）椭圆如图 3-1-67(g)是由于脱模方法不好，或封头吊运时温度太高而引起变形。

7）直径大小不一致如图 3-1-67(h)是由于成批压制时封头脱模温度高低不同，或模具受热膨胀的缘故。

为了防止上述缺陷的产生，必须使坯料加热均匀一致，保持适当的压边力，并均匀地作用在坯料上选择合适的下模圆角半径，提高模具的表面光洁度，合理润滑和在大批量压制时应适当冷却模具。

（6）不锈钢及有色金属的压延

不锈钢尽可能采用冷压，以避免加热时渗碳，降低板材的抗腐蚀能力。不锈钢热压时由于冷却速度快，所以操作应迅速，同事模具最好预热至300~350℃。热压后应进行热处理。

铝及铝合金封头一般采用热压，热压时模具最好预热至250~320℃。

铜及铜合金坯料一般在退火状态下冷压。

复合钢板封头热压时，其温度范围按复层材料确定，加热的时间要短，操作要迅速，以防止钢板分层。

压制不锈钢或有色金属的模具、尤其是凹模的表面应保持光洁，以免压延时板料表面造成拉伤。

在压延过程中，坯料与凹模壁及压边圈表面产生相对滑动而摩擦，由于相互间作用力很大，造成很大的摩擦力，使压延力郑家，坯料在压延时容易拉破，此外还会加速模具的磨损。所以在压延时一般都使用润滑剂，来减少摩擦力和模具的磨损。

第四节　钢结构制作

一、材料要求

1. 钢结构使用的钢材、焊接材料、涂装材料和紧固件等应具有质量证书，必须符合设计要求和现行标准的规定。

2. 进厂的原材料，除必须有生产厂的出厂质量证明书外，并应按合同要求和有关现行标准在甲方、监理的见证下，进行现场见证取样、送样、检验和验收，做好检查记录。并向甲方和监理提供检验报告。

3. 在加工过程中，如发现原材料有缺陷，必须经检查人员、主管技术人员研究处理。

4. 材料代用应由制造单位事先提出附有材料证明书的申请书(技术核定单)，向甲方和监理报审后，经设计单位确认后方可代用。

5. 严禁使用药皮脱落或焊芯生锈的焊条、受潮结块或已熔烧过的焊剂以及生锈的焊丝。用于栓钉焊的栓钉，其表面不得有影响使用的裂纹、条痕、凹痕和毛刺等缺陷。

6. 焊接材料应集中管理，建立专用仓库，库内要干燥，通风良好。

7. 螺栓应在干燥通风的室内存放。严禁使用锈蚀、沾污、受潮、碰伤和混批的高强度螺栓。

8. 涂料应符合设计要求，并存放在专门的仓库内，不得使用过期、变质、结块失效的涂料。

二、主要机具

见表3-1-18。

表 3-1-18　钢结构制作机具

设 备 名 称	设备型号	数量	设备能力
桥式起重机	5，10t		
塔式起重机	60/80T. M		
16T 汽车起重机	QY16A		
10T 运输汽车	HY9140K		
型钢带锯机			
数控、多头直条、型钢、半自动、仿形、圆孔、磁轮切割机			
车床	CA6140		
数控三维、摇臂钻床			
钻、端面铣床			
坐标镗床	T4240		
刨床	BH6070		
立式、卧式压力机			
剪板机	JZQ16-2500		
滚剪倒角机	GD-20		
磁力电钻	RD-32A		
直流焊机	AX5-500		
交流焊机	BX1-500		
CO_2焊机	YM-500KR		
埋弧焊机	NZA-1000		
焊条烘干箱	HY704-4		
焊剂烘干箱	HJ-50		
电动空压机	4L-20		
喷砂机	PBS-100R		
喷漆机	GPQ9C		
叉车	CPQ-1B		
卷板机	CDW11HNC-50×2500		
焊接滚轮架	HGZ-5A		
翼缘矫正机	YTJ-50		
超声波探伤仪	ECHOPE220		
数字温度仪	RKCDP-500		
膜测厚仪	345FB-MKⅡ		
数字钳形电流表	2003		
温湿度仪	WHM5		
焊缝检验尺	SK		
磁粉探伤仪	DA-400S		
游标卡尺			
钢卷尺	30，50M		

三、作业条件

1. 完成施工详图，并经原设计人员签字认可。

2. 施工组织设计、施工方案、作业指导书等各种技术准备工作已经准备就绪。

3. 各种工艺评定试验及工艺性能试验和材料采购计划已完成。

4. 主要材料已进厂。

5. 各种机械设备调试验收合格。

6. 所有生产工人都进行了施工前培训，取得相应资格的上岗证书。

四、操作工艺

1. 工艺流程

工艺流程见图 3-1-68。

2. 操作工艺

（1）放样、号料

1）熟悉施工图，发现有疑问之处，应与有关技术部门联系解决。

2）准备好做样板、样杆的材料，一般可采用薄铁皮和小扁钢。

3）放样需要钢尺必须经过计量部门的校验复核，合格后方可使用。

4）号料前必须了解原材料的材质及规格，检查原材料的质量。不同规格、不同材质的零件应分别号料。并依据先大后小的原则依次号料。

5）样板样杆上应用油漆写明加工号、构件编号、规格，同时标注上孔直径、工作线、弯曲线等各种加工符号。

6）放样和号料应预留收缩量（包括现场焊接收缩量）及切割、铣端等需要的加工余量：

铣端余量：剪切后加工的一般每边加 3~4mm，气割后加工的则每边加 4~5mm。

切割余量：自动气割割缝宽度为 3mm，手工气割割缝宽度为 4mm。

焊接收缩量根据构件的结构特点由工艺给出。

7）主要受力构件和需要弯曲的构件，在号料时应按工艺规定的方向取料，弯曲件的外侧不应有样冲点和伤痕缺陷。

8）号料应有利于切割和保证零件质量。

9）本次号料后的剩余材料应进行余料标识，包括余料编号、规格、材质及炉批号等，以便于余料的再次使用。

（2）切割

下料划线以后的钢材，必须按其所需的形状和尺寸进行下料切割。

1）剪切时应注意以下要点：

a. 当一张钢板上排列许多个零件并有几条相交的剪切线时，应预先安排好合理的剪切程序后再进行剪切。

b. 材料剪切后的弯曲变形，必须进行矫正；剪切面粗糙或带有毛刺，必须修磨光洁。

c. 剪切过程中，切口附近的金属，因受剪力而发生挤压和弯曲，重要的结构件和焊缝的接口位置，一定要用铣、刨或砂轮磨削等方法。

2）锯切机械施工中应注意以下施工要点：

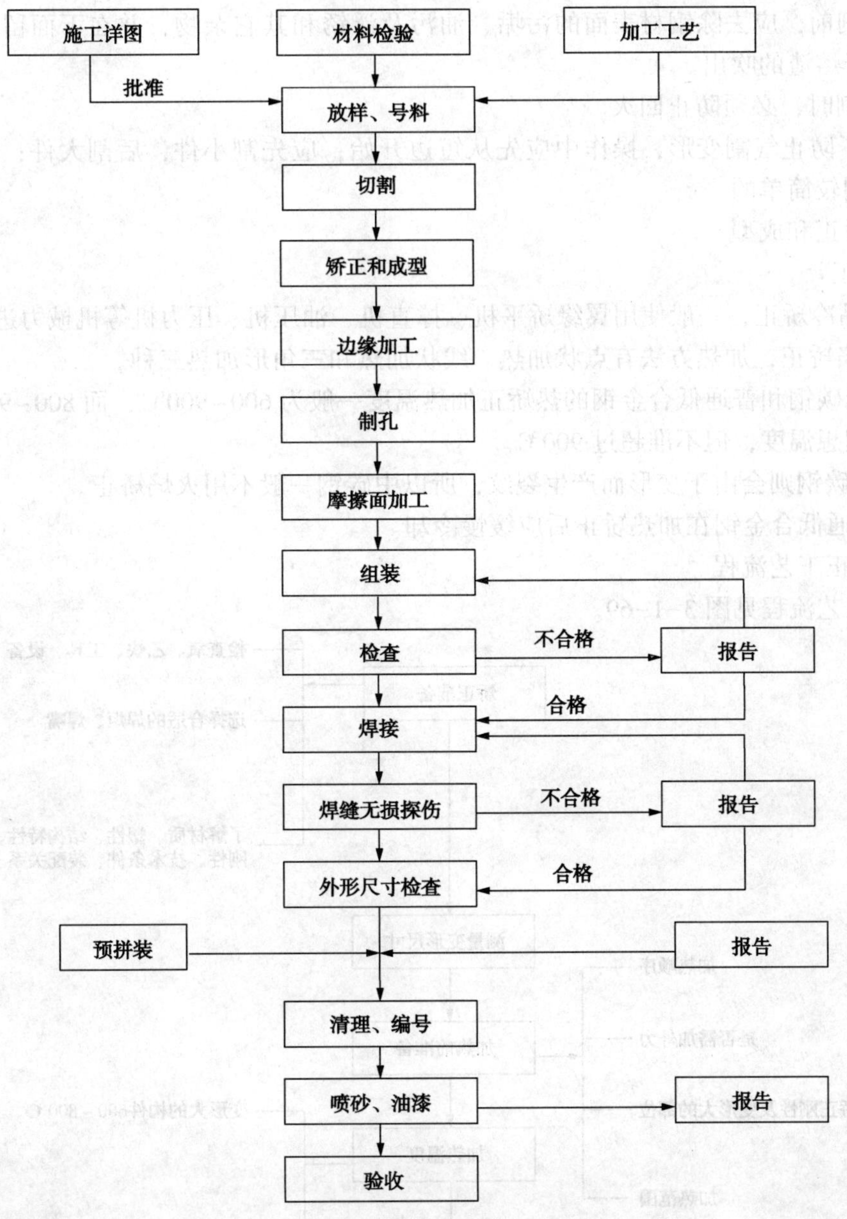

图 3-1-68 钢结构制作工艺流程

a. 型钢应进行校直后方可进行锯切。

b. 单件锯切的构件，先划出号料线，然后对线锯切。成批加工的构件，可预先安装定位挡板进行加工。

c. 加工精度要求较高的重要构件，应考虑预留适当的加工余量，以供锯切后进行端面精铣。

d. 锯切时，应注意切割断面垂直度的控制。

3）在进行气割操作时应注意以下工艺要点：

a. 气割前必须检查确认整个气割系统的设备和工具全部运转正常，并确保安全。

b. 气割时应选择正确的工艺参数。切割时应调节好氧气射流（风线）的形状，使其达到并保持轮廓清晰，风线长和射力高。

c. 气割前，应去除钢材表面的污垢、油污及浮锈和其它杂物，并在下面留出一定的空间，以利于熔渣的吹出。

d. 气割时，必须防止回火。

e. 为了防止气割变形，操作中应先从短边开始；应先割小件，后割大件；应先割较复杂的，后割较简单的。

（3）矫正和成型

1）矫正

a. 成品冷矫正，一般使用翼缘矫平机、撑直机、油压机、压力机等机械力进行矫正。

b. 火焰矫正，加热方法有点状加热、线状加热和三角形加热三种。

（a）低碳钢和普通低合金钢的热矫正加热温度一般为 600～900℃，而 800～900℃为热塑性变形的理想温度，但不准超过 900℃。

（b）中碳钢则会由于变形而产生裂纹，所以中碳钢一般不用火焰矫正。

（c）普通低合金钢在加热矫正后应缓慢冷却。

（d）矫正工艺流程

矫正工艺流程见图 3-1-69。

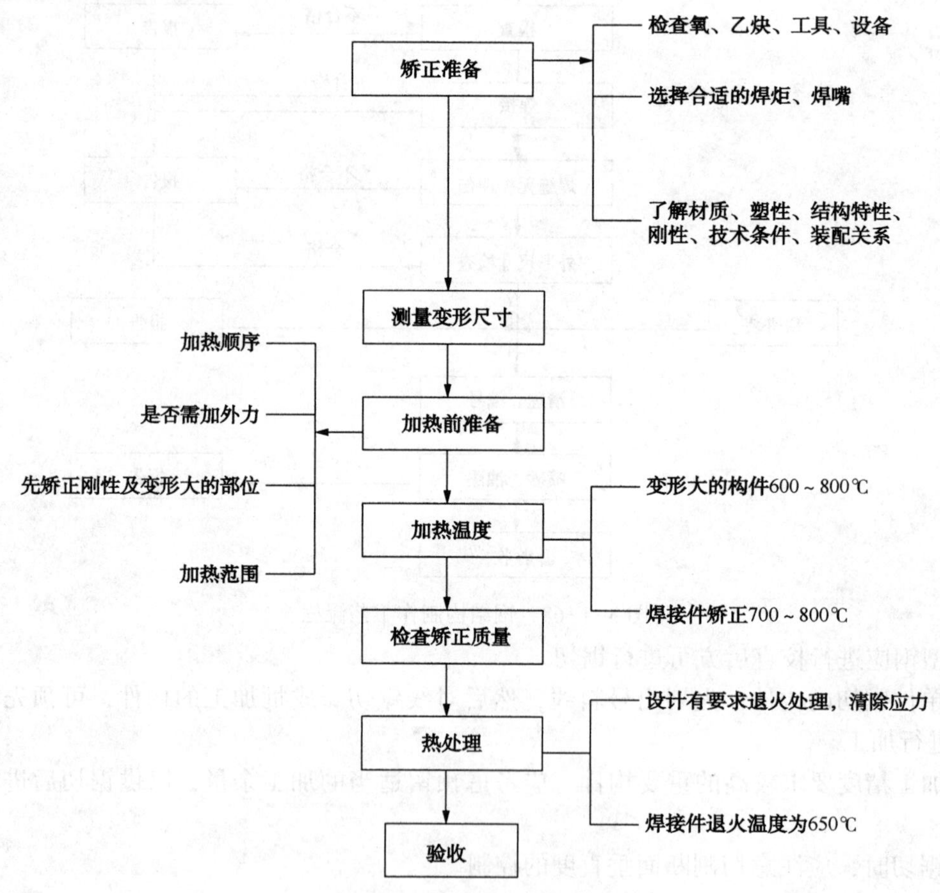

图 3-1-69 矫正工艺流程

2）成型

a. 热加工：对低碳钢一般都在 1000～1100℃，热加工终止温度不应低于 700℃。加热温度在 500～550℃。钢材产生脆性，严禁锤打和弯曲，否则容易使钢材断裂。

b. 冷加工：钢材在常温下进行加工制作，大多数都是利用机械设备和专用工具进行的。

(4) 边缘加工(包括端部铣平)。

1) 常用边缘加工方法主要有：铲边、刨边、铣边、碳弧气刨、气割和坡口机加工等。

2) 气割的零件，当需要消除影响区进行边缘加工时，最少加工余量为 2. 0mm。

3) 机械加工边缘的深度，应能保证把表面的缺陷清除掉，但不能小于 2. 0mm，加工后表面不应有损伤和裂缝，在进行砂轮加工时，磨削的痕迹应当顺着边缘。

4) 碳素结构钢的零件边缘，在手工切割后，其表面应做清理，不能有超过 1. 0mm 的不平度。

5) 构件的端部支承边要求刨平顶紧和构件端部截面精度要求较高的，无论是什么方法切割和用何种钢材制成的，都要刨边或铣边。

6) 施工图有特殊要求或规定为焊接的边缘需进行刨边，一般板材或型钢的剪切边不需刨光。

7) 零件边缘进行机械自动切割和空气电弧切割之后，其切割表面的平面度，都不能超过 1. 0mm。主要受力构件的自由边，在气割后需要刨边或铣边的加工余量，每侧至少 2mm，应无毛刺等缺陷。

8) 柱端铣后顶紧接触面应有 75%以上的面积紧贴，用 0. 3mm 塞尺检查，其塞入面积不得大于 25%，边缘间隙也不应大于 0. 5mm。

9) 关于铣口和铣削量的选择，应根据工件材料和加工要求决定，合理的的选择是加工质量的保证。

10) 构件的端部加工应在矫正合格后进行。

11) 应根据构件的形式采取必要的措施，保证铣平端与轴线垂直。

(5) 制孔

1) 构件使用的高强度螺栓(大六角头螺栓、扭剪型螺栓等)、半圆头铆钉自攻螺丝等用孔的制作方法有：钻孔、铣孔、冲孔、铰孔或锪孔等。

2) 构件制孔优先采用钻孔，当证明某些材料质量、厚度和孔径，冲孔后不会引起脆性时允许采用冲孔。

厚度在 5mm 以下的所有普通结构钢允许冲孔，次要结构厚度小于 12mm 允许采用冲孔。在冲切孔上，不得随后施焊(槽形)，除非证明材料在冲切后，仍保留有相当韧性，则可焊接施工。一般情况下在需要所冲的孔上再钻大时，则冲孔必须比指定的直径小 3mm。

3) 钻孔前，一是要磨好钻头，二是要合理地选择切屑余量。

4) 制成的螺栓孔，应为正圆柱形，并垂直于所在位置的钢材表面，倾斜度应小于1/20，其孔周边应无毛刺，破裂，喇叭口或凹凸的痕迹，切削应清除干净。

5) 精制或铰制成的螺栓孔直径和螺栓杆直径相等，采用配钻或组装后铰孔，孔应具有 H12 的精度，孔壁表面粗糙度 $Ra \leqslant 12.5\mu m$。

(6) 摩擦面加工

1) 高强度螺栓连接摩擦面的加工，可采用喷砂、抛丸和砂轮机打磨等方法。(注：砂轮机打磨方向应与构件受力方向垂直，且打磨范围不得小于螺栓直径的 4 倍。)

2) 经处理的摩擦面应采取防油污和损伤保护措施。

3) 制造厂和安装单位应分别以钢结构制造批进行抗滑移系数试验。制造批可按分部(子部分)工程划分规定的工程量每 2000t 为一批，不足 2000t 的可视为一批。选用两种及两种以上表面处理工艺时，每种处理工艺应单独检验，每批三组试件。

4）抗滑移系数试验用的试件应由制造厂加工，试件与所代表的钢结构构件应为同一材质、同批制作、采用同一摩擦面处理工艺和具有相同的表面状态，并应用同批同一性能等级的高强度螺栓连接副，在同一环境条件下存放。

5）试件钢板的厚度，应根据钢结构工程中有代表性的板材厚度来确定。试件板面应平整，无油污，孔和板的边缘无飞边、毛刺。

6）制造厂应在钢结构制造的同时进行抗滑移系数试验，并出具报告。试验报告应写明试验方法和结果。

7）应根据现行国家标准《钢结构高强度螺栓连接的设计、施工及验收规程》JGJ82 的要求或设计文件的规定，制作材质和处理方法相同的复验抗滑移系数用的构件，并与构件同时移交。

(7) 管球加工

1）杆件制作工艺：采购钢管→检验材质、规格、表面质量(防腐处理)→下料、开坡口→与锥头或封板组装点焊→焊接→检验→防腐前处理→防腐处理。

2）螺栓球制造工艺：压力加工用钢条(或钢锭)或机械加工用圆钢下料→锻造毛坯→正火处理→加工定位螺纹孔(M20)及其表面→加工各螺纹孔及平面→打加工工号、打球号→防腐前处理→防腐处理。

3）锥头、封板制作工艺：成品钢材下料→胎模锻造毛坯→正火处理→机械加工。

4）焊接球节点网架制造工艺：采购钢管→检验材质、规格、表面质量→放样→下料→空心球制作→拼装→防腐处理。

5）焊接空心球制作工艺：下料(用仿形割刀)→压制(加温)成型→机床或自动气割坡口→焊接→焊缝无损探伤检查→防腐处理→包装。

(8) 组装

1）组装前，工作人员必须熟悉构件施工图及有关的技术要求，并根据施工图要求复核其需组装零件质量。

2）由于原材料的尺寸不够，或技术要求需拼接的零件，一般必须在组装前拼接完成。

3）在采用胎模装配时必须遵循下列规定：

a. 选择的场地必须平整，并具有足够的强度。

b. 布置装配胎模时必须根据其钢结构构件特点考虑预放焊接收缩量及其它各种加工余量。

c. 组装出首批构件后，必须由质量检查部门进行全面检查，经检查合格后，方可进行继续组装。

d. 构件在组装过程中必须严格按照工艺规定装配，当有隐蔽焊缝时，必须先行施焊，并经检验合格后方可覆盖。当有复杂装配部件不易施焊时，亦可采用边装配边施焊的方法来完成其装配工作。

e. 为了减少变形和装配顺序，可采取先组装成部件，然后组装成构件的方法。

4）钢结构构件组装方法的选择，必须根据构件的结构特性和技术要求，结合制造厂的加工能力、机械设备等情况，选择能有效控制组装的质量、生产效率高的方法进行。

5）典型结构组装

a. 焊接 H 型钢施工工艺工艺流程

下料→拼装→焊接→校正→二次下料→制孔→装焊其它零件→校正打磨

b. 箱形截面构件的加工工艺

见图 3-1-70。

c. 劲性十字柱的加工工艺

见图 3-1-71。

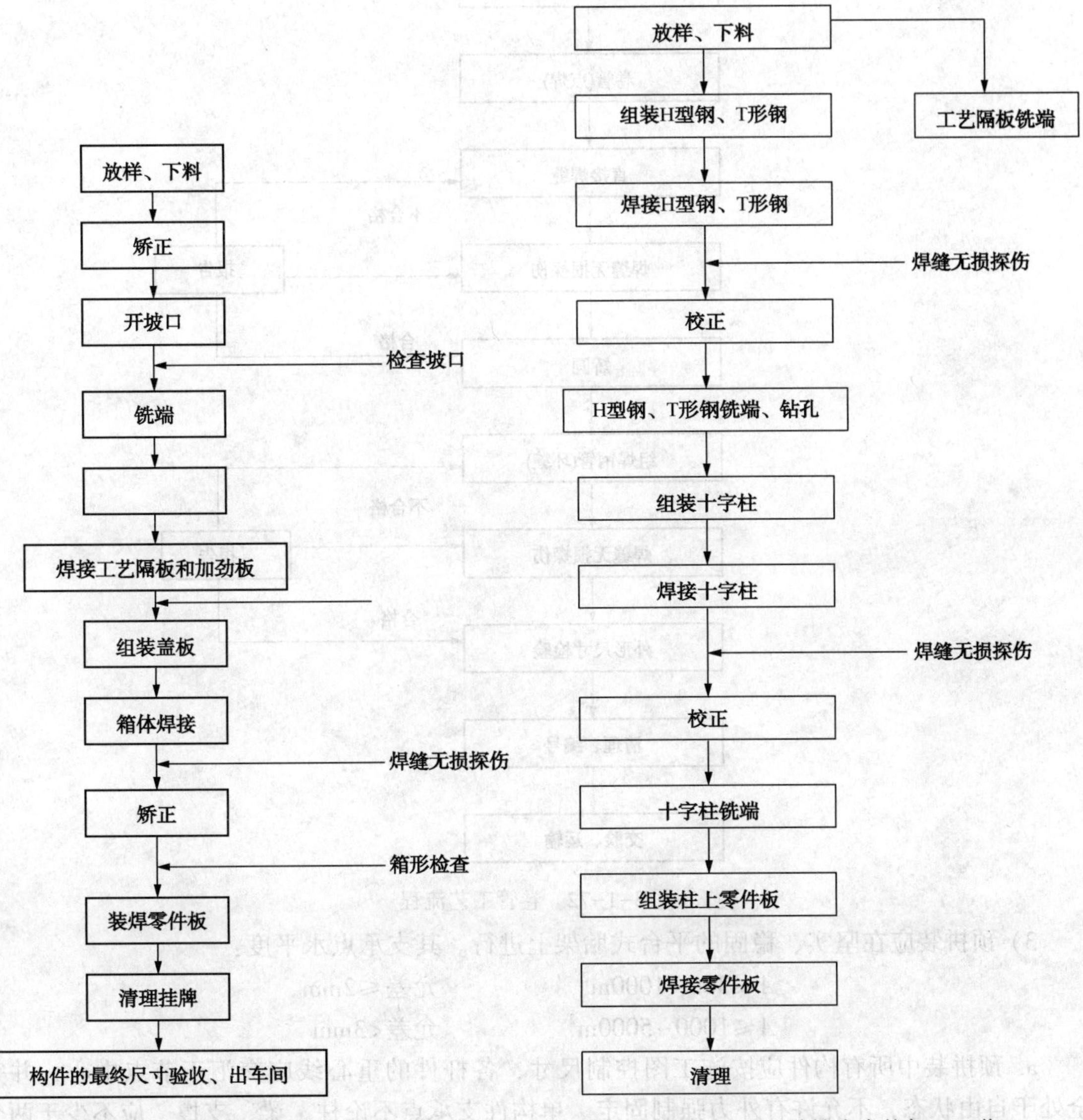

图 3-1-70　箱形截面构件加工工艺　　图 3-1-71　劲性十字柱加工工艺

d. 一般卷管工艺流程图

见图 3-1-72。

(9) 预拼装

1) 预拼装数按设计要求和技术文件规定。

2) 预拼装组合部位的选择原则：尽可能选用主要受力框架、节点连接结构复杂，构件允差接近极限且有代表性的组合构件。

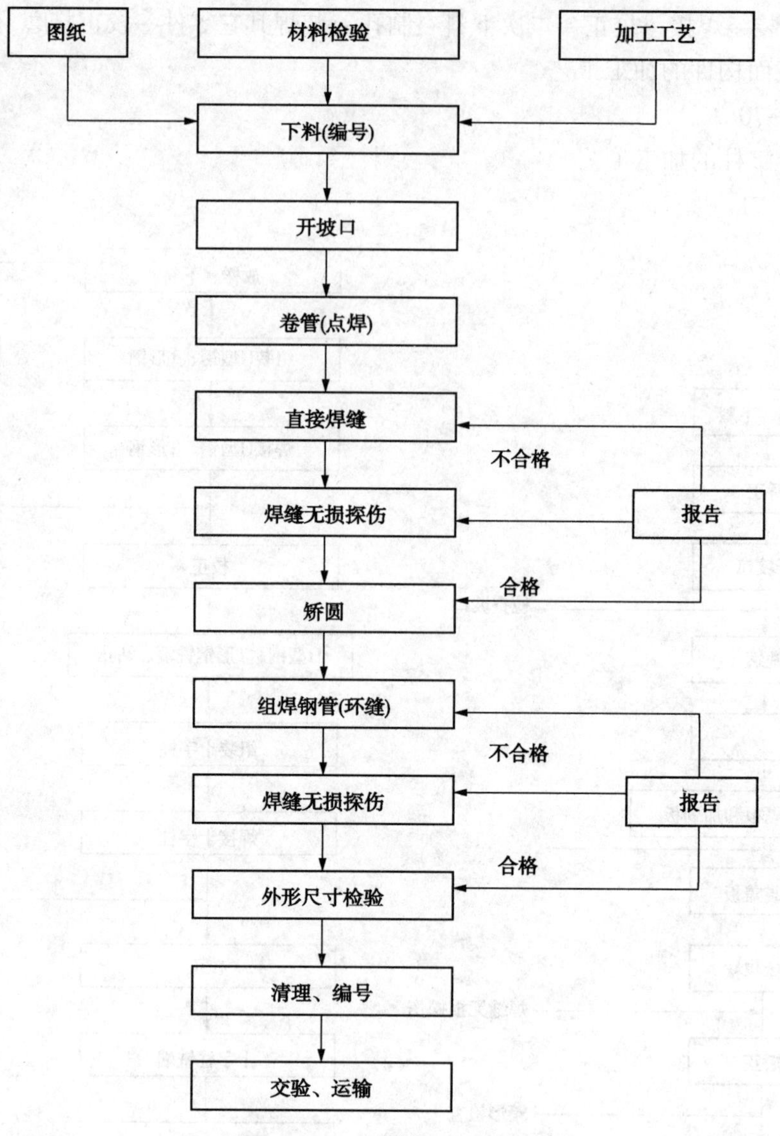

图 3-1-72　卷管工艺流程

3）预拼装应在坚实、稳固的平台式胎架上进行。其支承点水平度：

$A \leqslant 300 \sim 1000\text{m}^2$　　允差≤2mm

$A \leqslant 1000 \sim 5000\text{m}^2$　　允差<3mm

a. 预拼装中所有构件应按施工图控制尺寸，各杆件的重心线应交汇于节点中心，并完全处于自由状态，不允许有外力强制固定。单构件支承点不论柱、梁、支撑，应不少于两个支承点。

b. 预拼装构件控制基准，中心线应明确标示，并与平台基线和地面基线相对一致。控制基准应按设计要求基准一致，如需变换预拼装基准位置，应得到工艺设计认可。

c. 所有需进行预拼装的构件，制作完毕必须经专检员验收并符合质量标准的单构件。相同单构件，宜能互换，而不影响整体几何尺寸。

d. 在胎架上预拼全过程中，不得对构件动用火焰或机械等方式进行修正、切割，或使用重物压载、冲撞、锤击。

e. 大型框架露天预拼装的检测时间，建议在日出前，日落后定时进行。所使用卷尺精度，应与安装单位相一致。

4）高强度螺栓连接件预拼装时，可采用冲钉定位和临时螺栓紧固。试装螺栓在一组孔内不得少于螺栓孔的 30%，且不少于 2 只。冲钉数不得多于临时螺栓的 1/3。

5）预装后应用试孔器检查，当用比孔公称直径小 1.0mm 的试孔器检查时，每组孔的通过率不小于 85%；当用比螺栓公称直径大 0.3mm 的试孔器检查时，通过率为 100%，试孔器必须垂直自由穿落。

6）按本规程规定检查不能通过的孔，允许修孔（铰、磨、刮孔）。修孔后如超规范，允许采用与母材材质相匹配的焊材焊补后，重新制孔，但不允许在预装胎架进行。

五、质量标准

详见《结构工程质量验收规范》GB 50205—2001。

六、成品保护

（1）在制作过程中的各工序间都要有成品保护措施，上工序移交给下道工序必须符合有关规范和设计要求。

（2）边缘加工的坡口，需要涂保护膜的涂好，并注意不要碰撞。

（3）矫正和成型零件，组装好的半成品，堆放时，垫点和堆放数量合理，以防压弯变形。

（4）经处理的摩擦面应采取防油污和损伤保护措施。

（5）已涂装防腐漆的零部件、半成品（空心球、螺栓球和附件）和组装件，要防止磕碰，如有磕碰，再用防腐漆补上。

七、应注意的问题

1. 技术质量

（1）当对钢材有疑义时，应抽样复验，只有试验结果达到国家标准的规定和技术文件的要求时，方可采用。

（2）放样使用的钢尺必须经计量单位检验合格，并与土建、安装等有关方面使用的钢尺相核对。

（3）用火焰矫正时，对钢材的牌号 Q345、Q390、35、45 的焊件不准浇水冷却，一定要在自然状态下冷却。

（4）高强度螺栓孔及孔距必须符合规范要求，它直接关系到安装质量的大问题。

（5）处理后的摩擦面应妥为保护；自然生锈，一般生锈期不得超过 90 天，摩擦面不得重复使用。

2. 安全措施

（1）认真执行各工种的安全操作规程。

（2）对用电设备采取漏电保护措施，以防触电。

（3）对起重机要严禁超载吊装。

（4）各工种操作时，要戴带好劳动保护用品。

第五节　高强螺栓施工

适用范围：适用于钢结构工程中的高强度螺栓连接的施工与验收。高强度螺栓有高强度大六角头螺栓和扭剪型高强度螺栓两种，区别仅是外形和施工方法不同，其力学性能和紧固后的连接性能完全一样。

一种是大六角头高强度螺栓连接副，即由一个大六角头螺栓，一个螺母和两个垫圈组成，如图 3-1-73 所示。

另一种是扭剪型高强度螺栓连接副，即由一个扭剪型高强度螺栓，一个螺母和一个垫圈组成，如图 3-1-74 所示。

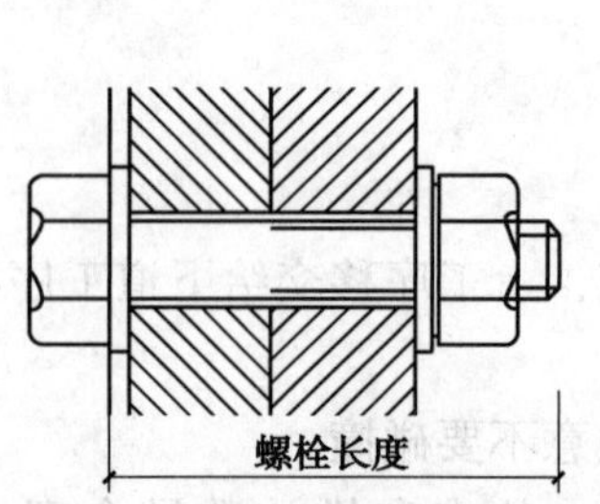

图 3-1-73　大六角头高强度螺栓连接副

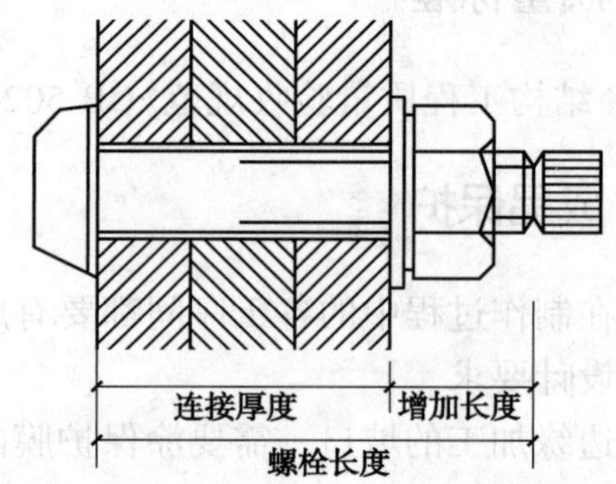

图 3-1-74　扭剪型高强度螺栓连接副

就其连接副的等级来说，按照国际标准，我国分 8.8 级和 10.9 级两个级别，对扭剪型高强度螺栓来说只有 10.9 级一种。高强度螺栓所使用的钢材材质基本上都采用了 20MnTiB 钢。

一、材料要求

1. 高强度螺栓的规格数量应根据设计的直径要求，按长度分别进行统计，根据施工实际需要的数量多少、施工点位的分布情况、构件加工质量和运输损坏情况、现场的储运条件、工程难度等因素，考虑 2%~5%的损耗，进行采购。

2. 高强度螺栓连接副必须经过以下试验符合规范要求时方可出厂：

（1）材料的炉号、制作批号、化学性能与机械性能证明或试验。

（2）螺栓的楔负荷试验。

（3）螺母的保证荷载试验。

（4）螺母及垫圈的硬度试验。

（5）连接件的扭矩系数试验（注明试验温度）。大六角头连接件的扭矩系数平均值和标准偏差；扭剪型连接件的紧固轴力平均值和变异系数。

（6）紧固轴力系数试验。

（7）产品规格，数量，出厂日期，装箱单。

二、主要机具

高强度螺栓施工最主要的施工机具就是力矩扳子，根据施工对象分别有：

（1）扭剪型高强度螺栓用扳子

目前我们在市场上常见的日本产扭剪型高强度螺栓用扳子的性能参数见表 3-1-19。

表 3-1-19　日本产扭剪型高强度螺栓用扳子的性能

型号	适用螺栓 M	扭矩范围/（N·m）	电源电压/V	电流/A	消耗功率/W	空载转数/（r/min）	重量/kg	扳子总长/mm	套管个数	
									规格	数量
LSR-22HD	16 20 22	900	200	7.5	1400	16	8.4	350	M16 M20 M22	1 1 1
LSR-24HD	22 24	1150	200	10	1850	16	12.4	375	M22 M24	1 1

（2）扭矩型高强度螺栓扳子（大六角螺栓适用）

电动扭矩扳子一般由机体，扭矩控制盒，套筒，反力承管器，漏电保护器组成，常用的电动扭矩扳子性能参见表 3-1-20。

表 3-1-20　电动扭矩扳子性能

产地	型号	电流电压/V	电流频率/Hz	电流/A	消耗功率/W	空载转数/（r/min）	扭矩范围/（N·m）	重量/kg
日本	NR-12T_1	200	50/60	6.8	1300	17	400~1200	9.5
国产	PIBD-150	220	50	4	880	8	400~1500	12
	PIBD-160	220	50	4.3	950	8	400~1600	10

（3）轴力计：10000QLE

可调扭矩值范围：98~980N·m

主视表精度：4.9N·m、

副视表精度：0.49N·m

负荷方向：↙

柄长度：1.4m

（4）通过机具、手动工具

为提高施工效率，我们一般还可以选用风动扳手进行初拧，根据风动扳手的标准扭矩调节空气压力即可初步设定扳手的输出扭矩，用于螺栓的初拧，可大大提高施工效率。

其他必备的工具有：检测合格的力矩扳手（其中至少一把应送有关部门进行校准，在施工中一般不用于直接施工，专用于其他施工工具的校准和施工检测）、手动棘轮扳手、橄榄冲子（俗称过眼冲钉，形似橄榄）、力矩倍增计、手锤、钢丝刷等。

三、作业条件

1. 高强度螺栓长度的选用

高强度螺栓紧固后，以丝扣露出 2~3 扣为宜，一个工程的高强度螺栓，首先按直径分类，统计出钢板束厚度，根据钢板束厚度，按下列公式选择所需长度：

螺栓长度=板束厚度+附加长度

附加长度见表 3-1-21。

螺栓长度取整为 5mm 的倍数，余数 2 舍 3 进，对于长度特别长的可以取为 10mm 的整倍数进行归类。

表 3-1-21　国产高强度螺栓的附加长度参考值

螺栓直径/mm	12	16	20	22	24	27	30
大六角高强度螺栓/mm	25	30	35	40	45	50	55
扭剪型高强度螺栓/mm		25	30	35	40		

2. 施工轴力与终拧力矩的换算

表 3-1-22 和表 3-1-23 列出了一般国产和进口(日本产)高强度螺栓允许的施工轴力。设计给出了轴力时按设计要求施工，如果设计没有给出高强度螺栓的轴力要求，我们可按该表选用，施工轴力比设计轴力一般要增加 5%。

表 3-1-22　国产大六角头高强度螺栓施工轴力　　单位：kN

螺栓的性能等级 / 螺栓轴力 / 螺栓直径/m	8.8 级		10.9 级	
	设计轴力	施工轴力	设计轴力	施工轴力
M12	45	45	55	60
M16	70	75	100	110
M20	110	120	155	170
M22	135	150	190	210
M24	155	170	225	250
M27	205	225	290	320
M30	250	275	355	390

表 3-1-23　进口高强度螺栓的轴力　　单位：kN

螺栓等级 / 螺栓直径	$F8^T$		$F10^T$		$F11^T$	
	设计轴力	施工轴力	设计轴力	施工轴力	设计轴力	施工轴力
M16	85.2	93.7	10.6	11.7	11.2	12.3
M20	13.3	14.6	16.5	18.2	17.4	19.1
M22	16.5	18.2	20.5	22.6	21.6	23.8
M24	19.2	21.1	23.8	26.2	25.1	27.6

对于大六角高强度螺栓，施工时必须把施工轴力换算为施工扭矩作为施工控制参数，大六角头高强度螺栓施工扭矩可由下式确定：

$$T_C = K \cdot P_C \cdot d$$

式中　T_C——施工扭矩(N·m)；

K——高强度螺栓连接副的扭矩系数平均值，该值由复验测得的合格的平均扭矩系数代入；

P_C——高强度螺栓施工预拉力(kN)；

d——高强度螺栓螺杆直径(mm)。

3. 高强度螺栓安装前的试验

高强度螺栓使用前，应按《钢结构工程施工质量验收规范》GB 50205—2001 的有关规定对高强度螺栓及连接件至少进行以下几项检验：

(1) 高强度螺栓连接副扭矩系数试验：

大六角头高强度螺栓，施工前按每 3000 套螺栓为一批，不足 3000 套的按一批计，复验扭矩系数，每批复验 8 套。

（2）紧固轴力试验：

扭剪型高强度螺栓施工前，按每3000套螺栓为一批，不足3000套的按一批计，每批复验8套高强度螺栓的紧固轴力，其平均值和变异系数应符合表3-1-24的规定。

表3-1-24　扭剪型高强度螺栓紧固轴力及变异系数

螺栓直径/mm		16	20	（22）	24
每批紧固轴力平均值	公称	109	170	211	245
	最大	120	186	231	270
	最小	99	154	191	222
紧固轴力变异系数		≤10%			

（3）连接件的摩擦系数（又称抗滑移系数）试验及复验：

采用与钢构件同材质，同样摩擦面处理方法，同批生产，同等条件堆放的试件，每批三组，由钢构件制作厂及安装现场分别作摩擦系数试验。试件数量，以单项工程每2000t为一批，不足2000t者视作一批。试件的具体要求和检验方法按照《钢结构工程质量验收规范》GB 50205—2001的有关要求。

（4）作业指导书的编制和技术交底

施工前应当根据本工艺标准的质量技术要求结合工程实际编制专项作业指导书，用书面的形式、根据工作范围、作业要求交底到每一个施工人员。针对不同的施工和施工管理人员，技术交底应明确其施工安全、技术责任，使之清楚地知道他的上道工序应达到什么质量要求，使用什么特别的施工方法，施工中发现问题按照什么途径寻求技术指导和援助，达到什么施工质量标准，如何交接给下一施工工序等，使整个施工进程良性有序。

（5）高强度螺栓的制孔按表3-1-25的要求选配，高强度螺栓连结构件制孔允许偏差见表3-1-26。

表3-1-25　高强度螺栓制孔选配表

螺栓公称直径/mm	12	16	20	22	24	27	30
螺栓孔直径/mm	13.5	17.5	21.5	23.5	25.5	30	33

注：承压型连接（如柱或抗剪桁架的压杆连接）中的高强度螺栓孔径可按表中值减少0.5~1.0mm。

表3-1-26　高强度螺栓连接构件制孔允许偏差

名　称		直径及允许偏差/mm						
螺栓	直径	12	16	20	22	24	27	30
	允许偏差	±0.43		±0.52			±0.48	
螺栓孔	直径	13.5	17.5	21.5	23.5	25.5	30	33
	允许偏差	+0.43 0		+0.52 0			+0.84 0	
圆度（最大和最小直径差）		1.00		1.50				
中心线倾斜度		应不大于板厚的3%且单层板不得大于2.0mm多层板迭组合不得大于3.0mm						

根据表3-1-25、表3-1-26检查螺栓孔的孔径尺寸，对孔边毛刺必须彻底清除掉。

（6）对螺栓、螺母、垫圈进行裂纹抽查，重点工程要逐个检查。

（7）同一批号、规格的螺栓、螺母、垫圈配套装箱使用。

（8）钢结构安装的刚度单元内的框架构件已经吊装到位，校正合格后应及时进行高强度螺栓的施工。

四、操作工艺

1. 工艺流程

见图 3-1-75。

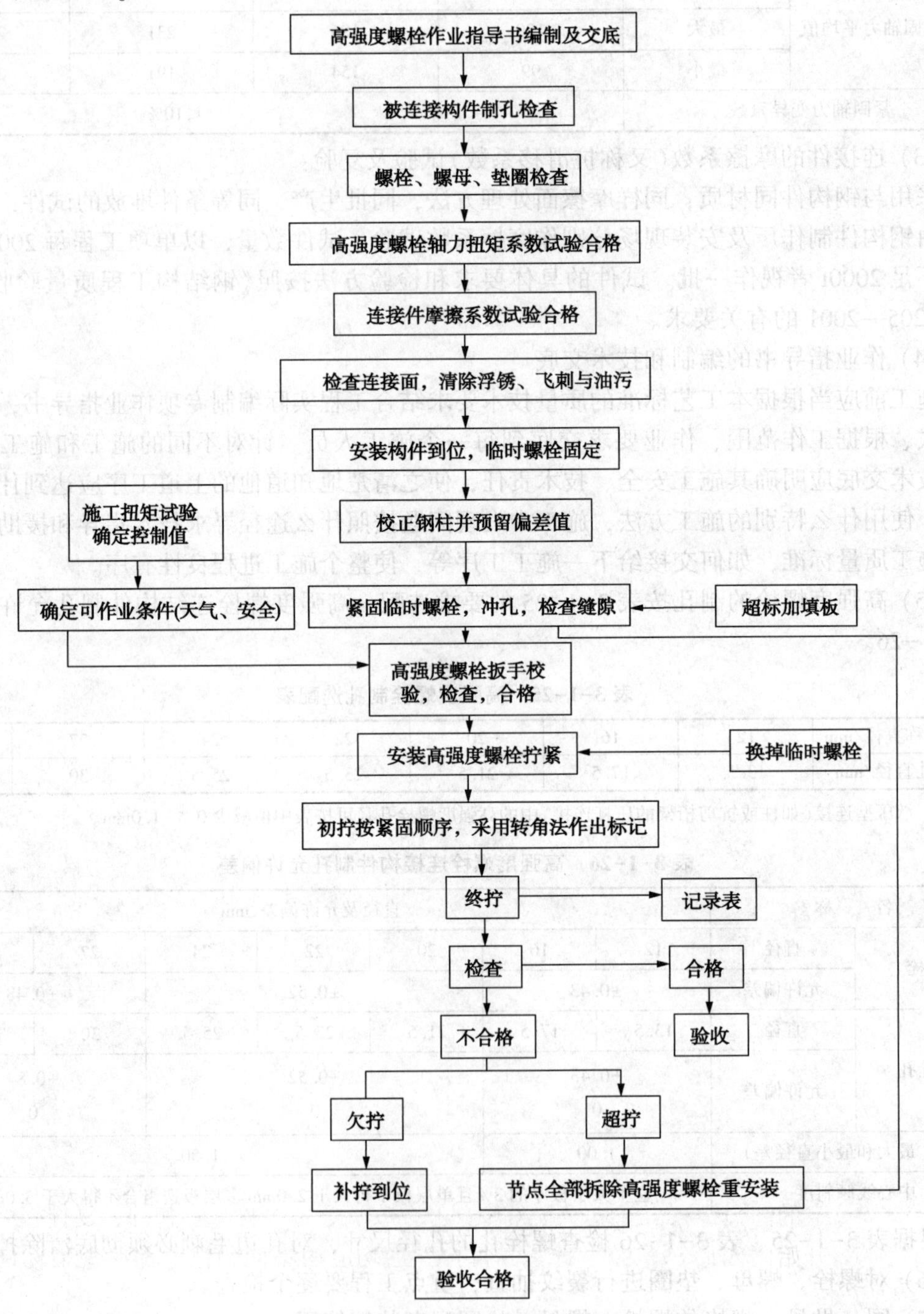

图 3-1-75　高强螺栓施工工艺流程

2. 高强度螺栓的储存

（1）高强度螺栓连接副由制造厂按批号，一定数量同一规格配套后装为一箱（桶），从出厂至安装前严禁随意开包。在运输过程中应轻装轻卸，防止损坏，防雨防潮。当包装破损，螺栓有污染等异常现象时，应及时用煤油清洗，并按高强度螺栓验收规程进行复验，经复验扭矩系数合格后，方能使用；

（2）工地储存高强度螺栓时，应放在干燥、通风防雨，防潮的仓库内，并不得损伤丝扣和沾染脏物（即封闭，不吸油，不损伤螺纹）。连接副入库应按包装箱上注明的规格、批号分类存放，安装时，要按使用部位，领取相应规格、数量、批号的连接副，当天没有用完的螺栓，必须装回干燥、洁净的容器内，妥善保管并尽快使用完毕，不得乱放乱扔；

（3）使用前应进行外观检查，表面油膜正常无污物的方可使用。

（4）使用开包时应核对螺栓的直径、长度；

（5）使用过程中不得雨淋，不得接触泥土、油污等脏物。

3. 高强度螺栓的紧固方法

高强度螺栓的紧固是用专门扳手拧紧螺母，使螺杆内产生要求的拉力。

（1）大六角头高强度螺栓一般用二种方法拧紧，即扭矩法和转角法。

扭矩法分初拧和终拧二次拧紧。初拧扭矩用终拧扭矩的30%~50%，再用终拧扭矩把螺栓拧紧。如板层较厚，板叠较多，初拧的板层达不到充分密贴，还要在初拧和终拧之间增加复拧，复拧扭矩和初拧扭矩相同或略大。

转角法也分初拧和终拧二次进行。初拧用定扭矩扳子以终拧扭矩的30%~50%进行。使接头各层钢板达到充分密贴，再在螺母和螺栓杆上面通过圆心画一条直线，然后用扭矩扳子转动螺母一个角度，使螺栓达到终拧要求。转动角度的大小在施工前由试验确定。

（2）扭剪型高强度螺栓紧固也分初拧和终拧二次进行：

初拧用定扭矩扳手，以终拧扭矩的30%~50%进行，使接头各层钢板达到充分密贴，再用电动扭剪型扳子把梅花头拧掉，使螺栓杆达到设计要求的轴力如图3-1-76。对于板层较厚，板叠较多，安装时发现连接部位有轻微翘曲的连接接头等原因使初拧的板层达不到充分密贴时应增加复拧，复拧扭矩和初拧扭矩相同或略大。

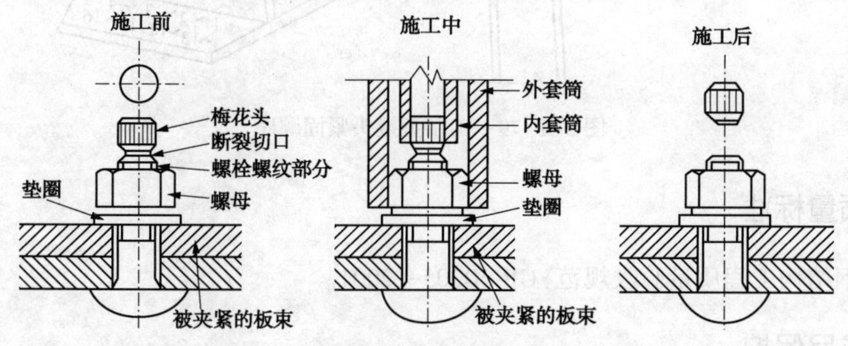

图3-1-76　扭剪型高强度螺栓的紧固方法

4. 高强度螺栓的安装顺序

一个接头上的高强螺栓，应从螺栓群中部开始安装，逐个拧紧。初拧、复拧、终拧都应从螺栓群中部开始向四周扩展逐个拧紧，每拧一遍均应用不同颜色的油漆做上标记，防止漏拧。

接头如有高强度螺栓连接又有电焊连接时，是先紧固还是先焊接应按设计要求规定的顺序进行，设计无规定时，按先紧固后焊接(即先栓后焊)的施工工艺顺序进行，先终拧完高强度螺栓再焊接焊缝。

高强度螺栓的紧固顺序从刚度大的部位向不受约束的自由端进行，同一节点内从中间向四周，以使板间密贴。

一般接头：应从螺栓群中间向外侧进行紧固，如图 3-1-77。

箱型接头：螺栓群的 A 、B 、C 、D 紧固顺序，按箭头方向所示，如图 3-1-78。

工字型接头：紧固顺序如图 3-1-79。

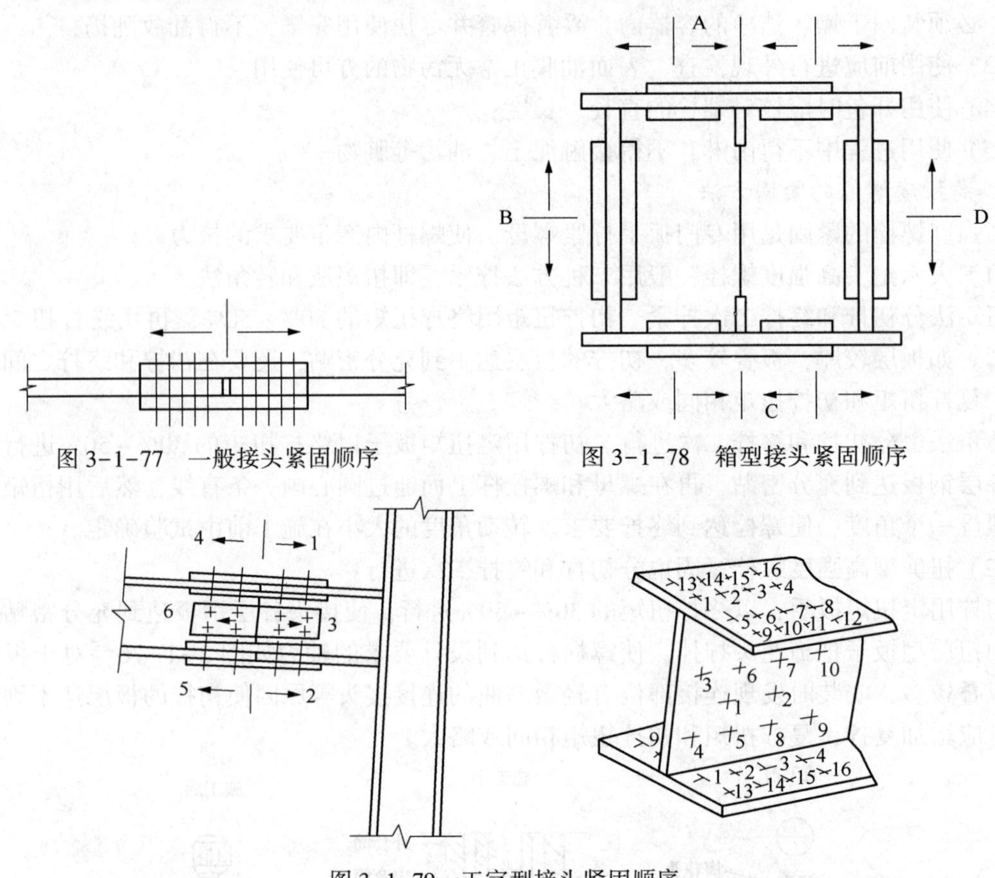

图 3-1-77　一般接头紧固顺序

图 3-1-78　箱型接头紧固顺序

图 3-1-79　工字型接头紧固顺序

五、质量标准

详见《钢结构工程质量验收规范》GB 50205—2001。

六、成品保护

1. 钢结构防腐区段(如酸性车间)应在连接板缝、螺头、螺母、垫圈周边涂抹防腐腻子(如过氯乙烯腻子等)封闭、面层防腐处理与该区钢结构相同。

2. 结构防腐区段应在连接板缝、螺头、螺母、垫圈周边涂抹快干红丹漆封闭，面层防锈处理与该区钢结构相同。

七、应注意的问题

1. 技术质量

（1）高强度螺栓连接副材质必须符合设计及有关规范要求。

（2）高强度大六角头螺栓连接副的扭矩系数和扭剪型高强度螺栓的紧固轴力（预拉力），经复验后必须符合有关规范要求。

（3）钢结构构件摩擦面抗滑移系数经检验必须符合设计要求。

（4）扭矩不准：应定期校正电动扳手或手动扳手的扭矩值使其偏差不大于±5%，严格控制超拧。

（5）安装高强度螺栓前作好接头摩擦面上清理，不允许有毛刺、铁屑、油污、焊接飞溅物，用钢丝刷沿受力垂直方向除去浮锈。摩擦面应干燥，没有结露、积霜、积雪。并不得在雨天进行安装；当气温低于-10℃，停止作业。当天安装的高强度螺栓，当天终拧完。

（6）高强度螺栓应自由穿入螺栓孔内。扩孔时，铁屑不得掉入板层间。扩孔数量不得超过一个接头螺栓孔的1/3，扩孔直径不得大于原孔径再加2mm。严禁用气割进行高强度螺栓的扩孔工作。

（7）严格按照从中间向四周扩展的顺序，执行初拧、（复拧）、终拧的施工工艺程序，严禁一步到位的方法直接终拧。

（8）螺栓穿入方向以便利施工为准，每个节点整齐一致。

（9）螺母、垫圈均有方向要求，螺栓、螺母均标有级别与生产厂家。

（10）因狭窄高强度螺栓扳手不宜操作部位，可采用加高套管或用手动扳手安装。可转动螺栓头，但必须根据试验调整紧固扭矩。

（11）高强度螺栓超拧应更换并废弃换下来的螺栓，不得重复使用，再次使用的连接板须再次处理。

（12）高强度螺栓的安装、运输与使用中应尽量保持出厂状态。

（13）高空施工时严禁乱扔螺栓、螺母、垫圈及尾部梅花头，严格回收，以免坠落伤人。

（14）施拧后应及时涂防锈漆。

（15）对于露天使用或接触腐蚀性气体的钢结构，在高强螺栓拧紧检查验收合格后，连接处板缝应及时用防水或耐腐蚀的腻子封闭。

2. 安全措施

（1）在钢结构施工以前，应建立健全安全生产管理体系，层层落实安全生产责任制；

（2）根据工程的具体特点，做好切合实际的安全技术书面交底。定期与不定期的进行安全检查。

（3）现场用电必须严格执行GB 50194、JGJ 46—88等的规定，高强度螺栓施工机具的接电口应有防雨、防漏电的保护措施，防止施工人员高空触电。

（4）进入施工现场必须戴好安全帽，高空作业必须戴安全带，穿防滑鞋。

（5）高空操作人员使用的工具及安装用的零部件，应放入随身携带的工具带内，不可随便向上下丢抛。手动工具如棘轮扳手、梅花扳手等应用小绳栓在施工人员的手腕上，拧下来的扭剪螺栓梅花头应随手放入专用的收集袋内，避免坠落伤人。

（6）做好高空施工的安全防护工作，标准化设计和制作高强度螺栓施工用安全吊篮，要求吊篮安全牢靠轻便，便于工人施工转场。

(7) 在施工以前应对高空作业人员进行身体检查，对患有不宜高空作业疾病(心脏病、高血压、贫血等)的人员不得安排高空作业。

3. *环境保护和文明施工*

(1) 使用风动或其他噪音较大的工具、机具施工时要尽量避免夜间施工，以免噪音扰民。

(2) 拧下来的扭剪型高强度螺栓梅花头要集中堆放，统一处理。

第六节　多层与高层钢结构安装施工工艺

适用范围：钢结构工程质量的好坏，除材料合格、制作精度高外，还要依靠合理安装工艺。多层及高层钢结构工程根据结构平面选择适当的位置，先做样板间成稳定结构，采用“节间综合法”：钢柱→柱间支撑(或剪力墙)→钢梁(主、次梁、隅撑)、由样板间向四周发展，或采用“分件流水法”安装。

一、材料要求

1. *一般要求*

(1) 在多层与高层钢结构现场施工中，安装用的材料，如焊接材料、高强度螺栓、压型钢板、栓钉等应符合现行国家产品标准和设计要求。以及 CO_2、C_2H_2、O_2 等应符合焊接规程的要求。

(2) 多层与高层建筑钢结构的钢材，主要采用 Q235 的碳素结构钢和 Q345 的低合金高强度结构钢。其质量标准应分别符合我国现行国家标准《碳素结构钢》GB700 和《低合金高强度结构钢》GB/T1591 的规定。当有可靠根据时，可采用其他牌号的钢材。当设计文件采用其他牌号的结构钢时，应符合相对应的现行国家标准。

(3) 品种规格

钢型材有热轧成型的钢板和型钢，以及冷弯成型的薄壁型钢。

热轧钢板有：薄钢板(厚度为 0.35~4mm)、厚钢板(厚度为 4.5~6.0mm)、超厚钢板(厚度>60mm)，还有扁钢(厚度为 4~60mm、宽度为 30~200mm，比钢板宽度小)。

热轧型钢有：角钢、工字钢、槽钢、钢管等其他新型型钢。角钢分等边和不等边两种。工字钢有：普通工字钢、轻型工字钢和宽翼缘工字钢，其中宽翼缘工字钢在我国也称“H”型钢。槽钢分普通槽钢和轻型槽钢。钢管有无缝钢管和焊接钢管。

钢板和型钢表面允许有不妨碍检查表面缺陷的薄层氧化铁皮、铁锈、由于压入氧化铁皮脱落引起的不显著的粗燥和划痕、轧辊造成的网纹和其他局部缺陷，但凹凸度不得超过厚度负公差的一半。对低合金钢板和型钢的厚度还应保证不低于允许最小厚度。

钢板和型钢表面缺陷不允许采用焊补和堵塞处理，应用凿子或砂轮清理。清理处应平缓无棱角，清理深度不得超过钢板厚度负偏差的范围，对低合金钢还应保证不薄于其允许的最小厚度。

(4) 厚度方向性能钢板

随着多层与高层钢结构的蓬勃发展，焊接结构使用的钢板厚度有所增加，对钢材性能要求提出了新的内容——要求钢板在厚度方向有良好的抗层状撕裂性能，因而出现了新的钢材，即厚度方向性能钢板。国家标准《厚度方向性能钢板》GB 5313—85 有这方面的专用规定。

2. 现场安装的材料准备

(1) 根据施工图，测算各主耗材料(如焊条、焊丝等)的数量，作好定货安排，确定进厂时间。

(2) 各施工工序所需临时支撑、钢结构拼装平台、脚手架支撑、安全防护、环境保护器材数量确认后，安排进厂制作及搭设。

(3) 根据现场施工安排，编制钢结构件进厂计划，安排制作、运输计划。对于特殊构件的运输，如放射性、腐蚀性等的，要作好相应的措施，并到当地的公安、消防部门登记；如超重、超长、超宽的构件，还应规定好吊耳的设置，并标出重心位置。

二、主要机具

在多层与高层钢结构施工中。常用主要机具有：塔式起重机、汽车式起重机、履带式起重机、交直流电焊机、CO_2气体保护焊机、空压机、碳弧气刨、砂轮机、超声波探伤仪、磁粉探伤、着色探伤、焊缝检查量规、大六角头和扭剪型高强度螺栓扳手、高强度螺栓初拧电动扳手、栓钉机、千斤顶、葫芦、卷扬机、滑车及滑车组、钢丝绳、索具、经纬仪、水准仪、全站仪等。

三、作业条件

1. 参加图纸会审，与业主、设计、监理充分沟通，确定钢结构各节点、构件分节细节及工厂制作图已完毕。

2. 根据结构深化图纸，验算钢结构框架安装时构件受力情况，科学地预计其可能的变形情况，并采取相应合理的技术措施来保证钢结构安装的顺利进行。

3. 各专项工种施工工艺确定，编制具体的吊装方案、测量监控方案、焊接及无损检测方案、高强度螺栓施工方案、塔吊装拆方案、临时用电用水方案、质量安全环保方案审核完成。

4. 组织必要工艺试验，如焊接工艺试验、压型钢板施工及栓钉焊接检测工艺试验。尤其是对新工艺、新材料，要做好工艺试验，作为指导生产的依据。对于栓钉焊接工艺试验，根据栓钉的直径、长度及是穿透压型钢板焊还是直接打在钢梁等支撑点上的栓钉焊接，要做相应的电流大小、通电时间长短的调试。对于高强度螺栓，要做好高强度螺栓连接副和抗滑移系数的检测合格。

5. 对土建单位做的钢筋混凝土基础进行测量技术复核，如轴线、标高。如螺栓预埋是钢结构施工前由土建单位已完成的，还需复核每个螺栓的轴线、标高，对超过规范要求的，必须采取相应的补救措施已完成。

6. 对现场周边交通状况进行调查，确定大型设备及钢构件进厂路线。

7. 施工临时用电用水铺设到位。

8. 劳动力进场

所有生产工人都要进行上岗前培训，取得相应资质的上岗证书，做到持证上岗。尤其是焊工、起重工、塔吊操作工、塔吊指挥工等特殊工种。

9. 施工机具安装调试验收合格。

10. 构件进场：按吊装进度计划配套进厂，运至现场指定地点，构件进厂验收检查。

11. 对周边的相关部门进行协调，如治安、交通、绿化、环保、文保、电力、气象等。并到当地的气象部门去了解以往年份每天的气象资料，做好防台风、防雨、防冻、防寒、防高温等措施。

四、操作工艺

1. 工艺流程

见图 3-1-80。

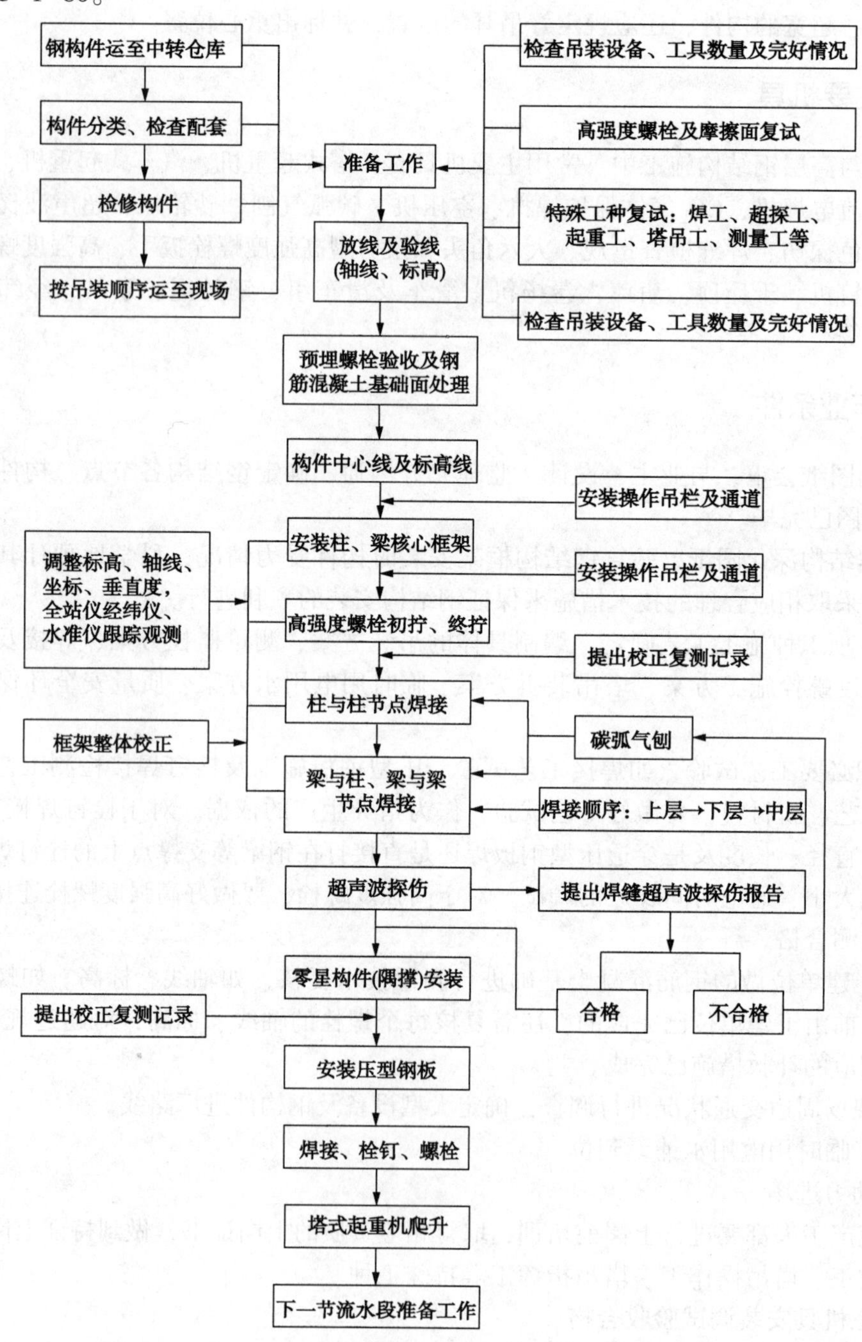

图 3-1-80　多层与高层钢结构安装工艺流程

2. 操作工艺

(1) 钢结构吊装顺序

多层与高层钢结构吊装一般需划分吊装作业区域，钢结构吊装按划分的区域，平行顺序同时进行。当一片区吊装完毕后，即进行测量、校正、高强度螺栓初拧等工序，待几个片区安装完毕后，对整体再进行测量、校正、高强度螺栓终拧、焊接。焊后复测完，接着进行下一节钢柱的吊装。并根据现场实际情况进行本层压型钢板吊放和部分铺设工作等。

(2) 螺栓预埋

螺栓预埋很关键，柱位置的准确性取决于预埋螺栓位置的准确性。预埋螺栓标高偏差控制在+5mm 以内，定位轴线的偏差控制在±2mm。

(3) 钢柱安装工艺

第一节钢柱吊装

1) 吊点设置

吊点位置及吊点数，根据钢柱形状、断面、长度、起重机性能等具体情况确定。

一般钢柱弹性和刚性都很好，吊点采用一点正吊。吊点设置在柱顶处，柱身竖直，吊点通过柱重心位置，易于起吊、对线、校正。

2) 起吊方法

a. 多层与高层钢结构工程中，钢柱一般采用单机起吊，对于特殊或超重的构件，也可采取双机抬吊，双机抬吊应注意的事项：①尽量选用同类型起重机；②根据起重机能力，对起吊点进行荷载分配；③各起重机的荷载不宜超过其相应起重能力的 80%；④在操作过程中，要互相配合，动作协调，如采用铁扁担起吊，尽量使铁扁担保持平衡，倾斜角度小，以防一台起重机失重而使另一台起重机超载，造成安全事故；⑤信号指挥，分指挥必须听从总指挥。

b. 起吊时钢柱必须垂直，尽量做到回转扶直，根部不拖。起吊回转过程中应注意避免同其他已吊好的构件相碰撞，吊索应有一定的有效高度。

c. 第一节钢柱是安装在柱基上的，钢柱安装前应将登高爬梯和挂篮等挂设在钢柱预定位置并绑扎牢固，起吊就位后临时固定地脚螺栓，校正垂直度。钢柱两侧装有临时固定用的连接板，上节钢柱对准下节钢柱柱顶中心线后，即用螺栓固定连接板做临时固定。

d. 钢柱安装到位，对准轴线，必须等地脚螺栓固定后才能松开吊索。

3) 钢柱校正

钢柱校正要做三件工作：柱基标高调整，柱基轴线调整，柱身垂直度校正。

a. 柱基标高调整

放上钢柱后，利用柱底板下的螺母或标高调整块控制钢柱的标高(因为有些钢柱过重，螺栓和螺母无法承受其重量，故柱底板下需加设标高调整块——钢板调整标高)，精度可达到±1mm 以内。柱底板下预留的空隙，可以用高强度、微膨胀、无收缩沙浆以捻浆法填实。如下图所示。当使用螺母作为调整柱底板标高时，应对地脚螺栓的强度和刚度进行计算。

现在有很多高层钢结构地下室部分钢柱是劲性钢柱，钢柱的周围都布满了钢筋，调整标高和轴线时，都要适当地将钢筋梳理开，才能进行，工作起来较困难些。

柱基标高调整见图 3-1-81。

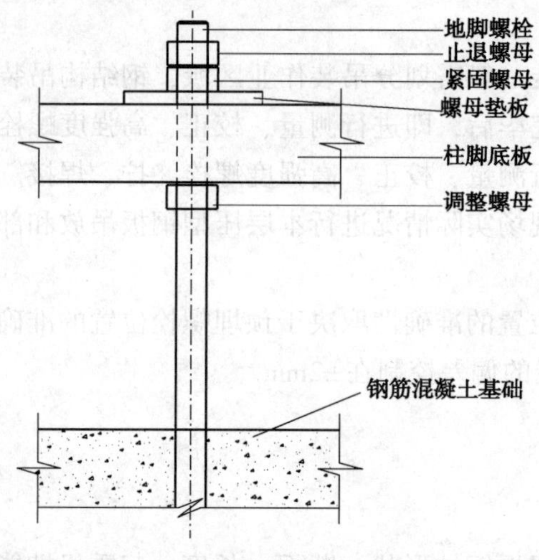

图 3-1-81 柱基标高调整示意

b. 第一节柱底轴线调整

对线方法：在起重机不松钩的情况下，将柱底板上的四个点与钢柱的控制轴线对齐缓慢降落至设计标高位置。如果这四个点与钢柱的控制轴线有微小偏差，可借线。

c. 第一节柱身垂直度校正

采用缆风绳校正方法。用两台呈 900 的经纬仪找垂直。在校正过程中，不断微调柱底板下螺母，直至校正完毕，将柱底板上面的两个螺母拧上，缆风绳松开不受力，柱身呈自由状态，再用经纬仪复核，如有微小偏差，在重复上述过程，直至无误，将上螺母拧紧。

地脚螺栓上螺母一般用双螺母，可在螺母拧紧后，将螺母与螺杆焊实。

d. 柱顶标高调整和其他节框架钢柱标高控制

柱顶标高调整和其他节框架钢柱标高控制可以用两种方法：一是按相对标高安装，另一种是按设计标高安装，一般采用相对标高安装。钢柱吊装就位后，用大六角高强度螺栓固定连接上下钢柱的连接耳板，但不能拧的太紧，通过起重机起吊，撬棍可微调柱间间隙。量取上下柱顶预先标定得标高值，符合要求后打入钢楔、点焊限制钢柱下落，考虑到焊缝及压缩变形，标高偏差调整至 4mm 以内。

e. 第二节柱轴线调整

为使上下柱不出现错口，尽量作到上下柱中心线重合。如有偏差，钢柱中心线偏差调整每次 3mm 以内，如偏差过大分 2~3 次调整。

注意：每一节钢柱的定位轴线决不允许使用下一节钢柱的定位轴线，应从地面控制线引至高空，以保证每节钢柱安装正确无误，避免产生过大的积累误差。

f. 第二节钢柱垂直度校正

钢柱垂直度校正的重点是对钢柱有关尺寸预检，即对影响钢柱垂直度因素的预先控制。

经验值测定：梁与柱一般焊缝收缩值小于 2mm；柱与柱焊缝收缩值一般在 3. 5mm。

为确保钢结构整体安装质量精度，在每层都要选择一个标准框架结构体（或剪力筒），依次向外发展安装。

安装标准化框架的原则：指建筑物核心部分，几根标准柱能组成不可变的框架结构，便于其他柱安装及流水段的划分。

标准柱的垂直度校正：采用两台经纬仪对钢柱及钢梁安装跟踪观测。钢柱垂直度校正可分两步。

第一步，采用无缆风绳校正。在钢柱偏斜方向的一侧打入钢楔或顶升千斤顶。

注意：临时连接耳板的螺栓孔应比螺栓直径大 4mm，利用螺栓孔扩大足够余量调节钢柱制作误差-1~+5mm。

第二步：将标准框架体的梁安装上。先安装上层梁，再安装中、下层梁，安装过程会对柱垂直度有影响，可采用钢丝绳缆索(只适宜跨内柱)、千斤顶、钢楔和手拉葫芦进行，其他框架柱依标准框架体向四周发展，其做法与上同。

4）框架梁安装工艺

a. 钢梁安装采用两点吊。

b. 钢梁吊装宜采用专用卡具，而且必须保证钢梁在起吊后为水平状态。

c. 一节柱一般有 2 层、3 层或 4 层梁，原则上竖向构件由上向下逐件安装，由于上部和周边都处于自由状态，易于安装且保证质量。一般在钢结构安装实际操作中，同一列柱的钢梁从中间跨开始对称地向两端扩展安装，同一跨钢梁，先安装上层梁再安装中下层梁。

d. 在安装柱与柱之间的主梁时，会把柱与柱之间的开档撑开或缩小。测量必须跟踪校正，预留偏差值，留出节点焊接收缩量。

e. 柱与柱节点和梁与柱节点的焊接，以互相协调为好。一般可以先焊一节柱的顶层梁，再从下向上焊接各层梁与柱的节点。柱与柱的节点可以先焊，也可以后焊。

f. 次梁根据实际施工情况一层一层安装完成。

5）柱底灌浆

在第一节柱及柱间钢梁安装完成后，即可进行柱底灌浆。

6）补漆

补漆为人工涂刷，在钢结构按设计安装就位后进行。

补漆前应清渣、除锈、去油污，自然风干，并经检查合格。

7）测量工艺

a. 主要工作内容

多层与高层钢结构安装阶段的测量放线工作(包括控制网的建立，平面轴线控制点的竖向投递，柱顶平面放线，悬吊钢尺传递标高，平面形状复杂钢结构坐标测量，钢结构安装变形监控等)。

b. 作业条件

(a)设计图纸的审核，并与设计进行充分沟通。

(b)测量定位依据点的交接与校测。

(c)测量器具的鉴定与检校。

(d)测量方案的编制与数据准备。

c. 测量器具的检定与检验

为达到正确的符合精度要求的测量成果，全站仪、经纬仪、水平仪、铅直仪、钢尺等施工测量前必须经计量部门检定。除按规定周期进行检定外，在周期内的全站仪、经纬仪、铅直仪等主要有关轴线关系的，还应每 2~3 个月定期检校。

全站仪：宜采用精度为 2S、3+3PPM 级全站仪。如瑞士 WILD、日本 TOPCON、SOKKIA 等厂生产的高精度全站仪。

经纬仪：采用精度为2S级的光学经纬仪，如是超高层钢结构，宜采用电子经纬仪，其精度宜在1/200000之内。

水准仪：按国家三、四等水准测量及工程水准测量的精度要求，其精度为±3mm/km。

钢卷尺：土建、钢结构制作、钢结构安装、监理等单位的钢卷尺，应统一购买通过标准计量部门校准的钢卷尺。

使用钢卷尺时，应注意检定时的尺长改正数，如温度、拉力、挠度等，进行尺长改正。

d. 建筑物测量验线

钢结构安装前，土建部门已做完基础，为确保钢结构安装质量，进场后首先要求土建部门提供建筑物轴线、标高及其轴线基准点、标高基准点，依此进行复测轴线及标高。

(a)轴线复测

复测方法根据建筑物平面形状不同而采取不同的方法。宜选用全站仪进行。

矩形建筑物的验线宜选用直角坐标法。

任意形状建筑物的验线宜选用极坐标法。

对于不便量距的点位，宜选用角度(方向)交会法。

(b)验线部位

定位依据桩位及定位条件。

建筑物平面控制图、主轴线及其控制桩。

建筑物标高控制网及0.000标高线。

控制网及定位轴线中的最弱部位。

建筑物平面控制网主要技术指标见表3-1-27。

图3-1-27　建筑物平面控制技术指标

等　级	适 用 范 围	测角中误差/s	边长相对中误差
1	钢结构高层、超高层建筑	±9	1/24000
2	钢结构多层建筑	±12	1/15000

(c) 误差处理

验线成果与原放线成果两者之差略小于或等于1/1.414限差时，可不必改正放线成果或取两者的平均值。

验线成果与原放线成果两者之差超过1/1.414限差时，原则上不予验收，尤其是关键部位。若次要部位可令其局部返工。

e. 悬吊钢尺传递标高

(a)利用标高控制点，采用水准仪和钢尺测量的方法引测。

(b)多层与高层钢结构工程一般用相对标高法进行测量控制。

(c)根据外围原始控制点的标高，用水准仪引测水准点至外围框架钢柱处，在建筑物首层外围钢柱处确定+1.000m标高控制点，并做好标记。

(d)从作好标记并经过复测合格的标高点处，用50m标准钢尺垂直向上量至各施工层，在同一层的标高点应检测相互闭合，闭合后的标高点则作为该施工层标高测量的后视点并作好标记。

(e)当超过钢尺长度时，另布设标高起始点，作为向上传递的依据。

f. 钢柱垂直度测量

(a)钢柱吊装时，钢柱垂直度测量一般选用经纬仪。用两台经纬仪分别架设在引出的轴线上，对钢柱进行测量校正。当轴线上有其他的障碍物阻挡时，可将仪器偏离轴线 150mm 以内。

(b)钢柱安装测量工艺流程

见图 3-1-82。

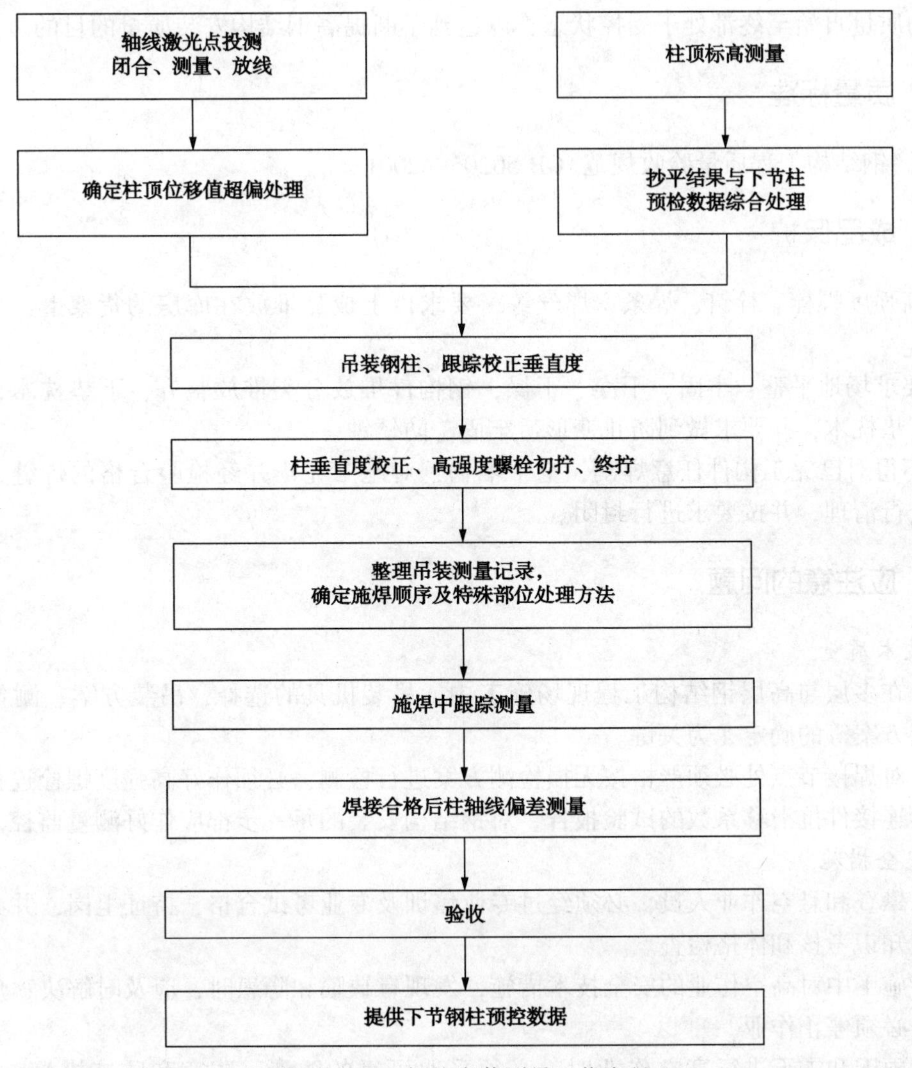

图 3-1-82　钢柱安装测量工艺流程

(c)钢结构安装工程中的测量顺序

测量、安装、高强度螺栓安装与紧固、焊接四大工序的协同配合是高层钢结构安装工程质量的控制要素，而钢结构安装工程的核心是安装过程中的测量工作。

a）初校。初校是钢柱就位中心线的控制和调整，调整钢柱扭曲、垂偏、标高等综合安装尺寸的需要。

b）重校。在某一施工区域框架形成后，应进行重校，对柱的垂直度偏差，梁的水平度偏差进行全面的调整，使柱的垂直度偏差，梁的水平度偏差达到规定标准。

c）高强度螺栓终拧后的复校。在高强度螺栓终拧以后应进行复校，其目的是掌握在高强度螺栓终拧时钢柱发生的垂直度变化。这时的变化只有考虑用焊接焊接顺序来调整。

d）焊后测量，在焊接达到验收标准以后，对焊接后的钢框架柱及梁进行全面的测量，编制单元柱(节柱)实测资料，确定下一节钢结构构件吊装的预控数据。

e）通过以上钢结构安装测量程序的运行，测量要求的贯彻、测量顺序的执行，使钢结构安装的质量自始至终都处于受控状态，以达到不断提高钢结构安装质量的目的。

五、质量标准

详见《钢结构工程质量验收规范》GB 50205—2001。

六、成品保护

1. 高强度螺栓、栓钉、焊条、焊丝等，要求以上成品堆放在库房的货架上，最多不超过四层。

2. 要求场地平整、牢固、干净、干燥，钢构件堆放分类堆放整齐，下垫枕木，叠层堆放也要求垫枕木，并要求做到防止变形、牢固、防锈蚀。

3. 不得对已完工构件任意焊割，空中堆物，对施工完毕并经检验合格的焊缝、节点板处马上进行清理，并按要求进行封闭。

七、应注意的问题

1. 技术质量

（1）在多层与高层钢结构工程现场施工中，吊装机具的选择，吊装方案、测量监控方案、焊接方案等的确定尤为关键。

（2）对焊接节点处必须严格按无损检测方案进行检测，必须作好高强度螺栓连接副和高强度螺栓连接件抗滑移系数的试验报告。对钢结构安装的每一步都应作好测量监控。

2. 安全措施

（1）攀登和悬空作业人员，必须经过专业培训及专业考试合格，持证上岗，并必须定期进行专业知识考核和体格检查。

（2）施工中对高空作业的安全技术措施，发现有缺陷和隐患时，应及时解决；危及人身安全时，必须停止作业。

（3）雨天和雪天进行高空作业时，必须采取可靠的防滑、防寒和防冻措施。对于水、冰、霜、雪均应及时清除。

（4）防护栏杆具体做法及技术要求，应符合有关规定。

（5）洞口防护设施具体做法及技术要求，应符合有关规定。

（6）钢柱安装登高时，应使用钢挂梯或设置在钢柱上的爬梯。钢柱安装时应使用梯子或操作台。

（7）登高安装钢梁时，应视钢梁高度，在两端设置挂梯或搭设钢管脚手架。

（8）悬空作业人员，必须戴好安全带。

（9）结构安装过程中，各工种进行上下立体交叉作业时，不得在同一垂直方向上操作。

（10）起重机的行驶道路，必须坚实可靠。

（11）严禁超载吊装。

（12）禁止斜吊。

（13）双机抬吊，要根据起重机的起重能力进行合理的负荷分配（每台起重机的负荷不应超过其安全负荷的80%），并在操作时要统一指挥。

（14）绑扎构件的吊索须经过计算，所有起重工具，应定期进行检查，对损坏的作出鉴定。

（15）为防止高处坠落，操作人员在进行高处作业时，必须正确使用安全带。

（16）在雨季、冬季里，构件上常因潮湿或积有冰雪而容易使操作人员滑倒，采取清扫积雪后再安装，高空作业人员必须穿防滑鞋方可操作。

（17）高空作业人员使用的工具及安全带的零部件应放入随身携带工具袋内，不可随便向下丢掷。

（18）在高空用气割或电焊切割时，应采取措施防止割下的金属或火花落下伤人。

（19）使用塔式起重机或长吊杆的其他类型起重机时，应有避雷防触电设施。

（20）各种起重机严禁在架空输电线路下面工作，在通过架空输电线路时，应将起重臂落下，并确保与架空输电线的垂直距离。严禁带电作业。

（21）氧乙炔瓶放置安全距离应大于10m。

（22）使用电气设备和化学危险物品，必须符合技术规范和操作规程，严格防火措施、确保安全，禁止违章作业。

第七节　钢结构软件 TEKLA 在工程施工中的应用

一、钢结构软件 TEKLA STRUCTURES 简介

Tekla Structures 是一个功能强大、灵活的二维、三维以及四维（定义了时间）的建模深化软件，拥有创建各种类型钢结构的能力。Tekla Structures 是一个建筑结构信息建模系统（BIM），功能覆盖整个设计过程，从设计到深化、制造和安装。Tekla Structures 能够处理大容量的数据，因此可用于创建准确细致、极易施工的三维模型，模型能够顺利地并行展开，实现“完工时”的实际建筑效果。Tekla Structures 既能有效地整合到任何由单项优势软件驱动的工作流程中，又能维持自身数据最高水平的完整性和准确性。这种协同工作流程是错误最小化和效率最大化的基础，最终实现了项目的高效益和按时完工。

Tekla Structures（Xsteel）软件是钢结构详图软件，可协助用户完成钢结构后期的加工、制作详图设计。它是基于模型的集成化三维解决方案，用于对钢材数据库进行管理。

Tekla Structures 集成了交互式建模和图纸自动创建功能。3D 模型包含了设计、制造、安装的全部资讯需求，所有的图面与报告完全整合在模型中产生一致的输出文件，可以获得更高的效率与更好的结果。

三维模型：使用 Tekla Structures，可以创建任何结构的真实模型，其中包括制造和构建所必需的信息。三维产品模型包含结构的几何形状和尺寸信息，以及所有有关型材、横截面、连接类型和材料等信息。

更新图纸：可以随时自动从三维模型生成图纸和报表。图纸和报表会响应模型中的修改，总是保持最新。

共享模型：Tekla Structures 支持多个用户共同参与同一项目。可以与合作者同时合作构建同一模型，甚至在异地也可同时工作。由于总是在使用最新的信息，从而提高了准确性和质量。

报表的使用：模型可以自动生成某些报表，如螺栓报表、构件表面积报表、构件报表、材料报表。其中螺栓报表可以统计出整个模型中不同长度、等级的螺栓总量；构件表面积报可以根据它估算油漆使用量；材料报表可以估算每种规格的钢材使用量。报表能够服务于整个工程，是工程预算、工程管理的重要依据，用户可以根据自己的需要定制一些报表。

Tekla Structures 主要功能包含：实用建模工具，如三维轴线、可调整工作区以及碰撞校核。可用材料的等级、型材和螺栓的类别。创建复杂结构的宏，如楼梯和桁架。智能连接，如自动将端板和角钢夹板连接到主构件。在 Tekla Structures 和其他软件（如 AutoCAD、STAAD 和 MicroStation）之间传输数据的链接。单击一次创建多张图纸的绘图向导。

我公司于 2007 年 12 月成为 TEKLA 软件的用户，首先在基地工程公司进行了应用推广，取得了非常好的效果。从 2008 年年初至今，先后完成了天津石化 100 万吨/年乙烯及配套项目的五台裂解炉及二十多个钢结构框架、炼油项目焦炭塔框架、保定多晶硅项目十几个高强螺栓框架、川气东输工程十几个框架、青岛海工旅大 PSP 组块等项目的二次设计任务。

图 3-1-83 为乙烯装置五台裂解炉钢结构框架及炉本体辐射段钢结构的模型，钢结构重量约为 3000 吨。

图 3-1-84 是青岛海工旅大 PSP 组块的钢结构模型，钢结构约 7000 吨。

图 3-1-85 为钢管柱与钢梁的节点。利用 Tekla Structures 的强大的三维建模功能，让我们对空间复杂节点轻松控制，另外建模过程中能够发现图纸的一些失误和节点碰撞，及时与设计单位沟通，提出解决方案，减少现场的变更，使工程高质量地完成。

图 3-1-86 为局部钢结构模型及高强螺栓节点，高强螺栓结构对预制的精度要求非常高，包括梯子、栏杆都是高强螺栓连接的，所有钻孔在预制厂完成，现场不能开孔。多晶硅 3000 多吨钢结构全部通过 TS 建模出图，保证了施工的精度和质量。

图 3-1-83　乙烯裂解炉钢结构框架

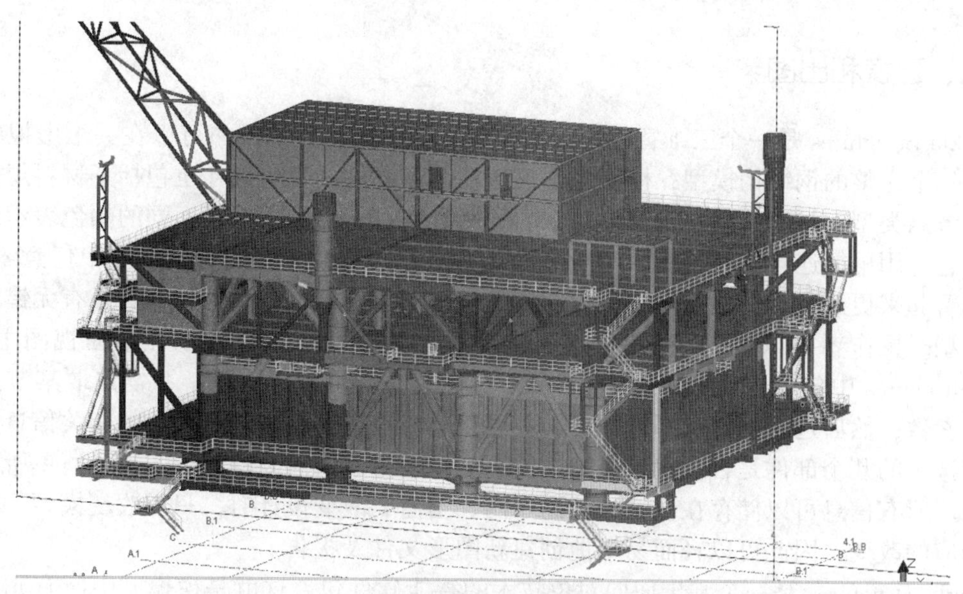

图 3-1-84　PSP 组块的钢结构模型

图 3-1-85　钢管柱与钢梁节点示意

图 3-1-86　钢结构高强螺栓节点示意

二、建模和出图

Tekla Structures 是一个三维智能钢结构模拟、详图的软包。用户可以在一个虚拟的空间中搭建一个完整的钢结构模型，模型中不仅包括结零部件的几何尺寸也包括了材料规格、横截面、节点类型、材质、用户批注语等在内的所有信息。而且可以用不同的颜色表示各个零部件，它有用鼠标连续旋转功能，用户可以从不同方向连续旋转的观看模型中任意零部位。这样观看起来更加直观，检查人员很方便的发现模型中各杆件空间的逻辑关系有无错误。在创建模型时操作者可以在 3D 视图中创建辅助点再输入杆件，也可以在平面视图中搭建。Tekla Structures 中包含了 600 多个常用节点，在创建节点时非常方便。只需点取某节点填写好其中参数，然后选主部件次部件既可，并可以随时查询所有制造及安装的相关信息。能随时校核选中的几个部件是否发生了碰撞。模型能自动生成所需要的图形、报告清单所需的输入数据。所有信息可以储存在模型的数据库内。当需要改变设计时，只需改变模型，其他数据均相应的改变，因此可以轻而易举地创建新图形文件及报告。

Tekla Structures 是一个基于面向对象技术的智能软件包，这就是说模型中所有元素包括梁、柱、板、节点螺栓等都是智能目标，即当梁的属性改变时相邻的节点也自动改变。零件安装及总体布置图都相应改变。Tekla Structures 自带的绘图编辑器能对图形进行编辑。这样就可以使人为所引起的错误降低到最低限度 Tekla Structures 是一个开放的系统，可以创建的自己的节点和目标类型添加到 Tekla Structures 中去。

在确认模型正确后就可以创建施工详图了。可以自动生成的构件详图和零件详图，其中构件详图还需要在 AutoCAD 进行深化设计，深化为构件图、组立图和零件图，以供装配、箱形组立和加工工段使用；零件图可以直接或经转化后，得到数控切割机所需的文件，实现钢结构设计和加工自动化。虽然我们数控设备不多，不可能全部零件完全由数据设备加工，相信在不久的将来一定会给我们的生产带来革命性的改变。

作为钢结构详图软件，TEKLA 的主要功能是生成施工用的加工设计图纸。通过 Tekla Structures 进行钢结构三维建模，模型建好后可以自动地创建组装图、构件图及零件图。

把零、部件图发给工厂的工人进行加工，改变以往由施工岗长统计下料数量及尺寸，现场手工放样的的传统钢结构预制模式，降低了对操作人员技能的要求。让车间从下料到单梁单柱的制作及组片、组框等工序更简单化、程序化，从而实现钢结构的工厂化、流水化生产。这样既提高施工的精度，也提高劳动生产率，从而也降低了成本。

三、在施工管理中的应用

1. 规划、沟通和管理项目信息

施工管理适用的 Tekla Structures 是基于信息模型的软件解决方案，通过实现项目数据的集中化和可视化为承包商、分包商和项目管理人员提供支持。通过管理分散性项目的规划和性能数据，实现有效的沟通与决策过程，从而对进度与成本实施估算和控制。

Tekla Structures 能够处理大量模型和非模型数据，无论其来源于何处。使用该软件可以加强设计团队和施工团队之间的重要信息传递。因此，建筑项目从设计、施工到现场管理全程的沟通和决策都变得简单明了。

2. 施工准备

Tekla 模型可用于：

- 确定项目的复杂性
- 生成详图
- 材料采购计划
- 确定项目预算、整体进度和可用资源
- 将交货时间、交付日期、方法和材料相关联
- 了解人力和材料的范围

3. 施工计划编制

项目一旦中标，就开始从初步估算转向实际项目资源的采购和协调。

Tekla Structures 软件能确保对有关范围和进度日程的看法得以清楚地沟通。通过 Web 发布和共享模型提高了设计的有效性，使建造过程更加方便快捷。Tekla 的施工管理实现了简化而信息丰富的采购流程，促进了项目生产和交付阶段精确的成本控制。

协同工作至关重要，在施工计划编制阶段尤其如此。使用 Tekla Open API 有助于集中和分发用于控制生产和最终建立供应链的重要数据交换。

Tekla 模型可用于：

- 与其他专业共享信息
- 划分流程，打包采购
- 形象地显示现场布局、形状和几何图形
- 利用资源数据规划设备和数量，以便进一步计算
- 生成从设计到交付全过程的易于施工性分析
- 智能细部设计管理

4. 现场管理

现场管理是项目控制的一个重要方面。在施工过程的高峰期，随着越来越多供应商、厂商和分包商在现场不断进出，项目的实施也日益复杂。

Tekla Structures 提供的完整的细部模型，用于集中主要的计划和管理数据。项目经理可以将模型形象化为“完工时”的实际效果，查找建筑工作，并向团队展示精确的进展方向。

Tekla 模型可用于：

- 根据安装进度更新进度表和对比生产数据
- 记录进度和范围偏差
- 尽早制定计划数据，将计划与实时性能相比较
- 将施工流程细分为工作团队的每周任务
- 体验“完工”效果模型的力量

5. Tekla Web 模型

Tekla Structures 通过实现共享模型增强了建筑信息的管理。参与施工过程各方都可通过 Web 浏览器和因特网标准连接即时发布和/或查看 Tekla 模型信息。Tekla Structures 查看器包括所有视图和报告功能。此工具非常适合在项目周期的各个阶段磋商和演示模型结构。Tekla 模型查看器可以完全控制

- 面板
- 缩放
- 快速查看
- 旋转

- 获取模型任何角度的快照

四、报表信息的应用

模型建好后，可以进行工程管理方面的应用，主要是为项目的总负责人、施工人员、计划统计人员、预算人员、材料的供应部门等相关人员都能从模型中提取信息，进行工程施工中的过程控制。在天津石化 100 万吨/年乙烯及配套项目的五台裂解炉工程及二十多个钢结构框架的施工中，非常成功地运用了工程管理功能，有效地对项目进行管理，确保了工期的顺利进行，并且为公司节约了成本，提高了效率。

1. 材料管理

模型搭建好以后，我们可以对所有的钢构件生成各种报表，包括材料清单、构件清单、零件清单、螺栓清单等，这些生成的报表在模型文件夹里都可以显示出来，而且是自动转化成了的 excell 表格的形式，可以进行编辑和数据整理。

（1）备料及阶段性备料

材料报表(material-list-c)，包括钢构件的规格、材质、长度、数量、重量、面积等信息并进行数据汇总。这个报表提供给工程的供应部门进行备料。施工员或材料计划员手工扒料，或多或少都会有些误差，这样极易造成多购的部分材料闲置或少提的部分材料重新采购而引起工期的延误，通过这个材料报告，可以准确地提料。也可以对某一批要出厂的构件生成清单，进行阶段性备料。

（2）限额领料计划

材料计划员根据以上材料报表做出限额领料计划，可以有效地控制主材的发放管理。为避免施工过程中材料的浪费或超领，从而把材料的损耗在合理的范围内降到最低。

（3）发货管理

构件清单(Assembly-list-c)，根据这个清单供应部门可以进行发货管理。

根据构件清单制作发货记录表，在这个表格里，包括构件编号、规格、数量、材质、单重等信息，预制厂根据此表单制作及发货，避免重复加工或漏加工的情况。预制厂与安装单位对于钢构件的编号是统一的，在出厂前预制厂对所有的钢构件进行标识(最好是喷涂)。发货单位和接货单位在交接时可以做到清晰、准确、有序。

2. 预结算管理

根据生成所有构件的材料清单，经营部门可以为投标报价及工程结算提供准确的依据。在天津大乙烯工程、青岛海工项目、保定多晶硅工程都是以模型提供的工程量为结算依据的。裂解炉预制施工中，成框、成片和单根出厂的构件结算单价是不同的，应用 TS 软件很容易把成框、成片和单根出厂的构件筛选出来生成材料报表。

3. 与数控机床接口

建模完成后可以生成 NC 文件，(NC 就是数控机床可以识别的文件)。在 NCFiles 文件夹里可以找到生成的文件，直接输入数控机床，就可以对零件进行数控切割了。

实际上 TEKLA Structures 可以与很多其他系统进行完美的接合。TEKLA Structures 包含有一系列的同其他软件的数据接口。

向上可连接设计及分析软件，如 STAAD、SAP2000 等。

向下连接 MIS/制造控制系统，可整合设计的全过程——从规划、设计到加工预制。

这样的数据交流可以极大地提高软件的应用范围。

模型中设置状态管理，把模型拆分成几个单元，比如说我们把各个轴线及各个平面设置不同的状态，并分别给各状态的构件设置属性，由项目负责人或项目计划人员制定好总的施工计划，我们按施工进度填入信息，如计划预制日期、计划安装日期等，通过不同的颜色在模型中予以直观的显示，可以随时跟踪进度、并根据实际情况调整施工计划。见图 3-1-87。

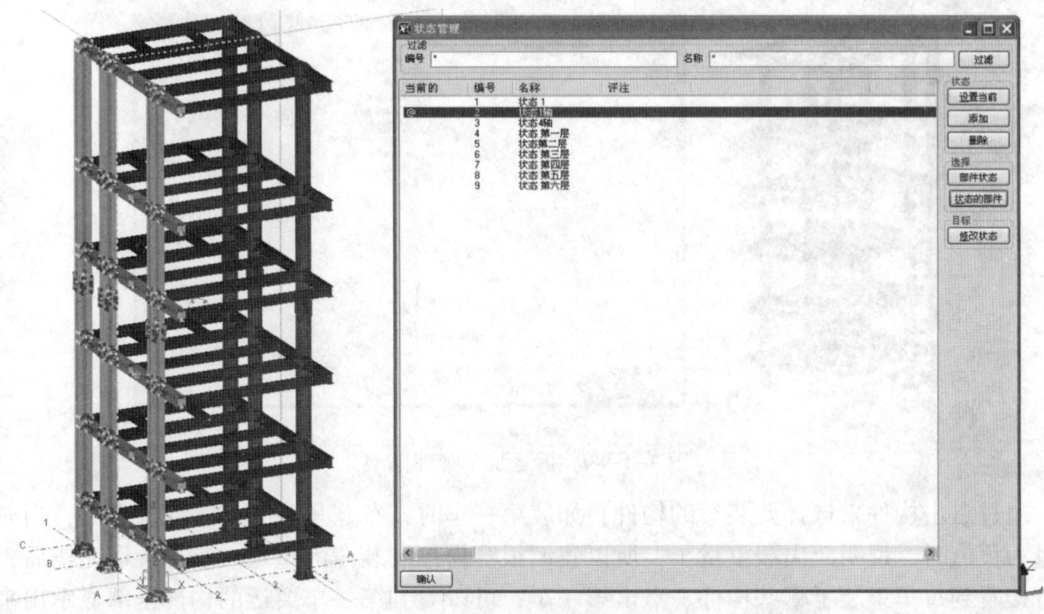

图 3-1-87 状态管理模型

图 3-1-88 黄色代表已安装构件，绿色代表未安装构件。现场情况非常清晰。可以供项目负责人全面掌握工程的施工进度，也便于计划统计员随时提取已完工作量的数据统计。

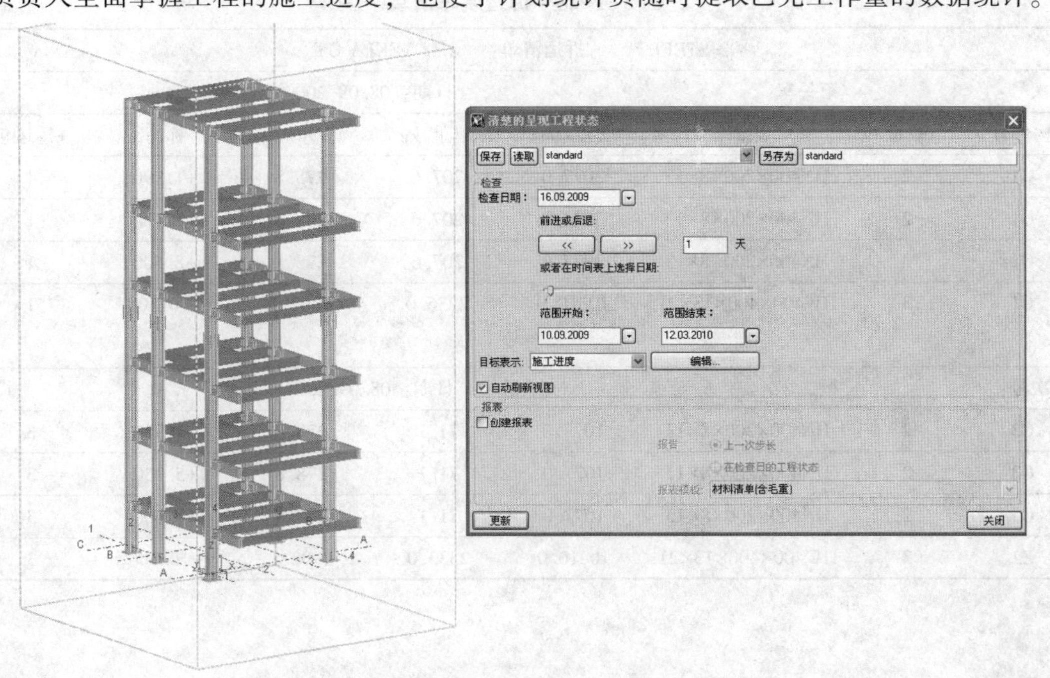

图 3-1-88 工程施工进度模型

4. 拆运装车管理

运用工具栏里的“拆运”功能，可以把预制好的钢构件进行装车，运送到安装现场。根据运输车辆的载重量，自动选取适宜的构件进行装车，准确统计每车装车重量，并确定吊装设备。见图 3-1-89。

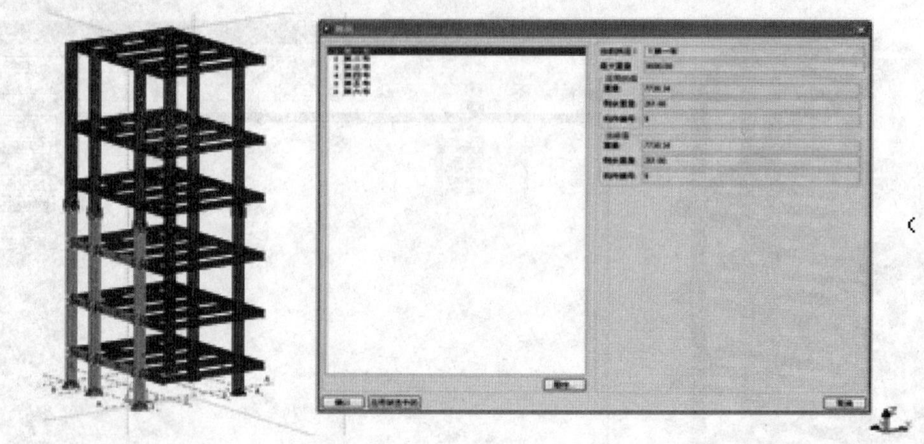

图 3-1-89　拆运装车管理模型

通过点击构件来选择要装车的构件，如装第一车时，车载量为 8 吨，依次点击，当剩余重量为负值时，说明超出载重量了，所以我们很容易控制装车的重量。装车拆运完毕后，可以直接看到每车里装了哪些构件。点击第一车，可以看到第一车要运的构件全部显示出来。

拆运完，可以生成装车清单见表 3-1-28，我们可以看到每车装运哪些构件，包括构件的编号、数量、规格、重量、发运日期等。

图 3-1-28　拆运装车清单

		X-STEEL	拆运清单：	TEKLA OY			
车次号：		第一车		日期：08. 09. 2009			
构件号	数量	截面	长度/mm	单重/kg	总重/kg	标高	+拆运包
G1	2	HN400×200×8×13	3077. 0	207. 6	278. 8	+1. 990	1
G1	2	HN400×200×8×13	3077. 0	207. 6	278. 8	+5. 130	1
G1	2	HN400×200×8×13	3077. 0	207. 6	278. 8	+8. 500	1
G1	3	HW400×400×13×21	10810. 0	2236. 0	6902. 1	+10. 500	1
车次号：		第二车		日期：08. 09. 2009			
G3	2	HN400×200×8×13	1077. 0	71. 1	278. 8	+1. 990	3
G3	2	HN400×200×8×13	1077. 0	71. 1	278. 8	+5. 130	3
G3	2	HN400×200×8×13	1077. 0	71. 1	278. 8	+8. 500	3
Z2	3	HW400×400×13×21	10810. 0	2333. 0	6902. 1	+10. 500	3

第二章 换热设备

第一节 换热设备简介

一、换热器工作原理

在石油炼制、石油化工生产中，换热器是保证生产加工过程正常运转不可缺少的设备。据统计，在石油化工行业中，换热器的吨位约占整个工艺设备的 20%，有的高达 30%，在炼油厂中甚至占设备总重量的 40%。换热器是使热量从温度较高的流体传给另一温度较低的流体，从而实现物料热量传递，达到工艺目的一种设备。

二、换热器分类

随着节能技术的飞速发展，换热器的种类越来越多。适用于不同介质、不同工况、不同温度、不同压力的换热器，结构型式也不同，换热器的一般分类如下：

1. 按换热器的结构分类

（1）管壳式换热器

由一个壳体和包含许多管子的管束所构成，冷、热流体之间通过管壁进行换热的换热器。管壳式换热器一般分为浮头式换热器、固定管板式换热器、U 形管式换热器。

1）固定管板式换热器

管束两端的管板与壳体联成一体，结构简单，但只适用于冷热流体温度差不大，且壳程不需机械清洗时的换热操作。当温度差稍大而壳程压力又不太高时，可在壳体上安装有弹性的补偿圈，以减小热应力。其结构形式见图 3-2-1：

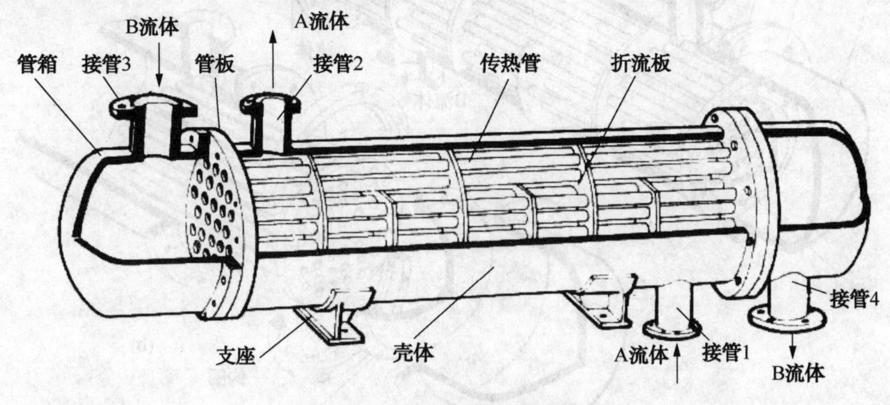

图 3-2-1 固定管板式换热器

2）U 形管式换热器

每根换热管皆弯成 U 形，两端分别固定在同一管板上下两区，借助管箱内的隔板分成进出口两室。此种换热器完全消除了热应力，结构比浮头式简单，但管程不易清洗。结构形式见图 3-2-2。

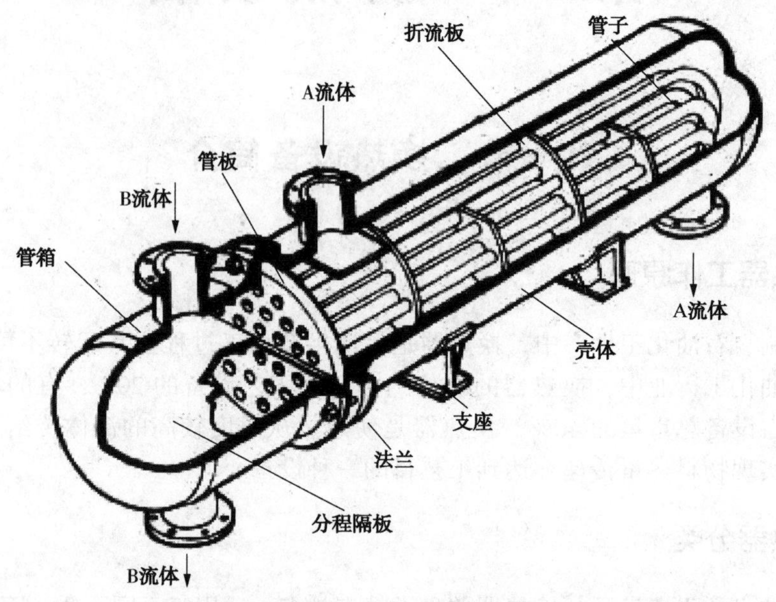

图 3-2-2　U 形管式换热器

3）浮头式换热器

管束一端的管板可自由浮动，完全消除了热应力；且整个管束可从壳体中抽出，便于机械清洗和检修。浮头式换热器的应用较广，但结构比较复杂，造价较高。结构形式如图 3-2-3：

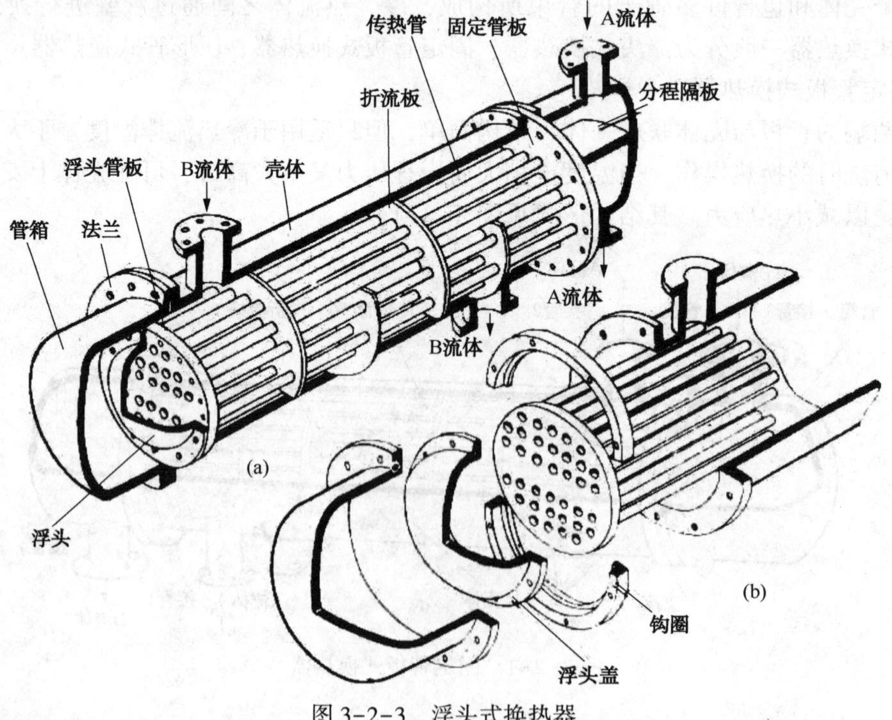

图 3-2-3　浮头式换热器

4）套管式换热器

以同心套管中的内管作为传热元件的换热器。两种不同直径的管子套在一起组成同心套管，每一段套管称为“一程”，程的内管(传热管)借U形肘管，而外管用短管依次连接成排，固定于支架上，结构形式如图 3-2-4：

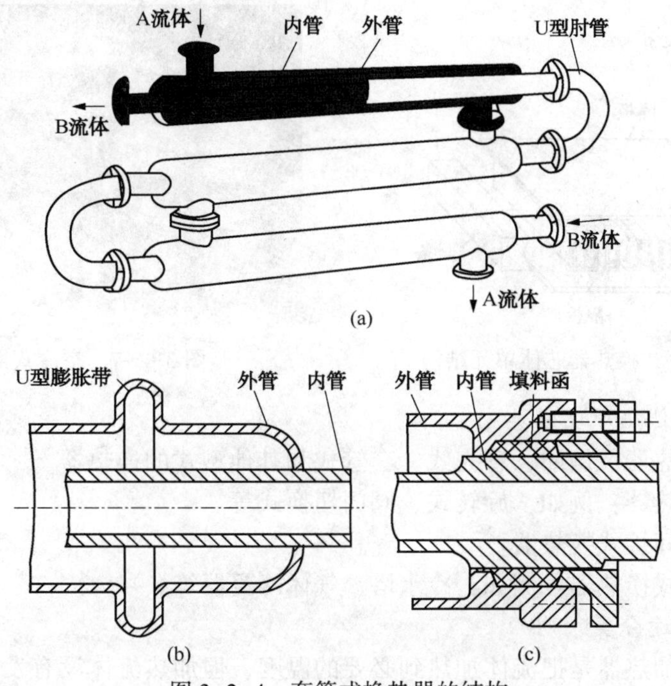

图 3-2-4　套管式换热器的结构

（2）板式换热器

板式换热器是由一系列具有一定波纹形状的金属中叠装而成的一种新型高效换热器。

1）板片式换热器

通过板面进行传热的换热器。结构如图 3-2-5。

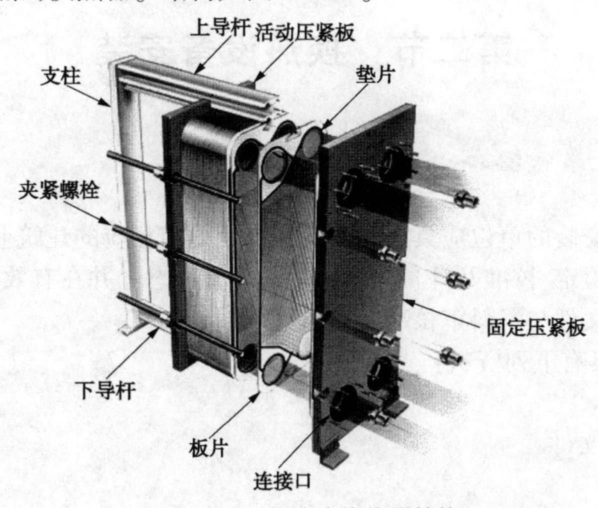

图 3-2-5　板片式换热器结构

2）板翅式换热器

包括封头、接管、支承和芯体。其中芯体部分是板翅式换热器进行换热的核心部分，包括翅片、封条和隔板。如图 3-2-6。

3）空冷式换热器

又叫空冷器，它是通过风机供给风量，使换热管内的热流体通过管壁和翅片与管外空气进行换热。组成部件包括：构架、管束、风机、百叶窗。如图 3-2-7 所示：

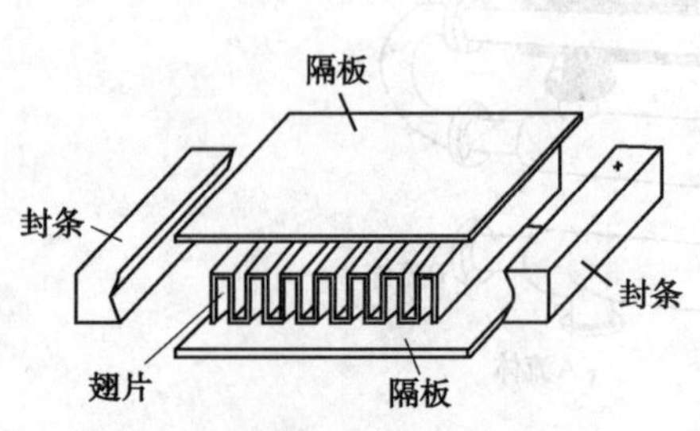

图 3-2-6　板翅式换热器芯体单元结构

图 3-2-7　空冷式换热器

2. 按换热器按传热原理分类

（1）表面式换热器：例如，管壳式、套管式和其他型式的换热器。

（2）蓄热式换热器：例如，旋转式、阀门切换式等。

（3）流体连接间接式换热器。

（4）直接接触式换热器：例如，冷水塔、气体冷凝器等。

3. 换热器按用途分类

（1）加热器。加热器是把流体加热到必要的温度，但加热流体没有发生相的变化。

（2）预热器。预热器预先加热流体，为工序操作提供标准的工艺参数。

（3）过热器。过热器用于把流体（工艺气或蒸汽）加热到过热状态。

（4）蒸发器。蒸发器用于加热流体，达到沸点以上温度，使其流体蒸发，一般有相的变化。

第二节　换热设备安装

一、一般规定

1. 从事换热设备安装的单位应具有与所承担工程内容相应的建筑业企业资质等级。

2. 计量器具经过检定/校准及计量验证，处于合格状态，并在有效检定期内。

3. 设备安装技术文件与资料审核

（1）设备安装应具有下列资料：

1）设计文件

2）产品质量证明文件

3）标准规范

4）施工技术文件

（2）产品质量证明文件应符合下列规定：

1）特性数据符合设计文件和相应制造标准的要求

2）有复验要求的材料应有复验报告

3）压力容器符合《压力容器安全技术监察规程》的规定

（3）压力容器的产品质量证明文件必须具有“锅炉压力容器产品安全性能监督检验证书”。

4. 铝制设备、钛制设备、低温设备应采取防止表面擦伤的措施。

5. 空冷式换热器管束应防止损伤管束翅片。

6. 已进行热处理的设备应防止电弧或火焰损伤。

7. 氮气保护的设备应定期检查氮气压力。

8. 内壁抛光的设备应检查油脂保护状况。

9. 设备管口或开口应封闭，尤其是管程侧管口必须及时封闭。

10. 不锈钢、钛、镍、锆、铝制设备应与碳钢隔离，并应采取防止铁离子污染及焊接飞溅损伤的防护措施。不锈钢、钛、镍、锆、铝制设备在搬运、吊装等作业时，所使用的碳钢构件、索具等不得与设备壳体直接接触。

11. 有滑动要求的设备安装时，应确认以下事项：

（1）膨胀(收缩)的方向。

（2）滑动端地脚螺栓在设备地脚螺栓孔中的位置；部分设备地脚螺栓在螺栓孔的一侧，而非中心。

（3）连接外部附件用的螺栓在螺栓孔中的位置。

二、施工准备

1. 技术准备

（1）施工前应熟悉设计文件的技术要求，核查要点为：

（2）设计文件规定的标准规范的适用性；

（3）设备标定的安装方位与总平面图及配管专业图的一致性；

（4）整体热处理设备的垫板与梯子平台安装图的一致性；

（5）设备附属平台与其他联合平台连接的标高、方位和主要尺寸。

（6）施工技术人员应根据设计文件、有关行政法规和标准规范及现场条件编制换热设备安装和试压施工方案，施工方案应包括下列内容：

1）编制依据；

2）设备概况及施工特点；

3）施工方法；

4）主要资源需求计划和技术培训计划；

5）施工进度计划；

6）质量标准和保证措施；

7）HSE 保证措施；

8）施工过程质量控制记录的要求。

（7）施工前应组织有关人员进行施工技术交底，使作业人员掌握施工工艺、关键工序、质量标准及安全防护要求。

2. 现场准备

（1）现场布置应按建设工程项目施工组织设计进行设置，并应符合安全技术要求。

（2）根据施工方案配备安装施工机具、计量器具和专用工装并具备使用条件。

3. 开箱检验

(1) 交付安装的设备、内件及安全附件应符合设计文件及订货合同的要求。

(2) 开箱检验应在有关人员参加下，按照装箱单清点与检查下列项目，并填写开箱检验记录：

1) 箱号、箱数及包装情况；

2) 设备名称、型号及规格；

3) 内件及安全附件的规格、型号、数量；

4) 产品质量证明文件。

(3) 设备外观质量应符合下列要求：

1) 无表面损伤、无变形、无锈蚀；

2) 焊接飞溅和工装卡具的焊疤已清除；

3) 不锈钢、不锈钢复合钢制设备的防腐蚀面与低温设备的表面无刻痕和各类钢印标记；

4) 不锈钢、钛、镍、锆、铝制设备表面无铁离子污染；

5) 设备管口封闭；

6) 充氮设备处于有效保护状态；

7) 设备的方位标记、中心线标记、重心标记及吊挂点标记清晰；

8) 防腐蚀涂层无流坠、脱落和返锈等缺陷。

4. 基础复测及表面处理

(1) 严格按照 SH 3542—2007《石油化工静设备安装工程施工技术规程》进行换热设备的基础验收工作。

(2) 对于双滑动副的换热设备，为保证安装效果。建议与土建专业沟通，将两个设备支座的预埋滑动板，改为一侧预埋，另一侧改为预埋板下垫垫铁调整。

三、换热设备安装

1. 管壳式换热器安装

(1) 安装换热器连接管时，不得强力装配。

(2) 换热器抽芯检查时，抽芯机械应自动对中，重心稳定，运转灵活。

(3) 吊装换热器管束时，不得用钢丝绳直接捆绑管束。管束水平放置时，应支撑在管板或支持板上。

(4) 换热器重叠安装时，应按制造厂的标识进行组装；重叠支座间的调整垫板应在试压合格后焊在下层换热设备的支座上。

2. 套管式换热器安装

(1) 换热器安装时，应保证整体水平。测定水平度，应以换热器顶层换热管的上表面为基准。

(2) 测定换热器安装标高，应以支架底板的下平面为基准。测定单排管的垂直度，应以一根支架柱的外侧面为基准。

3. 板片式换热器安装

(1) 组装时，应按产品技术文件的规定进行。

(2) 换热器上、下导杆的滑动表面应清洗干净，并涂润滑脂。

(3) 压紧板上的滚动轴承应清洁、转动灵活。检查合格后，应加润滑脂；在防爆环境中，应加防爆润滑脂。

(4) 组装后，管片侧面板边端应平齐。

(5) 安装夹紧螺柱前，应将夹紧螺柱清理干净，并涂上润滑脂；安装时，应交错对称均匀地拧紧夹紧螺柱，并随时检测夹紧尺寸。

(6) 安装后，两压紧板的平行度应符合表 3-2-1 的规定，且管片侧面的斜对角线标志应是一条直线。

表 3-2-1 压紧板质量标准 单位：mm

检查项目		允许偏差值	检验方法
平行度	$L<1000$	≤2	钢尺检查
	$L\geqslant 1000$	$<3L/1000$ 且不大于 4	

注：L 为压紧板夹紧尺寸。

4. 板翅式换热器安装

(1) 换热器安装时，在换热器支座与钢构架之间应按设计文件规定设置隔离垫块。

(2) 有脱脂要求的换热器，在气密性试验后，必须进行脱脂处理。

(3) 换热器安装完毕，且各通道干燥后，应用 0.02MPa 的干燥氮气密封。

5. 空冷式换热器安装

(1) 空冷式换热器(以下简称空冷器)安装前，应按产品技术文件和设计文件进行检查，合格后方可安装。

(2) 空冷器构架安装应符合以下规定：

1) 构架的平面对角线之差应不大于 10mm；

2) 立柱安装的质量标准应符合表 3-2-2 的规定；

3) 构架顶横梁水平度允许偏差为横梁长度的 1/1000；

4) 风筒安装尺寸的质量标准应符合表 3-2-3 的规定；

5) 风机电动机座中心线位置偏差不得超过 2mm。

表 3-2-2 立柱安装的质量标准 单位：mm

项次	检查项目	允许偏差值	检验方法
1	柱脚底座中心线与定位轴线的偏移	5.0	钢尺检查
2	各立柱柱顶标高	8	水准仪、钢尺检查
3	立柱挠曲矢高	$H/1000$ 且不大于 15	拉线、钢尺检查
4	立柱垂直度	$H/1000$	吊线坠或经纬仪、钢尺检查

注：H 为立柱高度。

表 3-2-3 风筒安装质量标准 单位：m

项次	检查项目	风机叶轮直径 d			检验方法
		$1.8<d\leqslant 2$	$2<d\leqslant 3$	$3<d\leqslant 5$	
		允许偏差值			
1	风筒直径	±2	±3	±4	钢尺检查
2	两端法兰盘平行度	4	5	6	
3	不圆度	2	3	4	
4	风筒内壁与风机叶片尖端的间距	2~6	3~8	4~12	

(3) 空冷器管束安装时，不得踩踏管束翅片，翅片不应有开裂、压弯等缺陷，安装后应

松开侧梁上的滑动螺栓。

（4）空冷器管束安装质量标准应符合表 3-2-4 的规定。

表 3-2-4　管束安装标准　　单位：mm

项　目	允许偏差值	检验方法
管束纵、横向中心位置	10	钢尺检查
空冷器管束与构架顶横梁漏气间隙	≤10	

（5）空冷器的风机叶片应按制造厂的装配标记进行组装。

（6）电动机及传动机构的安装、调整、试车应符合产品技术文件和设计文件的规定。

四、安装验收与灌浆

1. 设备垫铁安装和设备安装找正严格按照 SH 3542—2007《石油化工静设备安装工程施工技术规程》进行验收。

2. 灌浆

（1）二次灌浆应在设备找正、找平、隐蔽工程检验合格，且记录经确认后进行。

（2）灌浆材料和养护工作严格按照 SH 3542—2007《石油化工静设备安装工程施工技术规程》进行。

（3）滑动端支座接触面应涂润滑脂。地脚螺栓与相应的长圆孔两端的间距应符合膨胀要求；工艺配管完成后，应松动滑动端支座的螺母，使其与支座板面间留有 1~3mm 的间隙，然后再安装一个锁紧螺母。

第三节　换热设备试压

一、一般规定

1. 试验包括耐压试验（液压试验和气压试验）、气密性试验、充水试漏或煤油试漏等。

2. 耐压试验应采用液压试验，采用气压试验代替液压试验时，必须符合下列规定：

（1）压力容器的焊接接头进行 100%射线或超声检测，检测标准和合格级别执行原设计文件的规定；

（2）常压设备的焊接接头应按 JB/T 4730.2 进行 25%射线检测或按 JB/T 4730.3 进行超声检测；合格级别射线检测Ⅲ级，超声检测为Ⅱ级；

（3）有本单位技术总负责人批准的安全措施，接受安全部门检查监督；

（4）试压系统设置安全泄放装置。

3. 下列同时符合以下条件的换热设备施工现场可不再进行耐压试验：

（1）质量证明文件中证明已做过试验的设备；

（2）在运输过程中无损伤和变形；

（3）有气体保护要求的设备，处于有效保护状态；

（4）项的规定，且使用正式紧固件和垫片的换热设备；

（5）非金属衬里的换热设备。

4. 介质毒性程度为极度、高度危害或设计文件不允许有微量泄露的压力容器，必须进行气密性试验。

5. 设计文件对设备受压元件有压差限制者，在试压全过程中应使该元件两侧压力均衡，并检查压差，不得超过设计文件规定的压差值。

6. 设备试验前，应对下列条件进行确认：

（1）已安装的设备找正、找平工作已完成；

（2）基础二次灌浆达到强度要求；

（3）质量控制记录完整。

7. 试验压力

（1）试验压力读数以设备最高处的压力表为准。

（2）立式设备卧置进行液压试验时，试验压力应为立置时的试验压力加液柱静压力，并进行顶部应力校核。

二、试压准备

1. 施工准备

（1）明确甲方提供的水源、水质和排水位置；

（2）试验介质宜采用洁净水。

（3）奥氏体不锈钢设备用水作介质时，水质氯离子含量不得超过 25mg/L。所以需要将现场所用水进行鉴定确定氯离子含量。

（4）碳素钢、16MnR、15MnNbR 和正火 15MnVR 钢制设备液压试验时液体的温度不得低于 5℃；其他低合金钢制设备液压试验时液体的温度不得低于 15℃。

（5）由于板厚等因素造成材料无延性转变温度升高及其他材料制设备液压试验时，液体的温度按设计文件规定执行。

（6）试压泵到现场后，应先检查其运行情况，确认能正常工作。

（7）试压用临时垫片、盲板、法兰盖、螺栓应提前预制和准备，并做好标识。法兰面、盲板、试压环的垫片所接触的表面应清理干净，不得有划痕；施工前施工技术人员可以根据图中设备的管口的设计标准和相关设计规范，查出该管口的规格，从而确定出所使用的临时盲板规格、垫片规格、螺栓规格，然后依次统计出该装置需要试压的换热设备的所有管口的盲板规格、垫片规格、螺栓规格，然后进行统一优化、材料准备，确定出需要准备的材料规格数量。

2. 压力表准备

（1）压力表应在最高处和最低处各设置一块量程相同的压力表；试验压力值应以最高处的压力表读数为准。

（2）压力表的量程不应小于 1.5 倍且不大于 3 倍的试验压力；压力表的量程宜为试验压力的 2 倍，但不得低于 1.5 倍或高于 4 倍，精度不得低于 1.6 级。

（3）压力表的直径不小于 100mm。

（4）所有压力表必须进行检定/校准及计量验证，处于合格状态，在有效检定期内。

3. 试压前跟作业人员进行技术交底，对整个流程及各个流程中需要注意的事项进行详细的交底。

4. 根据现场的换热设备型号，准备满足要求的抽芯机等机具。

三、试压规程

1. 液压试验

(1) 固定管板换热器试压

1) 试压工序:

试压程序见图 3-2-8

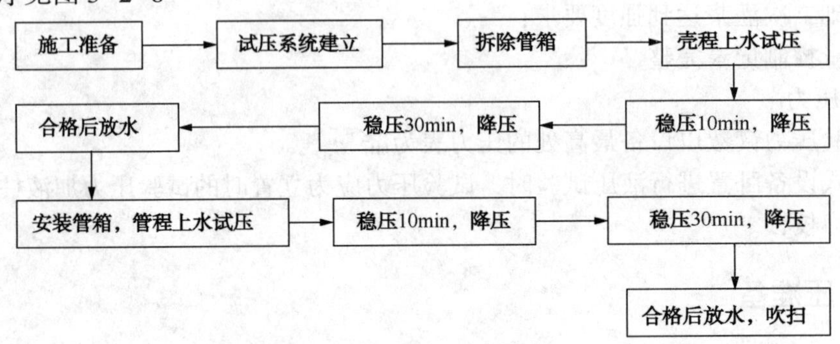

图 3-2-8　换热器试压程序

2) 壳程试压

a. 试压系统建立

先将入口用已经接出一段试压管线的法兰盖盲死，试压泵出口管线从下部法兰口接入，上部法兰口先处于敞口状态;

b. 壳程上水试压

上水从上部法兰口进行，当水从上法兰口溢出时，停止上水，等几分钟后如果水面下降，接着上水直到水面与法兰面平为止。然后将上部法兰口用法兰盖盲死。法兰盖上同样要先接出一段管线便于安装压力表;

c. 试压

打开试压泵开始试压，当有水从上部法兰口溢出时将另一块压力表装上。试压时，压力应缓慢上升，达到试验压力后，并关闭试压泵出口阀门，保压时间不宜少于 10min，然后将压力降至设计压力，保持少于 30min 后对所有焊缝和连接　部位进行检查。

d. 检查确认

保压并对壳体进行检查，无渗漏、无变形且压力表无压降为合格，如果发现有渗漏、变形或压降，泄压后按照程序进行检查并进行修补，修补完善后重新进行试压;

e. 泄压、放水、吹扫

试压合格后，将盲板上的排放阀门打开，将设备内的压力排放尽后，将设备上端法兰口脱开，便于排气，然后从设备底部把水放净。

3) 管程试压

a. 连接管程试压管线

先将管程的下部法兰口用已经接出一段试压管线的法兰盖盲死，试压泵出口管线从下部法兰口接入。上部法兰口先处于敞口状态;

b. 管程进行上水

上水从上部法兰口进行，当水从上法兰口溢出时，停止上水，等几分钟后如果水面下降，接着上水直到水面与法兰面平为止。然后将上部法兰口用法兰盖盲死。法兰盖上同样要先接出一段管线便于安装压力表；

c. 试压

打开试压泵开始试压，当有水从上部法兰口溢出时将另一块压力表装上。试压时，压力应缓慢上升，达到试验压力后，并关闭试压泵出口阀门，保压时间不宜少于 10min，然后将压力降至设计压力，保持不少于 30min 后对所有焊缝和连接 部位进行检查。

d. 检查确认

保压检查两端管箱和有关部位，无渗漏、无变形、压力表无压降为合格，如果发现有渗漏，及时修补，修补前要泄压，如果要焊接修补，焊前要把水排净，修补完善后重新进行试压；

e. 泄压、放水、吹扫

试压合格后，将盲板上的排放阀门打开，将设备内的压力排放尽后，将设备上端法兰口脱开，便于排气，然后从设备底部把水放净。

(2) U 形管换热器、釜式重沸器(U 形管束)及填料函式换热器试压

1) 试压工序：

见图 3-2-9。

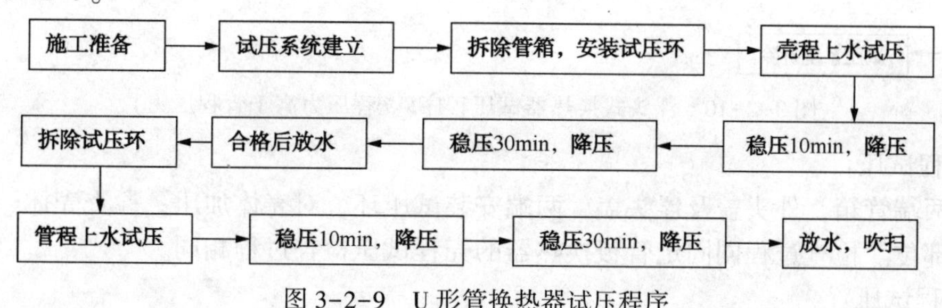

图 3-2-9 U 形管换热器试压程序

2) 壳程试压

a. 更换垫片

拆除管箱，更换垫片，更换完毕安装管箱，注意在拆除管箱前一定要将带肩螺栓均匀把紧。

b. 试压系统建立

先将入口用已经接出一段试压管线的法兰盖盲死，试压泵出口管线从下部法兰口接入。上部法兰口先处于敞口状态。

c. 壳程上水

上水从上部法兰口进行，当水从上法兰口溢出时，停止上水，等几分钟后如果水面下降，接着上水直到水面与法兰面平为止。然后将上部法兰口用法兰盖盲死。法兰盖上同样要先接出一段管线便于安装压力表。

d. 试压

打开试压泵开始试压，当有水从上部法兰口溢出时将另一块压力表装上。当试验压力达到图纸要求的试验压力时停止试压，并关闭试压泵出口阀门。保压时间不宜少于 10min，然后将压力降至设计压力，保持不少于 30min 对所有焊缝和连接部位进行检查。

e. 检查确认

保压检查壳程与管板有关部位，无渗漏、无变形、压力表无压降为合格，如果发现有渗

漏，及时修补，修补完善后重新进行试压；

f. 泄压、放水、吹扫

试压合格后，将盲板上的排放阀门打开，将设备内的压力排放尽后，将设备上端法兰口脱开，便于排气，然后从设备底部把水放净。

3）管程试压：同固定管板式换热器的管程试压程序相同。

（3）浮头式换热器试压

1）当壳程试验压力等于或高于管程试验压力时，先进行壳程试压，再进行管程试压，最后再进行壳程试压，试压工序见图 3-2-10：

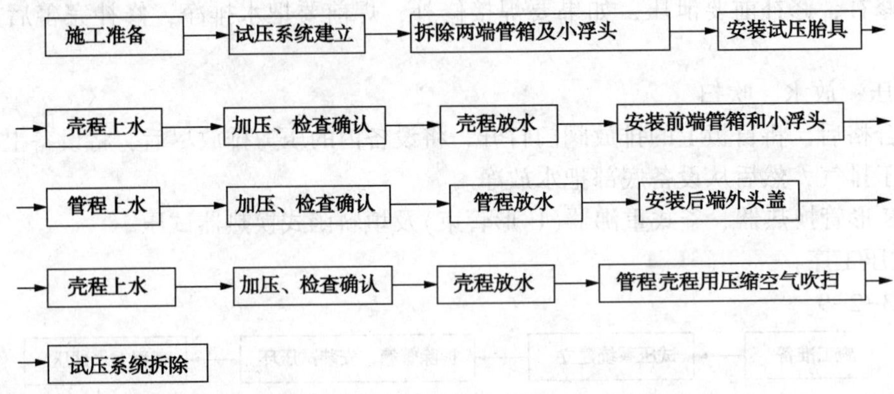

图 3-2-10 浮头式换热器试压程序(壳程压力高于管程压力)

a. 壳程试压：

拆除两端管箱，外头盖及浮头盖，两端安装试压环，对壳体加压，检查壳体、换热管与管板连接部位。检查过程同固定管板换热器的壳程试压检查过程相同。

b. 管程试压：

拆下试压环，安装管箱和浮头盖，对管程试压，检查管箱和浮头等有关位置。检查过程同固定管板换热器的壳程试压检查过程相同。

c. 壳程试压：

安装外头盖，对壳程加压，检查壳体、外头盖等有关部位，如果发现有渗漏，及时修补，修补完善后重新进行试压；检查过程同固定管板换热器的壳程试压检查过程相同。

d. 泄压、放水，吹扫。

2）当壳程试验压力小于管程试验压力时，先进行管束试压，再进行管程试压，最后进行壳程试压。壳程试验压力小于管程试压工序，见图 3-2-11：

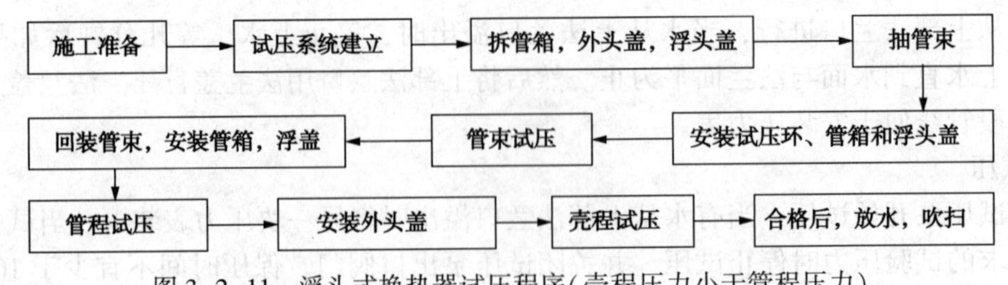

图 3-2-11 浮头式换热器试压程序(壳程压力小于管程压力)

a. 管束试压

抽出管束，安装试压环、管箱和浮头盖，检查换热管和管板接头的有关部位。

b. 管程试压

将管束装入壳体内，安装管箱和浮盖，对管程试压，检查管箱和浮头等有关位置。

c. 壳程试压

安装外头盖，对壳程加压，检查壳体、外头盖和有关部位，如果发现有渗漏，及时修补，修补完善后重新进行试压；

d. 泄压、放水，吹扫。

(4) 板式换热器试压施工程序：

见图 3-2-12。

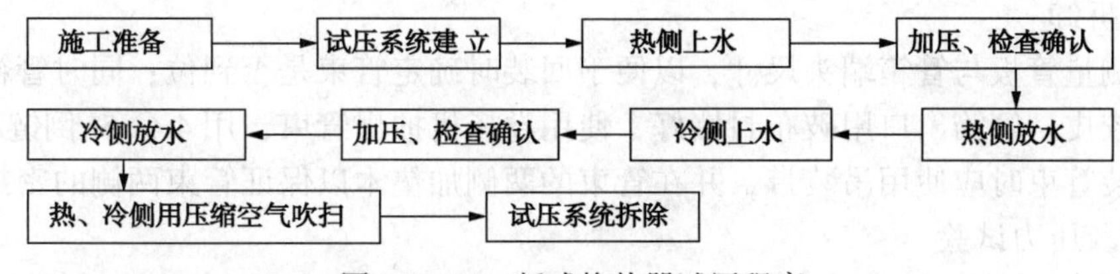

图 3-2-12　板式换热器试压程序

(5) 空冷式换热器试压施工程序：

见图 3-2-13。

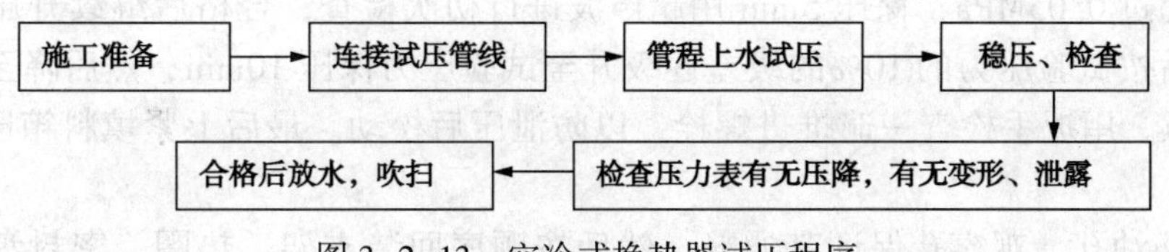

图 3-2-13　空冷式换热器试压程序

1) 试压系统建立

安装管程盲板、上水管线、阀门，在顶部与底部各加一块压力表，从底部上水，顶部排空。

2) 试压

缓慢升压至试验压力，保压不少于 60min，检查无泄露后，降至设计压力，至少保持 30min，检查合格后，放水，把设备内的水渍吹扫干净。

(6) 高压换热器试压

高压换热器一般结构相对复杂，试压程序也较为繁琐，试压时需要严格按照厂家和设计图纸要求进行试压。本教材以天津石化公司炼油厂项目加氢裂化装置中的意大利 FBM 制造的高压换热器试压程序进行举例：

1) 一般要求

拆卸前及拆卸的过程中应在各零部件相对应位置做好标识，拆下的各零部件按位号及拆卸顺序标清序号以便于回装。拆卸前从注油孔注入润滑油，以便于拆卸。

2) 螺纹承压环、压盖、内外压圈拆卸

按图将专用工具吊挂于换热器上部检修专用小车上，松开内外圈压紧螺栓，拆下压盖上的丝堵，用螺栓将专用工具主梁顶端的圆盘和压盖连接好，主梁上 4 个力臂用螺栓和承压环连接，将制做好的 4 把弧形扳手对称固定在承压环上，用 2 台 3t 倒链转动扳手，退出承压环。当承压环即将脱离管箱时，调整主梁尾端配重，保证主梁水平，最后将内外压圈、压盖、承压环一体拆下。

3）密封盘、支架、分离环、压环的拆卸

用专用工具依次取出密封盘、支架、分离环、压环。分离环共分多块，拆卸前应标好序号，回装后要保证每块分离环的间隙，压环取出时不要扭转，应沿轴线方向取出，压环外圈有2个焊点，作为安装定位点应在轴线300的位置上，此时应做好标识以便于回装定位。密封盘拆下后，经车间及机动部门检查，若有缺陷则进行更换。

4）内套筒拆卸

拆下半圆盖，松开上部填料压紧螺栓，用螺栓将内套筒与专用工具连接，移动主梁取出内套筒。

5）管束拆卸

拆卸前测量管板与管箱端头尺寸，以便于回装时确定管束是否到位；同时管箱下部螺纹处应铺设好胶皮，管箱出口用破布封堵好，使用卷扬机抽出管束，用4台5t倒链和80t吊车做接力，吊装管束时应使用吊装带，并在管束的两侧加垫木以保证管束两侧的密封条完好。

6）回装及压力试验

a. 按顺序将管束、内套筒、压环、分离环安装好，拧紧压环上的推进螺栓，最终力矩见附表。回装过程中，所有螺栓要涂抹防高温咬合剂，密封面涂抹二硫化钼，并同时保证垫片位置准确，打通试压流程用压风车升压试验压力为5.0MPa，升压时应缓慢升至试验压力的10%且不超过0.05MPa，保压5min用超声波进行初次检查，合格后继续升压至试验压力的50%，然后按试验压力的10%的级差逐级升至试验压力保压10min，然后降至设计压力检查合格后泄压。用扳手检查一遍推进螺栓，以防泄压后松动。最后上紧填料箱压紧螺栓，回装好半圆盖。

b. 检查注油孔，观察孔保证其通畅，然后按顺序回装支架、垫圈、密封盘及承压环组件，回装前所有螺纹要认真修理并涂抹防高温咬合剂。

c. 所有零部件回装完毕后，上紧外压紧螺栓，内压紧螺栓只有在生产操作过程中制止管板垫圈泄漏时才上紧，内外压紧螺栓的上紧力矩严格按照厂家的出场文件。

（7）按压差设计的换热器，应按设计文件规定的试验程序进行。

（8）当管程试验压力高于壳程试验压力时，接头试压应执行设计文件规定或按供需双方商定的方法进行。

（9）重叠换热器检查管束及其与管板连接接头试验允许单台进行。管程及壳程试压应在重叠组装后进行。

2. 气压试验

（1）气压试验所用气体应为干燥、洁净的空气、氮气或其他惰性气体。对忌油或有防湿要求的设备，所用气体应符合设计文件的要求。

（2）气压试验时的气体温度应符合如下规定：

1）碳素钢和低合金钢制设备不得低于15℃；

2）其他材料制设备执行设计文件规定。

（3）气压试压程序

1）缓慢升压至规定试验压力的10%，且不得超过0.05MPa，保压时间不少于5min，对所有焊缝和连接部位进行初次泄漏检查；

2）初次泄漏检查合格后，继续缓慢升压至规定试验压力的50%，如无异常现象，继续按规定试验压力的10%逐级升压，直到试验压力，保压时间10min，将压力降至设计压力，保持时间不少于30min，对所有焊缝和连接部位进行检查后，无漏气，无可见的异常变形为合格。

3）设备试验过程无异常响声、无可见的变形、焊缝和连接部位等经肥皂液或其他检漏液检查无泄漏为合格。

（3）气密性试验

1）换热设备液压试验合格后，方可进行气密性试验，其试验压力应为设计压力。试验时，压力应缓慢上升，达到试验压力后保持足够长的时间，对所有焊缝和连接部位进行泄漏检查，无泄漏为合格。若发生泄漏应泄压后处理，处理后应重新进行气密性试验。

2）经气压试验合格的换热设备，当设计文件无要求时，不再进行气密性试验。

第三章　塔类设备

第一节　塔的分类

一、按内件形式分类

1. 板式塔

板式塔是一类用于气液或液液系统的分级接触传质设备，由圆筒形塔体和按一定间距水平装置在塔内的若干塔板组成。广泛应用于精馏和吸收，有些类型(如筛板塔)也用于萃取，还可作为反应器用于气液相反应过程。操作时(以气液系统为例)，液体在重力作用下，自上而下依次流过各层塔板，至塔底排出；气体在压力差推动下，自下而上依次穿过各层塔板，至塔顶排出。每块塔板上保持着一定深度的液层，气体通过塔板分散到液层中去，进行相际接触传质。气(汽)液两相的组分浓度沿塔高度上呈阶梯式变化。

2. 填料塔

塔内装填一定段数和一定高度的填料层，液体沿填料表面呈膜状向下流动，作为连续相的气体自下而上流动，与液体逆流传质，两相的组分浓度沿塔高度上呈连续变化。

二、按工艺用途分类

1. 精馏塔

精馏塔是将两相或多相的液体进行简单分离的塔式设备。在精馏塔内，上升的蒸气与下降的冷凝液通过塔盘或填料互相接触，上升的蒸气部分冷凝放出热量使下降的冷凝液部分气化，两者之间发生了热量交换，其结果，上升蒸气中易挥发组分增加，而下降的冷凝液中高沸点组分(难挥发组分)增加，如果继续多次，就等于进行了多次的气液平衡，即达到了多次蒸馏的效果。由塔顶上升的蒸气进入冷凝器，冷凝的液体的一部分作为回流液返回塔顶进入精馏塔中，其余的部分则作为馏出液取出。塔底流出的液体，其中的一部分送入再沸器，热蒸发后，蒸气返回塔中，另一部分液体作为釜残液取出。

2. 吸收塔

吸收塔是实现吸收操作的设备，按气液相接触形态分为三类。第一类是气体以气泡形态分散在液相中的板式塔、鼓泡吸收塔、搅拌鼓泡吸收塔；第二类是液体以液滴状分散在气相中的喷射器、文氏管、喷雾塔；第三类是液体以膜状运动与气相进行接触的填料吸收塔和降膜吸收塔。塔内气液两相的流动方式可以逆流也可并流。通常采用逆流操作，吸收剂以塔顶加入自上而下流动，与从下向上流动的气体接触，吸收了吸收质的液体从塔底排出，净化后的气体从塔顶排出。

3. 解吸塔

解吸又称气提或汽提，吸收的逆过程，是液相中的溶质组分向与之接触的气(汽)相转移的传质分离过程。解吸的作用是回收溶质，同时再生吸收剂(恢复其吸收溶质的能力)，是构成完整吸收操作的重要环节。在实际生产中，通常是升温与吹气并用，且多用水蒸气作为解吸剂，自下而上地通入解吸塔，待解吸的溶液则自上而下流动，两相逆流接触，可使解吸进行得相当完全。从塔底得到再生的吸收剂，从塔顶引出水蒸气和溶质。如果溶质与水不互溶，水蒸气冷凝后就可得到高纯度的溶质。在石油化工中完成解吸操作的塔称之为解吸塔。

4. 萃取塔

萃取又称溶剂萃取或液液萃取(以区别于固液萃取，即浸取)，亦称抽提(通用于石油炼制工业)，利用化合物在两种互不相溶(或微溶)的溶剂中溶解度或分配系数的不同，使化合物从一种溶剂内转移到另外一种溶剂中。经过反复多次萃取，将绝大部分的化合物提取出来。在石油化工中完成此项操作的设备称之为萃取塔。

第二节　塔的主要结构

一、塔体

塔体是塔设备的外壳。常见的塔体是由等直径、等壁厚的圆筒和椭圆形封头所组成，亦有不等直径、不等壁厚的塔体。塔体除满足工艺条件下的强度、刚度外，还应考虑风力、地震、偏心载荷所引起的强度、刚度问题，以及吊装、运输、检验等的影响。板式塔塔体的不垂直度和弯曲度，将直接影响塔盘的水平度进而影响塔的效率。

塔的结构见图 3-3-1。

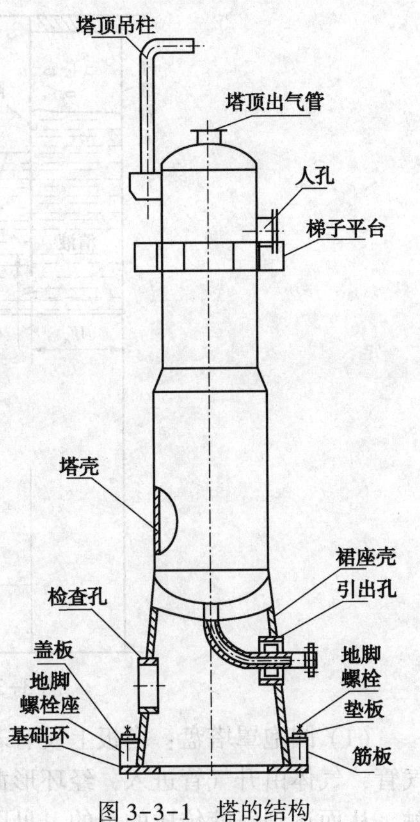

图 3-3-1　塔的结构

二、塔体支座

塔体支座是塔体安放在基础上的连接部分，具有足够的强度和刚度，能承受各种操作情况下的全塔重量，以及风力、地震引起的载荷。最常用的塔体支座是裙式支座。

三、接管

塔设备通过接管连接工艺管路，把塔与相关设备连成系统。接管按用途可分为进液管、出液管、进气管、出气管、回流管、侧线抽出管和仪表接管等。

四、人孔和手孔

人孔和手孔都是为了安装、检修检查和装填填料的需要而设置的，在板式塔和填料塔钟，各有不同的设置要求。

五、吊耳

吊耳是为塔设备的吊装和运输方便而设置的，一般直接焊在塔体上，常见的有板式和管轴式。

六、吊柱

设置在塔顶，在安装和检修时用于塔内件吊装的装置。

第三节 塔 盘

一、板式塔塔盘形式

1. 泡罩型

泡罩塔的优点是操作弹性大，在负荷变动范围较大时仍能保持较高的效率；无泄露；液气比的范围大；不易堵塞，能适应多种介质。不足之处在于结构复杂，造价高，安装维修麻烦以及气相压力降较大。泡罩塔盘的主要结构包括泡罩、升气管、溢流管及降液管，见图 3-3-2。

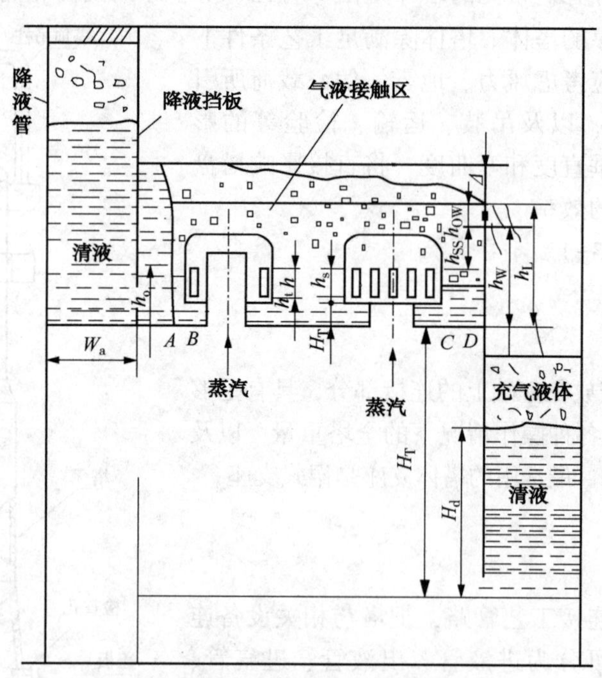

图 3-3-2 泡罩塔盘上气液接触状况

(1) 圆泡罩塔盘：塔板上设有若干圆形泡罩，泡罩上开有一定数量的齿缝，泡罩内有升气管，气体由升气管进入，经环形截面及回转通道由齿缝流出，与塔板上的液层进行气液接触，从而达到气液传质的目的，见图 3-3-3。

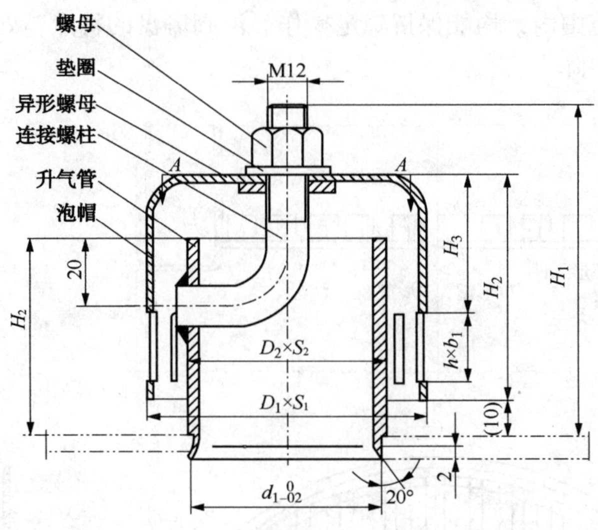

图 3-3-3　标准圆泡罩(DN80/100)

(2) 条形泡罩塔盘：条形泡罩是圆泡罩的一种改型，操作性能与圆泡罩相近。条形泡罩塔盘的开孔率较圆泡罩塔盘大，造价较低。见图 3-3-4：

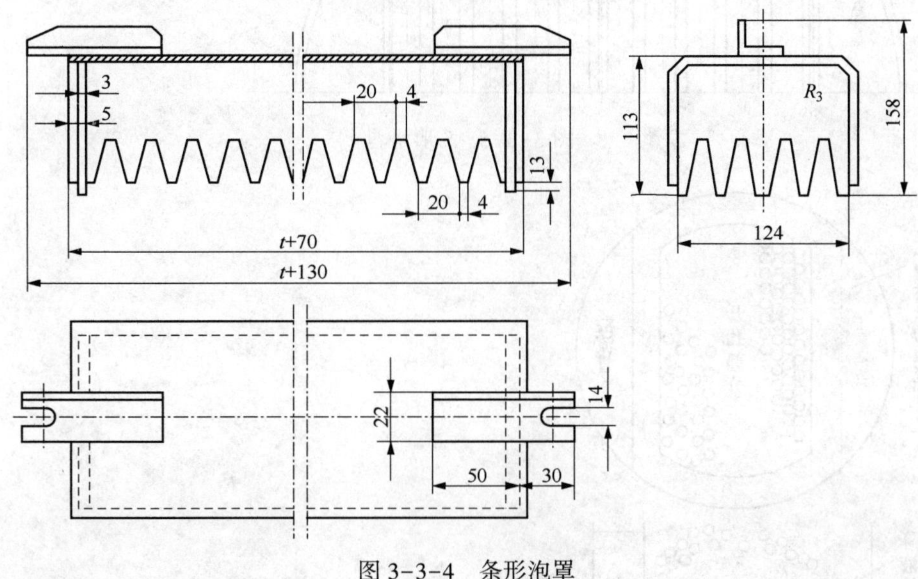

图 3-3-4　条形泡罩

(3) 单流式泡罩塔盘(S 形塔盘)：S 形塔盘是条形塔盘的改型，它是由加工成 S 形的长条元件，一件覆盖一件组成塔盘，见图 3-3-5。

2. 筛板型

筛板塔盘上分为筛孔区、无孔区、溢流堰及降液管等几部分。常用的筛孔孔径为 3~8mm，按正三角形排列，孔间距与孔径的比为 2.5~5。筛板塔盘的特点是：结构简单，制作维修方便；生产能力较大；塔板压力降较低；塔板效率较高，但比浮阀塔盘稍低。筛板塔工作原理见图 3-3-6，筛板塔盘见图 3-3-7。

3. 浮阀型

浮阀塔盘的塔盘板上开有阀孔，安置了能在适当范围内上下浮动的阀片，其形状有圆形、条形及方形等。由于浮阀与塔盘板之间的流通面积能随气体负荷的变动而启动调节，因而在较宽的气体负荷范围内，均能保持稳定操作。浮阀塔盘的特点：处理能力大；操作弹性大；塔板效率高；压力降小。

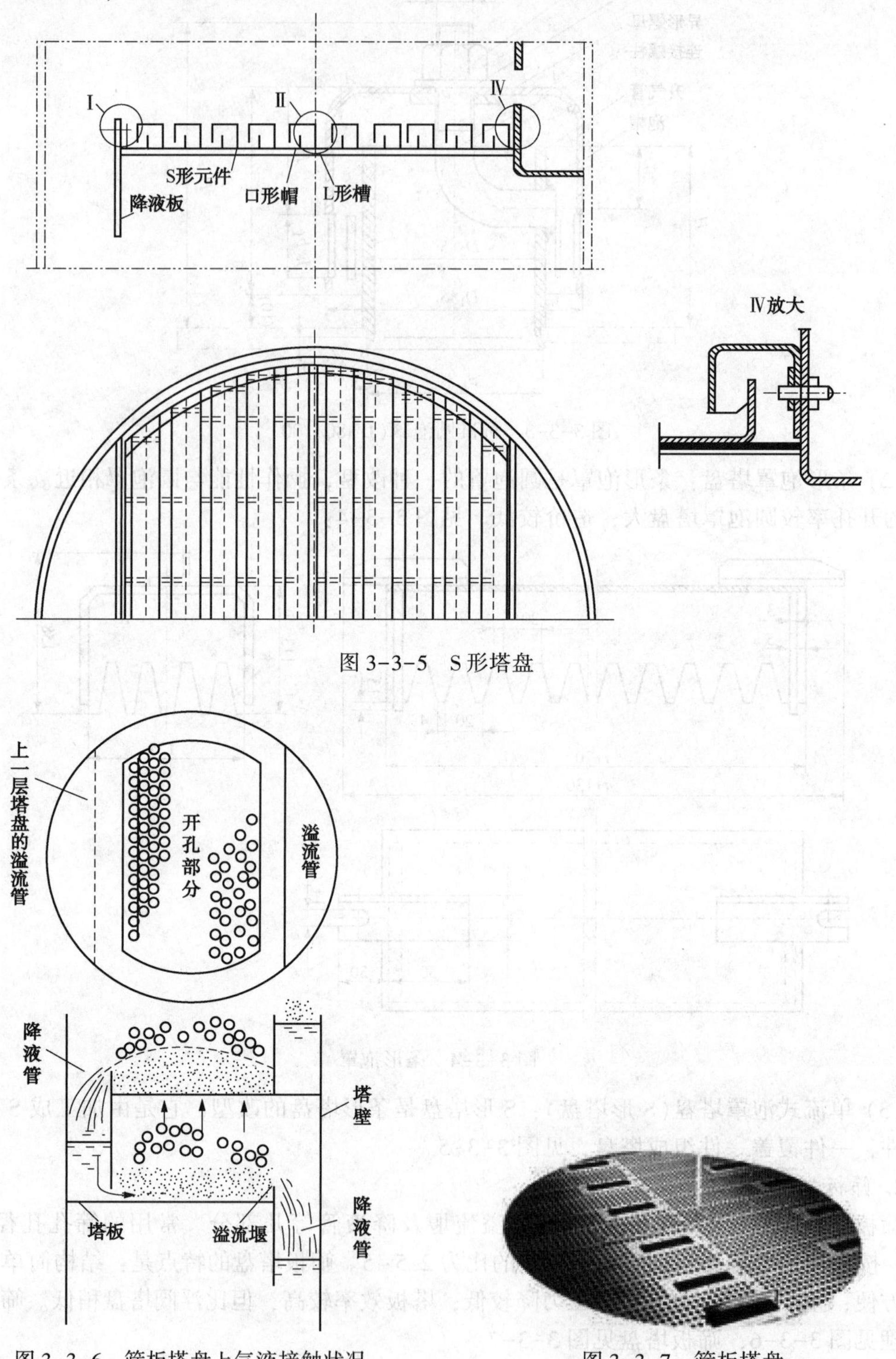

图 3-3-5　S 形塔盘

图 3-3-6　筛板塔盘上气液接触状况

图 3-3-7　筛板塔盘

(1) 重盘式浮阀塔盘

V-0 型浮阀：由塔盘板本身冲压形成，其阀片不动，开度固定(1.5~10mm)，其性能介于筛板和浮阀之间。

V-1 型浮阀：是目前使用最为广泛的型式，有重阀、轻阀之分。阀片与三个阀腿是整体冲成的，阀片周边有三个起始定距片，它能在阀片关闭时使阀片与塔盘板之间保留一定间隙，避免阀片粘在塔盘板上，见图 3-3-8。

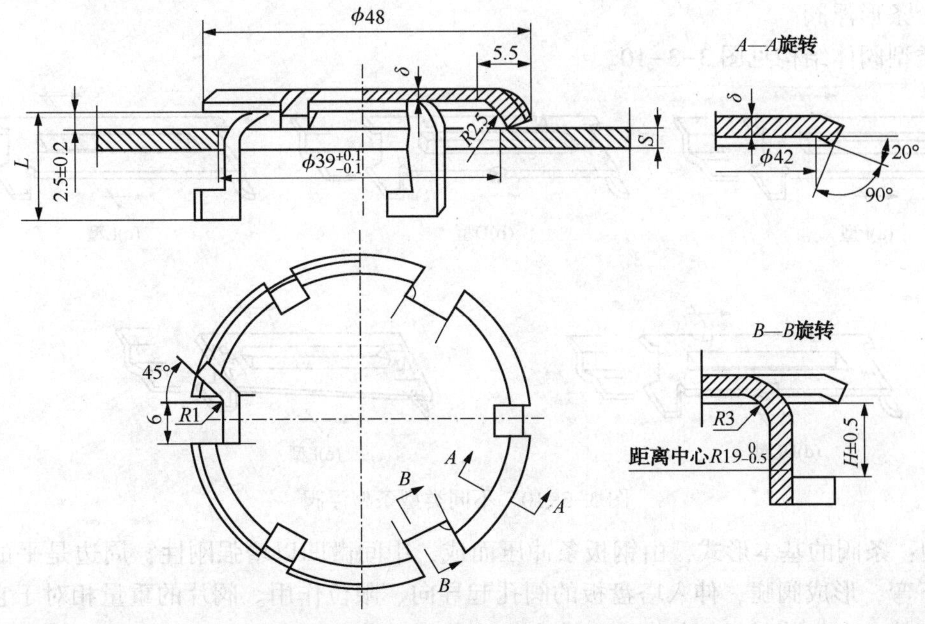

图 3-3-8　V-1 型浮阀(F-1 型浮阀)

V-2 型浮阀与 V-1 型浮阀的差别，就在于其阀腿是焊在阀片上，避免了在阀片关闭时阀腿下弯部位的漏液。在特殊情况下，可取消起始定距片，使阀片在关闭时与塔板完全贴合。

V-3 型浮阀的性能及形状与 V-2 型类似，其区别在于阀腿是沿半径方向焊接在阀片上，从而减小对气流的阻力。

V-4 型浮阀的阀腿长度，因配合文丘里型阀孔而相应增长，其余结构尺寸与 V-1 型相同。

V-5 型浮阀为 V-0 型与 V-1 型浮阀的组合，用于操作弹性要求不高的场合。

V-6 型浮阀的阀片像扁泡罩，周边开有八个小的矩形齿缝，在气体负荷很低时，可使齿缝处仍有较高的气速。

A-1 型浮阀具有双重阀片，下层是轻质阀片，能够完全关闭阀孔，上层是有支脚的压板，它在低气量下起阀架作用，在高气量下与阀片一起浮升，起定位架限位，见图 3-3-9。

A-2 型浮阀省去了 A-1 型阀中的轻质阀片，使原先的压板起阀片的作用，见图 3-3-9。

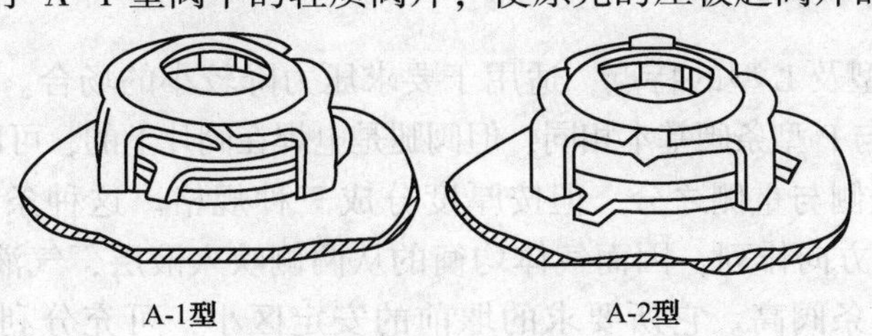

图 3-3-9　A 型浮阀

（2）锥形浮阀塔盘的浮阀中心呈锥形凹下，使气流通畅，与 V-1 型浮阀相比，增加了操作稳定性。

（3）方形浮阀的阀片周围压成波形折边，浮阀呈方形，用弹簧钢丝作为支架，采用正方形或长方形排列，间距一般为 80~90mm。

（4）条形浮阀

各类型阀体结构见图 3-3-10。

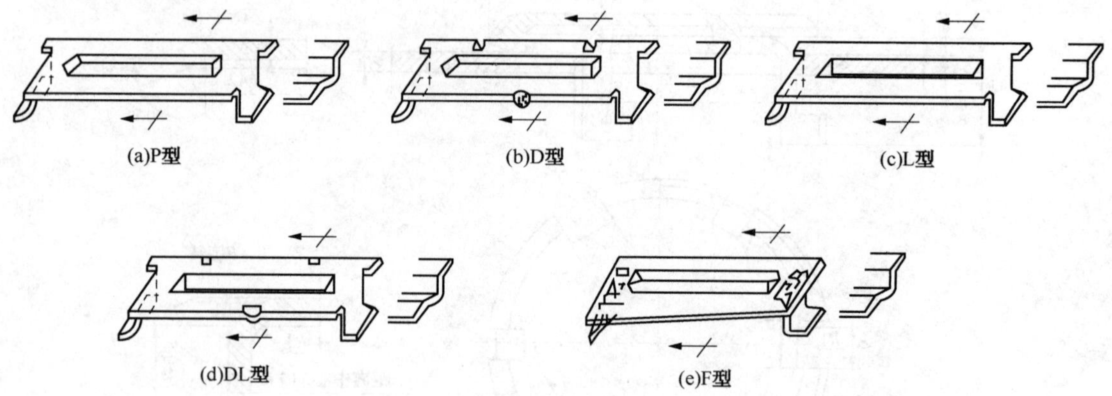

图 3-3-10　不同类型条型浮阀

P 型：条阀的基本形式，由钢板条冲压而成，中间微凹以增强刚性，周边是平的，长端两头向下弯，形成阀腿，伸入塔盘板的阀孔起导向、限位作用。阀片的重量相对于它的长轴是不平衡的，在安装时轻侧朝向液流方向。工作时动作如图 3-3-11 所示。

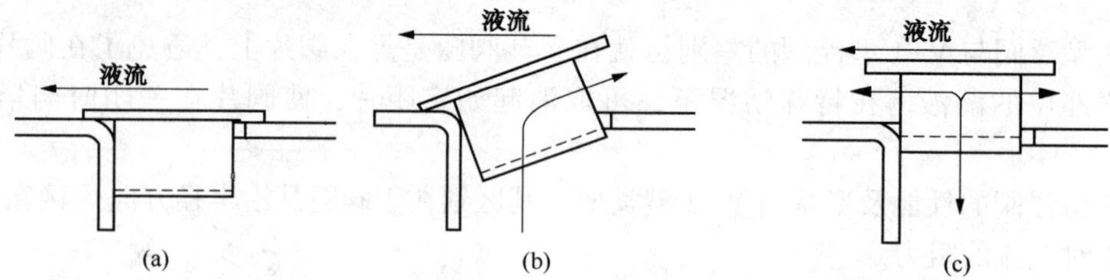

图 3-3-11　P 型浮阀工作原理

当无气流时，阀处于关闭状态如图 3-3-10(a)所示，当有气流通过时，轻侧首先抬起，当气量达到最大值的 40%时，如图 3-3-10(b)所示，当气量继续增大时，重侧也逐渐抬起，直到全开如图 3-3-10(c)所示。

D 型(点接触型)：与 P 型条阀不同之处在于两边有凸台，阀片全关时与塔盘板保持一定距离。

L 型(直通型)：与 P 型条阀不同之处在于，只是阀面上开有长孔，部分气体可通过长孔上升。

DL 型：兼有 D 型及 L 型的特点，适用于要求压力降较小的场合。

F 型(覆盖型)：与 P 型条阀基本相同，但阀腿是电焊在阀片上的，可以与整个阀孔贴合。

BDP 型：没有轻侧与重侧之分，但按厚度分成三种规格。这种条阀在塔盘上按阀片的长轴方向平行于液流方向排列，因而气体均衡的从两侧吹入液层，气液作交错流动，逆向混合小，故效率较 P 型条阀高。它所要求的堰前的安定区小，可充分利用塔盘面积，因此处理能力也较 P 型大，见图 3-3-12。

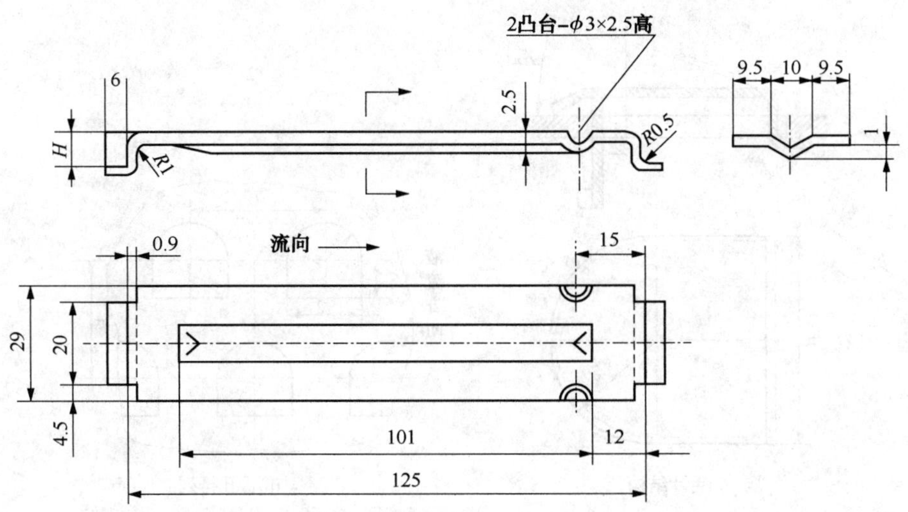

图 3-3-12 BDP 型条形浮阀

条阀也可采用错排组合，称为 T 排条形浮阀塔板(见图 3-3-13)，这可使相邻浮阀吹出的气流只是相交而不对冲。这种塔盘即使在高的气体负荷下，由于气流的水平分力有效的抑制了液滴的上抛，雾沫夹带量低，因此气体负荷上限较高，同时塔盘压力降亦较低。

4. 喷射型

(1) 舌形塔盘是一种气液并流、定向喷射型塔盘，其结构见图 3-3-14、图 3-3-15。

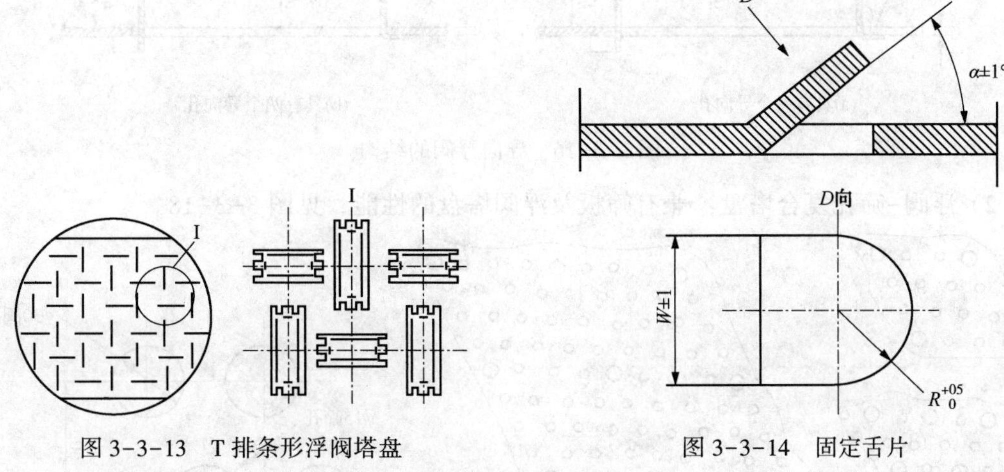

图 3-3-13 T 排条形浮阀塔盘

图 3-3-14 固定舌片

(2) 条孔网状塔盘是在金属薄板上冲出许多网状定向切口，网孔的开口方向与塔盘板水平夹角约 30°，相邻两块网孔板的开口方向互成 90°。

(3) 导向浮阀塔盘的浮阀上有一个或两个导向孔，导向孔的开口方向与塔板上的液流方向一致。在操作中，导向孔喷出的少量气体推动塔板上的液体流动，从而可明显减少甚至完全消除塔板上的页面梯度，见图 3-3-16。

5. 其他塔盘

(1) 穿流型塔盘与一般溢流型塔盘不同之处在于没有降液管，又称无降液管塔盘。有穿流栅板、穿流筛板、双孔径穿流筛板、波纹筛板塔盘，见图 3-3-17。

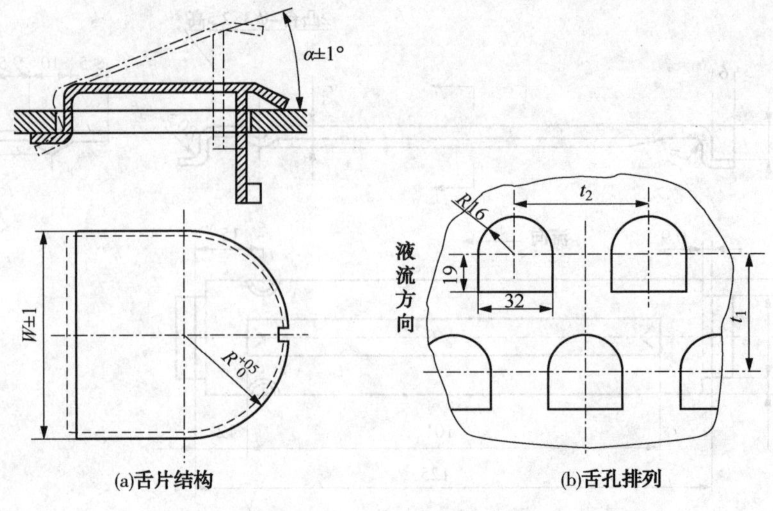

图 3-3-15 浮动舌片

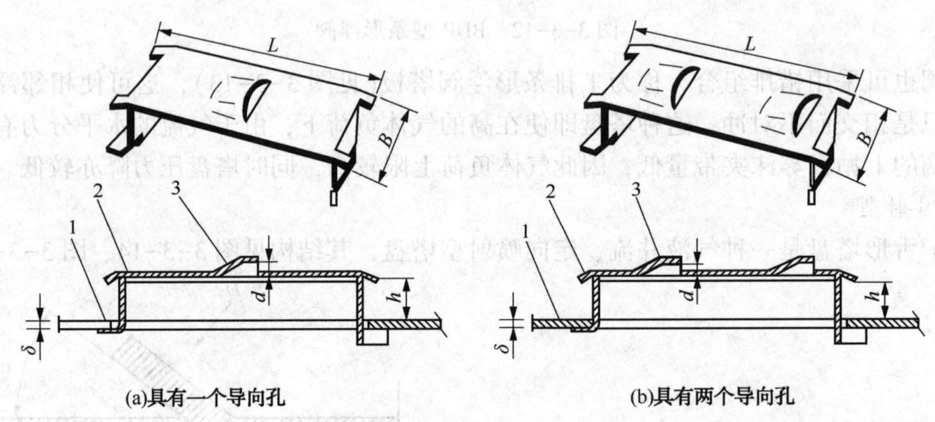

图 3-3-16 导向浮阀的结构

（2）浮阀-筛孔复合塔盘：兼有筛板及浮阀塔盘的性能，见图 3-3-18。

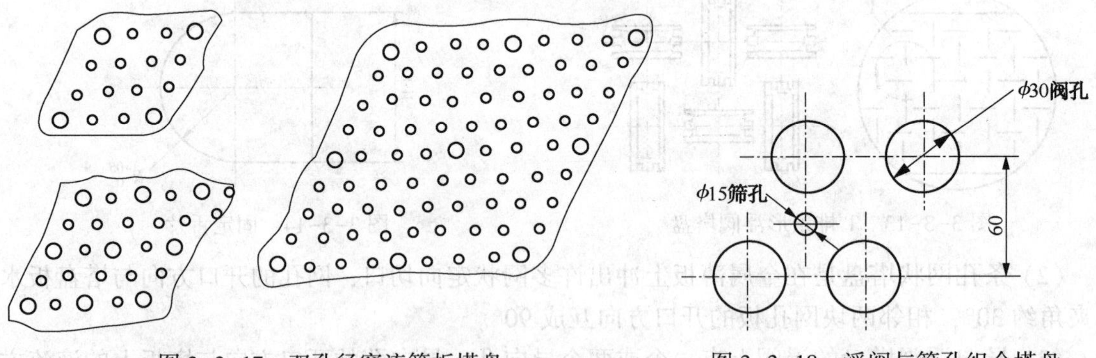

图 3-3-17 双孔径穿流筛板塔盘　　图 3-3-18 浮阀与筛孔组合塔盘

（3）角钢塔盘是由角钢并列组成的新型塔盘，角钢直角向下，与液流方向平行排列。液体在角钢流道内流动，返混较少，液面落差也小，气体分布均匀，因而塔板效率高，处理能力大。此外，这种塔盘的结构简单，刚性好，制造方便，见图 3-3-19。

（4）垂直筛板塔盘：雾沫夹带量很少，当气速数倍于普通塔盘时，也不发生液泛。塔板效率、压力降和操作范围几乎不受气液复合的影响，即使气量很小时，仍然具有稳定的效能。因此，新型垂直筛板的性能接近于理想塔盘，见图 3-3-20。

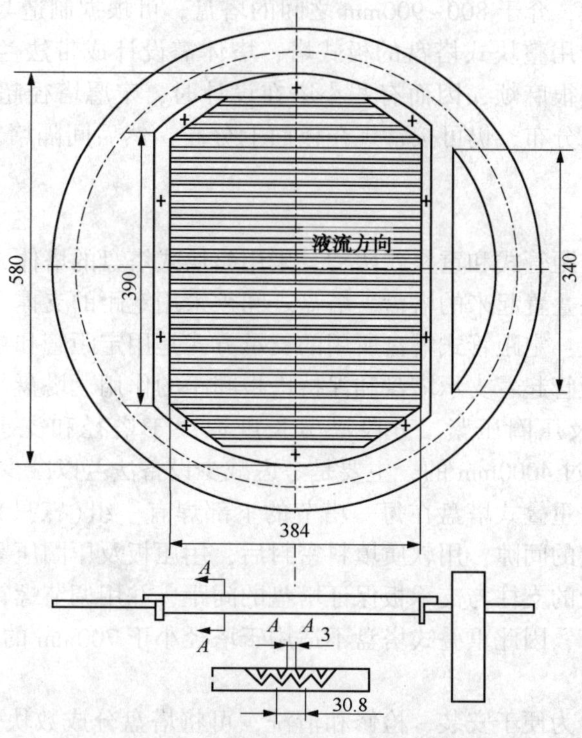

图 3-3-19　角钢塔盘

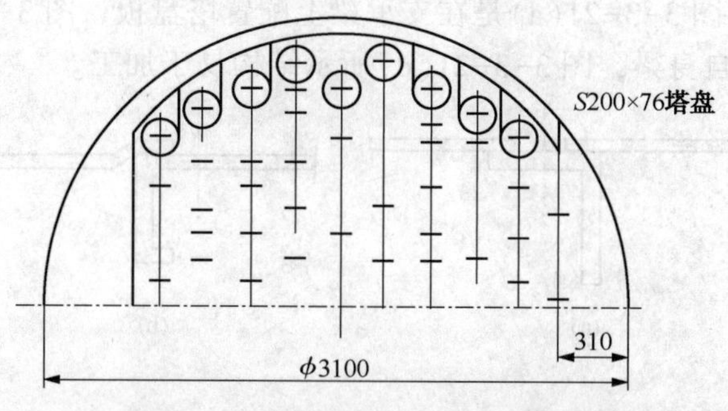

图 3-3-20　立式筛板塔盘的典型布置

二、板式塔塔盘结构

板式塔的塔盘主要分为溢流式和穿流式两大类。溢流式塔盘上有专供液相流通的降液管，每层塔盘上的液层高度可通过改变溢流堰的高度来调节，因此可获得较大的操作弹性，并能保证一定的效率。穿流式塔盘上的气液两相同时通过塔板上的一些孔道流动，处理能力较大，压力降较小，但效率及操作弹性较差。穿流式塔盘因无降液管，结构简单。主要介绍溢流式塔盘的主要结构。

1. 塔盘构成

塔盘是由气液接触元件(如浮阀、筛孔、泡罩等)、塔盘板、受液盘、溢流堰、降液管(或降液板)、塔盘支撑件和紧固件等部分组成。塔盘按结构特点可分为整块式和分块式两种类型。一般塔径为300~900mm时，采用整块式塔盘，当塔径不小于800mm时，能在塔内装拆，可用分块式塔盘，介于800~900mm之间的塔盘，可根据制造与安装的具体情况，选用合适类型的塔盘。采用整块式塔盘的板式塔，塔体需设计成带法兰的塔节，不仅用材增多，而且制造和安装都很麻烦，因而有些小塔在设计时，宁愿塔径超过800mm，以便采用整体塔壳，这时的开孔分布，仍可按常规在板面上分布，然后间隔堵塞一部分以减小流量，从而符合要求。

2. 整块式塔盘

整块式塔盘分为定距管式和重叠式两类。采用整块式塔盘的塔体，由若干塔节组成，每个塔节中安装若干逐层叠置起来的塔盘，塔盘之间须采用定距的支撑。

（1）定距管式塔盘：定距管式塔盘所用的支承方式是用定距管和拉杆将塔盘紧固在塔节内的一组支座上。定距管起着支承塔盘和保持塔板间距的作用。塔盘与塔壁的间隙，以软质填料密封后，用压板及压圈压紧。分段塔节长度取决于塔径和支承结构，一般在800~3000mm之间，少数超过4000mm的，主要是考虑减少设备法兰以减少泄露。

（2）重叠式塔盘：重叠式塔盘在每一塔节的下部焊有一组（三只）支座，底层塔盘安装在支座上。塔盘与塔壁的间隙，用软质填料密封后，用压板及压圈压紧。然后依次装入上一层塔盘，由焊在塔盘上的支柱与支承板保证塔盘的间距，并用调节螺钉调整水平度。由于必须进入塔内拧调节螺钉，因此重叠式塔盘不适用于塔径小于700mm的塔。

3. 分块式塔盘

直径较大的塔盘，为便于安装、检修和清洗，可将塔盘分成数块，通过人孔送入塔内，装在焊于塔体内壁的塔盘支承件上，这种结构型式成为分块式塔盘。常用的塔盘板有平板式、槽式和自身梁式。图3-3-21（a）是在支承梁上配置塔盘板，图3-3-21（b）和图3-3-21（c）是将塔盘板冲压出自身梁，图3-3-21（d）所示结构易于加工。

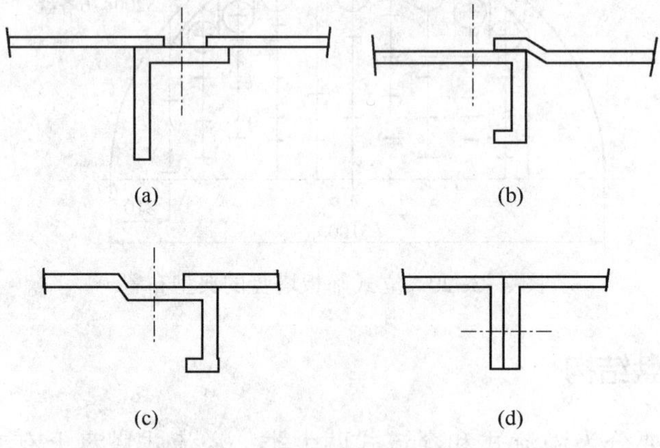

图3-3-21　塔盘板的组合结构

分块式塔盘上的可拆卸零件（如塔盘板、可拆的降液板、受液盘等），应可以在塔内拆卸和安装，其大小需能通过塔体人孔，通用塔盘零件，应以能通过直径450mm的人孔为宜。另外，为便于搬运，单件重量不宜超过30kg。

为便于安装、检查和修理各层塔盘，塔盘上应设置通道板，它相当于安装在塔盘上的人孔盖。通道板应易于装拆，最好设计成上下均可拆的连接形式，其紧固件采用双面可拆的连接件。对于双流塔盘，应在塔盘两侧都装设通道板。当支承梁底至下层塔盘的距离小于380mm时，梁的两侧均应设置通道板。

（1）单流塔盘：液体从受液盘流入单流塔盘，横向流过整个塔盘，溢至降液管，见图 3-3-22。

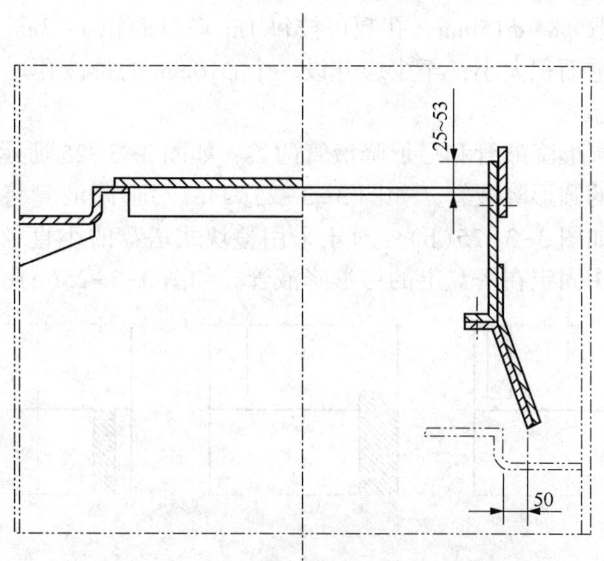

图 3-3-22　具有可调节堰的单流塔盘

（2）双流塔盘：液体分为两部分从受液盘流入双流塔盘，各流过半边塔盘，溢至降液管。采用双流型是为了减小液面落差，结构比单流型复杂。

（3）多流塔盘：在塔径、液相流量进一步增加的情况下，及时采用双流塔盘，液面落差仍然太大，则可采用三流或四流等多流塔盘，见图 3-3-23、图 3-3-24。

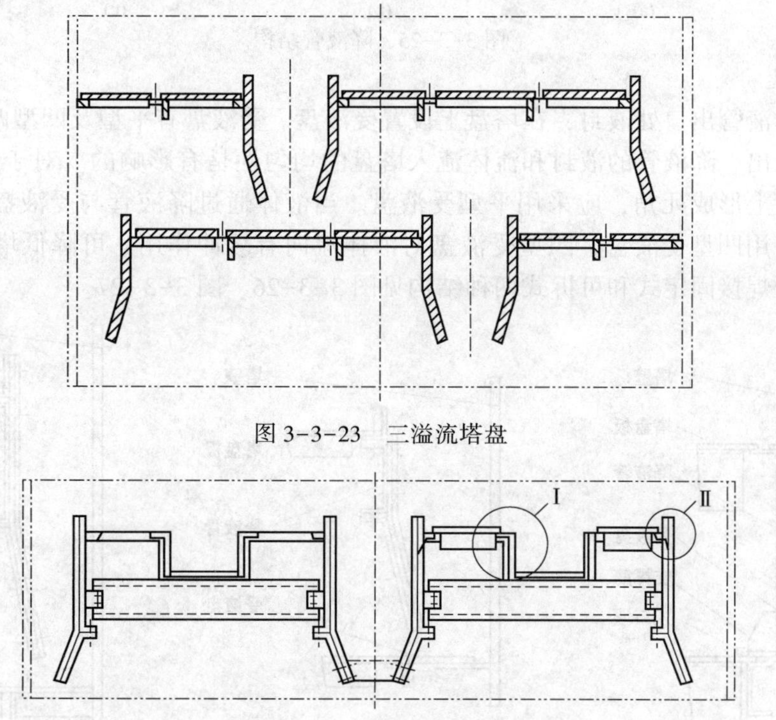

图 3-3-23　三溢流塔盘

图 3-3-24　四溢流塔盘

排液孔(泪孔)：板式塔在停止操作时，塔盘、受液盘、液封盘等均应能自行排净存液，否则需要开设排液孔。通常此孔都开在塔盘的溢流堰附近，这在正常操作时对塔板的效率影响最小。排液孔一般取 $\phi8\sim\phi15$mm，孔数可按每 $1m^2$ 塔盘面积 $1\sim3cm^2$ 的开孔面积计算。对受液盘和液封盘，不论面积大小，至少应开设一个 $\phi10$mm 的排液孔。

4. 降液板

降液管一般分为圆形降液管和弓形降液管两类，如图 3-3-25 所示：通常在液体符合较低或塔径较小时使用的圆形降液管，如图 3-3-25(a)；弓形降液管将堰板与塔壁间的全部截面积作降液面积，如图 3-3-25(b)；对于采用整块式塔盘的小直径塔，又必须有尽量大的降液面积时，宜采用固定在塔盘上的弓形降液管，如图 3-3-25(c)。

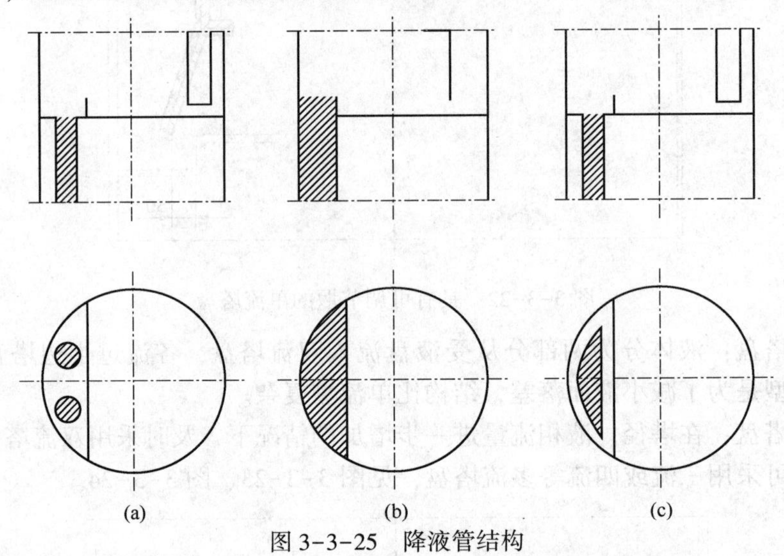

图 3-3-25　降液管结构

5. 受液盘

为保证降液管出口处液封，在塔盘上设置受液盘。受液盘有平型及凹型两种。受液盘的型式对侧线取出、降液管的液封和流体流入塔盘的均匀性是有影响的。对于易聚合的物料，为避免在塔盘上形成死角，应采用平型受液盘。当液体通过降液管与受液盘的压力降大于 2. 5kPa，应采用凹型受液盘。凹型受液盘对液体流向有缓冲作用，可降低塔盘入口处的液峰。受液盘分焊接固定式和可拆式两种结构见图 3-3-26、图 3-3-27。

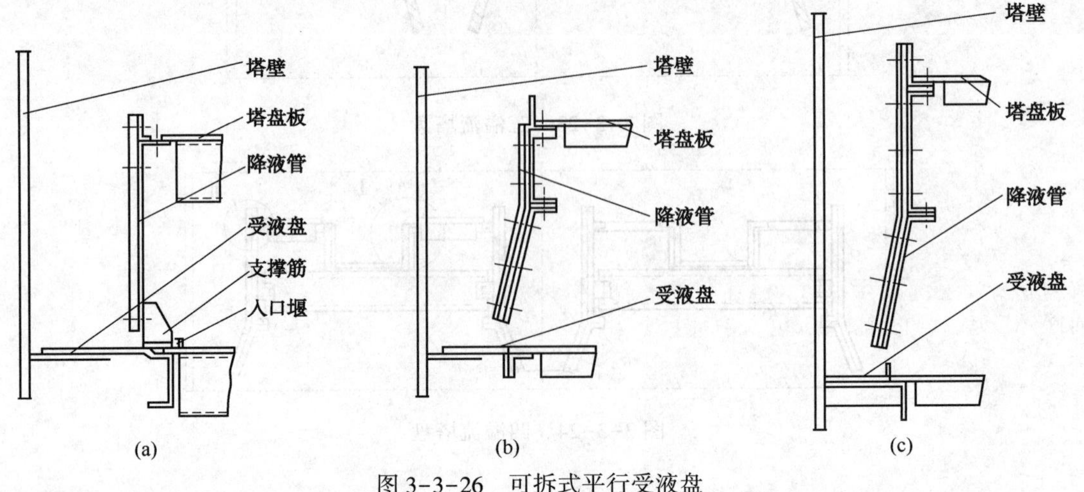

图 3-3-26　可拆式平行受液盘

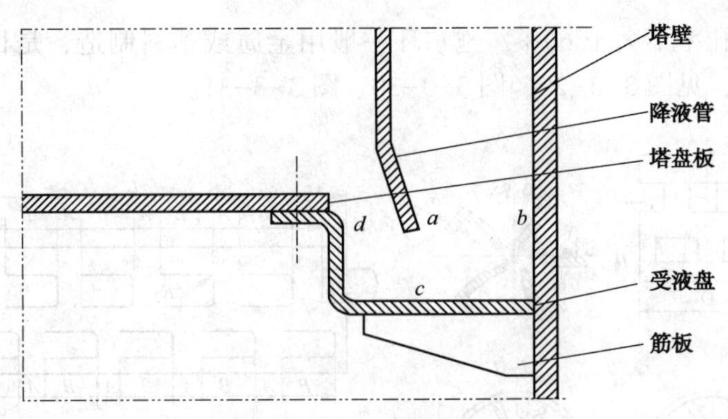

图 3-3-27　凹型受液盘

6. 液封盘

在他或塔段最底一层塔盘的降液管末端，应设置液封盘，以保证降液管出口处的液封。

7. 溢流堰

塔盘用平型受液盘时，为保证降液管的液封，同时使液体均匀流入下层塔盘，并减少液流水平方向的冲击，常在液流进入塔盘的位置设置入口堰。为了维持塔盘上的液层高度，并使液流均匀，必须设置出口堰。

（1）入口堰：当出口堰顶高于降液管底边时，设置入口堰以减少液流对气液接触元件的冲击，此时，入口堰高度较低。当出口堰顶低于降液管底边或在入口堰附近有进料管时，所设置的入口堰顶必须高于降液管底边。

（2）出口堰：与可拆式降液管配用的出口堰，可用角钢或钢板弯成角钢形状，用紧固件连接到塔盘支持件或降液板上。

第四节　填　　料

一、填料形式

填料塔具有结构简单，压力降小，且可用各种材料制造等优点，在处理容易产生泡沫的物料以及用于真空操作时，有其独特的优越性，各种形式、各种规格的填料有几百种之多。

1. 颗粒型填料

颗粒型填料的结构形状及堆砌方式将影响流体在床层内的流动和分布以及气液接触状态，从而决定了塔设备通过能力的大小和效率的高低。

（1）环形填料

拉西环：拉西环是一个外径和高度相等的空心圆柱体，可用陶瓷、金属、塑料等材料制造，而以陶瓷拉西环最为普遍，见图 3-3-28。

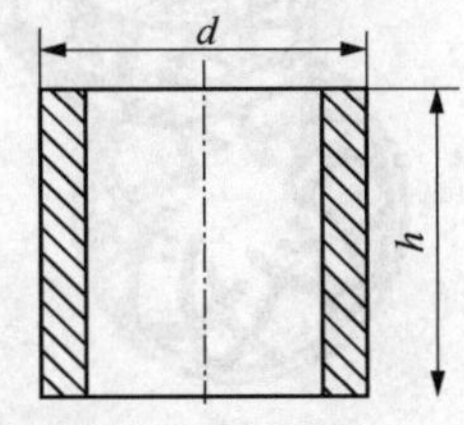

图 3-3-28　拉西环填料

鲍尔环：鲍尔环仍是外径和高度相等的空心圆柱体，在圆柱的侧壁上冲出了上下两层交错排列的矩形小窗，冲出的叶片除一端连在该壁上外，其余部分全弯入环内，围聚于环心。为改善气液接触状况，侧壁开孔率不小于 30%，为保持填料有一定的强度，开孔率不大于 60%，鲍尔环一般用金属或塑料制造，是目前工业上应用最为广泛的填料之一，见图 3-3-29、图 3-3-30、图 3-3-31。

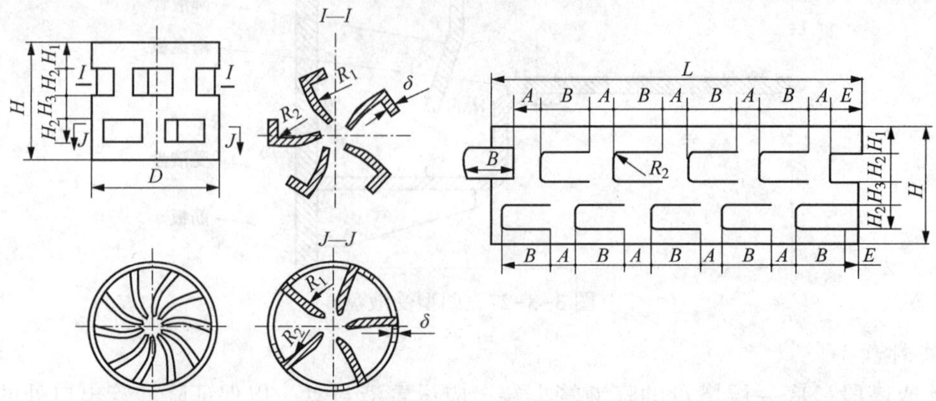

图 3-3-29　鲍尔环结构

图 3-3-30　金属鲍尔环的结构

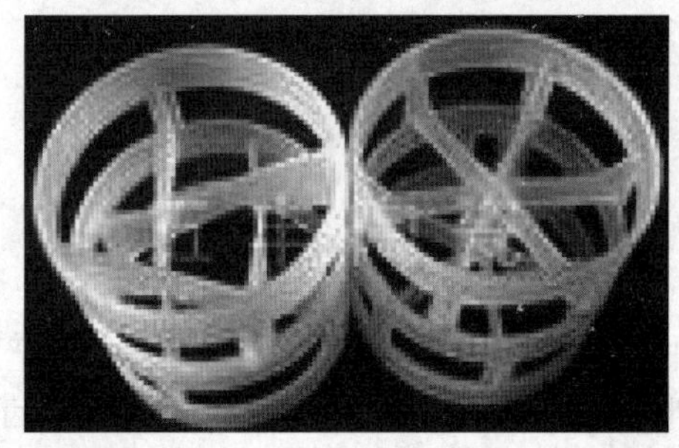

图 3-3-31　塑料鲍尔环的结构

图 3-3-32　改进型鲍尔环

改进型鲍尔环：改进鲍尔环的结构与鲍尔环相似，环壁上开设了两层大截面的矩形小窗，每个小窗切出上下两片叶片从两端分别弯向环内。它的叶片数比鲍尔环多了一倍，并交错分布在四个平面上，见图 3-3-32。改进鲍尔环的综合性能优于鲍尔环。

阶梯环：阶梯环的特点在于其一端具有锥形扩口，扩口的主要作用是改善填料在塔内的堆砌情况。阶梯环的扩口锥顶角为 90°~120°，相应的锥体高度可取填料高度的 1/5，填料的高径比为 1/2~1/3，见图 3-3-33。

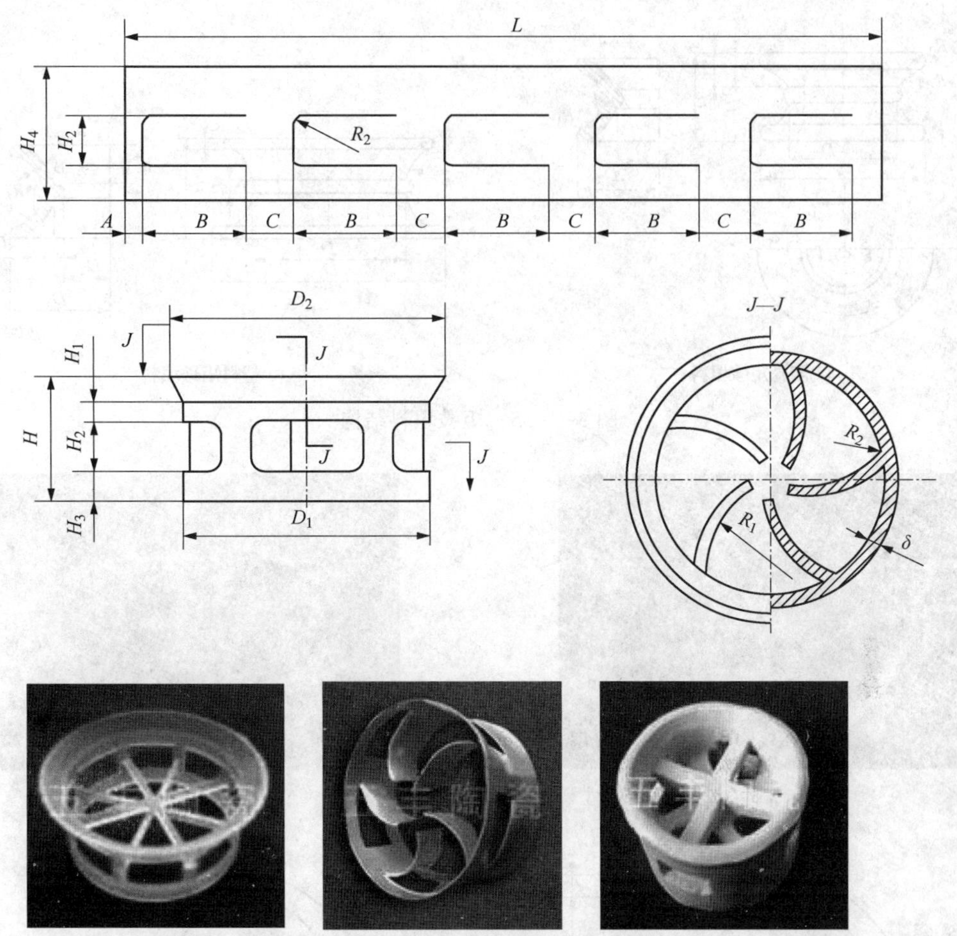

图 3-3-33　塑料、金属、陶瓷阶梯环

(2) 鞍形填料

弧鞍填料：弧鞍填料为对称的开式弧状结构，见图 3-3-34。弧鞍填料一般用陶瓷制造，当液体淋洒到填料表面后，弧形面使液体向两旁分散，起到改善液体分布的作用。由于形体对称，装填时容易形成重叠，另外，由于采用开式结构，其强度较差。

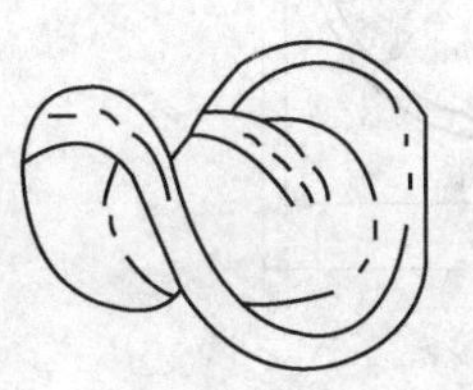

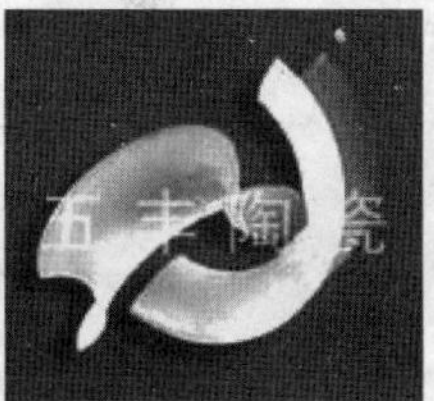

图 3-3-34　弧鞍填料

矩鞍填料：矩鞍填料保留了弧形结构，改进了扇形面形状，因此它不但具有良好的液体在分布性能，而且填料之间基本上是点接触，不相重叠，因此填料表面得以充分利用，见图 3-3-35。矩鞍填料的综合性能优于拉西环而次于鲍尔环。

矩鞍环填料：矩鞍环填料保存了鞍形填料的弧形结构，也保留了鲍尔环的环形结构和具有内弯叶片的小窗，而且填料的刚度比鲍尔环高，鞍环填料能保证全部表面的有效利用，并增加液体的湍动程度，具有良好的液体再分布性能，见图 3-3-36、图 3-3-37。

(3) 其他颗粒型填料

见图 3-3-38。

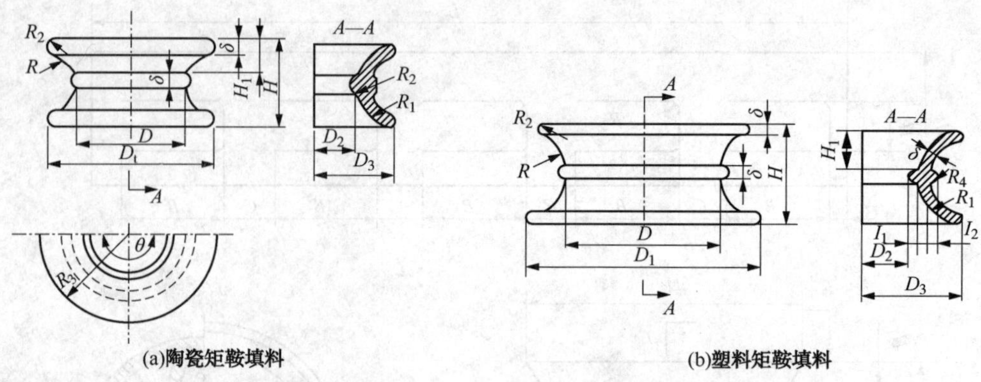

图 3-3-35　矩鞍填料结构

图 3-3-36　矩鞍环填料

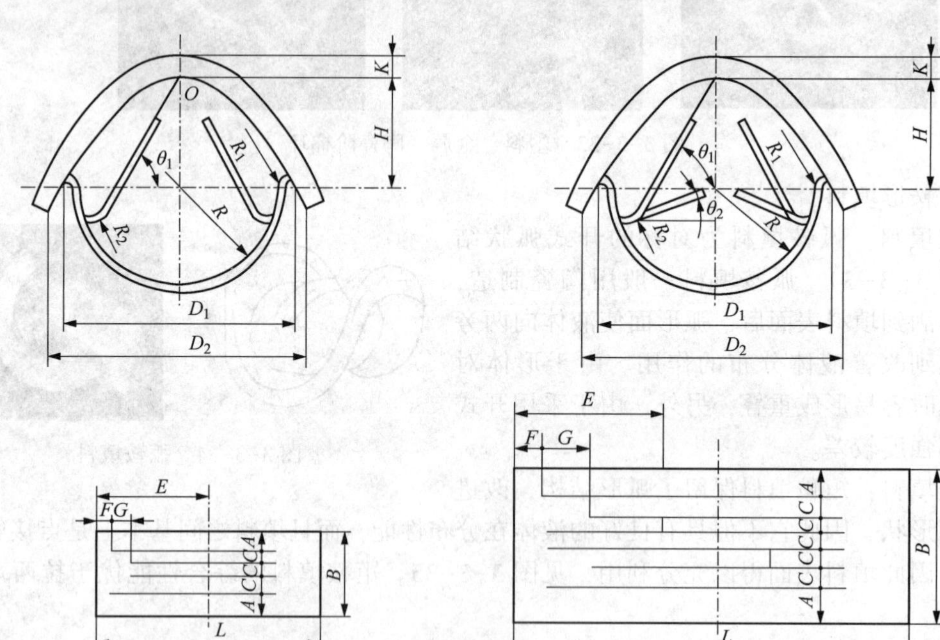

图 3-3-37　金属矩鞍环填料结构

2. 规整型填料

（1）波网填料：

波网填料是由若干平行直立的波网片组成，网片的波纹方向与塔轴线成一定的倾斜角

(一般为 30°或 45°)，相邻网片的波纹倾斜方向相反，于是在波纹网片之间构成了一个相互交叉相互贯通的三角形截面的通道网。组装在一起的网片周围用带状丝网圈箍住，构成一个圆柱形的填料盘。填料盘的直径略小于塔的内径(2mm 左右)，以便于装入塔内。填料装填入塔时，上下两盘填料的网片方向互成 90°，见图 3-3-39。

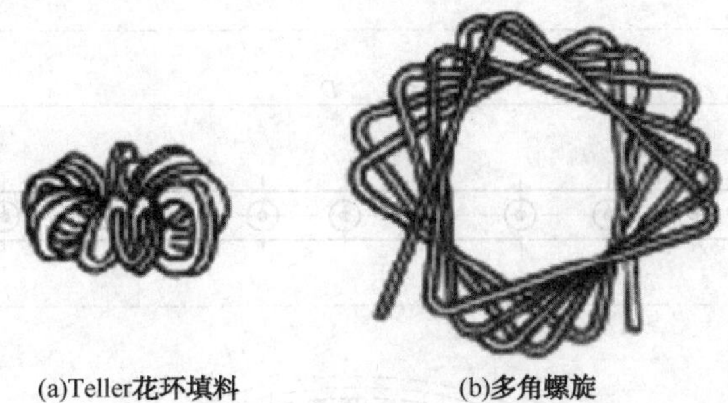

图 3-3-38　花环填料与多角螺旋填料

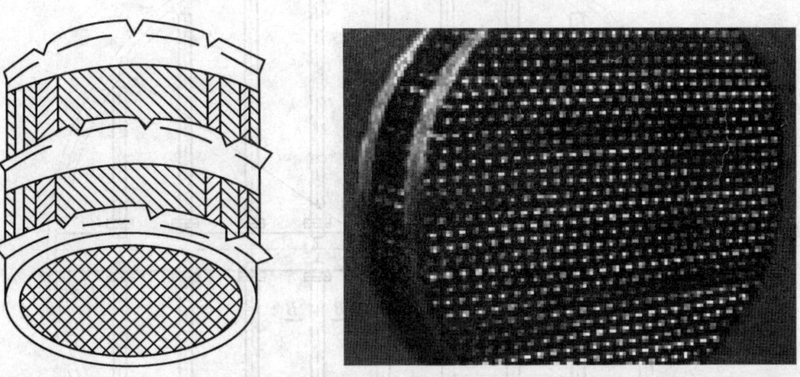

图 3-3-39　波网填料

(2) 波纹板填料：波纹板填料的结构与波网填料相同，只是用金属波纹板或塑料波纹板代替波纹丝网，见图 3-3-40。

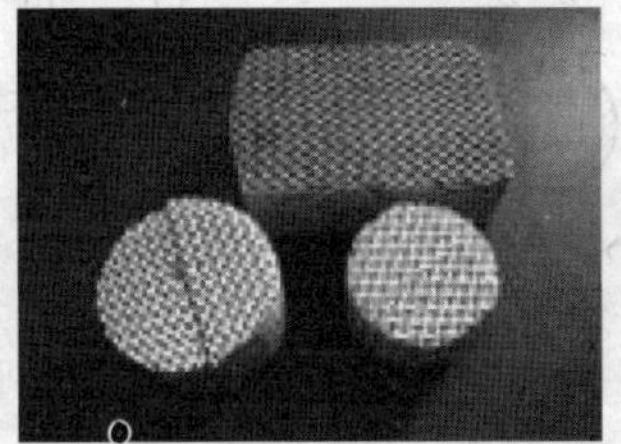

图 3-3-40　波纹板填料

二、填料结构

1. 液体分布装置

填料塔操作时，任一截面上的气液均布是十分重要的，而气液分布是否均匀，主要取决于液体分布的均匀程度，因此液体在塔顶的初始均匀喷淋，是保证填料塔达到预期分离效果的重要条件，由此需要液体分布装置。液体分布装置的安装位置，通常需要高于填料层表面 150~300mm，以提供足够的自由空间，让上升气流不受约束的穿过分布器。理想的液体分布装置应该达到液体分布均匀，自由截面大，操作弹性宽，不易堵塞，装置的部件可通过人孔进行安装拆卸。最简单的液体分布装置是单管喷淋器，有直管式、弯管式和缺口式等，其效果很差，常用于均匀性要求不高的场合。目前常用的喷淋装置是多孔型和溢流型两类。

（1）多孔型布液装置：多孔型布液装置是借助孔口以上液层产生的静压或管路的泵送压力，迫使液体从小孔流出，注入塔内，见图 3-3-41。

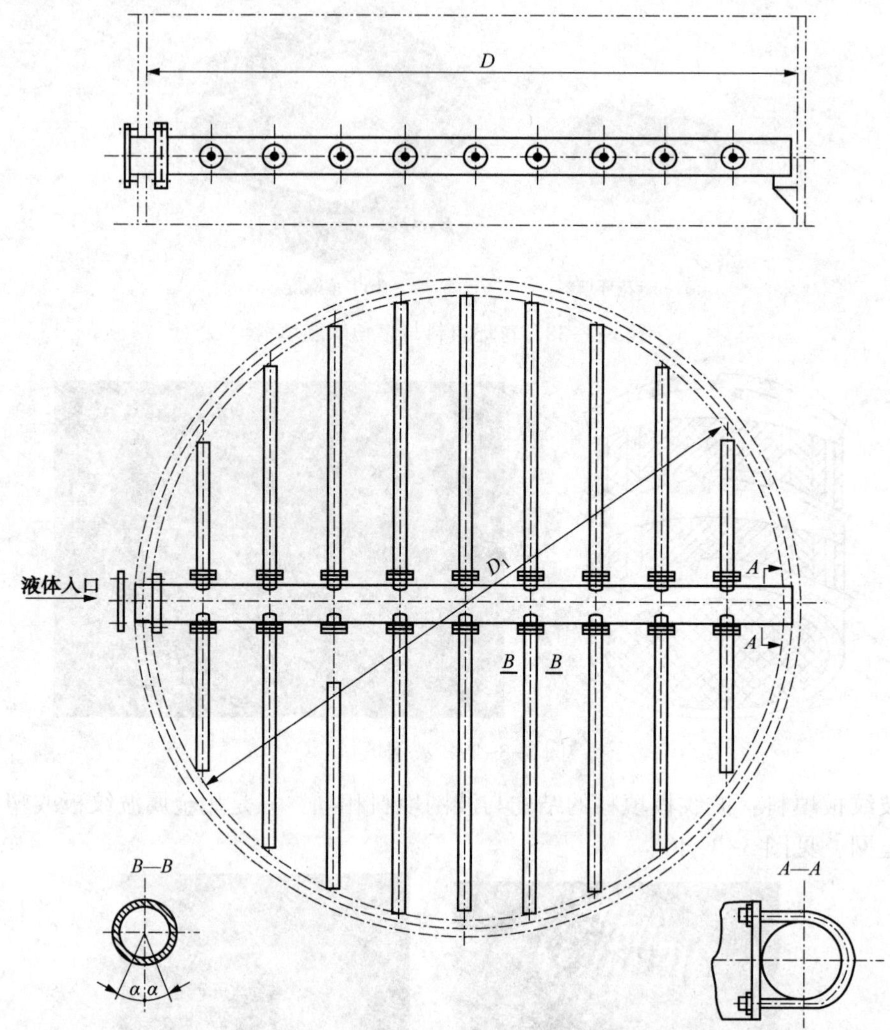

图 3-3-41　水平引入管多孔型分布器

（2）溢流型布液装置：溢流型布液装置是目前广泛应用的分布器，特别适用于大型填料塔，其操作弹性大，不易堵塞，操作可靠且便于分块安装。其工作原理是，进入布液器的液体超过堰口高度时，依靠液体的自重通过堰口流出，并沿着溢流管(槽)壁呈膜状流下，淋洒在填料层上，见图 3-3-42。

2. 填料支承装置

填料支承装置对保证填料塔的操作性能具有重大作用。支承装置需要有足够的强度并能提供足够大的自由截面，有利于液体的再分布，见图 3-3-43。

3. 液体再分布装置

当液体沿填料向下流动时，液体有向塔壁流动的趋势，因而导致壁流增加，填料主体的流量减小，降低了塔的传质效率。为了提高塔的传质效率，填料层必须分段，在各段填料之间，安装液体在再分布装置，其作用是收集上一填料层来的液体，并为下一填料层建立均匀的液体分布，见图 3-3-44。

4. 填料压板及床层限制板

对任何一个填料塔，均须安装填料压板或床层限制板，见图 3-3-45。

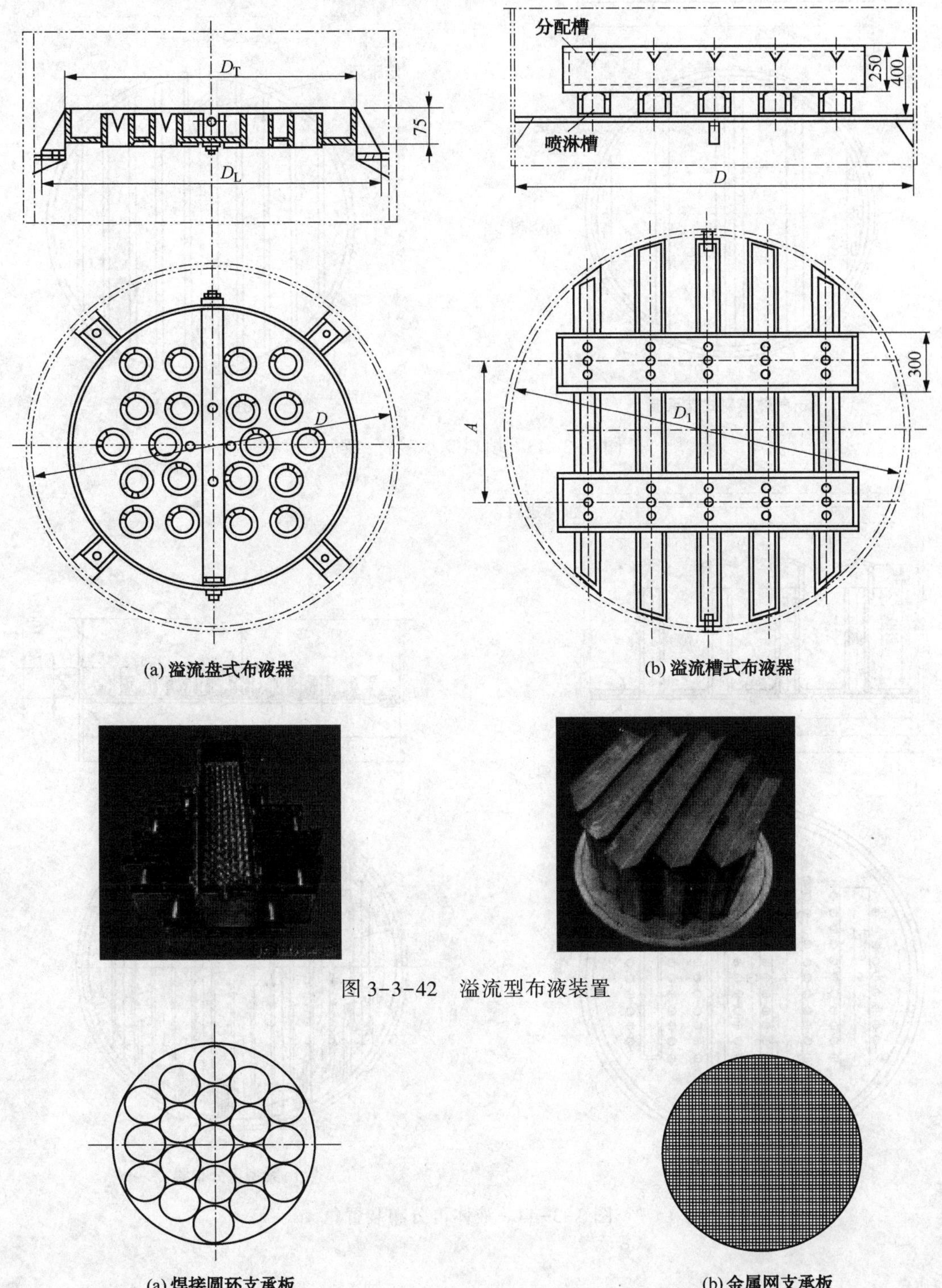

图 3-3-42　溢流型布液装置

(a) 焊接圆环支承板

(b) 金属网支承板

图 3-3-43　填料支承装置

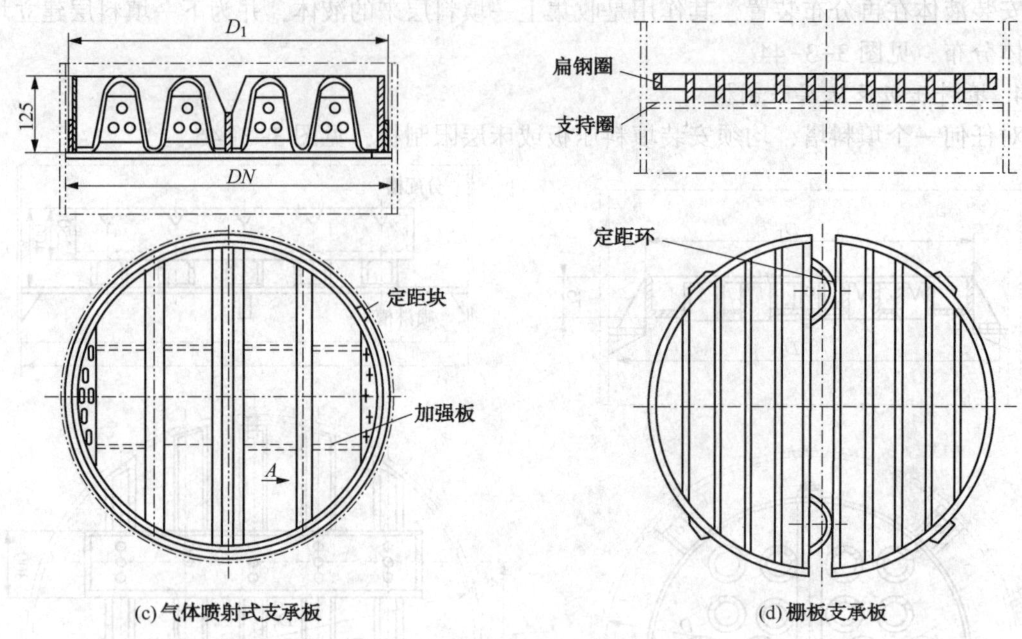

图 3-3-43　填料支承装置(续)

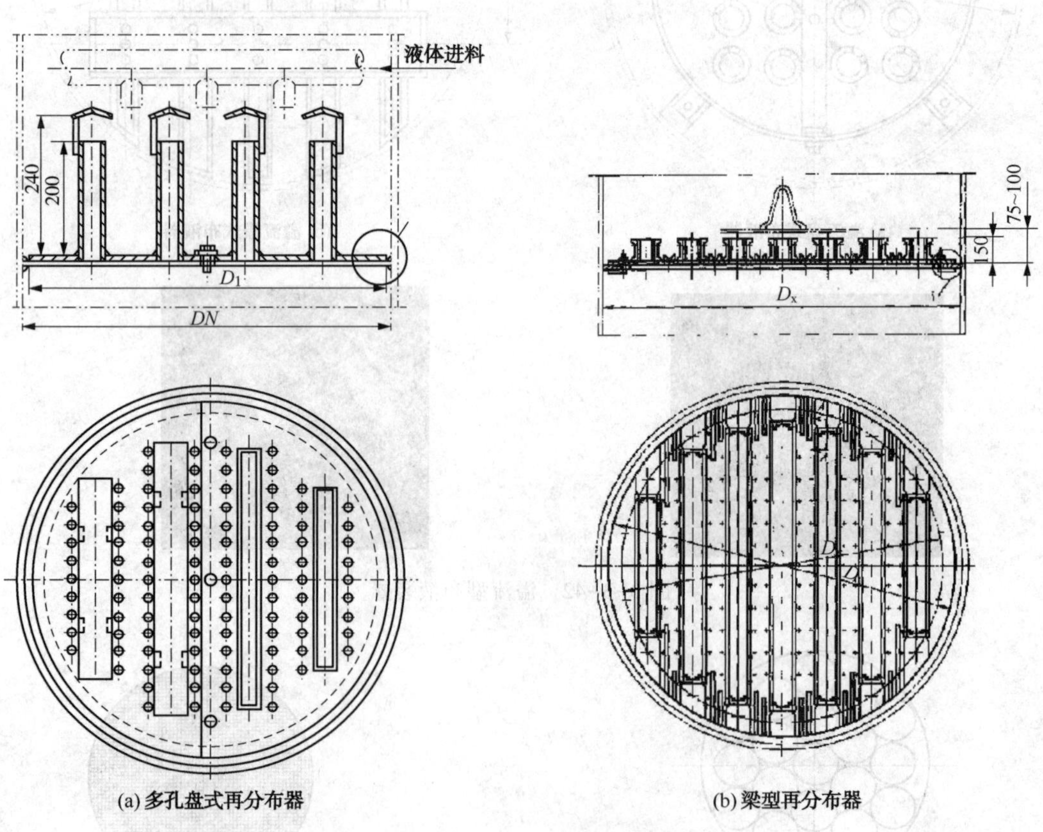

图 3-3-44　液体再分布装置

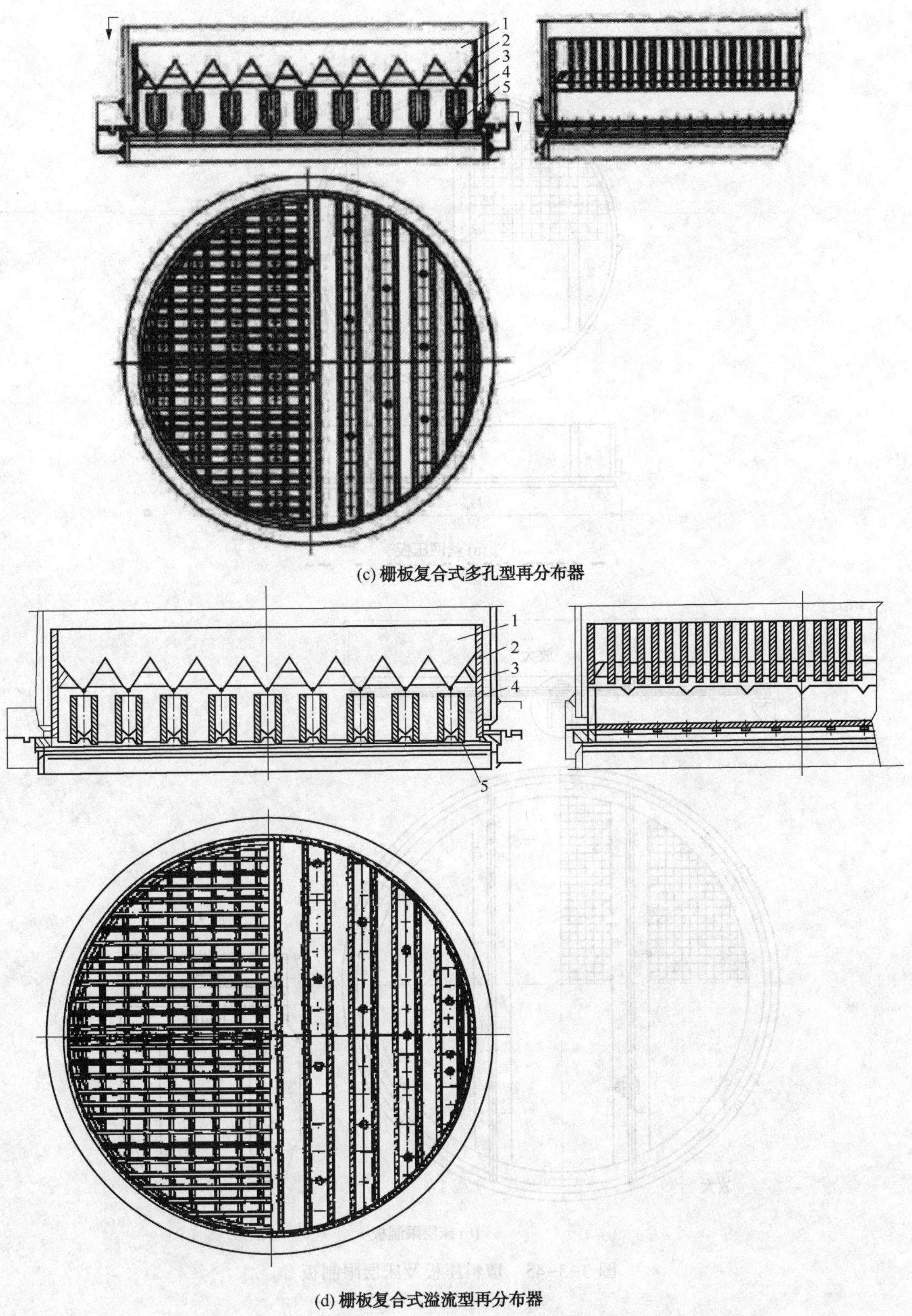

(c) 栅板复合式多孔型再分布器

(d) 栅板复合式溢流型再分布器

图 3-3-44　液体再分布装置(续)

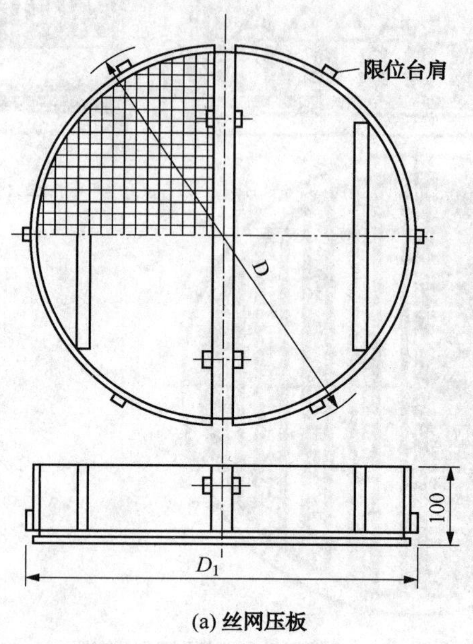

(a) 丝网压板

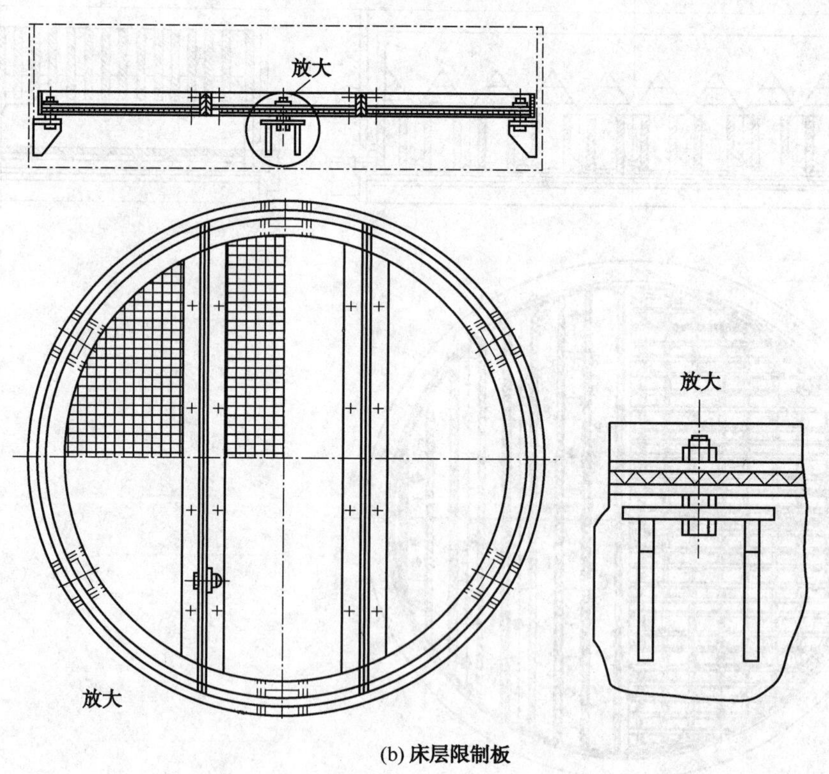

(b) 床层限制板

图 3-3-45　填料压板及床层限制板

第五节 其他内件

一、除沫器

当塔内气体流速较大，塔顶溅液现象严重，以及工艺过程不允许出塔气体夹带雾滴的情况时，应设置除沫器，从而减少液体夹带损失，确保气体的纯度，保证后续设备的正常操作。常用的除沫器有折板除沫器、丝网除沫器以及旋流板除沫器。此外还有链条除沫器、多孔材料除沫器及玻璃纤维除沫器等，在分离要求不严格的操作场合，还将干填料层作除沫器用。除沫器型式一般根据所分离液滴的直径、要求的除沫效率及给定的压力降来确定。

1. 折板除沫器

折板除沫器结构简单，缺点是好用金属多。折板除沫器中常用的是角钢除沫器，见图 3-3-46。

2. 丝网除沫器

丝网除沫器的比表面积大，重量轻，空隙率大，使用方便，除沫效率高，压力降小，是一种广为使用的除沫装置，见图 3-3-47。丝网除沫器使用与洁净的气体，不宜用于液滴中含有或易析出固体物质的场合(如碱液、碳酸氢铵溶液等)，以免液体蒸发后留下固体堵塞丝网。

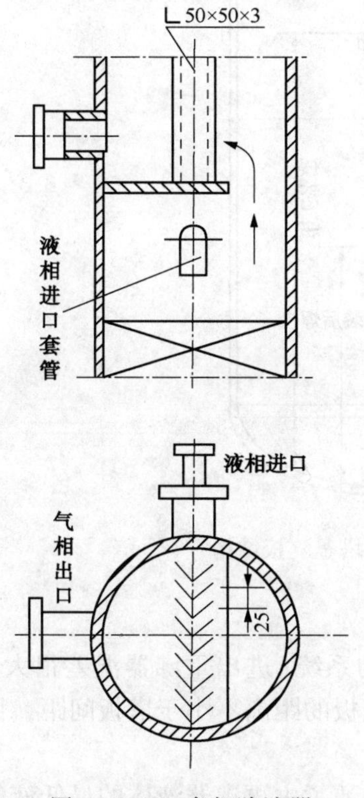

图 3-3-46 角钢除沫器

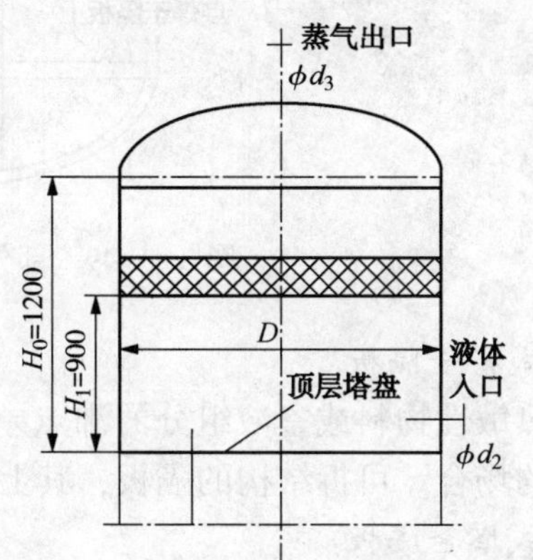

图 3-3-47 装在塔顶的丝网除沫器

丝网除沫器有下装式和上装式两种安装方式，见图 3-3-48。

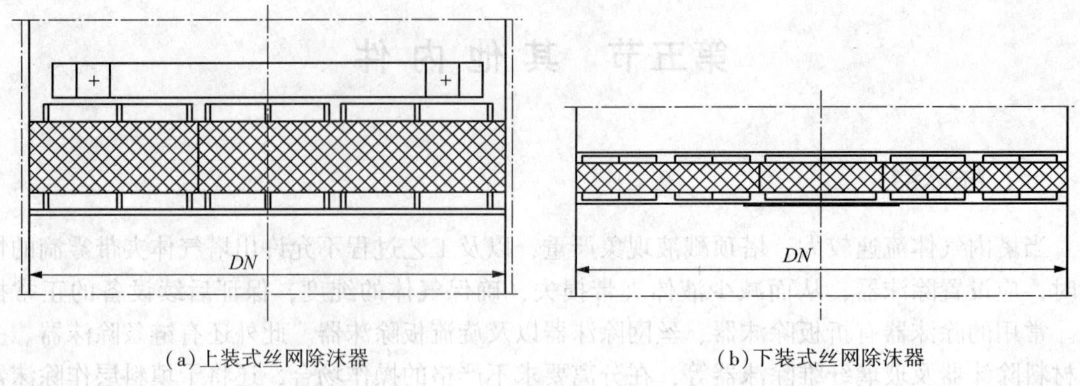

图 3-3-48　丝网除沫器安装方式

二、塔釜隔板

1. 部分循环式塔釜隔板

部分循环式塔釜隔板要求最底一层塔盘的降液板和隔板之间有一定的静液封高度，常取400mm，隔板上缘至塔板的距离不小于塔板间距，见图 3-3-49。隔板的其他尺寸，可从方便检修的角度选取。

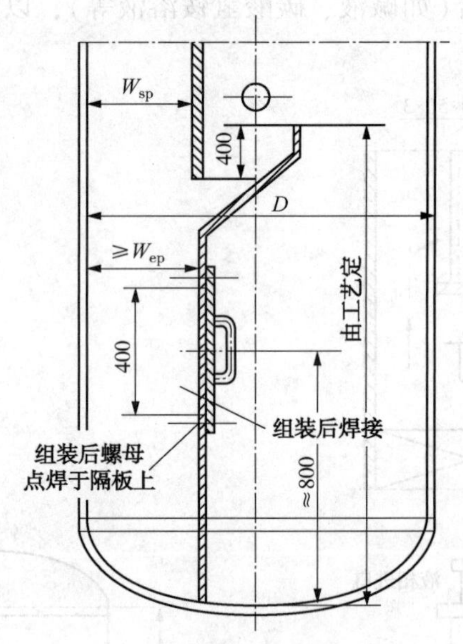

图 3-3-49　部分循环式塔釜隔板结构

2. 直流式塔釜隔板

适用于热敏性物料或釜液组分的沸点差较大的系统(进出重沸器温差很大)，也常用于物料易结焦的场合。可拆结构的隔板，其上缘至塔板的距离不小于塔板间距，见图 3-3-50。

3. 平衡式塔釜隔板

平衡式塔釜隔板在隔板下部开有平衡孔，它保证了去再沸器液体的最低液位，平衡孔至少应与去再沸器的接管等直径，当平衡孔直径大于等于 450mm 时，隔板上可不另开设人孔，见图 3-3-51。塔釜隔板应贴紧底封头，一般不需焊接。

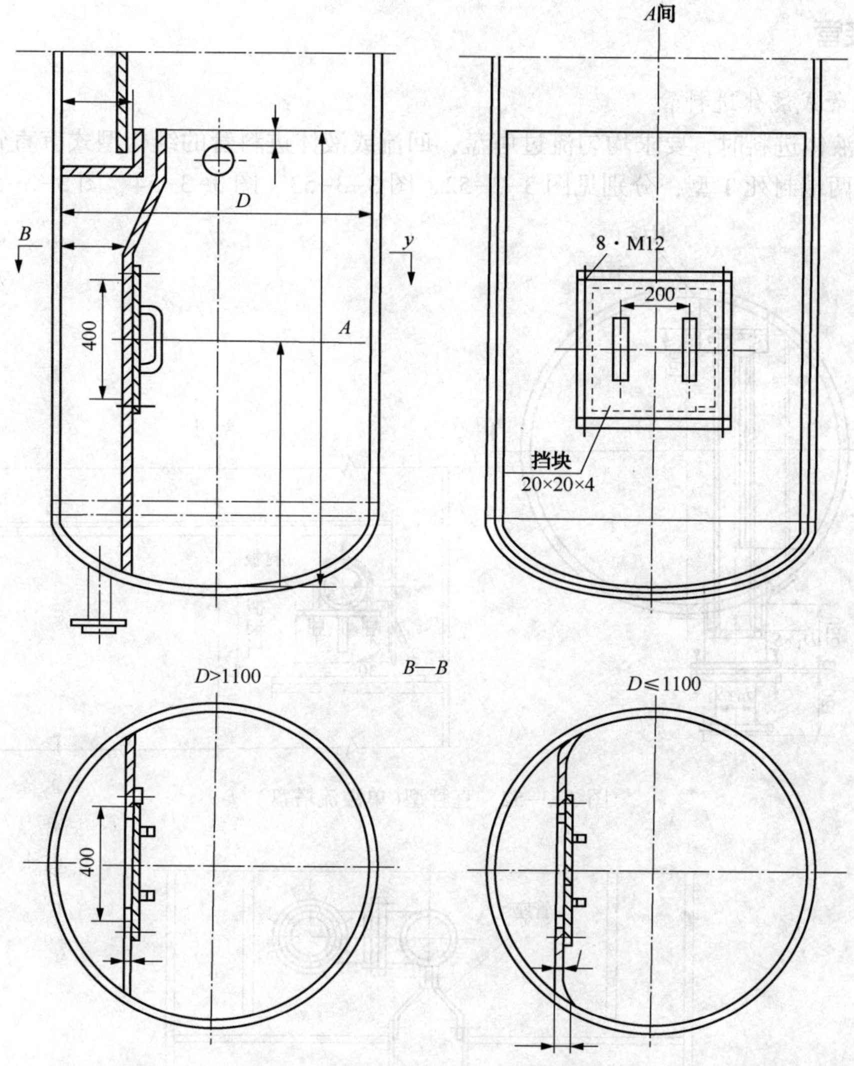

图 3-3-50 直流式塔釜隔板结构

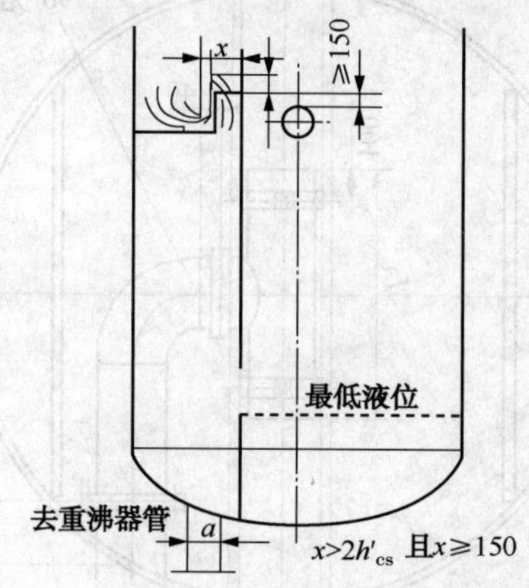

图 3-3-51 平衡式塔釜隔板结构

三、接管

1. 回流管或液体进料管

回流或液体进料时，要求均匀流过塔盘，回流或液体进料管的结构型式有直管型、两段开口 T 型、两端封死 T 型，分别见图 3-3-52、图 3-3-53、图 3-3-54、图 3-3-55。

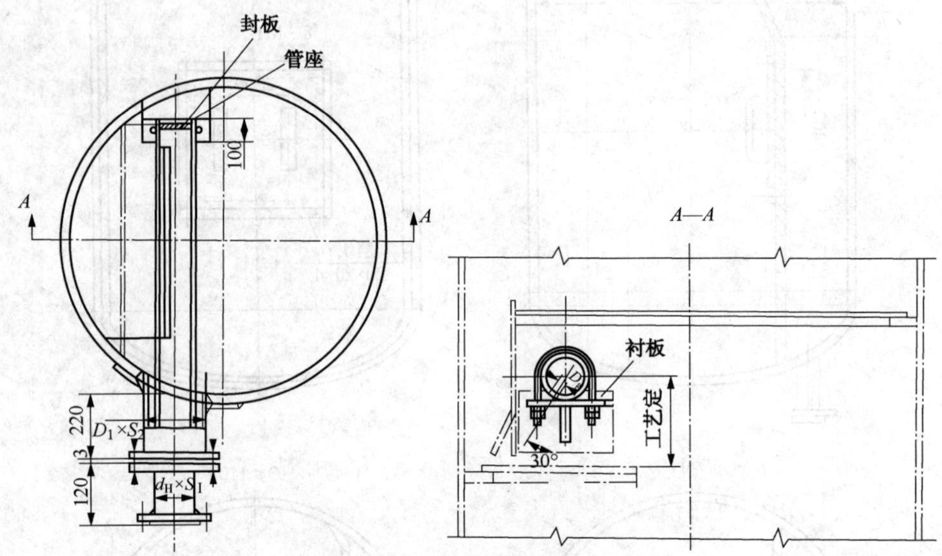

图 3-3-52　直管型(单溢流塔盘)

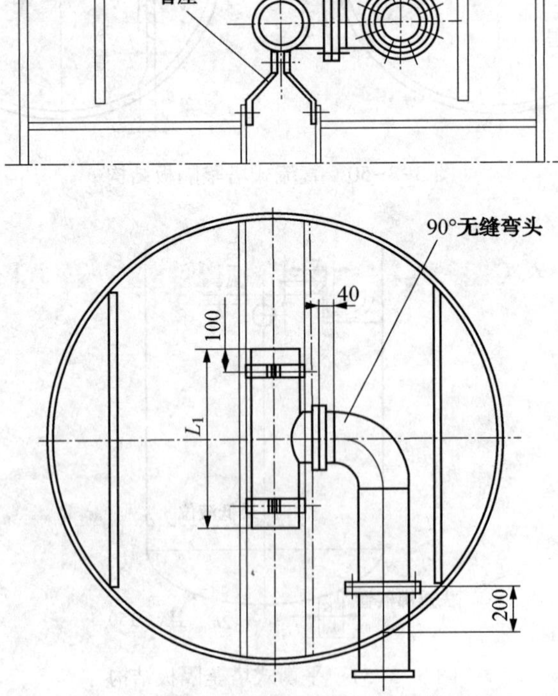

图 3-3-53　两端开口 T 型管(双溢流塔盘中间受液)

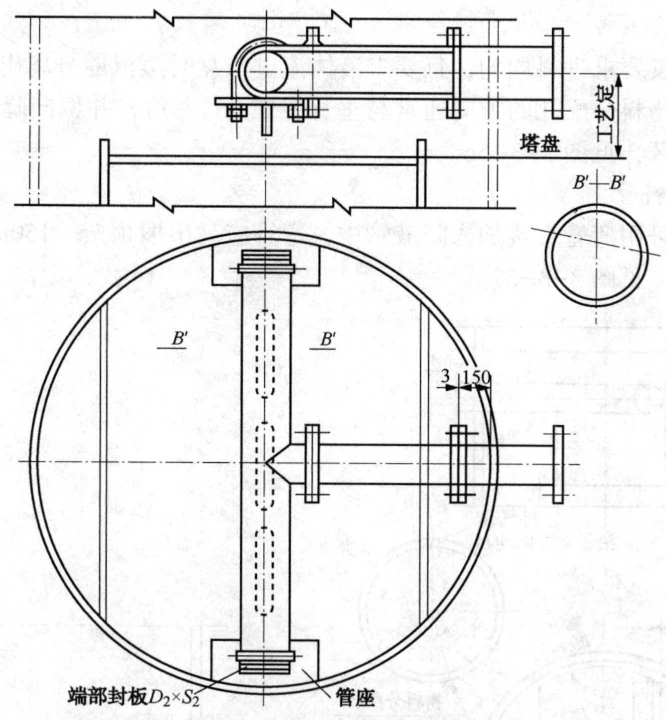

图 3-3-54　两端封死 T 型管(双溢流塔盘中间受液)

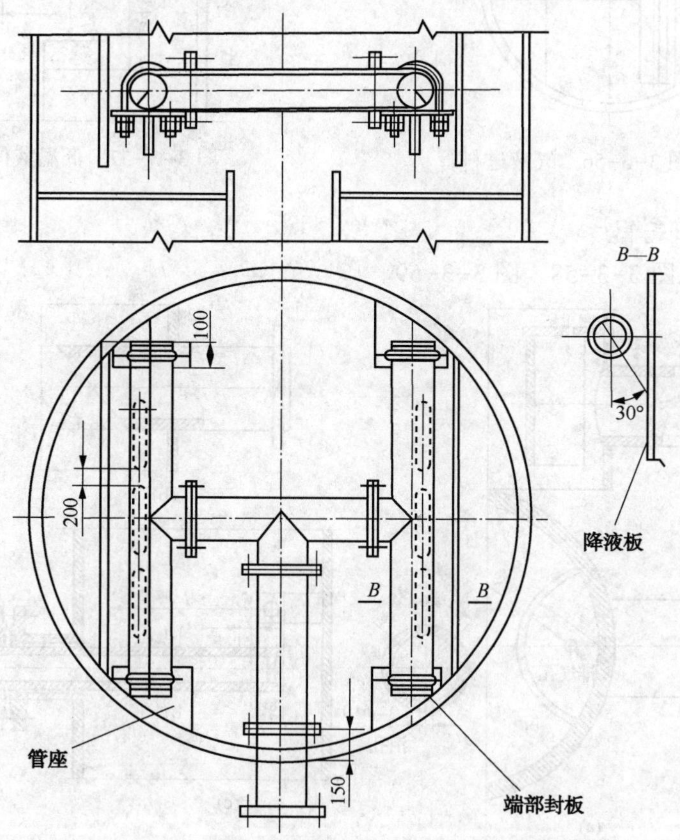

图 3-3-55　两端封死 T 型管(双溢流塔盘两侧受液)

2. 气液进料管

气液进料管不仅要求进料均匀，且要求液体流过塔盘时蒸汽能分离出来，分配管上方应开设排气孔，此时物料分配孔的方向通常与垂直线成15°夹角，并偏向降液板一侧，以免物料冲击塔板的开孔区，见图3-3-56。

3. 低温液体进料管

低温液体进料可用弯管直接加入降液管中，弯管应高出堰顶75~150mm，以免干扰塔盘上液体进入降液管，见图3-3-57。

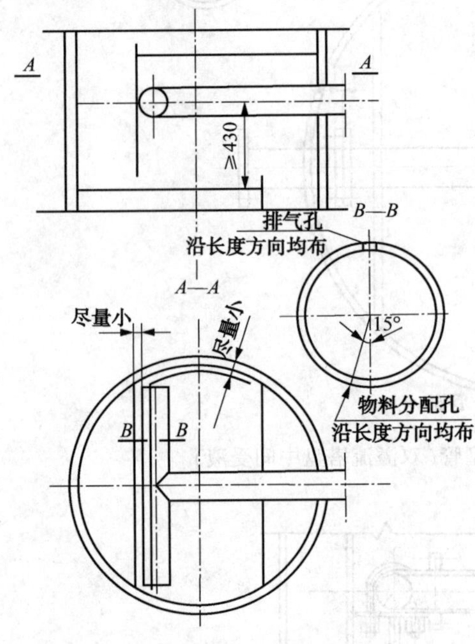

图3-3-56　气液进料管

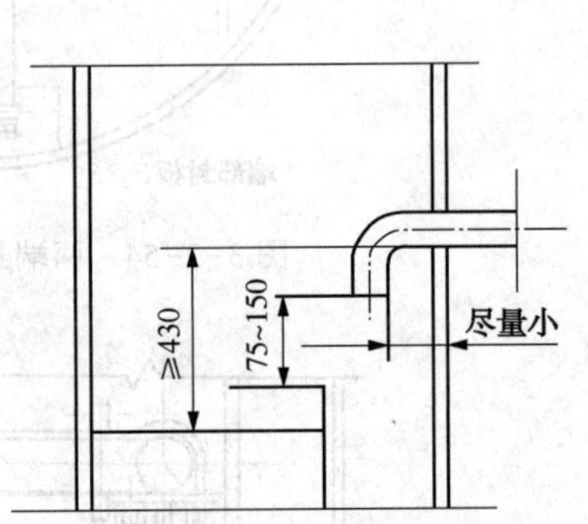

图3-3-57　低温液体进料管

4. 进气管与出气管

其结构分别见图3-3-58、图3-3-59。

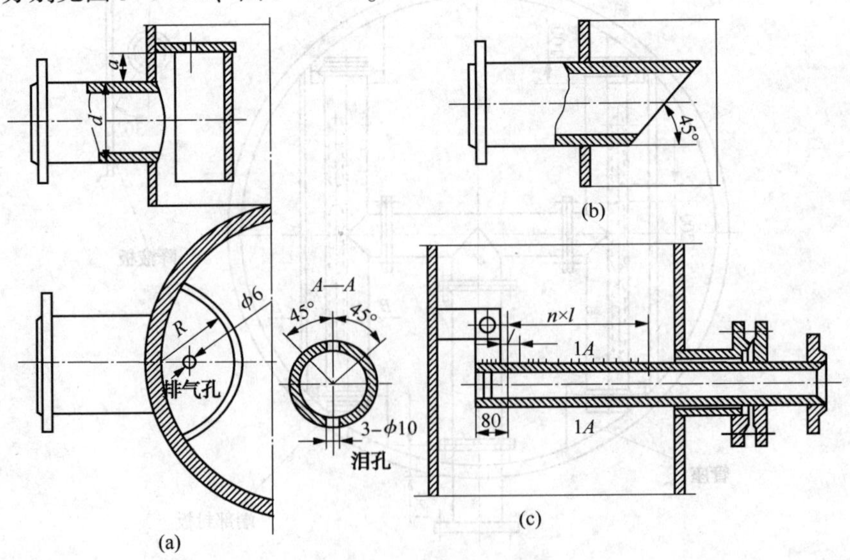

图3-3-58　进气管

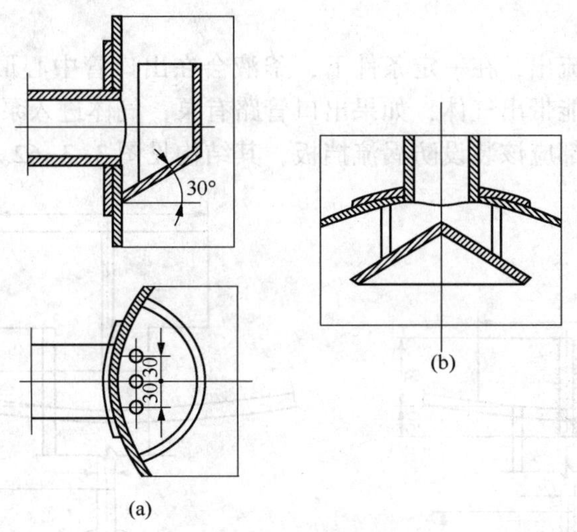

图 3-3-59　出气管

5. 侧线采出口

全采出口可采用升气管式采出板结构，升气管的截面积约为塔横截面积的 15%，在升气管上面设置帽盖。采出口接管下边应与采出板同高，以保证停工时能排净板上液体，见图 3-3-60。

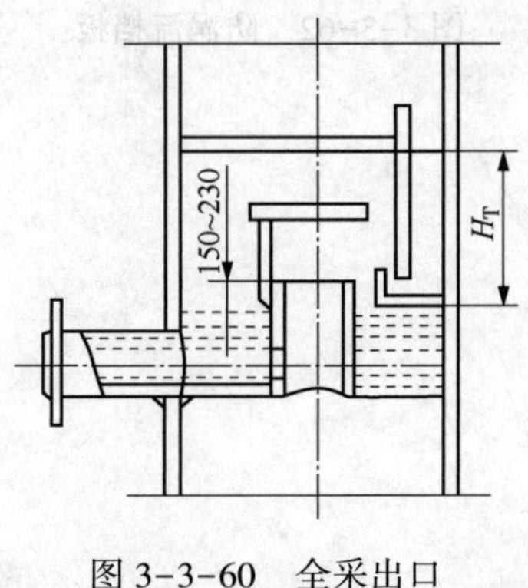

图 3-3-60　全采出口

当侧线液体采出量不超过塔内液体总流量的 60%时，采用部分采出口，见图 3-3-61。

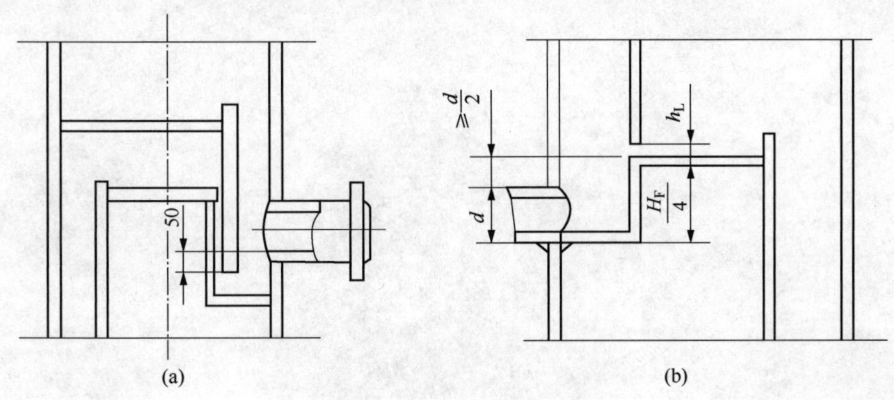

图 3-3-61　部分采出口

6. 釜液出口

釜液从塔底出口管流出，在一定条件下，釜液会在出口管中心形成一个向下的旋涡流，使塔釜液面不稳定，且能带出气体，如果出口管路有泵，气体进入泵内，会影响泵的正常运转，因此一般釜液出口都应该装设防涡流挡板，其结构见图 3-3-62。

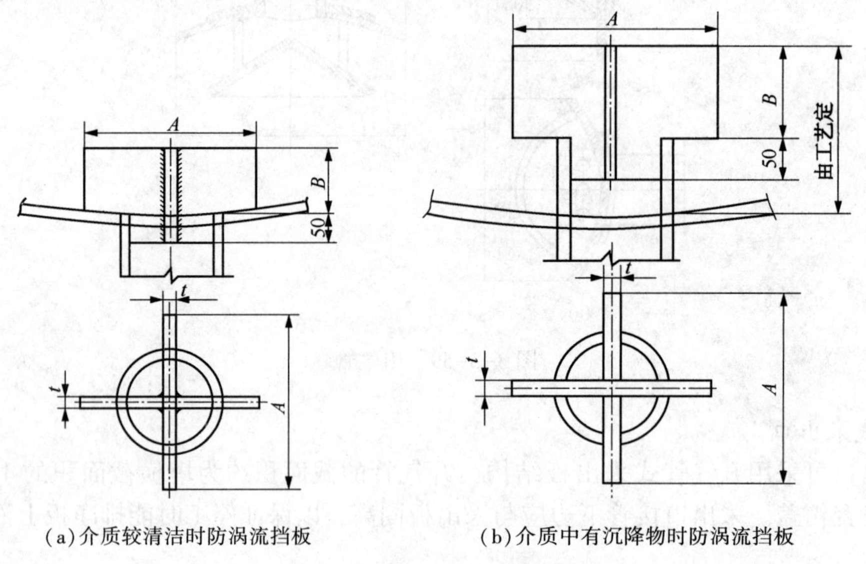

(a)介质较清洁时防涡流挡板 (b)介质中有沉降物时防涡流挡板

图 3-3-62 防涡流挡板

第四章　低温储罐

第一节　储罐类型

低温储罐可采用单容罐、双容罐和全容罐。单容罐应由一个储存液相介质的主储罐组成，可按气相介质封闭结构分为两种形式见图 3-4-1(a)和图 3-4-1(b)。双容罐由一个储存液相介质的主储罐和一个能够容纳主储罐泄漏时的全部液体的次储罐组成，但次储罐不能阻止气相介质的泄漏，两罐之间的环形间距不应大于 6.0m，见图 3-4-2(a)和图 3-4-2(b)。全容罐由一个储存液相介质的主储罐和一个能够容纳主储罐泄漏时的全部液体的次储罐组成，次储罐能阻止气相介质的泄漏，两罐之间的环形间距不应大于 2.0m，见图 3-4-3(a)和图 3-4-3(b)。

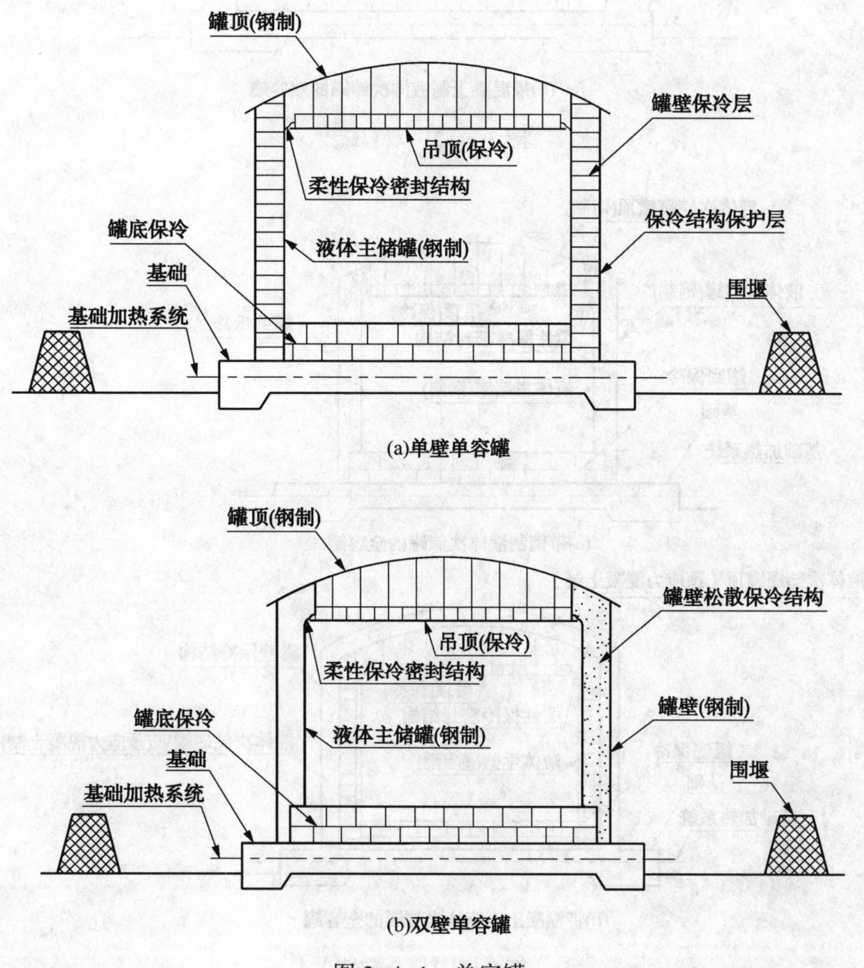

图 3-4-1　单容罐

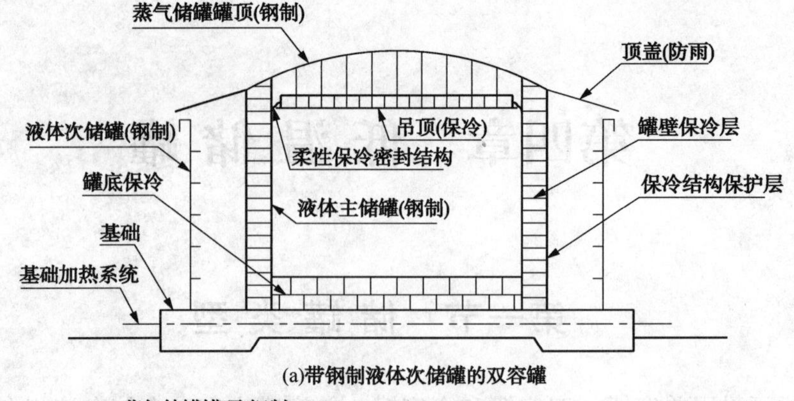

(a)带钢制液体次储罐的双容罐

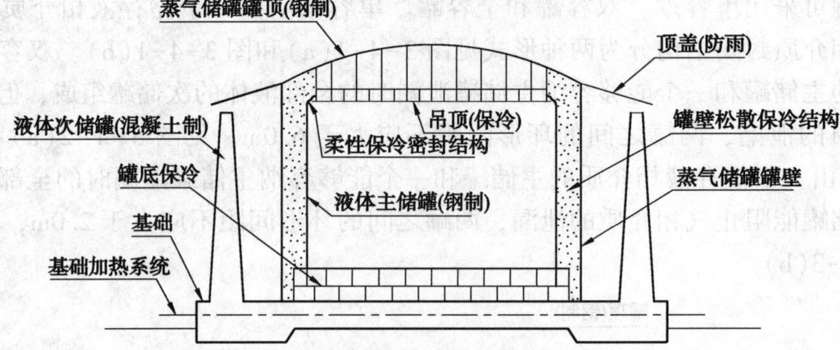

(b)带混凝土制液体次储罐的双容罐

图 3-4-2 双容罐

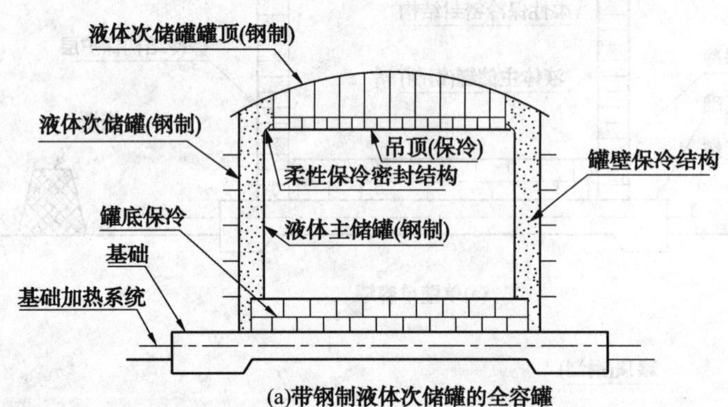

(a)带钢制液体次储罐的全容罐

(b)带混凝土制液体次储罐的全容罐

图 3-4-3 全容罐

第二节　低温储罐的基本要求及材料

一、低温储罐的基本要求

1. 低温储罐的设计应满足下列基本要求

(1) 正常操作条件下储存液体和蒸气。

(2) 在规定的速率下进料和出料。

(3) 汽化处于可控状态，异常情况下可以向火炬排放或放空。

(4) 维持指定的压力操作范围。

(5) 除异常情况下开启负压泄放阀外，应阻止空气和湿气进入。

(6) 汽化率满足规定要求并且尽可能减少外表面的冷凝或霜冻；应避免基础冻胀。

(7) 应限制由于异常作用引起的破坏，且不会导致储液损失。

2. 储罐的抗震设计一般不低于 6 级。

3. 预应力混凝土外罐可设置液体密封衬里；当不设置液体密封衬里时，液体密封性应由混凝土结构中的最小压缩区来保证。

4. 储罐物料进出口宜设置在罐顶。当设置在下部时，与外部管道应采用焊接方法连接。

5. 不宜在液体主储罐和液体次储罐上设置连接。

6. 液体主储罐的罐壁高度应高于最高液位至少 300mm。

7. 储罐设计时应设置储罐沉降观测点。

8. 应采取措施防止基础冻胀，当设置基础加热系统时，应保证基础任意部位的温度不会降至 0℃以下。

9. 对于预应力混凝土液体次储罐应设置热保护系统。热保护系统应覆盖整个底部和罐壁下部，包括双层底板和绝热材料。

10. 热保护系统的高度应根据罐壁与基础底板连接处的温度分布和变形程度确定。

11. 低温储罐应设雷电防护设施。

12. 低温储罐应按相关标准要求设置火灾保护设施。

13. 低温储罐的寿命不低于 25 年。

二、低温储罐材料

1. 罐体部分

(1) 低温储罐罐体部分用金属材料，应符合相应的国家标准或行业标准的规定。

(2) 低温储罐罐体部分金属材料用钢，应附有钢材生产单位的钢材质量证明书原件，施工单位应按质量证明书对钢材进行验收，必要时应进行复验。

(3) 选择低温储罐罐体部分用钢时，应考虑储罐的使用条件(如设计温度、储液特性、操作工况等)、材料的性能(力学性能、工艺性能、化学成分和物理性能)及经济合理性。

(4) 当采用保冷材料将钢制部件与低温液体或蒸气隔绝时，各部件的设计温度应按各种载荷工况中最不利的工况来确定。

(5) 设计单位对钢材有特殊技术要求时(如要求特殊冶炼方法、严格的化学成分规定、较高的冲击功指标、提高无损检测合格等级、增加力学性能检验率等)，应在设计文件中规定。

2. 液体主储罐和液体次储罐

(1) 储罐所用钢板的标准及厚度使用范围应符合表 3-4-1 的规定。

表 3-4-1　钢板厚度使用范围

序号	钢号	钢板标准	使用状态	最低使用温度/℃	三个标准试样冲击功平均值 KV_2/J
1	16MnDR	GB3531	正火，正火加回火	-40	34
2	15MnNiDR	GB3531	正火，正火加回火	-45	34
3	09MnNiDR	GB3531	正火，正火加回火	-70	34
4	9Ni490	GB24510	两次正火加回火	-196	40
5	9Ni490A	GB24510	淬火加回火或两次淬火加回火	-196	50
6	9Ni490B	GB24510	淬火加回火或两次淬火加回火	-196	80
7	06Cr19Ni10	GB/T3280	固溶	-196	
8	06Cr19Ni10	GB/T4237	固溶	-196	

(2) 冲击试样的取样部位和试样方向应符合相应钢材标准的规定，冲击试样每组取三个标准试样(宽度为 10mm)，允许一个试样的冲击功数值小于表 3-4-1 的规定值，但不得低于规定值的 70%。当钢材尺寸无法制备标准试样时，则应依次制备宽度为 7.5mm 或 5mm 的小尺寸冲击试样，其冲击功指标分别为标准试样冲击功指标的 75%或 50%。

(3) 当选用铝材作为吊盘时，铝材应符合《一般工业用铝及铝合金板、带材》GB/T 3880 的要求。

(4) 储罐所用钢管的标准、使用状态及厚度使用范围应符合表 3-4-2 的规定。

表 3-4-2　钢管厚度使用范围

序号	钢号	钢管标准	使用状态	壁厚/mm	最低使用温度/℃
1	10	GB9948	正火	≤20mm	-30
2	20	GB9948	正火	≤30mm	-20
3	16MnDG	GB/T18984	正火	≤30mm	-45
4	09Mn2VDG	GB/T18984	正火	≤30mm	-70
5	0Cr18Ni9	GB/T14976		≤18mm	-196

(5) 表 3-4-2 中 10 钢和 20 钢钢管的化学成分(熔炼分析)磷含量不应大于 0.025%、硫含量不应大于 0.015%。且热轧钢管应在热轧后重新加热进行正火热处理，不允许用终轧温度符合正火温度的热轧代替正火。

(6) 10、20、16MnDG、09Mn2VDG 钢三个纵向标准冲击试样的冲击功平均值不小于 31J，允许一个试样的冲击功低于 31J。但不得低于 22J。因尺寸限制无法制备标准试样的钢管，则应依次制备宽度为 7.5mm 或 5mm 的小尺寸冲击试样，其冲击功指标分别为标准试样冲击功指标的 75%或 50%。

(7) 储罐接管所用锻件材料应符合《低温压力容器用低合金钢锻件》JB/T 4727 或《压力容器用不锈钢锻件》JB 4728 的要求。

(8) 储罐接管法兰所用螺栓、螺柱及螺母的材料应符合《合金结构钢》GB/T 3077 或《不锈钢棒》GB/T 1220 的要求。

3. 蒸气储罐

(1) 蒸气储罐所用钢板使用厚度范围应符合表 3-4-3 的规定。

表 3-4-3　钢板厚度使用范围

设计温度/℃	钢号	钢板标准	使用状态	三个标准试样冲击功平均值 KV_2/J	板厚/mm
≥0	Q235C	GB/T3274	热轧	27	≤24mm
≥0	Q245R 或 Q345R	GB713	热轧、控轧或正火	31 或 34	≤30mm
≥-20	Q245R 或 Q345R	GB713	热轧、控轧或正火	31 或 34	≤30mm

(2) 设计温度低于-20℃时，则应在不超过设计温度的条件下进行冲击试验，且三个标准试样横向冲击功平均值 KV_2 不应小于 34J，且钢板应在正火状态下使用。

4. 焊接材料

(1) 焊接材料应根据母材的化学成分、力学性能、焊接性能，并结合储罐的结构特点、使用条件及焊接方法综合考虑选用，必要时通过试验确定。

(2) 焊接材料应有质量证明书，质量证明书应注明标准号、焊接材料型号、规格、熔敷金属的化学成分、力学性能、药皮含水量(或熔敷金属扩散氢含量)以及相关的特种性能测定等。

(3) 不同强度级别的碳素钢、低合金钢之间的焊接接头应保证抗裂性能和力学性能，且抗拉强度不应超过强度较高母材标准规定的上限值，也不应低于强度较低母材标准规定的下限值。

(4) 高合金钢与碳素钢、低合金钢之间的焊接接头应保证抗裂性能和力学性能，宜采用铬镍含量较高合金钢母材高的焊接材料。

第三节　金属部件建造、检验和验收

一、材料管理

1. 材料管理一般规定

(1) 低温储罐用的钢材、附件、焊材应有质量证明文件。其特性数据应符合相关标准，并满足设计文件的要求。

(2) 低温钢材、低温焊接材料和低温附件的质量证明文件应标明钢号、规格、化学成分、力学性能、低温冲击韧性值、供货状态及材料的制造标准。

(3) 低温储罐用的钢板，应逐张进行外观质量检查，并应符合下列规定：

1) 钢板表面不得有裂纹、气泡、折叠、夹杂、结疤和压入的氧化铁，钢板不得有分层；

2) 低温钢板表面不得存在机械划伤；

3) 钢材表面的制造厂标志清晰并与质量证明文件相对应。

(4) 钢板表面局部减薄量与钢板实际负偏差之和，应不大于相应钢板标准允许负偏差值。

(5) 低温钢材、低温焊接材料应按有关规定对化学成分、力学性能、低温冲击韧性指标进行抽样复验。

2. 储存和运输

（1）储罐用钢板在加工、运输和储存过程中，应防止被混淆，并针对天气采取相应的防护措施。

（2）不锈钢材料在加工、运输和存储时，应防止表面被污染。

（3）应避免9%Ni钢的磁化，当9%Ni钢运至现场时，剩磁应不超过50G（高斯）。

（4）应按照相应焊材标准或焊材供应商的要求，进行焊材的防护和储存。

3. 标识及移植

（1）对于低温钢板，应进行适当标识。

（2）储罐安装完成后材料标识应仍然清晰可见。如果在制造过程中标识被加工掉，至少应将一处标识移植到储罐完工后能够看清的部位。

二、预制

1. 储罐罐壁和罐底排板应满足下列要求：

（1）中幅板的直边长度应不小于500mm；

（2）底板任意相邻焊缝之间的距离应不小于300mm；

（3）边缘板对接缝与罐壁纵缝的距离应不小于300mm；

（4）底圈壁板外表面与边缘板外沿之间的距离应不小于50mm；

（5）相邻两层壁板纵缝之间的距离不应小于300mm；

（6）罐壁加强圈对接缝与罐壁板纵缝之间的距离不应小于300mm。

2. 钢板边缘加工应满足以下要求：

（1）采用火焰切割加工的钢板周边应打磨出金属光泽，不应有氧化物和分层。

（2）钢板下料切割的允许偏差应根据钢板加工工艺、车间加工工艺以及推荐的安装方法确定，每层壁板宽度方向切割允许偏差应控制在4mm范围内。

（3）罐底边缘板下料切割后，应按照JB/T 4730.3《承压设备无损检测　第3部分：超声检测》，对边缘板外边缘以及短边150mm宽度范围内进行超声检测，检查是否有分层。

3. 钢板卷制时壁板应垂直于辊的轴线。卷制后直立于平台上，水平方向应用弦长不小于2000mm内弧样板检查，其间隙应不大于4mm；垂直方向用长度不小于1000mm的直线样板检查，其间隙应不大于2mm。

4. 液体主储罐或液体次储罐上的接管颈部采用钢板卷制时，应对接管颈部纵向焊缝进行100%射线或超声检测。

5. 如果罐壁接管颈部由厚度大于或等于25mm的碳钢钢板制作时，应对接管与罐壁和补强圈焊接区域进行超声检测，检查是否有分层。

6. 如果法兰由钢板制作而成，应按照JB/T 4730.3《承压设备无损检测　第3部分：超声检测》进行超声检测，确定无分层。

7. 平焊法兰应进行双层焊接，带颈对焊法兰应采用全焊透对接接头形式。

8. 补强板应进行滚弧加工，以保证补强板与对应的壁板具有相同的曲率，且每个补强板上应至少开设一个信号孔。

9. 现场所有螺栓孔必须采用机械钻孔，不得采用火焰切割。

10. 预制完的构件与大气接触的一面，应进行除锈和防腐。

11. 预制完成的构件应及时将构件编号标注在构件上。

12. 预制件应按规定做好具有防变形功能的包装。

三、现场安装

1. 基础采用环梁时，环梁顶部应找平，从设计标高处测量，水平度应为：任意 10m 弧长范围内不超过±3mm，整个圆周上，不超过±6mm。

2. 采用混凝土整板基础时，罐壁位置向内和向外的各 300mm 范围内应符合环梁水平度的要求，其余部位用 3m 长的样板测量，水平度不得超过±15mm。

3. 罐底组装焊接应采用合理的程序，可以安装临时工卡具，将底板变形控制至最小。

4. 在小于 3m 的长度范围内，罐底板凹凸变形允许偏差为 50mm。

5. 罐壁组装的错边量应满足下列要求：

（1）纵缝错边的允许偏差应符合表 3-4-4 的规定。

表 3-4-4　纵缝错边量

板厚 δ/mm	$\delta \leqslant 15$	$15<\delta \leqslant 30$	$\delta>30$
错边允许偏差值/mm	1. 5	10%δ	3

（2）环缝错边的允许偏差为环缝上层壁板厚度的 20%，且不大于 3mm。

6. 底圈壁板与罐底组装焊接后，在距壁板底部 300mm 高度每张壁板的中点位置沿水平方向测量半径，允许偏差应符合表 3-4-5 规定。

表 3-4-5　底圈半径允许偏差

储罐直径 D/m	$D \leqslant 12$	$12<D \leqslant 46$	$46<D \leqslant 76$	$D>76$
半径允许偏差/mm	±12	±19	±25	±30

7. 任意高度处最大直径与最小直径的差值，允许偏差为直径的 1%和 300mm 二者之间的最小值。

8. 纵向凹凸变形使用 1m 长的直线样板测量，水平方向凹凸变形使用和储罐曲率相同的 1m 长的弧形样板测量，参见图 3-4-4，凹凸变形允许偏差应符合表 3-4-6 的规定。

表 3-4-6　壁板局部凹凸变形的允许值

板厚 δ/mm	$\delta \leqslant 12.5$	$12.5<\delta \leqslant 25$	$\delta>25$
壁板的局部凹凸变形允许值/mm	16	13	10

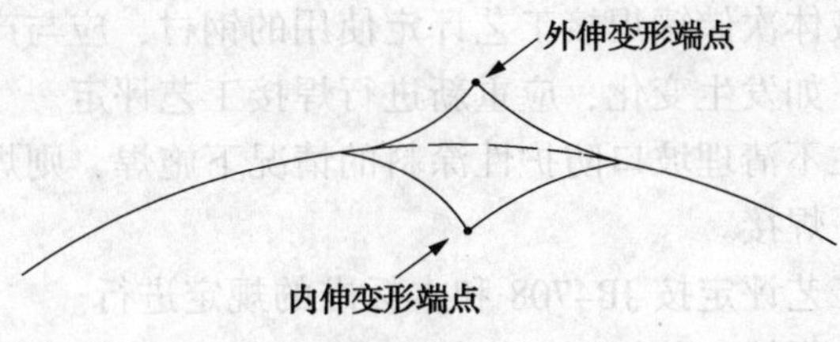

图 3-4-4　外伸和内伸变形端点

9. 焊缝角变形可以是内凹和外凸参见图 3-4-5，允许偏差对两种情况都是适用的。

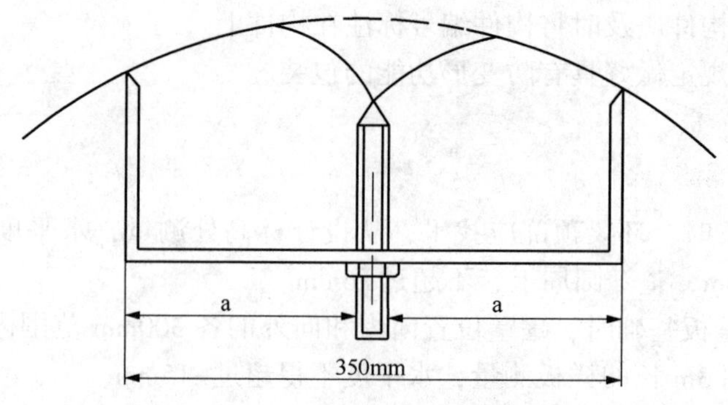

图 3-4-5　测量最大变形的仪器

10. 焊缝棱角度应符合表 3-4-7 的规定，其测量方法参见图 3-4-5。

表 3-4-7　焊缝棱角度

板厚 δ/mm	$\delta \leqslant 12$	$12<\delta \leqslant 25$	$\delta>25$
棱角度/mm	≤12	≤10	≤8

11. 单层壁板垂直度和储罐总体垂直度均应为壁板高度的 1/200，最大不超过 50mm。

12. 采用的安装工艺应能保证罐顶在整个安装过程中的稳定性。如果采用临时支撑结构，应采取措施，避免临时支撑梁的扭曲和的临时支撑结构的整体旋转。

13. 防潮板的总体垂直度应不大于 100mm。

14. 接管开孔中心位置偏差不得大于 10mm，接管外伸长度的允许偏差应为$^{+10}_{0}$mm。

15. 开孔接管法兰的密封面应完好，不得有径向划痕，法兰密封面与接管轴线的垂直度应为法兰外径的 1%，且不应大于 3 mm，法兰螺栓孔应跨中安装。

16. 临时附件应采用与其连接的材料相同的焊接工艺焊接，且应满足下列要求：

（1）临时附件应采用热切割、刨削或磨削的方法进行去除。

（2）采用热切割或刨削的方法去除临时附件时，应保留 2mm 的临时附件，进行磨平。

（3）临时附件去除后，应进行磁粉或渗透检测，检查是否含有裂纹。

四、焊接

1. 焊接工艺评定应符合下列要求：

（1）包括修补焊和定位焊在内的所有焊接，均应进行焊接工艺评定，制订焊接工艺规程。

（2）液体主储罐和液体次储罐焊接工艺评定使用的钢材，应与产品使用钢材为同一家钢厂、相同制造工艺制造，如发生变化，应重新进行焊接工艺评定。

（3）如果产品需要在不清理坡口防护性涂料的情况下施焊，则焊接工艺评定试件也应在涂刷防护性涂料的情况下焊接。

（4）低温储罐焊接工艺评定按 JB4708 和本标准的规定进行。

（5）安装单位制订的焊接工艺规程和焊接工艺评定报告应经建设单位审查批准。

2. 试件厚度应符合下列规定：

（1）评定合格的焊接工艺适用于焊件厚度的有效范围应符合 JB4708 的要求。

（2）罐壁环焊缝的焊接工艺评定应符合下列要求：

1）应采用横焊位置；

2）应采用厚度等于或小于最薄罐壁的试板进行焊接工艺评定；

3）应采用厚度等于或大于最厚罐壁的试板进行焊接工艺评定。

（3）罐壁垂直焊缝的焊接工艺评定应符合下列要求：

1）应采用立焊位置；

2）应采用厚度等于或小于最薄罐壁的试板进行焊接工艺评定；

3）应采用厚度等于或大于最厚罐壁的试板进行焊接工艺评定。

3. 冲击试验应符合下列规定：

（1）当规定做冲击试验时，对每一种焊接方法（或焊接工艺）的焊缝区和热影响区都要做冲击试验。焊缝区和热影响区各取一组冲击试样，每组试样由3个试样组成。

（2）当规定做冲击试验时，焊接工艺评定试板应标识钢板轧制方向，除罐壁垂直焊缝试板的钢板轧制方向可以与焊接接头垂直外，其他焊缝评定试板的钢板轧制方向应与焊接接头平行。

（3）焊缝和热影响区V形缺口冲击试验的试验温度和冲击功应符合设计文件要求。

4. 9%Ni钢拉伸试验的抗拉强度应不小于罐壁垂直焊缝设计值和（或）80%的罐壁环焊缝设计值。

5. 焊工和焊机操作工应按《锅炉压力容器压力管道焊工考试管理规则》规定考试合格。

6. 单容罐、双容罐和全容罐的产品试板应符合下列要求：

（1）对于液体主储罐和液体液体次储罐，应保证罐壁最厚板和罐壁最薄板的垂直焊缝以及每一种相应的焊接工艺至少各制作一块产品焊接试板。

（2）当最底圈壁板与最顶圈壁板的厚度差大于20mm，应制作一块附加产品试板，该试板厚度取最底圈壁板与最顶圈壁板的平均厚度近似值。

（3）产品试板应与罐壁板同炉号。

（4）产品试板用焊材应与相应产品焊缝使用的焊材相同的制造商及同一类型。

（5）试板宽度应不小于400mm，即焊缝每侧200mm，试板尺寸应足够大，以避免热效应对机械性能的影响。

（6）现场实际条件允许时，应尽可能早地进行产品试板的焊接与试验。

（7）若由于安装方法的限制，当产品试板不能置于罐壁垂直焊缝顶端时，应根据其代表的产品焊缝的焊接工艺规程，选择合适的位置在现场进行焊接。

（8）产品试板的检验和试验要求与焊接工艺评定规定相同。允许只做焊缝金属和热影响区的V形缺口冲击试验。应允许重复试验。若重复试验结果仍不合格，应采取校正措施，并通知建设单位。

7. 定位焊和临时焊缝应符合下列规定：

（1）定位焊和临时焊缝应由合格焊工完成。

（2）若定位焊缝不影响随后焊缝的质量，且与随后焊缝完全融合，则不需要去除。

8. 焊接环境条件应符合下列规定：

（1）承包商应采取可靠措施，以保证焊缝质量不受潮湿、雨水和风的影响。

（2）当母材温度低于5℃时，应对焊接接头两侧的母材进行预热，预热温度应大于等于5℃，应保证母材厚度方向温度均匀。

9. 若需要预热，应在焊接开始前进行。预热范围为焊缝两侧各不小于焊件厚度的 4 倍，且不小于 75mm，预热时间应足够长，以保证母材厚度方向温度均匀。

10. 焊后热处理应符合下列要求：

（1）罐壁接管和人孔与罐壁或嵌入形加强板焊后，应在储罐安装前对此组焊件进行焊后热处理。热处理前应制订热处理方案。对于组焊件厚度小于 16mm、组焊件厚度小于 30mm 且接管名义直径小于 300mm、仅储存气体的外罐壁上的接管或人孔可以不进行焊后热处理。本规定适用于碳锰钢，不适用于 1.5%Ni 钢和 9%Ni 钢、奥氏体不锈钢和非铁材料。

（2）当 9%Ni 钢板冷成型的最大纤维应变大于 3%时，应进行热处理。冷成型最大纤维应变按下式计算：

$$S = 50\frac{t}{R_{\mathrm{f}}}\left(1 - \frac{R_{\mathrm{f}}}{R_0}\right)$$

式中 R_0——初始半径(平板为无穷大)，mm；

R_{f}——最终半径，mm；

S——最大纤维应变，%；

t——板厚，mm。

（3）热处理炉应设置一定数量的测温设施，并进行连续自动测温，以保证焊件各部位温度均在规定范围内。

（4）对组焊件和加工成型后的钢板应进行适当加固，以防止在热处理过程中产生变形。

（5）工件入炉时，炉内温度应不大于 400℃。400℃以上的加热速度应不大于 5500/e℃/h(e 为罐壁板或嵌入板的厚度，mm)，且不大于 220℃/h。

（6）当温度大于 150℃时，被加热工件在长度 4500mm 范围内各部位的温度应均匀一致。保温过程中，被加热工件各部位的温度应保持在 580～620℃。对于调质钢，应与钢板制造商协商确定上述参数。

（7）应控制炉膛温度，避免工件表面过氧化，火焰不应直接接触工件表面。

（8）当工件达到规定的、均匀一致的温度时，应进行保温。罐壁保温时间按每 mm 厚度 2.5min 确定；嵌入板的保温时间最少 1h。

（9）当采取较低的热处理温度时，可参照表 3-4-8 选择保温时间。

表 3-4-8 热处理温度较低的保温时间

保温温度/℃	500	540	570
单位厚度(mm)的保温时间/min	12.5	7.5	5.0

（10）工件应在炉内以不大于 5500/e(e 为罐壁板或嵌入板的厚度，mm)，且不大于 220/h℃/h 的冷却速度冷却到 400℃。温度低于 400℃时，工件可以在静止空气中冷却。

五、检验

1. 从事低温储罐的无损检测(包括射线检测、超声检测、渗透检测和磁粉检测)人员，应按《特种设备无损检测人员考核与监督管理规则》(国质检锅[2003]248 号)取得与其工作相适应的资格证书。

2. 无损检测应由一个与生产部门保持独立的部门完成。且应准备检验和试验工艺，每个工艺至少应包含下列内容：

（1）检验试验工艺的适用范围；

（2）操作条件：

1）使用的设备类型；

2）消耗性材料的类型和特点；

3）试验的时间、温度等参数；

4）获取读数的光线等条件。

3. 承包商应确保维持一套材料标识或鉴定系统（光谱）。该系统允许在建造过程中的任何时候进行鉴定。

4. 单容罐、双容罐和全容罐的液体主储罐和液体次储罐焊缝应按照规范要求进行检验。

5. 储罐制造和安装过程中，应按照《立式圆筒形低温储罐施工技术规程》SH/T3537 的规定进行表面检查，检查焊瘤、焊缝的形状和尺寸，以及焊缝、钢板、接管和储罐各附件的表面缺陷。

注：表面检查应在其他无损检测或试验之前进行。

6. 渗透检测应按照 JB/T 4730.5《承压设备无损检测　第五部分：渗透检测》的规定进行，渗透检测试验应采用适用的渗透材料，并确保渗透材料不会污染被检查试样和储存的产品。

7. 磁粉检测应按照 JB/T 4730.4《承压设备无损检测　第四部分：磁粉检测》的规定进行，9%Ni 钢不允许采用磁粉检测，磁粉检测采用移动式电磁设备，在被检测零件上形成一个封闭的电磁回路。

8. 真空试漏应符合下列规定：

（1）钢板应洁净；焊缝应去除油污以及任何可能影响检查质量的焊渣和鳞片；

（2）应保证使用的泵送系统的真空度不小于 30kPa；

（3）使用的肥皂水应具有高润湿性、低黏度、表面张力小和高发泡能力。

9. 肥皂泡检测除应符合 8.6.9 条 1、3 款规定外，还应符合下列规定：

（1）罐壁与罐底之间采用双面角焊缝的检测应将压力不低于 50kPa 的空气通过试验专用螺孔，注入角焊缝内，并在试验过程中保持这一压力；在焊缝上涂刷或喷洒肥皂水。试验中应确保罐壁两侧角焊缝的试验压力沿罐壁周边连续分布。试验完毕，应将螺孔封闭。

（2）补强板焊缝的检测应用肥皂水润湿后，将压力不低于 50kPa 的空气通过螺孔注入，维持至少 30s。试验完毕将螺孔封闭。

（3）罐顶外部角焊缝检测应在钢顶气压试验后，用肥皂水将外部角焊缝润湿。试验过程中，应维持设计压力。

10. 射线检测应按照 JB/T 4730.2《承压设备无损检测　第二部分：射线检测》中 AB 级检测技术进行射线检测，且应符合下列规定：

（1）按照被检查材料的厚度和区域选择射线源；

（2）使用符合 GB/T 19384.1—2003《无损检测　工业射线照相胶片　第一部分：工业射线胶片系统的分类》中 T3 或更高一类的胶片；

（3）射线用胶片的长度应为 400mm。如果没有任何胶片标记，且从焊缝任意一侧可以看到焊缝母材 10mm 宽度，则允许使用窄胶片；

（4）像质计应符合 JB/T 4730.2《承压设备无损检测　第二部分：射线检测》中附录 F 的规定，对比试块应符合 JB/T 4730.2 附录 H 的规定；

(5) 对焊缝胶片进行标记。标记和位置，连同有关焊工资格应一起标注在胶片上。每张胶片应标注所在的储罐编号，以及在储罐上的位置；

(6) 胶片应至少保存五年，并根据合同的规定，由承包商、安装单位或业主保存。

11. 经射线检测的焊缝验收标准应执行 JB/T 4730. 2《承压设备无损检测　第二部分：射线检测》中Ⅰ～Ⅳ类材料，Ⅱ级合格，其余材料Ⅲ级合格。

12. 超声检测应按照 JB/T 4730. 3《承压设备无损检测　第三部分：超声检测》中规定进行，且应符合下列规定：

(1) 超声检测作为一种补充试验方法；

(2) 当采用超声检测替代射线检测时，只接受标准的、可复验并能够提供永久检测记录的检验；

(3) 当采用超声检测时，应有 20%用射线检测复查。

13. 当采用手工超声检测代替射线检测时，对于Ⅰ类至Ⅲ类材料，手工超声检测工艺及验收标准应符合 JB/T 4730. 3《承压设备无损检测　第三部分：超声检测》的规定。对于Ⅳ类材料，应制订专用工艺并进行校验。

14. 水平焊缝中超标缺陷处理应符合下列规定：

(1) 超标缺陷应予以清除并修复焊缝；

(2) 自动焊缝在原有检测区域两端增加一张胶片或做长度为 1 m 的超声检测，如果任意一张附加胶片或长度为 1 m 的超声检测结果不合格时，则应对出现问题的自动焊机当天的全部焊接工作进行检查。

(3) 焊条电弧焊焊缝在原有检测区域两端增加一张胶片或做长度为 1m 的超声检测，如果任意一张附加胶片或长度为 1m 的超声检测结果不合格，则应对出现问题的焊工当天的全部焊接工作进行检查。

15. 对于检查发现的表面缺陷，应采用磨削的方法将缺陷整体去除，并再次检查该表面。磨削去除缺陷后的局部厚度减薄允许量应符合下列规定：

(1) 在不小于 $6e\times6e$(e 为钢板厚度)的范围内，钢板的最终厚度不小于钢板订货厚度的 95%；

(2) 任意两个钢板厚度减薄区域之间的距离大于等于其中较大减薄区域的外接圆直径。

第四节　试验、干燥、吹扫和冷却

一、液压试验

1. 储罐建造完工应进行液压试验，通过液压试验证明以下两点：

(1) 设计和建造完工的储罐能够储存介质，且无泄漏；

(2) 基础能够承受装满介质的储罐。

2. 罐壁和罐底上的所有附件焊接完成并经检验后，方可进行水压试验。水压试验之后不允许再施焊，采用泡沫珍珠岩做保冷材料的储罐，应在泡沫珍珠岩充填之前进行水压试验。

3. 对于不同的储罐类型，应按照表 3-4-9 所列试验项目进行水压试验。承包商应准备一个技术说明，计入所有施加在储罐上的作用力。试验结果应以文件形式记录下来。

表 3-4-9　各种类型储罐的水压试验项目

介质	单容罐	双容罐	全容罐
氨、丁烷、丙烷、丙烯	储罐（Ⅱ类、Ⅲ类钢）：FH	内罐（Ⅰ类、Ⅱ类钢）：FH	内罐（Ⅰ类、Ⅱ类钢）：FH
		钢外罐（Ⅰ类、Ⅱ类钢）：FH	钢外罐（Ⅰ类、Ⅱ类钢）：FH
		外罐（预应力混凝土）：不试验(参见注②)	外罐（预应力混凝土）：不试验(参见注②)
乙烷、乙烯、LNG	储罐(Ⅳ类钢)：PH	内罐（Ⅳ类钢）：PH	内罐（Ⅳ类钢）：PH
		钢外罐（Ⅳ类钢）：PH	钢外罐（Ⅳ类钢）：PH
		外罐（预应力混凝土）：不试验(参见注②)	外罐（预应力混凝土）：不试验(参见注②)

注：① FH 表示全高度水压试验，试验时，内罐应充水至最高设计液位，并将全部内罐试验用水用于外罐试验；PH 表示部分高度水压试验，试验时，内罐试验水位应等于 1.25 倍的最高设计液位乘以规定储液的密度，并将全部内罐试验用水用于外罐试验。

② 预应力混凝土外罐不需要进行水压试验。

4. 承包商应证明试验用水的适用性，证明试验用水不会对钢部件或混凝土产生损害。应特别关注可能出现的腐蚀。

5. 应考虑一般腐蚀、电化学腐蚀和局部腐蚀(点蚀)。金属焊接后可导致焊缝、热影响区(HAZ)、钢板母材之间的化学成分的差异。由于阴极材料区域的电流影响，极性最强的阳极材料区域将出现腐蚀。海水中含有沉淀或固体物时，在水压试验过程中可能沉淀到钢材表面，发展成局部腐蚀电池。从而出现高腐蚀穿透速率。

6. 如果水质不能满足要求，应考虑采用添加合适抑制剂等其他试验方法。

7. 宜研究是否需要设置阴极保护，防止电化学腐蚀和减少一般性腐蚀。阴极保护促使阴极反应的发生，如果同时存在 H_2S，在未暴露在空气中(沉淀物)的环境下将产生氢，增加了氢致裂纹产生的可能性。

8. 水压试验前应进行下列准备工作：

(1) 去除焊缝上全部焊渣，去掉建造过程中使用的全部材料、部件或临时安装件。清扫储罐；

(2) 外罐进行水压试验时，应采取防止试验用水进入底部保冷层的措施；

(3) 试验过程中应使用永久性或临时性压力泄放系统。压力泄放系统应具有一定的泄放能力，保证储罐试验正压和负压不大于设计中规定的压力。使用水柱计测量压力；

(4) 依据水源或设备的能力以及底部土壤条件，确定充液速度；

(5) 试验前应在储罐外表面安装沉降观测点。罐直径小于等于 10m 安装 4 个观测点，罐直径大于 10m 安装 8 个观测点。双容罐和全容罐的内罐也应制作观测点，保证在观测外罐时也能同时监测内罐沉降。观测点应在储罐喷漆后依然可见或可用。

9. 在液压试验过程中应进行沉降观测，并应符合下列规定：

(1) 对充液和排放过程中的储罐沉降进行监控，至少应在储罐充水水位达到 1/2、3/4 高度和全高度时对储罐进行沉降观测；

(2) 当预计储罐罐底的不均匀沉降量大于 30mm 时，例如筏形基础，应采取措施以便监测储罐中心的沉降；

(3) 试验过程中，应将沉降观测数据与预先的计算值进行比较。如果两者之间出现差异，应向参与基础设计的土木地质专家咨询，并通知采购商。

10. 充水试验及检查应符合下列规定：

(1) 注意观测环形空间的充液过程，对水位进行控制并防止内罐和环形空间出现液位差；

(2) 储罐内的试验用水充满至最高液位后至少保持 24h。在试验过程中，对罐壁焊缝进行外观检查，观察是否出现泄漏；

(3) 如果安装有锚固件，应在某个固定高度（至少达到最高设计液位的 70%）对锚固件进行调整。

11. 应研究排放水对环境的影响。

二、气压试验

1. 正压试验应符合下列规定：

(1) 气压试验的试验压力等于 1.25 倍的储罐设计压力；

(2) 除非在敞口式内罐的双容罐中，气压试验之前，内罐的试验用水可能全部或部分已被排放，否则应在试验液位以上的气相空间内施加试验压力；

(3) 应考虑下列试验要求：

1) 调节压力泄放阀，确保达到试验压力时处于开启状态；或设置一套临时压力泄放系统，当压力超过试验压力时能自动泄放；

2) 当达到试验压力以后，应至少维持 30min。之后，将压力降低至设计压力，并应对所有焊缝进行肥皂液检漏试验，若焊接接头曾做过真空试漏试验，可以用外观检查代替肥皂液检漏试验；

3) 试验过程中，不允许开展任何修补工作，若需需修补，修补工作应在试验后进行，并对修补处进行单独的真空试漏试验；

4) 降低压力到设计压力时，应将压力泄放阀调节至开启状态。压力泄放阀的设定压力应通过泵送空气至气相空间的方法予以验证。

2. 负压试验应符合下列规定：

(1) 负压试验的试验压力应等于储罐设计负压。当试验压力达到设计负压时，试验即告结束；

(2) 负压试验宜在储罐内有静水压的状态下进行，防止罐底和热保护系统（TPS）出现抬起现象；

(3) 应考虑下列试验要求：

1) 应安装并调节负压泄放阀，确保达到试验压力时处于开启状态，或设置一套临时压力泄放系统，当负压超过试验负压时能自动泄放；

2) 除负压泄放阀之外，应封闭所有开孔。通过降低水位或使用空气抽取器达到试验所需负压；

3）降低负压到设定压力时，应将负压泄放阀调节至开启状态。真空压力泄放阀的设定压力应通过降低水位或使用空气抽取器的方法予以验证。

3. 储罐处于常压状态下，完成排空、干燥、清洁工序后应考虑完成下列操作：

（1）如果安装有锚固件，应再次检查锚固座的压紧程度；

（2）向空罐内通入压力等于设计压力的空气，如果安装有锚固件，应检查基础防止其抬起；

（3）应检查罐底是否有异常现象，并再次对全部焊缝进行真空箱试验；

（4）罐底全部焊接工作完成以后，应对各焊缝进行100%外观检查、100%渗透检测或磁粉检测；

（5）应对与混凝土外罐内表面紧密贴合的罐壁金属衬里进行外观检查。

三、干燥、吹扫和冷却

1. 应制定储罐干燥、吹扫和冷却的工艺规程。吹扫和冷却应连续进行，应在工艺规程中考虑当任意一个阶段出现中断时的应急方案。

2. 应对储罐内现存介质进行干燥，露点达到-20℃为合格。当环形空间填充泡沫珍珠岩时，允许环形空间的最高露点为-8℃。对罐底保冷空间不做要求。

3. 在碳氢化合物进入储罐之前，应完成储罐的吹扫置换，置换气体通常采用氮气。氧浓度符合表3-4-10规定时，方可停止吹扫置换。

表3-4-10　罐内吹扫后残留氧浓度允许值

储存介质	丁二烯、丁烷、丙烯、丙烷	氨	乙烯、乙烷	LNG
残留氧浓度/%	9	12	8	9

注：罐底保冷空间不做要求。

4. 对于关键部位如内罐的罐底和罐顶，拱顶空间和环形空间的底部，应提供取样点，证明已执行所要求的吹扫置换工作。

5. 对于全容罐，吹扫宜从内罐向环形空间进行，防止在内罐上产生向内的压力。

6. 由于使用氮气等惰性气体，可能会导致冷却过程中钢材出现低于设计温度的过冷现象，例如，丁烷储罐达到-45℃，丙烷储罐达到-70℃，LNG储罐达到-180℃。因此，冷却前应采用储存介质热蒸气置换氮气，防止可能出现的过冷现象。但碳氢化合物进入储罐时，将产生大量的闪燃蒸气。应安装足够数量的蒸气排放装置（火炬或放空），覆盖所有可能产生闪燃蒸气的空间。

7. 应对液体主储罐的冷却方法和过程予以控制，防止冷却过程中出现较大的温差。并应监控内罐的温度，使之保持在允许范围之内。

第五章　压力容器现场组焊

第一节　概　　述

压力容器作为特种设备，一般是在工业生产中用来完成反应、传热、传质、分离、贮存等工艺过程，石油化工生产过程中使用的压力容器形式多样，结构复杂，工作条件苛刻，危险性较大，是应用最广泛的设备之一。

一、压力容器的形式

根据压力容器的用途不同，其结构形式有很多种类，通常有以下划分方法：

1. 按制造方法分类：分为焊接容器、锻造容器、热套容器、多层包扎式容器、绕带式容器、组合容器等。

2. 按制造材料分类：分为钢制容器、有色金属容器、非金属容器等。

3. 按几何形状分类：分为圆筒形容器、球形容器、矩形容器、组合式容器等。

4. 按安装方式分类：分为立式容器、卧式容器等。

5. 按受压情况分类：分为内压容器、外压容器等。

6. 按壁厚分类：分为薄壁容器、厚壁容器。

另外，按使用方式可分为固定式和移动式压力容器；按结构分为可拆结构和不可拆结构容器。

本章介绍的压力容器是适用于《固定式压力容器安全技术监察规程》TSG R0004—2009等法规管理范围内的压力容器，压力容器现场组焊为固定式压力容器的现场组焊，固定式压力容器是指在固定位置使用的压力容器(简称压力容器)，并同时具备以下条件：

(1) 工作压力大于或者等于0.1MPa(表压)；

(2) 工作压力与容积的乘积大于或者等于2.5MPa·L；

(3) 盛装介质为气体、液化气体以及介质最高工作温度高于或者等于其标准沸点的液体。

二、压力容器类别

按照《固定式压力容器安全技术监察规程》TSG R0004—2009的规定，根据压力容器介质危害程度、压力容器的设计压力和压力容器的品种等因素，压力容器分为不同的类别。

1. 按介质毒性和危害程度划分

分为Ⅰ、Ⅱ、Ⅲ类压力容器；

具体规定见《固定式压力容器安全技术监察规程》TSG R0004—2009附录A的第A1条中图A-1、图A-2的规定。

2. 按压力等级划分

分为低压、中压、高压、超高压四个压力等级。

(1) 低压(代号 L)，0.1MPa≤P<1.6MPa；

(2) 中压(代号 M)，1.6MPa≤P<10.0MPa；

(3) 高压(代号 H)，10.0MPa≤P<100.0MPa；

(4) 超高压(代号 U)，P≥100.0MPa。

3. 按压力容器品种划分

压力容器按照在生产工艺过程中作用原理，划分为反应压力容器、换热压力容器、分离压力容器、储存压力容器，具体划分如下：

(1) 反应压力容器(代号 R)，主要是用于完成介质物理、化学反应的压力容器。例如各种反应器、反应釜、聚合釜、合成塔、变换炉、煤气发生炉等；

(2) 换热压力容器(代号 E)，主要是用于完成介质的热量交换的压力容器。例如各种热交换器、冷却器、冷凝器、蒸发器等；

(3) 分离压力容器(代号 S)，主要是用于完成介质的流体压力平衡缓冲和气体净化分离的压力容器。例如各种分离器、过滤器、集油器、洗涤器、吸收塔、铜洗塔、干燥塔、汽提塔、分汽缸、除氧器等；

(4) 储存容器(代号 C，其中球罐代号 B)，主要是用于储存或者盛装气体、液体、液化气体等介质的压力容器，例如各种型式的储罐。

第二节　塔类压力容器的现场组焊

随着装置生产加工能力的不断提高，目前，应用在石油化工生产装置中的设备越来越向超大型化发展，由于受道路运输等条件的限制，越来越多的设备改为在施工现场进行组焊，然后分段立式安装或整体吊装就位。本节介绍的是塔类压力容器现场组焊施工内容。

一、施工准备

1. 技术准备

压力容器开始现场组焊前应具有下列技术文件：

(1) 设计文件；

(2) 制造厂产品质量证明文件；

(3) 焊接工艺评定报告和焊接工艺文件；

(4) 施工技术文件；

(5) 相关标准规范。

同时，参加现场组焊技术交底，明确工程特点、进度安排、施工工艺、质量标准与安全技术及劳动保护措施等。

2. 现场准备

应按施工平面布置图布置施工现场，场地平整，水、电、通讯、道路畅通。配备施工机具、工卡具、计量器具、样板等。计量器具应在检定有效期内，样板应校准。进入现场人员经过安全教育和入厂教育，并按施工技术文件配置安全防护设施。

二、到货验收

1. 验收一般要求

(1) 压力容器散件到货的材料应有产品质量证明文件及材质标识。其产品质量证明文件应符合下列规定：

1) 特性数据应符合设计文件及相应制造标准；

2) 有复验要求的材料应有复验报告；

3) 压力容器还应符合《固定式压力容器安全技术监察规程》规定；

4) 分片到货的压力容器，其产品试板应符合《固定式压力容器安全技术监察规程》和 JB 4744 的规定。

(2) 到货的实物上应有明显的标识并应与排板图一致，半成品应标有组装标记线，半成品的坡口应符合下列要求：

1) 尺寸应符合设计文件或焊接工艺文件规定；

2) 熔渣、氧化皮应清除干净；

3) 表面应平整，且不得有裂纹、分层、夹渣等缺陷。

(3) 到货的实物表面不得有裂纹、分层等缺陷，法兰、人孔的密封面不得有影响密封的损伤。

(4) 到货的内件不得有损伤、变形及锈蚀，其组装应符合设计文件和有关标准的要求。

(5) 到货的不锈钢及复合钢板制元件、半成品的防腐蚀面，不应有刻痕和各类钢印标记；不锈钢制零部件、半成品表面不应有铁离子污染。

2. 材料验收

(1) 分片到货的球形封头、椭圆形封头、碟形封头、锥形封头，其外形尺寸应符合下列要求：

1) 锥形封头瓣片表面用 300mm 钢板尺沿母线检查，其平面度偏差应不大于 1mm；

2) 球形封头瓣片曲率用样板检查见图 3-5-1，其间隙值应符合表 3-5-1 规定；

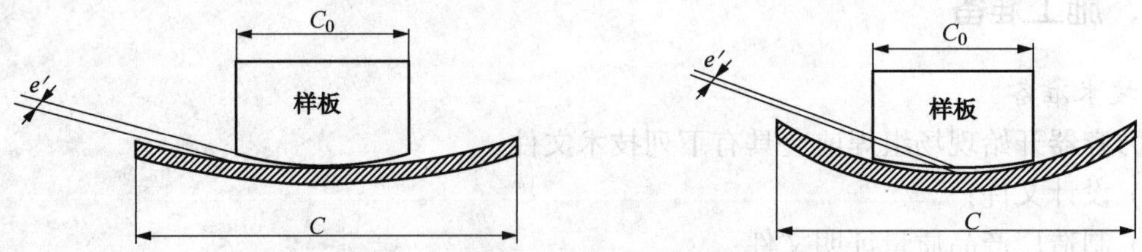

图 3-5-1 球形封头瓣片曲率检查示意

表 3-5-1 球形封头瓣片曲率质量标准 mm

瓣片弦长 C	样板弦长 C_0	允许间隙 e'
<1500	1000	3
$1500 \leqslant C<2000$	1500	
$\geqslant 2000$	2000	

3) 球形封头、椭圆形封头、碟形封头、锥形封头瓣片几何尺寸用钢尺检查见图 3-5-2、图 3-5-3、图 3-5-4，其偏差值应符合表 3-5-2 规定。

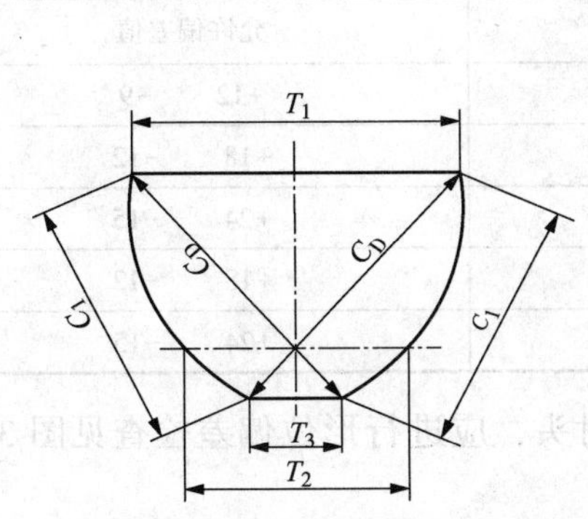

图 3-5-2　球形封头瓣片几何尺寸检查示意

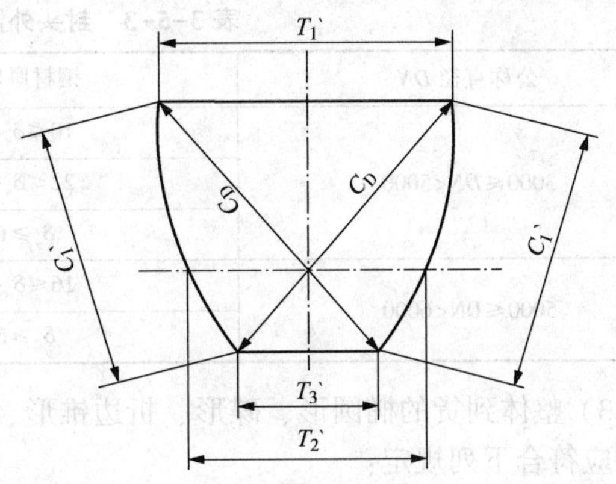

图 3-5-3　椭圆形与碟形封头瓣片几何尺寸检查示意

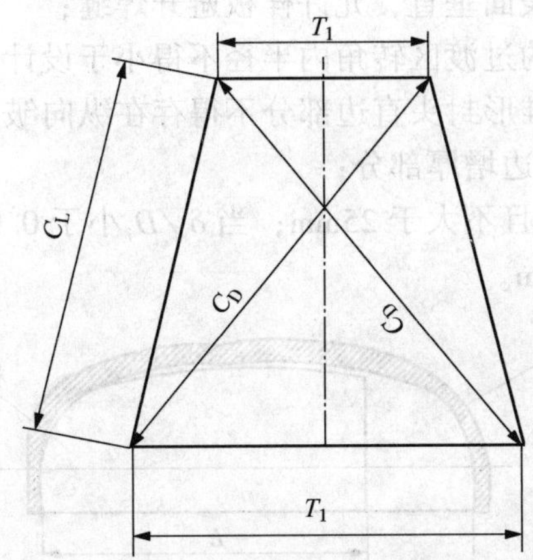

图 3-5-4　锥形封头瓣片几何尺寸检查示意

表 3-5-2　封头瓣片几何尺寸质量标准　　mm

测量项目	允许偏差值		
	球形封头	椭圆形、碟形封头	锥形封头
长度方向弦长 C_1	±2.5	—	—
宽度方向弦长 T_1、T_2、T_3	±2.0	—	—
对角线弦长 C_D	±3.0	±3.0	±3.0
弧长 $C_1{}'$	—	±2.5	—
弧长 $T_1{}'$、$T_2{}'$、$T_3{}'$	—	±2.0	—
母线长 C_L	—	—	±2.5
弧长 $T_1{}'$	—	—	±2.5

注：对刚性较差的球形封头瓣片，可以用弧长的检查代替弦长的检查。

（2）整体到货的椭圆形、碟形、折边锥形及球形封头，其几何尺寸偏差应符合下列规定：

1）封头外圆周长允许偏差应符合表 3-5-3 规定；

2）封头总高度允许偏差为设计内直径 D_i 的（-0.2~0.6）%；直边高度 h_f 允许偏差为 h_f 的（-5~10）%。

表 3-5-3　封头外圆周长质量标准　　mm

公称直径 DN	钢材厚度 δ_s	允许偏差值
$3000 \leqslant DN < 5000$	$10 \leqslant \delta_s < 22$	+12　-9
	$22 \leqslant \delta_s < 60$	+18　-12
	$\delta_s \geqslant 60$	+24　-15
$5000 \leqslant DN < 6000$	$16 \leqslant \delta_s < 60$	+18　-12
	$\delta_s \geqslant 60$	+24　-15

（3）整体到货的椭圆形、碟形、折边锥形、球形封头，应进行形位偏差检查见图 3-5-5，并应符合下列规定：

1）内样板的弦长 L 应不小于封头设计内直径 D_i 的 3/4，样板与封头内表面外凸部分的间隙允许值为 1.2 D_i 5%，内凹部分的间隙允许值为 0.625 D_i%；

2）检查时样板应与待测表面垂直，允许样板避开焊缝；

3）碟形、折边锥形封头的过渡区转角内半径不得小于设计文件的规定值；

4）椭圆形、碟形、折边锥形封头直边部分不得存在纵向皱折，直边倾斜度应符合表 3-5-4 规定，测量时不应计入直边增厚部分；

5）封头圆度为 0.5D_i%，且不大于 25mm；当 δ_s/D_i 小于 0.005，且 δ_s 小于 12mm 时，圆度为 0.8 D_i%，且不大于 25mm。

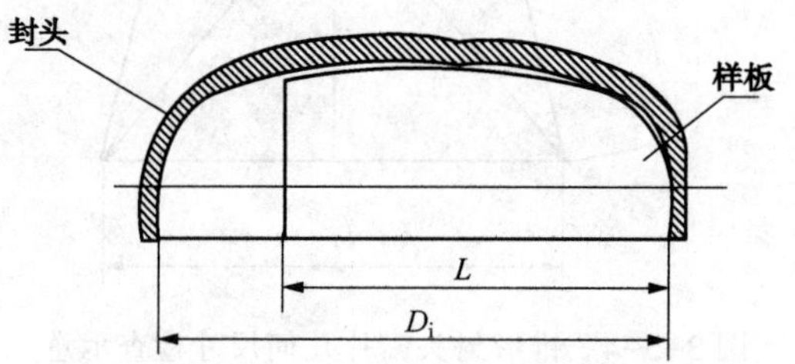

图 3-5-5　封头内表面形状偏差检查示意

表 3-5-4　封头直边倾斜度质量标准　　mm

直边高度 h_f	允许倾斜值	
	向外	向内
25	1.5	1.0
40	2.5	1.5
>40	6 h_f%，且不大于 5	4 h_f%，且不大于 3

（4）整体到货的无折边锥形封头几何尺寸及形位偏差应符合表 3-5-5 规定。

表 3-5-5　无折边锥形封头质量标准　　mm

公称直径	<800	800~1200	1300~1600	1700~2500	2600~3100	3200~4200	4300~6000	>6000
直径允许偏差值	2	3	4	5	6	6	8	8
高度允许偏差值	4	6	8	12	16	20	24	25
封头圆度	≤0.5 D_i%，且不大于 15							

（5）分片到货的筒体板片应进行弧度检查，其方法为将筒体板片立放在钢平台上，用弦长等于 1/4 设计内直径 D_i、且不小于 1000mm 样板检查板片弧度，间隙应不大于 3mm。板片放置时应采取防止变形的措施。

（6）分段到货设备分段处的圆度应符合下列要求：

1）承受内压设备的筒体圆度见图 3-5-12 不大于该断面内径 Di 的 1%，且不大于 25mm，常压设备筒体圆度不大于该断面内径 D_i的 1%，不大于 30mm；

2）承受内压设备的被检断面位于开孔中心一倍开孔内径范围内时，其圆度应不大于该断面内径 D_i的 1%与开孔内径的 2%之和，且不大于 25mm；常压设备为该断面内径 D_i的 1%与开孔内径的 3%之和，且不大于 35mm；

3）承受外压及真空设备的筒体圆度应不大于该断面内径 D_i的 0.5%，且不大于 25mm。

（7）分段到货设备筒体的凹凸处应平滑过渡，其凹入深度以母线为基准测量，不超过该凹凸处长度或宽度的 1%。

（8）分段到货设备分段处外圆周长偏差应符合表 3-5-6 规定，且相邻端口的外圆周长差应符合 B 类焊缝对口错边量的要求。

表 3-5-6　外圆周长质量标准　　单位：mm

公称直径	<800	800~1200	1300~1600	1700~2400	2600~3000	3200~4000	4200~6000	6200~7600	>7600
外圆周长允许偏差值	±5	±7	±9	±11	±13	±15	±18	±21	±24

（9）分段到货设备分段处端口不平度应不大于 $D_i/1000$，且不大于 2mm。

（10）分段到货设备筒体直线度、筒体长度以及筒体上接管中心方位和标高的偏差应符合表 13 规定。

（11）裙座底板上的地脚螺栓孔中心圆直径允许偏差、相邻两孔弦长允许偏差和任意两孔弦长允许偏差均为 2mm。

（12）分段到货设备分段处坡口质量应符合下列要求：

1）尺寸应符合设计文件或焊接工艺文件规定；

2）熔渣、氧化皮应清除干净；

3）表面应平整，且不得有裂纹、分层、夹渣等缺陷。

（13）分段到货设备的组装标记应清晰。

三、设备基础验收

当基础交付安装时，基础混凝土强度不得低于设计强度的 75%。基础施工单位应提交测量记录及技术资料，安装单位应按下表的要求进行相关数据的复测。同时对基础施工单位提供的"检查基础质量检验记录"和"同条件混凝土试块检验报告"等施工记录和报告进行检查。基础施工单位应在交付的基础上画出标高基准线和纵、横中心线；有沉降观测要求的基础，应有沉降观测点。

1. 基础各部分

施工质量应符合表 3-5-7~表 3-5-9 的规定。

表 3-5-7　块体式混凝土基础质量标准　　单位：mm

项次	检查项目		允许偏差值	检验方法
1	基础坐标位置(纵、横轴线)		20	全站仪或经纬仪、钢尺实测
2	基础各不同平面的标高		0 −20	水准仪、钢尺实测
3	基础上平面外形尺寸		±20	钢尺实测
	凸台上平面外形尺寸		0 −20	
	凹穴尺寸		+20 0	
4	基础平面度(包括地坪上需要安装设备的部分)	每米	5	水准仪或水平尺、钢尺实测
		全长	10	
5	侧面垂直度	每米	5	经纬仪或吊线坠、钢尺实测
		全高	10	
6	预埋地脚螺栓	标高(顶端)	+10 0	水准仪或水平尺、钢尺实测
		螺栓中心圆直径	±5	
		相邻螺栓中心距(在根部和顶部两处测量)	±2	
		垂直度	2	
7	地脚螺栓预留孔	中心位置	10	吊线坠、钢尺实测
		深度	+20 0	
		孔中心线垂直度	10	
8	预埋件	标高(平面)	+5 0	水准仪或水平尺、钢尺实测
		中心线位置	10	
		水平度	5	

表 3-5-8　框架式混凝土基础质量标准　　单位：mm

项次	检查项目		允许偏差值	检验方法
1	基础坐标位置(纵、横轴线)	基础	15	全站仪或经纬仪、钢尺现场实测
		柱、梁	8	
2	垂直度	每层	5	吊线坠、经纬仪、钢尺实测
		全高	$H_1/1000$ 且不大于 20	
3	标高	层高	0 −10	水准仪、钢尺实测
		全高	0 −20	

续表

项次	检查项目		允许偏差值	检验方法
4	截面尺寸		+8 −5	钢尺实测
5	平面度		8	用 2m 钢直尺检查
6	预埋设施中心线位置	预埋件	10	拉线、钢尺测量
		预埋地脚螺栓	2	
		预埋管	5	
7	预留孔中心线位置		10	拉线、钢尺测量
8	预埋管垂直度		$3h_1/1000$	吊线坠、钢尺测量

注：H_1 为结构全高；h_1 为预埋管高度。

表 3-5-9　钢构架式基础质量标准　　单位：mm

项次	检查项目			允许偏差值	检验方法
1	立式设备支撑梁式基础	基础坐标位置(纵、横轴线)		20	全站仪或经纬仪、钢尺现场实测
		基础上平面的标高		±3	钢尺实测
		基础上平面的水平度		$L_1/1000$ 且不大于 5	水准仪、水平尺和钢尺实测
		地脚螺栓孔	中心距	±2	吊线坠、钢尺实测
			孔中心线垂直度	$h_2/250$ 且不大于 15	
2	卧式设备支座式基础	基础坐标位置(纵、横轴线)		20	全站仪或经纬仪、钢尺现场实测
		基础上平面的标高		±3	钢尺实测
		基础上平面的水平度		$L_2/1000$ 且不大于 5	水准仪
		基础的垂直度		$H_2/1000$	吊线坠
		地脚螺栓孔中心距		±2	钢尺实测

注：L_1 为梁的长度；h_2 为上、下两地脚螺栓孔间的距离；L_2 为支座的长度；H_2 为支座高度。

2. 卧式设备滑动端基础预埋板的上表面应光滑平整，不得有挂渣、飞溅物。水平度为 2mm/m。混凝土基础抹面不得高出预埋板的上表面。

四、现场组焊

1. 一般要求

(1) 压力容器应在相对平整的场地上或平台上组对施工，在平台上组焊时，平台不应有不均匀沉降；不锈钢设备组焊平台应有防污染措施。

设备在基础上组焊时，基础复测及上表面处理应符合上述基础验收的规定，且基础混凝土的强度应不低于设计强度的 75%。

(2) 压力容器现场组焊，其主要受压元件焊接接头划分为 A、B、C、D 四类见图 3-5-6，并应符合下列规定：

1) 筒体纵向接头、球形封头与筒体连接的环向接头、各类凸形封头中的所有拼焊接头以及嵌入式接管与壳体对接连接的接头均属 A 类焊接接头；

2) 壳体环向接头、锥形封头小端与接管连接的接头、长颈法兰与接管连接的接头均属

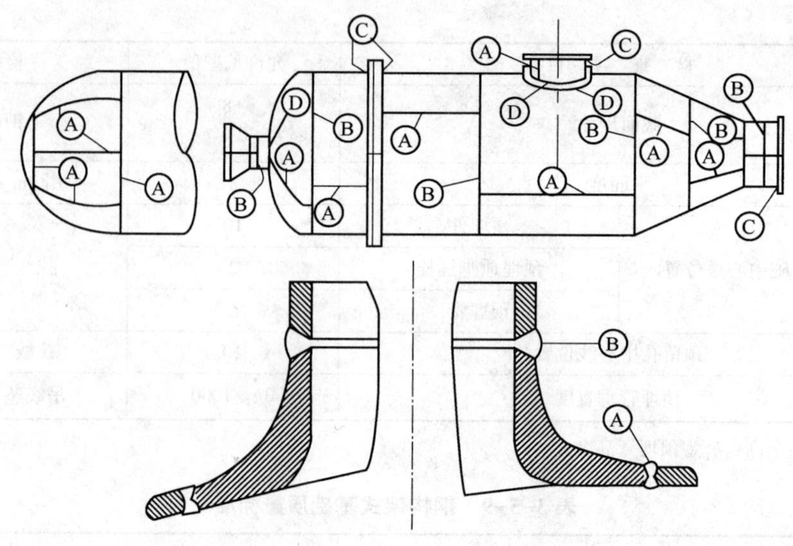

图 3-5-6　焊接接头分类示意

B 类焊接接头，但已规定为 A、C、D 类的焊接接头除外；

3）平盖、管板与筒体非对接连接的接头、法兰与壳体或接管连接的接头、内封头与筒体的搭接接头均属于 C 类焊接接头；

4）接管、人孔、凸缘、补强圈等与壳体连接的接头均属于 D 类焊接接头，但已规定为 A、B 类的焊接接头除外。

（3）复合钢板的组对应以复层为基准，定位板、组对卡具等应设置在基层上。

（4）不锈钢、复合钢板的复层不得采用碳钢制工具直接敲打，且不应与碳钢接触。

（5）不锈钢设备内表面、复合钢板设备复层表面的局部伤痕等影响耐腐蚀性能的缺陷应修磨。不锈钢设备内表面修磨后的厚度应不大于该部位钢材厚度 δ_s 的 5%，且不大于 2mm；复合板复层表面修磨深度应不大于钢板复层厚度的 30%，且不大于 1mm。

设备现场组焊的原则程序见图 3-5-7。

2. 封头、锥体、筒节组焊

（1）分片到货的封头、锥体的组焊应符合下列程序：

1）在钢平台上划出组装基准圆，将基准圆按封头或锥体的瓣数等分，在距离等分点两侧约 100mm 处的组装基准圆内侧各设置一块定位板见图 3-5-8；

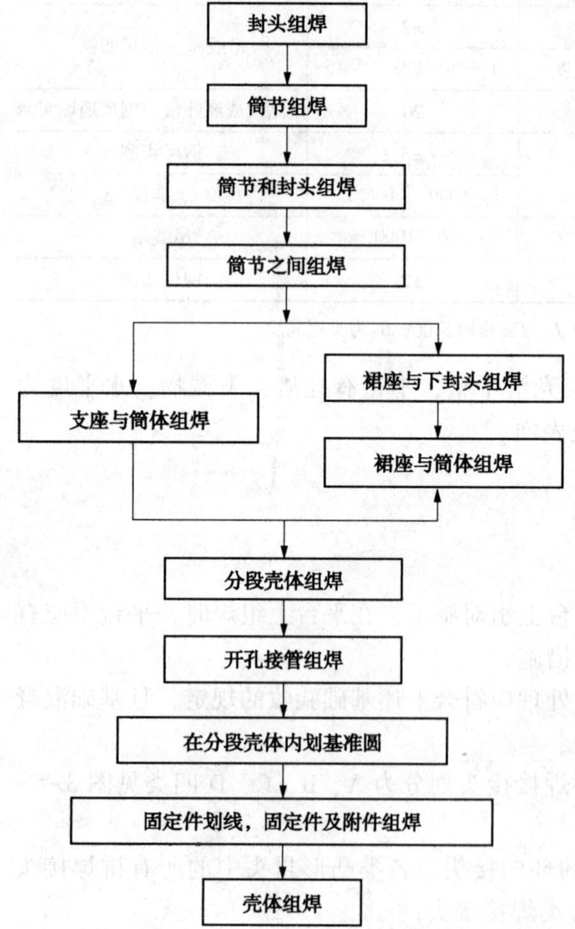

图 3-5-7　设备现场组焊原则程序

2）制作设置封头或锥体的组焊胎具，以定位板和组焊胎具为基准，用工卡具使瓣片紧靠定位板和胎具见图 3-5-8；

3）调整对口间隙和错边量；

4）定位焊；

5）焊接并检验。

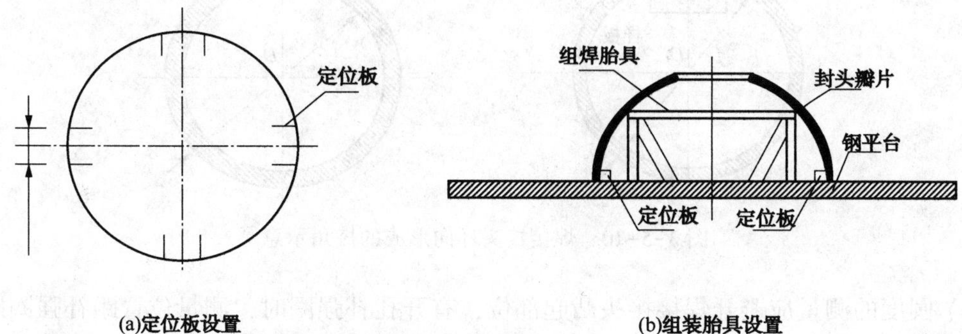

图 3-5-8 封头组装示意

1—定位板；2—组焊胎具；3—封头瓣片；4—钢平台

（2）筒节组焊应符合下列程序：

1)依据封头端口实际周长，在钢平台上划出组装基准圆；

2)在基准圆内侧每隔 1000~1500mm 焊一块定位板；

3)按排板图将同一圈板片按顺序逐片吊到基准圆处，用工卡具组对；

4)定位焊；

5)焊接并检验。

组对间隙 G 应符合施工技术文件的规定，筒节端口不平度不大于 $D_i/1000$，且不大于 2mm。

（3）A 类焊接接头对口错边量应符合下列要求：

1)单层板对口错边量 b 见图 3-5-9 应符合表 3-5-10 规定；

2)复合钢板对口错边量 b 应不大于钢板复层厚度的 50%，且应不大于 2mm；

3)单面焊缝内壁错边量应不大于 2mm。

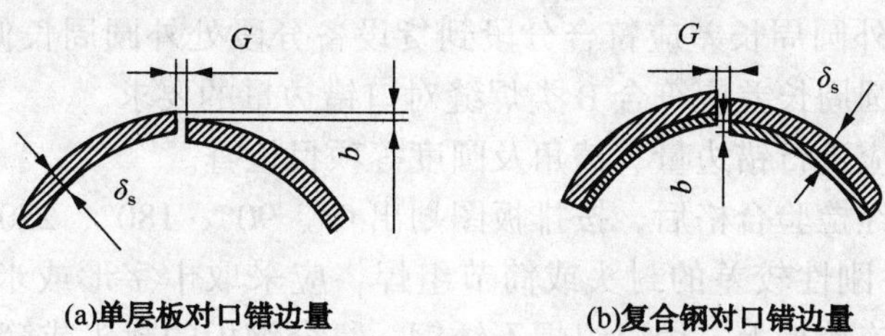

图 3-5-9 A 类焊接接头对口错边量示意

表 3-5-10 A 类焊接接头对口错边量 b 质量标准 mm

对口处钢材厚度 δ_s	≤12	$12<\delta_s\leq20$	$20<\delta_s\leq40$	$40<\delta_s\leq50$	>50
错边量 b 允许值	$\leq\delta_s/4$	≤3	≤3	≤3	$\leq\delta_s/16$，且不大于 10

（4）常压设备纵向焊接接头对口错边量应符合 A 类焊接接头对口错边量的规定。

（5）组焊形成的棱角 E 见图 3-5-10，用弦长不小于设计内直径 D_i 的 1/6 且不小于 300mm 的内样板或外样板检查，其值应不大于 $\delta_s/10$ 加 2mm，且不大于 5mm。

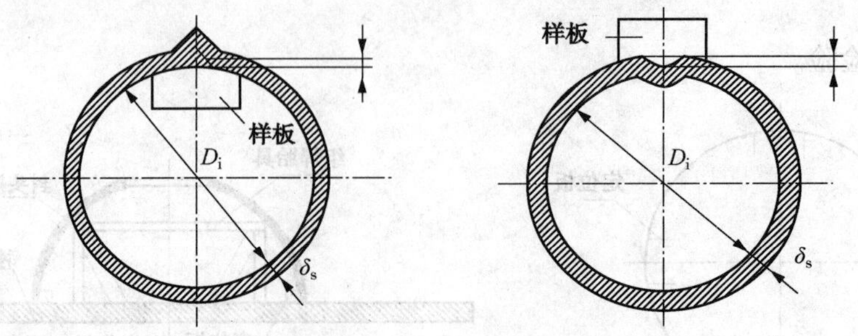

图 3-5-10　焊接接头环向形成的棱角示意

（6）圆度的测量应避开焊接接头凸起部位，有开孔补强圈时，测量位置距补强圈距离应大于 100mm，且应符合下列要求：

1）承受内压设备的筒体圆度见图 3-5-11 不大于该断面内径 D_i 的 1%，且不大于 25mm，常压设备筒体圆度不大于该断面内径 D_i 的 1%，不大于 30mm；

2）承受内压设备的被检断面位于开孔中心一倍开孔内径范围内时，其圆度应不大于该断面内径 D_i 的 1% 与开孔内径的 2% 之和，且不大于 25mm；常压设备为该断面内径 D_i 的 1% 与开孔内径的 3% 之和，且不大于 35mm；

3）承受外压及真空设备的筒体圆度应不大于该断面内径 D_i 的 0. 5%，且不大于 25mm。

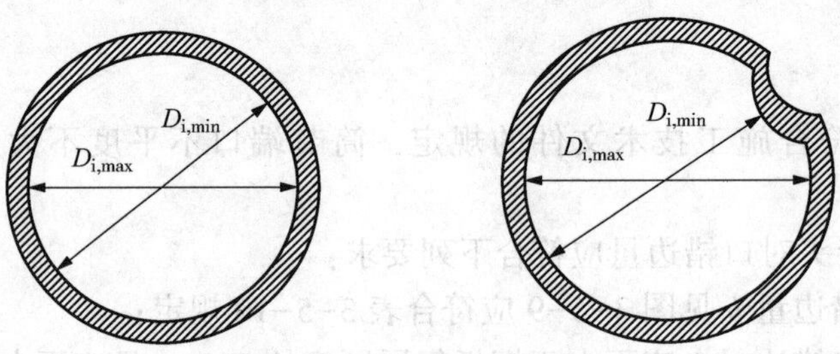

图 3-5-11　筒体圆度检查示意

（7）相邻两筒节外圆周长差应符合分段到货设备分段处外圆周长偏差中表 3-5-6 的规定，且相邻端口的外圆周长差应符合 B 类焊缝对口错边量的要求。

（8）筒节组焊后应进行错边量、棱角及圆度等项目检查。

（9）筒节、封头经检验合格后，按排板图划出 0°、90°、180°、270°四条方位线。

（10）直径较大、刚性较差的封头或筒节组焊，应采取十字形或米字形临时加固措施，加固件应支撑在弧形连接板上；用以组焊不锈钢、复合钢板的封头或筒节的弧形连接板应与不锈钢、复合钢板的复层同材质。

3. 筒体组焊

（1）筒体组对可采用立式组对法、卧式组对法或混合组对法。筒体组对分段原则：

1）依据现场施工条件，减少高空作业；

2）接口宜设置在同一材质、同一厚度的直筒段；

3）接口应避开接管位置。

（2）立式组对应按下列程序和要求进行：

1）在下筒节的上口内侧或外侧每隔1000mm左右设置一块定位板，将上筒节吊装就位，在对口处每隔1000mm左右放置一间隙片见图3-5-12，间隙片的厚度按对口间隙确定；

2）上、下筒节相对应的方位线偏差应不大于5mm；

3）用调节丝杠调节对口间隙；

4）用卡子、销子调整对口错边量，并应符合B类焊接接头对口错边量的规定，且应沿圆周均匀分布，符合要求后进行定位焊。

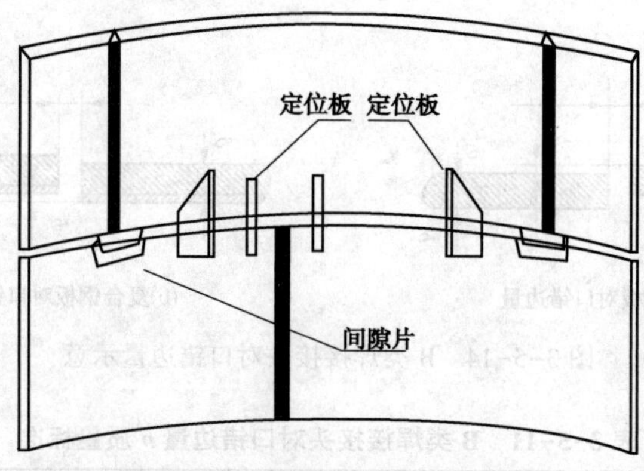

图3-5-12 筒节组对方法示意

（3）卧式组对应按下列程序和要求进行：

1）设置滚轮架支座或胎具支座，支座的数量应视分段的长度和重量经计算确定，其位置应避开人孔、接管等；支座处的地基应压实，不应发生不均匀沉陷；

2）两滚轮与壳体的中心夹角α见图3-5-13，宜为60°~70°；

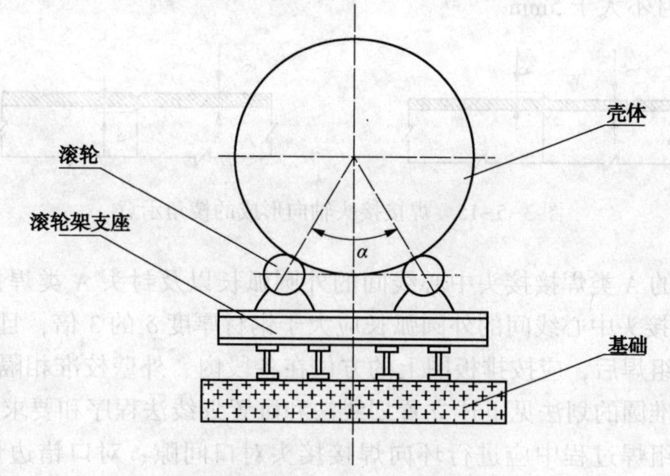

图3-5-13 滚轮架设置示意

3）将对口处周长差换算成直径差，计算出错边量，对口时沿圆周均匀分配，且应符合B类焊接接头对口错边量的规定；

4）将各分段壳体吊到滚轮架或胎具支座上，对正四条方位线；以各分段的对口基准圆为基准，调整间隙、错边量，并用直径为 0.5～1mm 钢丝检查直线度，合格后进行定位焊；

5）各分段壳体上的人孔、接管宜在壳体成型并检验合格后安装。

（4）*B* 类焊接接头对口错边量见图 3-5-14，应符合下列要求：

1）单层板对口错边量应符合表 3-5-11 规定；

2）复合钢板对口错边量 *b* 应不大于钢板复层厚度的 50%，且应不大于 2mm；

3）单面焊缝内壁错边量应不大于 2mm；

4）两侧钢材厚度不等时，对口错边量 *b* 以较薄板厚为基准确定，测量时不应计入两板厚度的差值。

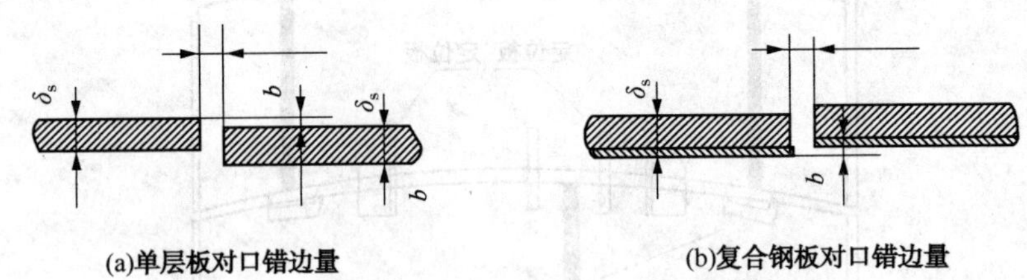

图 3-5-14　B 类焊接接头对口错边量示意

表 3-5-11　B 类焊接接头对口错边量 *b* 质量标准　　单位：mm

对口处钢材厚度 δ_s	≤20	20<δ_s≤40	40<δ_s≤50	>50
错边量 *b* 允许值	≤δ_s/4	≤5	≤δ_s/8	≤δ_s/8，且不大于 20

注：B 类焊接接头还包括球形封头与圆筒连接的环向接头及嵌入式接管与圆筒或封头对接连接的环向类接头。

（5）常压设备环向焊接接头对口错边量要求应符合 B 类焊接接头对口错边量的规定。

（6）组焊形成的棱角 *E* 见图 3-5-15，用长度不小于 300mm 的直尺检查，其 *E* 值应不大于 δ_s/10 加 2mm，且不大于 5mm。

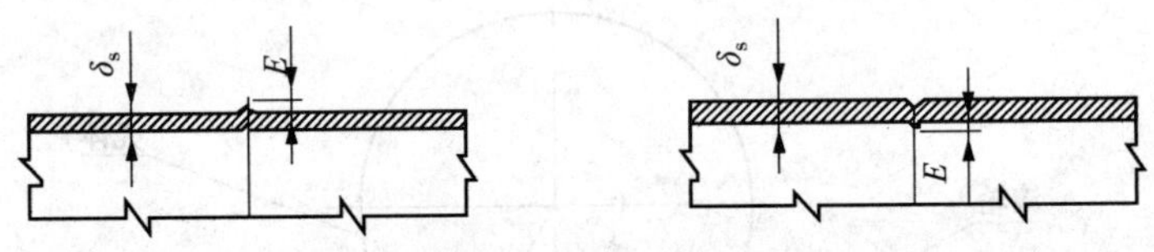

图 3-5-15　焊接接头轴向形成的棱角示意

（7）相邻筒节的 A 类焊接接头中心线间的外圆弧长以及封头 A 类焊接接头中心线与相邻筒节的 A 类焊接接头中心线间的外圆弧长应大于钢材厚度 δ_s 的 3 倍，且应不小于 100mm。

（8）筒体分段组焊后，应按排板图上的方位在各段内、外壁校准相隔 90°的四条方位线并划出基准圆。基准圆的划法见下述立置划线法和卧置划线法程序和要求。

（9）筒体分段组焊过程中应进行环向焊接接头对口间隙、对口错边量、棱角及筒体圆度、直线度、高度偏差、相邻两段端口周长差等项目的检查。

（10）分片到货的底座环组焊后平面度应不大于 3mm；接口处地脚螺栓孔中心距允许偏差为±2mm；地脚螺栓孔中心圆直径允许偏差为±2mm；底座环与裙座筒体轴线应垂直，其允许偏差为裙座筒体高度的 *L*/1000，且不大于 2mm。

（11）裙座与壳体的组焊应按下列程序和要求进行：

1）测量裙座与封头的接口尺寸；

2）在封头上划出安装位置的圆周线；

3）在裙座、封头上划出方位线；

4）将对应的方位线对准，用加减丝调整轴向位置；

5）检查直线度、同轴度、长度；

6）合格后进行定位焊；

7）裙座与壳体的同轴度应不大于 5mm。

裙座与封头相连接处，遇到封头对接接头时，应在裙座上开出豁口见图 3-5-16。

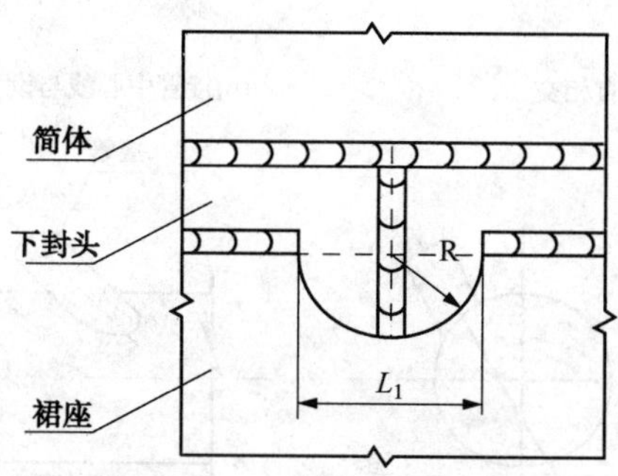

图 3-5-16　裙座开豁口示意

（12）鞍式支座与筒体组装时，将设备与鞍式支座放置于组装托辊上（见图 3-5-17），对鞍式支座进行调整研装后焊接，并符合下列要求：

1）鞍式支座的底板应位于同一平面上，其偏差应不超过设备内径 D_i 的 1/1000，且不大于 3mm；

2）中心距 L 的允许偏差为±3mm；

3）螺栓孔对角线允许偏差为 6mm。

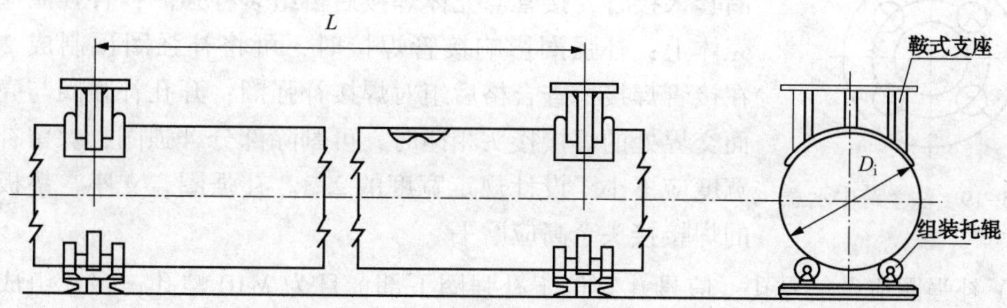

图 3-5-17　鞍式支座与筒体组焊示意

（13）分段壳体检验合格后，可按分段法进行固定件划线、组对、焊接，再将各分段壳体组对成整体。也可将分段壳体组焊成整体后再进行固定线划线、组对、焊接。

4. 人孔、装卸孔和接管及附件组焊

人孔、装卸孔、接管应按设计文件规定，以壳体上的四条方位线和基准圆为基准划线开孔并进行组焊。

（1）接管与设备壳体相对位置见图 3-5-18。图中各种相交或交叉形式的接管均应先放实样并做出样板；其安装角度也应做出样板，且样板靠接管一边的长度应不小于100mm。

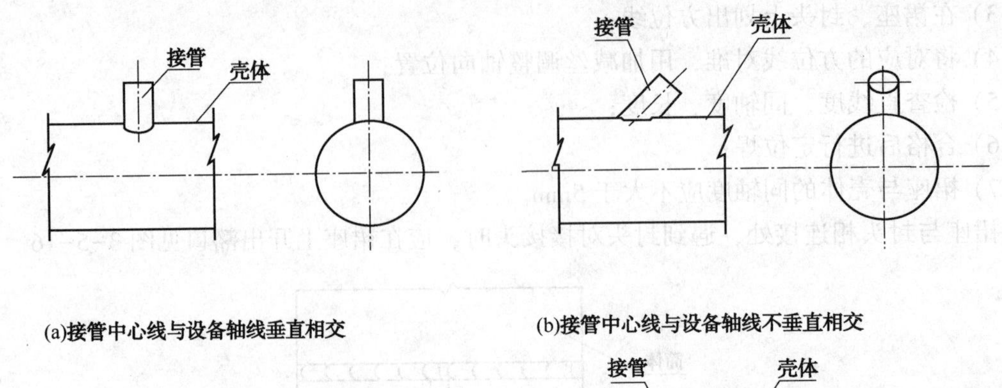

(a)接管中心线与设备轴线垂直相交

(b)接管中心线与设备轴线不垂直相交

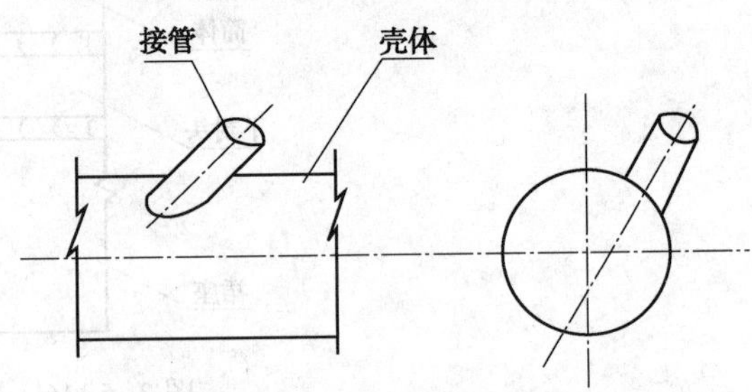

接管　壳体

(c)接管中心线与设备轴线垂直交叉

(d)接管中心线与设备轴线不垂直交叉

图 3-5-18　接管与设备壳体相对位置示意

(2) 接管的法兰面应垂直于接管中心线，其允许偏差见表 3-5-13。直接焊接于筒体上的设备法兰应垂直于筒体中心轴线，其允许偏差为法兰外径的1%，且不大于3mm。除设计文件另有规定外，接管法兰螺栓孔应与壳体中心轴线跨中布置见图 3-5-19。

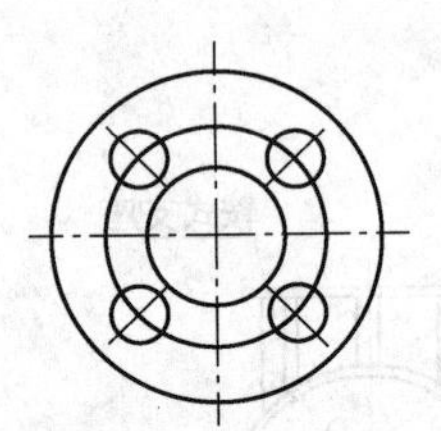

图 3-5-19　法兰跨中示意

(3) 人孔、装卸孔和接管组合件与壳体组装时，应先将补强圈套入接管，接管与壳体焊接后再组装补强圈；补强圈应紧贴于壳体上；补强圈影响接管焊接时，可将补强圈预制成 2~3 片，在接管焊接检查合格后组对焊接补强圈；开孔补强圈与壳体变截面交界处的焊接接头相碰时，可割除部分补强圈，保留补强圈的宽度应不小于设计规定宽度的2/3。补强圈、支座、垫板等覆盖的焊接接头余高应磨平。

(4) 补强圈应设信号孔，信号孔宜位于补强圈下部，且为 M10 螺孔；多片组成的补强圈，每片上均应设信号孔。补强圈焊接后应经 0.4~0.5MPa 气压试验，并涂刷中性发泡剂进行焊接接头质量检查，无渗漏为合格。

(5) 垫板和吊装用的吊耳等其他附件，应按设计文件或施工技术文件规定的方位和标高在壳体上划线、组对、焊接。

(6) 卧式设备铭牌应固定于封头中部，立式设备铭牌应固定于裙座出入口上方。

5. 塔类设备固定件组焊

塔类设备固定件可采用立置或卧置划线，卧置划线可采用卧置划线基准圆法或卧置划线中心轴线法。划线不应在塔类设备一侧受强阳光照射下进行。

(1) 立置划线方法应按下列程序和要求进行：

1) 找好壳体垂直度，检查四条方位线并移植到壳体内表面；

2) 用 U 形玻璃管水平仪在筒体内壁距端口 200~500mm 处的同一水平面上划出多个标志点，连接各标志点得到基准圆；

3) 以基准圆和四条方位线为基准，先划出水平固定件位置线，再划出其他固定件位置线。

(2) 卧置划线基准圆法应按下列程序和要求进行：

1) 将壳体垫实、找水平，检查四条方位线并移植到壳体内表面；

2) 在壳体内壁距端口 200~500mm 处划出一点，用线坠吊线并划出对应点；

3) 将壳体转动 90°后找平，以已划出的对应两点为端点拉一条粉线，用线坠在壳体内部沿粉线方向吊线，使同一吊点处线坠线分别与粉线两侧相靠，并划出对应各点，用 1m 或 2m 钢板尺连接各点即形成基准圆，并做出标记；

4) 以基准圆和四条方位线为基准，先划出水平固定件位置线，再划出其他固定件位置线。

(3) 卧置划线中心轴线法应按下列程序和要求进行：

1) 用 U 形玻璃管水平仪将壳体找水平后垫实；

2) 确定壳体中心轴线，其允许偏差应为 1mm；

3) 将壳体四条方位线引到内壁上，量出各层水平固定件轴向位置；

4) 以壳体中心轴线为圆心，用划线器在内壁划出各层水平固定件周向位置线，并在其上任意找几点吊线坠校核正确性；

5) 以四条方位线和水平固定件周向位置线为基准，划出其他固定件位置线。

(4) 壳体中心轴线可采用拉线法确定，也可采用激光准直仪确定。拉线法找中心轴线按下列程序和要求进行：

1) 在壳体两端分别找出中心点，设置直径为 0.35~0.5mm 钢丝，用紧线器或重锤拉紧，此钢丝则位于中心轴线处。

2) 在壳体内壁找若干点校核此中心轴线到壳体内壁的半径，校核时应消除钢丝的挠度影响，校准后的钢丝即为壳体中心轴线。

(5) 固定件组装前，应完成接管组焊。塔内支撑件、降液板、受液盘及溢流堰的安装质量应符合 SH/T3542 规定。

6. 产品焊接试板制备

分片到货现场组焊的压力容器，应按《固定式压力容器安全技术监察规程》的要求制备产品焊接试板。产品焊接试板的制备应符合下列规定：

(1) 试板应由施焊该设备的焊工，采用施焊设备时相同的条件和相同的焊接工艺焊接；

(2) 试板应在筒节 A 类焊接接头的延长部位与筒节同时进行焊接；

(3) 试板焊接后打上焊工代号钢印；经检验员外观检查合格后，打上检验员钢印号；

(4) 有热处理要求的压力容器的试板应随设备一起进行热处理。

7. 焊接接头酸洗钝化

有耐腐蚀要求的奥氏体不锈钢和复合钢设备现场组焊焊接接头应进行酸洗钝化处理。焊接接头的酸洗钝化应在无损检测和热处理后进行。设备现场组焊焊接接头的酸洗钝化宜采用酸洗钝化膏一次性完成酸洗和钝化过程。完成酸洗钝化处理经水冲洗后，用 0.01%甲基橙精溶液滴于表面，以不出现红色为合格。钝化膜的检验应在同条件下进行表面处理的试板上进行，将赤血盐 10g 溶于 500mL 水中，加 10mL 浓硫酸和 20mL 浓盐酸，稀释至 1000mL 作为试液滴于被清洗的表面，0. 5~1min 内不出现深蓝色为合格。

现场受到局部污染的设备内表面酸洗钝化可按上述规定执行。

8. 几何尺寸和形位检验

设备现场组焊后应对设备几何尺寸和形位进行检验，其检验项目的质量要求应符合下列规定：

(1) 对口错边量 b、焊接接头棱角度 E、焊接接头外观质量、筒体圆度、封头、筒节周长等项目按上述的相关规定检查执行；

(2) 其他项目的质量要求按表 3-5-12 规定。

直线度检测应沿筒体上 0°、90°、180°、270°方位线中互为 90°的两条方位线部位拉直径为 0. 5mm 的细钢丝测量，测量的位置离 A 类焊接接头中心线的距离不小于 100mm。当筒体有多种厚度时，直线度的计算应消除厚度差的影响。

表 3-5-12 设备几何尺寸和形位允许偏差值 单位：mm

序号	检验项目		允许偏差值
1	壳体直线度	任意 3000 长度	3
		筒体总长度 $L≤15000$	$L/1000$
		筒体总长度 $L>15000$	$0.5L/1000$ 加 8
2	上、下两封头焊缝之间的距离	每长度为 1000	±1. 3
		筒体总长度 $L≤30000$	±20
		筒体总长度 $L>30000$	±40
3	底座环底面至下封头与壳体连接接头的距离 L_1		$±2.5 L_1/1000$，且不超过 6，不小于-6
4	接管法兰面至设备外壁距离		±2. 5
5	设备开口中心标高及周向位置	接管	±5
		人孔	±10
		液面计接口	±3
6	与设备不垂直的开孔接管的安装角度		安装角度样板长度的 1/100
7	与外部管道连接的法兰面垂直度或平行度	法兰公称直径 $DN≤200$	1. 5
		法兰公称直径 $DN>200$	2. 5
8	接管(人孔)中心线到塔盘面的距离		±3(±6)
9	液面计对应接口间的距离		±1. 5
10	液面计对应接口周向位置		1. 5
11	液面计对应接管外伸长度差		1. 5
12	液面计法兰面垂直度		$0.5 D_0\%$
13	壳体分段处端面不平度		$D_i/1000$，且不大于 2
14	地脚螺栓相邻或任意两孔弦长		±2
15	地脚螺栓孔中心圆直径		±2

注：① 检查与设备不垂直的开孔接管安装角度的偏差是测量接管与安装角度样板之间的间隙。

② D_0—法兰外径，mm；D_i—设备筒体内径，mm。

第三节　球罐现场组焊

一、球罐结构

（1）球罐各部位名称如图 3-5-20。

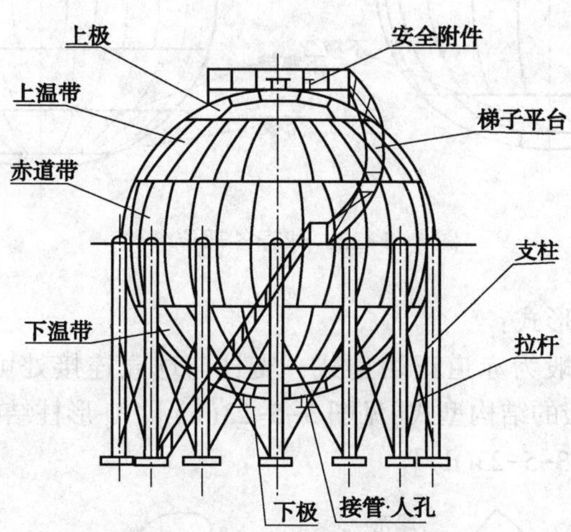

图 3-5-20　球形储罐各部位名称

（2）球罐支柱各部位名称见图 3-5-21。

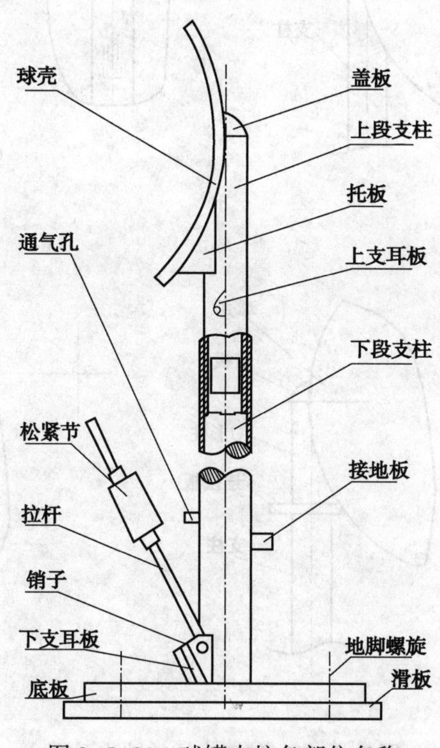

图 3-5-21　球罐支柱各部位名称

（3）球壳结构形式见图 3-5-22。

上极
上温带
赤道带
下极
上寒带
上极
上温带
赤道带
下寒带
下温带
下极

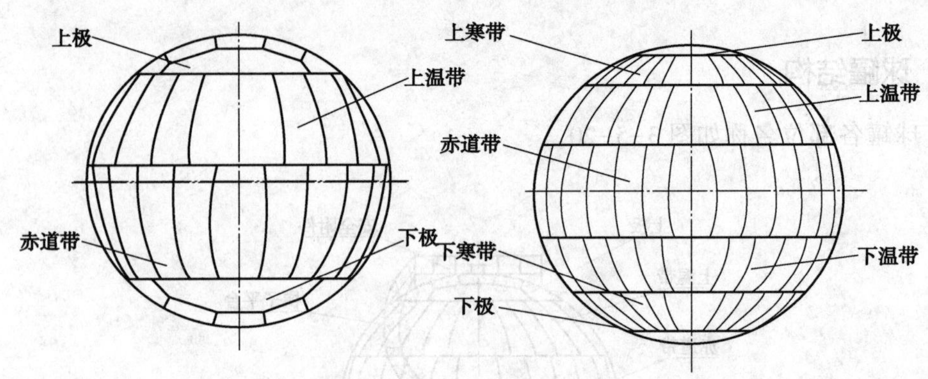

图 3-5-22　球壳各部位名称

（4）球罐支柱的结构形式：

支柱与球壳的连接一般为赤道正切型式，支柱与球壳连接处可采用直接连接结构型式［见图 3-5-23(a)］、加托板的结构型式［见图 3-5-23(b)］、U 形柱结构型式［见图 3-5-23(c)］或支柱翻边结构型式［见图 3-5-23(d)］。

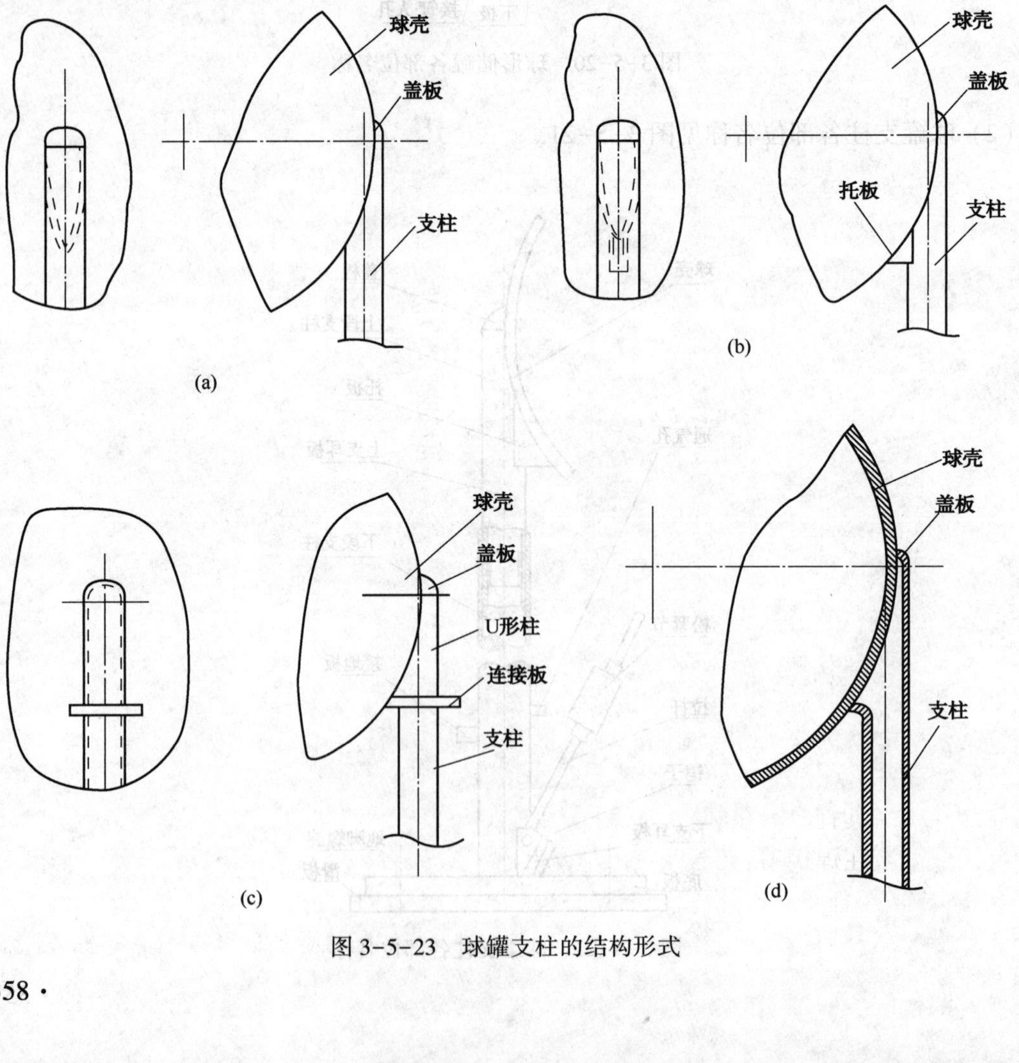

球壳
盖板
支柱
(a)
球壳
盖板
托板
支柱
(b)
球壳
盖板
U形柱
连接板
支柱
(c)
球壳
盖板
支柱
(d)

图 3-5-23　球罐支柱的结构形式

(5) 拉杆结构形式

拉杆结构有可调式和固定式两种。可调式拉杆的立体交叉处不得相焊。拉杆与支柱的上下连接点应分别在同一标高上。图 3-5-24a 为可调式，图 3-5-24b 为固定式。

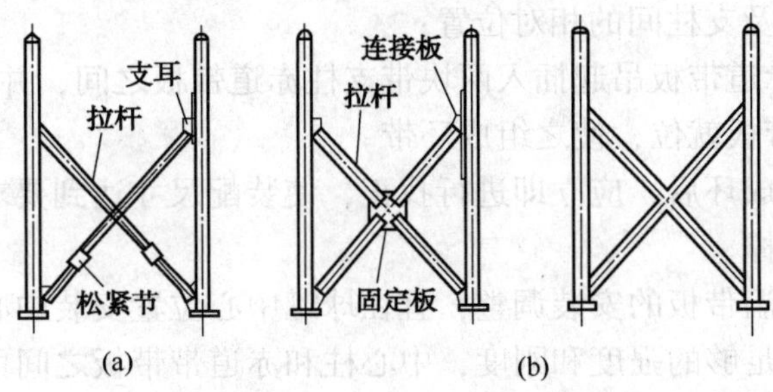

图 3-5-24　拉杆结构形式

二、球罐现场组焊

1. 球罐组装

(1) 见图 3-5-25。球罐宜采用分片法组装。球罐组装前，应对每块球壳板和焊缝进行编号。

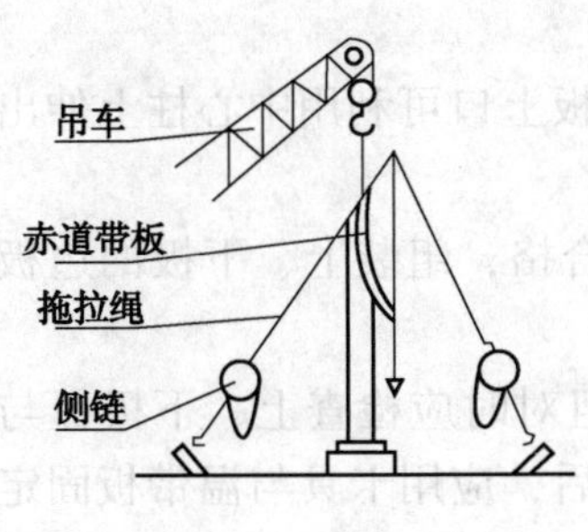

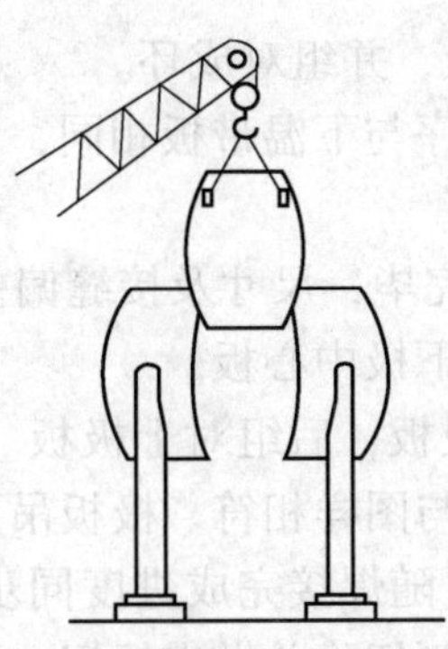

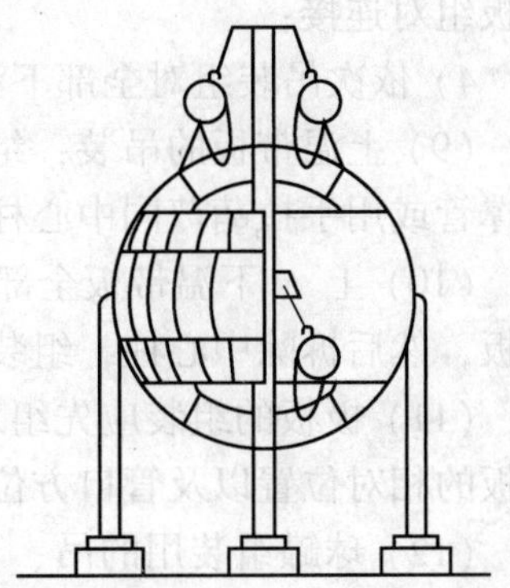

图 3-5-25　球罐赤道带、温带组装

(2) 进行焊后整体热处理的球罐，在支柱底板与垫铁组之间或支柱底板与水泥沙浆垫墩之间应设置滑动底板，并应计算滑动底板的厚度和刚度。

(3) 球壳板的编号宜沿球罐 0°→90°→180°→270°→0° 进行编排，编号为 1 的球壳板应排在 0°上或与紧靠 0°向 90°方向偏转的位置上。

(4) 球罐组装时，可采用工卡具调整球壳板组对间隙和错边量，不得进行强力组装。球壳板在吊装之前应按下列要求设置吊、卡具：

1) 方帽的数量和间距应根据球壳板的长度和厚度确定，纵向间距宜为 1.1~1.3m，环向间距宜为 0.5~0.8m，方帽与球壳板边缘的距离按键板中心距确定；

2) 吊、卡具宜布置在球壳板的外表面；

3) 球壳板在焊接吊、卡具的位置应清除防锈涂料及铁锈。

(5) 赤道带板组装时应按下列程序施工：

1) 吊装第一块带支柱的赤道带板，就位后用拖拉绳或其他方法将赤道带板固定，测量支柱垂直度或赤道带板垂直度；当支柱和赤道带板偏心布置时，应在偏心一侧适当加以支撑；

2）吊装第二块带支柱的赤道带板，就位后用拖拉绳将赤道带板固定，然后测量支柱垂直度或赤道带板垂直度及支柱间的相对位置；

3）将不带支柱的赤道带板吊起插入两块带支柱赤道带板之间，并用卡具固定；

4）依次吊装赤道带板就位，使之组成环带。

（6）赤道带板组对成环后，应立即进行找正，使装配尺寸达到要求。赤道带板组装符合要求后，安装支柱间支撑。

（7）为便于上、下温带板的安装调整，宜在球罐中心位置安装中心柱或伞形架支撑。中心柱或伞形架支撑应有足够的强度和刚度，中心柱和赤道带带板之间可用钢丝绳固定。

（8）温带板组装

1）温带板组装时，宜采用对称吊装，应先组装下温带板后组装上温带板，下温带板组装程序如下：

2）按排板图要求先吊装第一块下温带板，就位后用组对卡具与赤道带板组对连接，并用钢丝绳和中心柱固定。吊装组对时应注意温带板与赤道带板的相对位置，并调整好温带板与赤道带板的曲率；

3）吊装第二块下温带板，就位后用上述同样方法固定，并用卡具和相邻温带板及赤道带板组对连接；

4）依次吊装组对全部下温带板，并组对成环。

（9）上温带板的吊装，组对程序与下温带板相同，上温带板上口可利用中心柱上伸出的支撑管或用手拉葫芦同中心柱固定。

（10）上 、下温带板全部组装完毕，尺寸及接缝偏差调整合格，组装上、下极的边板和侧板，然后拆除中心柱，组装上、下极中心板。

（11）极板的组装应先组对下极板，后组对上极板。吊装组对时应检查上、下极板与温带板的相对位置以及管口方位是否与图样相符。极板吊装就位后，应用卡具与温带板固定。

（12）球罐组装用的吊、卡具可随焊接完成进度同步拆除，焊在球壳板上的吊、卡具拆除时应用砂轮打磨、碳弧气刨或气割切除并做出标记，不得用锤敲落。切除后，球壳板上的吊、卡具焊接痕迹应用砂轮打磨平滑并进行渗透检测或磁粉检测，切割和打磨均不得伤及球壳板母材。

2. 球罐焊接

焊接施工工艺：

1）焊接程序应符合下列原则：

先焊纵缝、后焊环缝；

先焊短缝，后焊长缝；

先焊坡口深度大的一侧，后焊坡口深度小的一侧。

2）焊缝交叉部位，应先将纵缝焊到环缝坡口内，然后将环缝坡口内的焊肉打磨干净以除去焊缝终端缺陷，焊环缝时，不应在交叉部位引弧或灭弧，见图 3-5-26。

3）预热时应将焊接部位均匀加热，使其达到焊接工艺作业指导书中规定的温度。预热宽度为焊接接头中心线两侧各取 3 倍板厚，且不少于 100mm 。预热温度应距焊缝中心线 50mm 处对称测量，每条焊缝测点不少于 3 对。

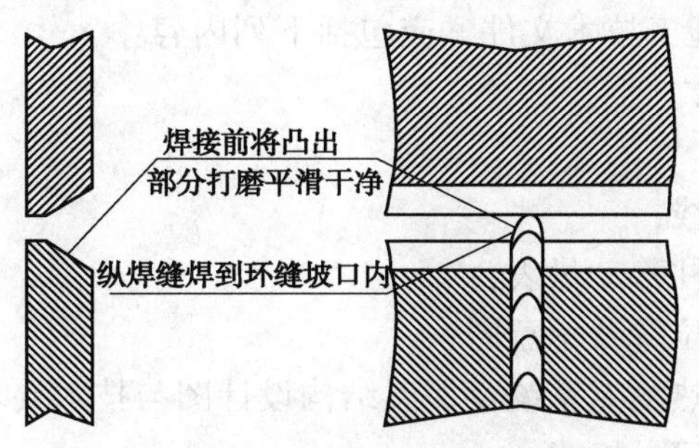

图 3-5-26　丁字焊缝焊接示意图

4）球壳板对接焊缝的焊前预热和后热，宜采用远红外线电热板等电加热元件加热；现场条件不具备时，可采用液化石油气、天然气等火焰加热，但不得使用氧—乙炔焰进行加热。用火焰加热时，宜使用弧形多嘴火焰加热器。

5）采用电加热板加热时，宜用永久磁铁在球壳板上固定电加热板，采用火焰加热器时，宜利用组装卡具固定加热器。

6）支柱与球壳板的相贯线、人孔、接管及工、卡具等部位的局部加热可用单嘴火焰加热器。

7）预热温度和层间温度应用测温笔或表面测温仪测定，并予以记录。用表面测温仪测温时，应采取措施避免环境条件影响测量的精确度。当预热温度采用自动控制测温装置并按专门规程测温时，允许适当的减少测点数量。

8）焊条电弧焊焊接的第一层焊道应采取分段退焊法，每层焊道引弧点应依次错开 50mm 以上，焊道始端宜采用后退起弧法，焊道终端应将弧坑填满，如有弧坑缺陷，应用砂轮清除。

9）采用焊条电弧焊时，焊工应对称均布、同步焊接，并保持速度一致，在同等时间内超前和滞后的长度不大于 500mm 。

10）采用药芯焊丝自动焊和半自动焊时，纵缝焊机布置应对称均匀、同步焊接。环形焊缝除焊机对称布置外，还应沿同一旋转方向焊接。

11）焊 接完毕的焊缝，应将焊工代号记录在焊缝布置图或排板图上。

12）支柱、连接板等与球壳板的焊接，角焊焊缝应平滑过渡到球壳板上。

13）每条焊缝每侧宜一次连续焊完，厚度较大的球壳板一条焊缝也可分段或分层焊接，分段焊接时，段数应尽量减少，且每侧每段应连续焊完；分层焊接时，每侧应连续焊满坡口深度的 2/3 以上，且每层应错开接头。如因故中断，应采取措施防止裂纹的产生，重新开始焊接前应仔细检查确认无裂纹后方可施焊。

14）焊缝清根应使用碳弧气刨、砂轮或其他机械切削方法，刨槽的形状应为 U 形，宽度应一致，深度应完全清除根部缺陷，再用砂轮将渗碳层清除干净。标准抗拉强度下限值 σb ≥540 MPa 的钢材清根后必须经渗透检测合格后，方可继续施焊。

15）焊缝的后热消氢处理应按焊接工艺作业指导书规定的后热温度和后热时间在焊后立即进行，其加热范围、温度测量等要求应与预热相同。

3. 球罐焊后热处理

(1) 要求焊后整体热处理的球罐，在热处理前应完成全部与球体有关的焊接工作，并经检验(包括无损检测)合格。

（2）球罐整体热处理施工技术文件，应包括下列内容：

1）热处理方法及设备；

2）施工平面布置图；

3）热工计算及工艺曲线；

4）测温点布置图及支柱移动量表；

5）产品焊接试板安装位置及示意图；

6）柱脚移动装置，加热测温系统及保温结构设计图与技术要求；

7）热处理操作程序及记录格式；

8）安全技术措施；

9）质量保证措施；

10）施工机具、材料用量表。

（3）球罐整体热处理前应作好下列准备工作：

1）将各支柱垂直度调整合格，松开地脚螺栓、拉杆，装设柱脚移动装置；

2）将产品焊接试板布置在球罐热处理过程中高温区外侧，并与球壳板贴紧使之接触良好；

3）安装加热装置和测温系统；

4）封闭与热处理无关的接管；

5）脱开与球罐连接的所有附件（如平台、梯子），使相互间至少保持单向柱脚移动量距离；

6）热处理所需的保温层施工完毕，测温系统调试合格；

7）柱脚移动装置按施工技术文件要求施工完毕，柱脚试移结束；

8）根据环境及气象条件设置必要的防火、防风、防雨雪设施；

9）备用电源及必要的消防器材已经配备。

（4）在热处理前后对焊接接头进行硬度测定时，测定部位应在排版图上标明，如无规定可在下述部位进行测定：

1）上、下极板纵缝至少各选一处，每处3点；

2）上、下温带、赤道带按120°分布，在纵缝上分别任选3处，每处3点。

（5）球罐及球罐接管、烟筒、进风筒均应保温，球罐支柱上部从支柱与球壳板连接焊缝的下端算起至少1m长度范围内应 进行保温。保温层的固定装置不得与球壳板焊接，宜采用扁钢与保温钉组成的带状钢带。

（6）热处理时的升温速度在300℃以下时可不控制，300℃以上时，宜控制在50~80℃/h范围以内。热处理恒温温度和时间达到要求后，应缓慢降温，降温速度以（30~50℃）/h为宜，300℃以下可在空气中自然冷却。

（7）在升温和降温过程中，球壳表面任意两测温点的温度差在400℃以上时不得大于120℃。在热处理时，最短恒温 时间应按最厚的球壳板对接焊缝厚度的每25mm保持1h计算，且不应少于1h。

（8）热处理升温和 降温过程中应每隔100℃将柱脚移动一次，移动量符合计算位移量，移动时应平稳缓慢，并有时间和位移记录。

（9）球罐整体热处理一般采用内燃法，并分为燃油法和燃气法，也可以采用热风法、电加热法和炉内加热法等，见图3-5-27。

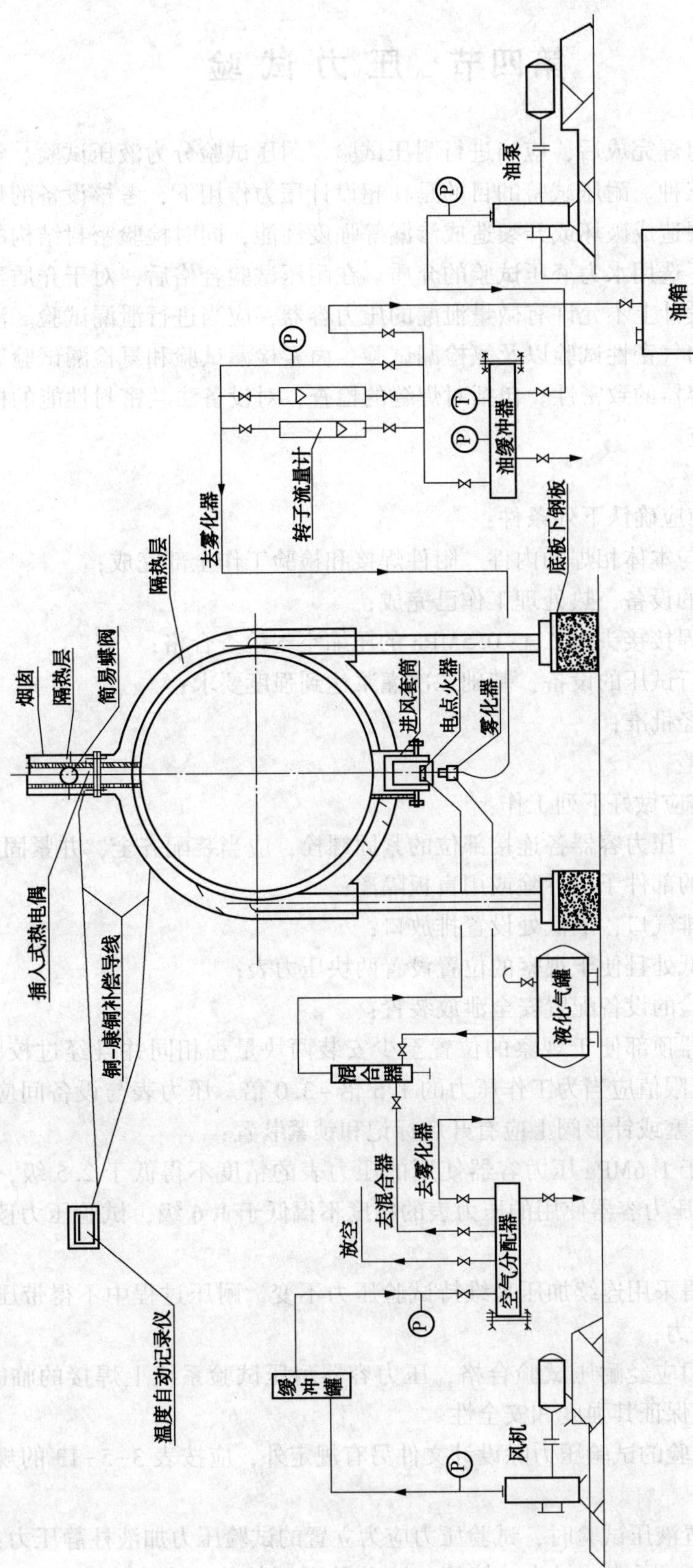

图3-5-27 燃油内燃法工艺装置

第四节 压力试验

压力容器现场组焊完成后，应当进行耐压试验。耐压试验分为液压试验、气压试验以及气液组合压力试验三种。耐压试验的目的是在超设计压力作用下，考核设备的焊缝内部缺陷是否会发生快速扩展造成破坏或开裂造成渗漏等强度性能，同时检验密封结构的密封性等安全性能。一般情况下选用水为液压试验的介质。在耐压试验合格后，对于介质毒性程度为极度、高度危害或者设计上不允许有微量泄漏的压力容器，应当进行泄漏试验。泄漏试验根据试验介质不同，分为气密性试验以及氨检漏试验、卤素检漏试验和氦检漏试验等。气密试验的目的是检查压力容器的致密性。包括对焊缝的检查，对设备法兰密封性能的检查，对接管法兰密封性能的检查。

1. 一般规定

(1) 耐压试验前应确认下列条件：

1) 设备本体及与本体相焊的内件、附件焊接和检验工作全部完成；

2) 焊后热处理的设备，热处理工作已完成；

3) 开孔补强圈焊接接头用0.4~0.5MPa的压缩空气检查合格；

4) 在基础上进行试压的设备，基础二次灌浆达到强度要求；

5) 试压方案已经批准；

6) 施工资料完整。

(2) 耐压试验前应做好下列工作：

1) 耐压试验前，压力容器各连接部位的紧固螺栓，应当装配齐全，并紧固妥当；

2) 不参与试压的部件予以拆除或用盲板隔离；

3) 最高处设置排气口，最低处设置排放口；

4) 在最高与最低处且便于观察的位置设置两块压力表；

5) 进行气压试验的设备配置安全泄放装置；

6) 应在压力容器顶部便于观察的位置至少安装两块量程相同并且经过校验的压力表。压力表的表盘刻度极限值应当为工作压力的1.5倍~3.0倍。压力表与设备间应装设三通旋塞或针形阀，三通旋塞或针形阀上应有开启标记和锁紧装置；

7) 设计压力小于1.6MPa压力容器使用的压力表的精度不得低于2.5级，设计压力大于或者等于1.6MPa压力容器使用的压力表的精度不得低于1.6级，试验压力读数以高处压力表为准；

8) 保压期间不得采用连续加压来维持试验压力不变，耐压过程中不得带压紧固螺栓或者向受压元件施加外力；

9) 试压用的阀门应经耐压试验合格，压力容器耐压试验系统上焊接的临时受压元件，应当采取适当措施，保证其强度和安全性。

(3) 设备耐压试验的试验压力除设计文件另有规定外，应按表3-5-13的规定执行，并应符合下列规定：

1) 立式设备卧置液压试验时，试验压力应为立置的试验压力加液柱静压力；

2) 设备受压元件(圆筒、封头、接管、法兰及紧固件等)所用材料不同时，应取表中

$\frac{[\sigma]}{[\sigma]^{t}}$ 比值中较小者。

表 3-5-13　设备耐压试验和气密性试验压力　　单位：MPa

设计压力 p	耐压试验压力		气密性试验压力
	液压试验	气压试验	
$p\leqslant-0.02$	$1.25p$	$1.15p(1.25p)$	p
$-0.02<p<0.1$	$1.25\,p\frac{[\sigma]}{[\sigma]^{t}}$，且不小于 0.1	$1.15\,p\frac{[\sigma]}{[\sigma]^{t}}$，且不小于 0.07	$p\frac{[\sigma]}{[\sigma]^{t}}$
$0.1\leqslant p<100$	$1.25\,p\frac{[\sigma]}{[\sigma]^{t}}$	$1.15\,p\frac{[\sigma]}{[\sigma]^{t}}$	p

注：① $[\sigma]$表示设备元件材料在试验温度下的许用应力，MPa；$[\sigma]^{t}$ 表示设备元件材料在设计温度下的许用应力，MPa。

② 括号内的数值 $1.25p$ 仅适用于钢制真空塔式容器。

（4）采用气压试验代替液压试验时，必须符合下列规定：

1）压力容器气压试验前对设备的对接焊接接头进行100%射线或超声检测，合格级别应执行原设计文件规定；

2）常压容器气压试验前对设备的对接焊接接头进行25%射线检测或超声检测，射线检测Ⅲ级合格，超声检测Ⅱ级合格；

3）有本单位安全技术部门确认，本单位技术总负责人批准的安全技术措施；

4）试压系统的安全泄放装置应进行压力整定。

（5）耐压试验场地的安全防护设施应经安全部门检查认可；耐压试验过程中不得进行与试验无关的工作，无关人员不得在试验现场停留。设备在试验压力下，任何人不得接近试压设备，待试验压力降至规定压力时，方可进行各项检查。

（6）真空和外压设备以内压进行耐压试验。差压设备耐压试验时，在试压过程中相邻压力室的压差值不得超过设计文件的规定。

（7）耐压试验过程中，不得带压紧固螺栓，不得对受压元件施加外力或进行任何修理。发现渗漏、压力下降、异常响声、油漆剥落、加压装置发生故障等不正常现象时，应立即停止试验并卸压，查明原因经处理后方可恢复耐压试验。

（8）耐压试验后，应填写耐压试验报告，并由相关单位签字确认。

2. *液压试验*

（1）塔类设备卧置液压试验时，充液前应对容器强度、局部稳定性进行核算。充液前试压系统、放空阀门及压力表应安装完毕。在充液过程中应观察容器各支承点的变形情况。充液时应先打开放空阀门，液体从容器顶部溢出时将放空阀门关闭，检查并确认各开孔及接头处有无渗漏。

（2）试验介质宜采用工业用水。奥氏体不锈钢、复合钢制设备用水作介质时，水质氯离子含量不得超过 25 mg/L。试验介质也可采用不会导致发生危险的其他液体。

（3）试验温度（容器器壁金属温度）应当比容器器壁金属无延性转变温度高 30℃，试验介质温度应符合下列规定：

1）碳素钢、Q345R、Q370R 和正火 14Cr1MoR 钢制设备水压试验时，水的温度不得低于 5 ℃；其他低合金钢制设备水压试验时，水的温度不得低于 15 ℃；

2) 由于板厚等因素造成材料无延性转变温度升高的设备液压试验时，液体的温度按设计文件规定执行。

(4) 液压试验时，设备外表面应保持干燥。充液后当压力容器器壁金属温度与液体温度接近时，才能缓慢升压至设计压力，确认无泄漏后继续升压至规定的试验压力，保压足够时间，然后将压力降至规定设计压力，保压足够时间并在该压力下对所有焊接接头和连接部位进行检查。检查期间压力应保持不变，不得采用继续加压的方式来维持试验压力不变。

(5) 液压试验完毕后，将设备顶部放空阀门打开，从底部排放液体。液压试验结束后，应将设备内液体排尽，并将试压用的临时连接件全部拆除。

(6) 液压试验符合下列条件判定为合格：

1) 无渗漏；

2) 无可见变形；

3) 试验过程中无异常响声；

4) 放水后，对标准抗拉强度下限值大于或等于 540 MPa 钢制设备，进行表面无损检测抽查未发现裂纹。

(7) 在基础上进行液压试验且容积大于 100 m^3 的设备，液压试验充液前、充液 1/3、充液 2/3、充满液、充满液 24 h 后、放液后，应作基础沉降观测。基础不均匀沉降量应不超过设计文件规定值。

3. 气压试验

(1) 气压试验时，试压区应设置警戒线，试验单位的安全部门应进行现场监督。

(2) 气压试验所用气体宜为干燥洁净的空气、氮气或其他惰性气体，试验温度（容器器壁金属温度）应当比容器器壁金属无延性转变温度高 30℃。碳素钢和低合金钢制设备，试验气体温度不得低于 15 ℃；其他钢种试验气体的温度按设计文件规定。

(3) 气压试验应按下列程序进行升压和检查：

1) 应当缓慢升压至规定试验压力的 10%，保压足够时间，并且对所有焊缝和连接部位进行初次检查；

2) 如无泄漏可继续升压至规定试验压力的 50%，观察有无异常现象；

3) 如无异常现象，其后按照规定试验压力的 10% 逐级升压，直到试验压力，保压足够时间；

4) 然后将压力降至设计压力，保压足够时间进行检查，检查期间压力应保持不变，并不得采用继续加压的方式来维持试验压力不变。

(4) 气压试验符合下列条件判定为合格：

1) 试验过程中无异常响声；

2) 无泄漏；

3) 无可见变形。

4. 气液组合压力试验

(1) 对因承重等原因无法注满液体的压力容器，可根据承重能力先注入部分液体，然后注入气体，进行气液组合压力试验。

(2) 试验用的液体、气体应当分别符合液压试验、气压试验的有关要求；

(3) 气液组合压力试验时试验温度、试验的升降压要求、安全防护要求以及试验的合格标准按照气压试验的有关规定执行。

5. 气密性试验

（1）气密试验所用气体应当符合气压试验的规定要求，气密性试验压力为压力容器的设计压力。

（2）气密性试验时，一般应将安全附件装配齐全。

（3）气密性试验应在耐压试验合格后进行。对做气压试验的设备，气密试验可在气压试验压力降到气密试验压力后一并进行。

（4）气密性试验的压力应缓慢上升，达到试验压力后，保压足够时间，同时对焊缝和连接部位等用肥皂液或其他检漏液检查，无泄漏为合格。

6. 充水试漏或煤油试漏

对于非受压部件或常压容器的焊缝可采用充水试漏或煤油试漏的方法进行检查。

（1）充水试漏应符合下列规定：

1）充水试漏前应将焊接接头和连接部位的外表面清理干净，并保持干燥；

2）试漏的持续时间应根据观察所需时间决定，且不得少于 1h；

3）焊接接头和连接部位无渗漏为合格。

（2）煤油试漏应符合下列规定：

1）煤油试漏前应将焊接接头能够检查的一面清理干净，涂以白垩粉浆，晾干后，在焊接接头的另一面涂以煤油，并使表面保持浸润状态；

2）30min 后以白垩粉上没有油渍为合格。

第六章 料 仓

第一节 料仓结构

料仓一般用于储存常压固体，如松散的粒料或粉料，设计压力为-500~10000Pa。仓盖可以采用锥顶或拱顶，仓体采用焊接结构，支承方式可采用耳式支座、环形支座、裙座，必要时可采用悬吊结构。

一、料仓的支承形式

料仓的支承形式如图 3-6-1。

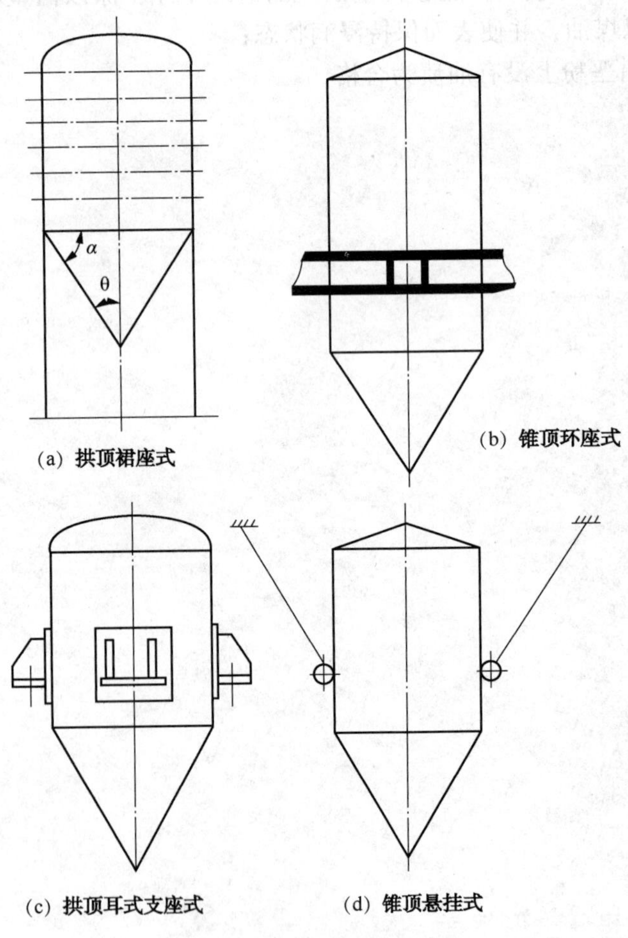

图 3-6-1 料仓的支承形式

二、常见料仓储存物料参数

常见料仓储存物料参数见表 3-6-1。

表 3-6-1　料仓储存物料参数

名　称	堆积密度/(kN/m³)	真密度/(kN/m³)	安息角	内摩擦角 ϕ(内摩擦系数)	物料与仓壁摩擦角(摩擦系数)
聚乙烯(粒料)	6.0~7.0	9.4~9.7	35°	35°(0.70)	18°(0.3~0.36)
聚乙烯(粉料)	3.0~4.0	9.4~9.7	35°~40°	35°~38°(0.70~0.78)	18°~20°(0.32~0.36)
聚丙烯(粒料)	5.0	9.0~9.5	38°~40°	35.5°~37°(0.74~0.76)	15°~18°(0.27~0.32)
聚丙烯(粉料)	3.7~4.5	9.0~9.5	35°~38°	35.0°~36.5°(0.70~0.74)	15°~18°(0.27~0.32)
ABS(粒料)	5.0	15.8	40°	38°(0.78)	18°~22°(0.32~0.40)
ABS(粉料)	4.8	10.1	30°~35°	31°~35°(0.60~0.70)	15°~20°(0.27~0.36)
聚苯乙烯(粒料)	5.0~6.0	10.5	30°	35°(0.70)	20°(0.36)
聚苯乙烯(粉料)	5.0~6.0	10.3	30°~35°	31°~35°(0.60~0.70)	15°~18°(0.27~0.32)
聚酯(粒料)	6.0~7.0	12.8	40°	38°(0.78)	19°(0.34)
聚酯(粉料)	6.0~6.5	10.3	30°~38°	31°~35°(0.60~0.70)	17°(0.30)
砂	14.0~18.0	26.2	35°	32°(0.62)	18°(0.32)
米	8.6	14.3	20°~25°	29°(0.554)	15°~16°(0.27~0.29)
砂糖	9.1	15.9	35°	37°(0.754)	34°(0.67)
大豆	7.6	11.6	28°	39°(0.81)	17°~19°(0.30~0.34)
小麦	8.6	13.8	32°~35°	25°(0.466)	25°40′(0.48)
尿素	7.6	13.3	35°~38°	22°(0.405)	11°~14°(0.19~0.25)
离子交换树脂	14.6	23.9	45°	26°(0.49)	20°~22°(0.26~0.40)

三、料仓的结构

一般包括仓体、料斗、顶盖和支座。
见图 3-6-2。

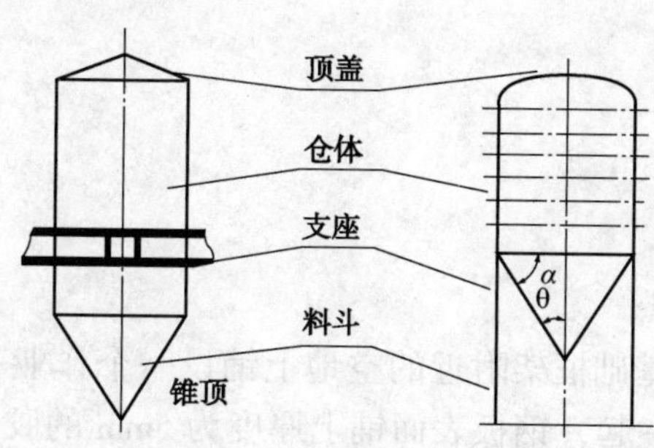

图 3-6-2　料仓结构

四、料仓的顶盖分锥形顶盖、拱形顶盖

料仓顶盖结构见图 3-6-3。

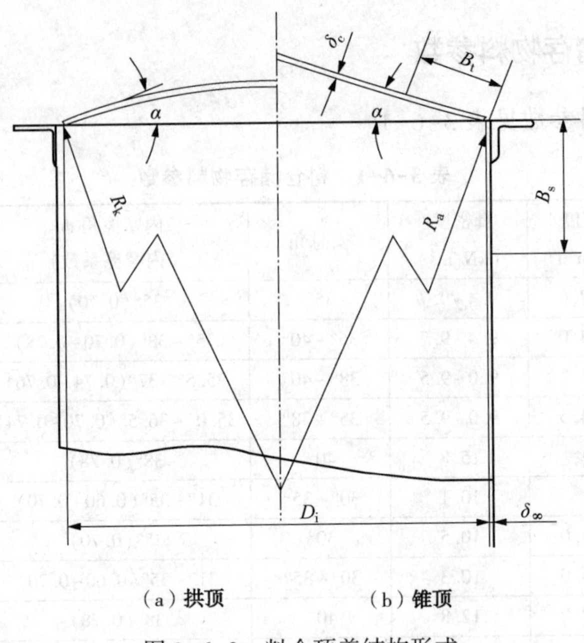

（a）拱顶　　（b）锥顶

图 3-6-3　料仓顶盖结构形式

(1) 锥形顶盖的坡度，不应小于 1/6，且不大于 3/4。无支承肋的锥形顶盖，料仓直径不宜大于 5m，带支承肋的锥形顶盖，料仓直径不宜大于 12m。

(2) 拱形顶盖的球面半径，宜取料仓内直径的 0.8~1.0 倍。拱形顶盖也分为无支承肋和有支承肋两种形式，支承肋之间的距离不得大于 1.5m。

五、支座：支座分裙式支座、耳式支座、环形梁支座

第二节　料 仓 组 焊

一、施工程序

见图 3-6-4。

二、组焊工艺

1. 施工准备

(1) 平台铺设：在料仓基础框架附近的空地上铺设一个作业平台，平台使用钢板找平铺设，将钢板临时点焊固定在一起，钢板表面铺上厚度为 5mm 的胶皮，平台地基中间预留一条施工人员出入的通道。平台四周用脚手杆架设 4m 高的挡风墙，蒙上编织布或挂上波纹瓦封闭；

(2) 准备好施工用工具，如胀圈和吊装架等，胀圈见图 3-6-5；

施工机械设备进厂；

准备施工措施用料，尤其是铝垫铁；

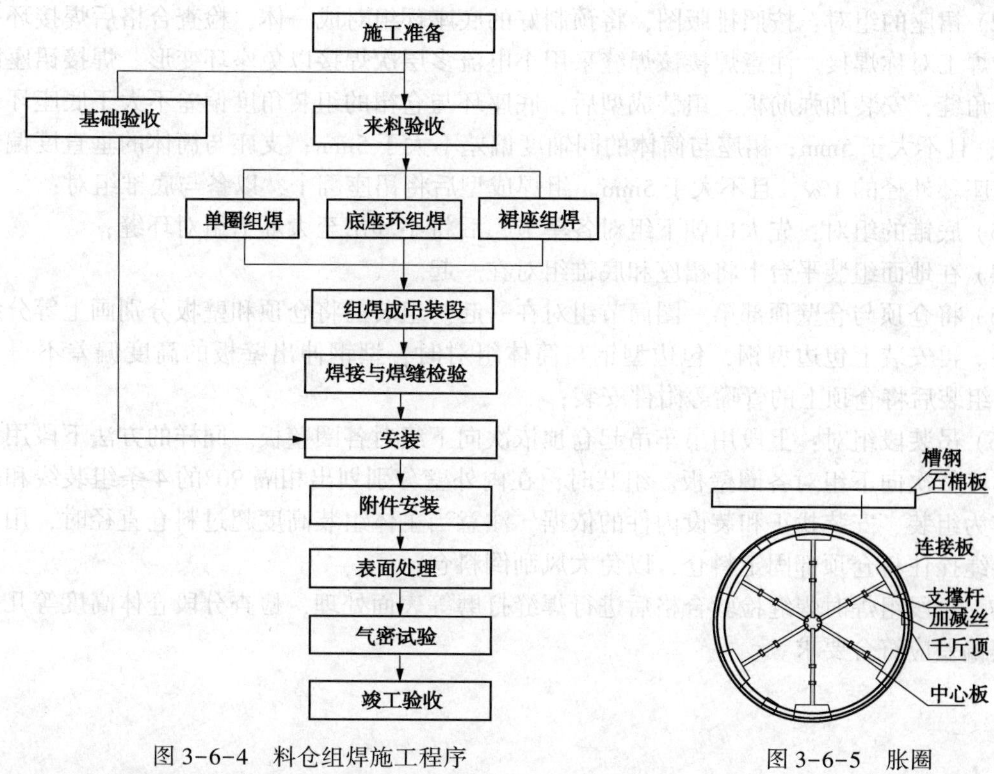

图 3-6-4　料仓组焊施工程序

图 3-6-5　胀圈

编制施工作业技术文件，并进行技术交底。

2. 预制

（1）排板：料仓预制前，应根据到货的材料规格进行排板，绘制排版图，排板符合相应规范的要求。

（2）下料：下料时按照排版图进行，下料方法采用机械加工或等离子切割。壁板预制宜采用净料法。

（3）坡口加工：坡口采用等离子切割，砂轮机打磨的方法加工，坡口形式按设计图样或规范要求选用。坡口加工也可以采用专用切割锯进行切割加工，切割前应仔细调整并核对切割角度与坡口角度的一致性，一次成形。

（4）滚圆：滚圆采用滚板机卷制，为避免钢辊直接与铝板接触，滚圆前先用多层塑料薄膜或牛皮纸将钢辊包裹。筒体、仓裙板滚圆前，板端先进行预弯，并用弦长不小于 250mm 的样板检查圆弧度。

（5）单节组对：在平台上按照排板图将各单张板依顺序组对在一起，坡口表面应处理干净。组装卡具等与母材接触的地方应使用与筒体材质一致的材料。立缝内侧安装弧板以减小焊接变形，用木锤或胶锤处理好角变形，料仓单节筒体组对时，上口端面保持在同一平面上，板下端错口不大于 1mm。检查组对间隙、错边量、椭圆度等，合格后进行焊接、检验。

（6）附件预制：管嘴、人孔及梯子平台等附件进行单件预制。

（7）裙座：将每块底座环板在平台上放样进行组装，充分考虑焊接收缩量。采用尺、规进行地脚螺栓孔的定位，经检验合格后打上样冲，进行钻孔。

3. 铝料仓现场组装

（1）依据排板图进行组装，组装顺序为裙座、底锥、顶锥，然后倒装筒体，见图 3-6-6；

（2）裙座的组对：按照排版图，将预制好的底座环组对成一体，检查合格后焊接环板对接缝，焊工对称焊接。注意焊接该焊缝采用小电流多层次焊接以免座环变形。焊接裙座筒体与环板角缝，安装加强筋板。组装成型后，底座环与仓裙的组装角度偏差不大于底座环外径的1‰，且不大于5mm；裙座与筒体的同轴度偏差不大于5mm；支座与筒体的垂直度偏差不大于支座环外径的1‰，且不大于5mm。组焊成型后将裙座翻个，以备与底锥组对；

（3）底锥的组对：先大口朝下组对各单节，后将小环吊至大环上组对环缝；

（4）在地面组装平台上将裙座和底锥组对在一起。

（5）将仓顶与仓壁顶部第一圈筒节组对在一起。组装前将仓顶和壁板分别画上等分线对称组装。再安装上包边型钢，包边型钢与筒体组对时，型钢伸出壁板的高度偏差不得大于4mm。组装后将仓顶上的管嘴等附件安装；

（6）吊装段组对：上段用吊车吊起仓顶依次向下组对各圈壁板。同样的方法下段用吊车吊起裙座依次向下组对各圈壁板。组装时，在内外壁分别划出相隔90°的4条组装线和基准圆，作为组装、安装找正和装设内件的依据。注意当主体组装高度超过料仓直径时，用三至四根晃绳拴住料仓顶部固定料仓，以免大风刮倒料仓；

（7）每段组焊时焊缝检验合格后进行焊缝打磨等表面处理，检查分段仓体高度等几何尺寸，其偏差应符合要求。

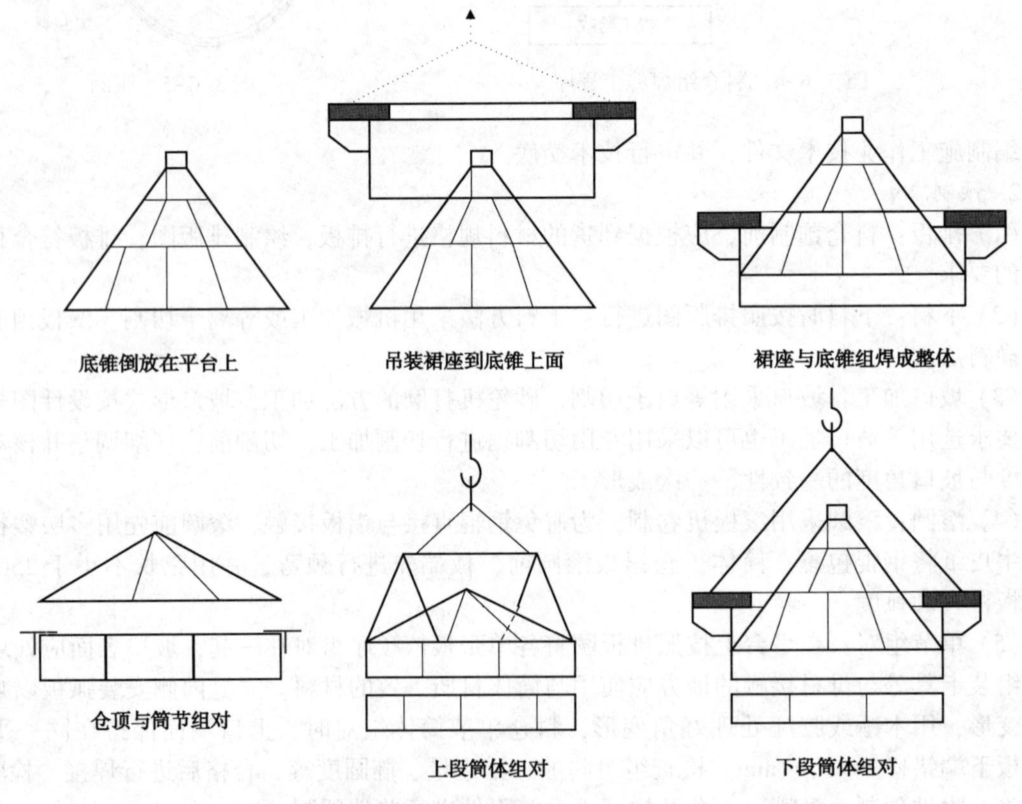

图 3-6-6　料仓分段组对过程示意图

4. 吊装

铝料仓组焊成吊装段以后，经检查合格，可以进行吊装，铝料仓安装高度一般较高，故要选用合适的吊车进行吊装。

5. 附件安装

（1）仓顶上的接管、加强筋在仓顶与第一圈筒体组焊完后即安装。料仓的加固件与筒体贴紧，局部间隙不应大于3mm；

（2）开孔接管在组装过程中随主体提升及时安装，接管的中心线与设计中心线的偏差不超过接管长度的0.5%，且不大于3mm。接管的安装位置允许偏差为2mm，伸出长度允许偏差为3mm。接管法兰面、人孔法兰面与接管中心线的垂直偏差不得超过法兰外径的1%，且不大于3mm。

（3）掺混管安装：装有混合器的料仓，掺混管在平台上整根组对成型。

（4）在掺混管管端用三角、正方形和圆圈号以设计方位做好方位标示，并依图示画好对口标示线，用龙门板进行对口防止焊接变形和弯曲，焊接后拆除龙门板，成型后用吊车从料仓顶部穿入，从掺混管下口找正掺混管的方位和标高，用支架固定，检测掺混管平行于仓体轴线或仓底母线，其偏差不大于分布管长度的1‰，且不大于5mm。在仓底轴线上安装的混合器，其同轴度偏差不大于混合器外径的1‰，且不大于5mm。仓内掺混管安装后，安装仓底外掺混管，将掺混管与仓底掺混室连接在一起；

6. 找正

以料仓基础标高和纵横中心线为基准，用经纬仪检测，通过调整垫铁来找正料仓主体。不得通过松紧螺栓来找正。

7. 表面处理

打磨和抛光：在倒装过程中依据设计和规范要求及时用角向磨光机对料仓内壁和焊道进行打磨和抛光。及时清理干净仓体内外的焊瘤、焊疤及临时卡具痕迹。

8. 气密试验

（1）料仓在进行气密试验前，由业主/监理单位与施工单位共同对料仓有关施工记录是否齐全、料仓施工与设计图样是否相符、料仓施工质量是否符合规范要求进行检查。

（2）试验前，检查料仓上的安全附件、阀类及全部内件等是否装配齐并检验合格。

（3）气密试验使用气体应为干燥、无油的压缩空气，空气温度不得低于5℃。

（4）料仓的气密试验应按设计要求进行，封闭所有管嘴，气密试验时，缓慢升压至试验压力，并保持30min以上，同时喷涂中性发泡剂检查，无泄漏、无变形、压力表不降压为合格。

9. 成品保护

（1）摆放板材配件时其下面用木方、枕木垫实；

（2）吊装铝板时，卡兰内侧与铝板之间垫上铝板块；

（3）施工人员一律穿上布面胶底鞋，纯棉工作服，平台表面日检日清；

（4）料采用铅笔和细记号笔划线，不无故乱涂乱画，不得用划针或锐器刻划；

（5）刨边时在工作台上垫上胶皮，压腿下垫上铝板块；

（6）壁板卷制时，将滚板机钢辊用多层牛皮纸或塑料胶布包裹，并及时更换；放置板材的胎具上用纸板衬垫；胀圈和支撑圈与壁板之间均采用石棉板隔开；

（7）组对卡具均采用铝制和不锈钢制造；

（8）所有临时架设均用橡胶板或塑料布与板材和料仓主体隔开。

第七章　钢制低压湿式气柜

第一节　概　　述

一、钢制低压湿式气柜工作原理

气柜的主要部件有水槽和储存气体的活动节。盛装密封用水的部件被称为水槽，储存气体的活动节部分被称为钟罩和塔节。对于多节组成的气柜，带有拱顶的中心活动节称为钟罩，而其他活动节则由内向外依次被称为一塔、二塔、三塔等。水槽和活动节两大部件再配上进气管、出气管、导轨、导轮等其他部件以及密封水等共同组成低压湿式气柜。

湿式气柜的工作原理如图 3-7-1 所示。

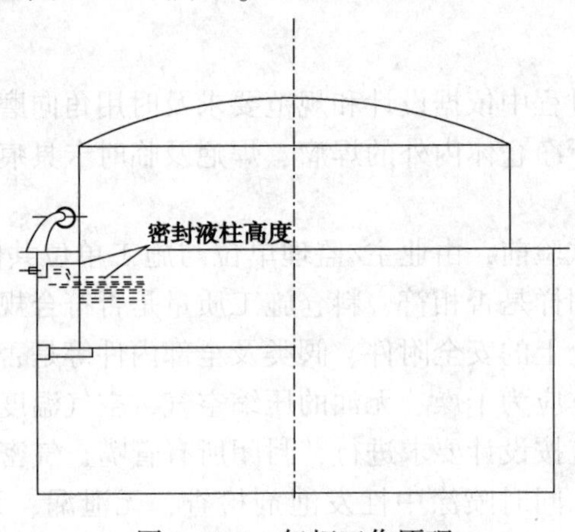

图 3-7-1　气柜工作原理

带有一定压力的工艺气体通过进气管或出气管与装置相连接，气体输入时，气柜活动节上升，气体输出时，气柜活动节下降，气柜通过活动节的升降来实现气体的储存、缓冲等功能。

带哟一定压力的工艺气体进入气柜活动节后，推动活动节上升，活动节所受重力与气体作用在气柜上的垂直向上的推力保持平衡，气柜内部的压力气体通过水槽与活动节之间的水来实现密封的，气柜内部气体的压力高或低的程度总是与活动节外侧的水面相匹配。

气柜内储存气体的压力是通过调整活动塔节质量的方法来实现的。

二、气柜的分类

1. 按导轨的结构形式分类

(1) 无外导架直升式气柜：导轨焊接于活动节塔壁上的直导轨气柜；

(2) 外导轨直升式气柜：导轨为带外导轨架的直导轨气柜；

(3) 螺旋气柜：导轨为螺旋形的气柜。

2. 按活动塔节节数分类

(1) 单节气柜：只有一个活动塔节的气柜；

(2) 多节气柜：活动塔节为两个或两个以上的气柜。

三、气柜结构

1. 无外导架直升气柜结构示意如图 3-7-2，容积规格通常在 $1000m^3$ 以下，直导轨固定在钟罩上，上导轮安装在水槽平台上。

2. 有外导架直升气柜结构如图 3-7-3。

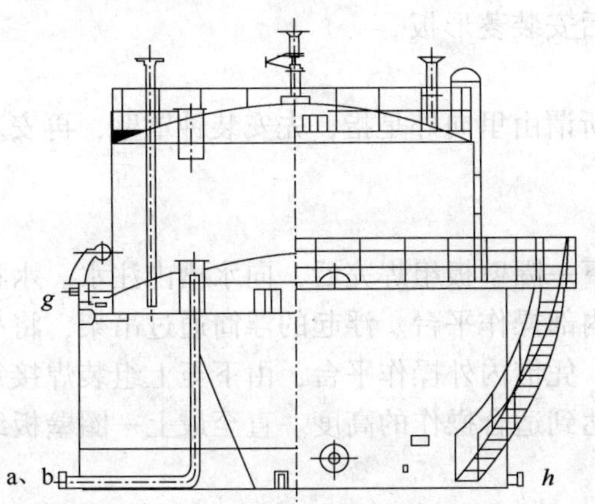

图 3-7-2　无外导架直升气柜结构示意图

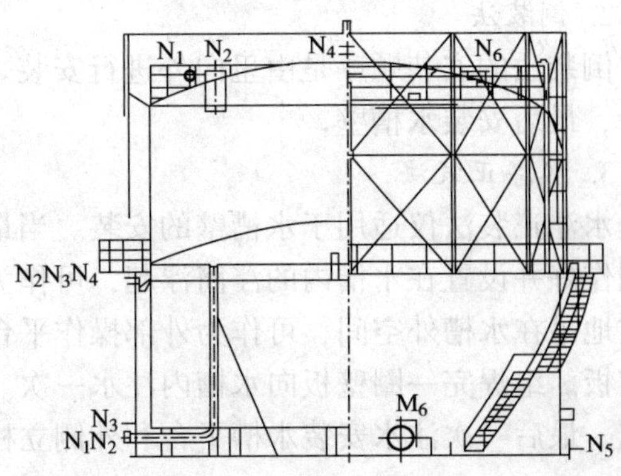

图 3-7-3　有外导架直升气柜结构示意图

3. 螺旋气柜结构如图 3-7-4，螺旋气柜的导轨固定在钟罩壁上和其他活动塔节壁上，螺旋导轮分别安装在水槽平台和活动塔节平台上，运行中螺旋导轮将螺旋导轨固定在 45°的轨道内，只允许活动节呈螺旋转向做上升或下降运动。

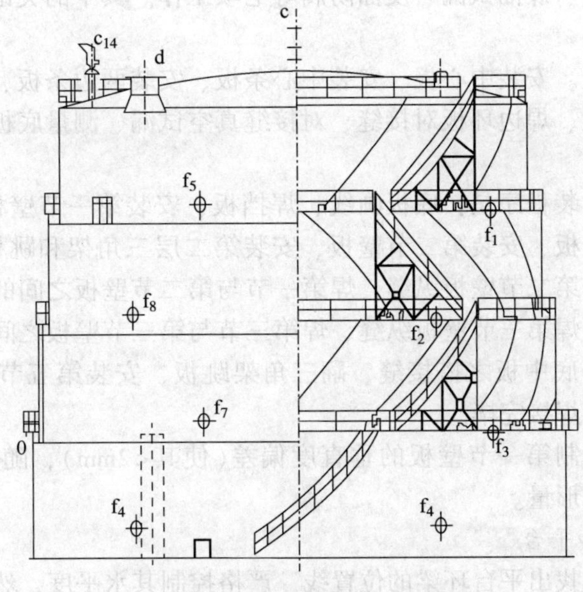

图 3-7-4　螺旋气柜结构示意图

第二节　螺旋湿式气柜组装

一、螺旋湿式气柜组装方法

1. 正装法

正装法的安装顺序是由外向里、由下至上进行安装。所谓由外向里是指先安装水槽壁。再安装中节壁，最后安装钟罩壁。所谓由下至上指水槽壁的安装，由最下一带板开始组装直至最上一带板。中节壁、钟罩壁的安装：先将下水封及下带板组装焊接完后。再安装立柱、上带板、上水封或拱顶、螺旋导轨及垫片，最后安装菱形板。

2. 倒装法

倒装法的安装顺序是由里向外进行安装。所谓由里向外是指，先安装钟罩壁，再安装中节壁，最后安装水槽壁。

3. 水浮正装法

水浮正装法仅适用于水槽壁的安装。当最下一圈壁板组焊完后，向水槽内注水。水将预先制作好并设置在水槽内的浮筒浮起，可作为内部操作平台。浮起的浮筒通过吊架，将吊篮悬空地吊在水槽外空间，可作为外部操作平台。凭借内外操作平台，由下至上组装焊接每一圈壁板。组焊完一圈壁板向水槽内注水一次。达到适合操作的高度。直至最上一圈壁板组焊完成。最后一次注水安装水槽平台和外侧立柱。

二、正装法组装工艺

1. 底板组装

（1）拼焊水槽底板。此项工作在钢平台上进行，按先后顺序，它包括对口、焊正面、找平、反面清根、焊反面、煤油试漏、反面防腐等七项工作。其中的关键是焊接，要求变形要小，不允许泄漏。

（2）安装水槽底板。安装中心板、安装中心条板、安装两边条板、焊接条板横缝、焊接条板纵缝、安装边环板、焊边环板对接缝、对接缝真空试漏、测量底板凸凹度等等。

2. 安装水槽壁板

（1）水槽壁板的安装程序是：底板画线、焊挡板、安装第一节壁板、第一节壁板找正、安装第一层三角架和跳板、安装第二节壁板、安装第二层三角架和跳板、安装第三节壁板、焊第一节壁板纵缝、焊第二节壁板纵缝、焊第一节与第二节壁板之间的环缝、翻三角架和跳板、安装第四节壁板、焊第三节壁板纵缝、焊第三节与第三节壁板之间的环缝、焊壁板与底板角缝、焊底板边板与底中板之搭接缝、翻三角架跳板、安装第五节壁板、……，如此类推，直到全部壁板安装焊接完毕。

（2）一定要严格控制第一节壁板的垂直度偏差（使其<2mm），随时控制总体垂直度偏差，严格控制环缝的变形量。

3. 安装水槽壁柱和平台

（1）在水槽壁板上找出平台环梁的位置线，严格控制其水平度，然后安装临时托板。

（2）组对时，不仅要用板样检查对口处的圆弧度，还要检查整段平台的弦高是否符合要求。

(3) 对口时，不要强行拉紧，但要尽量使对口间隙一致。当对口间隙不一致时，要在保证平台圆弧度符合要求、水平度也符合要求的情况下，进行必要的调整和修理。

(4) 安装平台斜撑时，要同时考虑到保证平台的水平度符合要求。

4. 安装垫梁

垫梁是支垫各塔节的，各塔节的水平度偏差的大小与垫梁的水平度偏差的大小有很大关系，所以垫梁安装过程中的重点是要确保其水平度偏差符合要求。同时要注意在安装垫梁之前，要对底板全部焊缝进行真空试漏。

5. 塔节安装

(1) 安装下挂并组对成圈

为了确保下挂的直径、椭圆度偏差符合要求，要在垫梁上画一个标准圆，并在圆内侧点焊挡板。为了确保对口处的圆弧度符合要求，对口时不要强行进行，要尽量保证对口间隙一致，遇到不一致时，要先修理后组对，对好后，用圆弧板固定。对口时，还要兼顾对口处两边的安装螺栓孔的间距，使之符合图纸要求。

(2) 安装立柱

立柱就位后，要及时用水准仪找好立柱的垂直度，并用临时拉杆把立柱固定在水槽壁板上，再拧紧安装螺栓。

(3) 安装上挂

安装之前，要在水槽平台上画一个基准圆作为控制上挂直径，椭圆度的基准。上挂安装、调整好后，要用连接板把上挂与水槽平台临时固定住，以保证挂圈的整体性。

(4) 焊接上、下挂圈

为了使上下挂圈的周长差在焊后也尽可能的小，上下挂的焊接工作应在它们的对口、调整工作全部完成后进行。焊接时，焊工分布要对称，上下挂的全部参数应一致，以尽量减少焊接变形。焊接工作结束后，要及时对各焊缝进行煤油试漏。

(5) 安装导轨

在导轨安装之前要认真检查导轨的预制尺寸和骨架的安装尺寸，凡是不符合要求的，都要在导轨安装前处理完毕。导轨安装、调整好后，及时拧紧螺栓即可进行导轨上下端与上下挂之间焊缝的焊接了。焊完后，要及时对焊缝进行煤油试漏。

(6) 下挂圈试水以检查下挂圈是否有泄漏：

1) 清扫下挂中的一切杂物和锈迹，要见到金属光泽。

2) 往下挂圈内注水，注水高度比外立板低 15mm 左右。

3) 边注水边检查下挂的一切焊缝，包括安装螺栓焊缝，发现问题，作好明显的记号，直到水位达到要求高度后，再全面检查一次，把所有发现的问题记录下来(包括具体位置、性质和程度大小)，放水。

4) 修补。即对有问题的地方进行修补。修补时仔细认真，先磨光后补焊。

5) 再次注水，放置 24 小时后无问题即称合格。

6) 合格后，再开下挂的溢流孔，开孔高度一定要符合图纸要求。

(7) 安装菱形板

菱形板就是位于两导轨之间的塔节壁板，其主要作用是构成气柜密封体。

1) 拼板时(即把已预制好的小块拼成整块菱形板)，一定要采取小规范施焊，焊后及时找平，找平后及时进行煤油试漏，煤油试漏要有专门检查员进行监督。

2）吊装时，应采用扁担加倒链的方法，这样可以防止菱形板变形，也方便菱形板就位工作。

3）就位点焊时，一定要先拉紧四角，调整好搭接量，四边搭口处紧贴后才能正式点焊。

6. 钟罩安装

气柜顶盖主要由顶架和顶板组成，其安装方法与一般拱顶罐的顶板的安装方法十分相似，不详述。

7. 导轮安装

导轮与导轨的相应位置对气柜的升降运动是否灵活至关重要，而导轮的安装又是在导轨安装焊接结束以后进行的，因此导轮的安装应采用“两步法”：第一步为导轮预安装；第二步为导轮的调整。

（1）导轮的预安装，即气柜升降试验前的导轮安装：

1）根据导轨的安装记录，分析导轨的径向偏差，算出每根导轨的最大径向偏差和最小径向偏差，再结合设计图纸要求的导轮与导轨之间的间隙值，确定导轮的径向位置。

2）根据导轨的安装记录，分析导轨之间的平行度偏差情况，结合设计图纸要求的导轮与导轨之间间隙值，确定导轮的环向位置。

3）在满足上述要求的前提下，再兼顾考虑导轮的水平度和向心角。

4）进行临时点焊。

（2）导轮的调整。这个工作在气柜的升降试验过程和升降试验之后进行：

1）升降时，仔细观察导轮与导轨的间隙情况，发现不符合要求的地方，及时作好记录。

2）各塔节落下来后，根据上述记录进行分析，确定导轮应调整的方向和调整值的大小。

3）松动导轮座上的螺栓，进行调整工作。如果因调整量大而调不过来，则要铲除临时点焊，调整整个导轮座。

4）第二次升降试验时，继续上述过程，直到满意为止。

5）进行导轮座的正式焊接。

三、气柜升降试验

1. 气柜升降试验之前，要做好充分的准备工作

（1）进行一次全面的、仔细的内部隐蔽验收。

（2）进行水槽的注水工作。

（3）准备升降试验过程中所需的各种设备、设施、材料等。

（4）分好岗位，组织好人员，明确职责，统一指挥。

2. 气柜升降试验过程中要做好如下工作

（1）随时观察压力计数值的变化情况，并作好记录。

（2）随时注意各塔节升降过程中的水平度偏差，并作好记录。

（3）仔细检查导轨与导轮之间的间隙情况，并作好记录。

（4）进行菱形板焊缝的试漏工作，随时发现漏点，随时稳压修补。

（5）当一塔升到三分之二高度时，即可停止供风，并卸压，进行各塔节的下降试验。

（6）当各塔全部落下来以后，要根据记录，全面地回顾一下第一次升降试验中所发现的问题，找出产生问题的原因，研究解决的办法，及时进行处理。

(7) 用上述方法进行第二次升降试验。

(8) 第二次升降试验无问题后，可接着进行第三次升降试验，并在第三次下降试验过程中，进行快速降落试验，即把所有放空阀门全部打开，让气柜各塔节全速下降，并测出其速度，作好记录。

(9) 如果设计要求的话，还应按设计提供的方法和要求进行气柜泄漏量的测定，以考核气柜的密封性能。